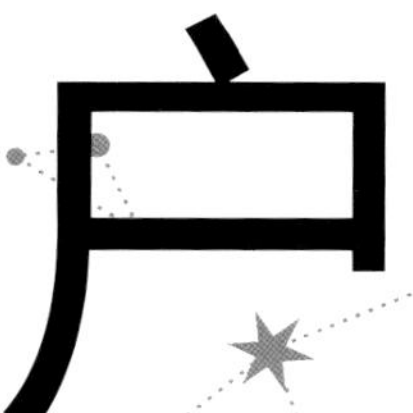

猎户座左转

Turn Left at Orion

用小型望远镜精准观测数百个深空天体

〔美〕盖伊·康索马格诺〔美〕丹·M. 戴维斯◎著　谢　懿◎译

北京科学技术出版社

著作权合同登记号　图字：01-2017-9182

图书在版编目（CIP）数据

猎户座左转 / (美) 盖伊・康索马格诺，(美) 丹・M. 戴维斯著；谢懿译．—北京：北京科学技术出版社，2022.8

书名原文：Turn left at orion

ISBN 978-7-5714-2367-4

Ⅰ.①猎… Ⅱ.①盖… ②丹… ③谢… Ⅲ.①天文学—普及读物 Ⅳ.① P1-49

中国版本图书馆 CIP 数据核字（2022）第 102624 号

策划编辑：陈憧憧
责任编辑：陈憧憧
责任校对：贾　荣
图文制作：天露霖文化
责任印制：李　茗
出 版 人：曾庆宇
出版发行：北京科学技术出版社
社　　址：北京西直门南大街 16 号
邮政编码：100035
ISBN 978-7-5714-2367-4

电　　话：0086-10-66135495（总编室）
　　　　　0086-10-66113227（发行部）
网　　址：www.bkydw.cn
印　　刷：天津联城印刷有限公司
开　　本：889 mm × 1194 mm　1/16
字　　数：570 千字
印　　张：16
版　　次：2022 年 8 月第 1 版
印　　次：2022 年 8 月第 1 次印刷

定　　价：138.00 元

推荐序

如果你想拥有一本书，通过它你就能知道该往哪里看、怎么看以及看什么，那么这本书是你的理想选择。这本书是按四季来编排的，作者挑选了每一个季节里南北半球可见的最有特色的、最有趣的天体，并且采用每个天体单独介绍的独特方式；在介绍每个天体时都附有肉眼星图、寻星镜视场图和望远镜视场图，用这些实景图来帮助你确定寻星方法，找到相应的天体。在我看来，这是初学者开始观星的最好方式，它让探索星空变得更加容易。书中还介绍了目镜、望远镜和滤光片等精彩内容。当然，还有一些星系、星云、疏散星团和球状星团的具体介绍。

我读过不少天文学的入门书，在我看来，这是最全面、最具有实战指导意义的一本：它不仅适合初学者，如果你是一位资深天文爱好者，它也同样不会让你失望；甚至可以说它是每一位天文相关专业人士必备的工具书。

这本书的译者是南京大学天文学系博士生导师谢懿，他是一位拥有丰富科研和科普经验的天文学家，而这为这本书的专业性和品质提供了保障。

总之，这是一本值得所有对星空感兴趣的朋友阅读的好书。

Steed

如何才能找到辇道增七？

作为美国和平队的一名志愿者，我曾在非洲教了几年物理。在此期间，有一次我不得不返回美国一个月。某一天，我去拜访了纽约的朋友——丹，并对他提及了非洲漂亮的夜空和我的学生对天文学的无尽遐想。于是，那天下午在丹的建议下，我们去了曼哈顿，我买了一架小型望远镜，并把它带去了肯尼亚。

对于买了一架望远镜这件事，丹比我还要兴奋。从儿时起他就是一名求知若渴的天文爱好者，买望远镜对在纽约郊区扬克斯长大并且视力不佳的他来说，可不是一件小事。他对我能在非洲看到的东西痴迷不已。

一开始，我并没有真正理解他的感受。要知道，我小时候用卖邮票的钱买过一架口径 2 in（5.08 cm）的小型折射望远镜。我还记得用它看过月亮，我也知道如何寻找木星和土星。但在这之后，我就发现没什么东西可看了。那些你在杂志上看到的绚丽星云呢？想看到它们都得使用大型望远镜。我清楚，即便我知道往哪儿看，我也无法通过小型望远镜看到与杂志上的图片类似的影像。当然，我那时还不知道该往哪儿看。

那时丹搞定了我新望远镜的一切，并让我把它带回非洲，因为那里有着黑暗的夜空，夜空中悬挂着南天的恒星。他强调，天空中有许多值得看的东西，还给了我一份星图和一些列有双星、星团和星系的书。用我的小型望远镜真的能看到这些天体吗？

说实话，这些书让我极为失望。起初，我根本搞不清东南西北。即便我知道了方向，它们也都假设我有一架口径至少 6 in（15.24 cm）的反射或折射望远镜。我根本无法知道这些书中所列的天体中哪些是我 3 in（7.62 cm）口径的小型望远镜能够看见的。

有一天晚上，丹和我一起外出观星。他说："让我们来看看辇道增七。"

我之前从未听说过辇道增七。

"它就在那儿，"他说，"对准这个方向，好，你来看。"

"漂亮！"我叹道，"一颗双星！实际上可以看到两颗星星！"

"仔细看它们的颜色。"他提醒我。

"哇……一颗是黄的，一颗是蓝的，对比鲜明。"

"很棒吧？"他说，"现在我们来看看双双星。"

…………

就这样我们一看就是一个小时。

最后我发现，买再多书都不如有一个朋友在你身边告诉你该看什么和该往哪儿看。可惜，我不能带着丹一起去非洲。

有这个想法的肯定不止我一个人。每年有数千架望远镜被卖出，它们在被用来看了一两次月亮后就被搁置了。这并不是人们不感兴趣，而是在任何一个夜晚，在肉眼可见的 2 000 颗恒星中，有 1 900 颗在小型望远镜中看上去确实相当无趣。你必须知道往哪儿看才能找到有趣的双星和变星，或者必须知道哪些是用小型望远镜能看到但用肉眼看不到的、有意思的星云和星团。

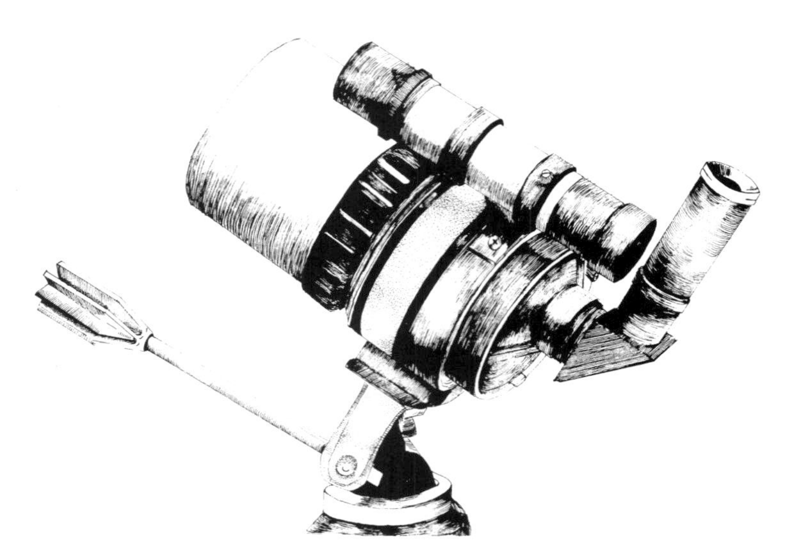

标准的观测指南似乎并不亲民。为什么要学那些艰涩难懂的参考系？我所希望的是，在某个夜晚把望远镜对准天空，然后就能说："嘿，来看看这个！"

正是那些有着和我一样的入门经历的人，以及那些不想花好几个小时来钻研技术细节、只想用望远镜来寻找乐趣的人，促成了我们写这本书。

盖伊·康索马格诺

1988 年写于美国宾夕法尼亚州伊斯顿

第四版引言

在丹第一次让我看到了辇道增七后的25年里，发生了许多事情。那时，我们回屋里时不得不蹑手蹑脚，以免吵醒丹的孩子。现在丹和莱奥妮的孩子都已经长大，年纪和我们开始写这本书时的相仿。1983年，我放弃了一份在美国麻省理工学院的研究工作，转而加入了美国和平队。1989年，我放弃了拉法耶特学院的教授职位，加入了耶稣会，他们把我委派到梵蒂冈天文台。在过去的20年里，我一直在从事全职研究工作，并且不停地换地方。

我仍保留着一架口径90 mm的望远镜。现在我会用美国亚利桑那州格雷厄姆山上梵蒂冈的高新技术望远镜来进行天文观测，它是一架口径1.8 m的反射望远镜，其光学和控制系统以及世界上第一面大型自转铸型镜面都是21世纪望远镜的测试台。我也使用过更大的望远镜，包括夏威夷的口径10 m的凯克望远镜。丹就低调多了，设备升级到了一架口径8 in（20.32 cm）的施密特-卡塞格林望远镜和一架口径10 in（25.4 cm）的多布森望远镜。

在过去的25年里，不仅我们的个人生活发生了变化，业余天文领域也发生了巨变。

业余望远镜降价了：多布森式的设计使得几乎人人都能买得起口径8 in（20.32 cm）的反射望远镜。同时，在价格不变的前提下，计算机控制生产技术让小型折反射光学器件比以往更加精良。那么，我们为什么还要安于使用口径3 in（7.62 cm）的小型望远镜呢？

个人计算机以及在计算机中运行的天文软件已经改变了我们在夜空中寻找天体的方式。在本书的第一版中，我们用笔手绘星图。现在我们可以用“旅行者”（Voyager）和“夜空”（Starry Night）软件来寻找恒星的位置。你可以用计算机来查询彗星、小行星和外行星的位置，然后打印出为你观测地点定制的寻星图。事实上，你可以买一架可用计算机控制的望远镜——你只要输入几个数字，它就会指向预设好的天体。有了这些便利的软件和设备，谁还需要书呢？

而且，如果你真的想一睹壮观的天文景象，直接上网即可。因此，就这一点来说，谁还需要望远镜呢？

然而，昨晚我们用一架口径8 in（20.32 cm）的多布森反射望远镜和我口径3 in（7.62 cm）的老望远镜观看了一些双星。多布森反射望远镜向我们展示了不少绚丽的景象，这种望远镜如此受欢迎也就不足为奇了。不过，从搜寻目标天体时所获的乐趣和可带到黑暗观测地点去的便携性来看，它还是比不上一架口径3 in（7.62 cm）的望远镜！

出于这一考虑，我们利用出新版的机会重新观测了25年前我们所列出的全部天体。这本书中的所有天体我们都用一架小型折反射望远镜和一架多布森反射望远镜重新观测过。我们为使用多布森望远镜和比我们在早期版本中预设的更大的望远镜的读者收录了许多新天体，包括很多新的“近邻”，其中一些超出了口径3 in（7.62 cm）的望远镜可见的极限，但仍在多布森望远镜可见的范围之内。

我们也增加了在多布森望远镜中所能看到的、跟其特定指向相匹配的实景图，还在原有望远镜的实景图中增加了更多的细节。

我们重新编排了内容——在过去的25年里，光污染已变得越来越严重（我的眼睛也老化了）——我发现一些用来定位的暗弱恒星已经很难再被看到了。

当然，我们也更新了行星和日月食的相关表格。我们还注意到了在第一版出版以来双星因绕轨道运动而造成的位置的改变。

我们还重返了南半球，再一次观测仅在那里可见的深空天体，并扩充了南半球深空天体的内容——南半球的观星者或访客绝不容错过。

但我们的基本信条并未改变。我们仍假设你有一架小型望远镜，有几个小时的闲暇时间，以及热爱夜空。本书仍是我观星时的必备书。我们很高兴其他人也将其视为观星时的忠实“伴侣”。

盖伊·康索马格诺

2011年写于意大利冈道尔夫堡

目　录

CONTENTS

季节性天空：4 ~ 6 月 ··············· 86

季节性天空：7 ~ 9 月 ···············114

季节性天空：10 ~ 12 月 ············158

如何使用这本书?

我们在本书中列出了自己钟爱的、适合用小型望远镜观看的天体，依据它们在夜晚可见的最佳月份和它们在天空中的位置来编排。在介绍所有天体时，我们假设你的望远镜跟我们的相仿：要么是一架口径仅 6 ~ 10 cm 的小型望远镜，要么是一架口径 20 ~ 25 cm 的中等大小的多布森望远镜。在通常的天空条件下，用小型望远镜可以看到书中所列的所有天体，我们就是在这一条件下观看的。

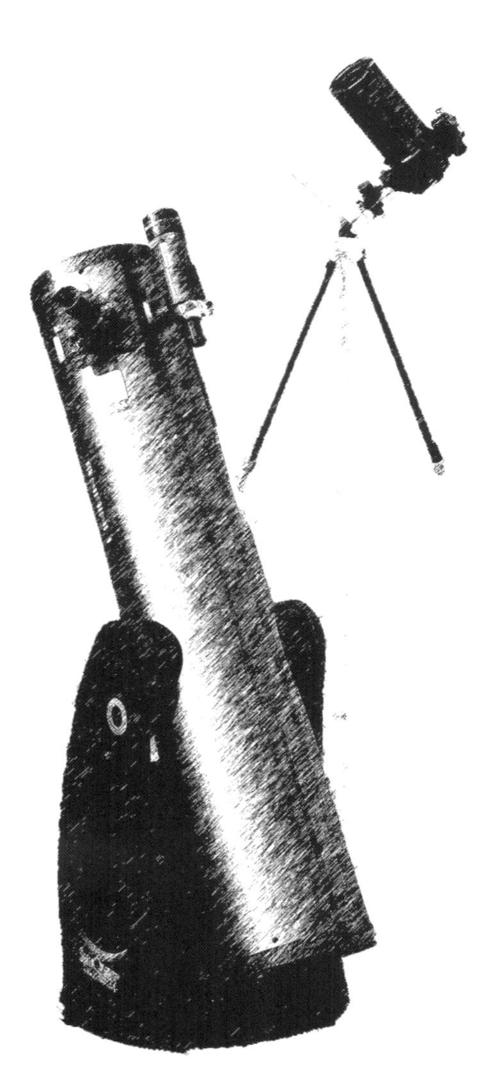

望远镜要点

夜空中的天体在望远镜中呈现的样子，取决于你所用的望远镜的种类。反过来，所用的望远镜的种类决定了你所能看到的天体的种类。虽然我们会在后文详细介绍不同种类的望远镜，但在这里有必要先介绍一些有关望远镜的要点。

一架好的望远镜可以放大月球表面，可以呈现行星小圆面上的细节，可以把双星分解开。同样重要的是，它能收集光线并将其汇聚到目镜，让暗弱的星云变亮，亮到人眼可见。集光能力或口径是望远镜的重要参数。

每架望远镜都有一块大透镜或一面大反射镜，用来收集光线，并把收集到的光线聚焦到目镜附近。透镜或反射镜越大，能收集到的光线就越多。于是，在其他参数一样的情况下，透镜或反射镜越大也就代表望远镜越好。但实际上，各架望远镜的各类参数都不一样。因此，有许多不同的收集光线的方式。本书把望远镜分为三类：双筒望远镜、小型望远镜和多布森望远镜。它们都有各自的优点和缺点。

双筒望远镜相对廉价，且十分便携，可以提供非常大的视场。此外，相比于相同口径的单筒望远镜，双筒望远镜（人们可使用双目）能让大多数人看到暗弱星云的更多细节。双筒望远镜非常便携，但这也意味着它的口径有限——最大只有十几厘米。大多数双筒望远镜无法很好地连接三脚架，这使得它们很难稳定地对准暗弱天体。

多布森望远镜在其大型轻质镜筒的底部放有一面很大的反射镜，目镜则位于镜筒顶部，这两者都被固定在一个简单的支架上。多布森望远镜具有极好的集光能力，但它搬运起来十分不便，哪怕仅仅被从室内搬到室外。它的简约有时是以光学质量为代价的。

介于双筒望远镜和多布森望远镜之间的是小型望远镜，从经典的折射望远镜（镜筒两端各有一块透镜）到更为先进的折反射望远镜不等，后者把反射镜和透镜紧凑地组合到了一起。折反射望远镜便携且强大，但想用它收集到和多布森望远镜能收集的相当的光线，你得花 4 倍的钱。不过，用折反射望远镜巡游黑暗的夜空要好过用多布森望远镜对抗城市的灯光。还需要注意的是，折反射望远镜和折射望远镜都会使用对角镜，它使这两种望远镜中呈现的景象与双筒望远镜或多布森望远镜中的呈镜像，下文将会详细介绍。

本书会提供每一个天体的两种图像：一种是在小型折反射望远镜或折射望远镜中的样子，另一种是在较大的多布森望远镜中的样子。你如果用的是双筒望远镜，可以用我们的寻星镜视场图作为指引。你如果碰巧有一架口径 8 in（20.32 cm）的折反射望远镜，那么能看到比我们绘制的多布森望远镜视场图上更多的细节，不过这两者方向不同。

寻找星路

如果你有了一架望远镜，该把它对着哪儿呢？本书旨在回答这个问题。

夜空中有两类天体：月球和行星会在天空中相对于恒星运动，并且幸运的是，它们很亮，易于寻找；季节性天体——双星、星团、星云和星系——彼此间的位置相对固定，每晚都会升起和落下，速度稍快于太阳的升落，位置会随着季节缓慢改变。

月球和行星　找到月球完全不成问题。事实上，它是唯一一个哪怕在白天也易于观测且观测起来非常安全的天体（当然，除非你早起，否则白天你只能看见下弦月。你可以试一试）。

月相会随着时间发生改变。在每个阶段，月面上都有非常有意思的东西值得观看。

我们绘制了 7 个不同月相的插图，并介绍了在此期间你能看到的景象。此外，我们还列了一张月食发生时刻表，也介绍了在月食期间你能看些什么。

在望远镜中行星呈明亮的小圆面。在多布森望远镜和巴罗透镜中，它们看上去相当壮观！但即便是一副双筒望远镜，也能向你展示金星的盈亏和木星的卫星。

行星的位置相对于其他恒星年复一年地改变着。如果你知道大致在哪儿能找到它们，找起来就会容易很多。它们看上去一般与最亮的恒星相当。本书列出了一些行星的可见时刻表，也介绍了一些在观测它们时值得一看的东西。

季节性天体　本章中所讨论的所有恒星和深空天体相对于彼此的位置都是固定的。夜晚可见的恒星会随着季节变化：3 月份易见的天体到 9 月份早已难觅踪迹。

那么，在某个晚上，你怎么知道天上有哪些天体？本书最后“何时何地看什么”这张表会告诉你答案。针对某个月份和你观星的时间，它给出了每个星座中季节性天体的位置、该往哪个方向寻找某星座（比如“W”代表往西），以及你应该往地平线之上的低空（比如“W–”）看还是往高空（比如“W+”）看。仅标有“++”符号的话，代表该星座位于你头顶正上方。你可以翻到季节性天体部分的内容，查询在那晚该星座中的可见天体。

但请注意，在使用本书的过程中，你并不需要记住这些星座。星座仅仅是天文学家为天空中特定区域所起的名字。这些名字有助于标记出你将会看到的东西，你不需要死记硬背。如果你想了解星座，有许多好书可供阅读——我们最喜欢的是 H.A. 雷伊的《恒星》(*The Stars*)。而你如果只是想用望远镜观星，只需了解在哪儿可以找到最亮的恒星以及如何将它们作为路标。

还要注意的是，反映恒星亮度的星等，从古希腊起就一直是以一种多少有点儿反直觉的方式来定义的：恒星越亮，其星等的数值就越小。通用的规则是，1 等星比 2 等星亮约 2.5 倍，2 等星比 3 等星亮约 2.5 倍，以此类推。最亮的恒星可以是 0 等的，甚至可以是负星等的！织女星的星等为 0，夜空最亮的恒星——天狼星的星等为 –1.4。1 等星以及亮于 1 等的恒星仅有约 20 颗。在一个漆黑的夜晚，仅用肉眼通常可以看到暗至 6 等的恒星。

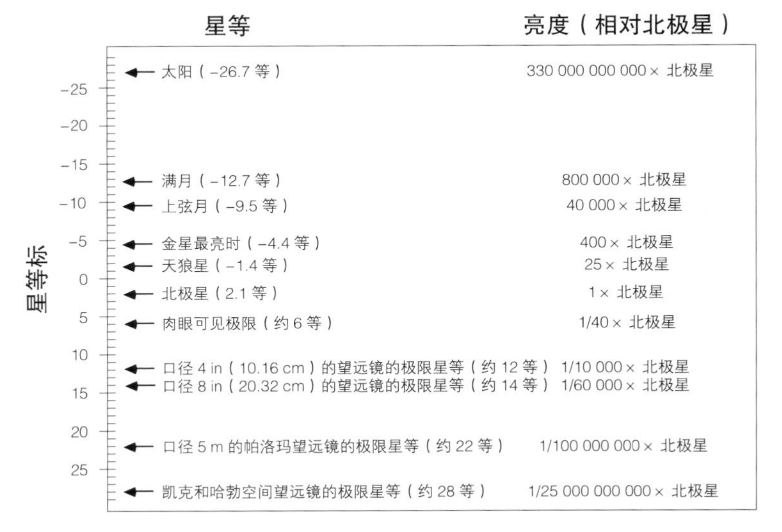

我们对每个季节的讲述会从导向恒星的位置开始，它们是夜空中那些最明亮且最易寻找的恒星。本书的大多数读者位于北半球，因此，我们选择的导向恒星是那些在美国、加拿大、中国、日本等位于北纬 30°～60° 的国家 22 时可见的恒星。从澳大利亚、新西兰、非洲或南美也能看到这些天体中的大多数，不过它们的位置偏北。

和太阳一样，恒星也东升西落。因此，如果你计划进行一次长时间的观星，那最好先观看位于西方的天体，以防它们落入西方地平线。一个天体越靠近地平线，会遮挡它并扭曲它影像的大气就越多，我们应尽量在天体位于高空时对其进行观测。然而，多布森望远镜和折反射望远镜你直接朝头顶上方看时，不会受到大量浑浊且湍动的空气的干扰，朝低空看时就会。尽量不要观看地平线附近的天体。如果你住在高纬度地区，南边的恒星永远不会上升到高处；对此你无能为力（当然，南半球的观星者在观看北边的恒星时也会遇到相同的问题）。水平视线上的恒星在不同的季节或夜晚中的不同时间都会升到高空。

疏散星团：M 35

星系：狮子三重星系

球状星团：M 13

弥漫星云：天鹅星云

都使用地平装置（第 15 页），无法对准头顶正上方，因此，我们只能在天体过头顶前后对其进行观测。

绝大多数天体在多个季节里都能被看到。我们并不能因为猎户星云在 12 月观看效果最佳就在 3 月里忽视它。上个季节里最漂亮的一些天体如果在当季季初的西方天空中仍能被看见，也会被我们列在表格中。

在一年中的任何夜晚，你都能看到所在半球天极周围的天体，但永远无法看见另一个天极附近的天体。北半球的观星者总能看到小北斗，却始终无法看到南十字；南半球的观星者则正好相反。因此，我们把最北端和最南端的天体分列在不同的章节中。

此外，当我们说“1 月天空”的时候，指的是 1 月里在当地标准时间 22 时左右所看到的天空。如果你在凌晨 4 时起床，所看到的天空会迥然不同。通常，相邻季节里同一恒星出现的时间相差 6 个小时，也就是说我们在冬季的凌晨可以看到春季的恒星，在早春的黎明可以看到夏季的恒星，以此类推。

它们都是谁?

对每一个天体，我们都赋予了它名称并介绍了它的类型。

疏散星团是一群聚集在一起且通常相当年轻（以天文学的标准来说）的恒星。观看疏散星团就像在看一盒精致且亮闪闪的珠宝。有时它们也会掩映在由星团中无法分辨的恒星所发出的弥漫背景光中。在观测条件良好的暗夜里，这一景象极为动人。在讲述御夫座中的疏散星团时我们会详细介绍疏散星团的相关内容（第 67 页）。

在你的望远镜中，星系、球状星团和不同类型的星云看上去都呈一小块光斑。类似于我们的银河系，星系是由数十亿颗恒星所构成的巨大集合，大多距离我们数百万光年。当你意识到你在望远镜中看到的一块光斑实则是“岛宇宙”中另一个极为遥远的“小岛”时，你肯定会惊讶不已。对本书中所谈论的任何一个星系（除了麦哲伦云），我们所看到的它的光在人类出现在地球上之前就已经发射出来了。在讲述室女座星系时我们会详细介绍星系的相关内容（第 105 页）。

球状星团是银河系中由数百万颗恒星组成的球形高密度集合。在一个漆黑的夜晚，你可以从球状星团外围的单颗恒星开始观测。这些恒星是银河系乃至宇宙中的一些最年老的恒星。在讲述猎犬座中的 M 3 时，我们会详细介绍球状星团的相关内容（第 111 页）。

弥漫星云由气体和尘埃组成，是恒星的形成区。这些柔和的光缕在极为黑暗的夜晚观看效果最佳，是小型望远镜可见的最壮观的天体。在讲述猎户星云时，我们会介绍更多有关弥漫星云的内容（第 51 页）。

行星状星云与行星无关，是年老恒星抛射出的中空气体壳层。它们通常小而亮，而且其中的一些，比如哑铃星云和指环星云，具有独特的形状。在讲述长蛇座中的木魂星云时我们会介绍更多相关的内容（第 95 页）。

一颗垂死的恒星如果爆炸成超新星，会形成一个结构少得多的气体云。蟹状星云（M 1）是一个超新星遗迹，具体介绍参见第 63 页。

用肉眼看的话，双星是 1 颗恒星，但在望远镜下则会变成 2 颗（或多颗）恒星。看到它们从 1 颗变成 2 颗（或多颗）得多么惊讶，多么印象深刻啊！尤其是发现子星具有不同的颜色时。它们一般易于寻找，即便在有雾和明亮的夜空中也是如此。

变星是亮度会发生变化的恒星。本书介绍了寻找在不到 1 个小时的时间里亮度会剧烈变化的变星的方法。

接下来，我们将介绍这些天体官方的名称。一开始，星表和星表编号可能会和各个星座一样让人犯迷糊。但它们是大家指认天空中天体的通用名，因此，你多少要对其有所了解。有时候，把在望远镜中看到的景象和天文杂志中绚丽的彩色照片进行比较，你会觉得十分有趣，不过天文杂志在提及这些天体时往往只用它们的星表编号来指称。

较亮的恒星用其所在星座的名称加希腊字母或阿拉伯数字的方式来命名。在同一个星座中，恒星的希腊字母编号基本上按照亮度降序排列。例如，天狼星也被称为大犬 α，因为它是大犬座中最亮的恒星；亮度次之的恒星则依次被称为 β 和 γ，以此类推。肉眼可见的更为暗弱的恒星则以弗兰斯蒂德星号命名，比如天鹅 61；用这种方式命名时在星座中自西向东命名。

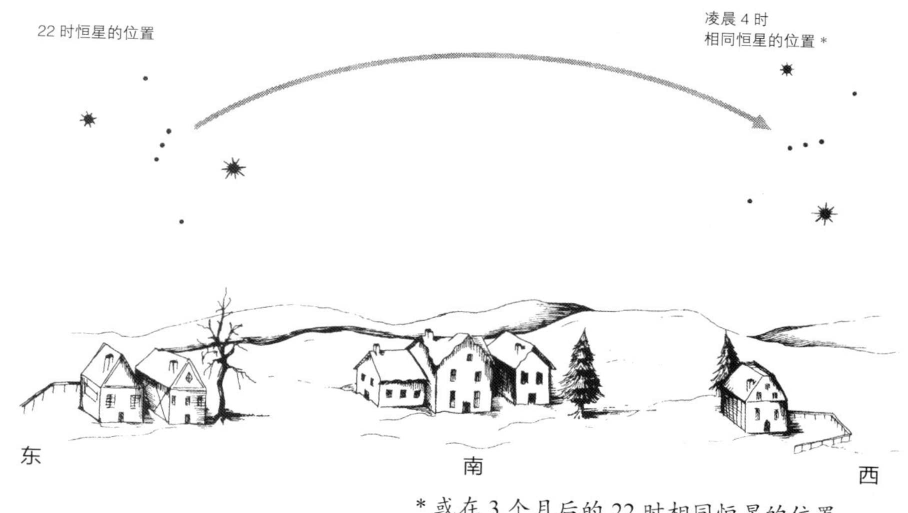

* 或在 3 个月后的 22 时相同恒星的位置。

恒星与深空天体的相对位置保持不变。夜晚可见的恒星会随着季节变化，3 月易见的天体到 9 月就早已难觅踪迹。因此这些天体具有季节性。一些天体不止在一个季节可见。当谈及“1 月天空”时，我们所指的是在 1 月当地标准时间 22 时左右所见的天空。如果你在凌晨 4 时起床，所见的天空会迥然不同。通常，相邻季节里同一恒星出现的时间相差 6 个小时，也就是说在冬季的凌晨时分可以看到春季的恒星，在早春的黎明可以看到夏季的恒星，以此类推。

更加暗弱的恒星则用其他的星表来命名。最常见的有耶鲁亮星星表（编号以 HR 开头，继承了其前身哈佛恒星测光表修订版）、德雷伯星表（编号以 HD 开头）和根据欧洲空间局依巴谷卫星数据编纂的依巴谷 / 第谷星表（编号以 HIP 开头），该卫星测量了数千颗恒星的视差。

双星也有星表编号。弗里德里希・斯特鲁维和舍伯恩・伯纳姆是 19 世纪的两名双星猎手，他们星表中所列的双星编号以他们的名字开头。斯特鲁维所编的变星习惯上以希腊字母 Σ 开头加数字命名。弗里德里希・斯特鲁维的儿子奥托也编制了一个双星星表，其中的恒星以字母 OΣ 开头。

变星由给定字母命名。每个星座中第一颗已知的变星用字母 R 命名，依次排列直到字母 Z。随着越来越多的变星被发现，双字母系统被引入，比如巨蟹座的巨蟹 VZ。

对星团、星系和星云的命名，本书中最常用的两个星表分别是梅西叶星表（比如 M 13）和星云星团新总表（比如 NGC 2362）。夏尔・梅西叶是 18 世纪的寻彗者，星系和星云对他来说毫无吸引力。他一次又一次地遇到这些天体，而它们中的许多形似彗星，易引起混淆。于是，他编制了一份清单，好让自己在搜寻彗星时能避开这些天体。在这个过程中，他发现了天空中绝大多数的漂亮天体并将它们编纂成表。不过，他对这些天体的编号是随机的，没有顺序可言。根据威廉・赫歇尔和约翰・赫歇尔的观测，星云星团新总表编纂于 19 世纪 80 年代，该星表中天体自西向东被依次编号。同一天区中的天体的 NGC 编号相似。

评分和提示

我们在介绍具体的天体时，都会在一开始画一个方框，里面包含了对该天体的评分，列出了寻找它所需的天空条件、目镜倍率以及一年中的最佳观测时间。我们还会在星云滤光片会有帮助时提醒你，并告诉你为什么这个天体值得一看。

评分完全是我们根据自己对这个天体的印象做的高度主观的判断。由于每种望远镜所看到的同一天体会有差异，书中会用多布森望远镜、小型望远镜和双筒望远镜的图像来分别对该天体进行评分。很显然，一些天体用有着更强聚光本领的大型望远镜观看的效果更佳，于是这些天体用多布森望远镜看后的评分会比用双筒望远镜看后的评分高。不过也有一些天体，比如蜂巢星团，用双筒望远镜观看的效果会比用多布森

望远镜观看的效果更好。

在晴朗、清爽、漆黑且无月的夜晚，本书所列天体中的一些会格外壮观。武仙座中的球状星团 M 13 就是其中的一个。即便天空中有薄雾，它们也足够大或足够亮，非常值得一看。用 4 架望远镜标记的天体均满足这些要求（猎户星云和大麦哲伦云的评分为 5 架望远镜。它们如果在天空中可见，那么在任何一个夜晚都不容错过）。

尽管让人印象深刻，但够不上"格外壮观"的天体会得到 3 架望远镜。球状星团 M 3 就是一个例子：它是一个十分可爱的天体，但与 M 13 相比还是要逊色一些。

相比评分为 3 架望远镜的天体，评分为 2 架望远镜的天体寻找起来更难。即使有些很好找，也无法像那些高分天体那样令人激动。例如，疏散星团 M 46 和 M 47 在小型望远镜中都算得上漂亮，但它们位于一片星稀的天区而难以寻找。疏散星团 M 6 和 M 7 大而松散，且易于寻找，在双筒望远镜下是高分天体，但在较大的望远镜中则要逊色很多——用多布森望远镜看只能得到 2 架望远镜。

最后，客观地讲，有一些天体一点儿也不好看。比如说，蟹状星云（M 1）非常出名，是一个年轻的超新星遗迹，但很难被小型望远镜看到，即使被看到了也非常暗弱。如果天空不够黑或者不够稳定，我们寻找这些天体会很困难。这些天体是为完美主义者准备的，他们想要看到所有天体，把望远镜用到极限。当然，这些天体也因其独有的挑战性而成为最有趣的天体。但对那些无法理解在寒冷的冬夜你为什么不在屋里看电视的邻居来说，它们看上去相当乏味。这些天体的评分仅为 1 架望远镜。

天气决定观星效果

在任何一个夜晚，天气条件决定了观星效果的好坏，因此也决定了你可以计划看些什么。当然，最理想的情况是在一个宁静、无云且无月的夜晚，在远离城市数百千米的一座山的山顶上观星。不过，其实想要体验观星的乐趣，根本不需要这么完美的条件。即便是在城郊的灯光之下，你也能看到本书中所列出的绝大多数的天体。

任何能看到恒星的夜晚，都值得一试。当薄云反射附近满月的光或者城市的灯光时，这些光会降低暗弱天体的可见度；但这并不都是坏事。这样的背景天空会让有些天体——比如多彩的双星——的观看效果更佳，颜色更加明显。任何需要将望远镜倍率调得最高才能看到的天体，比如双星或者行星，我们想要看到它们都得在空气极为稳定的时候，而这通常出现在天空中有薄云的时候。最晴朗的夜晚往往伴随着冷锋经过，此时空气会湍动，当然手脚也会被冻得冰凉！

本书列出的暗弱天体都无法抵抗光源。观看它们都得在没有月亮的黑暗夜晚。若想看到它们的最佳影像，在下次露营时带上你的望远镜。在天气条件合适的情况下，不仅暗弱的天体会现身，明亮的星云也会焕然一新。

如何看，何时看

如前所述，望远镜有两大功能：让小的东西看上去更大，让暗的东西看上去更亮。通过选择不同的目镜，你可以控制望远镜的这两大功能。目镜会影响望远镜的倍率、成像亮度和视场。通常来说，较长的目镜倍率较低，成的像较亮，视场较大；而较短的目镜倍率较高。更多内容参见"了解你的望远镜"（第 14 页）。

观星时，像疏散星团这样的延展型天体，我们得用低倍目镜来将它们纳入视场；像星系这样的暗弱天体，我们也要用低倍目镜来聚集光线。像行星和双星这样小而亮的天体，我们可以用高倍目镜观看。行星状星云小而暗，一个折中的办法是用中等倍

最理想的情况是在一个宁静、无云且无月的夜晚，在远离城市数百千米的一座山的山顶上观星。记得在下次露营时带上你的望远镜。其实并不用等到天空条件最理想的时候。你可以在城郊看到本书中所描述的大多数天体，其中许多你甚至在城里就能看到。楼顶就是你观星的理想地点。

率的目镜来观看。像猎户星云这样的天体在低倍目镜和高倍目镜下都十分有趣。由于低倍目镜的视场大，观星时的最佳方法是先用低倍目镜寻找天体，然后（适当的时候）用更高倍的目镜来仔细观看。

低倍目镜会使暗弱的天体看上去更亮，当然，它也会让朦胧的城郊夜空在望远镜中变得更亮。有时，如果你通过低倍目镜发现了一个暗弱天体，可以进而使用高倍目镜来增强它与天空的对比度。增强对比度更有效的方法是使用合适的滤光片（但成本更高）。有一种特殊的彩色滤光片可以滤除路灯中钠发出的黄光，这样即便观星地点的夜空受到光污染影响，你用望远镜看到的天空也会明显改善。效果更好的是仅可以让一些星云发出的绿光通过的滤光片，它们真的可以展示暗弱天体的细节。然而这些滤光片只对特定的天体有效，比如弥漫星云和行星状星云。当然，如果你想分辨双星的颜色，那么别用彩色滤光片。

书中还标出了这些天体从黄昏到约 22 时在天空中相对较高时的月份，这里假设观星者位于北纬 45° 左右——在佛罗里达和苏格兰之间的任何地方差不多都可以（在介绍南天时，假设观星者位于南纬 35° ，差不多就是悉尼、开普敦、布宜诺斯艾利斯和圣地亚哥的纬度）。当然，如前所述，在之后的几个月里稍晚一些时候我们也能看到这些天体。

看哪里，看什么

本书具体介绍每一个天体时，所给的第一张星图是肉眼星图。肉眼星图一般都画出了暗至 3 等的恒星。如前所述，星等描述了恒星的亮度，数值越小表示恒星越亮。在观测条件最佳的夜晚，肉眼在不使用望远镜的情况下可以看见暗至 6 等的恒星；然而，在城市的灯光下，即便想看到 3 等星也极具挑战性。

第二张星图是寻星镜视场图。指向西方的小箭头表示恒星在寻星镜中飘移的方向（由于大多数寻星镜的倍率极低，恒星向西飘移时看上去非常缓慢）。

寻星镜有各种型号，所成的像也有不同的指向。书中假设你的寻星镜成上下颠倒的像，但并不成镜像（见下文）。先确定寻星镜像的指向，再使用相应的星图——在日落前，把你的望远镜对准一块较远的路牌或车牌：它是上下颠倒，还是成镜像？相应地，寻星镜的视场也会有所差异，但通常会显示约 5° 或 6° 的天区。书中所画的圆圈代表 6° 的视场，整个寻星镜的视场面积一般为 12 平方度。

接下来的星图就是望远镜视场图：在目镜中天体看上去的样子。通常会给出两幅图，一幅是通过小型望远镜加恒星对角镜所看到的，另一幅是用多布森望远镜或其他牛顿望远镜看到的。请注意，这两幅图互为镜像，下文会详细解释。

这些视场图是我们根据自己小型望远镜中的影像绘制的。我们的想法是，如果你所见的与图中所示的能对上，那就代表你真的看到了书中所讲述的那个天体。我们画出来的是普通人一般所能看到的东西，并不会画出视场中所有的暗星。这些视场图在技术上并不能充当真正的星图，不要把它们用于天文导航（详情见第 240 页）。

请注意，在画双星时会有所不同。双星相对较亮，肉眼通常就能看见（即便分解不开）。为此，找它们时无须像暗弱星团和星系那样要先搞清楚方向。所以我们在文中专门列出了该天区中最佳的双星，并配有更为详细的认证星图，指明这些双星的位置。其中，每颗双星都画在一个放大的圆圈中：用两条细线画出的圆圈视场直径为 10'；用一粗一细两条线画出的圆圈则是高倍放大像，直径仅为 5'。这些放大图采用的是多布森望远镜像的指向。如视场中还画有其他恒星，那么这有助于你知晓双星与这些恒星的相对距离和相对亮度。在介绍双星时，我们还列了一张小表格，用以介绍双星中的子星，包括它们的颜色、亮度以及视间距（单位为角秒。什么是角分和角秒？它们是表示极小角度的一种方法。从地平线到天顶的弧长为 90° 。每 1° 可划分为 60 角分，常写作 60'，满月直径约为 30'；1 角分可划分为 60 角秒，常写作 60"。因此，1" 相当于 $1/3600°$ ——用小型望远镜才能分辨出）。

低倍目镜一般拥有 35 ~ 40 倍的倍率，适合用来观看星团和少数大型星系。中等倍率目镜的倍率约是 75 倍。高倍目镜则拥有 150 倍的倍率。像多布森望远镜这样的较大的望远镜甚至有更高的倍率，我们在一些多布森望远镜视场图中插入了 300 倍的放大图。要达到这么高的倍率，你要么需要一只焦距极短的目镜，要么使用巴罗透镜（第 18 页会介绍巴罗透镜和其他的附件）。

此外，图中用小箭头标出了恒星飘移的方向。随着地球的自转，恒星会飘移出望远镜的视场；使用的望远镜倍率越高，恒星飘移的视速度就越快。虽然这一飘移让人很恼火——你必须不断调整望远镜——但它也可以很有用，因为通过这一飘移你可以判断哪个方向是西。

在具体介绍某一天体时，我们先就你在寻找时往哪儿看及该如何辨识做了介绍。然后对该天体的望远镜视场图做了解释，包括该天体的颜色、你可能会遇到的问题以及附近有趣的其他天体。最后，我们还简要介绍了该天体的相关天文学认识。

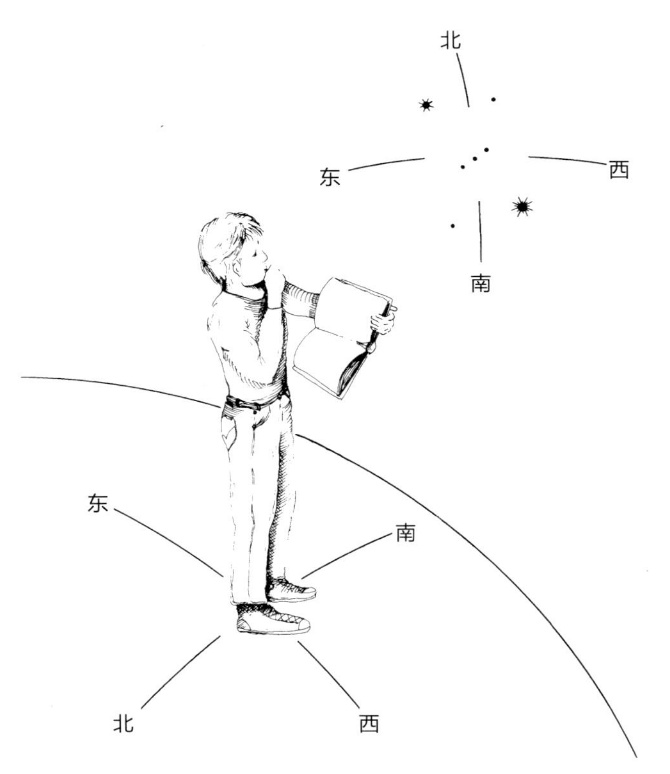

站在地球上，从天穹内向外看，东西方向会与在地图上所使用的相反。

东是东，西是西……除了在望远镜中

书中所给的视场图的方位怎么确定？为什么我们总会搞混南北或者东西？

这里有几点要说明。第一，我们都习惯于查看地图或地理图集：有关我们脚下事物的图。这些图的方位传统上采用的是上北下南、左西右东的设定。然而，当你朝天空看去时，其指向正好与向地面看去时的指向相反。身处地球之外，看地是向下看；身处天穹之内，看天是向上看。这就像看写在橱窗玻璃外的文字，从店里面看时字是反的。

星图是上北下南，那么相应地，东西就是左东右西。

第二，许多寻星镜仅由两块透镜组成。这意味着，它们会成上下颠倒的像（双筒望远镜或观戏镜采用了额外的透镜或棱镜来修正这一效应）。于是，不同于上北下南，我们会看到上南下北、左西右东。不过现在有一些寻星镜也会使用额外的透镜或棱镜来纠正图像。在天黑前，通过观看附近的路牌可以确定寻星镜所成的是什么像。

书中把寻星镜视场图的指向定为上南下北，这与北半球的大多数观星者用双透镜寻星镜观看书中大多数天体时所看到的景象相符，这些天体的运动轨迹可以延伸至南方天空。它也与南半球的观星者观看南天极附近天体时所看到的景象相符。然而，在介绍北天的拱极天体时，我们会将寻星镜视场图的指向调整为上北下南（南半球观星者在观看北边的天体时必须把书倒过来）。不过，你抬头看天空时，“上”可以是任何方向：随着夜深，其视指向也会因在天空中的不同位置而改变。

最后，今天在购买大多数折射望远镜和折反射望远镜时都会附送一块对角镜，它是一块小棱镜或镜面，可以以直角反射光线，于是你可以看到上北下南的像。然而，这也意味着你在望远镜中所看到的与在寻星镜中所看到的互为镜像。你在杂志或图书中看到的几乎所有天文摄影作品都是镜像图。后文中的对角镜视场图就是我们用小型望远镜和对角镜所看到的景象。

然而多布森望远镜中并没有对角镜（多布森望远镜是今天最常见的牛顿望远镜，这里所说的情况适用于所有牛顿望远镜）。因此，它不存在上面说的镜像效应。不过它成的像确实是上下颠倒的，这意味着想将一个天体移入多布森望远镜视场中心时往往需要把望远镜往与你预期相反的方向移动（一个小技巧是前后移动望远镜，即望远镜移动的方向与你想让该天体前后移动的方向相同）。多布森望远镜的口径通常是小型望远镜的 2 倍（集光面积至少是后者的 4 倍），因此多布森望远镜的视场中会包含更多的亮星、暗星和星云状物质。相应地，本书中的多布森望远镜视场图中也会显示更多的天体。

需要注意的是，目前许多对地的观察镜都配有 45° 的正像棱镜。这种棱镜所成的像不成镜像，不要把它们与对角镜混淆。45° 的正像棱镜是手持观鸟用的，但当你试着用它们观看头顶的恒星时，常常会引发颈背疼痛。如果可以，问问望远镜的销售方能否把这种棱镜换成 90° 像的寻星镜。在恒星的指向上，用正像棱镜比用多布森望远镜看的效果好，但前者在细节的呈现上不如后者，除非你有一架非常大的对地观察镜。

了解望远镜

你如果刚刚入门，那么得好好阅读下文，了解并熟悉望远镜。书中会解释望远镜的工作原理，告诉你它们是如何影响你想观看的天体的、你应该使用什么样的物镜和附件，以及为什么用不同的望远镜看同一天体效果会不同。你可以在等待太阳下落时阅读这些内容。

你若想成为一位更加博学的天文爱好者，可以阅读丹在本书最后列出的一些书籍。他还介绍了我们在编写本书时的一些细节。最后，我们还列了一张表格，包括书中所讲述的所有天体以及它们的坐标等。

除此之外，本书的其他部分都是用于户外天文观测的。不要担心把书弄皱弄潮。1 年后，通过书页上的污渍你就能找到你钟爱的天体。

登录网址 www.cambridge.org/turnleft 你可以查找书中所有星图翻转、镜像和颠倒后的样子。

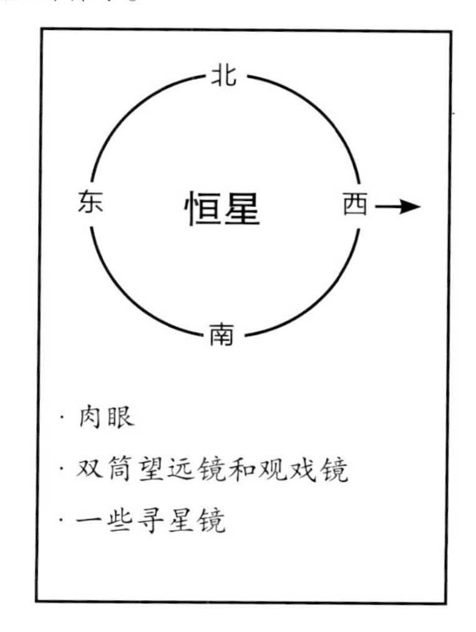

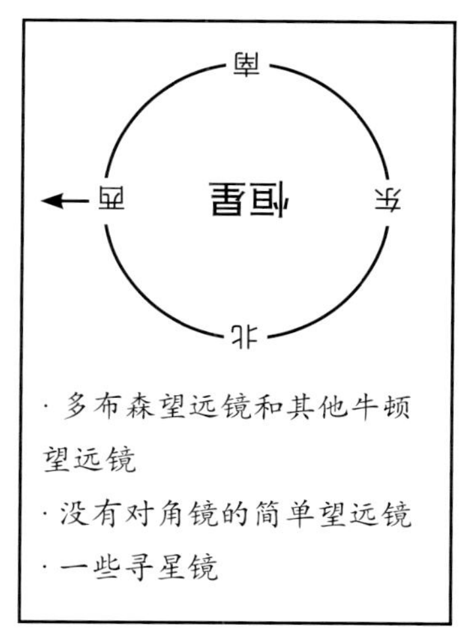

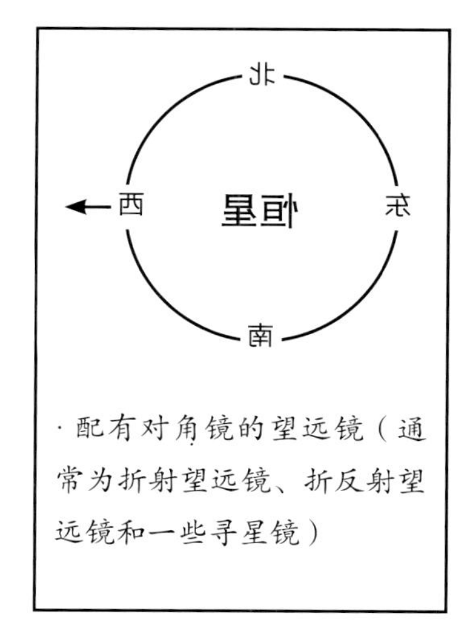

肉眼可见的星场在多布森望远镜中上下颠倒，在绝大多数装有对角镜的望远镜中则为镜像。通过观看远处的标示牌可以确定你望远镜像的指向。箭头表示恒星在视场中在从东向西运动。

使用你的望远镜

寻找观星地点

最容易找到的观星地点就是你家的后院。当然，如果附近的路灯很亮，在观看暗弱天体时你会遇到麻烦，树木也会遮挡你的视线。但也不用非得到理想的观星地点去或坐等理想的夜晚。哪里让你感觉舒服，哪里就可以作为观星地点，比如能方便地找到热茶、咖啡或厕所的地方。你不必每次观星都兴师动众地去很远的地方，等有壮观天象的时候再去吧！

如果你住在城里，楼顶是一个很好的观星地点。那里几乎比所有的路灯都高，如果建筑物足够高，你也许能看到比在城郊树木环绕的地点更多的东西。

当然，你必须到户外去。在被望远镜放大之后，绝大多数窗户玻璃会让望远镜根本无法聚焦出清晰且锐利的像。此外，室内哪怕最微弱的灯光也会因玻璃而发生反射，而这比你所要看的大多数天体亮得多。虽然打开窗户观星可以规避这些问题，但很显然你的视野会极度受限，并且在大多数季节里你还会遇到室内温暖空气与户外寒冷空气混合所引发的问题：光线先后穿过冷热空气时会发生湍动，使得影像闪烁模糊。

校直寻星镜会为你节省此后搜寻天体无果而浪费的数个小时。

校直寻星镜

在白天，值得花时间好好做的一件事情就是调整寻星镜的指向。

寻星镜是你享受用望远镜观星的乐趣的一大关键。如果它被准确地校直了，那你很快就能找到天空中的大多数天体。如果它没有被校直，寻找任何一个比月球小的天体都会令你感到痛苦和绝望。

寻星镜上都配有一组可调节其指向的螺钉，调节时要么用手，要么用螺丝刀。到户外架设好你的望远镜，把它对准尽可能远的某个醒目的物体，比如路尽头的路灯、远处的楼顶或远处山顶的一棵树。不断调整望远镜，直到能在望远镜中看到这个物体。

现在，试着在寻星镜中找到这个物体（这里假设你选择的物体足够大，用寻星镜和望远镜都能看到）。调整不同的螺钉，直到该物体正好位于寻星镜十字叉丝的中心。差不多位于中心是不行的。调整螺钉的时候，寻星镜似乎总是会向不可预测的方向移动，但只要有足够的耐心，你肯定能把物体的成像调整到它的正中心。

随后，确保所有螺钉被尽可能地拧紧（这是最难做到的）。只有这样，你在移动望远镜时，寻星镜的指向才不会发生变化。但在拧紧螺钉的时候，不可避免地会破坏之前调整好的寻星镜的指向，因此你可能不得不重复这一过程 2 ~ 3 次，才能最终完成对寻星镜指向的校直工作。

你所花的这些时间绝对是值得的。指向不正确的寻星镜会在你使用望远镜的过程中给你带来无尽的烦恼，紧接着愤怒和沮丧会逼着你回屋看电视。不要让这种情况发生在你身上！

冷却

当你把望远镜从温暖的室内搬到寒冷的户外时，温度的改变会给你带来麻烦。温度较高的镜面或透镜会冷却并收缩，从而发生形变。更糟的是，镜筒内温度较高的空气在与户外低温空气混合时会引发扰流，而这会大大降低望远镜的分辨率。

对一架小型望远镜来说，冷却 10 分钟应该就可以了。在此期间你完全不会有无所事事的感觉，在观测需要小型望远镜的分辨率最佳的天体前，等上一小会儿就行了。

然而，多布森望远镜有更多的镜面需要冷却，而且其主镜还位于其长镜筒的底部。所以它的冷却需要更长的时间。你可以在日落后架设好多布森望远镜（可以避免阳光，防止望远镜镜筒温度升高），再在暮光中等待至少半小时，然后才能开始观星。

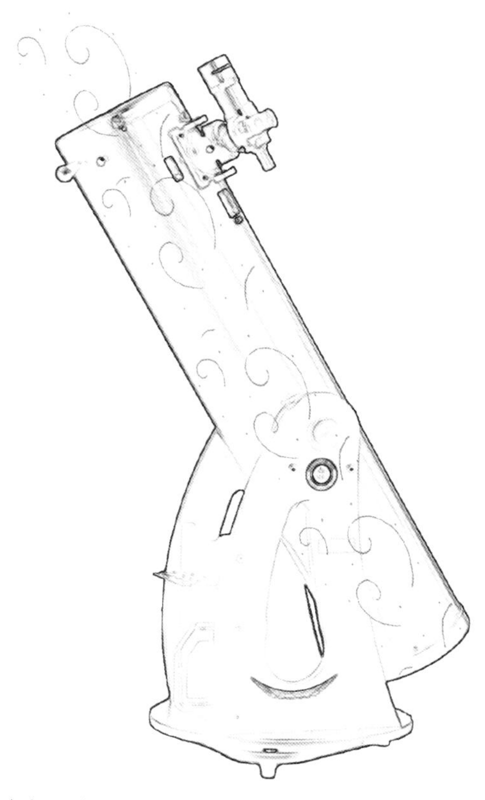

冷却一架多布森望远镜所花的时间长得惊人。在日落前架设好多布森望远镜，在真正开始观星前至少要等半个小时。

防结露

如果每颗恒星看上去都像星云，那就有必要检查一下透镜上是否有露水。

不过，望远镜之所以会形成露水可能是因为冷却过度了。在湿度中等的夜晚，你会发现被带到户外的固体会比周围潮湿的空气更快地辐射出自身的热量（固体可以在许多波段上发出辐射，其中就包括空气无法吸收的波段；但饱含水的空气会吸收固体所放射出的有限辐射，因此空气需要更长的时间来消散热量）。这意味着，你望远镜的温度很快就会降到比气温低，于是空气就会在望远镜上结露，就像潮湿夏日里冰凉的汽水罐子那样。

解决结露的一个办法是用干燥的热空气吹扫透镜——你可以使用吹风机，或者把透镜放到车上的除雾器附近。如果可以，把结露的望远镜——如果易于从主镜上拆下来，至少把目镜和寻星镜搬到室内静置 15 分钟左右，以使望远镜干燥。毕竟，如果什么也看不清，那透镜就毫无用处了。

最佳的解决方法是避免望远镜的透镜辐射出它的热量。安装在透镜之外的一个长黑镜筒（露罩）就可以阻止透镜辐射热量并起到为透镜保暖的作用。当然，多布森望远镜和其他牛顿望远镜的主反射镜本身就位于长镜筒的底部，因此不太可能结露，除非镜筒不够长。然而，寻星镜和目镜仍会在你意识到之前就结露。

如果没有露罩，必要时你也可以把一张纸卷成筒形套在透镜外，或者在不使用时把望远镜对准地面。但在特别潮湿的夜晚，千万不能让目镜上凝结的水珠滴落到望远镜中！这会对较大的折反射望远镜造成严重的影响。

无论你想干什么，务必抑制住自己想去擦拭透镜的念头。这极有可能损坏透镜。防结露的措施不必持续较长时间，因为不管你怎么做，它们都会再结露。

在寒冷的冬夜，当望远镜在户外冷却时，它（折射式或折反射式望远镜）封闭的镜筒中积聚的湿气会在透镜的内侧凝结。应对这一结露的最佳方法是同时消除热量和湿气。把望远镜搬到低温的户外后，拆除对角镜，让镜筒内部的空气与外界的空气联通——把望远镜向下指向地面，这样镜筒内的热空气就会上升流出镜筒，而户外的低温空气就会流入。

做好准备

望远镜的主要任务是收集星光，然后把它输送到一个绝佳且灵敏的探测器——你的眼睛中。就像专业的电子探测器会被安装在精心设计的容器内以确保其工作环境完美一样，你也应该确保你眼睛的容器——你！——安全、温暖且舒适。

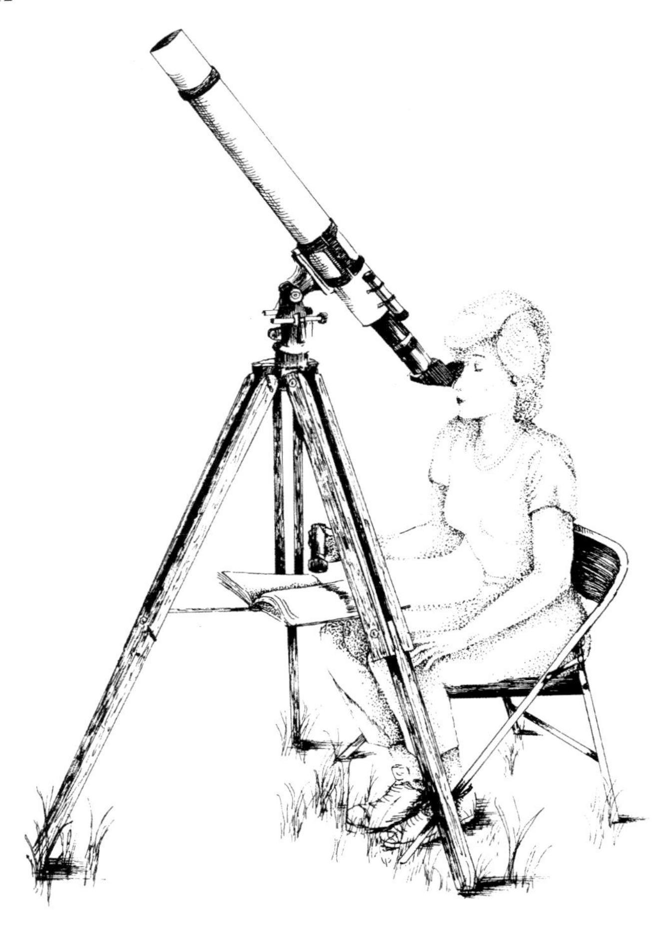

找一把椅子坐下，或者在地上铺一条毯子跪在上面，再搬一张桌子来放手电筒和书籍等资料。这里有个久经考验的小窍门——在手电筒的镜面上涂一层红色的指甲油。这层指甲油能削弱手电筒的灯光，从而让你的眼睛保持对暗弱星光的灵敏性。

做好御寒的准备。你会静坐很长时间，因此要穿得格外暖和。在冬季，多穿一层（无论穿的是什么）总归是好的。因要操作望远镜的金属部件，所以手套是必需的。一杯热咖啡或热巧克力可以让整个世界变得更加美好。在夏季，将手臂和腿用东西盖起来，这样一来可以抵御夜间的凉气，二来可以防虫。

找一把椅子坐下，或者在地上铺一条毯子跪在上面，此外还需要一把椅子或一张桌子来放手电筒和书籍等资料。你可能认为这些工作太过琐碎而不想操心，但事实上正是它们让你的观星之旅更加舒适。放一把椅子和一张桌子只要一分钟，但这一举动能让你在接下来的几个小时里都非常舒适。毕竟，你观星的目的是寻找乐趣，而不是折磨自己。

你的眼睛需要时间来适应黑暗。一开始，也许天空看起来不错且很黑，你却看不到许多恒星。大约 15 分钟后，你才能看到暗星以及远在十几千米之外的购物中心所发出的光芒。这之后，你就可以观看暗弱的星云了。

一旦眼睛适应了黑暗，一定要避开亮光。否则你一下子就会失去夜视的能力，而为了再次适应黑暗你还要花十几分钟的时间。

你还需要一只红光手电筒来阅读指导书和星图。在普通手电筒的镜面上涂一层红色的指甲油是个不错的窍门，备受天文爱好者喜爱，这样做可以让你的眼睛在暗光下仍具有夜视的能力。

多布森望远镜用户：校直光路

大口径的多布森望远镜的缺点之一是，你几乎每晚都需要调整主镜和副镜，以确保它们能把星光送入目镜（折反射望远镜和折射望远镜的反射镜和透镜在出厂时就被固定死了，你一般不需要调整）。镜筒被晃动得越频繁，需要校直光路的可能性就越大。由于多布森望远镜通常十分笨重，你把它们从车库或储藏室搬到后院的时候难免会晃动镜面。

如何来校直光路？每架望远镜所用的方法都不一样。最简单的方法是买一个激光准直器，但它们很贵，差不多跟望远镜一个价钱。不过，如果你在 1 个月内会多次使用多布森望远镜，那买一个也值得。

若没有激光准直器，校直光路最简单的方法是把望远镜对准一颗十分明亮的恒星，然后把焦距调整到散焦的状态，直到能看到一块圆环形光斑和一块大黑斑（副镜的影子）。旋动主镜座上的螺钉，把这块黑斑调整到圆环形光斑的正中心。

妥善保管望远镜

在大型天文台，把望远镜复位是工作人员每晚观测结束之后的例行工作，这样做能防止其大型镜面的自重使望远镜发生形变。口径 2 in（5.08 cm）的望远镜不存在这个问题！基本上任何一个干净且凉爽的地方都能用来存放望远镜（望远镜在被搬到户外之前温度越低，其适应户外温度的时间就越短）。

望远镜放在室内时，你可以让它就那么架在支架上，以免有不时之需。望远镜越易于搬动，你用的次数就越多；用的次数越多，你在夜空中寻找并观看暗弱天体就越容易，所获的乐趣也越多。只要放在宠物和小孩子碰不到的地方就行，望远镜也算是一样象征生活美好的陈设，比拆开了放在壁橱里要好，毕竟时间一长说不定某个部件就找不到了。

保养透镜

灰尘是透镜永远的敌人。尘埃粒子不但会散射光，导致透镜无法聚焦光线，你在清除灰尘的时候它还会刮伤精密的光学镀膜，留下永久性的划痕。

指纹是透镜另一个显而易见的敌人。即使是小到千分之一毫米的缺陷也会让透镜的性能大打折扣，而每次触碰透镜时手指留下的油脂就会造成这一缺陷。积累一年的指纹和灰尘会让你的目镜模糊不堪。

预防是最佳解决方案。因此，永远不要触碰透镜。在不使用时，把它们盖起来，防止自己在无意中触碰。防尘的唯一方法也是在不用时将透镜盖起来。

不小心的话，透镜盖极易遗失。找它们的过程绝对会令你抓狂。养成把它们始终放在同一个地方——某个特定的口袋或望远镜盒子的某个特定角落——的好习惯。即使是在观星时，只要不需要通过透镜看东西，就用透镜盖把它盖上。这样做能防止你（或你周围的人）不小心碰到透镜。

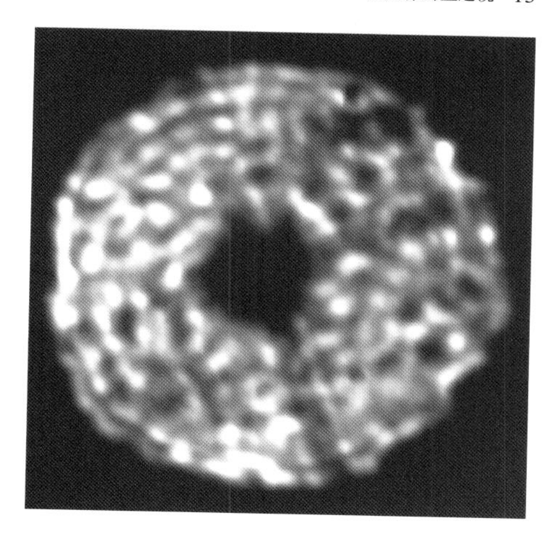

多布森望远镜需要定期校直。校直光路最简单的方法是把望远镜对准一颗十分明亮的恒星，然后把焦距调整到散焦的状态，直到能看到一个类似于图中所示的大光圈。其中的黑斑是副镜的影子，黑斑周围的黑色线条是副镜的支架。之后，调节主镜背部的小螺钉，直到黑斑位于光圈的正中心。注意：这幅图并非真的来自一架多布森望远镜，而是来自口径 1.8 m 的梵蒂冈望远镜——所有大型反射望远镜都需要被校直。

如何清洁透镜

别干这事！一般来说，透镜即使被清洁干净了，其性能也永远无法像新的时候那么好。

虽然你尽了全力，但如果还有灰尘积聚在物镜上，你该怎么办？如果你钟爱的目镜上有一枚清晰的指纹，你该怎么办？

灰尘好办。照相机专卖店都有能吹掉镜头上灰尘的吹气球售卖，它们对望远镜透镜上的灰尘同样有效。不要用嘴吹气，因为你吹出的气体中的水汽比灰尘对透镜造成的伤害更大。不要用任何类型的织物来擦除灰尘，因为这样做肯定会在透镜上留下永久性的划痕。

那该怎么对付伤害性更大的指纹？有没有可能在不伤害透镜的情况下就把指纹清除掉？

理论上是有可能的。照相机或望远镜专卖店都有透镜清洁工具售卖。如果你有一架被严重损坏的望远镜，使用透镜清洁工具也许是一个很好的快速清洁方案。当然，任何方法都没有你一开始就悉心维护你的透镜来得好。

麻烦的是，如今售卖的几乎每一块高品质透镜上都有一层薄而软的抗反射镀膜，它赋予了透镜标志性的蓝色。你所能想到的能清除透镜上指纹的绝大多数工具（极其昂贵的除外）要么会在镀膜上留下痕迹，要么会损坏镀膜。这些清除方法无非是在镀膜上擦拭污迹，都会留下比之前的指纹更糟糕的永久性的划痕。

如果你真的在认真保管你的透镜，那任何灰尘和指纹都会是你的“眼中钉”。因为透镜太干净了，任何小瑕疵都会凸显出来。一枚指纹或一点儿灰尘并不会严重影响你望远镜的性能，不值得你冒着损坏其光学性能的风险进行清洁。

如果你仍想清洁你的透镜，我们的最佳建议是：不要清洁！

如果你真的觉得透镜需要被清洁，那么最安全的做法仍是：不要清洁！

如果透镜已经糟到无法再使用了，那就去买一套清洁工具，毕竟此时你已经失无所失了，这么做你也许能恢复目镜的功能。

了解你的望远镜

伽利略发现了木星的4颗大型卫星（自此这4颗卫星被称为伽利略卫星），他是第一个看见了金星的盈亏和土星的光环的人，也是第一个用望远镜看到了星云和星团的人。事实上，在仔细检查了他的观测记录之后我们发现，他甚至观测了海王星并记录下了它的位置，这比人们意识到它是一颗行星早了差不多200年。他用1架口径1 in（2.54 cm）的望远镜取得了上面的成就。

发现了数百个深空天体并将它们编纂成以自己的名字命名的星表的夏尔·梅西叶起初使用的是一架口径7 in（17.78 cm）的金属镜面反射望远镜，据估算，其性能并不比现代的口径3 in（7.62 cm）的望远镜强多少。之后，他用的是口径3 in（7.62 cm）的折射望远镜。

我们其实想说的是：没有差望远镜。无论你的设备多廉价或者多不起眼，它肯定比伽利略当年用的强，应该被善待。别轻视它，别认为它不值得你悉心保养。

了解光路

每架天文望远镜都有两大极为不同的任务：一是必须让暗弱天体看上去更亮，二是必须让小型天体看上去更大。天文望远镜分别通过两个部分来完成这两项任务。每架望远镜都基于一块大透镜或反射镜，即物镜。该透镜或反射镜是用来尽可能多地收集光线的，就像收集雨水的水桶一样（一些天文学家把望远镜称为“光桶”）。很显然，透镜或反射镜越大，收集到的光就越多；收集到的光越多，暗弱天体看上去就越亮。因此，你应该知道的望远镜的第一个重要参数是物镜的直径，它被称为口径。

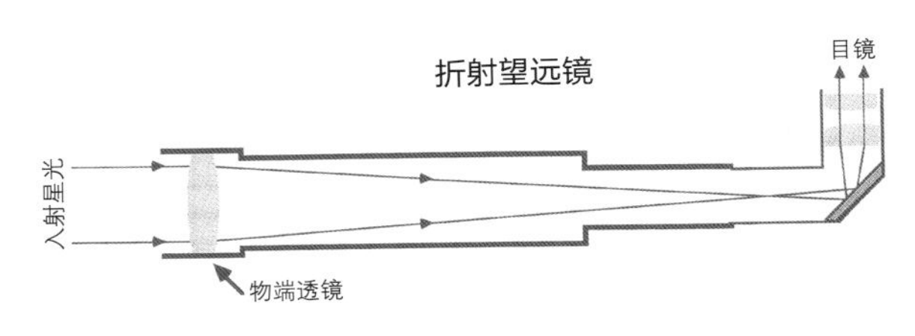

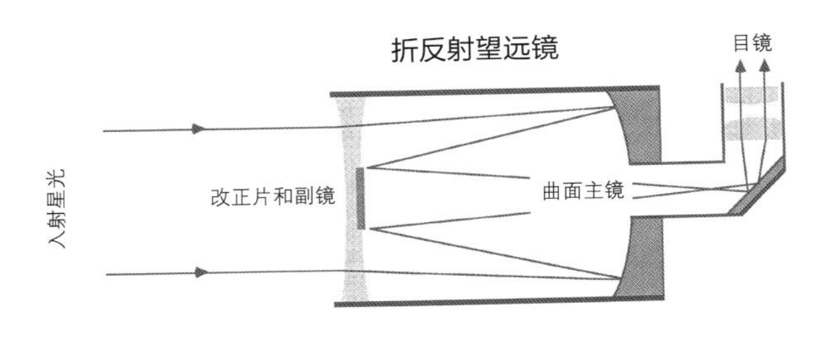

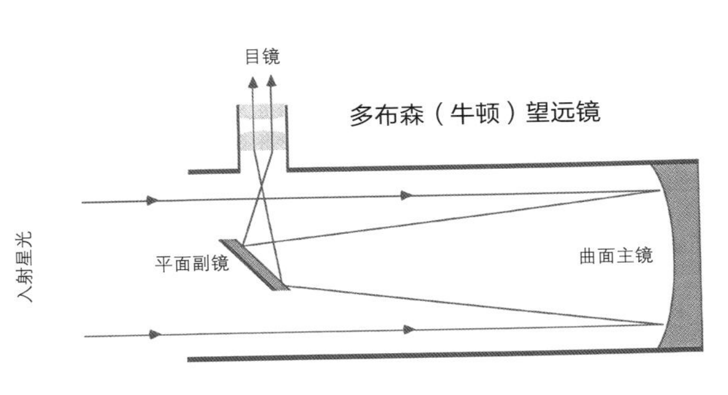

望远镜如果使用透镜来收集光，则被称为折射望远镜；如果使用反射镜来收集光，则被称为反射望远镜。在折射望远镜中，光线穿过一大块透镜（物端透镜）时发生折射或弯曲。在反射望远镜中，光线由主镜（有时也被称为物端反射镜）反射到前方的小反射镜（副镜）。在这两种情况下，经由物镜折射或反射的光线经过目镜时会再次发生弯曲，形成肉眼可见的像。

把光线送回主镜中小孔的反射望远镜被称为卡塞格林反射望远镜。它是一种折反射望远镜主镜，前方有一块额外的透镜，这使得它的镜筒短得多。非常适合天文爱好者的折反射望远镜是马克苏托夫望远镜；更大的折反射望远镜则采用另一种与之稍有不同的设计，被称为施密特望远镜。

副镜会把光线反射到镜筒顶部的反射望远镜是牛顿望远镜。目前在天文爱好者中最流行的牛顿望远镜是多布森望远镜，即安放在由约翰·多布森发明的简易且精妙的地平装置上的牛顿望远镜。

主镜（折射望远镜的物端透镜）会把光线汇到一个点上聚成小而亮的像，这个点被称为焦点。从物镜到这一点，光线要走一段距离，这段距离被称为焦距。

由物镜所成的小而亮的像看似飘浮在焦点处。在那里放一张纸、一块CCD（相机电荷耦合器件）芯片、一片胶卷或一块磨砂玻璃，就可以看到物镜所成的像。那里就是望远镜主焦点的位置。如果你在那里装一台不带镜头的照相机，就能摄影。这时望远镜对照相机而言就是一个大型长焦镜头。

望远镜的第二部分是目镜。我们描述目镜的作用时可以把它类比为放大镜，因为它能够把物镜在焦点处所成的微小的像放大。不同的目镜具有不同的倍率。目镜的焦距越短，倍率越高，所成的像越暗，视场也越小。你会发现，使用高倍率的情况并没有你想象的多。

了解望远镜支架

小型望远镜通常被安装在类似于照相机所用的三脚架上，以便于你上下左右转动它。上下转动改变的是地平纬度，左右转动改变的则是方位角。这样的支架被称为地平装置。对小型望远镜来说，使用这类装置是毋庸置疑的。地平装置很轻便，无须进行特殊的校直，易于使用，你只需要把望远镜对准你想看的东西即可。

流行且价格低廉的一种地平装置是多布森装置。不同于装在望远镜镜筒中心的支架，多布森装置安装在主镜所在的镜筒底部。多布森装置在设计上有两大特点：一是基部特别重（主镜是望远镜中最重的部件，就位于牛顿望远镜的底部），二是镜筒由轻质材料制造，这样可以防止望远镜倾倒。除了价格低廉和易于使用之外，多布森望远镜的两根指向转动轴装有特氟龙制动块，只要松紧合适，它可以在你把望远镜从一个方向转到另一个方向后保持望远镜指向不变，即使你已经松手。

对准天空中的某个天体后你会发现，它会慢慢地移出视场。在使用地平装置的时候，我们要随着所观看天体的升落来调整望远镜的方向。

稍微想一下，其中的道理并不难理解。恒星从东方升起，然后从西方落下，也就是说它们在天空中缓慢地运动。当然，这其实是由地球自转造成的，由此我们看到的恒星在不断变化。想要抵消这一运动，可以使用更精巧的赤道装置，它通常用于较大的望远镜。其实它也是一种地平装置，只不过被斜了过来。本来指向头顶的轴现在指向了北天极（这根轴原来是竖直的，现在倾斜了一定的角度，即 90° 减去你当地的纬度）。它现在被称为极轴。使用这类装置时，只要绕着这根倾斜的轴以与地球自转相反的方向转动望远镜就能让所观看的天体保持在视场的中央。你甚至可以安装一台电机来驱动望远镜。这种电机被称为转仪钟，它会驱动望远镜绕着这根倾斜的轴转动，转动速度是钟表上时针速度的一半。因此，它每天正好转一圈（由于恒星每晚升起的时间会比前一晚提前 4 分钟，它转一圈的实际时长为 23 小时 56 分钟）。

然而，极轴的倾斜方式会让你在初次使用赤道装置时感觉很别扭。不同的支架装置的设计不同，有些装置可能会把望远镜放置在三脚架的一侧。这样的话你就必须在另一侧用重物来平衡望远镜的重量。而这使得该装置变得相当笨重。

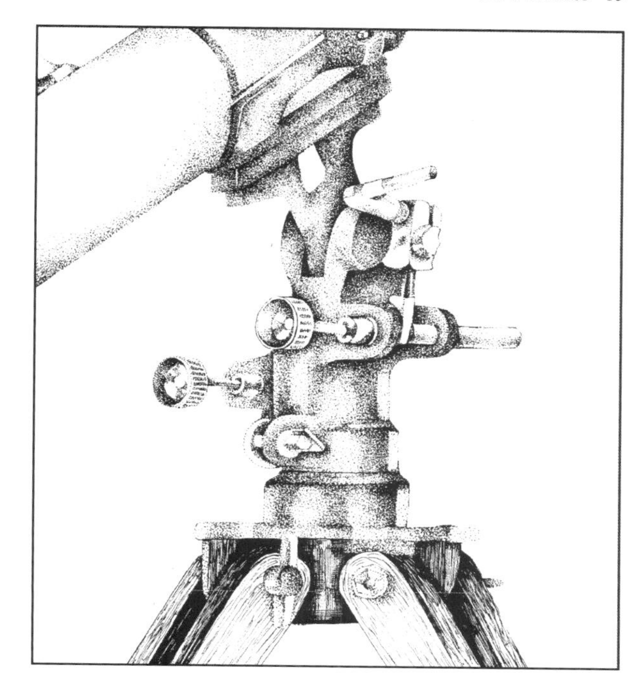

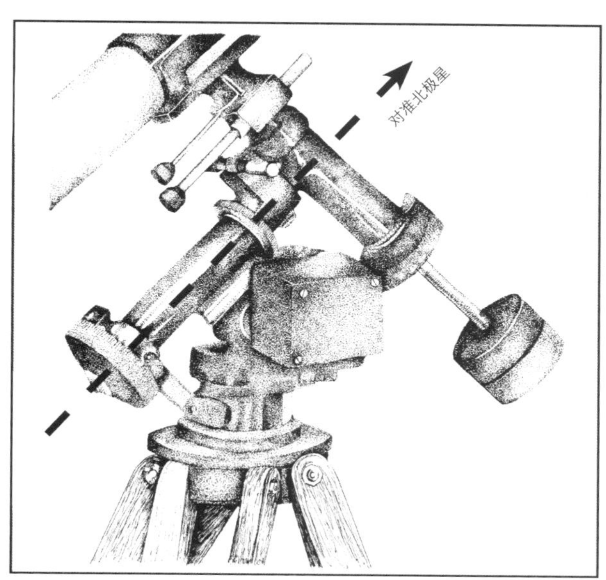

望远镜支架有两种基本类型：地平装置（第一幅图）和赤道装置（第二幅图）。赤道装置本质上也是地平装置，只不过它的一根转轴被调整得与地球自转轴的方向相同。

如果你的望远镜采用的是赤道装置，那在你观星前要做的第一件事情就是确保三脚架摆放的方向正确，即确保赤道装置的极轴与地球的自转轴平行。对北半球的观星者来说，（在过去和未来的几千年里）地球的自转轴都指向极其靠近亮星北极星的一个点。因此，你要做的就是把赤道装置的极轴对准北极星。但请记住，每次架设望远镜时都必须重新对准！南半球的观星者就没有这么幸运了，天上没有明亮的南极星。

如果你计划使用一架由电机驱动的望远镜来进行长时间曝光摄影，那要更仔细地做好赤道装置的调准校直工作。就一般的观星而言，将极轴对准北极星就够了。

望远镜基本数学

计算望远镜的倍率、分辨率和其他参数是深入了解其性能的好办法。但是请确保使用的测量单位上下一致：要么统一用毫米，要么统一用英寸，别搞混了！

A = 望远镜口径（以毫米为单位）：反射望远镜主镜或折射望远镜物端透镜的直径

L_T= 望远镜焦距（以毫米为单位）：从望远镜的主镜或者透镜到焦点的距离

L_E= 目镜焦距（以毫米为单位）：从目镜透镜到焦点的距离

f = 望远镜焦比 =L_T/A

M = 倍率 =L_T/L_E

R = 分辨率：望远镜所能分辨的最小角距离（以角秒为单位）

V_A= 可见视场：当你把目镜置于眼前时可见的光圈的角大小（以度为单位）

我们用角秒、角分和度来度量天体的大小。1 度等于 60 角分，写作 60'; 1 角分等于 60 角秒，写作 60"。满月的大小为 0.5° 或 30'。本书中行星状星云通常的直径为 1'。像辇道增七这样的易于分辨的双星，子星之间的间距约为 0.5° 或 30"。

分辨率

R ≈ 120/A（A 以毫米为单位）

≈ 4.5/A（A 以英寸为单位）

分辨率度量的是望远镜辨识细节的能力。它决定了两颗子星在距离多远时双星能被望远镜分解成一颗一颗的恒星，也限制了你能在一颗行星的表面看到的细节数。

分辨率是望远镜可以分辨的最小角距离（以角秒为单位），比如密近双星中两颗子星的间距。

任何一架望远镜的分辨率都有一个理论上的极限（它是根据光的波动特性得到的），你用上面给的公式就能算出来。理想条件下，一架口径 60 mm 的望远镜应该可以分辨出子星间距为 2" 的双星。当然，还得大气非常稳定才行。

根据这个公式，一架口径 8 in（20.32 cm）的多布森望远镜的极限分辨率比 0.5" 还大。你想用它看到比 0.5" 还小的细节是不可能的。即便是在观测条件最佳的夜晚，大气的不稳定性一般也会导致望远镜分辨率大于 1"。

在某些情况下，人眼可以聪明地规避这一分辨率极限。人眼可以识别在一个方向上小于分辨率极限而在另一个方向上大于该极限的物体，尤其是在物体亮度反差极大时。土星环中的卡西尼环缝就是一个这样的例子。

如果双星中两颗子星亮度相当，那你用望远镜可以分辨子星间距比望远镜分辨率极限稍小的双星；此时该双星看上去就像一块椭圆形的光斑。另一方面，如果两颗子星中的一颗远比另一颗亮，想看到较暗弱的那颗子星，你的望远镜的分辨率得远小于理论值。多加练习会对你有所帮助！

确定焦距的最容易的办法是查看你望远镜或目镜侧面的数字。左图目镜的焦距为 25 mm；右图是结合了透镜和反射镜的马克苏托夫望远镜，具有 1000 mm 的有效焦距。在计算过程中，所有的长度单位务必一致，通常为毫米。请注意，右图中的这架望远镜还告诉了你它的口径——90 mm（标注为“C 90”）——以及焦比——f/11，焦比就是用 1000 除以 90 算出来的。这架望远镜使用的是 25mm 的目镜，能得到 40 倍（1000 ÷ 25=40）的倍率。

倍率

$$M=L_T / L_E$$

要想知道使用目镜后的倍率，把物端透镜的焦距除以目镜的焦距（通常标在目镜侧面）即可。在计算时，请确保这两个焦距的单位相同。现如今，大多数目镜的焦距都以毫米为单位，因此，你还要知道以毫米为单位的物端透镜的焦距。例如，如果一架望远镜物镜焦距为 1 m（1 m=100 cm=1 000 mm），目镜的焦距为 20 mm，其倍率则为 1 000 ÷ 20，即 50 倍（50×）。这架望远镜用 10 mm 目镜的话则具有 100 倍的倍率。计算时，不要把焦距与口径搞混。

$M_{max} \approx 2.5 \times A$（A 以毫米为单位）

$\approx 60 \times A$（A 以英寸为单位）

最大可用倍率是望远镜分辨率的产物。由望远镜主透镜或反射镜所成的像永远也不会是完美的，于是就需要望远镜把这个像放大进而显示新的细节，而望远镜的倍率存在一个极限。用望远镜在极高的倍率下观星无异于用放大镜在报纸上的一张照片里寻找更多的细节（报纸上的照片由一个个小点构成，放大镜只不过是让同样的小点看上去更大而已）。一旦你放大的图像达到了原有图像分辨率的极限，进一步的放大就不会增加任何细节了。当然，即便是大型望远镜，天空的稳定度也会把望远镜可用倍率控制在 400 倍左右。

$$L_E < 7 \times f$$

从目镜投射出的光圈被称为出射光瞳。目镜的倍率越低，出射光瞳就越大。然而，任何从目镜射出但进不了眼睛的光都被浪费了。因此，出射光瞳大于眼睛瞳孔并没有什么意义。这就为目镜的倍率（目镜长度）设定了最低值。

通常，适合你的最低倍率的目镜的焦距应该不大于你瞳孔的直径（一般约为 7 mm，它会随着你年龄的增大而减小）乘以望远镜的焦比。

也就是说，一架口径为 A 的望远镜，其最小可用倍率通常为：$M_{min} \approx A/7$（A 以毫米为单位）或 $3.5 \times A$（A 以英寸为单位）。

焦比 f

$$f=L_T / A$$

折射望远镜的焦比通常较大，达 f/16 ~ f/12。折反射望远镜的焦比则为 f/12 ~ f/8。包括多布森望远镜在内，牛顿望远镜的焦比一般较小，在 f/7 ~ f/4 之间。

多布森望远镜的焦比较小是它的一个优点：这意味着大口径的望远镜相对紧凑，能让弥漫型深空天体看上去更加动人。但小焦比望远镜存在一个严重的缺点——场畸变，即彗差，它会把位于视场边缘的恒星从尖锐的点状变成模糊的“V”字形。此外，想通过调高小焦比望远镜倍率来观看行星或双星，你需要配备较为昂贵的短焦目镜。而对小型望远镜来说，可用目镜的长度是有限的（最小可用倍率）。

视场

$$V=V_A / M$$

视场 V 可以告诉你在目镜中所能看见的天区的直径。当你把一个常用的目镜放到眼前时，其可见视场约为 50°。由于望远镜所成的像会被放大，使用目镜时你实际可见的天区的直径等于目镜的可见视场除以倍率。因此，通常 35 倍或 40 倍的低倍目镜可以呈现直径约 80' 的天空，中等倍率的目镜（75 倍）可以呈现 40' 的天空，高倍目镜（150 倍）则只可以呈现 20' 的天空。我们在绘制本书中低倍、中倍和高倍望远镜视场图时所依据的就是这些数值。

要预估目镜的视场的话，你可以把它从望远镜中取出，通过它来观看某个明亮且可辨识的物体（比如客厅的灯）。调整你头部的位置直到该物体恰好位于你视场的边缘，然后转动头直到它从目镜视场的另一边移出。在这个过程中，你的头转动的角度即该目镜的可见视场。

如今，望远镜自带的大多数目镜的可见视场约为 50°。一些中等价位目镜的可见视场可达 70°，特殊设计的目镜（较昂贵）的可见视场则达 100°。

20 年前，人们更普遍采用的目镜的可见视场是 40°。因此，如果你使用的是那个时候生产的目镜，那么你所能看到的天空比本书中所绘制的天空要小。

附件

多年来，我们搜罗了望远镜能用得上的各种新奇的小玩意儿。其中一些我们现在已觉得必不可少，这些附件能给你的观星带来极大的便利。你在购买望远镜时就能看到它们。这里列出了我们钟爱的一些附件。

三脚架和折反射望远镜之间的一套慢速齿轮使得你调整望远镜跟踪天体变得更容易。

工具箱 分开放置调整望远镜所需的艾伦扳手和螺丝刀，不要将它们弄丢。

镜面校直激光器 可以让你轻松且快速校直多布森望远镜的光路。我们一直在用它，不过它很贵。

优质三脚架 大多数小型折反射望远镜都需要配一架三脚架。优质三脚架的价格可能和望远镜本身的价格相当。三脚架得够重，这样才能确保望远镜在跟踪天体时不会抖动。此外，三脚架还要小而轻便、便于携带。

慢速齿轮 安装在三脚架和折反射望远镜之间的蜗轮。它使得你调整望远镜并跟踪天体都变得更加方便。

泰拉德 对许多人（并非仅对初学者）来说，把望远镜对准目标天体极难，哪怕用寻星镜也无法看到你想看到的恒星。泰拉德能为你提供帮助。若想找准目标，你可以透过一块透明的屏幕看天空，泰拉德会在屏幕上投射一个红点来显示望远镜的指向。

寻星镜 一些高品质望远镜所配的寻星镜很低劣。使用优质寻星镜会给你的观星带来翻天覆地的变化，它可以指引你去往目标天体的邻近恒星。考虑到较大的寻星镜较重，你可能要调整望远镜的配重。

对角镜 如前文中所提到的，你需要的是 90° 的对角镜，而非 45° 的正像棱镜。把适用于过去较小目镜的老对角镜更换为能接驳新型 1.25 in（3.175 cm）目镜的对角镜，可以让一架老望远镜重获新生。

太阳滤光片 不要在不使用太阳滤光片的情况下观看太阳。务必将整个物端透镜或反射镜覆盖住，而非仅仅覆盖目镜。

透镜罩 你总能找到它的替代品，不妨去家居用品店找找！

额外的目镜 了解了天空和你钟爱的天体后，可以攒钱买一个高品质目镜：大视场的或高倍率的，就看你的需求了。好目镜真的能让你遨游于繁星之间。

巴罗透镜 百货商店卖的小型望远镜往往配了便宜的巴罗透镜，以把望远镜倍率提升到不现实的程度。不要因此放弃购买一块适用于你高倍目镜的高品质巴罗透镜。如果夜空足够稳定，巴罗透镜有助于你把双星分解开！

彗差改正器 如果你有一架小焦比的多布森望远镜，并且喜欢在低倍率下观看像疏散星团这样的延展型天体，那么彗差改正器可以通过削弱视场边缘的畸变来提升你整个视场中影像的锐利度。

着装 多袋裤的许多口袋能用于放置透镜盖（或目镜）；买一条尺码稍大的，以便增衣保暖。你要长时间站在漆黑而寒冷的户外的话，可以准备一件羊毛背心。薄手套能让你专注于调焦而不冻手。

桌子 找一张质轻而耐潮的桌子（比如牌桌）来放书籍、星图和目镜等。

观星椅 市面上有为天文爱好者专门设计的观星椅售卖，这种椅子可以前后调节，用来配合望远镜的指向。

红光手电筒 在普通的手电筒前涂一层红色指甲油即可，不过现在市面上也有颜色更纯的红光 LED 手电筒售卖。有一些会做成头灯，这样可以解放你的双手。不过有些手电筒对黑暗的天空来说还是太亮了，你可以使用快没电的电池。

滤光片

滤光片通过去除其他颜色的光来增强某特定颜色下天体结构特征的对比度和亮度。它们的工作原理是做减法。因此，对多布森望远镜这样的大口径望远镜来说，使用滤光片的效果较好，因为这些望远镜能收集更多的光。以下是几种滤光片。

中性滤光片 如果你想用多布森望远镜来观看月球（为什么不呢？），中性滤光片就是必需品。没有它，满月的强光会对你的眼睛造成伤害。

星云（或 OⅢ）滤光片 弥漫星云和行星状星云发出的可见光绝大多数是电离氧原子所发出的特定绿光。星云（或 OⅢ）滤光片仅能让非常少的光通过，能滤除来自天空（和周围恒星）的其他光。它可以让像玫瑰星云这样的暗弱星云脱胎换骨，但它对大多数星系和双星不起作用。

光污染滤光片 如果你所在城市主要使用能发出黄光的钠蒸汽灯照明，那一款能滤除这一黄光的光污染滤光片将有助于降低光污染对观星的影响。

红色或蓝色滤光片 喜欢观看行星吗？红色滤光片可以凸显火星上的结构特征，蓝色滤光片则能凸显金星以及木星云系。

折反射望远镜和多布森望远镜知多少

毫无疑问，作为架设在简易、有效且极廉价装置上的一种牛顿望远镜，多布森望远镜对业余天文学来说具有革命性的意义。然而，在口径相同但不考虑成本的情况下，折反射望远镜在便携性以及光学质量上要优于多布森望远镜。但就像生活中的每一件事情一样，没有任何东西是完美的。对每一位天文爱好者来说，使用折反射望远镜和多布森望远镜时有许多要点要注意。

通常来说，多布森望远镜的焦比约为 f/4.5，这让它能收集到较多的光线。但是，在非常低的倍率下，你会看到副镜在望远镜所成像中投下的影子。它的典型表现为视场中心有一块黑斑。事实上，这块斑并不是完全黑的，仅比视场边缘稍暗。

一面抛物面镜可以把光线正好汇聚到其轴线（位于你视场的中心）上。然而，光线离这个中心越远，成的像就越差。折反射望远镜通过一面形状被精心设计的副镜来修正这一效应。廉价的多布森望远镜中使用的副镜则是一面平面镜。如果你是在中等倍率和高倍率下观星，那么这不会造成任何问题；而如果你在极低的倍率——极大的视场——下观星，就会发现位于视场边缘的恒星不再呈锐利的点状，而呈“V”字形。这一畸变被称为彗差。

每穿过透镜或被反射镜反射后，一束光就会损失一点儿。即使是最好的反射镜也只能反射约 90% 的入射光。由于透镜和棱镜会反射（抗反射镀膜会抑制这一反射）和吸收一部分光，因此一束光进入透镜或棱镜后也会损失一部分光；每块透镜的最佳折射率约为 95%。多布森望远镜使用主镜和副镜来反射光，因此，在光线抵达目镜前其反射率为 81%。但光线在进入折反射望远镜后不仅要经过两面反射镜，还得经过一块改正片和一面对角镜。因此，其集光效率较低，最终所成的像较暗（折射望远镜也面临同样的问题。在考虑了所有透镜的情况下，我们测得的大型利克折射望远镜的集光效率仅为 60%）。

在折反射望远镜中，副镜粘在一块改正片上；在多布森望远镜中，副镜由一个网支架的细丝固定。然而，这一支架会使星光在垂直于其细丝的方向上发生衍射而形成暗弱的放射状条纹（丝线越细，衍射效应越强）。这意味着，不同于折反射望远镜，多布森望远镜呈现的亮星会具有特征性的放射状条纹。这种条纹乍看之下非常酷炫，但当你试着寻找双星中明亮主星的暗弱伴星时，这些条纹就开始碍事了。

有的多布森望远镜的反射镜很大——这很棒！不过这也意味着，相比于较小的折反射望远镜，它需要更长的时间来冷却。

就尺寸较小和极易使用这两点来说，多布森望远镜用起来相当方便。但是多布森望远镜不易搬运。你很难带着它出游，甚至想把它搬到户外都很难。

不要用多布森望远镜观看太阳，除非你心甘情愿为之付出代价！它较大的镜面会收集大量的光，这些光足以破坏你用来投射太阳影像的任何目镜，毫无疑问也会破坏许多置于目镜中的太阳滤光片（在任何时候都不要盲目信赖它们）。用多布森望远镜——或任何望远镜——观看太阳的唯一安全的做法是使用全口径覆盖的太阳滤光片。一块足以覆盖口径 8 in（20.32 cm）的多布森望远镜的滤光片售价不止 100 美元。

价格低廉的多布森望远镜有时会配备灵巧的支架装置，后者通过一对制动块来支撑望远镜。但这要求望远镜配重平衡，否则制动块就会失灵。安装在多布森望远镜长镜筒顶部较重的目镜、巴罗透镜或较重的寻星镜会让它头重脚轻。为了解决这个问题，生产商将一些多布森望远镜的支点做成可调节的。如果你用的是支点不可调节的多布森望远镜，你可以增加配件以平衡望远镜。不想购买新目镜或新寻星镜的话，就用支点可调节的多布森望远镜。

月　球

无须阅读任何书，你就知道如何把望远镜对准月球。月球无疑是夜空中最显眼的天体，可能也是细节最丰富的天体。当然，如果你知道月球上哪里值得一看，那会有更多的收获。

找对方向

搭建舞台

在小型望远镜中月球多变而复杂；在高倍多布森望远镜中，你很容易在一座座环形山间迷失方向，以及搞混不同的月海。因此，想观看月球要做的第一件事就是找对方向。

月球圆形的边界被称为边缘。由于月球始终只有一面对着地球，位于其边缘附近的环形山始终位于边缘附近。

月球上不同的部分接连被太阳光照射到，因此月球具有不同的月相。月相轮回一次持续约 29 天，由此我们有了“月”的概念。这意味着，除了满月时，月球圆面上总是只有一部分被太阳光照亮，另一部分则处于黑暗中。这两部分的边界被称为明暗界线。

明暗界线是月球上白天和夜晚的边界。一位站在明暗界线上的宇航员会看见太阳正从月球地平线上升起（前提是此时是盈月；而如果此时是亏月，看到的则是太阳从地平线上落下）。由于此时太阳位于地平线之上的低空，即便是最矮的山峰也会投下长而醒目的影子，这正是“低太阳角”的结果。明暗界线是一条粗糙而曲折的线，不同于月球圆滑的边缘。这些长长的影子说明月面非常崎岖。

将望远镜对准明暗界线能看到动人的景观。小型望远镜很难分辨月面上直径小于 5 km 的结构。明暗界线上仅几百米高的山峰就能投下数千千米长的影子，这让我们更容易在望远镜中看到它们。

基本地理（月理？）

在月面上可以看到以下主要地形。月球边缘附近以及南方的大部分地区是崎岖的山地。这些地区中的岩石几乎是白色的，非常亮。该地形被称为高原。

与之成鲜明对比的是呈深黑色且非常平缓的低洼地区，被称为海。历史上，第一批用望远镜观测月球的天文学家以为这些平缓的区域是海洋。月球上有一大片深黑色的地区，被称为风暴洋。

大量圆形的碗状结构——环形山遍布月球，尤其是高原，也偶见于月海。的确，有几片月海本身就十分圆，就好像它们最初是非常大的环形山；这些大型圆形低地被称为盆地。

月相

随着月相变化，从最纤细的蛾眉月到满月，月球被太阳光照亮的部分先充盈增大，再亏缺减小，直到再次变成纤细的蛾眉月。月球正好位于地球和太阳之间时，无光照侧朝向我们，月面完全处于黑暗中，此时的月球被称为新月。

新月之后，随着月球在轨道上的运动，它会出现在夜空中，在日落后不久从西方落下。到半月相（也被称为上弦月）时，它会升到它能升到的最高处，日落时位于南方，子夜时落下。盈月的形状就像字母“D”。满月时，月球正面完全被太阳光照亮，它日落时升起，日出时落下。亏月时，月球在夜深之后才升起，日出后仍会在天空中逗留很长时间。此时它就像字母“C”（在南半球，“D”形和“C”形月球出现的顺序相反：晚上看到的月球呈“C”形，子夜之后才升起的月球则呈“D”形）。

因盈月在大多数人观星的夜晚时分可见，我们在下文将着重介绍。

月龄

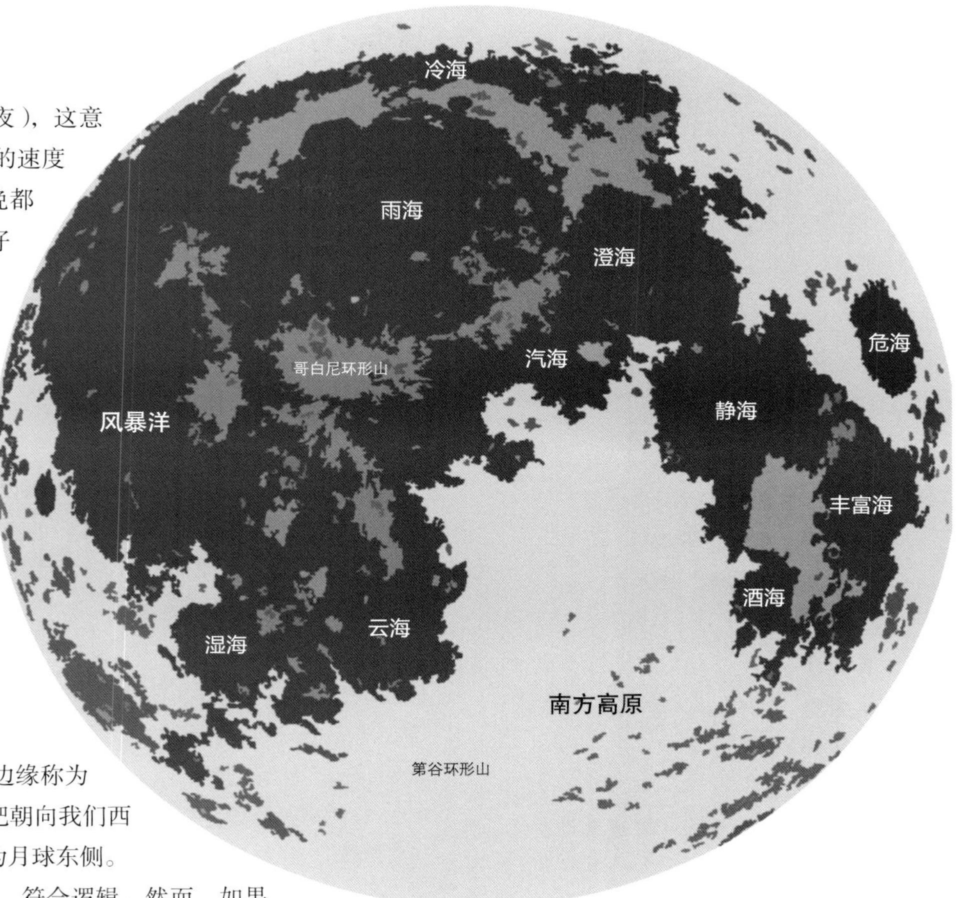

月相轮回一次需要约 29 个地球日（一昼夜），这意味着明暗界线会以约每天 12.5° 或每小时 0.5° 的速度扫过月面。于是，毫无疑问，月球的样子每晚都会发生显著变化。事实上，你如果用望远镜仔细观察月面上的某个特定地点，几个小时后会发现，它的样子就在你的眼皮底下发生了变化。

因此，想要规划要看的东西的话，了解月龄是必要的。后文中我们会在此基础上告诉你该往哪儿看和看什么。我们会着重介绍在明暗界线上能看到的东西，因为那里的影子最为动人，月球上隐约的特征最明显，它们在几个小时内的变化也最显著。

东是东，西是西……除了在月球上

习惯上，天文学家把朝向我们北方的月球边缘称为月球北边缘，把朝向南方的称为月球南边缘；把朝向我们西方的月球边缘称为月球西侧，把朝向东方的称为月球东侧。

如果从地球上看月球，这一定义非常完美，符合逻辑。然而，如果你是一位站在月面上的宇航员，这就会让你感到非常困惑，因为月面上的方向与我们在地球上看到的相反（参见“如何使用这本书”）。于是，在进入太空之初，美国宇航局为即将登月的宇航员制定了一套新的术语。这样，我们在指称月球上的方向时就有两种相互矛盾的体系。一本书中所说的“西”在另一本书中可能指“东”。

本书面向的是地球上的观星者，而非宇航员。而观看月面图时确实就像在看地图。那我们在指称月面地形时该使用哪种体系呢？

我们俩进行了投票。结果是平局。

于是，在南北向不会被混淆的情况下，我们规避了说东西这两个方向，而是指引你“朝月球边缘看”或者“朝明暗界线看”。请注意，在配有对角镜的望远镜中所看到的影像与本书中的插图成镜像。

月球特殊天象

月食

1 年中约有 2 次或 3 次满月会穿过地球的影子，月食由此发生。月食只会持续几个小时，而非整晚。当然，只有在月球升起后你才能看到月球，满月时月球整晚可见。能否看到某一次月食取决于发生月食时你是否位于地球上的夜半球。第 37 页列出了 2012 ~ 2025 年世界范围内的月食。

可在新月的最初几天观看地照：
1. 风暴洋（黑色、不规则）
2. 月面盆地（黑色、圆形）
   a. 湿海
   b. 云海
   c. 雨海
   d. 澄海
   e. 静海
3. 格里马尔迪环形山（暗边缘附近的黑色盆地）
4. 阿利斯塔克环形山（亮斑）
5. 大型环形山（白色圆圈）
   a. 哥白尼环形山
   b. 开普勒环形山
6. 第谷环形山（南边的白色圆圈，向外辐射出白色条纹）
   第谷环形山的辐射纹：
   a. 位于湿海和云海之间
   b. 朝向南边黑色边缘
   c. 朝向酒海

新月

夜空中新月的回归给人愉悦、美妙和安心的感觉。寻找一轮极细新月的最佳月份是你所在半球的春分前后，此时黄道与地平线之间的夹角较大，月球离刚刚下山的太阳相对较远。可以查看新月时刻表来寻找观测月球的良机——新月后不到 36 小时的一轮发丝粗细的蛾眉月是令人兴奋的景观，不过想看到它极具挑战性。你事先要知道往哪儿看，同时要确保望向地平线的方向上没有任何障碍物、云或雾。日落后就可以开始寻找了，并且最好使用双筒望远镜。

在新月的最初几晚，你可以看到月球被地照照亮的黑暗侧，这是地球把太阳光反射到月球上所致。每个月相循环中只有这几天能看到这一现象，你得把握好时机。

月掩星

月球在缓慢地向东移动，穿行于黄道带上的恒星之间，每小时大致移动一个身位。盈月时其黑暗侧为前导边缘。

如果你发现有一颗恒星正好位于月球暗边缘之外不远处，可以用望远镜观看 10 或 15 分钟。随着未被照亮的月球黑暗侧从其前方经过，这颗恒星看上去会突然消失。虽然这在意料之中，但仍令人迷惑、惊讶、激动！在这一悄无声息的突变中，人的潜意识或多或少会受到影响。

在蛾眉月阶段，月掩星更易于观看，因为通过望远镜你可以看到被地照微微照亮的月球暗边缘。这样你能更容易地判断还要等多长时间才能看到月掩星。

有些时候，月掩星的发生是渐进的，星光会从明到暗再消失。这发生在月掩密近双星时。之后，双星从月球的另一侧再现时，也会经历类似的“启动”过程。在这一过程中，恒星的亮度和颜色都会发生变化。例如，当月掩心宿二时，心宿二绿色的 7 等伴星会在较亮的红色主星之前几秒再现。

如果月球的边缘正好掠过一颗恒星，那当该恒星经过月球上的山脉和峡谷时，你会看到它闪烁多次。这被称为掠掩。

行星也会被掠掩！事实上，由于月球和行星在天空中的轨道近乎相同（都位于黄道附近），月掩行星十分普遍。

天平动

众所周知，月球始终只有一面对着地球。月球自转一周的时间与其绕地球公转一周的时间相等；从地球上望过去，这两种运动相互抵消了。这也正是我们从地球上只能看到半个月球的原因。

同样众所周知的是，“众所周知的”并不总是完全正确的。

首先，月球轨道相对黄道面倾斜了约 5°，因此月球处于近地点和远地点时，我们可以从“上”或往“下”看到月球的极区。此外，月球绕地球公转的轨道并非正圆形，它并不是以与其自转完全相等的速度公转，而是时快时慢。因此，在月球公转的不同时间段里，我们会先看到其东侧，然后看到其西侧稍稍朝向我们。也就是说，实际上我们能看到近 60% 的月面。观察月球天平动的极端表现很有意思，我们会看到某些平时看不见的月面结构。

这也意味着，在不同的月份里，我们在某个特定月龄所看到的结构不同。因月球轨道是倾斜的，靠近月球两极的结构会进入或移出其黑暗侧，它们出现的时间会与平

回想一下，是不是夏季太阳高高当头照，冬季太阳则在地平线附近游走？其实，夏季白昼时的天空就是冬季的夜空。当 7 月发生日全食太阳光被完全遮挡时，可以看到猎户座和 12 月星座中的亮星！因此，在夏夜，月球和行星似乎都在地平线附近的低空运动；而在冬季，月球和行星则运动到了头顶的高空，与 6 个月后太阳所走的路线相同。

均时间存在几天的出入。如果你所见的与我们的描述不符，可以翻看前后几天的描述。

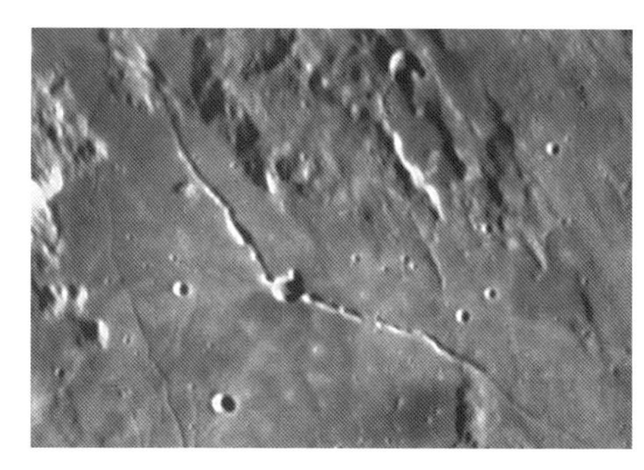

月溪：希吉努斯溪就像是希吉努斯环形山辐射出的两道裂缝。

高级月理

月球更像是一颗绕着地球转动的小型行星。地球和月球确实可以被认为是一个双行星系统——在绕太阳公转的同时还相互绕转。

目前大家还比较赞同的理论是，45 亿年前一颗火星大小的原行星撞击地球时抛射出了形成月球的物质。这些残骸形成了一个环绕地球的环，最终聚合形成了月球。

月球表面随处可见的环形山是月球在太阳系形成的末期被陨星撞击所留下的疤痕——陨星撞击月球发生爆炸时留下了圆形的爆震遗迹。爆炸所抛射的物质最终还落回了月球表面。它们中的大多数会落到环形山之外，形成丘状边缘；其余的则会在环形山之外进一步爆炸，形成新的环形山。因此，在较大的环形山周围与其自身大小相当的区域里，我们常常会看到许多较小的环形山。包含丘状边缘和次级环形山的区域被称为喷出覆盖物。

一些撞击形成的残骸能从环形山飞出数百千米之远。它们所落之处，月表的颜色比周围未受影响的岩石的颜色浅。因此，这些区域看上去就像是从环形山辐射出的明亮条纹。这些条纹在满月时最显眼。

拥有环形山数目最多的高原无疑是月球上最古老的地区。在月球地壳形成之后，有一些大型陨星撞击月球，形成了圆形的盆地。

在接下去的 10 亿年里，月球深处的玄武熔岩喷涌而出，注入最低处和最深的盆地，形成了月海。在这些地区，环形山相对较少，这表明在玄武熔岩涌出之前，月球上绝大多数的撞击已经结束。在月海表面之下，熔岩流会形成管道；一旦熔岩停止流动，其中一些管道就会坍塌，形成长长的裂缝，即沟纹或溪。熔岩在冷却的过程中，体积会慢慢缩小，这使得其表面弯曲，从而形成山脊或皱脊。

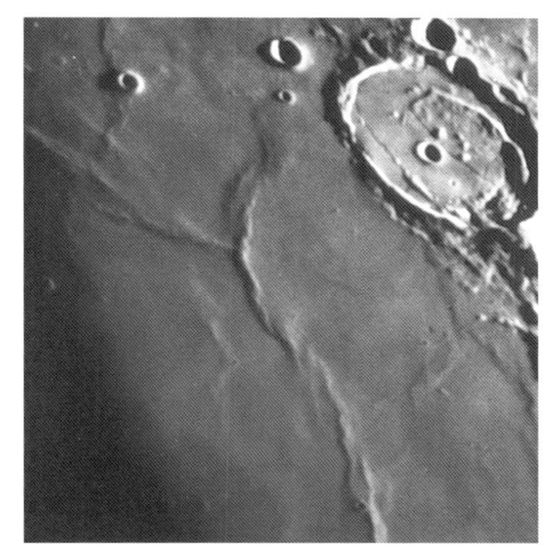

山脊或皱脊：图中的山脊或皱脊位于澄海朝向月球边缘处的边界上。

月球的今天和明天

约 30 亿年前月海的火山活动停止以来，从本质上来说，月球表面未发生过改变。陨星撞击偶有发生，形成了年轻的环形山，比如第谷环形山。这段时间里月球更多遭遇的是微陨星的撞击，这些微小的尘埃粒子进入地球大气层就会形成流星。在月球上，由于没有空气的阻挡，这些微陨星已将岩石、山丘和山脉侵蚀并研磨成了“阿波罗”宇航员在月面上所见的柔软粉尘。

观察一座环形山的新旧就能知道它的相对年龄。同样地，计算月球上给定区域内环形山的数目，就能知道该区域的相对年龄。从“阿波罗”月球样本——采集自月面不同区域，包括年轻的第谷环形山的喷出物——我们发现，月球上最古老的高原大约形成于 45 亿年前（通过放射性元素的衰变测算出来的）。巨型盆地则形成于约 40 亿年前陨星的撞击，在其后的 10 亿年里慢慢被玄武熔岩覆盖，形成月海。从那时起，除了被陨星偶然撞击之外，月球再无大变化。例如，第谷环形山形成于约 1 亿年前的一次陨星撞击。

值得一提的是，彗星和富水陨星的新近撞击为月球增添了一种新成分。1998 年，环绕月球的“月球勘探者”探测器发现月球两极低温地区的土壤中含有冰。2009 年，一架探测器撞击了月球极区环形山的永久阴影区，探测到了被撞出的水蒸气，从而证实了此前的发现。在不久的未来，这些冰说不定可以为人类在月球定居提供水。

“阿波罗”宇航员在月球上留下了他们的痕迹。火箭坠毁导致月面上形成了新的环形山。由于没有空气，宇航员在登月着陆地点留下的足迹可保留的时间比地球上任何一处人类痕迹可保留的时间长得多。

蛾眉月：月龄 3～5 天

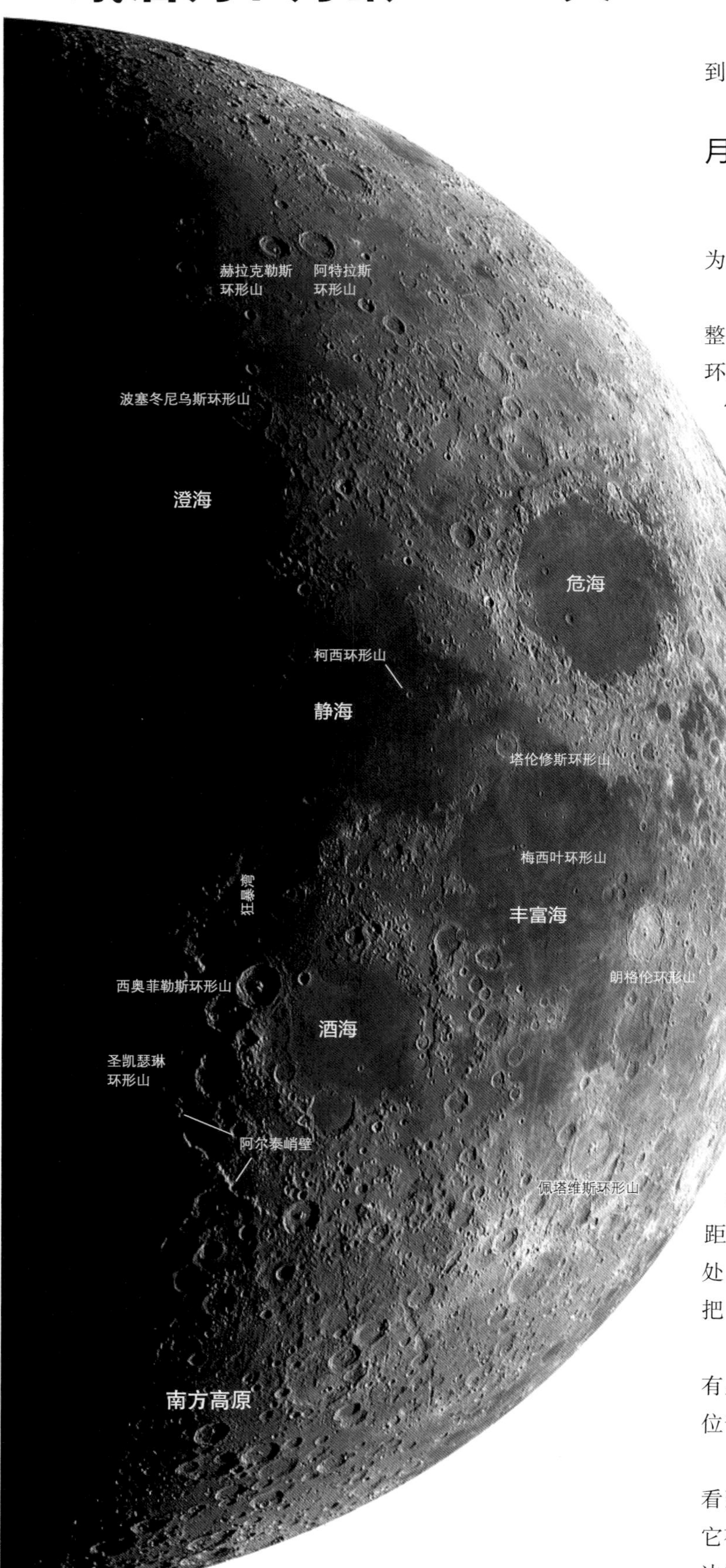

月龄 0～2 天

在新月后最初的 2 天，月球太靠近太阳，我们轻易不能看到。如第 22 页所给出的，你可以试着观看地照中的整个月面。

月龄 3 天

• 一轮明亮的蛾眉月！这也许是观看地照的最佳夜晚，因为当晚月球会在相对黑暗的天空中逗留更长时间，详见第 22 页。

• 危海位于月球明亮边缘附近，在赤道以北，差不多呈平整的椭圆形。它的表面没有明显的特征，只有南北山脊和 3 座环形山——北边有 2 座，即直径 20 km 的皮尔斯环形山和位于它北边的直径 10 km 的斯威夫特环形山；南边有 1 座，是直径 20 km 的皮卡环形山。

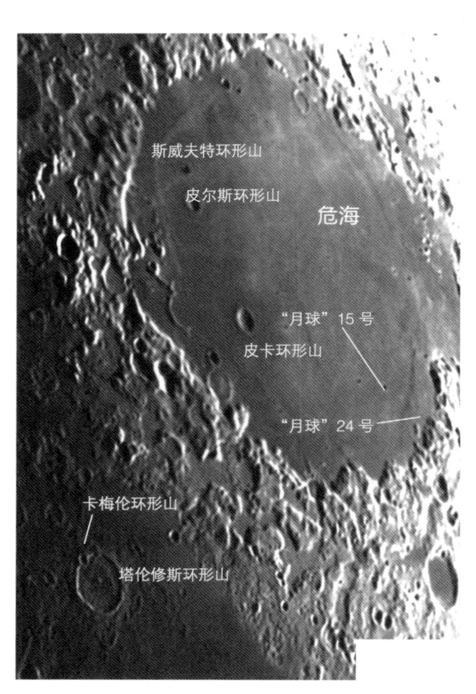

• "月球" 15 号（这个无人探测器想通过软着陆并采样返回来抢"阿波罗" 11 号的戏）坠毁在距离危海南岸 50 km 的地方，当时阿姆斯特朗和奥尔德林在 1200 km 之外。距"月球" 15 号坠毁处约 60 km、靠近危海月球边缘侧的海岸处，1976 年苏联的无人探测器"月球" 24 号实现软着陆，成功把 170 g 的月球岩石送回地球。

• 在静海和丰富海之间，直径 55 km 的塔伦修斯环形山具有显眼的中央峰，小而年轻的卡梅伦环形山（直径 10 km）就位于它的北边缘。

• 位于危海与月球边缘之间，在有利的天平动下，我们会看到一片形状不规则的月海从非常靠近边缘的地方延伸出来。它有个非常贴切的名字——界海。在它南边，是同样处于月球边缘的史密斯海。

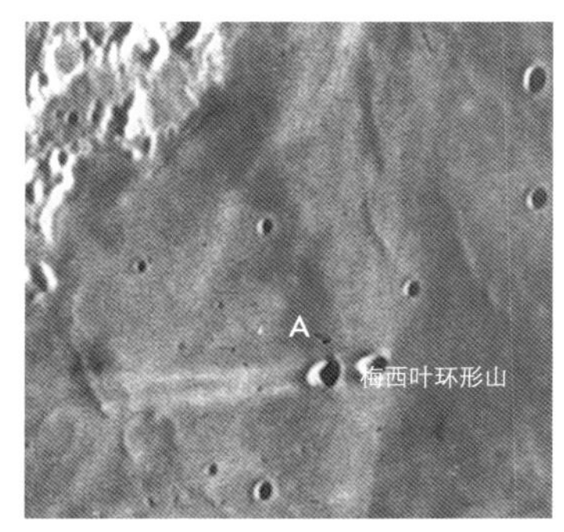

• 丰富海在危海南边，且正好在月球赤道上。斜射过来的太阳光能很好地展现沟纹和山脊。在丰富海北部靠近明暗界线的一侧，有一对有意思的环形山——梅西叶环形山和梅西叶 A 环形山。不同于大多数的环形山，梅西叶环形山是椭圆形的；它还有两条向明暗界线延伸的辐射纹。在月龄 12 天时，我们会再次看到它，届时观看的效果更佳。

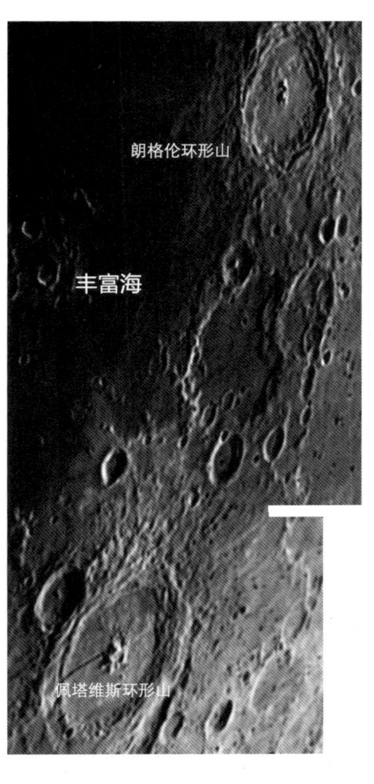

• 大型朗格伦环形山（直径 130 km）就在丰富海南部月球边缘侧的海岸上，其向阳侧边缘所投下的影子中冒出来的中央峰非常显眼。

• 附近，一片熔岩海的小海湾形成了丰富海的南部区域。在该海湾南边朝向月球边缘侧处的是直径 175 km 的巨型环形山——佩塔维斯环形山，它也有一座非常明显的中央峰。

月龄 4 天

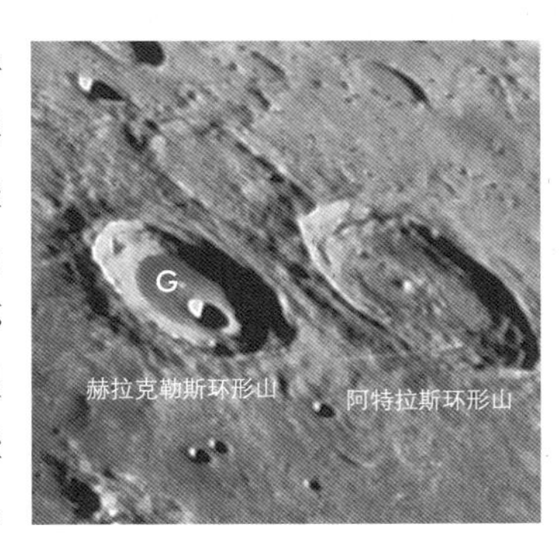

• 在月球北边，当天刚好能看到一对相当吸引人的环形山——阿特拉斯环形山（直径 87 km）和赫拉克勒斯环形山（直径 70 km）。赫拉克勒斯环形山更靠近明暗界线，底部呈深黑色，其中还有一座直径 20 km的赫拉克勒斯G环形山。

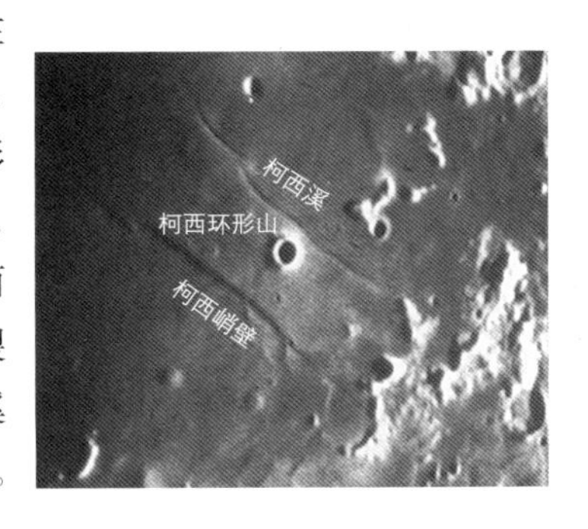

• 沿着明暗界线继续往南，可以看到一部分静海。在到其月球边缘侧海岸的途中，可以看到小而显眼的柯西环形山（直径 12 km）。接近满月时，这座环形山将十分明亮。柯西环形山两侧各有一道明显的裂痕——靠近静海海岸的柯西溪和靠近明暗界线的柯西峭壁。柯西溪长 200 km，是熔岩管道坍塌后形成的沟纹。柯西峭壁则更复杂——一部分是沟纹，一部分似乎是月球边缘侧抬升所造成的断层。在该地迎来日出后不久，这一断层就会在临近的月海中投下一道长长的影子，非常显眼。

• 再看看丰富海、塔伦修斯环形山、卡梅伦环形山、朗格伦环形山和佩塔维斯环形山（见“月龄 3 天”相关内容）。

月龄 5 天

• 请注意直径 95 km 的波塞冬尼乌斯环形山破裂的底部以及其中直径 12 km 的波塞冬尼乌斯 A 环形山和沟纹。波塞冬尼乌斯环形山南边，直径 60 km 的勒莫尼耶环形山看上去就像是一片涌入高原的深黑色的圆形月海。1973 年，苏联的“月球车”2 号在勒莫尼耶环形山南部着陆，并在月面上行驶了 36 km 不止。在月海中，斜射的太阳光凸显了斯米尔诺夫山脊。

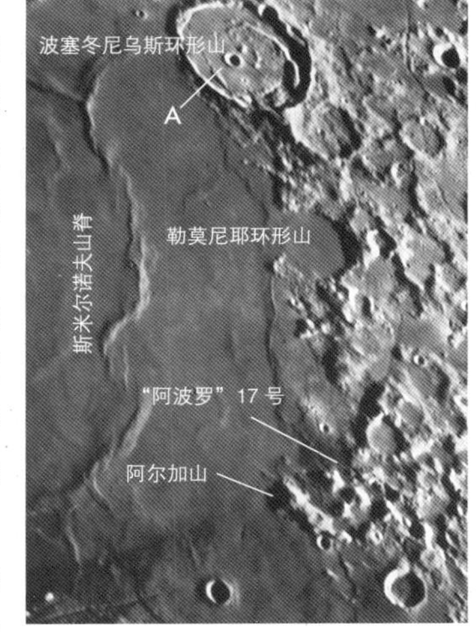

• 继续往南，在澄海和静海之间有一处山地海角——阿尔加山。其月球边缘侧，群山包围着金牛-利特罗峡谷，那里是最后一次载人登月任务“阿波罗”17 号的着陆地点。

• 远离静海的南端，在澄海之外，月海向南延伸进了一片小海湾——直径约 180 km 的狂暴湾。酒海在狂暴湾南边，直径大约是后者的 2 倍，达 350 km。在狂暴湾南边，靠近明暗界线的一侧，3 座直径 100 km 的大型环形山——西奥菲勒斯环形山、西里尔环形山和圣凯瑟琳环形山会出现在当天的落日余晖中。一旦山壁的影子从环形山底部消失，这 3 座环形山在高倍率下会变化多端。圣凯瑟琳环形山以南，有一座南北向的、长达数百千米的陡峭悬崖——阿尔泰峭壁，你也许可以在月球上的朝阳中看到它。

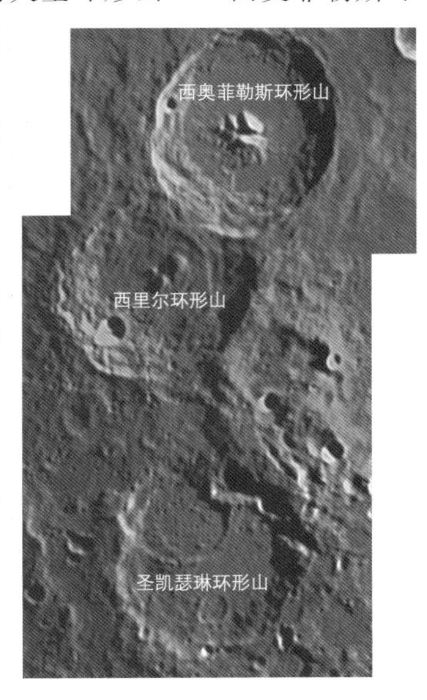

• 酒海以南，南方高原正变得愈发有趣，错综复杂的一系列环形山开始浮现。不过，最佳景观还没有出现……

接近半月：月龄 6 天

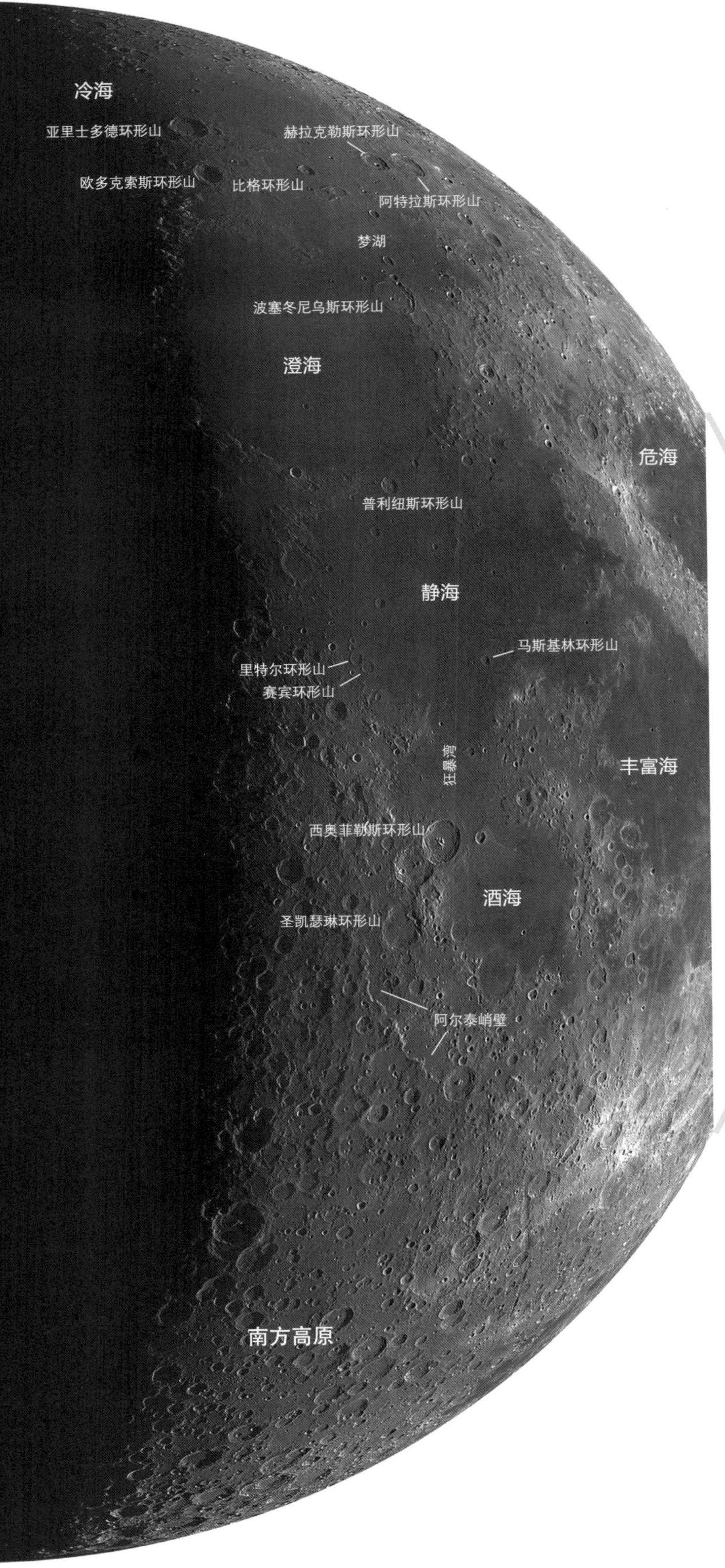

● 当晚，明暗界线北部出现的部分月海属于冷海。在明暗界线附近，直径 85 km 的亚里士多德环形山清晰可见，将冷海南部一分为二。其山体边缘复杂的阶地为多座断层崖，是山壁的一部分。直径 65 km 的欧多克索斯环形山在其南边，外形与其相似。

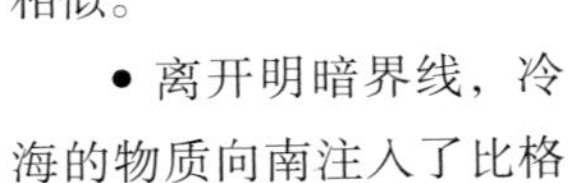

● 离开明暗界线，冷海的物质向南注入了比格环形山周围的死湖以及更南边的梦湖。就在死湖朝月球边缘的一侧，有一对引人注目的环形山——直径 70 km 的赫拉克勒斯环形山和直径 87 km 的阿特拉斯环形山。你如果在 1 ~ 2 天前看到过它们更靠近明暗界线时的样子，就会发现太阳角的变化使得它们的结构特征更清晰，影子长度也发生了变化。

● 在梦湖南边，朝月球边缘的一侧，排布着 3 片大型月海，依次是澄海、静海和丰富海，其中每片月海直径都在 600 ~ 750 km 之间。在静海朝月球边缘的一侧，是较小且呈椭圆形的危海。从静海和丰富海向南，可以看到与它们构成三角形的酒海。

● 如在月龄 5 天时所描述的，直径 95 km 的波塞冬尼乌斯环形山位于澄海朝月球边缘侧海岸的北部，澄海中的斯米尔诺夫山脊蔚为壮观。

● 一些高原物质流进了澄海与静海之间的区域，形成了海角。直径 45 km 的普利纽斯环形山位于该海角朝月球边缘侧的末端；直径 18 km 的道斯环形山位于它朝月球边缘侧的北部，即在澄海和静海边界的中点上。就在普利纽斯环形山和道斯环形山北边，一些黑色物质分布在澄海的南岸，像一根 20 ~ 25 km 宽的黑色条带，非常显眼。

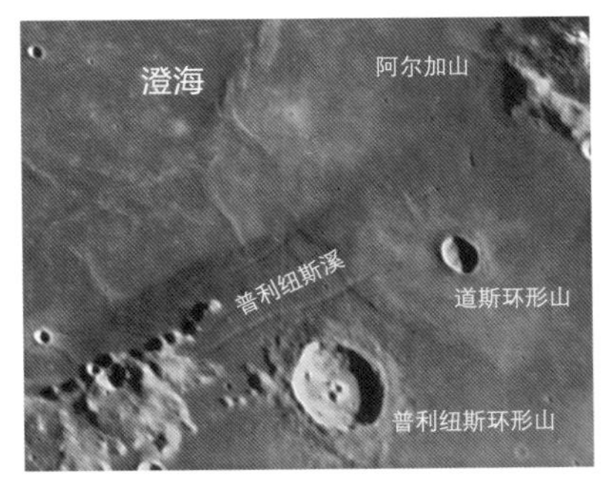

● 在“阿波罗”任务之后，天文学家深入研究了这些黑色物质。“阿波罗”11 号和 17 号所采集的黑色物质样本富含钛和微小的玻璃细珠，这说明最后一点儿熔岩凝固成了玻璃而非矿物晶体。沿着澄海的南岸，普利纽斯溪在这根黑色条带中流过。很可能是熔岩管道坍塌而让这些黑色物质暴露在了月球表面。此后，在形成道斯环形山时，颜色较浅的岩石从这些黑色物质下喷溅而出，在其周围形成浅色的裙地。

● 静海北部有一串几乎被熔岩流掩埋的环形山，这些环形山的山脊在此时斜射的太阳光下非常吸引人。在普利纽斯环形山南边、朝月球边缘一侧的是让桑环形山等，沿着山脊一路向

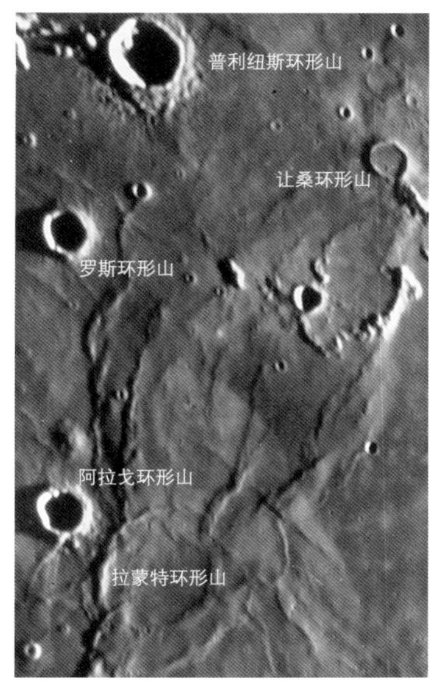

南可以看到部分被掩埋的拉蒙特环形山。拉蒙特环形山必定形成于月面盆地形成之后，熔岩注入之前。与之不同的是，罗斯环形山和阿拉戈环形山形成于熔岩注入该盆地之后。

• 狂暴湾是一片长 200 km 的海湾，位于静海和酒海之间。连接狂暴湾和静海的深色玄武岩地区今晚会很有意思。在这一地带朝明暗界线的一侧，有一个颜色较浅、开口朝北的“Y”字形。“Y”字形南边、朝月球边缘方向的一支上点缀有 4 座小型环形山（直径 5 ~ 8 km）。“Y”字形边明暗界线侧的一支的顶部是直径 6 km 的马斯基林 G 环形山（小型环形山，以最近的大型环形山命名，用字母做无序标记）。在静海南部朝向明暗界线的一侧，可以看到一对孪生环形山——小而清晰的里特尔 B 环形山和里特尔 C 环形山（两座环形山直径均为 12 km，一南一北），在它们南边还有一对孪生环形山——看上去略显破败的里特尔环形山和赛宾环形山（两座环形山直径均为 30 km），赛宾环形山在里特尔环形山南边，更靠近月球边缘。

• 在里特尔环形山和赛宾环形山南边，有一系列沟纹。它们起于赛宾环形山附近，向月球边缘流去，全长 180 km，径直注入狂暴湾。毛奇环形山就在这些沟纹远离赛宾环形山和里特尔环形山端的北边。现在再往北看，在毛奇环形山和马斯基林 G 环形山之间，在高倍望远镜中可以看到一串直径 4 km 的小型环形山。如图所示，从北往南，第一座是阿姆斯特朗环形山，接下来是科林斯环形山（中间的一座）和奥尔德林环形山（更靠近赛宾环形山），后两者未在图中标注。从马斯基林 G 环形山走 1 步到阿姆斯特朗环形山，再往前 1 步就是“阿波罗”11 号的着陆地点，国际天文学联合会已正式将该地命名为静海基地（找到它的另一种方法是先从曼纳斯环形山到阿拉戈 B 环形山，再往前走 3 倍的路程）。

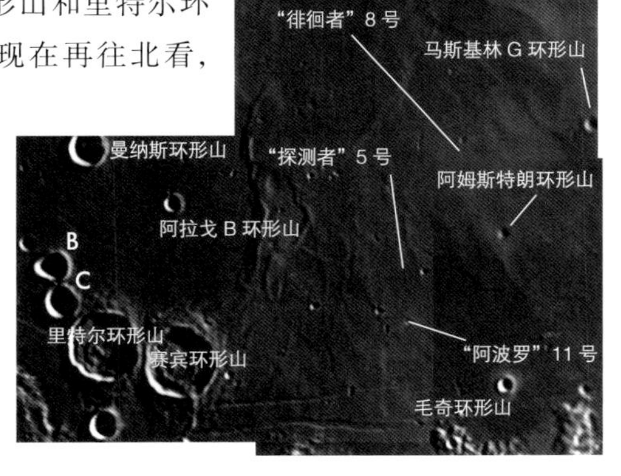

• 在里特尔环形山（较大的孪生环形山中靠北的那座）北边 120 km（4 倍于里特尔环形山直径）处，是长 220 km 的阿里亚代乌斯溪，它从静海几乎沿直线向明暗界线流去。

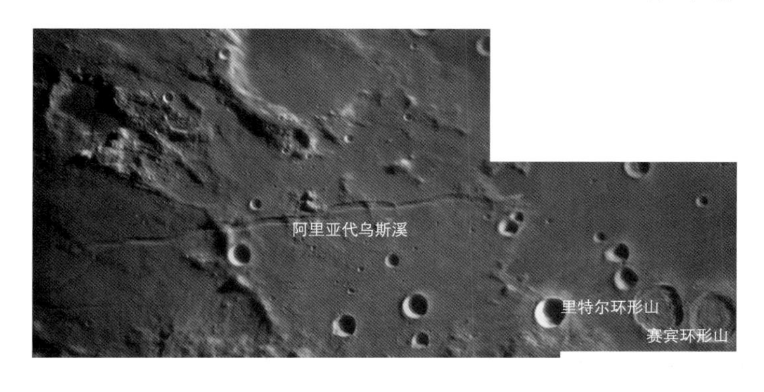

• 阿里亚代乌斯溪以北的地区看上去就像被一根巨大的耙子耙过。环形山和山脉上的这些耙痕反向延长后会汇聚到澄海的中心，可能是形成澄海时陨星撞击月球后月球抛射出的物质所致。

• 在静海的南部，直径 25 km 的马斯基林环形山最显眼。它位于从静海到狂暴湾的航道朝月球边缘侧的北部。

• 往南即狂暴湾，在那里可以看到直径 20 km 的托里拆利环形山。它看上去有点儿怪，因为其靠近明暗界线侧的山壁上还有一座直径 10 km 的环形山。托里拆利环形山在直径 100 km 的西奥菲勒斯环形山北边。

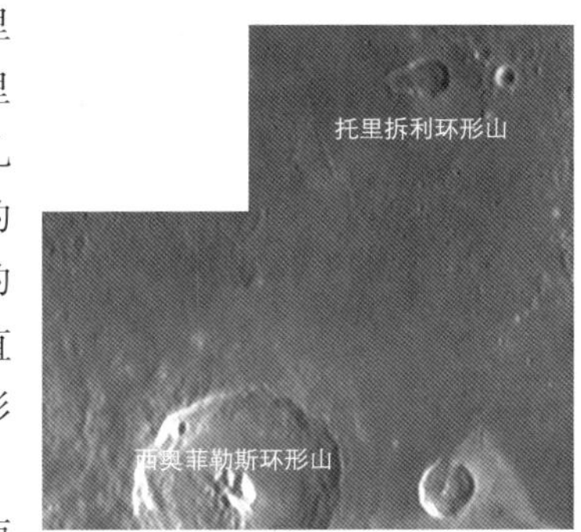

• 西奥菲勒斯环形山、西里尔环形山和圣凯瑟琳环形山（每座直径均约为 100 km，见“月龄 5 天”）的样子很好地反映了它们的相对年龄。你可以清晰地看到西奥菲勒斯环形山与较老的西里尔环形山部分重叠。最南边的圣凯瑟琳环形山看上去非常破败，上面重叠了多座环形山，其中北部有一座直径 50 km 的年老的环形山。

• 在圣凯瑟琳环形山南边，长达 500 km 的阿尔泰峭壁先朝南、再朝月球边缘蜿蜒而去，其山崖正对月球早晨的太阳。

• 南方高原上有许多值得一看的东西。可以在开始观星时看一下，在月落前再看一下。随着太阳的升起，那里更多崎岖的地形展现出来，跟前几天的看起来非常不同。

半月：月龄 7～8 天

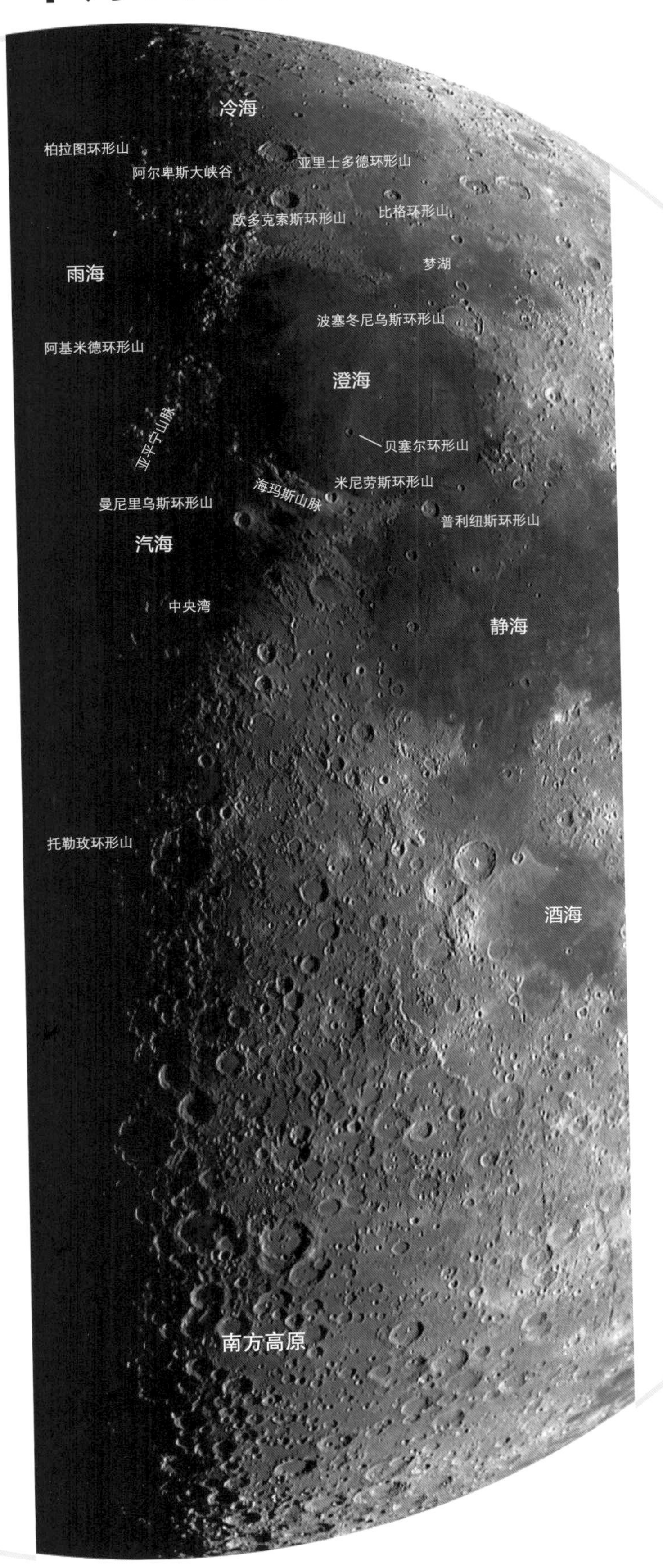

月龄 7 天

• 在北边，平行于月球北边缘，可以看到冷海的一部分（取决于天平动的情况，见“月龄 6 天”）。此外，还能看到直径 85 km 的亚里士多德环形山和直径 65 km 的欧多克索斯环形山。往南是形状不规则的死湖（围绕比格环形山）和梦湖。

• 冷海以南，在澄海中仅能看到一些小型环形山，其中位于其中心偏南一点儿的贝塞尔环形山（直径 15 km）最显眼。在澄海中还可以看到一根暗弱的浅色条带，它往梦湖方向延伸，经过澄海北岸朝向月球边缘侧的波塞冬尼乌斯环形山（直径 95 km，底部有裂痕）。这根条带被认为是 2 000 km 之外第谷环形山的喷出物，在接下去的一周里会非常醒目。

• 直径 45 km 的普利纽斯环形山就位于澄海与静海狭窄的连接处，地处一片深黑色月海熔岩带以南（见“月龄 6 天”）。从现在开始，月海的深浅和颜色的细微差异将变得非常明显，这些差异是不同时间喷发的和来自月球内部不同深度的玄武岩成分存在差异的证据。

• 沿着澄海南岸，在普利纽斯环形山和明暗界线之间，可以看到海玛斯山脉，它是由形成澄海时的撞击造成地面抬升而形成的。沿着它的山脊可以看到直径 27 km 的米尼劳斯环形山。在那里朝着明暗界线的方向，可以看到直径 40 km 的曼尼里乌斯环形山，它的中央峰会从其山壁的影子中冒出来。

• 在汽海和静海之间有一个在高倍望远镜中看起来特别有趣的地方。位于静海南端的赛宾环形山和里特尔环形山，直径都为 30 km。里特尔环形山以北是阿里亚代乌斯溪，这条溪长 220 km，向明暗界线流去（见“月龄 6 天”）。

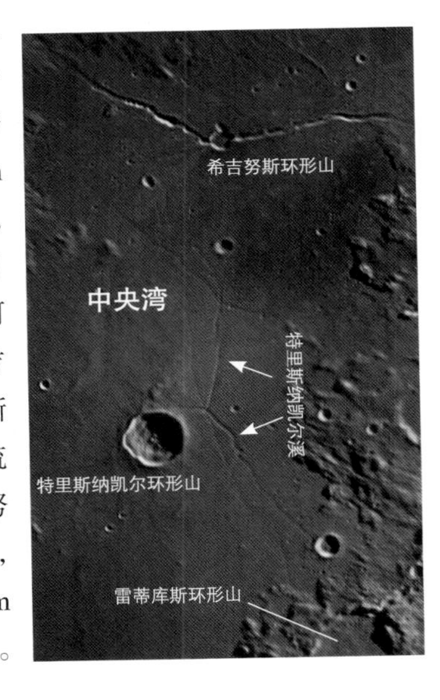

• 在阿里亚代乌斯溪之外，朝向明暗界线和汽海有一条更为有趣的月溪——希吉努斯溪。这条月溪被直径 11 km 的希吉努斯环形山一分为二。其中靠近静海的一侧，这条月溪近乎东西走向，与南边的阿里亚代乌斯溪平行；而在希吉努斯环形山另一侧，该月溪渐渐朝北延伸，向明暗界线流去。特里斯纳凯尔溪在希吉努斯环形山南边，有多条支流，全长 200 km，流向直径 45 km 的、破败的雷蒂库斯环形山。

该月溪中点处是直径 25 km 的特里斯纳凯尔环形山。不同于雷蒂库斯环形山，特里斯纳凯尔环形山仍保留有完好的中央峰和完整的山壁。特里斯纳凯尔环形山位于中央湾，后者是今晚刚刚出现的一片小海湾。之所以叫它“中央湾”，是因为它极为靠近月面的正中心。

• 月龄 7 天时，南方高原极为壮观，你能看到数不胜数的环形山。今晚以及接下去的数晚，穿行于这群环形山之间犹如遨游于银河中的恒星富集区，你将非常满足。两者的差别是，穿行于月球上，尤其是南方高原上的群山之间，只要 1 个小时景观就会发生显著变化。找一座明暗界线附近的环形山，然后把它画下来（如果实在不擅长绘画，画出它的大体样貌即可）。1～2 个小时（有时只要几分钟）后，当升起的太阳将光照射到它的山顶时，它的样子就会发生改变。

月龄 8 天

• 在最北边，东西走向的冷海呈长窄条形，它和亚里士多德环形山以及欧多克索斯环形山现在已经完全可见。从亚里士多德环形山往明暗界线约 200 km 处是阿尔卑斯大峡谷的起点，这条独特的断层峡谷向南延伸，从冷海的南岸伸向明暗界线和雨海。

• 沿着雨海的南部边界，亚平宁山脉从澄海附近向南、向明暗界线延伸了 600 km，具有多座高度超过 5 km 的山峰，是月球上可见的最壮观的山脉。

• 把冷海和雨海分隔开的是阿尔卑斯山和其间的阿尔卑斯大峡谷。靠近明暗界线的北端、在分隔冷海和雨海的明亮物质中是直径 100 km、具有深色底部的柏拉图环形山，它的底部非常平整，几乎没有其他环形山。在柏拉图环形山旁，距离雨海不远处，月球上早晨的太阳光让 100 km 长且形状不规则的特内里费山脉投下了长长的影子。距离明暗界线稍远一点儿的是长 20 km 的比科山。这些山脉的高度都接近 2.5 km。

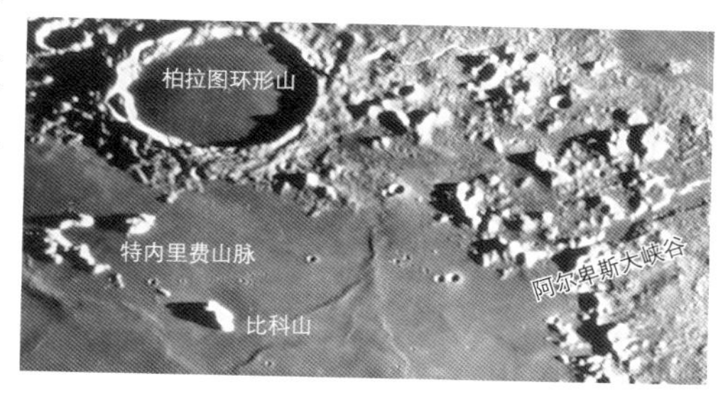

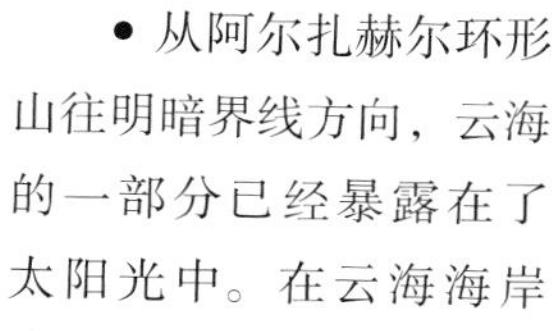

• 从柏拉图环形山和特内里费山脉往南穿过雨海，在靠近亚平宁山脉的地方有 3 座非常显眼且差别极大的环形山。最大的一座是阿基米德环形山，直径 83 km。跟柏拉图环形山类似，它的底部也是近乎平坦的熔岩流底部，没有中央峰。不过阿基米德环形山底部有一些近乎东西走向的、细微的白色条纹。距离阿基米德环形山仅 80 km 处就是直径 40 km 的、较为年轻的奥托里库斯环形山。阿基米德环形山底部的白色条纹可能是在形成奥托里库斯环形山的撞击中月球的喷出物。奥托里库斯环形山以北是直径 55 km 的阿里斯基尔环形山，它是这 3 座环形山中最年轻的一座，中央峰非常明显且结构复杂。在它周围可以看到丘状喷出物。阿里斯基尔环形山的山壁并非呈圆形，而是呈多边形，这可能是因为地壳原本就存在断裂。

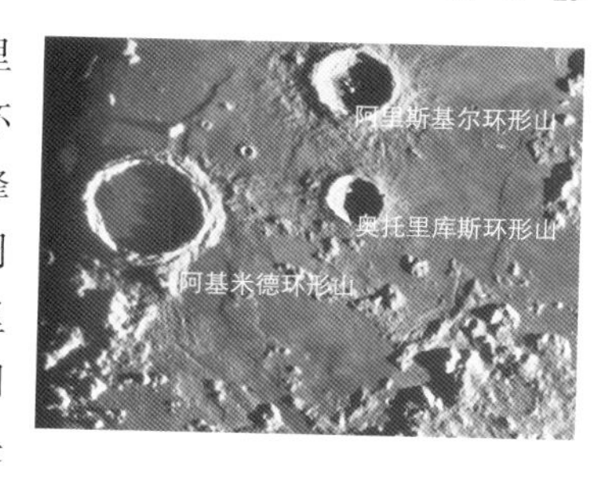

• 亚平宁山脉以南有 2 片相对较小的月海——汽海（直径约 350 km）和它南边比它稍小的中央湾。从地球上看后者位于月面的正中心。具体参见“月龄 7 天”相关内容。

• 中央湾南边有 3 座南北走向的大型环形山：北边是直径 150 km 的托勒玫环形山，中间是直径 120 km 的阿方索环形山，南边是直径 95 km 的阿尔扎赫尔环形山。从阿尔扎赫尔环形山崎岖的结构我们知道，它是这 3 座环形山中最年轻的一座。托勒玫环形山没有中央峰，但它的底部有一些有趣的团块结构。中间的阿方索环形山看上去好像呈多边形，其底部有一座 1.5 km 高的三角形中央峰以及几处沟纹和裂痕。南北向从中央穿过阿方索环形山的山脊可能是较晚的一次撞击后月球的喷出物。在高倍率和合适的光照条件下，你会看到一些小而圆的黑色区域，它们可能是从火山渣锥中冒出来的物质。

• 从阿尔扎赫尔环形山往明暗界线方向，云海的一部分已经暴露在了太阳光中。在云海海岸附近、阿尔扎赫尔环形山南边，有一道明显的黑线，它就是直壁。这是一个南北走向的、长 110 km 的断层地带，垂直高差约 250 m。今天，在日出后不久，它较高的一侧朝向太阳，投下了一道影子，因此看上去像一道黑线。在月龄 20 天前后，当太阳即将下落时，其较低的一侧朝向太阳，那时候它看上去像一道亮线。

• 别忘了去探访南方高原。虽然你在那里很容易迷路，但这正是探访它的乐趣所在。

凸月：月龄 9～10 天

月龄 9 天

• 沿着明暗界线看，北边有一片大型月海，即雨海。在它的北部边缘上，即虹湾周围有一座弧形高原。你可以看到整片虹湾，或只能看到虹湾月球边缘侧的边缘部分，具体取决于月球天平动的情况。

• 雨海另一侧的景观，即便没有 1～2 天前那么壮观，也算得上丰富。亚平宁山脉依然巍峨，今晚你能看到它投下的影子。在亚平宁山脉附近，巨大而底平的阿基米德环形山与今晚将现身的南部环形山，比如克拉维于斯环形山，形成了很大的反差。今晚你也许看不到阿基米德环形山底部的任何东西。

• 沿着亚平宁山脉向北，在最靠近的阿基米德环形山的地方，有一片月海——腐沼，它连接着亚平宁山脉和阿基米德环形山。

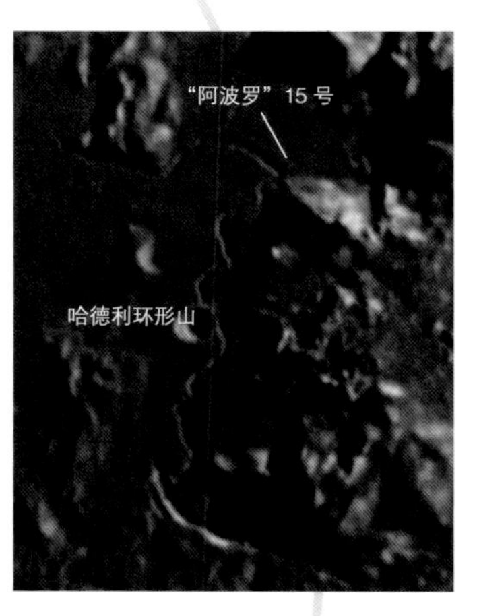

• 在腐沼非常靠近亚平宁山脉的地方，在山脉的映衬下，你很容易就能看到一座直径 6 km 的小型环形山，即哈德利环形山。哈德利沟纹沿着亚平宁山脉从哈德利环形山一旁经过。从哈德利环形山开始，沿着哈德利沟纹往北一小段（哈德利环形山直径的 4 倍那么远），可以看到亚平宁山脉的一个小缺口。在这里，哈德利沟纹向左进行第一次急转弯，之后又转了一次。“阿波罗”15 号的着陆地点就位于哈德利沟纹第一次急转弯处。

• 直径 95 km 的哥白尼环形山处太阳刚刚升起，极为壮观。你可以看到它向阳侧山壁上的缺口是如何让光线照进它山谷腹地的，它的中央峰最初看上去只是一个点，之后是许多个点，最终它们连在一起，投射形成一道影子。哥白尼环形山形成时的撞击产生了许多喷出物，由这些喷出物形成的许多次级环形山就在它周围。

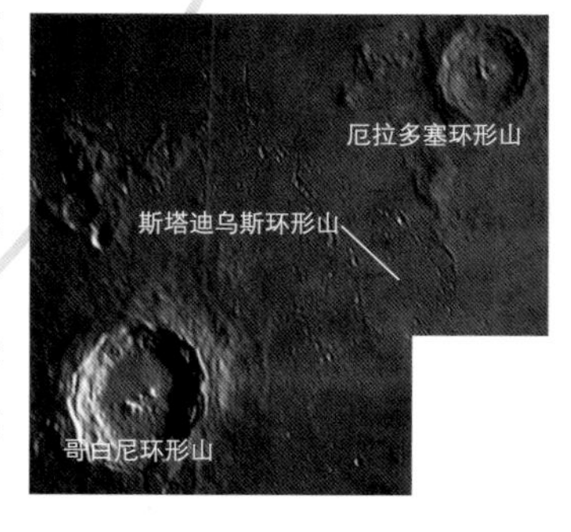

• 沿着亚平宁山脉往南至其南端，可以看到直径 58 km 的厄拉多塞环形山，显眼的它就位于亚平宁山脉与哥白尼环形山之间。令人难以置信的是，几天之后，当中午的太阳光不再能投射下影子时，厄拉多塞环形山就好像消失了。在哥白尼环形山和厄拉多塞环形山之间，在太阳光的斜射下，斯塔迪乌斯环形山的山壁凸显了出来；1 天后它就会消失。

• 第谷环形山在酒海南边，看上去很年轻，但它今晚远没有几晚前壮观。注意，尽管你远在酒海，仍能看到它的辐射纹。

• 南方高原的其他部分也非常值得观赏。从那里沿着明暗界线向北，你会看到一些刚从月球黑暗侧冒出来的山峰。

月龄 10 天

• 沿着明暗界线看，北边有一片大型月海，即雨海。在它的北部边缘，你可以看到虹湾。虹湾边缘的侏罗山脉直径为 260 km，呈“C”字形，在太阳光的照射下明亮而显眼。该山脉的南端是赫拉克利德海角。在靠近赫拉克利德海角的地方，一片南北走向的、非常明显的山脉向南一直延伸到直径均约 13 km 的卡罗琳·赫歇尔环形山和海斯环形山。

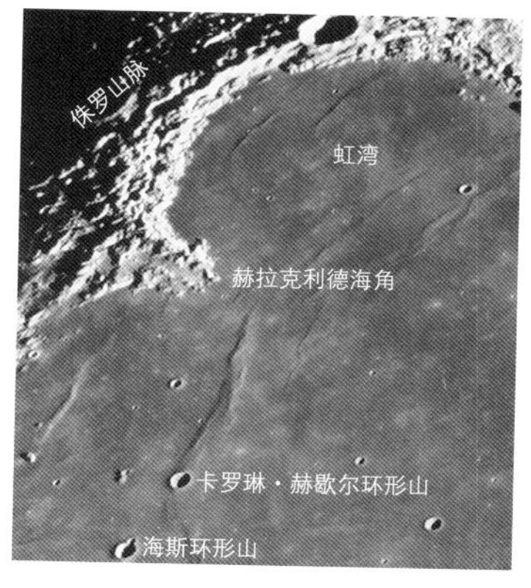

• 在雨海的最南端是大致东西走向的喀尔巴阡山脉和直径 95 km 的哥白尼环形山。跟昨晚不同的是，现在哥白尼环形山的底部已完全被照亮。

• 从哥白尼环形山向南朝明暗界线看的话，你先后会看到直径 50 km 的赖因霍尔德环形山和直径 40 km 的兰斯贝格环形山，两者的边缘都非常清晰。在兰斯贝格环形山旁靠近月球边缘侧，苏联的“月球”5 号就在那里着陆；再往南、往月球边缘侧处，是“探测者”3 号和“阿波罗”12 号的着陆地点。

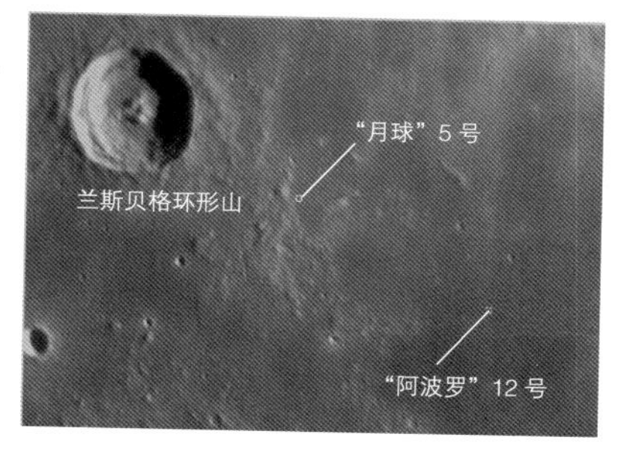

• 在兰斯贝格环形山南边，你会看到古老的欧几里得环形山（直径 70 km）南边的半座山壁。继续往南，你会看到里菲山脉，它从欧几里得环形山的山壁向南延伸出 160 km。

• 除了里菲山脉，在远离明暗界线的一侧，有一片直径 250 km 的小型月海——知海；小而清晰的柯伊伯环形山（直径 7 km）就位于它中央。20 世纪 60 年代，美国第一个成功完成任务的月球探测器——“徘徊者”7 号就在这里撞上月球，知海因此得名。赫拉德·柯伊伯是“徘徊者”任务的首席科学家。

说到“徘徊者”任务，我这个年纪的人永远记得 1965 年 3 月 24 日看到电视里的“徘徊者”7 号正飞向阿方索环形山（见“月龄 8 天”）时的震惊。当你看到月球的特写照片出现在电视屏幕上，下面还写着一行字——“来自月球的直播”时，真的非常不可思议……就像在看科幻小说，过后才猛然意识到这意味着一个新时代即将来临。

• 在知海靠近月球边缘侧，你可以先后看到 2 座年龄中等且较大的环形山，它们分别是直径 60 km 的邦普朗环形山和直径 48 km 的帕里环形山。在北边与它们都相连的是更大（直径 95 km）且极为破败的弗拉·毛罗环形山。如果你的望远镜成上南下北的倒像，那这 3 座环形山看上去有点儿像一只耳朵紧靠在一起的米老鼠。在弗拉·毛罗环形山北边是登月失败的“阿波罗”13 号计划中的着陆地点和“阿波罗”14 号的着陆地点，在起伏的山丘中你可以看到褶皱的地貌。

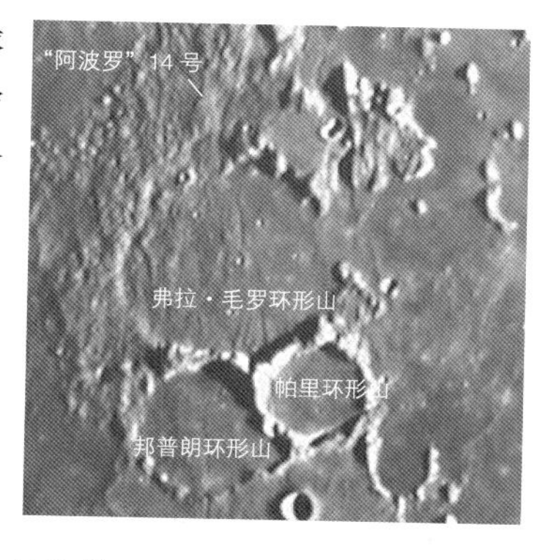

• 从南方高原往下看，直径 85 km 的第谷环形山比昨晚更加明显，在往后的几天里，没有任何景观能比得过它。

• 再往南，可以看到巨大的克拉维于斯环形山，它的直径达 225 km。其中，5 座大小递减的环形山连成了一道独特的弧线——起于克拉维于斯环形山南部山壁，经过其中心，再弯向其明暗界线侧的山壁：依次可见卢瑟福环形山（直径 50 km）、克拉维于斯 D 环形山（直径 30 km）、克拉维于斯 C 环形山（直径 22 km）、克拉维于斯 N 环形山（直径 16 km）和克拉维于斯 J 环形山（直径 14 km）。在天气稳定的夜晚，一架口径 8 in（20.32 cm）的望远镜还能在克拉维于斯环形山内部和周围看到十几座环形山，包括其北部山壁旁直径 50 km 的波特环形山（又名克拉维于斯 B 环形山）和一些勉强可见的直径 3 ~ 7 km 的环形山。

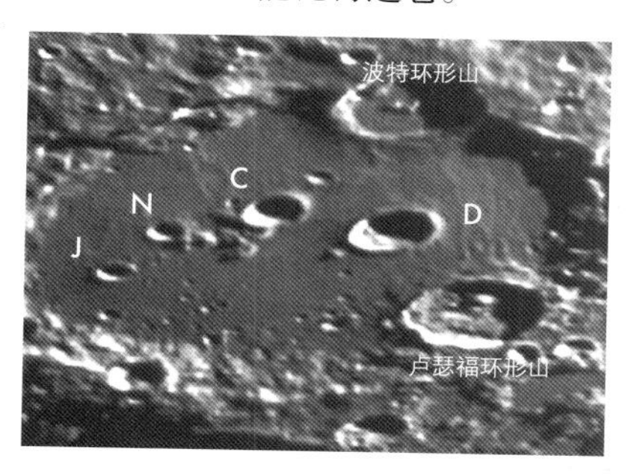

• 克拉维于斯环形山和第谷环形山与另外 2 座多少有些破败的大型环形山构成了一个漂亮的菱形——位于月球边缘侧直径 160 km 的马吉尼环形山和位于明暗界线侧直径 145 km 的隆哥蒙塔努斯环形山。跟克拉维于斯环形山不同的是，隆哥蒙塔努斯环形山的底部要平整得多，唯一破坏这一平整度的是偏离其中心的一座山峰。此外，从样貌上就能看出，第谷环形山要比其他 3 座环形山年轻许多。

近满月：月龄 11 ~ 12 天

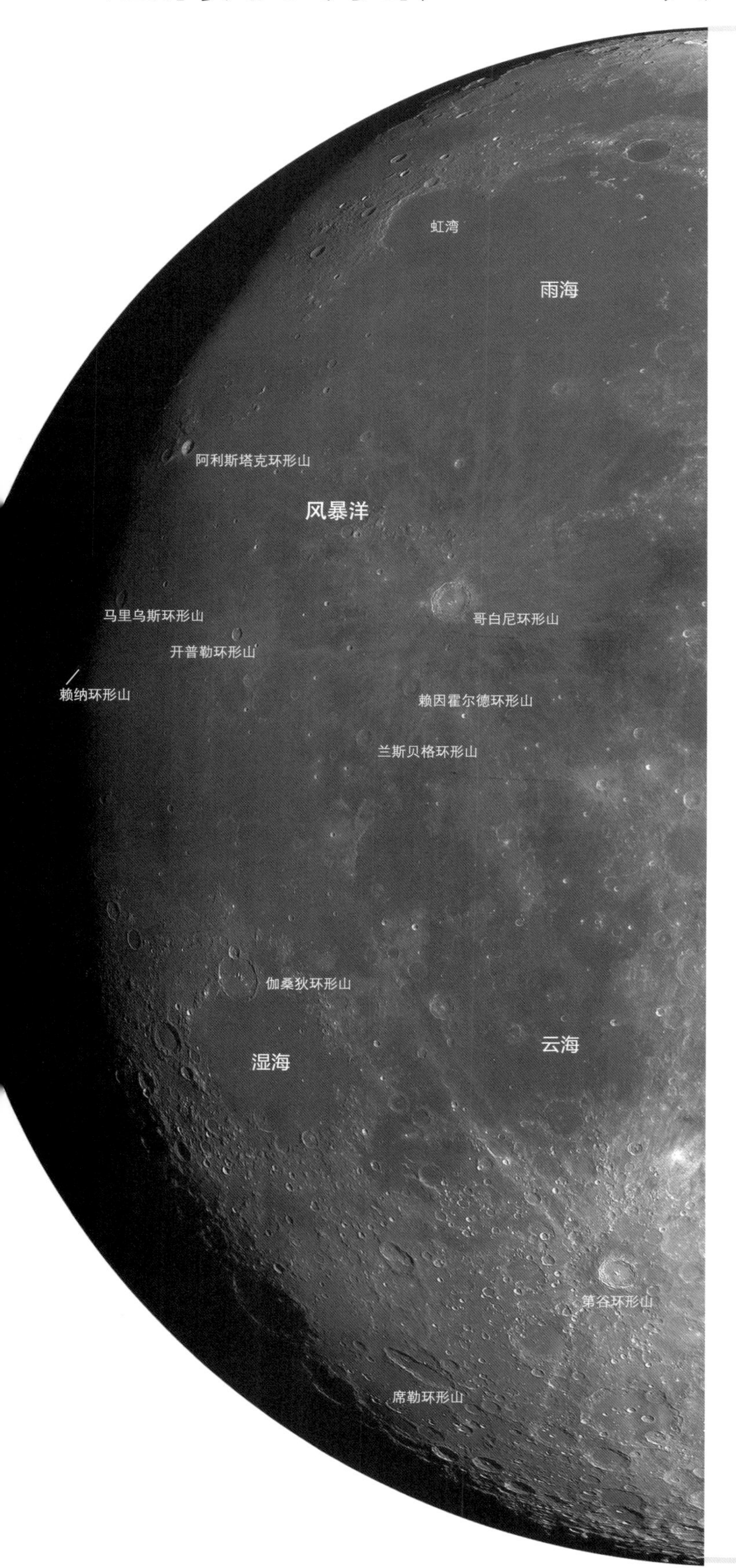

月龄 11 天

今天晚上的月球亮得简直耀眼，尤其是在口径 6 ~ 10 in（15.24 ~ 25.4 cm）的望远镜（比如大多数多布森望远镜）中。观看时最好使用中性密度月球滤光片。

• 雨海位于明暗界线北端。哥白尼环形山位于雨海南边缘，今晚看到的它呈一个明亮的圆环，四周是呈不规则状的喷出物和径向辐射纹。哥白尼环形山南边是赖因霍尔德环形山和兰斯贝格环形山。与兰斯贝格环形山和哥白尼环形山几乎构成一个等边三角形的是直径 32 km 的开普勒环形山。

• 连接哥白尼环形山和开普勒环形山，向北做这条连线的垂线，在该垂线上能看到直径 40 km 的阿利斯塔克环形山。阿利斯塔克环形山北边靠近明暗界线的区域非常崎岖。下图中，日出时分的阿利斯塔克环形山因其所投下的长影子而变得非常显眼。它异常明亮，也相对年轻（年龄不超过 5 亿年）。此外，其南部的山壁和邻近的喷出物均富含硅石。

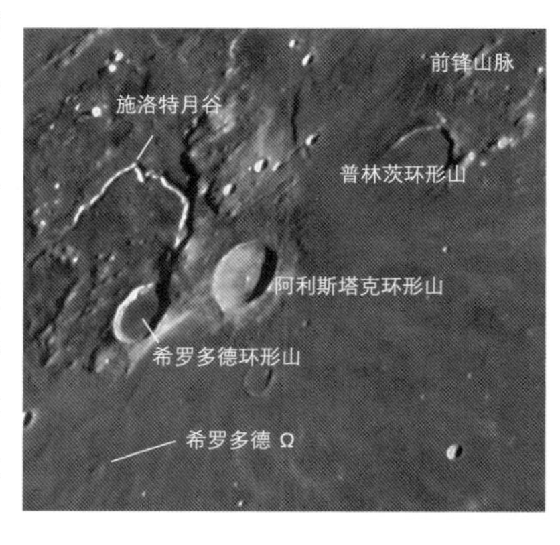

• 在太阳光照射阿利斯塔克环形山约 6 小时后，直径 35 km 的希罗多德环形山在明暗界线附近现身。它形状不规则且内部注有厚厚的熔岩，这让它与阿利斯塔克环形山形成鲜明对比。在此时斜射的太阳光下，从希罗多德环形山向南 2 个身位处，是一座从平原中冒出来的小型火山穹丘，即希罗多德 Ω。

• 从阿利斯塔克环形山向北，在月球亮侧可以看到一个仅剩 2/3 的圆环，它是直径 47 km 的普林茨环形山的遗迹，周围还散布着前锋山脉中的众多山峰。

• 随着阿利斯塔克环形山出现在太阳光中，向南可以看到直径 40 km 的马里乌斯环形山周围的一小群大致南北向排列的次级环形山（不要把马里乌斯环形山与直径 30 km 且外表粗糙的黑色赖纳环形山搞混，后者在马里乌斯环形山南边 4 个身位处）。其中最大的是直径 15 km 的马里乌斯 A 环形山，直径 11 km 的马里乌斯 C 环形山在它北边。有点儿离群的马里乌斯 B 环形山（直径 12 km）位于马里乌斯 C 环形山北边 70 km 处。如果天空稳定且太阳角较低，你也许还能分辨出马里乌斯溪，它长 250 km，但仅宽 2 km。马里乌斯溪始于马里乌斯 C 环形山南边不远处，向北蜿蜒至马里乌斯 B 环形山旁，之后急转向明暗界线。分辨马里乌斯溪是一项有趣的挑战。

一旦整座马里乌斯环形山都在太阳光下现身，就可以寻找难以捉摸但又令人激动的马里乌斯丘陵了。马里乌斯丘陵其实

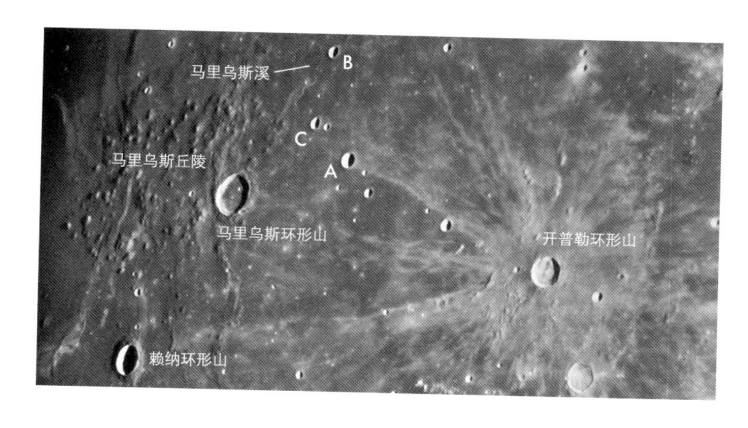

是一系列火山穹丘，整片区域超过了 100 km。在它的一侧，许多小型火山穹丘的影子组合在一起，形似鸡蛋盒。产生这些影子的火山穹丘每一座都高几百米，因此只有在今晚或昨晚（取决于天平动和月相）才能被看到。它们非常小，只有在当地日出后仅几个小时内才能在月面上投下数千米长的影子。这一区域还有数条小型沟纹（坍塌的熔岩穹窿）。日本的“月亮女神”探测器发现了一条顶部部分坍塌的熔岩管道，就像开了一扇天窗。未来的月球定居者也许可以在这些管道中建造他们的家。

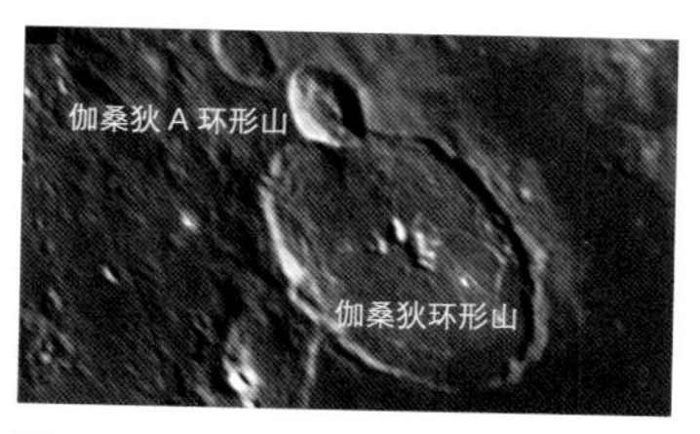

• 在风暴洋南边可以看到湿海。在它的北岸你可以看见直径 110 km 的伽桑狄环形山，其底部断裂的熔岩流暗示着那里地面曾发生过抬升和坍塌。

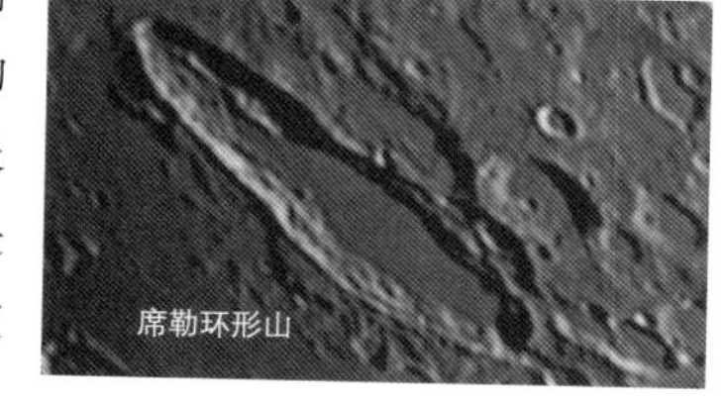

• 差不多在明暗界线最南边，可以看到形状与众不同的席勒环形山，呈椭圆形，长 180 km，宽 70 km。它可能是两次撞击后中间的山壁坍塌被注入了熔岩的产物。

月龄 12 天

此时，月球已然成为你的敌人。它让夜空光亮，因此本书中所描述的大多数深空天体都无法被看见。更糟糕的是，整个夜晚你都无法避开月球——在日落时它已经升起，到黎明前才会落下。

既然无法避开，不如好好观赏。虽然今晚月球上几乎没有影子，且月球亮得近乎苍白，不过它仍值得一看。今晚不是观看崎岖的地形而是发现月海颜色和亮度的微妙反差（因为玄武岩流中的化学成分不同）的最好时机。一旦月海年老到被空间天气侵蚀，它们的颜色就主要由其成分来决定：熔岩流中铁和钛越多，月海看上去越深。

月球现在已经接近圆形，你很难分辨明暗界线的位置。因此，这里把风暴洋一侧称为尾随侧，把另一侧（静海、危海侧）称为前导侧：如你在望远镜中所见，静海、危海领着月球移出你的目镜视场。

今晚真正能吸引你注意力的是巨大的辐射纹系统以及产生这些辐射纹的明亮环形山。发生在高原上的撞击震出了明亮且富含斜长岩的岩石，并把它们抛到月球表面；由于很少暴露在空间天气之下，刚与这些喷出物混合的月海玄武岩看上去相对较亮。

拥有最大撞击辐射纹的是第谷环形山。第谷环形山在眼下没有影子的南方高原上“鹤立鸡群”，其辐射纹延伸出去能够覆盖超过半个月面。第谷环形山很年轻：通过“阿波罗”17 号采集的其一条辐射纹的样本我们发现，它年龄刚超过 1 亿年。这也解释了它另一个显著的特征——周围有一个由玻璃态熔化堆积物构成的黑色环，你仔细看很容易就能看到。

哥白尼环形山的辐射纹排名第二，被北边的雨海和南边的风暴洋围绕。哥白尼环形山巨大而明亮，尽管没有第谷环形山那么耀眼。它的辐射纹不规则且呈明亮的灰色，朝各个方向延伸了数百千米。在跟哥白尼环形山相同的纬度上，从哥白尼环形山到尾随半球边缘的中点上，开普勒环形山及其辐射纹就像是哥白尼环形山的缩小版。

穿过澄海的非常显眼的辐射纹可能来自第谷环形山——如果真是如此，那它从第谷环形山向外延伸了 2 000 km！

月球上最有趣的辐射纹远没有这么大。在丰富海偏向月球尾随侧的地方，你可以看到 2 座小型环形山。它们的 2 条几乎平行的辐射纹，有时被称为“彗尾”，向月球尾随侧延伸出去。它们中靠近丰富海中心的一座是梅西叶环形山，以编纂了本书中许多深空天体的寻彗者的名字命名。尽管因为我们视线的限制它看上去有所缩短，但它仍呈明显的椭圆形，长 11 km，宽 9 km（见“月龄 3 天”）。它们中的另一座是同样呈椭圆形（长 13 km、宽 11 km）的梅西叶 A 环形山，它看起来很复杂，你即使用高倍望远镜也难以分辨。这 2 条辐射纹起于梅西叶 A 环形山，朝丰富海西岸延伸了 150 km。很显然，这里曾经发生过角度极小的撞击，陨星撞击形成梅西叶环形山后又被反弹再次与月球撞击形成了梅西叶 A 环形山。

• 在开普勒环形山北边，能看到阿利斯塔克环形山和稍小的希罗多德环形山（见“月龄 11 天”）。在希罗多德环形山北边的施洛特月谷内，有一座直径 6 km 的环形山，被称为“眼镜蛇头”（施洛特月谷像一条眼镜蛇，而它正位于蛇头处）。在高倍望远镜中，阿利斯塔克平原和施洛特月谷看似要朝你扑过来，非常有意思。

• 从阿利斯塔克环形山到它与开普勒环形山的中点处，右转 90° 前行同样的距离，可以看到直径 40 km 的马里乌斯环形山（不要把它与直径 30 km、外表粗糙的黑色赖纳环形山搞混，后者位于马里乌斯环形山南边 4 个身位处）。今晚你也许可以试着寻找漂亮的马里乌斯丘陵，能否找到取决于天平动的情况。有关马里乌斯丘陵的内容参见“月龄 11 天”。

满月

满月期间，你要看的并不是山峰和环形山的山壁投下的黑色长影。现在月球上没有任何影子，最明显的是月球明暗区域之间的对比。

在一个月相循环的大部分时间里，月球都呈死板的灰色。由于遭受无数微陨星的撞击，月球岩石表面非常粗糙，照射到月球上的太阳光会被它散射掉，因此你可以看到许多很小的影子。此外，太阳光被岩石粗糙的表面反射，很有可能照到岩石粉末上，因此在最终进入我们的望远镜之前，有大量光线会被吸收。

不过在满月时，这一切都会改变。因为这时没有影子，由细碎的岩石组成的平滑月面更易于造成后向反射，而非吸收或散射。

因此，从满月前1～2天开始，月球就会变得格外明亮。到满月时，使用口径超过3 in（7.62 cm）的望远镜观月你会感觉很刺眼。价格不贵的目镜端中性密度滤光片能有效地增强月球影像的对比度，让你的观月过程变得舒服得多。如果没有，你可以调高望远镜的倍率，这样可以降低望远镜中月球的亮度。戴一副太阳镜也管用——真的！这可不仅仅是为了耍酷！

- 随着月球把越来越多的太阳光朝我们反射，有越来越多平滑的区域开始发出强光，成为亮点。在这些区域中，最年轻且最明亮的是第谷环形山。
- 在月球的前导侧（在地球上看是天空中的西方，站在月球上看则是东方），由于靠近月球边缘，椭圆形的深黑色危海非常显眼。在它附近，从北向南分别是澄海（呈圆形）、形状不规则的静海和丰富海。酒海位于丰富海南边不远处。在尾随侧的月面上，北边的雨海南部与形状不规则的风暴洋相连，两者之间是明亮的哥白尼环形山。在南边，湿海位于月球边缘附近，云海紧邻南方高原。
- 在月球尾随侧赤道附近，注满熔岩的、椭圆形的格里马尔迪盆地（直径220 km）在满月时清晰可见。
- 满月时，多座环形山呈现出明亮的辐射纹。其中最显著的是位于南方高原的第谷环形山、位于雨海南边的哥白尼环形山和较小但明亮的阿利斯塔克环形山（位于哥白尼环形山和月球尾随侧边缘之间）。开普勒环形山也拥有漂亮的辐射纹，与哥白尼环形山和阿利斯塔克环形山构成了一个三角形。在上周，澄海南岸上直径27 km的米尼劳斯环形山平淡无奇，今晚却异常明亮。在月球这一侧的边缘附近，危海沿岸的普罗克洛斯环形山也变得异常明亮。
- 花一点儿时间观看整个月面，比较不同的月海。不同月海在颜色和亮度上存在微小差异说明它们表面的玄武岩流在年龄和化学成分上存在差异。

亏月

满月之后，月球每晚升起的时间越来越晚。满月在日落时升起；下弦月则在子夜时升起，到黎明前才会升到较高的地方。这意味着，大多数人在一年中的大部分时间里看不到下弦月。

一年中最易于观看亏月的时间是秋季。在秋季，日落时月球的轨道位于东南地平线附近的低处，月球升起之后基本上向北运动，之后的夜晚它升起的时间变化不大。此时的月份被称为“获月”——在北半球9月和10月（南半球的话则在3月和4月）近一周的时间里，日落时明月升起照亮农田。在一年中的这个时候，满月后6天是亏月，月龄20天时在21:30左右升起（这里假设的是纬度40° 的地方；你所处的纬度越高，月球升起的时间越早）。亏月在子夜前都易被观看。

• 观看亏月时，你会看到和盈月时相同的特征；跟新月过后的情形一样，在满月后相同的天数里明暗界线所处的位置也相同。不过许多特征看上去会和在盈月时所见的完全不同，因为现在太阳光是从东边而非从西边照射过来的。月球上那些南北走向的地形此时看上去变化尤其大。

• 变化最大的就是位于云海西边缘的直壁（第29页），它是伯特环形山附近的一座断层崖，把云海分为东西两部分。相对于较高的西侧，东侧的月海底部沉降了约250 m。在盈月时，这座悬崖会投下一道又宽又黑的影子；而在亏月时，太阳光从东边照射过来，它呈现为一道又细又亮的线。

• 另一个看上去极为不同的地形是亚平宁山脉，它位于雨海的南边缘。由于影子现在是向西投射，我们更容易看见它东侧的结构，比如哈德利沟纹——其实是“阿波罗”15号着陆地点附近坍塌的熔岩管道。

• 在这段时期，各片月海中的许多结构看上去极为不同。使月海看上去呈黑色的玄武岩曾是黏稠的熔岩流。大多数时候，这些熔融的熔岩在流到月海的边界之前就已凝固，形成一座悬崖，被称为流前锋。这些前锋一侧高，一侧低，因而类似直壁。在一个月相循环里，它们看上去先是黑影，后是亮线，或者相反。明暗界线穿过它们所在的月海时是寻找它们的好时候。

• 在合适的天平动下，月球尾随侧会正对着我们，此时格里马尔迪盆地会成为一个特殊的观看对象。它位于赤道南边，地处此时的月球尾随侧边缘和风暴洋之间，呈黑色椭圆形（直径220 km）。

• 如果天平动使得格里马尔迪盆地成为一个易见的观看对象，那你可以尝试找一样罕见的东西。沿着月球尾随侧边缘，从格里马尔迪盆地向南，寻找3条平行于月球尾随侧边缘的细小的黑线。它们是月球背面巨大的东海盆地的一部分（第3条隐隐约约的线是其中心盆地）。这些黑线是一片片山脉（离我们最近的一条黑线是科迪勒拉山脉，第二条则是鲁克山脉）。在高倍望远镜中，你甚至可以在黑夜的映衬下看到这些山脉起伏的山脊。东海盆地是一道值得你花时间寻找的风景。亏月时都可以找一找——万一能看到呢！

• 想细看亏月，很简单，在白天看就可以了。这个时候早晨的月球仍很显眼，在小型望远镜中极为明亮、清晰。此外，早晨的空气凉爽而稳定，对观看月球非常有利。当然，不要在月球靠近太阳时观看——如果想看月龄不到5天的新月，等太阳落山后再看更安全。

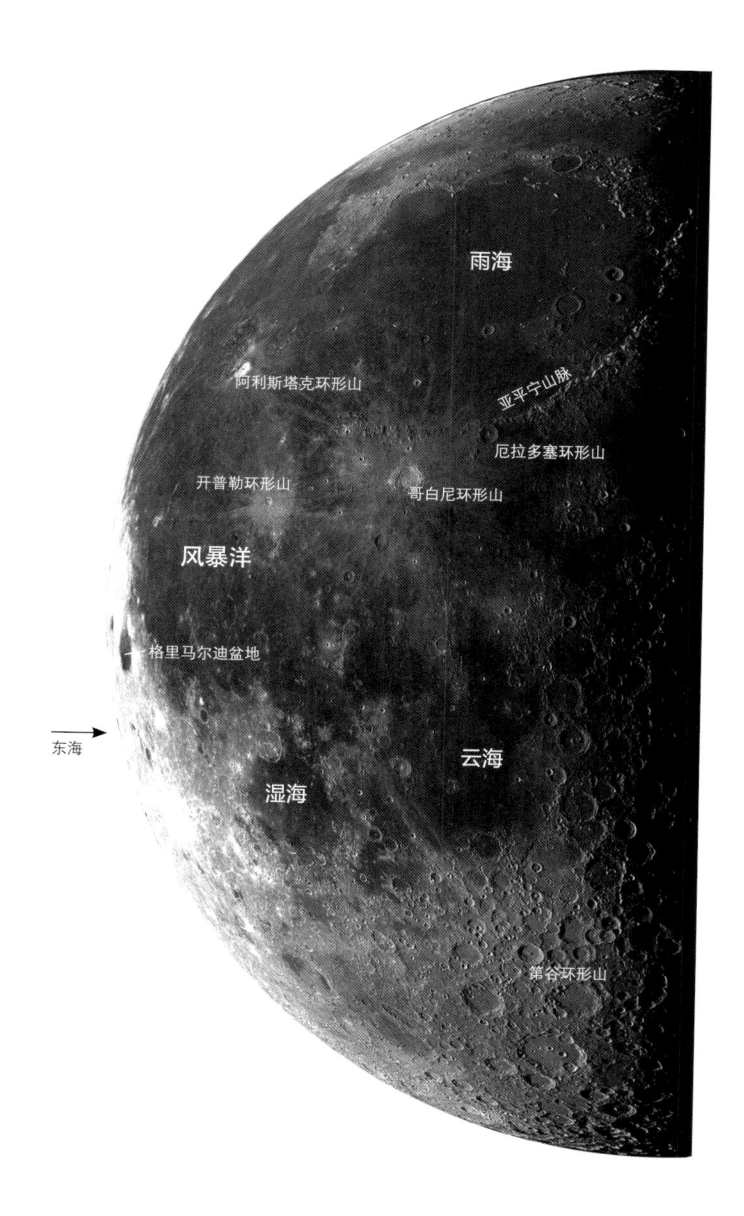

观看月食

从2012年到2025年，会发生28次可见的月食。其中12次为月全食——月球经过地球的本影时太阳被地球完全遮挡的现象。其余的16次则为月偏食——一部分月球进入地球本影的现象。半影月食指的是地球遮挡了射向月球的部分太阳光，而月球没有进入地球本影的现象。

月食开始

在月食刚出现时，你首先看到的就是月球上靠近你地平线东侧、风暴洋附近的某个地方在慢慢变暗。月球刚进入半影时，人眼根本无法察觉。月食通常发生在月球的前导边缘变暗到你能察觉的前半个小时左右。

概略而言，月球运动的速率差不多为每小时一个身位。因此，到你注意到月球前导边缘附近变暗时，它已经有一半进入地影了，而此时月球的中心刚开始进入本影，出现月偏食。为此，在本书中我们没有列出食分小于50%的半影月食，它们显然不值得你牺牲睡眠时间。

半影月食期间，站在月球上的一位宇航员会看到地球遮挡了部分太阳，而非全部。

如果是本影月食，那么至少在月球上的部分地区向太阳看时，会发现太阳完全被地球遮挡了。半影月食和本影月食之间虽然并非泾渭分明，但区别还算明显。

月全食

出现月全食意味着整个月球进入了地球本影。此时，月球不仅会变成暗黑色，还可能呈现各种各样的颜色。两个因素决定了全食期间月球看上去的样子。第一个是月球进入本影的深度——进入得越深，月球越黑。第二个是月全食时地球上日出或日落地点的天气。

第二个因素尤其重要，因为一旦地球遮挡了太阳，任何照射到月球上的光线都得先穿过地球大气。在一定程度上，地球周围透明的、薄薄的大气层就像一块球面透镜，能把光线聚焦到地球在月面上投射的影子上。只要日出和日落地点的空气清澈，即只要地球上白天和夜晚界线处的天气晴好，那么即便在月食期间月球也会相当明亮。然而，如果这一界线处是多云天气，或者空气中有大量火山灰（比如20世纪80年代初圣海伦火山喷发的），那么月食期间月球看上去会较暗且呈现出其他颜色。

安德烈·丹戎建立了一个分值系统（现在被称为丹戎数）来描述全食期间月球的样子。

- L=4时，月面呈亮橙色或红色，影子边缘为亮蓝色。在这样的一次月全食中，月面颜色的对比会让你惊艳不已。
- L=3时，月面呈亮红色，影子边缘为黄色。
- L=2时，本影区域的月面呈铁锈般的深红色，月面颜色对比不明显。但越靠近本影边缘，月面越亮。

发生上面3种月全食时，月海和高原的对比非常明显，你甚至还能看到一些明亮的环形山。

- L=1时，月面非常暗，就算在望远镜中，灰褐色的月面也几乎无法显现任何细节。
- L=0时，月面极暗。除非你知道月球的确切位置，否则极难找到它。

用小型望远镜观看月食

观看月食其实可以不用望远镜。事实上，由于无法看到颜色的对比情况，太大的望远镜反而会让壮观的月食变得无趣——就是一个暗红色的月面。小型望远镜则能让你看到地球本影在月面地形间移动——你真的可以感受月球在运动。另外，小型望远镜还能让你看到颜色最漂亮的月球。将望远镜的倍率调至最低来观看月食，这样你不但能看到整个月球，还能看到它漂亮的颜色。

寻找掩星。如第22页所述，在绕地球转动的过程中，月球会从恒星前方经过，掩食后者。月食期间的掩星尤其漂亮，因为那时月球非常暗，你不用担心它的亮光会掩盖更为暗弱的恒星。也正是如此，你可以看到更多的掩星。

可以试着比较被食月球与恒星的亮度。月光是向外扩散的，而星光集中在一点，因此很难直接比较两者的亮度。一个办法是把寻星镜或双筒望远镜倒过来看月球，让它聚成一个光点。然后把它和同样用倒过来的寻星镜观看的一颗亮星或行星进行比较。由此，你可以估算出月球看起来的亮度。

一般来说，满月的星等约为–12.5等；在月食期间，月球的星等通常为0等，与织女星和大角的星等相当。然而，在比较暗的月食期间，月球会暗至4等；在极其暗的情况下，月球甚至会变得肉眼不可见！

2012～2025年世界范围内的月食

日期		月食类型	最佳观测地
2012年	6月3～4日*	37% 本影食	太平洋
	11月28～29日**	92% 半影食	从印度到夏威夷
2013年	4月25～26日	99% 半影食	从中欧、非洲到澳大利亚西部
	10月18～19日	76% 半影食	从巴西、欧洲、非洲到中亚
2014年	4月14～15日	全食	夏威夷和美洲
	10月7～8日*	全食	从日本、澳大利亚到美国西部
2015年	4月3～4日*	全食	从日本、澳大利亚到夏威夷
	9月27～28日	全食	从美国中部到西非和中欧
2016年	3月22～23日*	77% 半影食	从日本到美国加利福尼亚州
	9月16～17日	91% 半影食	从中非到印度尼西亚和澳大利亚西部
2017年	2月10～11日	99% 半影食	从美洲东部、欧洲和非洲到西亚
	8月7～8日	25% 本影食	从东非到澳大利亚
2018年	1月30～31日*	全食	从东亚和澳大利亚到夏威夷
	7月27～28日	深度 全食	从非洲到印度
2019年	1月20～21日	全食	从美洲到西欧
	7月16～17日	65% 本影食	从非洲到印度
2020年	1月10～11日	90% 半影食	从欧洲和非洲到亚洲
	11月29～30日*	83% 半影食	太平洋和北美洲
2021年	5月25～26日*	全食	澳大利亚、新西兰和夏威夷
	11月18～19日	97% 本影食	夏威夷和北美洲
2022年	5月15～16日	深度 全食	南美洲和美国东南部
	11月7～8日*	深度 全食	澳大利亚东部和日本到美国西部
2023年	5月5～6日	96% 半影食	从东非到日本和澳大利亚
	10月28～29日	12% 本影食	非洲、欧洲和亚洲
2024年	3月24～25日	96% 半影食	夏威夷和美洲（除加拿大北部）
	9月17～18日	8% 本影食	南美洲和大西洋
2025年	3月13～14日	全食	从夏威夷到美洲
	9月7～8日	全食	东非、亚洲和澳大利亚

* 国际日期变更线以西的地区后延1天。

** 国际日期变更线以东的地区前推1天。

上表列出了每次月食出现时地球上的最佳观测地以及月食类型。例如，2015年4月3～4日夜晚（从日本和澳大利亚看的话是4月4～5日），从夏威夷看过去，整个月球会进入地球本影。这次月食出现在日本的夜间和夏威夷的清晨，但欧洲地区的人们无法看见。又例如，2019年7月16～17日夜晚，中非地区的人们可以看到一次月偏食（出现在印度的凌晨），那时有65%的月面会进入地球本影；这次月偏食对美洲的人们不可见。居住在表格中所列区域最西（或最东）边的人可以看到带食月出（落）。表格中罗列的最佳观测地中，“太平洋”包括澳大利亚和新西兰，“美洲”包括北美洲和南美洲。表格中的最佳观测地基本是自西向东罗列的：所列第一个地点的居民可以在夜晚看到月食，所列地点越靠后，月食出现的时间离该地的日出时间越近。

行星和太阳

金星

金星是最明亮的行星，犹如一盏耀眼的黄色探照灯：星等可以小到 –3 等或更小。升起后，它会是天空中最亮的星点（即便是训练有素的天文爱好者也有可能错把它当成不明飞行物。出现在 12 月的夜空中时，它有时会被认为是“伯利恒之星”的回归）！与地球相比，它离太阳更近。因此，从地球上看过去时它总是在太阳附近，你永远不可能在日落后的西方高空中看到它（如果在黎明时往东方的天空看，一直到日出后一段时间你都能看到它。你不妨试试）！

处于半金星相时，金星与太阳之间的距角最大，此时的距角被称为大距。此后，金星会越来越亮，也会越来越靠近太阳。

金星在大距之后约 1 个月，亮度会达到最大，此时星等为 –4.4 等。这时它比夜空最亮的恒星——天狼星还要亮约 15 倍。

随着在轨道上继续运动，金星会变成更窄、更大的蛾眉相。在两个月的时间里，它看上去会从一个半圆盘变成一把细而亮的镰刀。到它抵达距离地球最近的位置时，蛾眉相金星的直径甚至可以超过 1'。

金星和水星的轨道位于地球和太阳之间，因此日落后金星和水星会出现在西方地平线附近。即便在观看条件最佳时，水星也会在日落后不久没入地平线。通常日落后金星易见的时间不会超过 2 小时。

金星处于“半金星相”的确切时间比我们根据其轨道位置预算的时间早近 1 周。这一现象被称为施勒特尔效应，由约翰 · 施勒特尔——月面上有一座以他的名字命名的著名月谷——在 1793 年第一个发现。金星的相接近最细时，两个尖点有时会超过半圆。这是由金星浓厚的大气层所致，大气会使金星的太阳光弯曲。进入金星云层的太阳光会被散射进入其大气，其中大量光会进入它的夜晚侧半球，之后这些光会折返回太空，最终进入我们的望远镜。然而，在太阳光被散射的过程中，金星大气中的化学成分会吸收蓝光。因此，从地球上看过去时，看到的其夜晚侧半球的大部分光都为红光，而非蓝光。

用不同颜色的滤光片看金星时，看到的跟当前相位的金星的样子会有出入。红色滤光片会让蛾眉相的金星看上去更宽，就像它处于半金星相；蓝色滤光片则会让它看上去更窄。

在下面罗列的这些日子后的 1 周内，在日落后的 1 小时里可以看到水星。在这些日子里，水星处于东方天空中距离太阳最远的地方，即东大距。你也可以在这些日期之后约 6 周时，在日出前寻找水星。

2012 年 3 月 5 日
2012 年 7 月 1 日
2012 年 10 月 26 日

2013 年 2 月 16 日
2013 年 6 月 12 日
2013 年 10 月 9 日

2014 年 1 月 31 日
2014 年 5 月 25 日
2014 年 9 月 21 日

2015 年 1 月 14 日
2015 年 5 月 7 日
2015 年 9 月 4 日
2015 年 12 月 29 日

2016 年 4 月 18 日
2016 年 8 月 16 日
2016 年 12 月 11 日

2017 年 4 月 1 日
2017 年 7 月 30 日
2017 年 11 月 24 日

2018 年 3 月 15 日
2018 年 7 月 12 日
2018 年 11 月 6 日

2019 年 2 月 27 日
2019 年 6 月 23 日
2019 年 10 月 20 日

2020 年 2 月 10 日
2020 年 6 月 4 日
2020 年 10 月 1 日

2021 年 1 月 24 日
2021 年 5 月 17 日
2021 年 9 月 14 日

2022 年 1 月 7 日
2022 年 4 月 29 日
2022 年 8 月 27 日
2022 年 12 月 21 日

2023 年 4 月 11 日
2023 年 8 月 10 日
2023 年 12 月 4 日

2024 年 3 月 24 日
2024 年 7 月 22 日
2024 年 11 月 16 日

水星

作为最靠近太阳的行星，水星在肉眼可见的行星中最扑朔迷离。你只有在为数不多的几天里，在日出前或日落后的片刻才能看到水星，此后它就会被太阳的光辉湮没。水星很小，并不比月球大多少；事实上，它还没有木卫三或者土卫六大。此外，水星与月球十分相似，非常像一大块灰色的岩石，但它上面没有月球上月海般的深色区域。因此，在小型望远镜中水星没有任何特征地形。你能看到半水星相的水星就算是一项了不起的成就了。

水星比金星暗，也更扑朔迷离，它一次现身的时间仅约为 1 周。

水星沿着一条椭圆形的轨道绕太阳公转：它在远日点时与太阳之间的距离是处于近日点时距离的 1.4 倍。显然，观看水星的

> 水星大距时呈小半圆形，直径仅有7"。你即便使用高倍多布森望远镜也看不到任何细节。由于轨道位于地球轨道内，水星和金星一样也具有相。然而只有它处于半水星相时才易被看见，因为在其他时候它都太过靠近太阳。

最佳时机是它处于远日点附近时。此外，黄道——太阳和行星的轨道——位于高空时，也是观看水星的好时机。这一情况发生在春季的日落时分（秋季的话，则发生在日出时分）。因此，春季水星处于远日点附近时是傍晚观看它的好时候。

在水星的轨道上，它的远日点指向天蝎座。地球在6月份最靠近该点，若此时水星位于该点，那从地球上看它自然会被太阳的光芒湮没。在傍晚观看位于远日点水星的最佳时间是3个月后的9月份。

在南半球，观看水星的最佳时机则在春季。例如，2021年9月14日，水星大距，对纽约的观星者来说，日落时水星仅在地平线上9°处；但在澳大利亚悉尼看的话，日落时水星会在地平线上26°处。

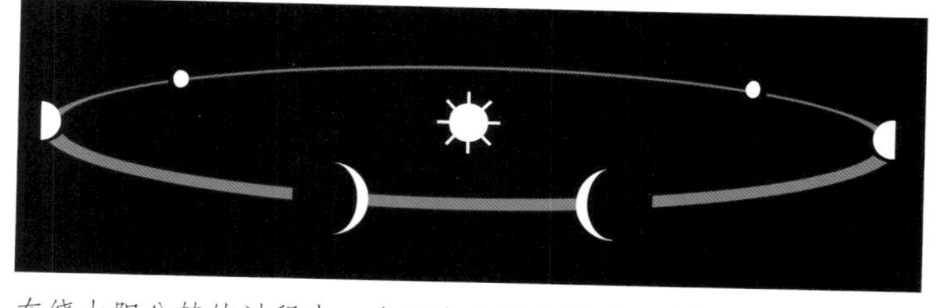

在绕太阳公转的过程中，金星和水星会显示出类似月球的相

金星	时间	可见方向
	2012年1～3月	西方
	4～6月	西方高空
	7～9月	晨星
	10～12月	晨星
	2013年1～3月	*
	4～6月	西方
	7～9月	西方高空
	10～12月	西方
	2014年1～3月	晨星
	4～6月	晨星
	7～9月	晨星
	10～12月	*
	2015年1～3月	西方
	4～6月	西方高空
	7～9月	西方
	10～12月	晨星
	2016年1～3月	晨星
	4～6月	西方
	7～9月	西方
	10～12月	西方
	2017年1～3月	西方
	4～6月	晨星
	7～9月	晨星
	10～12月	晨星
	2018年1～3月	西方低空
	4～6月	西方高空
	7～9月	西方高空
	10～12月	晨星
	2019年1～3月	晨星
	4～6月	晨星
	7～9月	西方
	10～12月	西方低空
	2020年1～3月	西方
	4～6月	西方高空
	7～9月	晨星
	10～12月	晨星
	2021年1～3月	*
	4～6月	西方
	7～9月	西方高空
	10～12月	西方
	2022年1～3月	晨星
	4～6月	晨星
	7～9月	晨星
	10～12月	西方低空
	2023年1～3月	西方
	4～6月	西方高空
	7～9月	西方
	10～12月	晨星
	2024年1～3月	晨星
	4～6月	西方
	7～9月	西方
	10～12月	西方

符号“*”代表金星太靠近太阳而不可见。

太阳

观看太阳需要先做好特殊的防护措施，不过太阳值得我们花费心思。太阳是一个不断变化的天体，十分吸引人。花几个小时来追踪太阳黑子、在凌日期间跟着水星和金星划过日面、观看壮观的日食都很有趣。然而，必须强调的是，在没有做好正确防护的情况下，绝对不要观看太阳！

不仅是对你的眼睛来说，对目镜甚至是对整架望远镜来说，直接对着太阳都极其危险。除非安装昂贵且特制的能覆盖望远镜整个物端透镜（或反射镜）的滤光片，否则不要直接用望远镜观看太阳。

> 如果有可用来观看太阳的望远镜，凌日会是一种令人相当激动的天象。2016年5月9日水星凌日，下一次水星从太阳圆面前方经过要到2019年11月11日。查阅天文杂志或相关网站可以找到适用于你所在地的详细观看指南（2012年6月6日金星凌日，下一次金星凌日要到2117年）。

只要方法得当，也可以把太阳的像投影到一块屏幕上来看。不过，也要当心，因为这对目镜来说仍相当危险，有时它会损坏望远镜中的光挡板。确保你的眼睛和衣物在投影的光路之外，据说伽利略在给太阳投影时胡须被点着了！不过，即使某个地方出了错，投影法至少不会让你失明。在目镜后30 cm或60 cm处放一张白纸，让太阳光投射到这张纸上即可。这里有一个好用的技巧：把这张纸放在一个硬纸盒里，硬纸盒可以防止太阳光直射到投射的像上。通过观察太阳的像来调整望远镜，以让它对准太阳——确保盖上了寻星镜盖，因为太阳光通过它时也会对它造成损害，并有可能引发火灾！如果温度过高，即便是用投影法观看也会损坏目镜。

要特别强调的是，无论店家声称目镜端太阳滤光片多么安全，你也绝对不要使用。丹在13岁时使用了目镜端太阳滤光片。幸好当聚焦的太阳光把目镜端太阳滤光片炸开时，他正看向别处，否则他可能永久性失明，更别谈观看深空天体了！

火星

在望远镜中，火星呈明亮但微小的橙色圆面。在大冲时，其圆面为完整的圆形；在不冲日的时候，它看上去略微呈椭圆形，类似凸月。

你直接用肉眼看的话，火星就像一颗明亮的红色恒星。然而，在接下来的几个月的时间里，你将会注意到它的亮度发生了显著的变化。它在各星座间的运动十分明显。

大冲时，火星距离地球极近，即便用小型望远镜你也能看到其表面的大量细节。在你计划观看火星时，若想知道火星朝着地球一侧的经度，可以查阅天文年历或登录相关网站（第238页）。

在许多夜晚，火星看上去并不怎么动人。耐心一点儿，大气总会稳定的。那时即便用的是非常小的望远镜，你也能看到火星迷人的样子。在一个星星不会闪烁、大气比较稳定的夜晚来观看火星。关键是要坚持住。在半个小时里，大概只有6个视宁度完美的时刻，且每个时刻仅持续数秒。虽然可见的时间很短，但火星值得你等待。

你能看到的火星最明显的特征可能是它白色的极冠，尤其是较大的南极冠——在火星冲日时它通常正对地球。可以在火星北半球找一片呈三角形的黑色区域，即苏尔特湾平原。你也可以试着寻找位于北半球的另一片黑色区域，即阿奇达利安海。当然，哪片区域可见取决于火星的哪一面正对地球。

火星的大气层很稀薄，在小型望远镜中你有时可以看见其中的云和沙尘暴。白色的薄云最常出现在赤道以北的塔尔西斯火山高原上空。吹到火山高原上的风会使来自火星温暖平原相对潮湿的空气上升到低温的高空，水汽凝结后就形成了云。用蓝色滤光片来观看火星有助于让这些云凸显出来。

除了云，火星上的风还会造成波及全火星的沙尘暴。明亮的尘埃类似薄薄的铁锈，细如面粉，可以在空中滞留数周之久，覆盖火星表面深色的火山岩石。火星上也会发生小规模的沙尘暴，影响较小的

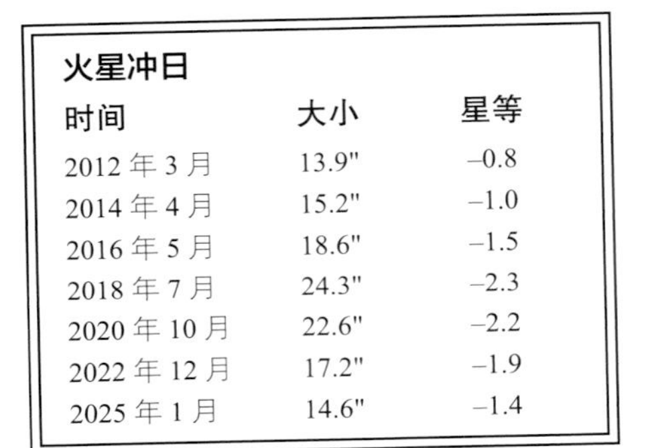

火星冲日

时间	大小	星等
2012年3月	13.9"	–0.8
2014年4月	15.2"	–1.0
2016年5月	18.6"	–1.5
2018年7月	24.3"	–2.3
2020年10月	22.6"	–2.2
2022年12月	17.2"	–1.9
2025年1月	14.6"	–1.4

火星的自转周期为24小时37分钟。因此，如果你在每晚同一时间观看火星，那么每一次所看到的基本都是火星的同一面。以这种方式观看的话，花1个多月的时间才能看遍火星。另外，花1～2个小时就能看出火星在自转，比较开始观星时和观星结束时你所画的火星素描画即可。

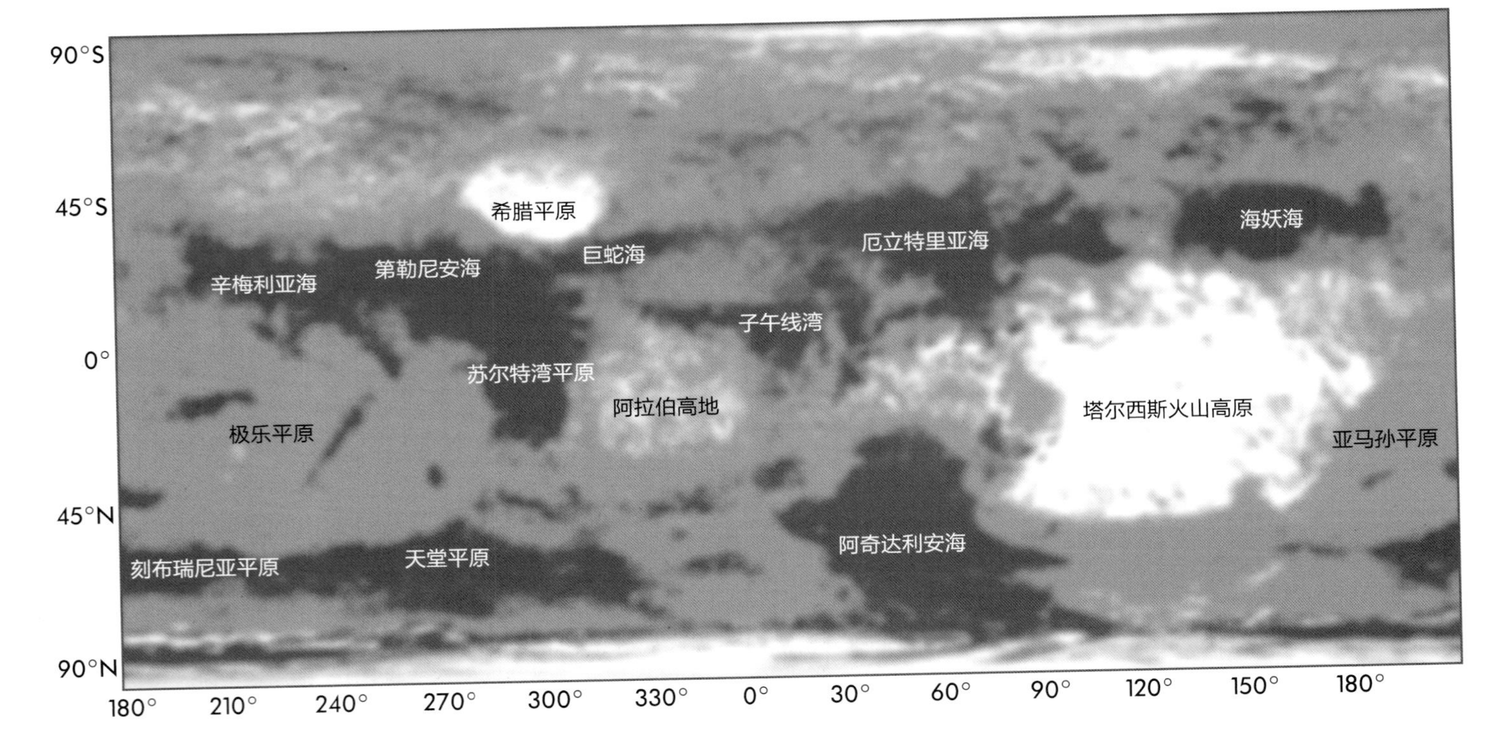

区域。红色滤光片有助于观看这些沙尘暴。

地球在一年的时间里绕着太阳穿行于不同的星座时，火星也在绕太阳转动，但它转 1 圈所花的时间几乎是地球的 2 倍（地球比火星更靠近太阳，处于内道，运动得更快）。在从赶上到超过火星的一段时间里，地球离它最近，恰好位于火星和太阳之间。这段时间里，日落时火星从东方升起，子夜时则位于我们头顶的高空。火星的这一现象被称为冲。因为此时火星最靠近地球，所以看上去最亮。

冲前后是观看火星的好时机。那段时间里，当太阳从西方落下时，火星从东方升起，因此整夜可见。火星在 8 月份冲时，和地球离得最近，此时是观看火星的最佳时机。

火星和地球绕太阳公转的轨道都是椭圆形的（火星轨道的偏心率比地球的大），并非同心圆，因此它们在某些地方比在其他地方更加靠近彼此。它们最靠近时是地球上的 8 月份。此时即火星大冲。

在大冲期间，火星犹如一颗不祥而明亮（–2.4 等）的血红色恒星，比天狼星还亮 2.5 倍，在日落时从东方升起。这时火星圆面最大——直径约为 25"，是用小型望远镜观看其表面细节的绝佳时机。此时正值火星南半球的夏季。因此，火星的南极朝向太阳，也即朝向地球——此时极冠最显眼。

火星大冲发生在 7 ~ 9 月。对北半球的观星者来说，此时火星位于南方低空；对南半球的观星者来说，此时火星则位于冬季的高空。

其他的冲则发生在 1 月或 3 月，那时火星的亮度只有大冲时的 1/5，火星圆面的直径则不到 14"，基本上只有大冲时的一半。

火星大冲每 15 ~ 17 年发生一次，下一次大冲在 2020 年。

为什么火星看上去不闪烁？

因火星呈红色，你有时会把它与周围的恒星（比如心宿二）混淆。把它们区分开非常简单，因为和其他行星一样，火星看上去不会闪烁。这是为什么呢？

星光只有通过地球大气层才能到达人眼，因此恒星看上去会闪烁。这就跟在天晴时看游泳池池底一样，游泳池里似乎有斑驳舞动的光线。这是由水作用于光所致：当光线进入游泳池里的水到达池底时，水的波动会使太阳光弯曲。同样地，地球大气层也会使穿过它的星光弯曲。

当你坐在一座游泳池池底时，如果太阳光从你身边经过而未进入你的眼睛，你就会看到光线在闪动。类似地，在大气层的底部，我们会看到星光短暂地闪烁，尤其是大气湍动时（比如当冷锋经过时）。

那为什么行星看上去不闪烁？从地球上看，恒星与行星的一个重要区别是，恒星距离我们太过遥远，因此看上去是一个个的光点，而行星具有可见的圆面。用望远镜就能看出这点区别：就算是在高倍望远镜中，即便是最明亮的恒星也只不过是一个非常明亮的光点，而行星都呈现为清晰的圆面。

当湍动的大气使一束光线短暂地偏离我们的视野范围时，这束光好像消失了。然而，当来自行星圆面某个部分的光发生折射后离开我们的视野范围，来自行星圆面其他部分的光则可能进入我们的视野。当来自行星一个点的光消失时，来自另一个点的光就会出现。结果就是，你总能看到来自行星的一些光。这些光看上去很稳定，行星看上去也就不闪烁了。

火星	时间	可见方向
2012 年	1 ~ 3 月	东方
	4 ~ 6 月	西南方
	7 ~ 9 月	西方
	10 ~ 12 月	西方
2013 年	1 ~ 3 月	*
	4 ~ 6 月	西方低空
	7 ~ 9 月	晨星
	10 ~ 12 月	晨星
2014 年	1 ~ 3 月	东方
	4 ~ 6 月	东方
	7 ~ 9 月	西方
	10 ~ 12 月	西方
2015 年	1 ~ 3 月	西方
	4 ~ 6 月	西方
	7 ~ 9 月	西方低空
	10 ~ 12 月	晨星
2016 年	1 ~ 3 月	西南方
	4 ~ 6 月	东方
	7 ~ 9 月	东方
	10 ~ 12 月	西方
2017 年	1 ~ 3 月	西方
	4 ~ 6 月	西方
	7 ~ 9 月	西方
	10 ~ 12 月	晨星
2018 年	1 ~ 3 月	晨星
	4 ~ 6 月	晨星
	7 ~ 9 月	东方
	10 ~ 12 月	西南方
2019 年	1 ~ 3 月	西方
	4 ~ 6 月	西方
	7 ~ 9 月	西方
	10 ~ 12 月	晨星
2020 年	1 ~ 3 月	晨星
	4 ~ 6 月	晨星
	7 ~ 9 月	东方
	10 ~ 12 月	东方
2021 年	1 ~ 3 月	西南方
	4 ~ 6 月	西方
	7 ~ 9 月	西方
	10 ~ 12 月	*
2022 年	1 ~ 3 月	*
	4 ~ 6 月	晨星
	7 ~ 9 月	晨星
	10 ~ 12 月	东方
2023 年	1 ~ 3 月	西南方
	4 ~ 6 月	西南方
	7 ~ 9 月	西方
	10 ~ 12 月	*
2024 年	1 ~ 3 月	*
	4 ~ 6 月	晨星
	7 ~ 9 月	晨星
	10 ~ 12 月	晨星

符号“*”代表火星此时位于太阳背面。

木星

木星呈黄色，几乎与金星一样亮。如果它碰巧位于西方地平线附近，有时会被错当成金星。

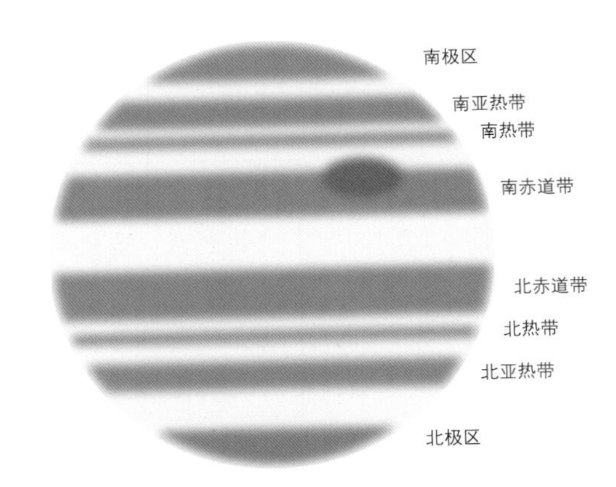

图中，白色的是云区，云带。在云带中，你可以看到一些不规则的和带穗边的东西随着木星的自转经过其圆面。

在所有行星中，木星被照亮的一面最大，直径可达5"。所以，木星看上去几乎从不闪烁。

木星是一颗绝大部分由氢和氦构成的气态巨行星。尽管深入到它内部时氢会被挤压成金属流，并且它的中心可能还有一个小型岩核，但木星实际上没有一个通常意义上的表面。从地球所见的木星上的一切都位于木星云层之外。

木星大气中较深处的云基本由水构成，外加一些使之呈深棕色的杂质（根据目前的研究，这些杂质主要是硫化物）。在这些深色的云上方是由氨冰晶构成的明亮的白云。从地球上能清晰地看到白色的氨云区；在它们消失的地方，可以看到由水和硫构成的深色云带。

木星的星等为 –2.5，它的亮度几乎是夜空最亮的恒星——天狼星的 3 倍。

大红斑是木星南赤道带上的一个非常显眼的特征，几乎可以容纳 3 个并排放置的地球。大红斑在小型望远镜中是否可见取决于它会年年改变的颜色和对比度。在 20 世纪 70 年代，大红斑寻找起来相当容易；到了 80 年代它就大幅度变暗，只有在其下方的深色云带被明亮区域挡住时，它才会在小型望远镜中现身。偶尔地（比如2010年），木星南赤道带会被氨云覆盖，完全消失，那时白色的氨云就会凸显深色的大红斑。

木星绕太阳转一周要 12 年。这意味着它以平均每年穿过 1 个黄道星座的速率穿过黄道 12 星座。

大红斑是一个大规模的风暴，能把木星深处的气体带到云层顶部，在那里太阳光会引发化学反应（可能因为含有磷元素），从而产生了其标志性的红色。无论大红斑出现的原因是什么，其寿命一定很长。1644 年罗伯特·胡克就说自己看见了它；此外，在梵蒂冈的一幅 1711 年的画也清晰地描述了它的位置、颜色和特殊的形状。

木星每 9 小时 55 分钟自转一周。它的半径约为地球半径的 11 倍，这意味着其外层区域运动的速度极快。这样就把云拉入了与其自转同向的云带中。同时，它自转所产生的离心力使得木星的赤道附近明显鼓起，这也正是木星两极较扁的原因。木星有 4 颗相当大的卫星。它们中最小的木卫二跟月球差不多大，木卫一比月球稍大，木卫四比水星稍小，而木卫三比水星大。

由于木星自转极快，你会发现它的圆面呈椭圆形——赤道鼓出，两极较扁。

木卫一是一颗岩质卫星，上面有几十座活火山，这些火山喷出的硫化物遍布其表面，因此木卫一呈黄色。其他 3 颗卫星的大部分表面则被水冰覆盖。木卫三和木卫四主要由冰构成，就像巨大的雪球。然而，混合了矿物的冰使得木卫三的部分表面和木卫四大部分表面比由纯冰构成的木卫二的表面暗。

行星小而亮。除了最亮的那些恒星，金星、火星、木星和土星比其他恒星都亮。在天气和望远镜允许的情况下，可以在最高倍率下观看。由于它们都很小，只管把望远镜倍率放大到极限。

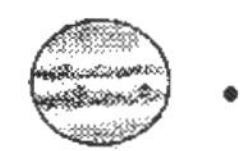

木星的自转轴仅微微倾斜，并且木星卫星公转的轨道都沿着其自转的方向。因此我们看到的这些卫星轨道或多或少侧对着地球。它们中的每一个都会从木星圆面前方经过——起于木星的东侧，终于木星的西侧——然后运动到木星后方，再到达木星东侧。由于木星自转轴仅微微倾斜，有时候这4颗卫星中离得最远的木卫四或从木星上方或从木星下方经过，不会从木星圆面前方经过。

> 木卫三是木星最亮的卫星；木卫一与之差不多亮，稍呈黄橙色；木卫二呈纯白色，较暗；木卫四颜色最深，常常（并不总是）见于木星最远端。

一颗卫星从木星圆面前方经过（凌木）时，会在木星上投下与它本身大小几乎相当的影子。在一个晴朗的夜晚，即便用一架小型望远镜你也能看到这幅景象。有时在卫星凌木的过程中，你还能看见凌木的这颗卫星。

白色的木卫二在木星深色云带的映衬下最容易被发现。在较亮云区的映衬下木卫四也很明显。一颗卫星从木星圆面前方经过要花2～5小时（木卫一要花2小时，木卫四则要花5小时）不等。

> 在规定的任一时刻，你几乎总能看到至少3颗伽利略卫星。在极为罕见的情况下，伽利略卫星要么与木星排成一线，要么进入木星的影子；出现这两种情况时，在约2个小时的时间里你将看不到任何伽利略卫星。2019年11月9日（中亚，持续37分钟）、2020年5月28日（东太平洋，持续116分钟）和2021年8月15日（西太平洋，仅持续4分钟）将会出现这一现象。

> 伽利略卫星之间的互食现象每6年就会发生一次。卫星间的下一次互食将在2021～2022年发生。你可查阅天文杂志或者使用天文软件来确定在你的所在地能否看见这一现象。

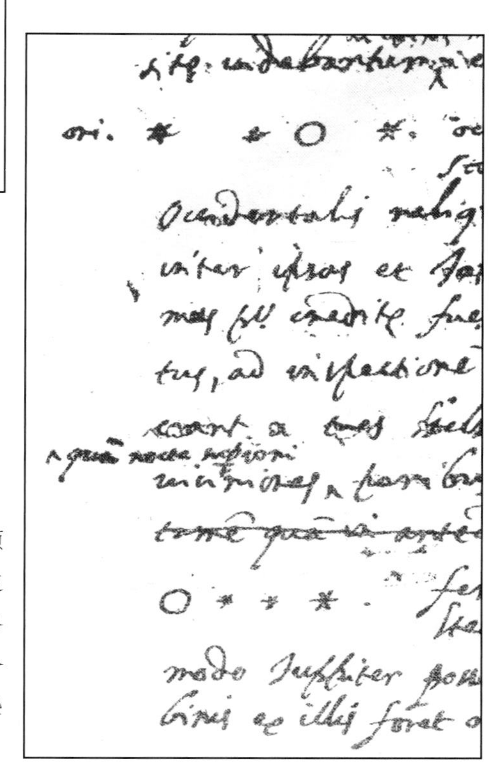

1610年初伽利略发现了木星周围的4颗明亮的卫星。为纪念这一发现，人们将这4颗卫星称为伽利略卫星。右图是伽利略在《恒星的使者》一书中一个章节的部分手稿，描述了他是如何夜复一夜观察这些卫星运动的。

木星	时间	可见方向
	2012年1～3月	西方
	4～6月	西方
	7～9月	晨星
	10～12月	东方
	2013年1～3月	西方
	4～6月	西方
	7～9月	晨星
	10～12月	东方
	2014年1～3月	西方
	4～6月	西方
	7～9月	西方低空
	10～12月	晨星
	2015年1～3月	东方
	4～6月	西南方
	7～9月	西方
	10～12月	晨星
	2016年1～3月	东方
	4～6月	西方
	7～9月	西方
	10～12月	晨星
	2017年1～3月	晨星
	4～6月	东方
	7～9月	西方
	10～12月	*
	2018年1～3月	晨星
	4～6月	东方
	7～9月	西方
	10～12月	*
	2019年1～3月	晨星
	4～6月	晨星
	7～9月	南方
	10～12月	西方
	2020年1～3月	*
	4～6月	晨星
	7～9月	东方
	10～12月	西方
	2021年1～3月	*
	4～6月	晨星
	7～9月	东方
	10～12月	西南方
	2022年1～3月	西方
	4～6月	晨星
	7～9月	晨星
	10～12月	东方
	2023年1～3月	西方
	4～6月	*
	7～9月	晨星
	10～12月	东方
	2024年1～3月	西方
	4～6月	晨星
	7～9月	晨星
	10～12月	东方

符号"*"代表木星此时位于太阳背面。

土星

土星看上去就像一颗 1 等星（在土星环完全可见时它的星等甚至低至 0.6 等），不过作为天空中最亮的“星星”，它并不引人注目，也没有火星那样鲜明的红色。它的颜色比金星或木星的颜色更深，但它并不亮。

土星和木星类似，也是一颗气态巨行星。不过，土星由于距离太阳更远，温度更低。它拥有一层更厚的氨冰云，少有在木星上可见的深色条带结构。

土星及其光环相对于其轨道面有一定的倾角。因此，随着土星绕太阳公转，我们望向它光环时的视角也会随之改变。在土星绕太阳公转一周的过程中（或者每隔 15 年）有 2 次土星环会延展至最宽。

土星环由一百亿亿——1 000 000 000 000 000 000——块冰构成，这些冰大小不等，有尘埃般大小的、冰雹般大小的、汽车般大小的或者更大的。虽然土星环的直径超过 270 000 km，但它的厚度仅有几千米。这也正是土星环侧对地球时看上去像消失了一样的原因（这一现象最近的一次在 2009 年出现，下一次将在 2025 年出现）。土星环侧对着太阳时，看上去也像消失了；即使此时土星环不是侧对地球的，土星环中的粒子所形成的影子也会笼罩彼此。不过，也只有在这个时候，太阳才会在土星卫星的轨道面上，你可以看见土星卫星的互掩和互食现象。使用足够大的望远镜，你也许还能看到此时土星卫星在土星环上所投下的影子。

在土星冲时，土星环可达 44"。2017 ~ 2018 年是土星环看上去最宽的时候，也是观看土星环的影子和狭窄的卡西尼环缝的最佳时机。

当土星环差不多侧对着地球时，土星的亮度几乎减半。此时是寻找土星较小卫星的最佳时机。在这一短暂的时间里，土星环会从你的眼前消失。你会看到一颗完全不一样的土星；不同于熟悉的有环圆面，这时它只是一个直径约 20" 的小黄球。这一怪异的景象将在 2025 年出现。

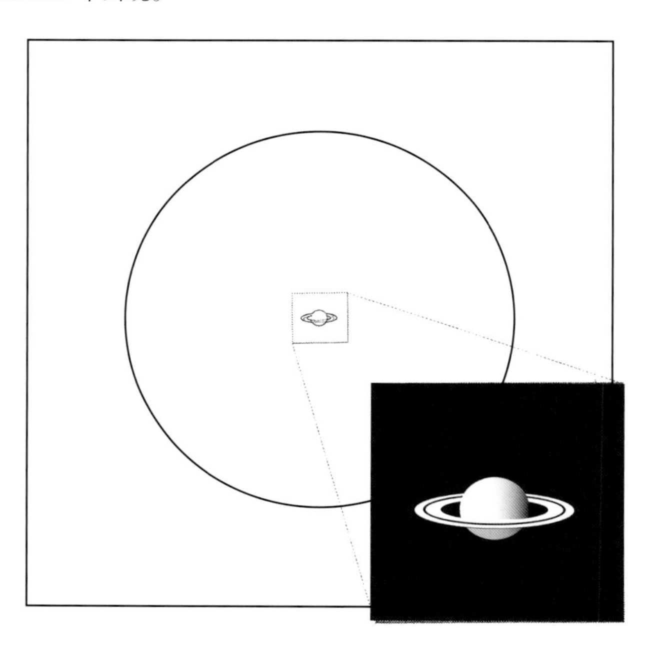

土星环是在土星上可见的最壮观的景象。即使是在小型望远镜中，它也非常清晰。然而，绝大多数的双筒望远镜并不足以分辨出土星环。

有关土星环，你必看的景象包括：

- 土星环在土星上投下的影子；
- 在日落时，土星位于南方或西方（不冲日），可以寻找土星在土星环上投下的影子；
- 土星环中的卡西尼环缝是一道宽约 0.5" 的锐利黑线，把整个环从外到内以 1 ∶ 2 的比例分隔开。

行星、月球和太阳差不多在天空中的同一条窄道上运行，这条窄道被称为黄道。

在土星旁，用小型望远镜通常会看到一个类似于一颗 8 等星的小光点，它就是土星最大的卫星——土卫六。它的轨道直径大约是土星环直径的 9 倍，你可以在距离土星 4.5 个土星环直径那么远的地方或者在更靠近土星的上方或下方找到它。

与木星卫星类似，土星卫星也由冰和矿物质构成。土卫六是土星唯一一颗有资格和木星的伽利略卫星论大小的卫星（比木卫三稍小），土星其他卫星的直径则只有数百千米。此外，土卫六也是唯一一颗拥有浓厚大气层的卫星。土卫六的大气中绝大部分是氮，不含氧，其气压是地球大气压的 2 倍。它表面的温度也低得多，只有零下数百摄氏度。构成土卫六上雨和云的并非水，而是甲烷——地球上火炉里燃烧的天然气的主要成分。

可以留意土卫五、土卫四和土卫三，它们看上去就像 10 等星，轨道位于土卫六轨道内 1/4 ~ 3/7 处。在土星环侧对地球时，更容易看见它们。

土卫八是一颗特殊的卫星。它绕土星转动的周期是土卫六的近 3 倍。该卫星的一个半球面是冰，另一个半球面则被一些非常暗的物质覆盖。当它位于土星的东侧时，暗球面对着土星，星等为 11 等；此时你用小型望远镜无法看到它。而当它位于土星的西侧时，亮球面对着土星，星等变成 9.5 等；此时一架口径 3 in（7.62 cm）的望远镜就能分辨出它。

天王星和海王星既暗又小！它们都有着微小的绿色圆面，这也正是与它们看上去极其相似的行星状星云得名的原因。寻找天王星和海王星最容易的办法是用计算机程序计算出它们的位置。若没有相关的程序，你也可以查询天文年历或天文杂志，后两者均会逐月或按年给出它们的详细位置。有的杂志会在每年 1 月的那期里给出当年天王星、海王星和冥王星的证认图。

用小型望远镜观看彗星很有趣。但是除了几颗鲜有的彗星外（比如著名的哈雷彗星），明亮彗星的出现是不可预测的。它们大多数来自太阳系的外边缘，每一百万年靠近太阳一次，在那个时候才会被发现。明亮彗星的出现绝对是罕见的天文事件，只要出现，必定是天文爱好者网站的头条新闻。通过这些网站，你可以知道该何时看以及该往哪里看。

跟踪小行星和矮行星很有意思。它们只不过是一个个的光点，位置却可以在几个小时里发生明显的改变。从在条件良好的夜晚几乎肉眼可见的灶神星，到需要使用口径 8 ~ 10 in（20.32 ~ 25.4 cm）的望远镜以及付出极大的耐心才能看到的冥王星，它们的亮度相差极大。使用天文软件或者登录天文爱好者网站可以知道在哪里能找到它们。

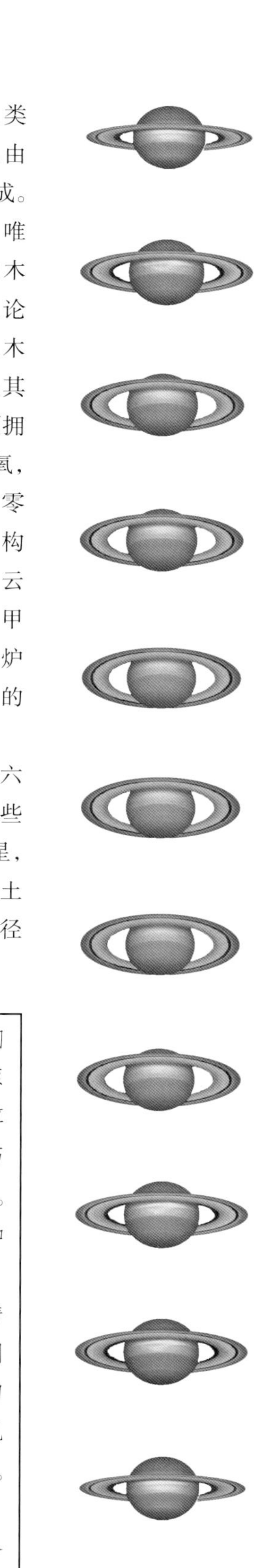

土星	时间	可见方向
	2012 年 1 ~ 3 月	晨星
	4 ~ 6 月	东方
	7 ~ 9 月	西方
	10 ~ 12 月	*
	2013 年 1 ~ 3 月	晨星
	4 ~ 6 月	东方
	7 ~ 9 月	西方
	10 ~ 12 月	*
	2014 年 1 ~ 3 月	晨星
	4 ~ 6 月	东方
	7 ~ 9 月	西方
	10 ~ 12 月	*
	2015 年 1 ~ 3 月	晨星
	4 ~ 6 月	东方
	7 ~ 9 月	西方
	10 ~ 12 月	*
	2016 年 1 ~ 3 月	晨星
	4 ~ 6 月	东方
	7 ~ 9 月	东方
	10 ~ 12 月	西方低空
	2017 年 1 ~ 3 月	晨星
	4 ~ 6 月	晨星
	7 ~ 9 月	东方
	10 ~ 12 月	西方
	2018 年 1 ~ 3 月	晨星
	4 ~ 6 月	晨星
	7 ~ 9 月	东方
	10 ~ 12 月	西方
	2019 年 1 ~ 3 月	*
	4 ~ 6 月	晨星
	7 ~ 9 月	东方
	10 ~ 12 月	西方
	2020 年 1 ~ 3 月	*
	4 ~ 6 月	晨星
	7 ~ 9 月	东方
	10 ~ 12 月	西方
	2021 年 1 ~ 3 月	*
	4 ~ 6 月	晨星
	7 ~ 9 月	东方
	10 ~ 12 月	西方
	2022 年 1 ~ 3 月	*
	4 ~ 6 月	晨星
	7 ~ 9 月	东方
	10 ~ 12 月	东方
	2023 年 1 ~ 3 月	西方低空
	4 ~ 6 月	晨星
	7 ~ 9 月	东方
	10 ~ 12 月	东方
	2024 年 1 ~ 3 月	晨星
	4 ~ 6 月	西方
	7 ~ 9 月	西方
	10 ~ 12 月	西方

符号“*”代表土星此时位于太阳背面。

季节性天空：1～3 月

即便在美国加利福尼亚州或者佛罗里达州，冬夜也非常寒冷。即便是在南半球，一年中 1～3 月的夜晚也很凉。

最黑暗且最晴朗的夜晚也是最寒冷的夜晚，此时你头顶上方是来自极区的干冷空气（这样的夜晚适合来观看星云，但如果冷锋刚刚经过，空气也许会发生湍动，这使得双星极难被分解开，你也很难看见行星的细节）。操作望远镜意味着要在户外站很长时间，这会让你感到愈加寒冷；你还得调节望远镜上的旋钮和操作杆，它们都是由金属制成的，那时真的会非常冰。手套、帽子和多层衣裤是必需的。一保温杯热咖啡或巧克力更可以为你的观星锦上添花。

除了要穿暖和，如果下雪了，在观星前你还要清出一块地方，以便架设望远镜。铲掉地上的雪，然后拿把椅子坐下，并用东西盖住膝盖（因为膝盖也会冷）。你可以想尽一切办法让自己感到舒服。

在观星前至少 15 分钟架设望远镜，这样透镜和反射镜就有充足的时间冷却。如果望远镜的温度比周围空气的温度高，就会引发空气对流，影响像质。如果温暖潮湿的室内空气被留在望远镜里，就有可能在透镜上凝结成雾（这对镜筒闭合的望远镜来说更是问题，参见第 11 页）。因此，在安装目镜之前，得留出足够的时间让你望远镜内温暖的空气流出。

寻找星路：1～3 月天空路标

天空中最显眼的恒星都在南方。先找到猎户座。其中 3 颗明亮的恒星构成了猎人的腰带，2 颗恒星（包括左上角那颗非常明亮的红色恒星）构成了他的肩膀，另外 2 颗（包括右下角那颗明亮的蓝色恒星）构成了他的腿。猎人肩上那颗非常明亮的红色恒星是参宿四，腿上那颗明亮的蓝色恒星则是参宿七。

在猎户座的右上方有一颗十分明亮的橙色恒星——毕宿五，它是金牛座中最亮的恒星。金牛座是黄道 12 星座之一，月球和行星穿行于这 12 个星座中。在黄道星座中，如果你看见一颗星图中没有的“亮星”，那很有可能是一颗行星。

西方天空

在金牛座的上方，即毕宿五的东北方，几乎就在你头顶上方，可以看到一个由5颗恒星构成的巨大的五边形。这些恒星中最亮的是位于东北方的五车二。这些恒星标记出了御夫座的位置。

在西方天空的北边，你可以看到由5颗恒星构成的一个巨大的“W”（或者“M”，你看到的具体形状取决于你的视角），那里就是仙后座。它南边的一些天体，我们会在介绍10～12月的星空时介绍，具体参见第158页。

在御夫座东边，你可以看到2颗彼此靠近的亮星，它们是北河二和北河三。从北河二和北河三向西南方看去，还会看到双子座中的其他恒星。把这些光点连起来，稍微发挥一点儿想象力，是不是就像两个并肩站立的人平行地躺在地平线上？双子座也是一个黄道星座，在那里你可以看到行星。

在双子座的东南边、往天狼星的方向，有一颗亮星——南河三。最后，构成猎人（猎户座）腰带的3颗星朝左下方指向了正从东南方升起的耀眼的蓝色恒星——天狼星。它是全天除太阳外最明亮的恒星，位于大犬座。

如果你在北纬35°以南，可以寻找猎户座南边的亮星——老人星，具体参见第204页。

总之，天狼星、参宿七、毕宿五、北河二、北河三和南河三构成一个围绕参宿四的圆。那里是天空中亮于1等的恒星最密集的天区。

面朝西 这段时间，你仍能在西方地平线上看到10～12月的最佳天体，尤其是1～3月北半球太阳很早就会落下。因此，在观星时，千万别错过下面表格里列出的天体。

天体	星座	类型	页码
M 31	仙女座	星系	172
M 33	三角座	星系	174
娄宿二	白羊座	双星	177
螺旋星云	宝瓶座	行星状星云	168
NGC 253	玉夫座	星系	170
NGC 288	玉夫座	球状星团	170

面向北朝东看，北斗七星正在升起。它的斗柄部分可能被地平线上的物体遮挡，是不是会这样取决于你所在地的纬度。斗勺远离斗柄处有2颗最亮的恒星，它们向北指向北极星。面朝北极星，就是面朝北方。

在北斗七星南边，正在从东方升起的是狮子座中的轩辕十四等恒星。随着夜渐深，你可以先翻看下一个季节的星图。

东方天空

猎户座：猎户星云（M 42 和 M 43）

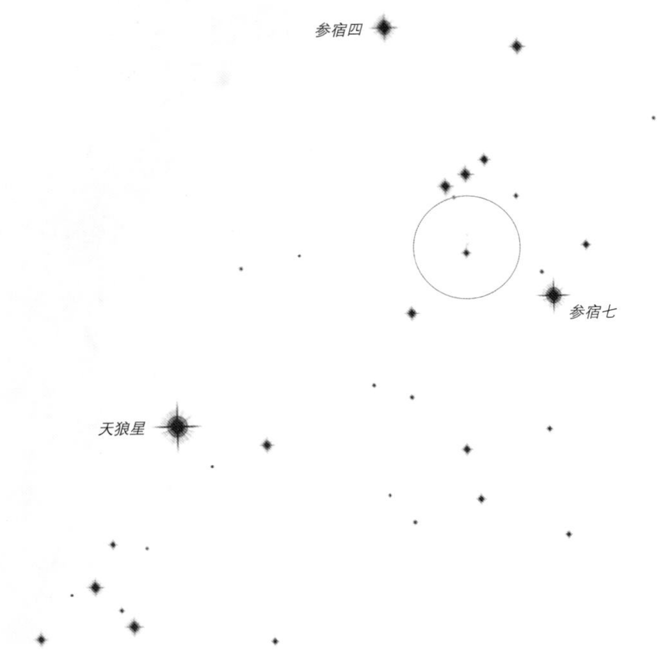

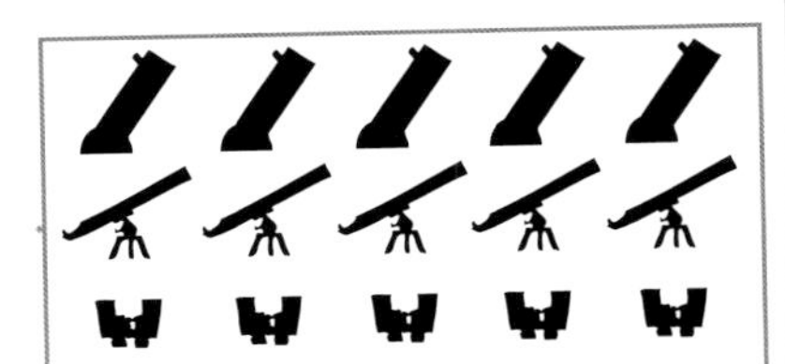

任何天空
低倍率（猎户星云），高倍率（猎户四边形天体）
星云滤光片
最佳时间：12 月、1～3 月

星图由模拟课程公司星空教育版制作

- 在望远镜所有倍率下观看都很壮观的星云
- 猎户四边形天体：六合星
- 恒星形成区

看哪儿 找到高悬于南方天空的猎户座。连成一线的 3 颗亮星构成了猎人（猎户座）的腰带，在这条腰带下方悬挂着一把由一串非常暗弱的恒星构成的佩剑。把望远镜对准这串暗星。

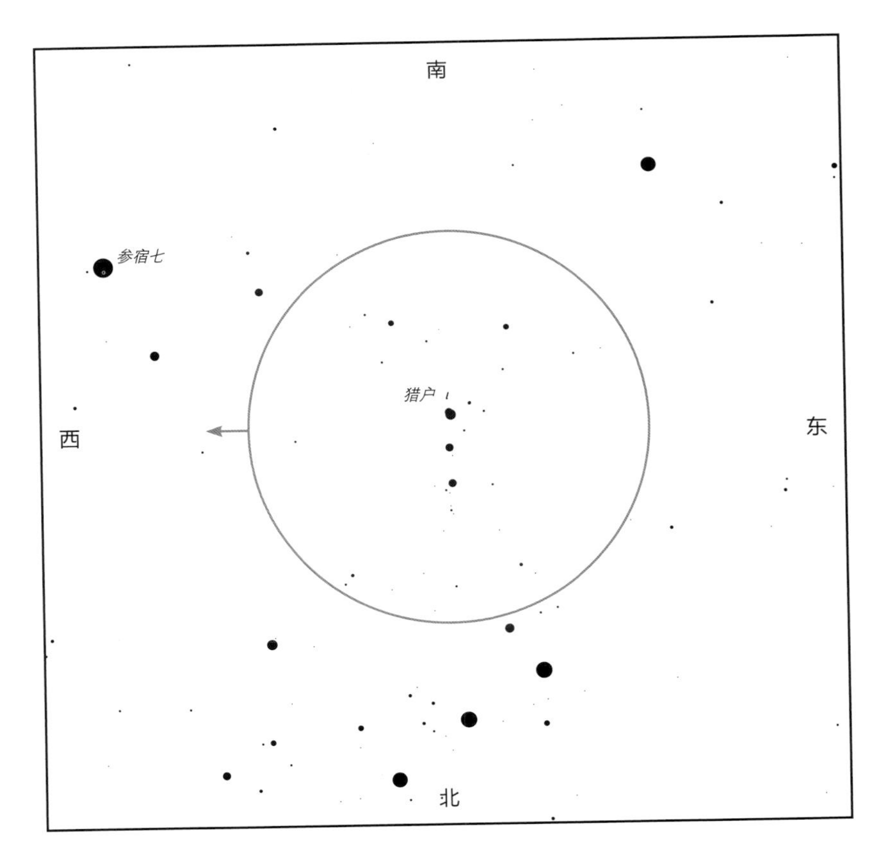

在寻星镜中 上述的这串暗星（构成佩剑的）中间有一块看上去很模糊的光斑，而非一个锐利的点。这就是 M 42。把叉丝的中心对准它。即便在寻星镜（或双筒望远镜）中，你也能看到许多蓝色恒星散布在星云状物质中。

低倍对角镜中的 M 42

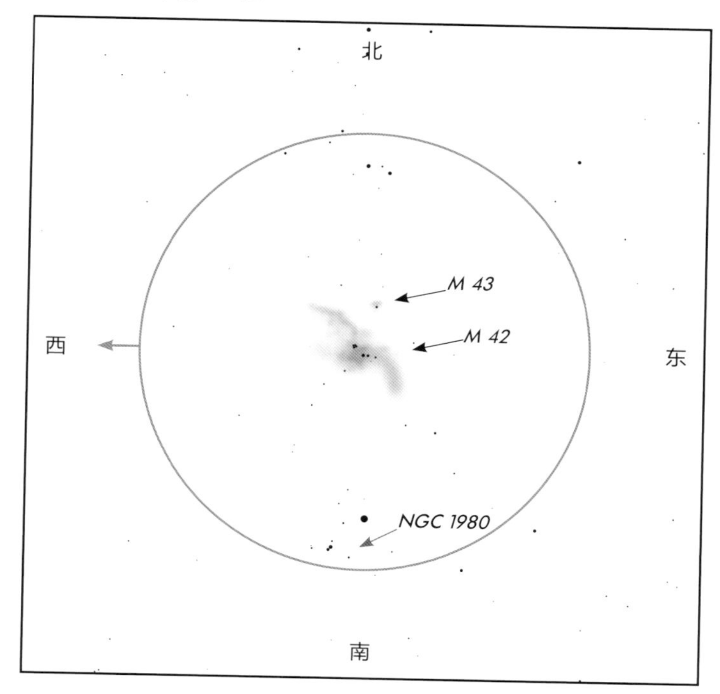

低倍多布森望远镜中的 M 42

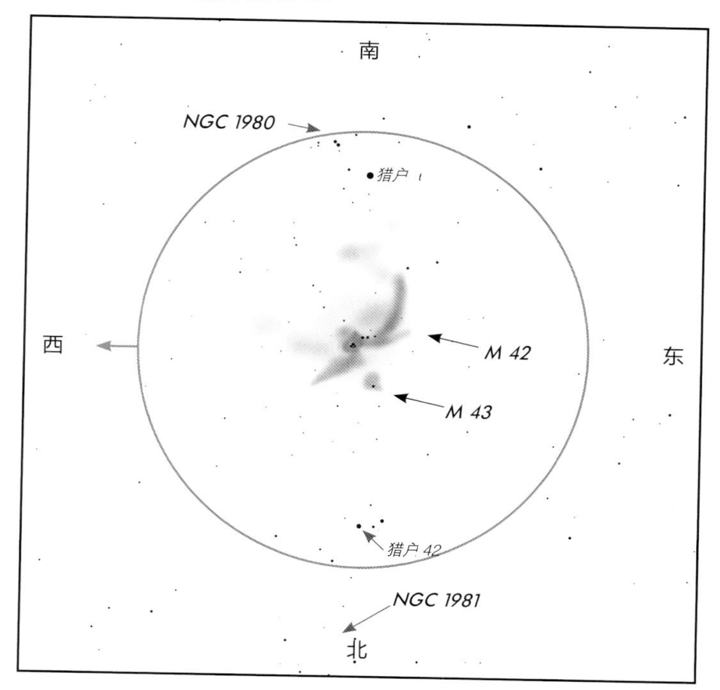

在小型望远镜中：在低倍率下，该星云是一块形状不规则的、明亮的光斑，中心散布着几颗宝石般的微小恒星。M 42 北边有一颗 8 等星，被一块稍微向北延伸的光斑包围着，这块光斑就是 M 43，它与 M 42 隶属于同一星云系统。在低倍率视场的南边缘，可以看到 3 等星——猎户 ι。它是一颗双星（见下一页），但小型望远镜很难将其分解开。不过它东南方就有一颗较容易被分解开的双星——斯特鲁维 747。

在多布森望远镜中：M 42 是一块形状不规则的、明亮的光斑，中心散布着几颗宝石般的微小恒星。包围着猎户四边形天体北边的第一颗较亮恒星（8 等星）的 M 43 与 M 42 隶属于同一星云系统。与该星云系统成协的疏散星团 NGC 1980 和 NGC 1981 分别位于它的南边和北边。在低倍率视场的南边缘有一颗 3 等星，即猎户 ι；视场的北边有一颗 4 等星——猎户 42，相关内容参见第 54 页。

天空越黑，你能看到的 M 42 或 M 43 的细节就越多，它们的可见范围就越大。在各种条件都完美的情况下，你会看到猎户星云发出的微微绿光。用大口径望远镜加星云滤光片观看的话，猎户星云更是蔚为壮观。

猎户四边形天体（猎户 θ^1）周围的区域会让你目不暇接。在中低倍率下，你可以分辨出被黑暗缝隙隔开的光带。猎户四边形天体四周看上去似乎没有太多的星云状物质。不过这可能是一种错觉，因为猎户四边形天体太亮，肉眼无法分辨更为暗弱的星云。当然，这也可能是真的，因为明亮恒星的星光会驱散一部分气体，清除它们周围的星云。

在观看 M 42 和 M 43 时，你会有一种感觉——这两片星云之间似乎有光缕。其实，这两者之间有一道黑色的缝隙，可能是一片暗尘埃云遮挡了我们视线上的部分星云造成的。

猎户星云和猎户四边形天体是一个更大的恒星形成区的一部分，后者包含了猎户座中可见的大部分恒星（比如猎户 σ——见第 52 页）。

弥漫星云 M 42 和 M 43 所在天区是整个恒星形成区中非常活跃的区域，新生恒星把这里的气体照得极为明亮。小型望远镜可见直径约 20 光年的星云，而来自这一区域的射电波表明这里存在一片直径超过 100 光年的低温暗气体云。其中可见的星云中的物质足够形成数百个太阳，周围的暗星云则有数千个太阳那么重。这些星云距离地球约 1 350 光年。

猎户四边形天体中的 4 颗明亮恒星中，除了最亮的 C 星之外，其余 3 颗都是极为密近的双星。它们中没有一颗能被望远镜分解开。其中 2 颗还是食双星，即双星中的一颗恒星会从另一颗前方经过，从而导致整颗双星周期性地变暗。

B 星也被称为猎户 BM，位于猎户四边形的北端。它由 2 颗大质量恒星组成，总质量是太阳质量的 12 倍不止，总亮度是太阳亮度的 100 多倍。B 星每 6.5 天会发生一次食，仅持续不到 19 小时。在这期间，它会变暗，星等增加超过 0.5 等。

位于西边的 A 星也被称为猎户 V 1016。尽管天文学家已经对猎户四边形天体研究了几百年，但直到 1973 才发现 A 星是一颗变星。A 星发生食的周期为 65.4 天，在 20 多个小时里可以变暗到星等增加 1 等。通常来说，A 星的亮度与 D 星的亮度相当。

高倍对角镜中的 M 42 和 M 43

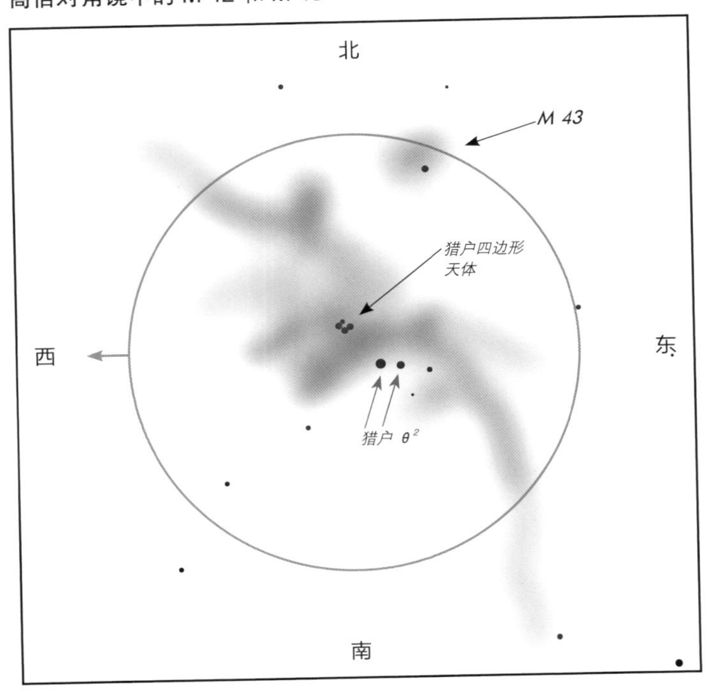

在小型望远镜中：在良好条件下，用高倍小型望远镜可以分辨紧密聚集在一起呈菱形的猎户四边形天体中 4 颗较亮的恒星。

高倍多布森望远镜中的 M 42 和 M 43

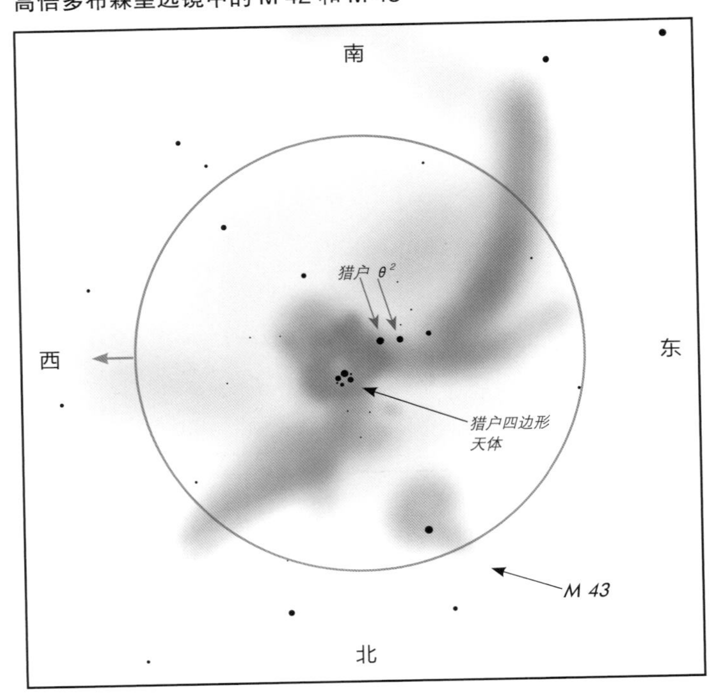

在多布森望远镜中：在良好条件下，用高倍多布森望远镜可以分辨紧密聚集在一起呈菱形的猎户四边形天体，包括 2 颗较为暗弱的 11 等星。

它如果比 D 星暗，就是处于食的状态。

其实，天文学家在 A、B、C、D 这 4 颗恒星周围又发现了至少 4 颗更为暗弱的恒星。其中 2 颗为 11 等星，在多布森望远镜中可见。

猎户四边形天体是猎户星云中可被大型望远镜分辨的 300 多颗恒星中最亮的几颗。猎户四边形天体中最西边的一颗也是双星。在猎户四边形天体附近，有 2 颗年轻的新生恒星构成了明亮的远距双星——猎户 θ^2。这颗远距双星的 2 颗子星分别为 5 等星和 6.5 等星，位于猎户四边形天体东南方约 2' 处。

尽管伽利略在 1610 年用望远镜观测到了猎户四边形天体，但直到 18 世纪末，威廉·赫歇尔和其他天文学家才首次对其进行了深入的研究。威廉·赫歇尔是他那个时代最伟大的天文学家之一，发现天王星的也是他。然而，他所绘制的猎户四边形天体图中并没有 E 星和 F 星。其实这 2 颗恒星用多布森望远镜就能看见 . 自 19 世纪 20 年代开始，其他天文学家（包括他儿子约翰在内）都很容易就看到了它们。很可能是因为这 2 颗恒星和我们之间的一片暗星云正在逐渐消散，又或许我们正在目睹新恒星的形成。

邻近还有 在 M 42 南边，就在低倍率视场边缘，有一颗聚星——猎户 ι。用小型望远镜可以看到它的 3 颗子星。在 3 等主星的东南方有一颗 7 等星，它们之间相距 11"；另一颗 10 等星则位于这颗 3 等主星东偏南一点儿，与其相距 49"。猎户 ι 是一个大型聚星系统：A 星和 C 星相距约 1/3 光年！在猎户 ι 西南不到 9' 的地方，有一颗易被分解的、明亮的远距双星——斯特鲁维 747，它由一颗 4.7 等主星和一颗位于主星西南方 36" 的 5.5 等星构成。斯特鲁维 747 的 2 颗子星的连线正好指向猎户 ι。在斯特鲁维 747 西边不到 5' 处是一颗暗得多的双星——斯特鲁维 745。它由 2 颗亮度相当的暗星（约 8.5 等）构成，这 2 颗子星差不多南北向排列，相距 29"。如果它们真相互绕转，两者则相距约 2 000 天文单位。

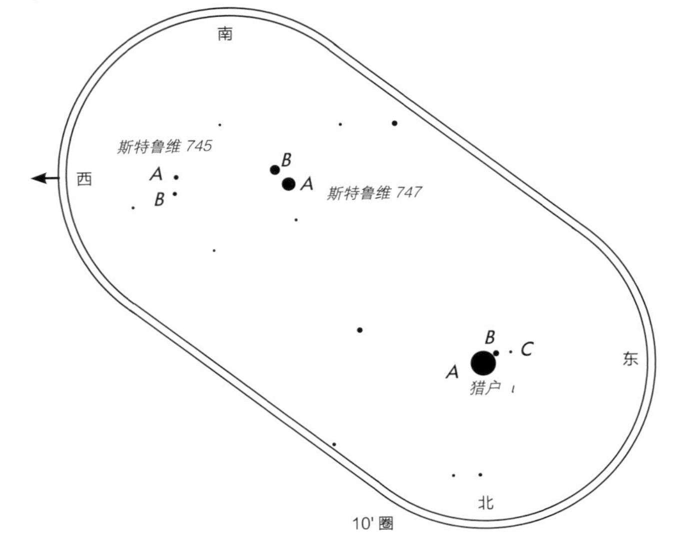

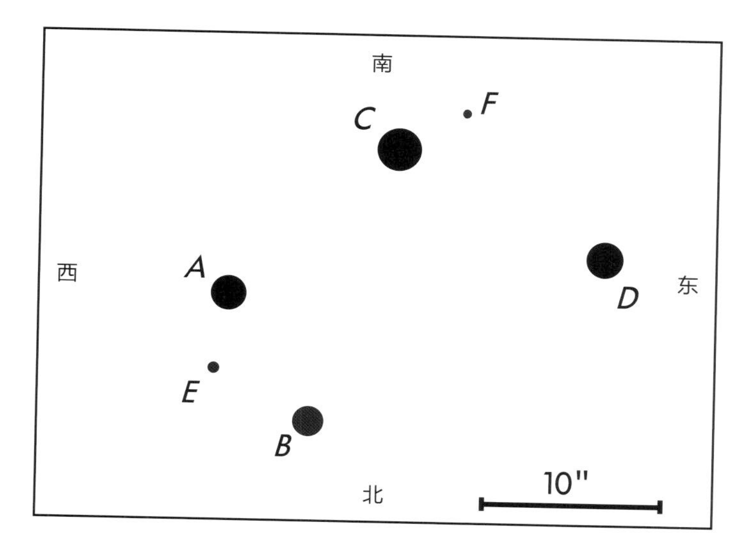

用多布森望远镜能看到猎户四边形天体中的6颗恒星。A星和B星是变星。其中，A星即猎户V 1016，最暗时它的星等为7.7等；B星即猎户BM，最暗时它的星等为8.7等。这一视场的宽度为9 000天文单位。

恒星	星等	颜色	位置
猎户四边形天体			
C（南）	5.1	白	主星
A（西）	6.6	白	C星西北13"
B（北）	7.9	白	C星西北偏北17"
D（东）	6.3	白	C星东北13"
E	11.1	白	A星以北5"
F	11.5	白	C星以东5"
猎户 θ^2			
A	5.0	白	主星
B	6.2	白	A星以东52"
猎户 ι			
A	2.9	蓝	主星
B	7.0	白	A星东南11"
C	9.7	白	A星东南偏东49"
斯特鲁维747			
A	4.7	白	主星
B	5.5	白	A星西南36"
斯特鲁维745			
A	8.5	白	主星
B	8.5	白	A星以北29"

如果用多布森望远镜观看，除了寻找这些双星或聚星，还可以寻找猎户座中的其他8颗更难找的双星。具体参见第54页。

关于弥漫星云

猎户星云是一片巨大的气体云，主要由氢和氦构成，此外还有少量的氧和其他元素。

在这片气体云中正在发生什么？显然，星云内部的引力会让气体团块聚集到一起，直至这些团块大到内部可以维持核反应，由此成为恒星。因此，我们看到的其实是恒星形成区。

有一些证据证明了这一理论。其一，星云中恒星的光谱（星光中不同颜色的相对亮度）与上述理论预言的年轻恒星的光谱相符。

其二，可以测量出恒星间的相对速度。例如，回溯猎户四边形天体周围恒星的运动我们会发现，在几十万年间它们都始于差不多相同的地点。就大多数恒星长达数十亿年的寿命而言，这些恒星都还是“婴儿”。逐渐远离猎户四边形天体，你所见恒星的年龄也越来越大。据估计，这一星云在约1 000万年前开始形成恒星。

银河系中遍布弥漫星云，这些弥漫星云常常与疏散星团成协。通过观察不同的星云和星团，你可以看到恒星形成过程的不同阶段。

由于星云中年轻恒星在释放能量，星云中的气体会发光。例如，M 42中的猎户四边形天体和其他恒星以及M 43中的8等星所发出的光不仅仅能照亮星云中的气体，这些恒星所发出的高能紫外光还会让气体中原子——尤其是氢和氧——的电子电离，就像霓虹灯中的电流。当这些电子与原子复合时，氢和氧就会分别发出特定的红光和绿光。

相较于人眼，CCD芯片和在它普及之前的彩色胶片都倾向于记录红光，因此弥漫星云的照片多凸显红色。但人眼所见到的弥漫星云却呈绿色。

由于我们只能看到这些星云中的绿光，你可以使用星云滤光片来精确地滤掉天空中的其他光线（比如来自月球、路灯甚至是附近的恒星的光），进而凸显星云本身的颜色。请注意，星云滤光片并不会让星云看上去更亮；它只是让其他东西看上去更暗，从而让星云从周围的天空背景中凸显出来，使之更容易被看到。

猎户座：聚星猎户 σ 和斯特鲁维 761

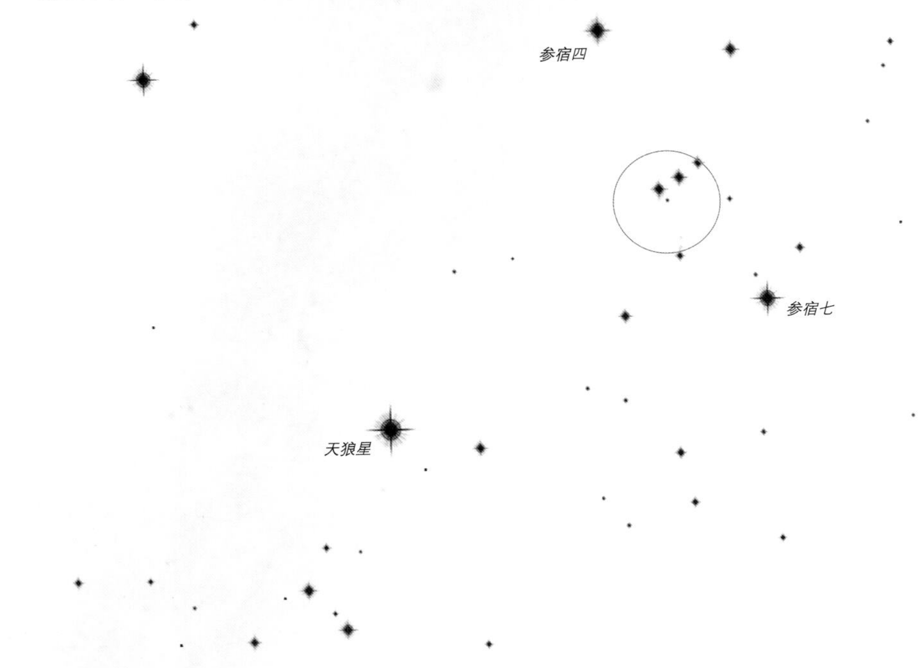

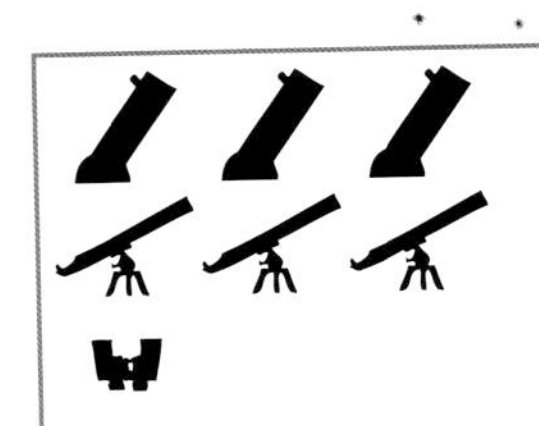

稳定天空
高倍率
最佳时间：12 月、1 ~ 3 月

星图由模拟课程公司星空教育版制作

- 四合星和三合星
- 易于寻找
- 易于分解

看哪儿 找到猎户座，看其腰带三星——从左往右分别是参宿一、参宿二和参宿三。就在参宿一（最东边的那颗）下方有一颗稍暗的恒星，它就是猎户 σ。

在寻星镜中 猎户座腰带三星在寻星镜中十分明显。猎户 σ 是视场中唯一一颗比腰带三星稍暗的恒星，很容易被辨认出来。把参宿一想象成钟面的中心，如果正南是 6 点钟方向，参宿二和参宿三位于 2 点钟方向上，猎户 σ 则位于约 5 点钟方向上。

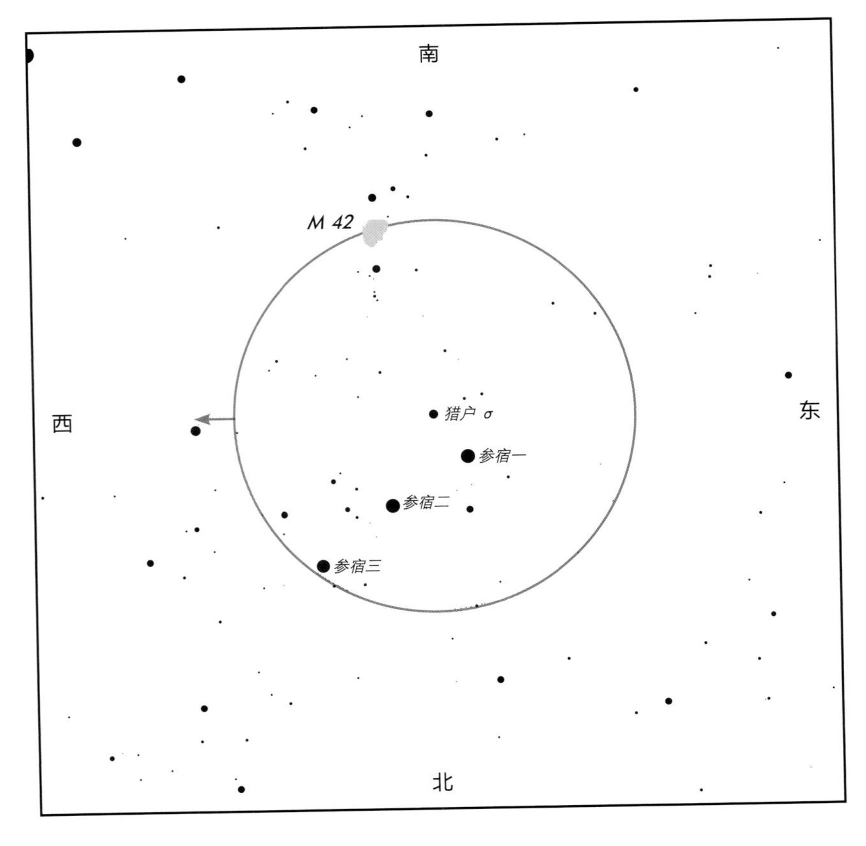

高倍对角镜中的猎户 σ 和斯特鲁维 761

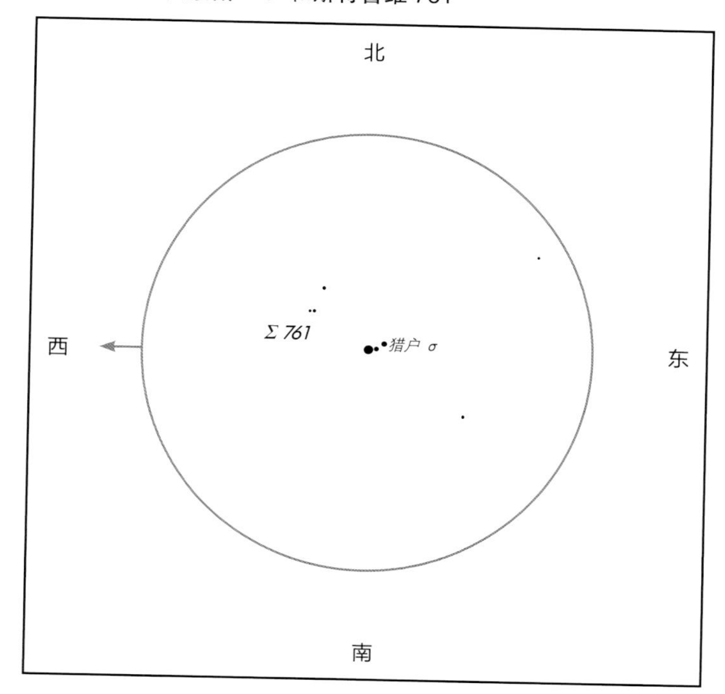

在小型望远镜中：视场中最亮的是猎户 σ 中的 A/B/C 星，它是一个三合星系统，因太过密近而无法被小型望远镜分解开。在 A/B/C 星的东边是 D 星，在东北方约 3 倍远的地方则是 E 星。在同一视场中的西北边还有一个三合星系统——斯特鲁维 761。其中的 3 颗恒星构成了一个指向北方的狭长三角形。

高倍多布森望远镜中的猎户 σ

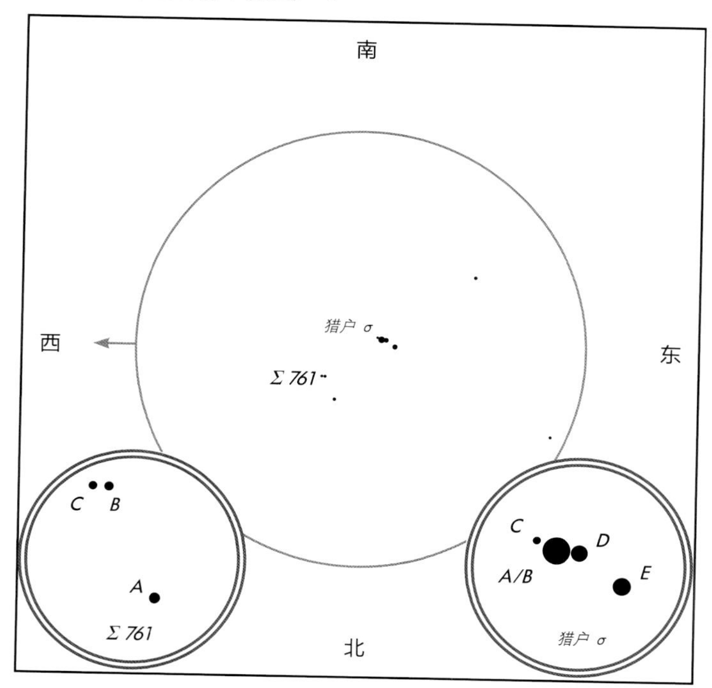

在多布森望远镜中：视场中最亮的是猎户 σ 中的 A/B 星，它们太密近而无法被小型望远镜分解开。在高倍多布森望远镜中，你还可以在 A/B 星的西南方看到暗弱的 C 星。在 A/B 星的东边是 D 星，后者在多布森望远镜中呈红色；在 A/B 星东北方约 3 倍远的地方则是 E 星。在同一视场中的西北边还有一个三合星系统——斯特鲁维 761。其中的 3 颗恒星构成了一个指向北方的狭长三角形。图中还分别展示了这 2 颗聚星的 2 角秒放大图。

在同一视场中有 2 个复杂的聚星系统彼此紧靠在一起，要分清它们有一点儿挑战性。

猎户 σ 距离地球约 1 200 光年。它的 A 星和 B 星是一对极为明亮的大质量恒星，仅相距 100 天文单位（因太密近而无法被小型望远镜分解开）。C 星和 D 星则距离 A 星较远，与 A 星分别相距至少 3 800 天文单位和 4 500 天文单位，E 星则距离 A 星约 0.25 光年。

猎户 σ、斯特鲁维 761、腰带三星和猎户星云属于同一个由年轻恒星和星云组成的复合体，它们一起在银河系中运动。在现有的测量水平下，天文学家测得的这些恒星到地球的距离都相等，因此它们彼此离得也都很近。

我们由此可以推测，这些恒星都形成于同一个与猎户星云极为相似的恒星形成区。随着星云气体被年轻恒星俘获并吸纳，一个疏散星团（第 67 页）形成了。现在这些恒星彼此正在缓慢地分离，沿着各自的轨道（它们的轨道稍有不同）绕银河系中心运动。

在介绍恒星时，我们会用到天文单位和光年这两个单位。

天文单位描述的是地球到太阳的平均距离，1 天文单位约 1.5 亿千米。

光年是光运动 1 年所行进的距离，1 光年约 95 000 亿千米。比邻星（半人马 α，见第 228 页）与地球相距 4.22 光年，是离地球最近的恒星。本书中所描述的可见星系与地球的距离基本都超过 2 000 万光年。

恒星	星等	颜色	位置
猎户 σ			
A/B	3.7	白	主星
C	8.8	白	A 星西南 10.9"
D	6.6	蓝	A 星以东 12.7"
E	6.3	蓝	A 星东北偏东 41"
斯特鲁维 761			
A	7.9	白	主星
B	8.4	白	A 星西南偏南 67"
C	8.6	白	B 星以西 8.7"

猎户座：多布森望远镜中的猎户双星

稳定天空
高倍率
最佳时间：12 月、1～3 月

猎户复合体位于一片相对靠近地球的天区，包含许多刚形成的恒星，还有许多能被业余望远镜分辨的聚星。

前文已经提到过猎户星云（第 48 页）和猎户 σ（第 52 页）附近的许多聚星，它们完全在小型望远镜的可见极限之内。然而，在这片天区中还有一些双星你得用多布森望远镜（或者大型折射望远镜和折反射望远镜）才能看到。

在某些情况下，子星会靠得极近，你只有使用分辨本领更强大的多布森望远镜才能把它们分解开。当然，如果子星亮度差异较大，你也得用多布森望远镜来从主星耀眼的光芒中分辨出较暗的伴星。

无论子星靠得极近还是亮度差异较大，用多布森望远镜来分辨猎户双星都是真正充满乐趣的挑战。在观星条件并非最佳的夜晚，猎户双星也是你的首选目标：即便有薄云，你也能看到其中足够亮的恒星，这些云能让空气保持静止、稳定。

恒星	星等	颜色	位置
觜宿一（猎户 λ）			
A	3.5	白	主星
B	5.4	白	A 星东北 4.1"
猎户 52			
A	6.0	白	主星
B	6.0	白	A 星西南 1.1"
参宿一（猎户 ζ）			
A	1.9	蓝	主星
B	3.7	白	A 星东南偏南 2.5"
猎户 42			
A	4.6	白	主星
B	7.5	白	A 星西南偏南 1.1"
猎户 32			
A	4.4	黄	主星
B	5.7	蓝	A 星东北 1.2"
参宿三（猎户 δ）			
A	2.2	白	主星
B	6.8	蓝	A 星以北 53"
猎户 η			
A	3.6	黄	主星
B	4.9	蓝	A 星东北偏东 1.8"
参宿七（猎户 β）			
A	0.3	蓝	主星
B	6.8	白	A 星西南偏南 9.3"

觜宿一 找到猎人（猎户座）两肩上的参宿四和参宿五。觜宿一是猎人头部一群恒星中最亮的一颗。把寻星镜对准猎人右肩上的参宿五，然后将镜头向东北转动，会看到一团恒星——至少 4 颗——进入寻星镜的视场。在这群恒星中，觜宿一最亮且位于最北边。用多布森望远镜很容易就能把它分解开。觜宿一距离地球 1 000 多光年。考虑到这一点，觜宿一中的 2 颗子星的间距应超过 1 300 天文单位。

猎户 52 从猎户左肩明亮的红色恒星参宿四开始。在寻星镜视场中的西南方可见一颗 6 等星，即猎户 52。这是一对漂亮的双星，但 2 颗子星靠得非常近。要将望远镜倍率调到最高才能将它分解开。猎户 52 距离地球约 500 光年。其伴星到主星的距离至少为 160 天文单位。

参宿一 猎户腰带最东边的参宿一很难被小型望远镜中分解开，但用多布森望远镜的话就容易得多（其主星是一颗很可爱的蓝色恒星，本身就是一颗双星，但太过密近，业余望远镜无法将其分解开）。参宿一距离地球 800 光年。2 颗子星相距至少 600 天文单位。

猎户 42 在猎户星云 M 42 的低倍多布森望远镜视场图（第 49 页）中就能看到猎户 42。它是一颗非常密近的双星，2 颗子星的亮度存在显著差异。因此，即便你用的是多布森望远镜，想将它分解开也极具挑战性。这对较明亮的恒星就位于 M 42 和猎户四边形天体北边 0.5°。试着将望远镜调到最高倍率来分解它们，不要因为猎户星云分心。猎户 42 并不属于猎户星云，只是碰巧位于地球到该星云的 2/3 处。它距离地球 800 光年，2 颗子星彼此间相距约 250 天文单位。

猎户 32 对准参宿五，此时在寻星镜的视场中就可以看到它东边的猎户 32。这对恒星的颜色尤其值得关注，它们十分密近，要将望远镜调到最高倍率才能将它们分解开。猎户 32 距离地球近 300 光年，2 颗子星间相距约 100 天文单位。

参宿三 参宿三是猎户座腰带三星中最西边的那颗，明亮而易找。其伴星与主星相距较远，但因主星极为耀眼，所以你想用小型望远镜将其分解开极具挑战性。请注意，其伴星是蓝色的（主星本身也是一颗双星，但太密近，业余望远镜无法将其分解开）。参宿三距离地球 900 光年；在这么远的距离上，2 颗子星相距近 15 000 天文单位，近 0.25 光年。

猎户 η 猎户 η 位于猎人的左膝。对准参宿三，猎户 η 则是位于寻星镜视场西南角的一颗相对较亮的恒星。它的 2 颗子星相距不到 2"，即使用高倍多布森望远镜，想将猎户 η 分解开也是一项挑战。请注意猎户 η 令人愉悦的颜色。猎户 η 距离地球约 900 光年，2 颗子星间彼此相距约 500 天文单位。

参宿七 参宿七位于猎人右脚，是猎户座中最亮的恒星。想将它分解开是一项不小的挑战，因为其伴星为 6.8 等星，亮度只有主星亮度的 1/400。多布森望远镜副镜支承架所产生的衍射条纹很容易把它掩盖。但在寻找它的过程中，你会发现很多乐趣。参宿七距离地球不到 800 光年，2 颗子星间彼此相距超过 1 500 天文单位。

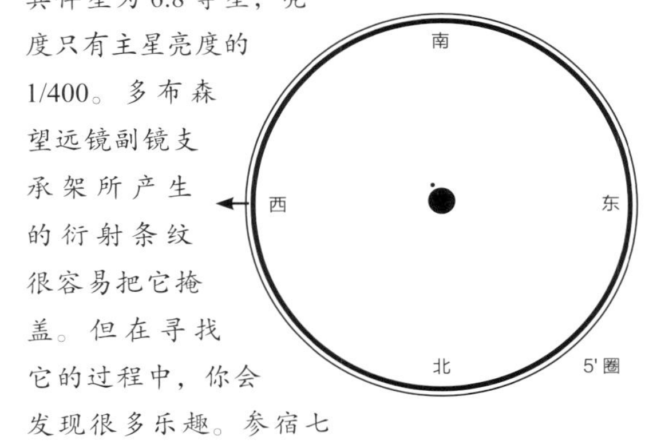

这些恒星中的大多数到地球的距离差不多远，约为 800 光年。它们相互之间可能有关联，但都与猎户星云没有关系，后者到地球的距离还要再远 500 光年。

波江座：行星状星云 NGC 1535 和聚星九州殊口增七

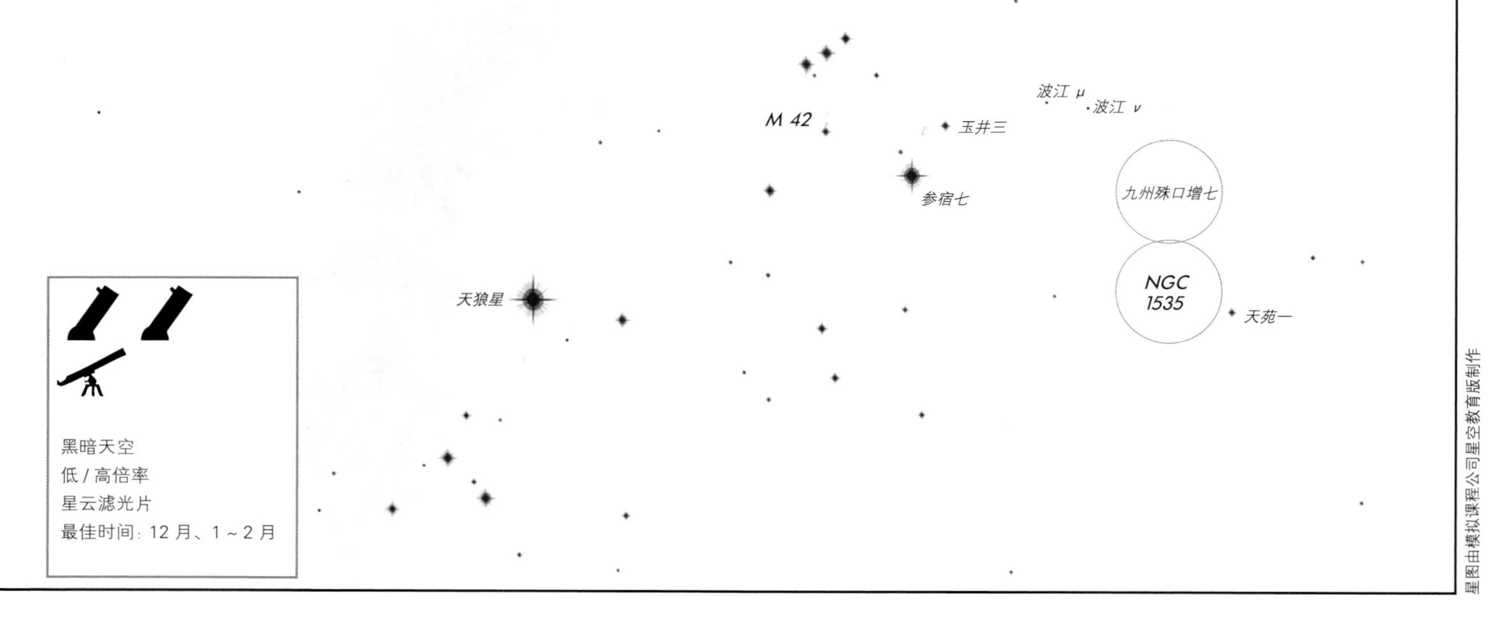

- NGC 1535：有趣的挑战
- 九州殊口增七 B：最亮且最易见的白矮星伴星
- 九州殊口增七：行星“瓦肯”的宿主恒星（《星际迷航》）

看哪儿 波江座是一条长河，由一串暗星组成，是天空中较暗的一块区域。找到 NGC 1535 和九州殊口增七的最佳途径是沿着这条长河走。寻找位于南方地平线高处的猎户座，找到猎人右脚上的亮星参宿七。其西北边有一颗 3 等星——玉井三，寻找波江座的暗星就从这里开始。

在寻星镜中 你会看到玉井三是一个由恒星构成的小三角形中最亮的一颗。将寻星镜向西转向排成一线的 3 颗恒星，然后往西北方看，可以看到 2 颗恒星——波江 μ 和波江 ν。在寻星镜中，你还会看到位于波江 ν 东北方和西北方的一些恒星。从波江 ν 往西，可以看到一颗孤零零的 4 等星。下一步，往西南方看，你就可以看到沿着东南–西北方向排列的九州殊口二和九州殊口增七。这对恒星中位于西北方的九州殊口二的西边是它的伴星。九州殊口增七位于东南方，在一个由一些恒星构成的等边三角形的东南角，也是最亮的成员星。从九州殊口增七往南走 1 步（约半个寻星镜视场的距离）即达波江 39（它本身是一颗得用多布森望远镜观看的、分辨起来具有挑战性的双星：主星为 5 等星，8.5 等的伴星位于主星东南方 6.3" 处）。沿着这一方向再往前走 1 步就是 NGC 1535。对准波江 39 以南、暗星 HIP 19011 以东的一个点即可（如果你看不见 HIP 19011，可以寻找它西边亮得多的天苑一）。

低倍对角镜中的 NGC 1535

北
朝波江 39
西
朝天苑一
东
南

在小型望远镜中： 用小型望远镜看 NGC 1535 是一项真正的挑战，事实上，它的趣味正体现在寻找它的过程。图中标出了寻星过程中你该对准的星状天体。一旦找到了，就把它放到视场中央，然后在高倍率下继续观看。确保你看到的是一个模糊的蓝色圆面，而不是“一颗略微失焦的恒星”。

低 / 高倍多布森望远镜中的 NGC 1535

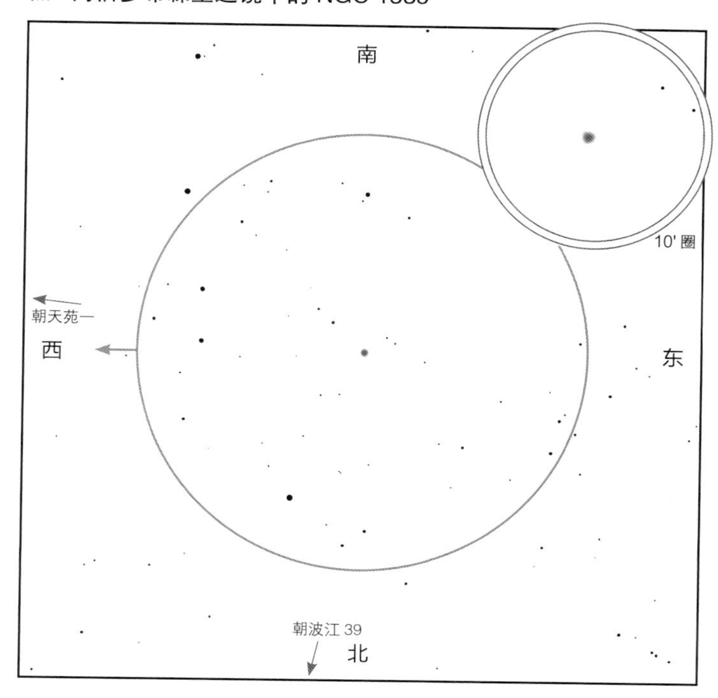

在多布森望远镜中： 在低倍率下看到的 NGC 1535 就像一颗小而模糊的蓝色恒星。一旦找到了，可用最高倍率来观看它梦幻般的蓝色圆面。极高倍率和大口径的望远镜可以呈现它团块状斑驳的表面。在绝佳的条件下，你还可以看到它 11 等的中央星。

NGC 1535 是典型的行星状星云，是由垂死恒星抛射出的气体球。它的直径约为 1 光年，它到地球的距离为约 7 000 光年。这片包围着 11 等中央星的气体星云十分浓密，也就是说它还相对年轻。它的质量约为太阳质量的 1/10，模型显示它仅膨胀了几千年。

九州殊口增七 A 的东边有一对暗弱的伴星。九州殊口增七 B 在低倍多布森望远镜中易见；你要想看见更加暗弱的九州殊口增七 C，得用更高倍率的望远镜，并且还得在一个条件良好的夜晚。由于九州殊口增七 B 太暗，你用小型望远镜很难看到它（想看见九州殊口增七 C 就更难了）。使用高倍望远镜可提高天空的对比度。

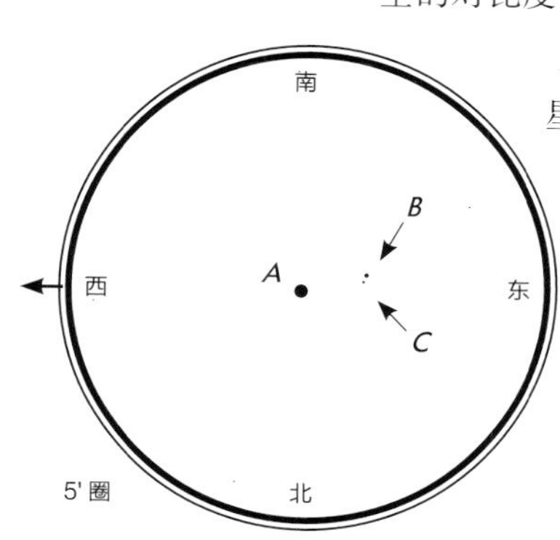

九州殊口增七 A 是一颗 K 型星，比太阳稍暗，距离地球 16.5 光年。九州殊口增七 B 和九州殊口增七 C 相距约 35 天文单位（相当于太阳到海王星的距离），它们到九州殊口增七 A 的距离超过 400 天文单位。

九州殊口增七 B 是一颗白矮星，质量是太阳质量的一半，体积却还没有地球大。事实上，九州殊口增七 B 是最易见的白矮星。南河三和天狼星的伴星也是近距白矮星，但它们都太靠近亮星而无法被小型望远镜分辨。

白矮星是恒星冷却的遗迹。恒星烧尽了所有的核燃料后，没有足够的热量来支撑自身的质量，于是坍缩成了一个中央核心。白矮星仅通过坍缩的余热来发光。

与九州殊口增七 B 形成对比的是，九州殊口增七 C 是一颗小而红的 M 型星。它在这些恒星中最小，燃烧得也最慢，在九州殊口增七 A 和九州殊口增七 B 燃尽后它还可以持续发光很久。

九州殊口增七 A 的伴星距离它足够远，因此不会扰动九州殊口增七 A 附近的任何行星。九州殊口增七 A 与太阳十分相似，距离地球也不远，因此是搜寻地外智慧文明的理想候选体。

九州殊口增七（波江 o^2，又称波江 40）

恒星	星等	颜色	位置
A	4.5	黄	主星
B	10.2	白	A 星东南偏东 83"
C	11.5	白	B 星以北 7"

天兔座：球状星团 M 79

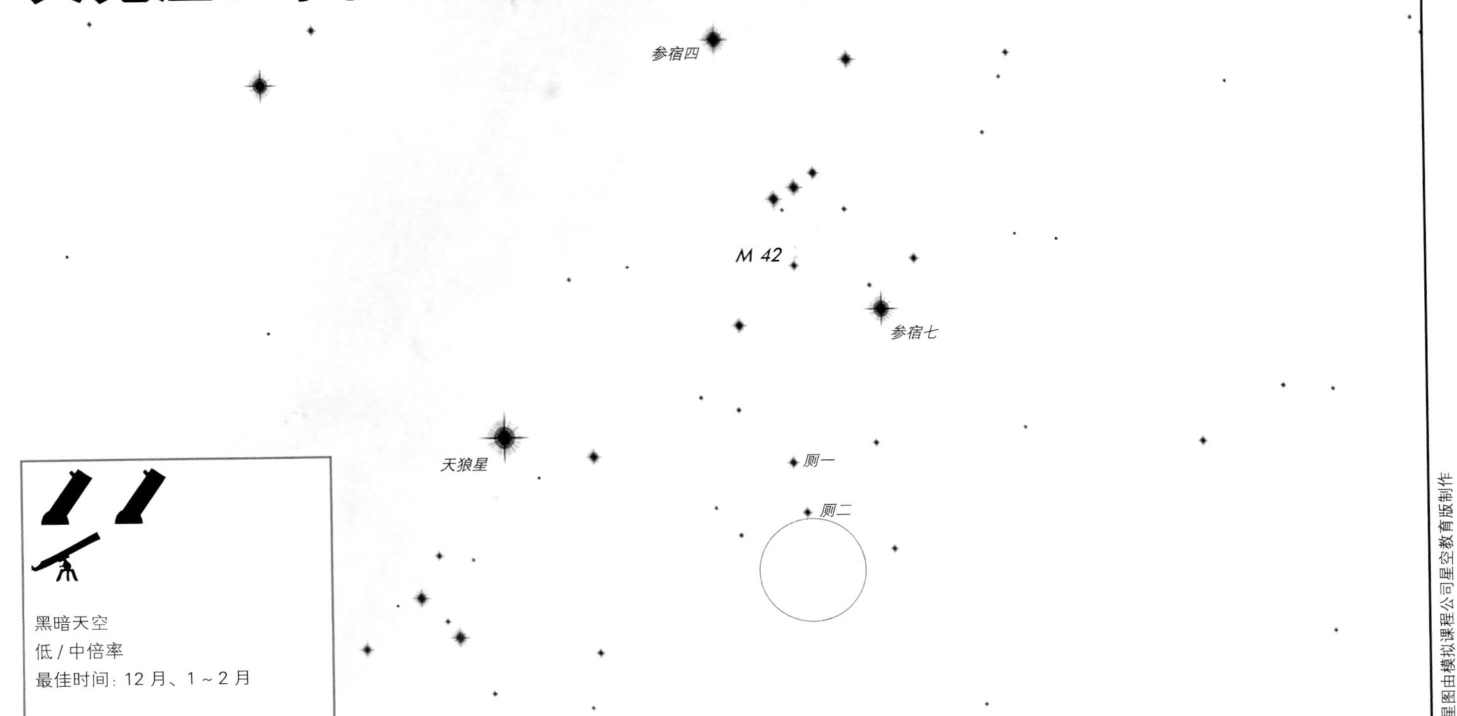

- 本季节唯一易见的球状星团
- 近邻：双星 h 3752
- 来自另一个星系的闯入者？

看哪儿 找到位于南方地平线高处的猎户座。在它南边可以看到大致南北向排列的 2 颗 2 等星——厕一和厕二。观看时，先从厕一找到厕二，再往南继续看。

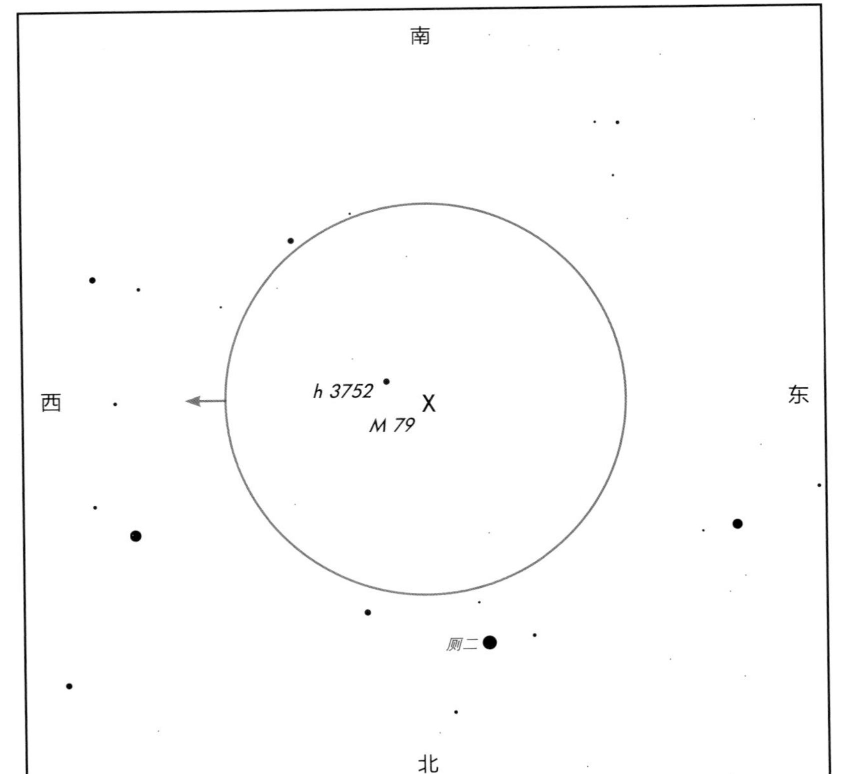

在寻星镜中 在这片天区中有许多更暗弱的恒星，因此确保找对很重要。在寻星镜中，厕一孤零零的，厕二则位于一团稍暗的恒星中。它们应该能被同时纳入同一个寻星镜视场。你一旦找到了厕二，继续往南移动，寻找恒星 h 3752。它可能是你在寻星镜中唯一可见的恒星，对准它。一旦找到了 h 3752，你应该就能在低倍率视场中看到球状星团 M 79，后者位于 h 3752 东边偏北一点儿。

低倍对角镜中的 M 79

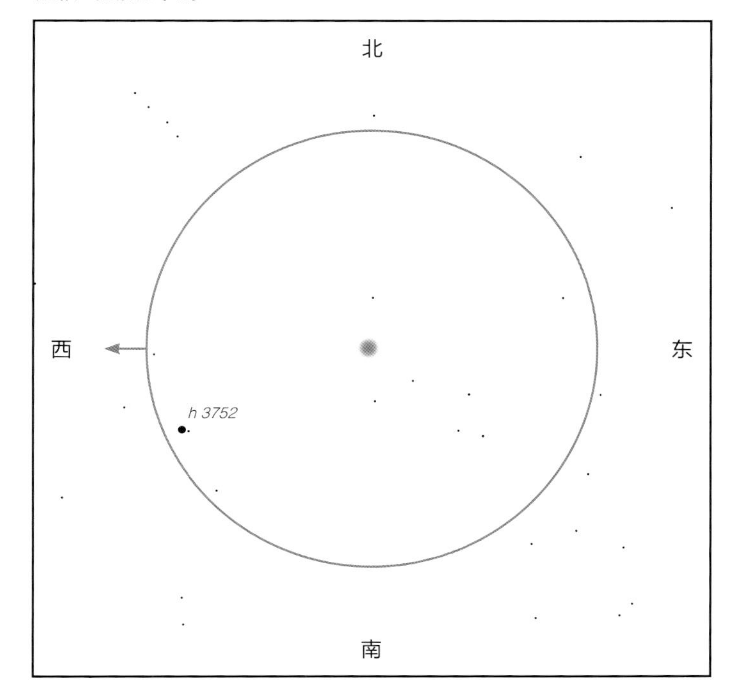

中倍多布森望远镜中的 M 79

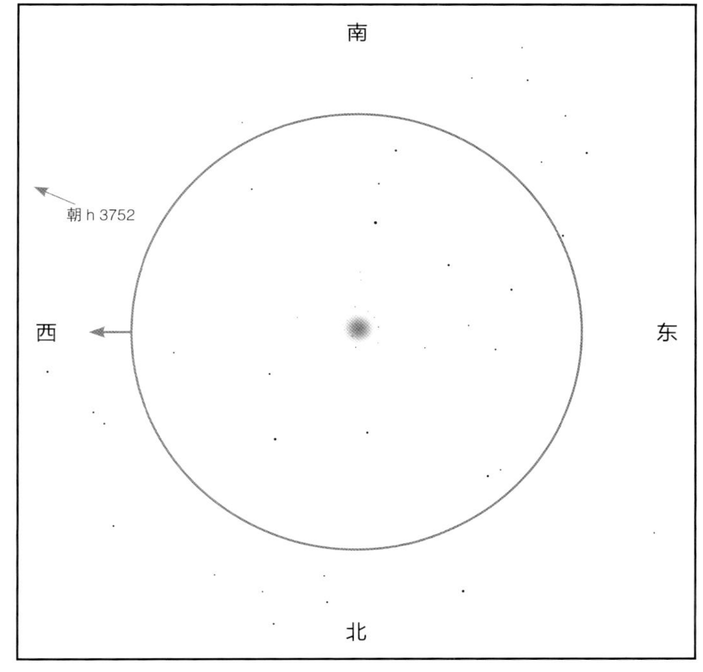

在小型望远镜中：这个球状星团小巧精致，像一个暗弱的光球，在 2 颗较亮的场星之间，易于寻找（注意，在西北方有 4 颗排成一串的暗星；如果你能看到它们，沿着它们往东南看即可找到该星团）。一旦找到了这个球状星团，就可以尝试在更高倍率下进行观看。在低倍率视场的西南角可以看到 h 3752。它是一颗需要用高倍望远镜才能分解开的双星：主星是一颗 5.4 等星，6.6 等的伴星在其东边 3.4" 处，再往东 1' 处可见一颗 9 等的场星。

在多布森望远镜中：这个星团在 2 颗易见的场星间，呈模糊的小光球形。在高倍率下，你可在其外边缘分辨出恒星。h 3752 位于它西南方，在这里所显示的视场之外，不过能在低倍率视场的西南角出现。它是一颗双星：主星是一颗 5.4 等星，6.6 等的伴星在其东边 3.4" 处。用多布森望远镜很容易就能将它分解开。在它东边 1' 处有一颗 9 等星，这颗恒星不属于这个球状星团，却与它组成了一个漂亮的星群。

M 79 是一个距离地球 40 000 光年的球状星团，距离银河系中心 60 000 光年。事实上，我们就位于它和银河系中心之间。

大多数球状星团都在绕银河系中心转动，银河系中心位于人马座，一年中的这个时候正躲在太阳后面。你会发现 M 79 是这个季节中唯一可见的球状星团。那么它为什么会出现在这个地方呢？

一个理论（仍有争议）认为，M 79 根本就不属于银河系，可能是来自矮椭球星系——大犬星系的闯入者，后者目前正与银河系发生密近交会。

由于我们已经看到了其他星系间的并合和碰撞，类似的情况出现在银河系身上也不足为奇。但从银河系内部的视角看去，这些并合星系应该难以辨认。

2003 年，天文学家首次发现了大犬星系存在的间接证据。我们无法看到构成这一星系的恒星集合，而是根据银道面大犬座方向上有很多红巨星推断出了它的存在。处于恒星演化最后阶段的这些恒星本应该均匀地散布于银河系中。就算恒星倾向于成群地在同一地点形成，到它们演化成红巨星时，绕银河系中心轨道运动的相对速度差也会使它们均匀地散布在银盘中。因此，红巨星在某一天区数量过多表明有一个较小的星系最近从这个地方并合进入了银河系。

如果有一个小星系如此靠近银河系，那么由此而来的多得多的恒星的引力最终会使它瓦解。然而，星系中恒星间的距离极远，单颗恒星间发生碰撞的概率微乎其微。

有关球状星团的更多内容，参见第 111 页。

金牛座：疏散星团昴星团（M45）

毕宿五

参宿四

星图由模拟课程公司星空教育版制作

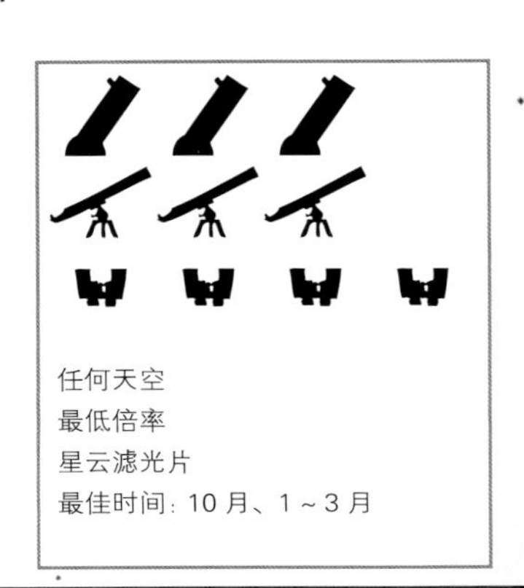

- 易于寻找
- 在双筒望远镜或寻星镜中非常壮观
- 可用多布森望远镜寻找星云状物质

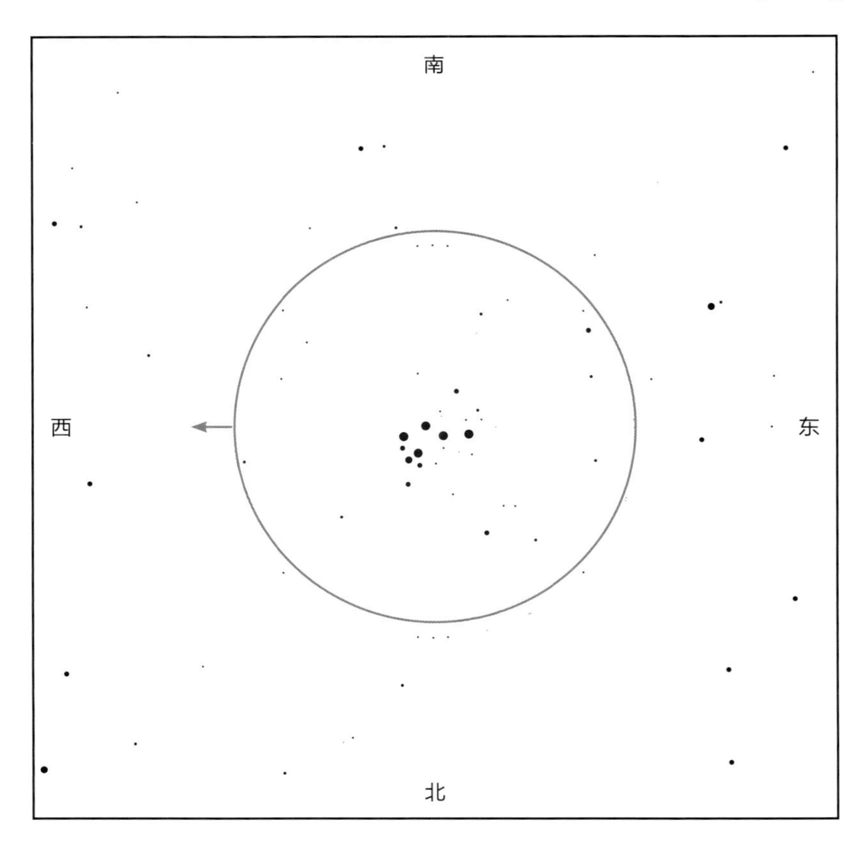

看哪儿 找到位于南方地平线高处的猎户座。在它右上方有一个由暗弱恒星构成的、向左侧倾斜的“V”字形，在这个“V”字左支的顶端是一颗十分明亮的橙红色恒星——毕宿五。连接猎人右肩上的恒星与毕宿五，再往前延伸就能看到一小团恒星，这就是昴星团。虽然它有时也被称为七姊妹星团，但事实上其中肉眼易见的仅有 6 颗恒星（其实，如果天空十分黑暗且你视力极佳，肉眼可以看到多达 18 颗恒星）。

在寻星镜中 就许多方面而言，寻星镜给出的这个大而亮的近距疏散星团的影像都是最佳的。除了呈斗形的 6 颗最亮恒星之外，在这个星团中，你还能看到几十颗甚至更多恒星。

低倍对角镜中的昴星团

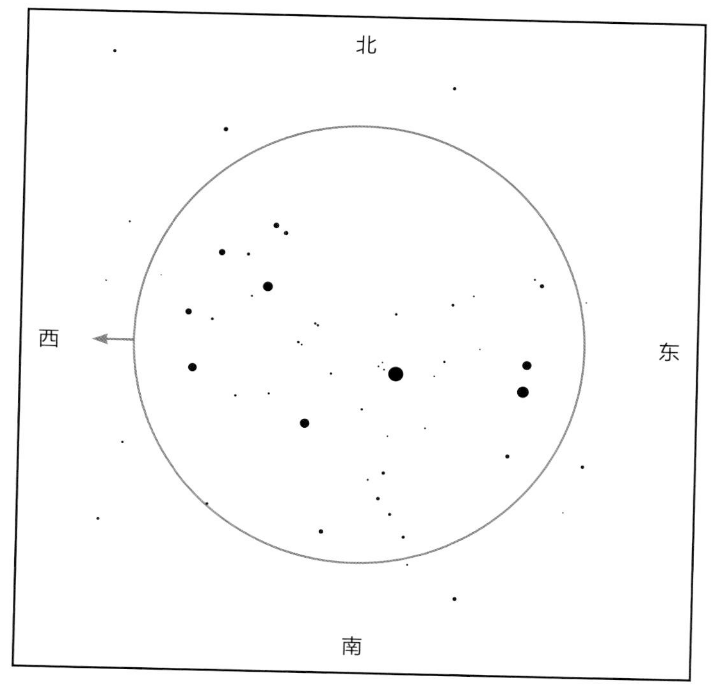

在小型望远镜中： 可见 40 ~ 50 颗恒星。这个星团非常大，就算是用低倍望远镜也无法把它完全纳入视场。

低倍多布森望远镜中的昴星团

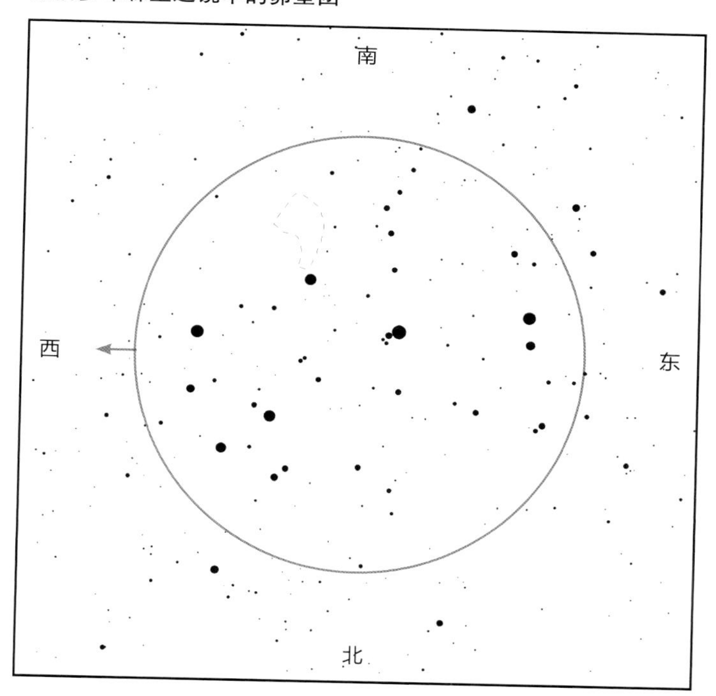

在多布森望远镜中： 天空非常黑时，可以在一些恒星间看到暗弱的星云气体丝缕。如果你看到的"星云状物质"都在最亮的恒星周围，那是你的透镜结露了！寻找气体丝缕的最佳地点就在图中用虚线标出的区域里，该区域位于昴宿五南方，后者是构成碗形的 4 颗恒星中最南边的一颗。

昴星团易于寻找，值得你用任何类型的望远镜观看。双筒望远镜是浏览这一丰饶星团的最佳工具。在漆黑的夜晚，你用更大的望远镜则能看到恒星周围的星云状物质。在某种程度上，2 ~ 3 in（5.08 ~ 7.62 cm）的望远镜并非欣赏这个星团的最佳选择。毕竟，尤其是在极黑暗天空的映衬下，一次就能看到如此多明亮的蓝色恒星十分壮观。

自古以来，这个肉眼易见的星团就一直为人所知。公元前 2357 年的中国古籍和《圣经》上都对它进行了记载。其中最亮的 9 颗星以七姊妹和她们的父母的名字命名。

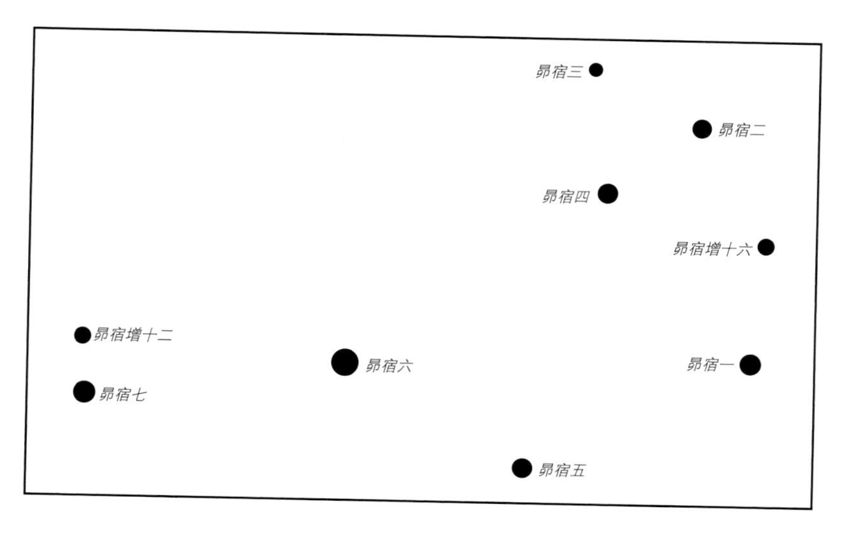

如果我们位于这个星团中央，这 9 颗恒星看起来非常明亮，亮度至少与从地球上看到的金星的亮度相当。

这个星团中有 200 多颗恒星，距离地球约 400 光年。其中肉眼可见的大多数恒星都分布在直径 7 光年的区域内，不过该星团可以向外延伸到直径 30 光年的地方。小型望远镜中可见的恒星都是年轻的蓝色恒星，光谱型为 B 和 A，大多被形成它们的气体云丝包围。由于这些气体依然存在，再加上其中没有明亮的恒星演化成红巨星，天文学家普遍认为这个星团十分年轻，不足 5 000 万年，只有太阳年龄的 1%。

有关疏散星团的更多内容，参见第 67 页。

金牛座：超新星遗迹蟹状星云（M1）

- 在郊区天空中寻找的话会是一项挑战
- 超新星遗迹和中子星
- 具有历史价值

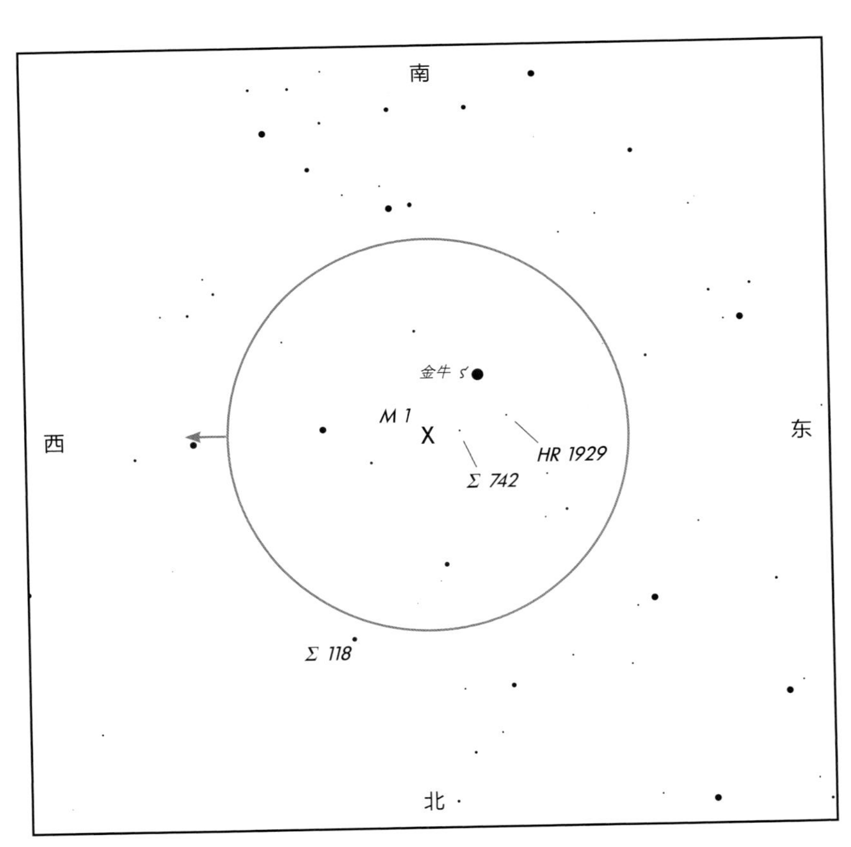

看哪儿 找到位于南方地平线高处的猎户座。在其右上方有一个由暗星构成的、朝向东北方的“V”字形。在“V”字形的左支的顶端是非常明亮的橙红色恒星——毕宿五。如果把“V”字形拐角顶点的恒星到毕宿五的距离设定为1步，那么先从“V”字形拐角顶点走1步到毕宿五，再继续前行4步。在目的地的上方（北）可以看到一颗3等星——金牛ζ。别把金牛ζ与它北边更亮的恒星——五车五搞混。对准金牛ζ。

在寻星镜中 从金牛ζ开始，向五车五的方向移动，寻找2颗7等星——HR 1929和斯特鲁维742。对准斯特鲁维742的西边。如果天空不够暗，无法在寻星镜中看到斯特鲁维742，那就无望看见M 1了。

邻近还有 顾名思义，斯特鲁维742是一颗双星。2颗子星东西向排列，相距4.1"，星等分别为7.1等和7.5等。用高倍望远镜可将它分解开。斯特鲁维742呈让人舒心的黄蓝色。

斯特鲁维118位于该寻星镜视场之外不远处。2颗子星分别呈黄色和白色，5.8等的主星和6.7等的伴星东西向排列，间距4.4"。事实上，它是一颗四合星——每颗子星都有一颗暗伴星，但两者太过密近，你即使用多布森望远镜也不易看见。

低倍对角镜中的 M 1

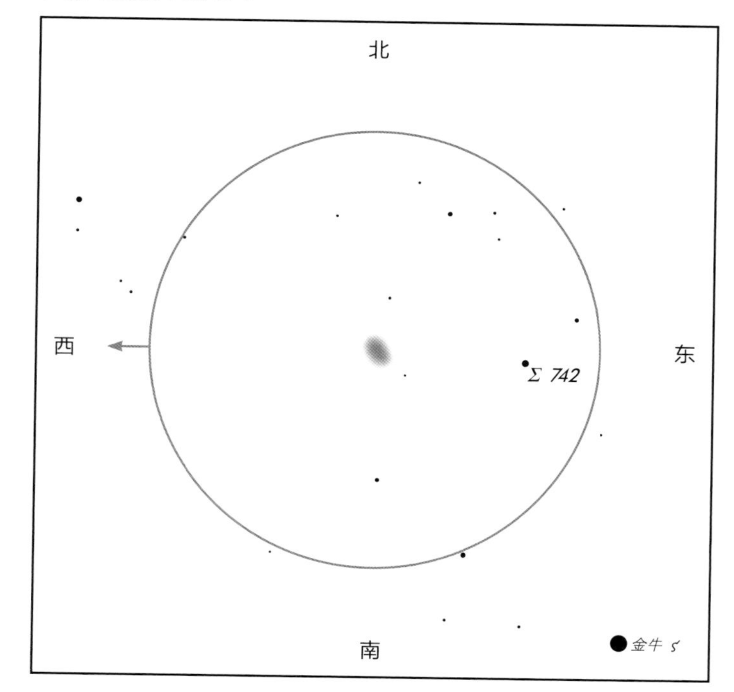

在小型望远镜中：你能在 M1 的南边和东边分别看到 2 颗恒星。M 1 看上去就像一块暗弱的光斑，呈明显的椭圆形，长接近宽的 2 倍。周边视觉有助于你分辨出它的形状。用小型望远镜来分解斯特鲁维 742 是一项挑战。

低倍多布森望远镜中的 M 1

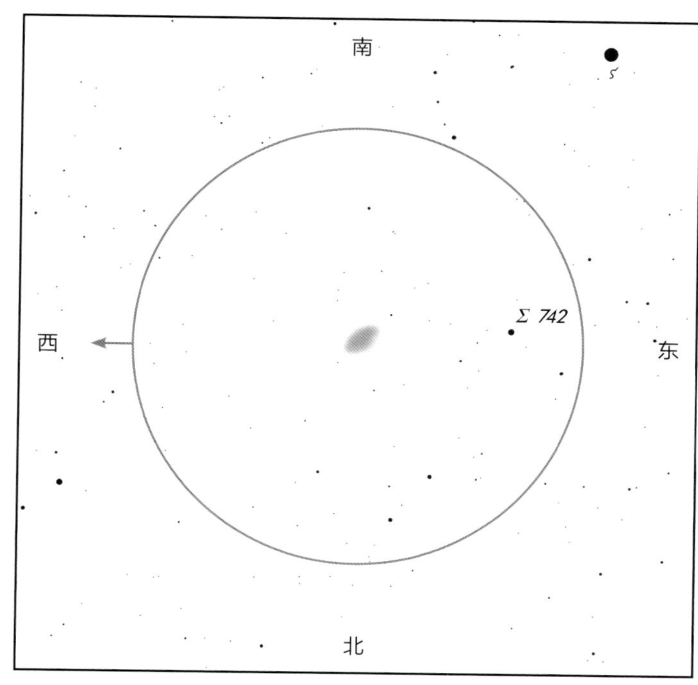

在多布森望远镜中：该星云是星场中如鬼影斑的暗弱光团。如果天空中有会反射光的稀薄云层，那么找到它将非常难。在无云、无月的晴朗夜晚，即使在郊区，用多布森望远镜也能看见它。用高倍望远镜可将斯特鲁维 742 分解开。

在小型望远镜中，M 1 相当暗，呈一块椭圆形的光斑。如果月球升起，那即便用较大的望远镜也无法看见它。对小型望远镜来说，找到并分辨出 M 1 是一项有趣的挑战。不过，M 1 真正吸引人的不是外表，而是它的本质——超新星遗迹，即一片气体云包裹着一颗自转的中子星。

据 1054 年 7 月中国、日本、韩国和土耳其的天文学家（可能还有美洲的原住民）记录，当时在目前 M 1 所在的区域出现了一颗明亮的星星。它亮到即使在白天人们也能看到，毋庸置疑在夜晚它肯定极为壮观；可惜的是，7 月初这部分天区与太阳同升同落。

我们会在讲述木魂星云（第 95 页）时介绍耗尽燃料的恒星是如何坍缩进而形成行星状星云的。当一颗非常大的恒星完全耗尽核燃料时，之后的坍缩会引发大爆炸，这颗恒星就成了超新星。在很短的时间里，这颗超新星所发出的光能与银河系中其他恒星发出的光差不多亮。

在爆炸后，气体会向外膨胀，发生爆炸的恒星的核心则会变成一团超致密的简并物质，即中子星。在它极强的引力和磁场下，气体会加速向外膨胀，中子星的能量会以射电波的形式辐射出去。类似 M 1 的超新星遗迹都是强射电源。事实上，在第二次世界大战之后不久，当天文学家最先使用战时研发的无线电天线和技术时，就发现这片星云是一个强射电源。1968 年，人们发现来自这片星云的射电信号具有规则的脉冲模式——1 秒钟发射 30 次双峰脉冲，这是人类发现的第一颗脉冲星。

据估计，发生爆炸的恒星的质量是太阳质量的 5～10 倍。今天，这些物质中的大部分都集中在其核心的致密星（暗至 16 等，仅能被大型望远镜分辨）中。这些脉冲是该中子星 1 秒钟自转 30 圈所致。自转速度如此快，只有恒星非常小、直径仅几千米才有可能。这么小的空间被“塞”了那么多的物质，可见这颗中央星的密度极大，其表面的引力也必定极强。

M 1 距离地球 5 000 光年。目前，它的直径为 7 光年，会继续以每秒 1 000 多千米的速率膨胀下去。从我们视角看去，这意味着该星云每 5 年会增大 1"。

在不断膨胀中，M 1 逐渐变暗，因为光能被分到了更大的表面上。在过去，这片星云必定更亮——200 年前，它的亮度也许是现在的 2 倍。它若和今天的一样暗，夏尔 · 梅西叶就不可能把它列入自己的星表中。

御夫座：疏散星团 M 36、M 37 和 M 38

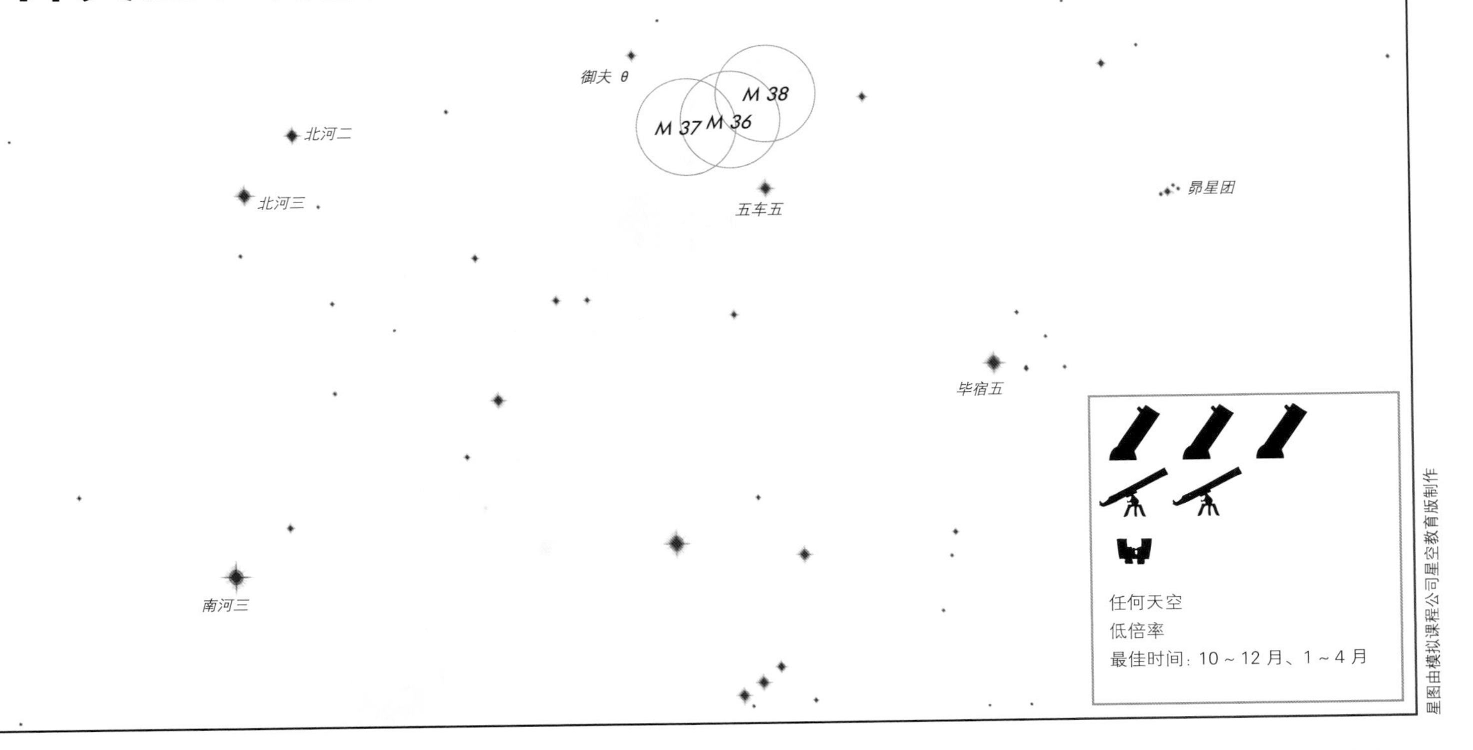

- 优美的景观
- 不同的类型，从松散分布到呈粒状分布
- 有的易见（M36），有的更具挑战性（M37）

看哪儿 找到猎户座北边的御夫座，寻找亮星五车二。御夫座看上去就像一个星环，五车二位于右上角，御夫 θ 位于左下角，在御夫 θ 右下方是亮度仅次于五车二的御夫座第二亮星——五车五，它位于这个星环的底部。对准五车五。

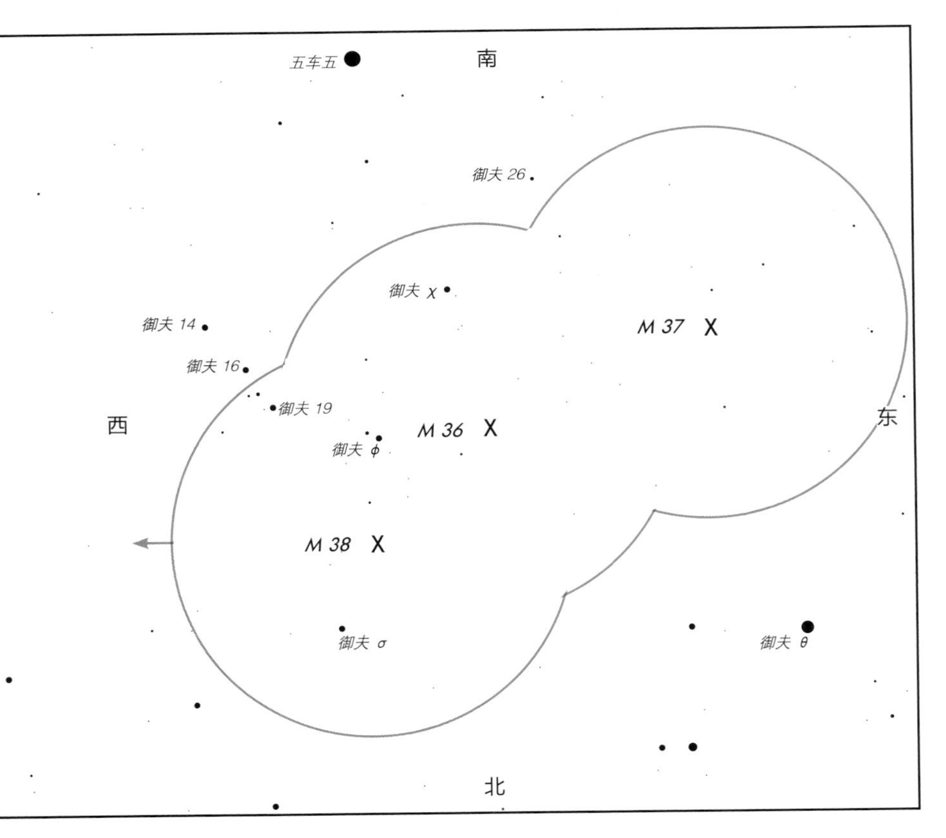

在寻星镜中 如果天空晴朗且漆黑，这三个天体尽管小而暗，但你用寻星镜都可以看到。M 36 最亮且最易寻找。从五车五往北向五车二移动寻星镜，途中会看到排成一线的一组恒星（优质寻星镜会在东北端呈现一个方形），包括御夫 14、御夫 16 和御夫 19。沿着这条直线朝东北方移动，直到看到另一组恒星，其中最亮的是御夫 φ。对准御夫 φ，在它东南方有一颗恒星——御夫 χ。以御夫 φ 和御夫 χ 为顶点，发挥想象力朝东北方做一个等边三角形，这个等边三角形虚构的顶点就是 M 36。从御夫 φ 向御夫 σ 移动寻星镜，直到它与御夫 σ 连线的中点，M 38 就在该点的东边。将寻星镜从五车五朝东北方移动，找到御夫 26；继续前移，找到一个由暗星构成的直角三角形。从这个直角三角形继续往东北方移动，以直角顶点为原点做其西南顶点上恒星的镜像。M 37 就在那附近。

低倍对角镜中的 M 36

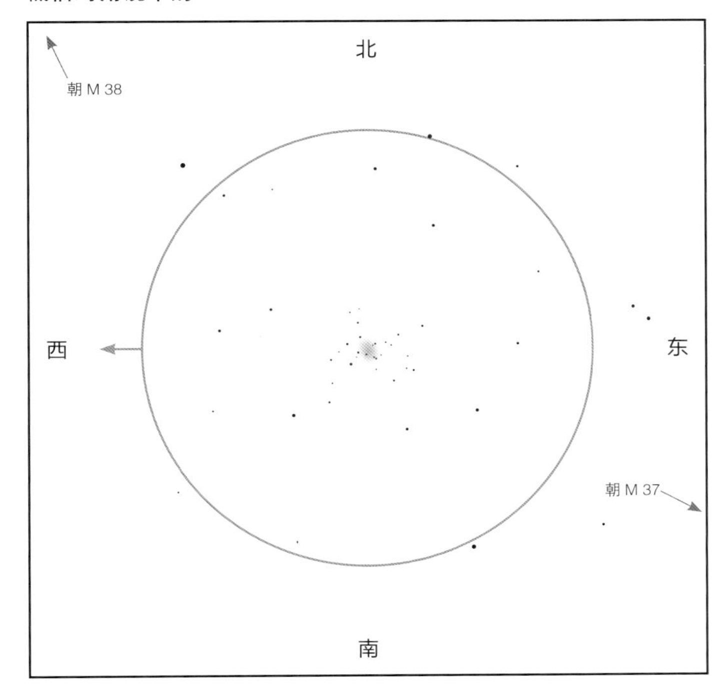

在小型望远镜中： 你会看到一群松散的恒星，星团中心处较亮且恒星较密，其中约有 10 颗较亮的恒星，还包括一对漂亮的密近恒星。在这对恒星周围，你可以看到一些带颗粒的光雾。你可能还会清晰地看到十几颗更加暗弱的恒星，使用周边视觉（让你的眼睛在视场中游走，试着用余光来寻找更暗的恒星）的话甚至能看到更多（30 颗左右）；具体能看到多少颗，取决于天空有多暗以及你用的望远镜有多大。它们中的大部分构成了一个环绕该星团中心的环。

低倍多布森望远镜中的 M 36

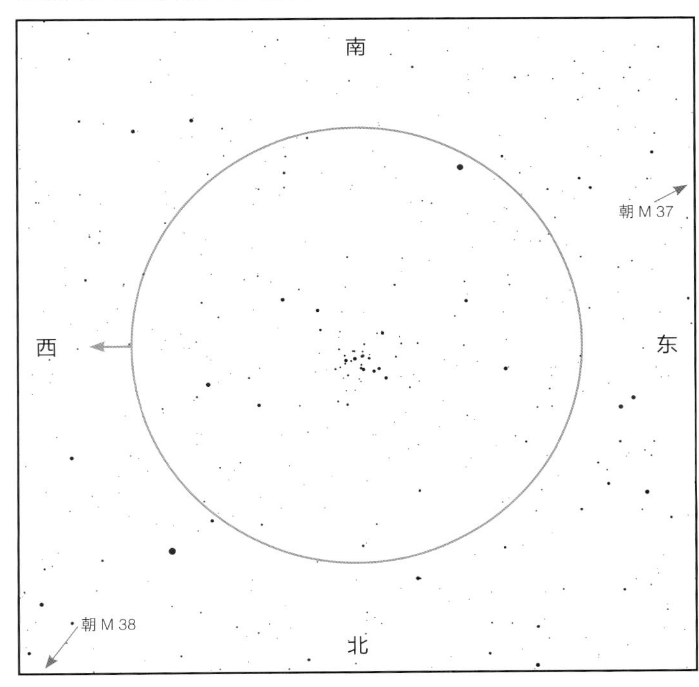

在多布森望远镜中： M 36 由一群松散的恒星组成，中心处较亮且较密。在该星团中心附近有一对密近的恒星。在这对恒星周围，你能看到大约 30 颗恒星，它们构成了一个环绕该星团中心的环。

由于比 M 38 亮，其中亮星也比 M 37 的多，在 3 in（7.62 cm）或更小的望远镜中，M 36（虽然没有 M 38 大）也许是御夫座这三个疏散星团中最漂亮的一个。在多布森望远镜中，M 37 是三者中最令人印象深刻的：在小型望远镜中带颗粒的光雾可以被多布森望远镜分解成聚集在一起的一颗颗恒星。M 38 不像其他两个星团易被寻星镜分辨，在望远镜中的样子也一般。事实上，M 38 带给你的乐趣正是寻找它的过程：找到它时，你会有油然生出一种满足感。

M 36 该星团由 60 颗年轻恒星组成，直径约 15 光年，距离地球 4 000 光年。其中最亮的恒星比太阳亮数百倍。它们中的绝大多数是明亮的蓝色高温 B 型星。这些宝石般的蓝色恒星，在无法被小型望远镜分辨的几十颗恒星的辉光的映衬下，易于寻找且非常抢眼。M 36 在寻星镜中已非常亮，不过在低倍望远镜中最为动人。在低倍率下，你不仅可以看到其中单颗的明亮恒星，还能看到它们周围无法被分辨的恒星所发出的带颗粒的辉光。

M 37 它比 M 36 大，由数百颗恒星组成，你用多布森望远镜很容易就能看见其中的 150 颗恒星（暗至 11～13 等）。在较小的望远镜中，M 37 看上去像一团暗光云，其中点缀着颗粒般的光点，这团光云由无法分辨的一颗颗恒星组成。M 37 比 M 36 稍大，直径为 25 光年；它距离地球也更远，约 4 500 光年。

M 38 它是另外 2 个疏散星团的近邻，距离地球约 4 000 光年。在直径 20 光年的区域内拥有约 100 颗恒星，它的大小介于 M 36 和 M 37。它没有 M 36 那般明亮和致密。在小型望远镜中，它的光云差一点儿就可以被分辨为单颗恒星，看上去不如 M 37 那么有感觉。

低倍对角镜中的 M 37

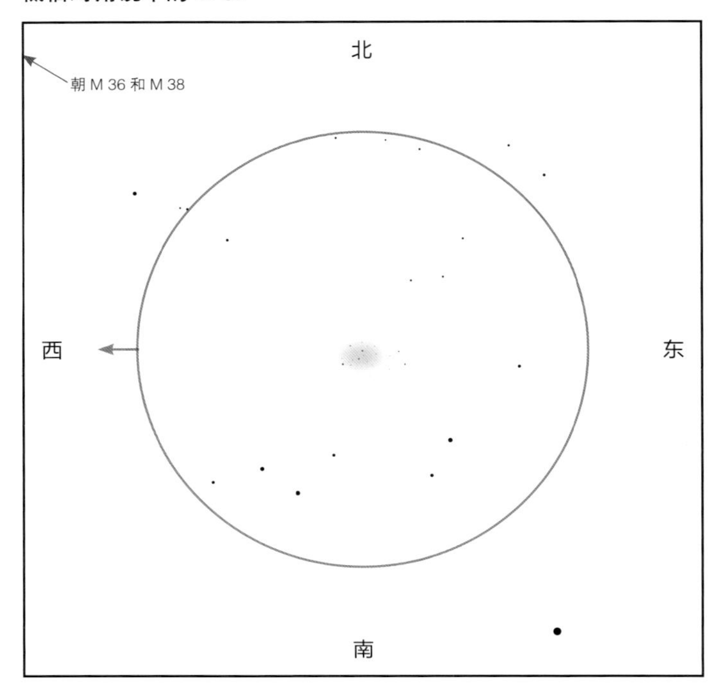

低倍多布森望远镜中的 M 37

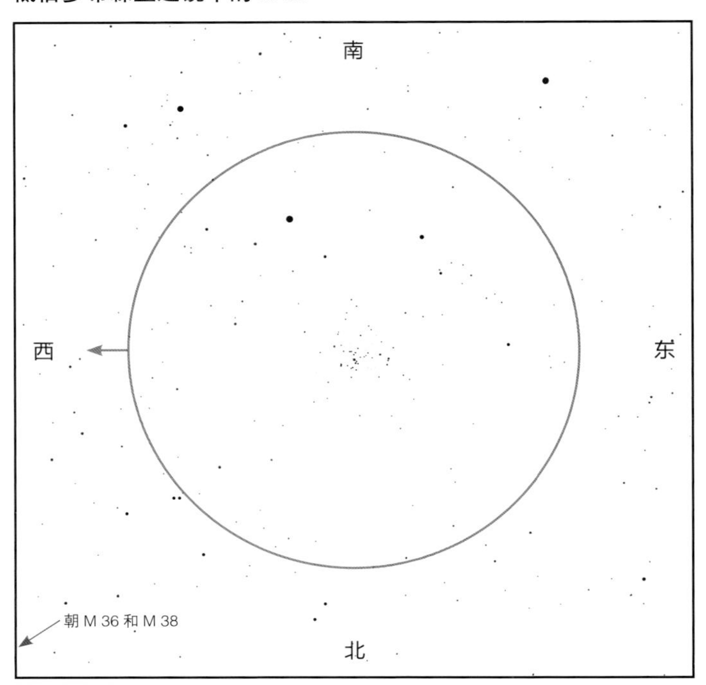

在小型望远镜中： 你可以看到一片椭圆形且带颗粒的光云，这片光云处于能被分辨成单颗恒星的边缘，现在你仅能看见 5 颗左右的恒星。M 37 中心附近有一颗显眼的橙色恒星。除去这些可见的恒星，它在小型望远镜中看上去有点儿像一个球状星团。

在多布森望远镜中： M 37 是御夫座疏散星团中的最佳星团。如果条件允许，你可以看到带颗粒的光斑，可以看到单颗恒星，还可以看到许多由恒星构成的直线。在视场中心有一颗橙色的 9 等星。可以把它的颜色和该星团西南方亮得多的场星（6 等星）进行比较。

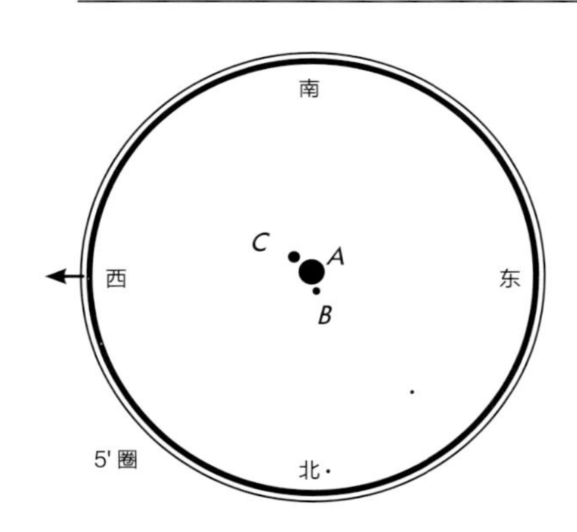

邻近还有 附近有许多漂亮的双星。御夫 14 其实是一颗四合星——主星 A 是一颗 5 等的黄色恒星，在其西南方有一颗 7.3 等的蓝色伴星 C，它们相距 14"。其实 C 星本身也是一颗双星，由一对相距仅 2" 的 8 等星组成，你想用多布森望远镜将它分解开非常困难。B 星是一颗 9 等星，在 A 星北边 10" 处（因太暗而难以被看见）。

在寻找 M 37 时会用到的御夫 26 是一颗三合星。虽然因其 A 星和 B 星相距仅 0.2"，天文爱好者无法将其分解开，但 A/B 星和 C 星构成了一个漂亮的黄蓝组合。A/B 星的星等为 5.5 等，8.4 等的 C 星在它西边，与它相距 12"。

在御夫 σ 西边，即寻星镜视场边缘可以看见双星御夫 ω。它 5 等的黄色主星北边是 8 等的橙色伴星，两者相距 4.8"。

低倍对角镜中的 M 38

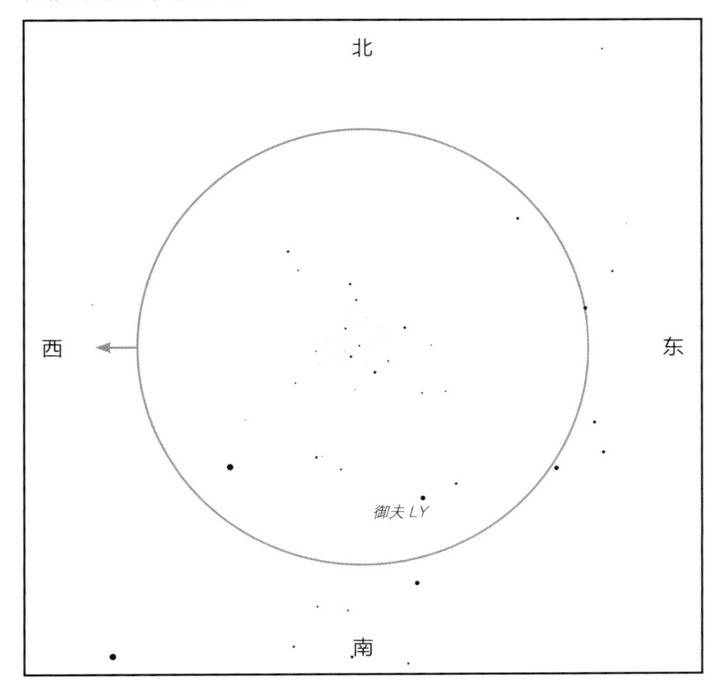

在小型望远镜中：整个星团大而松散，中心有一小团形状不规则的光雾。用小型望远镜仅能看见约 5 颗恒星。你能否再看见十多颗取决于天空的黑暗程度。在 M 38 南边有一颗食双星——御夫 LY，它光度变化的周期为 4 天，星等会在 6.5 等和 7.4 等之间往复变化。

低倍多布森望远镜中的 M 38

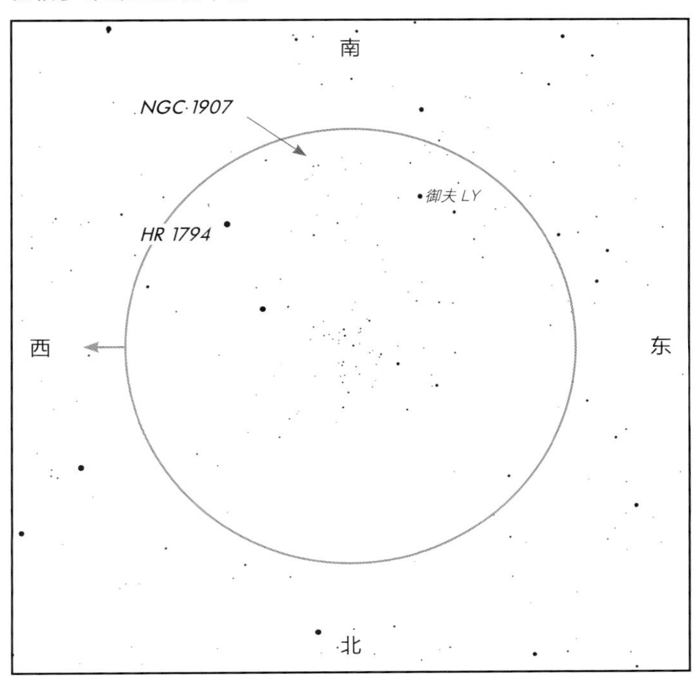

在多布森望远镜中：M 38 看上去就像是一个松散的恒星集合，不及 M 36 明亮、紧密。在这个星团中没有占据主导地位的恒星。在这些恒星背后有一团光雾，你即使用 8 in（20.32 cm）的望远镜也难以分辨。M 38 南边有一颗食双星——御夫 LY，它光度变化的周期为 4 天，星等会在 6.5 等和 7.4 等之间往复变化。它与 6 等星 HR 1794 的中点南边一点儿是疏散星团 NGC 1907。在多布森望远镜中，NGC 1907 看上去是一团暗弱的光雾。

关于疏散星团

星团形成于同一片大型气体云（比如第 48 页介绍的猎户星云）。不同于形成球状星团时的情况，形成疏散星团的恒星一开始彼此并不会靠得非常近，这些恒星的引力也无法一直维系整个星团。随着它们缓慢地远离其形成地，它们的速度和银河系中其他恒星的引力会将这些新生的恒星打散，直至整个星团最终瓦解。不过，这些恒星在年轻的时候仍能很好地聚集在一起形成一个疏散星团。

通过确定目前星团中恒星的类型可以测算出疏散星团的年龄。

例如，M 37 中大多数恒星的光谱型为 A 型，这意味着它们温度高、明亮且呈蓝色。通过比较，该星团中有一颗如太阳般明亮的恒星（G 型星），看上去比 15 等星还暗，你用口径至少 15 in（38.1 cm）的望远镜才能看见它。

然而，M 37 中最亮的恒星是橙色的而非蓝色的，这是怎么回事？

疏散星团中的恒星通常非常年轻，仍在远离它们的形成区。然而，大而明亮的恒星，比如 O 型、B 型和 A 型星（以此为序），会比普通恒星更快地耗尽它们的燃料并进一步演化。它们非常大，因此比大多数恒星亮。当然，它们的亮度是以快速燃烧燃料为代价的。因此，最大最亮的恒星会先耗尽燃料，演化成垂死的红巨星。

所以，在疏散星团中看到 1～2 颗红色恒星很正常。其他恒星还很年轻，还没有度过正常的演化阶段。这些红色恒星最终会成为一颗超新星，发生爆炸并由此将物质重新播撒到星际空间，在那里它们会形成新的恒星和行星系统。

M 37 中的 O 型星和 B 型星已经演化成了红巨星。这意味着该星团中剩下的最亮的蓝色恒星是 A 型星。

根据相关理论可以估算出恒星演化的进度，进而确定疏散星团的年龄。像 M 36 这样拥有许多 B 型星的疏散星团仍十分年轻，年龄约为 3 000 万年。M 38 也非常年轻，年龄约为 4 000 万年。由于 M 37 中的 O 型星和 B 型星已经燃尽能量并演化成了红巨星，它一定是较年老的疏散星团；据估计，它的年龄约为 1.5 亿年。

双子座：疏散星团 M 35

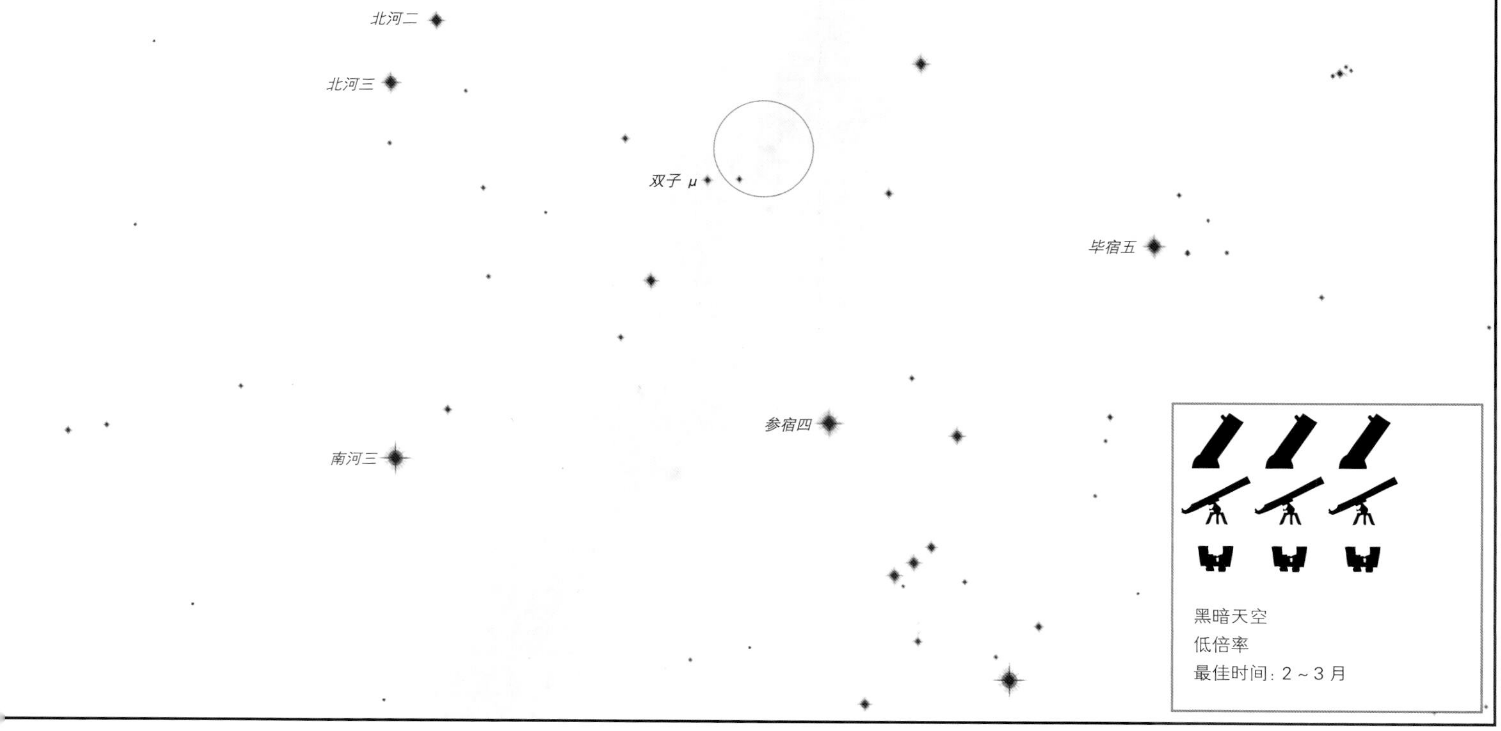

北河二
北河三
双子 μ
毕宿五
参宿四
南河三

黑暗天空
低倍率
最佳时间：2～3 月

星图由模拟课程公司星空教育版制作

- 亮而多彩的星团
- 用所有口径的望远镜观看都十分有趣
- 同视场中还有 NGC 2158

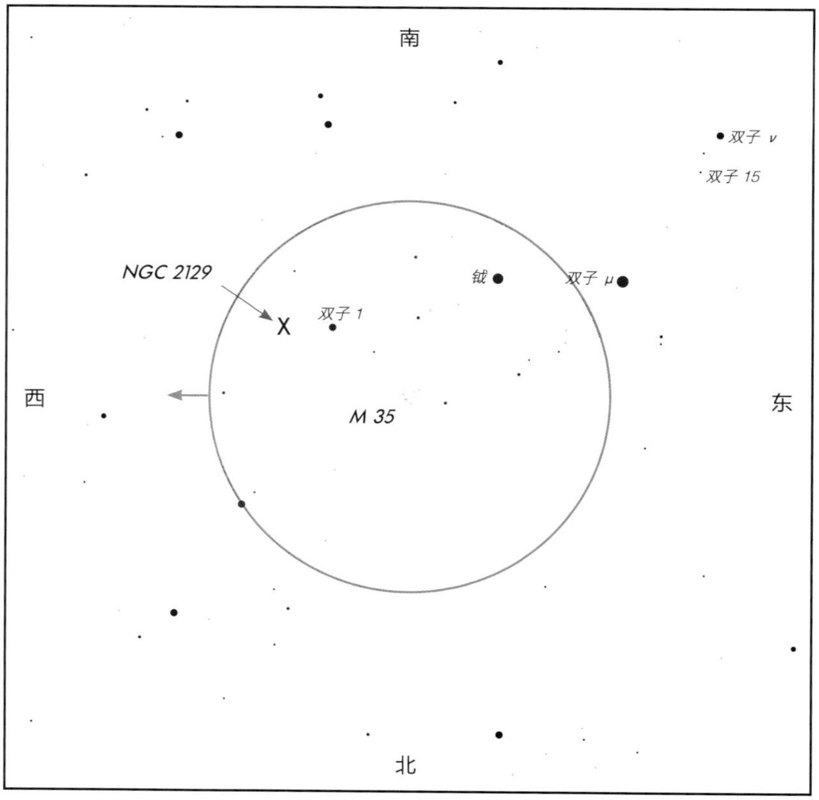

南
双子 ν
双子 15
NGC 2129
钺
双子 μ
双子 1
西
东
M 35
北

看哪儿 找到双子座——北河二是双子座西北方非常亮的蓝色恒星（面朝北，它在右上方），北河三则是双子座东南方更亮的黄色恒星。这 2 颗亮星分别是并肩站立的双子（双子座）的头。在西北边一子（以北河二为头）脚的东南方，你会看到 2 颗东西排列且亮度相当的恒星。东边的一颗是双子 μ，西边的一颗则是钺。把寻星镜对准这 2 颗恒星。

在寻星镜中 寻找一条由 3 颗亮星组成的折线。右侧（东）较亮的 2 颗是钺和双子 μ，如上文所述它们沿东西向排列。把 3 等星钺置于寻星镜视场的中心，双子 1 就会出现在视场西部边缘偏北一点儿的地方。M 35 和双子 1 到钺的距离基本相等。想找到 M 35，从钺往双子 1 的方向移动，不过得偏左一点儿。你应该能看到一块暗弱的光斑。

低倍对角镜中的 M 35

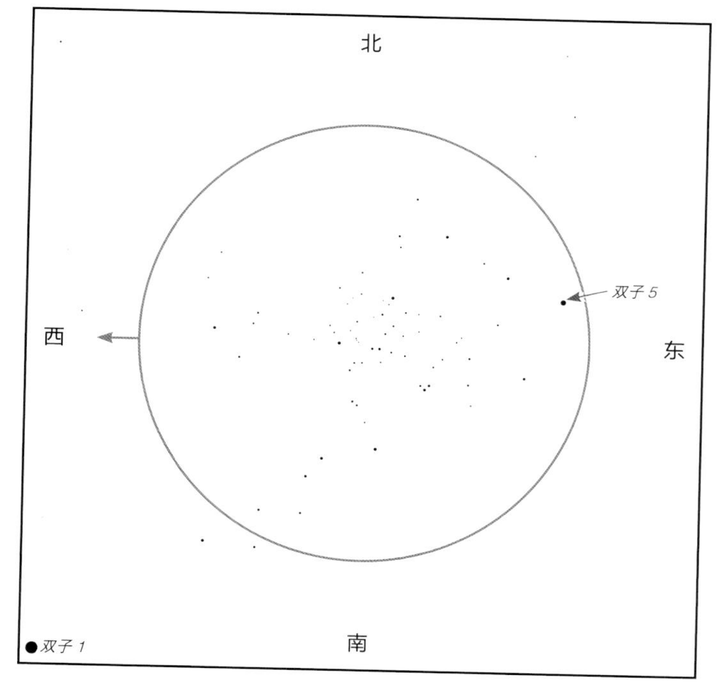

在小型望远镜中：乍看之下，M 35 很大，但细看会发现其中并没有很多恒星。你一开始大约会看到 6 颗较亮的单颗恒星。一会儿后，你才会开始注意背景中的暗星，可以说所见之处都是。随着眼睛的放松和游走，周边视觉开始起作用——你会看见越来越多的暗星。这一逐渐发现星场天体越来越多的情况在你使用双筒望远镜或小型望远镜——口径为 3 in（7.62 cm）或更小的望远镜——时最突出。更大的望远镜一次就会呈现所有的恒星，反而会让你的观星之旅少了点儿趣味。

低倍多布森望远镜中的 M 35

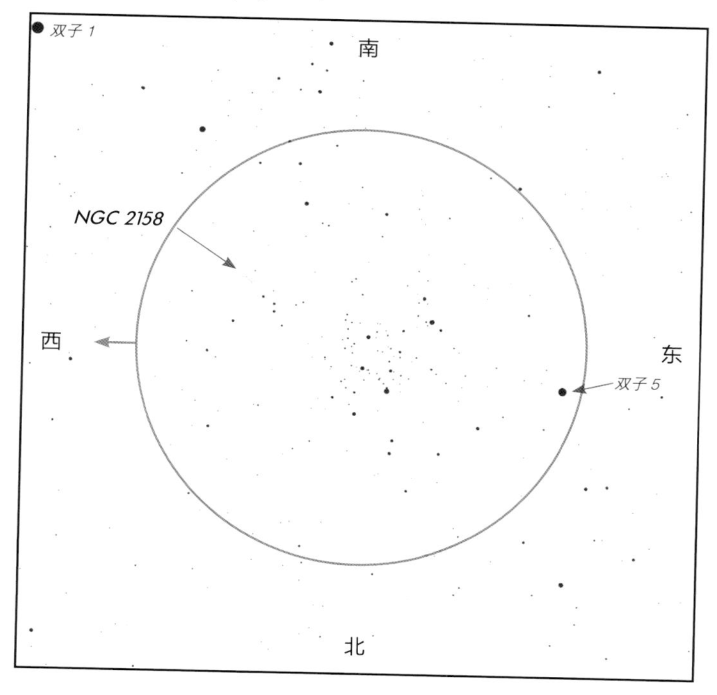

在多布森望远镜中：你会看到众多不同的恒星，从十分明亮的到勉强可见的，等等。花一点儿时间来接收这些星光，分辨眼睛能看到的不同形状。在 M 35 的西南方有一小团光雾，即疏散星团 NGC 2158。在高倍率下（尤其是在天空非常黑暗，周边视觉适应得很好的情况下），你可以在这团光雾中看到颗粒。

M 35 是一个相当漂亮的疏散星团。其中大多数恒星是高温的蓝色恒星，最亮的一些则是黄色或橙色的巨星，这些巨星已经演化到了主序星之后的阶段。

这是一片非常漂亮的天区，值得你进行深度游览。这里恒星富集，你一开始可能会把银河系中的其他恒星错当成 M 35。不过你一旦找到过 M 35，就绝对不会再弄错。

M 35 由数百颗年轻恒星组成，它们聚集在一个直径 30 光年的区域内，距离地球 3 000 光年。根据这些恒星现在的颜色，我们推断 M 35 是一个年轻的疏散星团，可能形成于 5 000 万年前。有关疏散星团的更多内容，参见第 67 页。

邻近还有 钺是一颗双星，2 颗子星太过密近，小型望远镜无法将其分解开。不过对调到最高倍率的多布森望远镜来说，分解钺是一项有趣的挑战。主星是 3.5 等的橙色恒星，伴星（6.2 等星）则暗得多，两者相距仅 1.7"（沿西－西南方向排列）。不同于主星，伴星看上去差不多是绿色的。

从双子 μ 往东南方行进可以看到双子 ν，在行进途中，你会在寻星镜中看到 2 颗暗星。距离双子 ν 较远的一颗是双子 15，它也是一颗漂亮的双星。即使用的是小型望远镜，你也很容易就能看见它：2 颗子星分别为 6.6 等星和 8.2 等星，相距 25"，沿南－西南方向排列。低倍望远镜也能将其分解开。利用低倍率下进入的更多亮光，你可以好好欣赏它们的颜色：主星是橙色的，伴星是蓝色的。

疏散星团 NGC 2129 位于双子 1 西边 1°。寻找其中的一颗 7 等星和一颗 8 等星。用小型望远镜看的话，你会在它们周围看到一团暗光雾；用多布森望远镜看的话，你看到的则是沿东西向松散分布的一串暗星。

双子座：小丑脸星云 NGC 2392 和聚星北河二（双子 α）

北河二
北河三
双子 κ
天樽二
双子 λ
毕宿五
参宿四
南河三

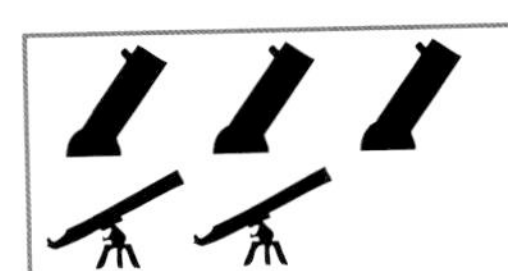

黑暗 / 稳定的天空
低 / 高倍率
星云滤光片
最佳时间：12 月、1～5 月

星图由模拟课程公司星空教育版制作

- 明亮而易找的行星状星云
- 寻找北河二很容易，分解它是一项有趣的挑战
- 其他邻近的双星

看哪儿 找到猎户座东北方双子座中的 2 颗亮星。北河二是双子座中西北方的蓝色恒星（更靠近五车二），北河三是双子座中东南方更亮的黄色恒星。如果北河二和北河三是双子的头，那么左侧一子的腰就是天樽二（北河三下面的第二颗恒星）。NGC 2392 就在天樽二东边。

南
双子 λ
Σ 1083
NGC 2392
西
东
双子 63
天樽二
Σ 1108
κ
北

NGC 2392 在寻星镜中 先对准天樽二。在寻星镜中，它是构成等边三角形的 3 颗恒星中最亮的一颗。在这个三角形东北顶点上的是双子 63，它拥有 2 颗暗伴星。对准双子 63，再向东南方移动一个满月的直径多一点儿的距离就能看到 NGC 2392。

北河二（双子 α）

恒星	星等	颜色	位置
A	1.9	白	主星
B	3.0	白	A 星东北偏东 4.8"
C	9.8	白	A 星东南偏南 70"

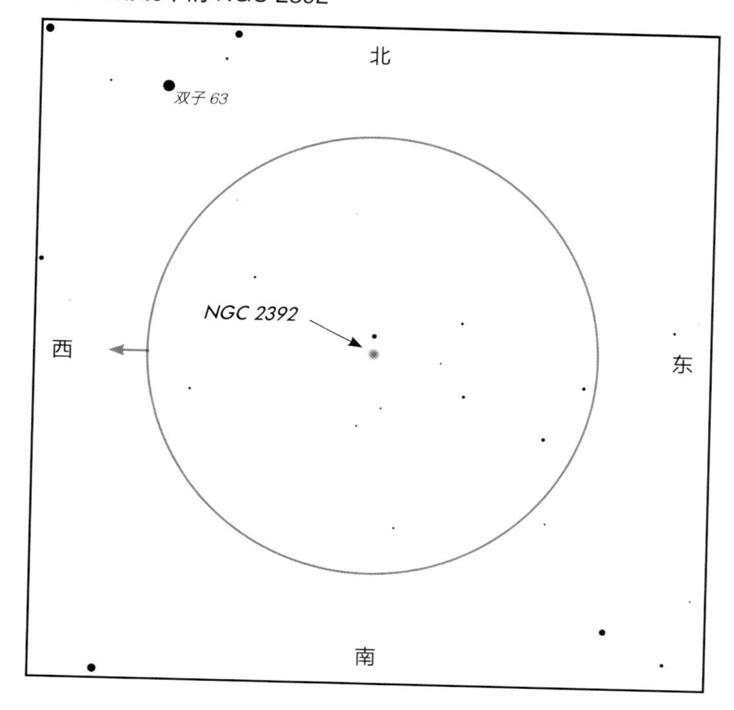

低 / 高倍多布森望远镜中的 NGC 2392

在小型望远镜中： NGC 2392 在一颗恒星南边，看上去像一颗失焦的蓝绿色恒星。在中倍望远镜中，两者就像一颗双星中的 2 颗有着相同亮度的子星。在高倍率下，NGC 2392 呈一个模糊的圆面，而邻近的恒星仍是一个光点。

在多布森望远镜中： "在低倍率下寻找，在高倍率下观看"是观看行星状星云的一种方法——如果有，还可以用上星云滤光片。在一个宁静的夜晚，你可以试着寻找它的中央星。将望远镜调成高倍率，并使用星云滤光片，你将看到一个幽灵般的绿色圆面。

NGC 2392 要用非常大的望远镜才能看到令 NGC 2392 得名"小丑脸星云"的黑色结构特征。它距离地球约 5 000 光年，直径约为 40 000 天文单位（约 2/3 光年）。天文学家根据其气体的运动判断，它每年增长 20 天文单位不止。由此可以推测，它的年龄不足 2 000 年，是最年轻的行星状星云（第 95 页）之一。

北河二 它看起来是一颗三合星。对小型望远镜来说，想看到它有一定的难度；用多布森望远镜看的话就容易得多。在晴朗的夜晚，用高倍望远镜可以看到其中 2 颗亮星，在它们东南偏南方还能看到一颗较暗弱的橙色恒星。

事实上，北河二至少包含 6 颗恒星。A 星和 B 星又分别是由高温而年轻的 A 型星构成的双星，大小约是太阳的 2 倍，亮度则是太阳的 10 倍；C 星实际上是 2 颗 K 型矮星，大小约为太阳的 2/3，亮度则不到太阳的 3%。

每颗双星中 2 颗子星的间距都只有几百万千米。A 星的 2 颗子星每 9 天绕转一周，B 星的 2 颗子星每 3 天绕转一周，C 星 2 颗子星的绕转周期则不到 1 天。B 星绕 A 星一周需要约 450 年。它们最接近的时候，仅相距 1.8"；目前它们相距约 5"，且正在互相远离。在接下去的 100 多年里，B 星会向北运动，到离 A 星 6.5" 处（此时 B 星离 A 星最远）折返。到 21 世纪中叶，即便使用最小的望远镜，也能非常容易地将 A、B 星分解开。C 星距离 A、B 星 1 000 天文单位不止，绕它们一周要 10 000 多年。

邻近还有 NGC 2392 西南方的斯特鲁维 1083 是一颗漂亮的黄蓝双星。主星是一颗 7.3 等星，8.1 等的伴星位于主星东北方 6.8" 处。与它邻近的斯特鲁维 1108 也是一颗黄蓝双星，其 6.6 等的主星和 8.2 等的伴星相距 11.6"，伴星位于主星南边。对小型望远镜来说，想看清斯特鲁维 1108 有难度，对多布森望远镜来说就容易得多。双星天樽二的伴星（8.2 等星，位于 3.6 等主星西南方 5.6" 处）非常暗弱，你除非使用高倍多布森望远镜，否则很难看见它。主星为白色恒星，橙色的伴星太暗而在人眼中呈紫色。双星双子 λ 的 2 颗子星沿北–东北方向排列，相距 9.7"，星等分别为 3.6 等和 10.7 等。较亮的是黄色的主星，较暗的则为蓝色的伴星。双子 κ 是一颗很难被分解开的双星。黄色主星是一颗 3.7 等星，蓝色伴星是一颗 8.2 等星，位于主星西南方 7" 处。主星和伴星亮度相差很大，你只有在天空非常稳定时使用大口径的高倍望远镜才能把它分解开。

麒麟座：疏散星团 NGC 2244 和玫瑰星云

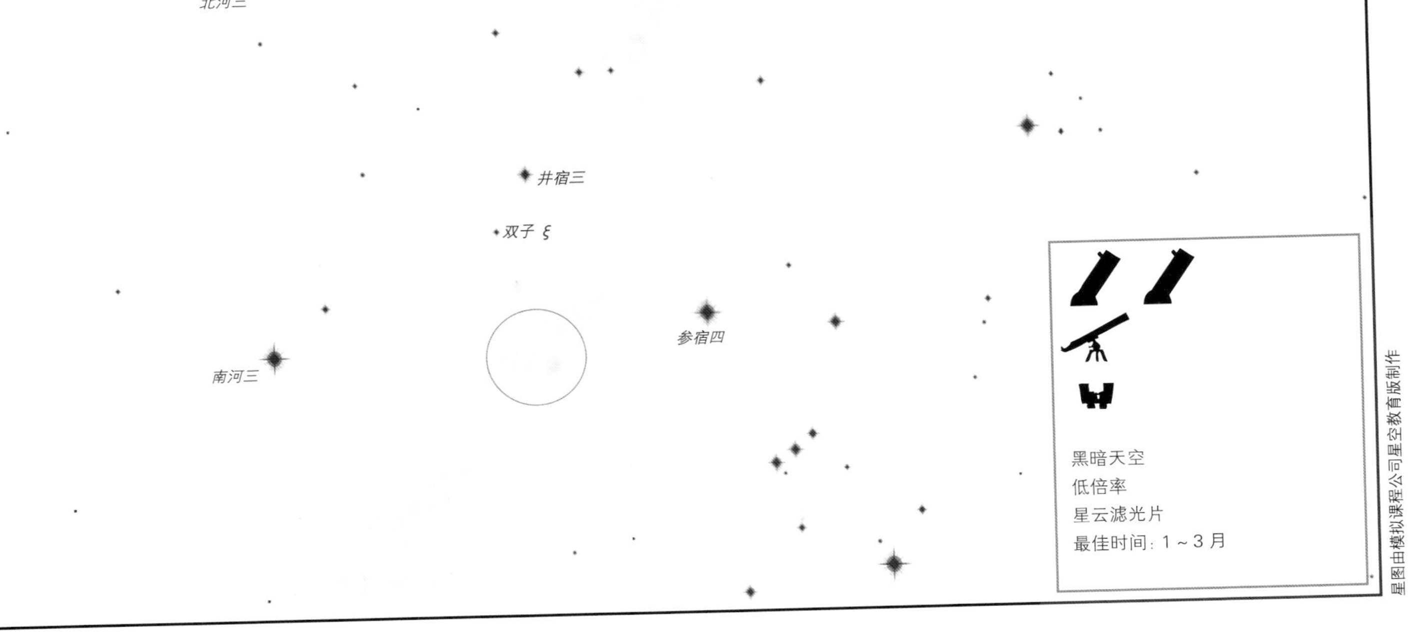

星图由模拟课程公司星空教育版制作

- NGC 2244 即便在明亮的天空中也非常漂亮
- 天空黑暗时能看到星云包围着星团
- 丰饶的恒星形成区

看哪儿 先对准位于南方地平线高处的猎户座，找到其中非常亮的红色恒星参宿四，它是猎人的左肩（位于猎户座腰带三星的左上角）。往双子座中右侧一子右侧的亮星——南河三西边看，找到双子座右侧一子左脚上的井宿三，它是那里最亮的一颗恒星。对准南河三和参宿四连线上井宿三南边的一个点。

在寻星镜中 寻找玫瑰星云最简单的方法是从井宿三向南行进。你会先遇到 2 颗恒星——双子 ξ 和双子 30，它们构成了双子座右侧一子的右脚。把它们放到视场中心，继续向南行进。接下来你会遇到一个由麒麟 15、麒麟 17 和麒麟 13 构成的三角形，把麒麟 13 放到视场中心。从麒麟 13 继续向南行进，寻找一个能与麒麟 13 和麒麟 ε 构成等腰三角形的点——位于麒麟 13 南边、麒麟 ε 东边。最后，在寻星镜中寻找该点处疏散星团 NGC 2244 中最亮的成员星。

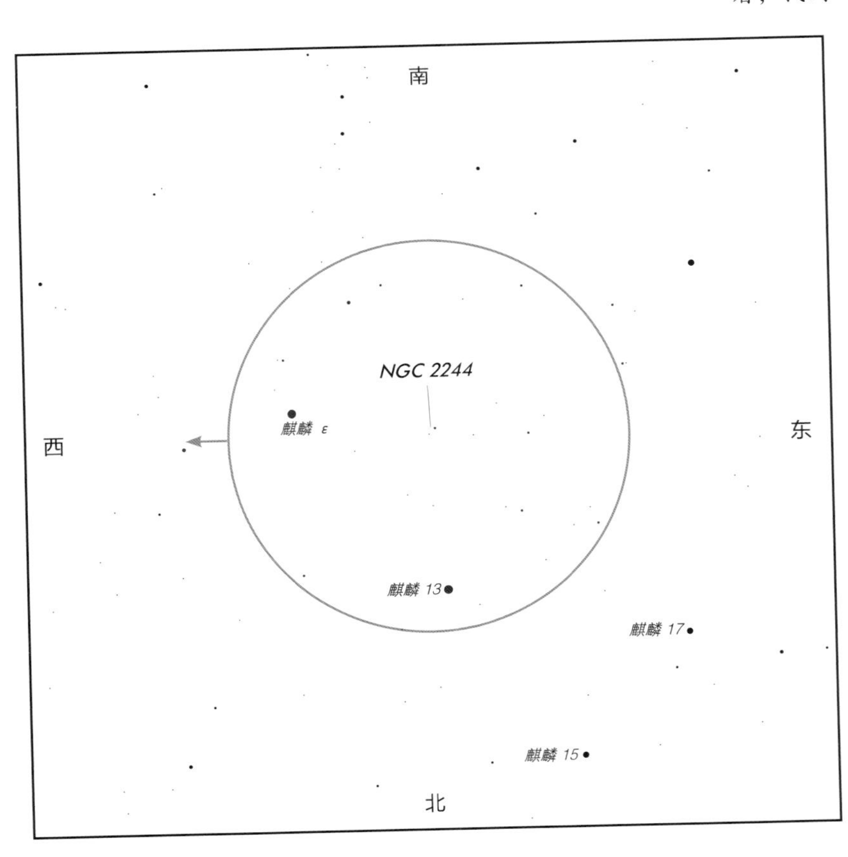

低倍对角镜中的 NGC 2244 和玫瑰星云

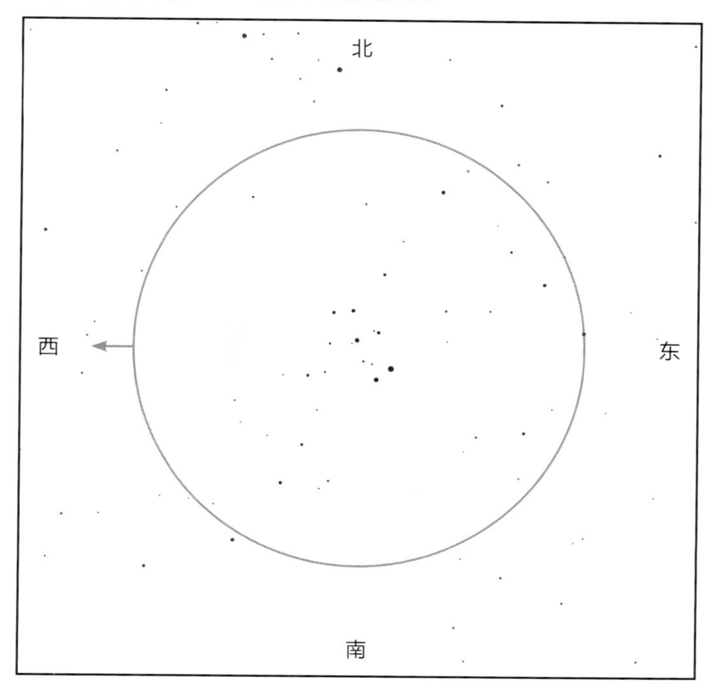

在小型望远镜中：NGC 2244 看上去是一个由约 6 颗恒星组成的小集合。如果夜晚极其黑暗，你也许会看到这些恒星周围有一个幽灵般的光环。条件允许的话，尝试使用星云滤光片观看。

低倍多布森望远镜中的 NGC 2244 和玫瑰星云

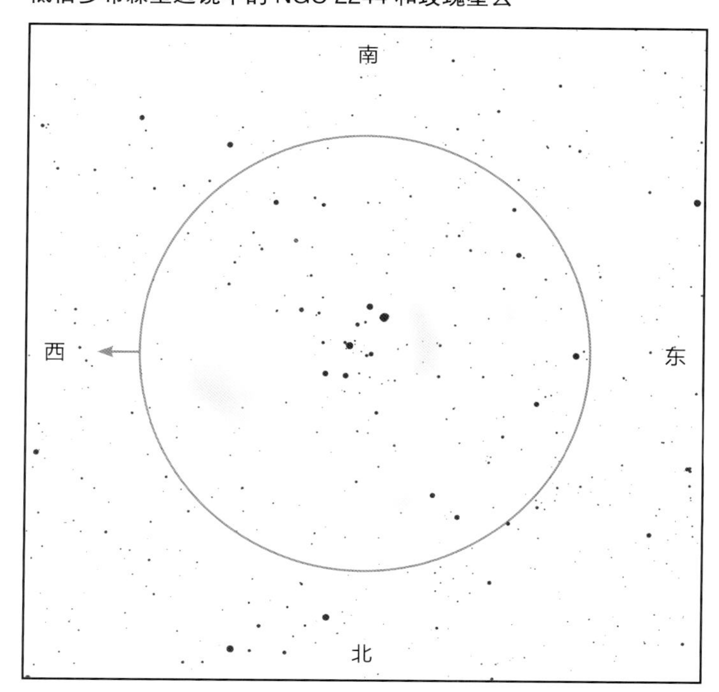

在多布森望远镜中：在一个普通的夜晚，NGC 2244 中易见的只有数颗较亮的恒星和它们后方一些较暗的恒星。但若仔细看，你会看到这些恒星周围有一个大而黯淡的环。如果夜空不是特别亮，这个环看上去像一片没有恒星的区域，而不是光环；但在漆黑的夜晚，你会看到它发出的光充满整个视场。星云滤光片在此可以发挥大作用。

玫瑰星云是与猎户星云非常相似的恒星形成区，疏散星团 NGC 2244 中的恒星是在该区域形成的。

玫瑰星云其实极为复杂，不同的部分在星云星团新总表中有各自的编号，包括 NGC 2237、NGC 2238、NGC 2239 以及 NGC 2246。在长时间曝光照片揭示这些不同的部分属于同一系统之前，19 世纪不同的天文学家看到了它不同的部分并对其进行了编目。

玫瑰星云本身是一大团被激发的氢气，直径大约超过 130 光年，距离地球约 5 200 光年。正在星云中心形成的高能年轻恒星所发出的辐射激发了氢气并使之发光。事实上，钱德拉 X 射线天文台已经发现了来自这一区域的强劲 X 射线辐射。中央星团中年轻的蓝色 O 型恒星显然已经把这些气体加热到了温度超过 6 000 000℃。

有关弥漫星云的更多内容参见第 51 页，有关疏散星团的更多内容参见第 67 页。

邻近还有 在寻星镜视场中位于玫瑰星云和 NGC 2244 西边的麒麟 ε（也被称为麒麟 8）是一颗可爱的双星。主星是一颗 4.4 等星，与其 6.6 等的伴星沿北-东北方向排列，两者相距 12"。多布森望远镜很容易就能将它分解开；在条件良好的夜晚，较小的望远镜也可以做到。麒麟 ε 的子星呈黄褐色和灰色。

麒麟座：聚星麒麟 β 和疏散星团 NGC 2232

南河三

参宿四

麒麟 β

参宿七

天狼星

（NGC 2232）

任何天空

低 / 高倍率

最佳时间：1～3 月

- 明亮，易找
- 三合星易于分解（前提是天空条件较好）
- NGC 2232 在双筒望远镜和低倍天文望远镜中很漂亮

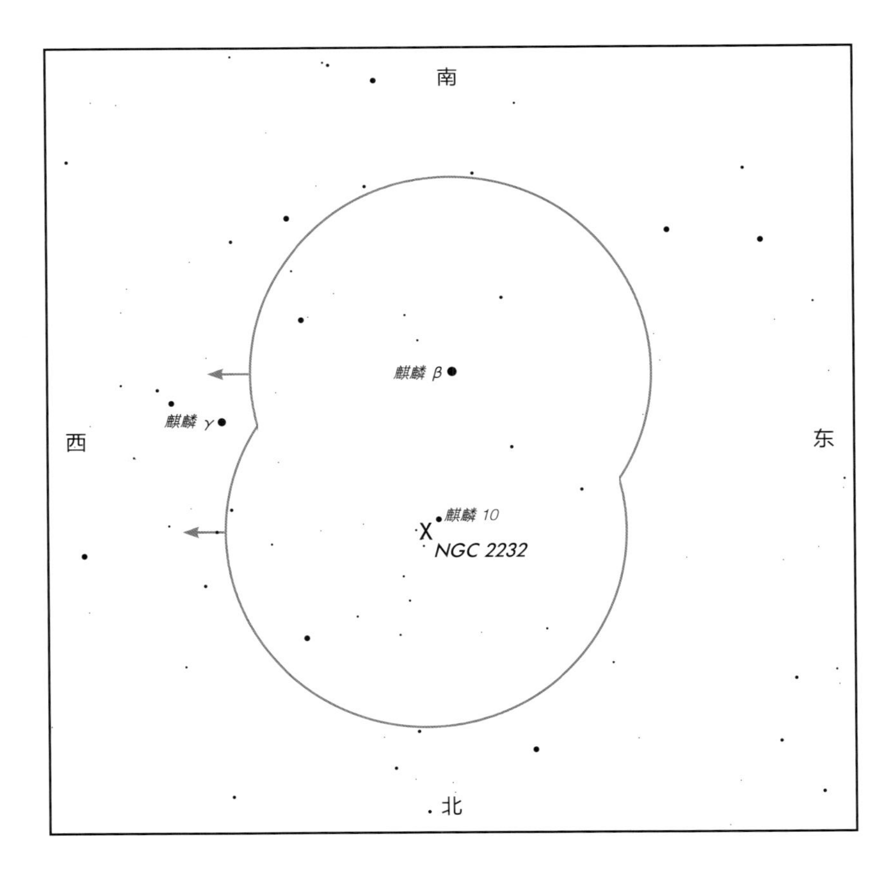

看哪儿 先对准位于南方地平线高处的猎户座，找到其中非常亮的红色恒星参宿四，它是猎人的左肩（位于猎户座腰带三星左上角）。然后，从猎户座左转，沿着腰带三星前行找到一颗耀眼的蓝色恒星——天狼星（尽管有一些行星比它更亮，但 –1.4 等的天狼星是夜空最亮的恒星）。在不到天狼星与参宿四连线中点的地方，有 2 颗东西向排列的暗星。对准东边离猎户座较远的那颗，它就是麒麟 β。

在寻星镜中 这一天区仅有 2 颗较亮的恒星，它们应该都会在寻星镜视场中出现。麒麟 β 位于东边，离猎户座较远——在它东边没有一对 6 等星。想找到疏散星团 NGC 2232，先寻找麒麟 β 北边的 5 等星麒麟 10。它是 NGC 2232 中最亮的成员星。

低倍对角镜中的 M 41

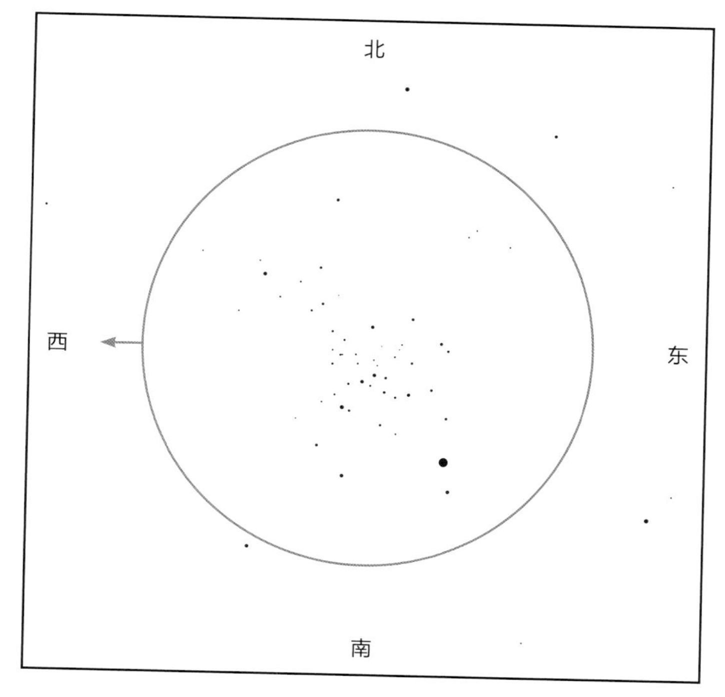

在小型望远镜中： M 41 是一个相当松散的恒星集合。可见亮度相差较大的几十颗恒星。

低倍多布森望远镜中的 M 41

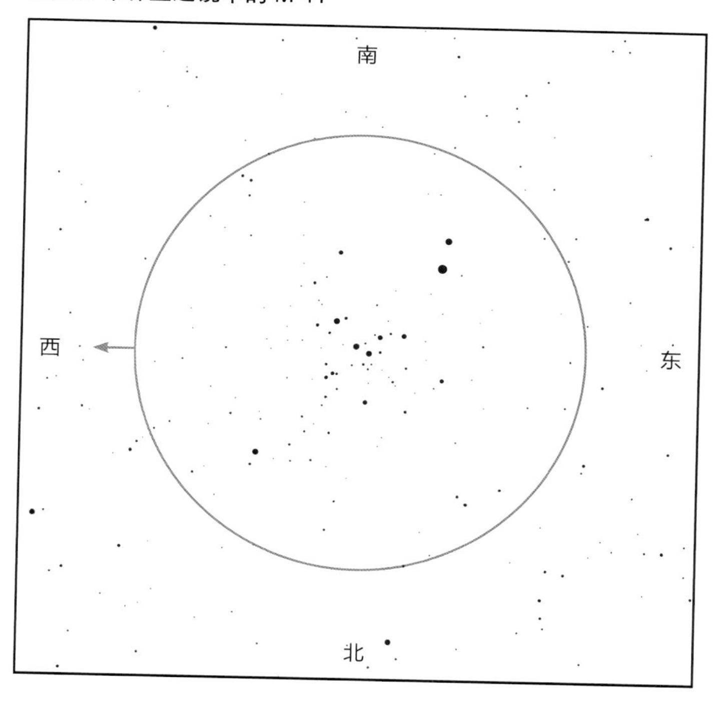

在多布森望远镜中： 在较大口径的多布森望远镜中，M 41 中的恒星亮度相差较大，这让 M 41 看上去特别丰饶。

M 41 是一个非常值得观测的星团。由于其中恒星亮度相差很大，它是检测天空黑暗程度的理想工具。这个星团中总有一些恒星刚好处于望远镜可见极限的边缘。

用双筒望远镜可以看到一块大而暗的光斑；就算在天空不是特别黑的夜晚，用 3 in（7.62 cm）的望远镜也能看到 30 多颗恒星。在 M 41 中心附近的几颗 7～9 等的恒星周围散布着一些 10～11 等的白色恒星，它们构成了一幅非常漂亮的图案。大多数 8～9 等的恒星为蓝色恒星，较亮的恒星（7～8 等的）则为橙红色巨星。更亮的 6 等星大犬 12 就位于该星团的东南边缘。

M 41 在直径 20 光年的范围内含有约 100 颗恒星，距离地球 2 500 光年。这个星团中明亮的橙红色恒星是一颗 K 型红巨星，其余的大部分恒星则为光谱型为 B 型或 A 型的蓝色恒星。它是一个较年轻的星团，年龄在 1 亿年左右（有关疏散星团的更多内容，参见第 67 页）。

想找到 M 41，得利用亮星天狼星和军市一。–1.4 等的天狼星是目前夜空最亮的恒星。根据最近对恒星的运动和距离的测量，尤其是欧洲空间局的依巴谷卫星的测量数据，天文学家可以计算出天空在过去的 500 万年里是如何变化的。结果发现，在 450 万年前，军市一远比现在靠近地球；不同于目前的 500 光年，当时仅离地球 40 光年。那时，它的星等小至 –3.6 等，亮度堪比金星的亮度，是如今天狼星亮度的 7 倍。

船尾座：疏散星团 M 46 和 M 47

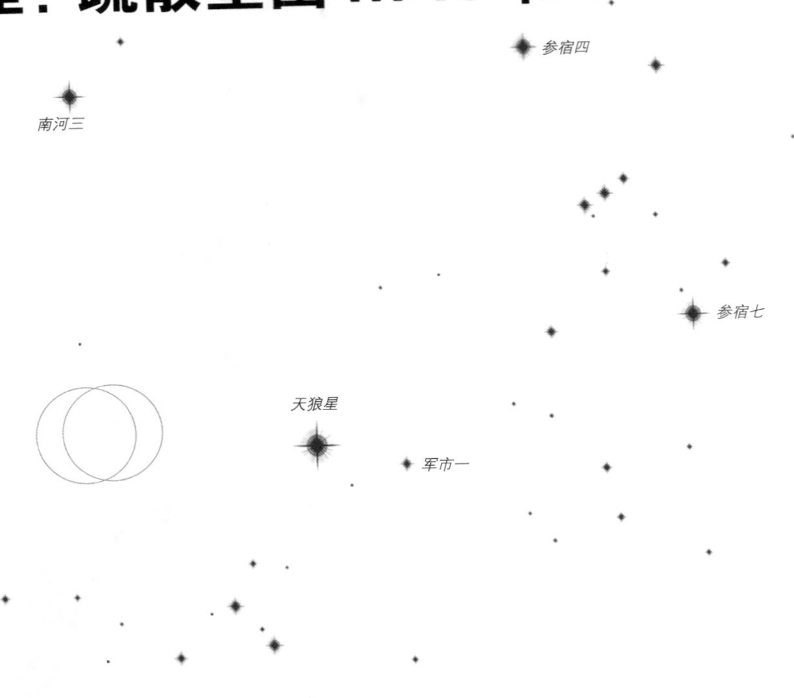

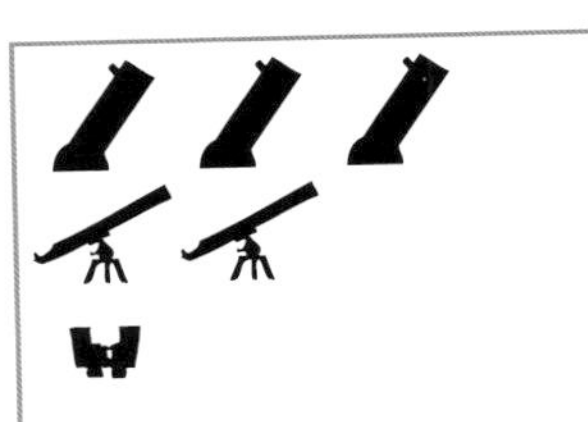

任何天空（M 47），黑暗天空（M 46）
低倍率
最佳时间：2～3 月

星图由模拟课程公司星空教育版制作

- “买一赠一”的疏散星团
- 星数和亮度形成对比
- 附近还有 2 个疏散星团和 1 片行星状星云

看哪儿 先找到猎户座东南方的亮星——天狼星。天狼星右方的亮星为军市一。从军市一向左（东）行进 1 步至天狼星，沿着这个方向再前行 2 步就到了 M 46 和 M 47 附近。

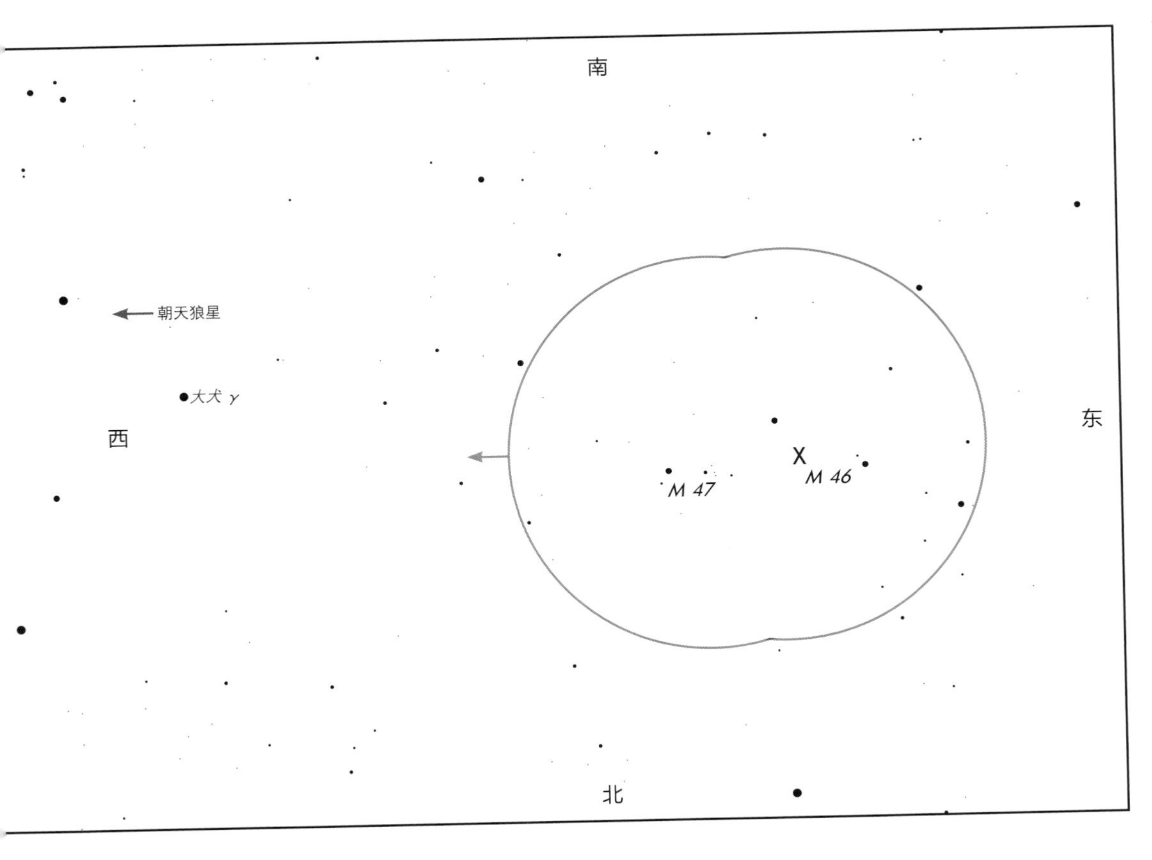

在寻星镜中 从天狼星向东移动，在寻星镜中会看到 2 颗 4 等星，它们沿着东北–西南方向排列。其中东北方距离天狼星较远的恒星是大犬 γ，从它到 M 46 和 M 47 的距离还剩 40%。经过大犬 γ 后继续向东前行，寻找一个由恒星构成的扁三角形。M 46 和 M 47 东西向排列，就位于该三角形内。在寻星镜中，M 47 更显眼，看上去像一小片光云。而 M 46 就在 M 47 东边，只有在天空非常黑暗的情况下才会在寻星镜中现身。

低倍对角镜中的 M 46 和 M 47

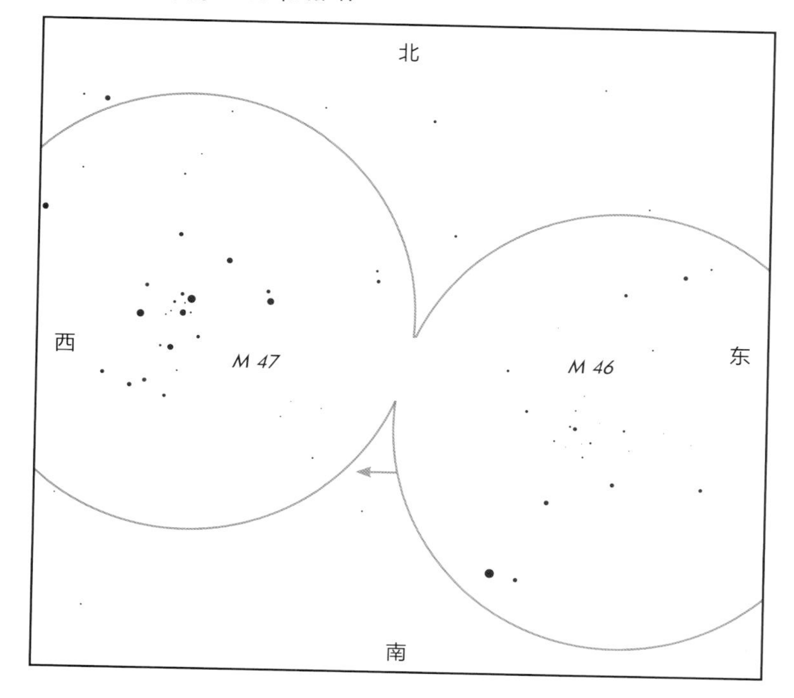

在小型望远镜中：M 47 是一个清晰且易于分辨的星群，其中有一些明亮的蓝色恒星。这些恒星非常分散，在小型望远镜中也非常清晰。虽然 M 47 中有许多暗星，但没有在小型望远镜中形成光雾。其中大约有 5 颗明亮的、8 颗较暗的和 20 多颗更暗却能被 2～3 in（5.08～7.62 cm）的望远镜分辨的恒星。在 M 47 中心附近，有一颗由 2 颗间距 7" 的 7 等星组成的双星。M 46 在小型望远镜中并不出众，除非天空漆黑一片。它看上去就像一团有着几块暗斑的光雾。如果使用周边视觉，你会在这团光雾中看到颗粒。

在多布森望远镜中：在一片暗星的映衬下，M 47 中的十几颗亮星很显眼。在它北偏东一点儿的地方还有一个更暗的疏散星团——NGC 2423（M 47 西南方约 80' 处是疏散星团 NGC 2414）。M 46 没有 M 47 显眼。从 M 47 向东，如果你看到了船尾 4 和船尾 2（船尾 2 是一颗漂亮的双星）这 2 颗沿东北–西南方向排列的恒星，说明你走过了 M 46。在黑暗的夜晚，用多布森望远镜可以看到在十几颗恒星后方有一团由暗星构成的光雾。在 M 46 的东北角有一个看上去像有点儿失焦的恒星的天体。它是恰好位于你同一视线上的行星状星云 NGC 2438，到地球的距离只有 M 46 到地球距离的一半。

低倍多布森望远镜中的 M 46 和 M 47

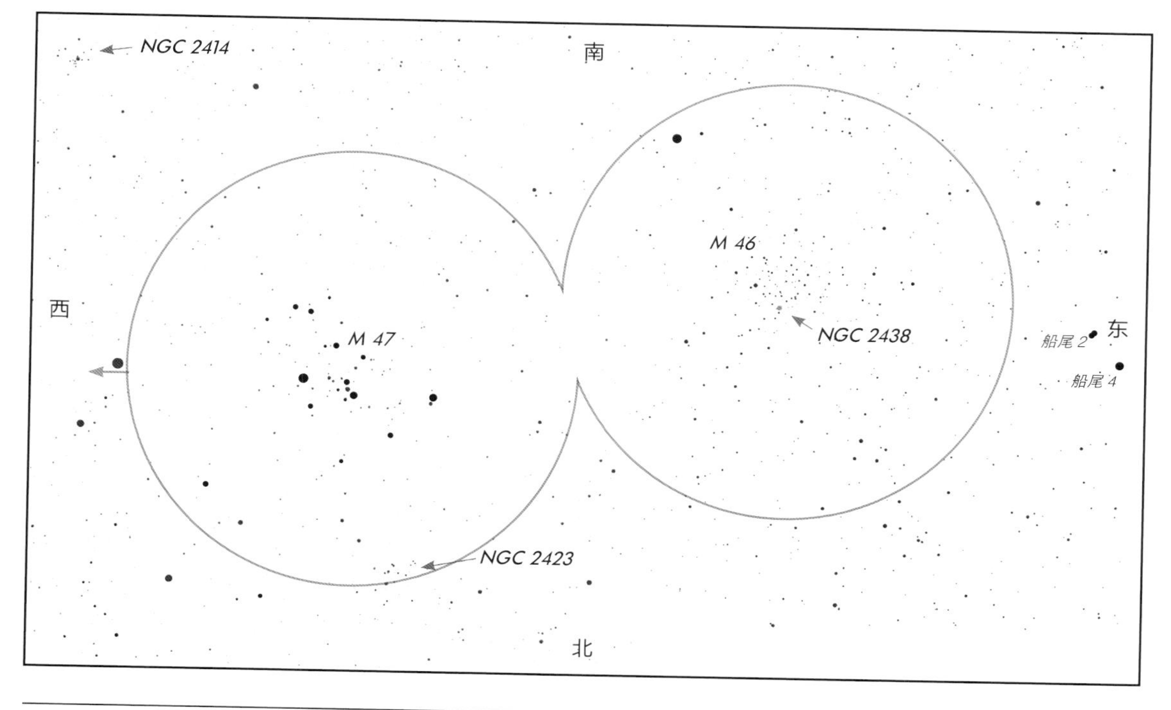

M 46 和 M 47 没有明亮的引导星，它们周围有许多暗弱的银河系恒星。这加大了找这 2 个星团的难度。M 47 较为显眼。M 46 在小型望远镜中让人印象不深，不过用小型望远镜找到它就是一个不小的成就了。在多布森望远镜中，M 46 比 M 47 更吸引人；它拥有许多在更大的望远镜中才可见的 11～14 等星，只不过它们太暗，无法在 3 in（7.62 cm）的望远镜中现身。

M 47 包含约 50 颗年轻恒星，虽然也有 1～2 颗橙色恒星，但绝大多数为蓝色恒星。整个星团直径为 15 光年，距离地球超过 1 500 光年。在直径 40 光年的范围内，M 46 包含数百颗年轻的高温蓝巨星，它们的亮度基本相当。M 46 比 M 47 暗，因为它到地球的距离是后者到地球的 3 倍，约 5 000 光年。

现在普遍认为梅西叶看到过 M 47，他描述了一个与 M 47 极为相似的疏散星团，但按照他的说明，你会去到一片没有任何星团的天区，因为他在记录它的位置时出现了错误。

大犬座：疏散星团 NGC 2362 和冬季辇道增七（h 3945）

南河三

参宿四

参宿七

天狼星

弧矢一

弧矢七

弧矢二

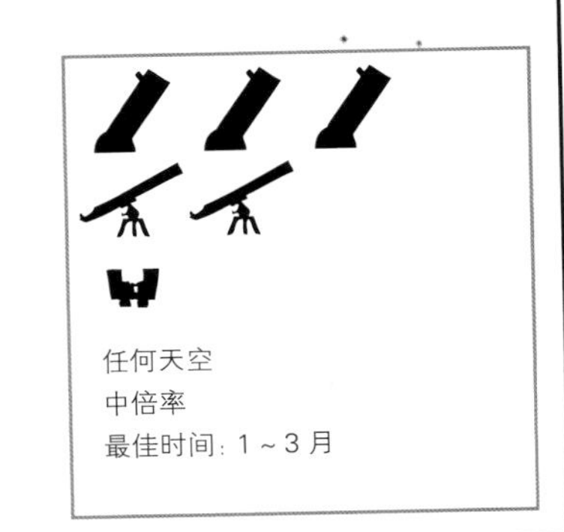

- NGC 2362：易找而难见
- 非常年轻的星团
- 冬季辇道增七：易见而多彩的双星

看哪儿 沿着猎户座腰带三星向东南方行进，找到明亮的蓝色恒星——天狼星。在天狼星南偏东一点儿的地方，有一个由恒星构成的三角形，即大犬（大犬座）的后腿。位于该三角形顶部（最北端）的是弧矢一；底部左侧（东南方）的是弧矢二，底部右侧（西南方）的则是弧矢七。对准弧矢一。

在寻星镜中 弧矢一很好辨认，在它东侧有 2 颗 4 等星。对准这些恒星东北方的大犬 τ。大犬 τ 的北边有一颗稍暗的恒星——大犬 29，你可以根据这一相对位置来确认大犬 τ。对准大犬 τ，它就在疏散星团 NGC 2362 的正中央。M 93（第 84 页）在 NGC 2362 东边。在看到 NGC 2362 之后，把寻星镜往东偏北一点儿移动就能找到它。

南

弧矢二

弧矢七

弧矢一

大犬 τ

西

东

大犬 29

M 93

冬季辇道增七

北

中倍对角镜中的 NGC 2362

北

大犬 29

西

东

南

在小型望远镜中： NGC 2362 是一小团散布于主导星大犬 τ 周围的恒星。它的所有成员星都非常暗弱。

中倍多布森望远镜中的 NGC 2362

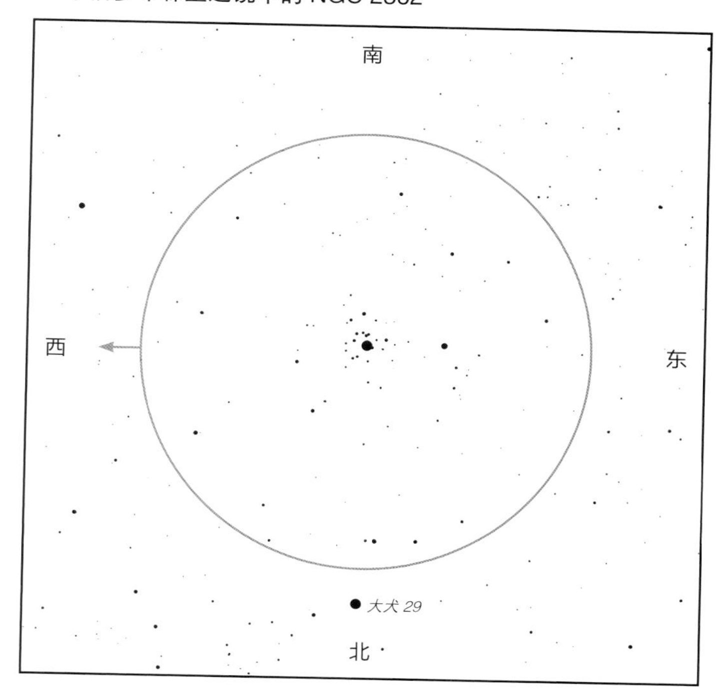

在多布森望远镜中： NGC 2362 在多布森望远镜中看起来尤其丰饶，其主导星大犬 τ 周围有几十颗恒星。考虑到多布森望远镜具有更强的聚光本领，你可以试着将它调到高倍率来发掘该星团中恒星的细节。

NGC 2362 NGC 2362 可能是天空中最年轻的疏散星团之一。它包含一些 O 型星，在其他疏散星团中这类恒星已经演化成了红巨星（第 67 页）。由此我们估计该星团非常年轻，可能只有 500 万年。

它的直径不到 10 光年，距离地球 5 000 光年。在用大型望远镜拍摄的照片中，你轻轻松松就能辨认出约 40 颗恒星。当然，NGC 2362 的成员星可能不止这么多。

大犬 τ 易找，寻找其周围的成员星才是对你观星技术的考验。不过，在条件良好的夜晚，用小型望远镜可以在 NGC 2362 中看到十几颗或更多恒星。

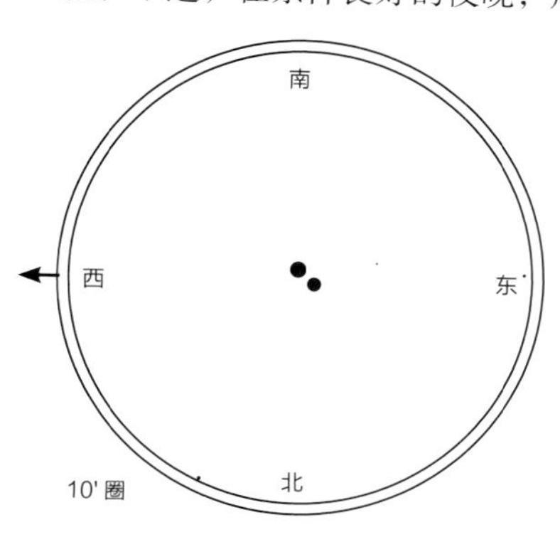

冬季辇道增七 从大犬 τ 向北，经过大犬 29，注意低倍率视场西边缘的一颗 5 等星以及其东北方 26" 处的一颗 5.8 等伴星。即使在低倍率下，这颗双星也很容易就能被分解开。其主星明显是红色的，伴星则可能呈白色或黄色。

它的术语名为 h 3945，但更流行的叫法是“冬季辇道增七”。确实，它子星之间颜色的对比和间距都让人想起北半球夏季的一颗更亮也更有名的双星——辇道增七。

它是一颗非常值得观赏的双星，借由大犬 τ 找起来也很容易。然而，如果它位于低空——北半球的观星者在观看南方的天体时始终会遇到的问题——那它的颜色很可能被“抹掉”。

冬季辇道增七

恒星	星等	颜色	位置
A	5.0	红	主星
B	5.8	黄	A 星东北 26"

邻近还有 弧矢七本身是一颗双星。主星为 1.5 等星，伴星则暗得多，为 7.5 等星，位于主星东南偏南不到 7" 处。用多布森望远镜分解弧矢七是一项有意思的挑战。

船尾座：疏散星团 M 93

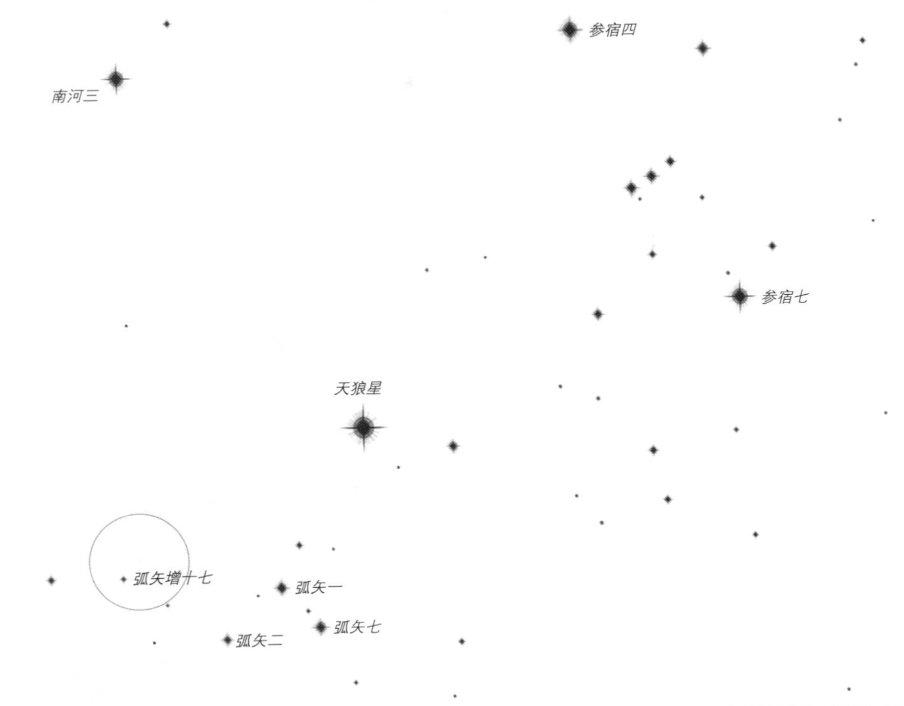

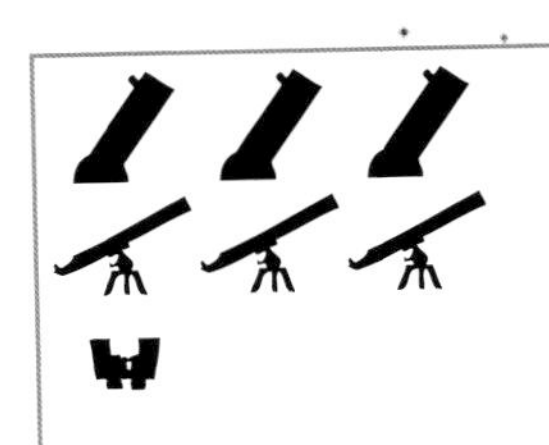

星图由模拟课程公司星空教育版制作

- 易于寻找
- 丰饶而漂亮的疏散星团
- 外观随天空条件的改变而改变

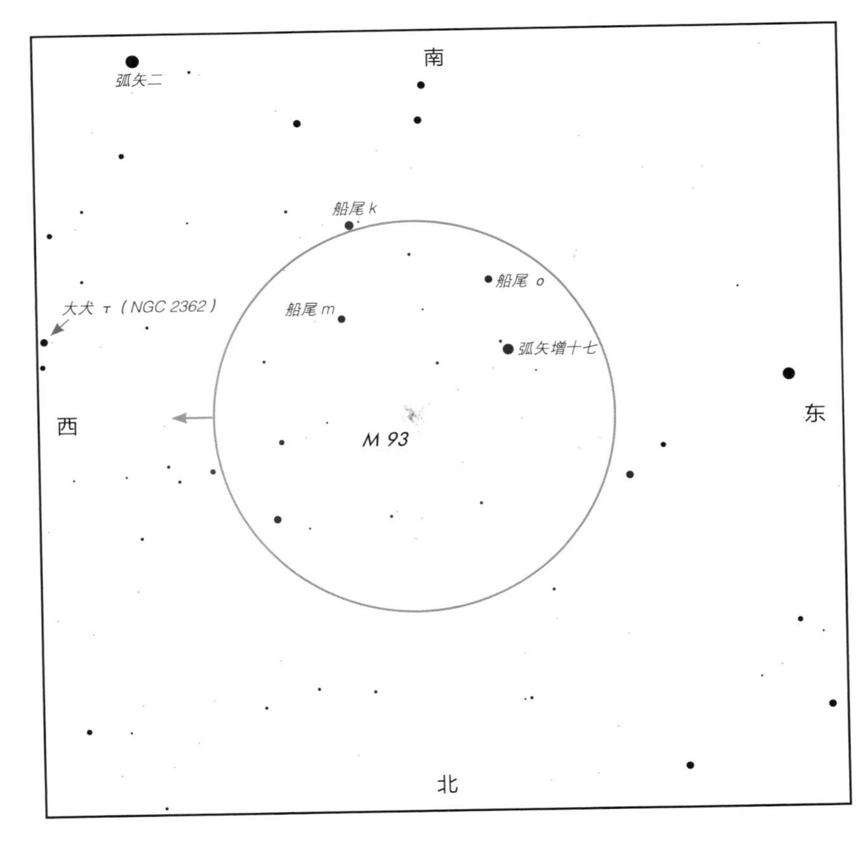

看哪儿 沿着猎户座腰带三星向东南方行进，找到明亮的蓝色恒星——天狼星。然后，找到在天狼星南偏东一点儿的一个三角形的 3 个顶点：弧矢一、弧矢二和弧矢七。它们构成了大犬（大犬座）的后腿。假设这个三角形一条边的边长为 1 步的距离。从其最顶端的弧矢一开始，向左下方（东南方）行进 1 步至弧矢二。然后朝东北方转 90°，沿着这一方向再前行 1.5 步。此时就到了弧矢增十七附近。

在寻星镜中 在这个恒星富集的星场中，弧矢增十七有别于其他恒星，在它的西南方有一颗比它暗 2 等的恒星，这使得它在寻星镜中看上去像一颗双星。它位于一个由 4 颗恒星所构成的四边形的东北角，其他 3 颗恒星分别为船尾 o 、船尾 m 以及船尾 k。M 93 就位于这个四边形的北边。把弧矢增十七和船尾 m 的连线想象成一面镜子，M 93 就位于船尾 o 在镜子的北边所成的镜像处。在条件良好的夜晚，可以在寻星镜中看到 M 93。事实上，M 93 非常靠近 NGC 2362（第 82 页）。你可以把寻星镜从这里向西移动，直到看见 NGC 2362 中的大犬 τ。

低倍对角镜中的 M 93

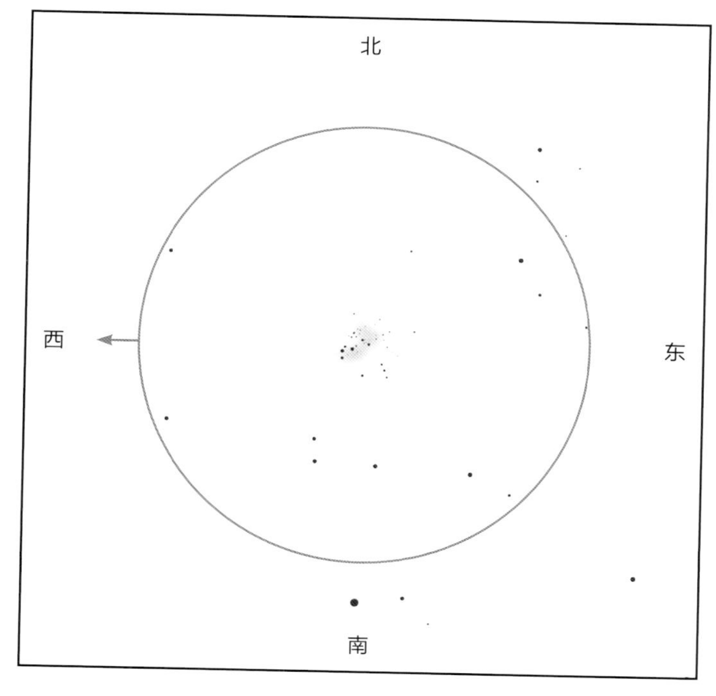

在小型望远镜中： M 93 是个丰饶的星团，聚集了约 20 颗恒星，有些十分暗弱。上图看上去带颗粒感说明 M 93 中还有很多恒星无法被小型望远镜分辨。如果夜晚条件良好，可以尝试使用更高倍率的望远镜来把这些颗粒分辨成单颗恒星。

中倍多布森望远镜中的 M 93

南
西
东
北

在多布森望远镜中： 使用中倍目镜来分辨单颗恒星。小型望远镜中可见的这些颗粒在多布森望远镜中会变成一颗颗恒星，这使得 M 93 看起来更加丰饶。

M 93 是一个相当漂亮的疏散星团，不过这部分天区常常被人忽视，尤其是跟猎户座相比。当猎户座运动至西方地平线时，该星团会成为这个季节末（或深夜）最易观测的天体。尽管我们用了北半球冬季的恒星来寻找它，但是它在某种程度上也可以被视为春天来临的征兆（在南半球的话，它则预示着夏末的到来）。

使用周边视觉有助于你看到更多恒星：看的次数越多，你看到的恒星越多。在条件良好的夜晚，用小型望远镜可以看到 20 颗恒星不止。

在 M 93 的照片中能看到约 60 颗易分辨的恒星；当然，它可能还包含数百颗更暗的恒星。M 93 的直径为 20 光年，距离地球约 3 500 光年。根据目前恒星的光谱我们估计，M 93 的年龄约为 1 亿年。

有关疏散星团的更多内容，参见第 67 页。

邻近还有 在弧矢增十七西南方 3° 处是 4 等星船尾 k。在高倍率下，你会看到它是一颗 2 颗子星密近且星等皆为 4.5 等的双星，子星沿西北–东南方向排列，非常漂亮。2 颗子星之间的间距不足 10"，因此船尾 κ 是小型望远镜的理想观测目标；即便在条件不太好的夜晚，天空也会有非常宁静的时候，那时恒星不再闪烁，你可以清晰地分辨这 2 颗子星。

季节性天空：4～6月

在一年中的这个时候，银河横躺在地平线上，因此银河系中的天体，比如疏散星团和球状星团，变得稀少。这也意味着此时是观看银河系之外天体的理想时间。4～6月是观看银河系之外的星系的最佳时间。

糟糕的是，北半球在4～6月经常下雨。如果你的所在地4～6月多雨，那你得在天黑前抵达干燥的地点，并带上可以盖在膝盖上的东西（当然，南半球的观星者会在10～12月遇到同样的问题）。

对北半球的观星者来说，另一个问题是，随着白昼变长，暮光每天都会晚到几分钟。回想一下，恒星下落的时间每天会提前4分钟。加上日落的时间每晚会推迟至少几分钟——在英国和北欧每晚会推迟2～3分钟，于是每天用于观看西方即将下落的天体的时间都会减少5～7分钟。如果你想再欣赏一下钟爱的1～3月天体，得抓紧时间了。观星时，可以从观看西边的天体开始。

当然，在这些月份里，南半球观星者每天的黑夜都会多出几分钟；然而，临近冬季透镜往往会结露（寻星镜也会结露）。如果通过望远镜看的任何东西都像星云，那就需要加热透镜了；如果有必要，可以把望远镜搬回室内几分钟。还可以考虑装一个露罩（关于防露的更多内容，参见第11页）。

寻找星路：4～6月天空路标

找到北斗七星。在北半球，它位于天空高处，几乎就在你头顶上方，哪怕你跑到了里约热内卢，也能在北方看见它。其斗勺远离斗柄的2颗恒星被称为指极星。沿着它们的连线向北方地平线看，你就会看到北极星。面向北极星，就意味着面朝北方。

转过身，也就是背对北斗七星，就面朝南方。站直朝南看，在北斗七星下方一个身位处，你会看到一个由恒星组成的“镜像问号”。一些人称其为“镰刀”。由于这些恒星属于狮子座，更富想象力的说法是，它们是狮子的鬃毛。

位于这个“镜像问号”或鬃毛底部的亮星是轩辕十四，它是一颗明亮的1等星。

西方天空

从狮子座出发，转身面向西。在西方地平线上可以看见双子座。构成双子头部的 2 颗亮星分别是北河二（右侧一子，位于北面）和北河三（左侧一子，位于南面）。在它们南边还有一颗更亮的恒星——南河三。在 4 月，猎户座和大犬座中的恒星，包括夜空最亮的恒星——天狼星，在日落时都位于西方低空。随着季节的更替，这些恒星开始一个一个地消失在暮光中。

重新回到北斗七星，沿着斗柄的弧线延伸出去可以"先赴大角，再达角宿一"。具体来说，沿着北斗七星斗柄的弧线往东南方行进，遇到的第一颗亮星就是大角。它是一颗 0 等星，是全天最亮的恒星之一，呈明显的橙色。沿着这条弧线继续向南，会遇到一颗极为明亮的蓝色恒星——角宿一，它位于室女座。这 2 颗恒星是指引东方的主要路标（在南半球，人们无法看到北斗七星，想找这 2 颗恒星要用到南十字座：从十字架二向北至十字架一，沿着这条线继续向北，越过头顶，抵达角宿一；橙色的大角就位于它右下方的北方地平线上）。

双子座、狮子座（辖轩辕十四）和室女座（辖角宿一）都是黄道星座。这意味着行星常常会出现在上面提到的亮星周围。

面朝西 仍能在西方地平线上看到许多在 1～3 月观看最佳的天体，尤其是船尾座中的星团。在它们消失前，千万别错过。

天体	星座	类型	页码
猎户星云	猎户座	星云	48
麒麟 β	麒麟座	三合星	74
M 35	双子座	疏散星团	68
M 41	大犬座	疏散星团	78
M 46、M 47	船尾座	疏散星团	80
M 93	船尾座	疏散星团	84

在这些星座中出现的任何未在星图中标记的"亮星"很可能是行星，值得一看。

最后，夏夜大三角正从东方地平线上升起，包括天津四、织女星和牛郎星。此时刚刚在地平线上冒头的是黄道星座天蝎座中红得能与火星匹敌的心宿二。这些恒星都是一年中晚些时候或深夜时的路标。

巨蟹座：疏散星团蜂巢星团（M44）和双星水位四（巨蟹 ς）

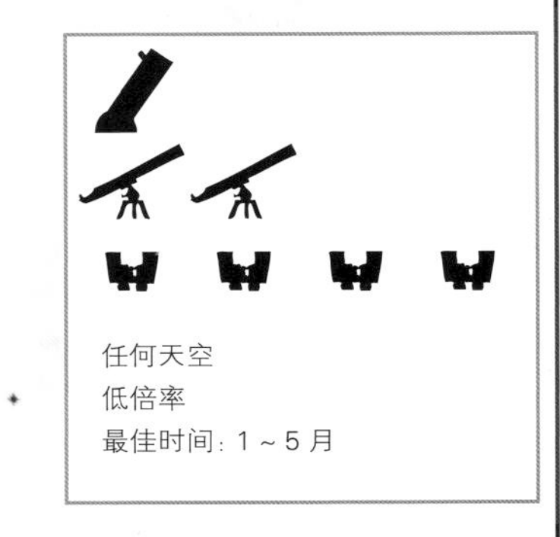

北河二
北河三
轩辕十四
参宿四
南河三

- 星团：在寻星镜和双筒望远镜中易见且绚丽
- 恒星微妙的颜色对比——蓝和黄
- 双星：小型望远镜有趣的挑战

南
水位四
巨蟹 θ
巨蟹 δ
西
东
巨蟹 η
巨蟹 γ
巨蟹 24
北

看哪儿　找到西方双子座中非常亮的北河二和北河三。其中，右边（北边）的是蓝色恒星北河二，左边（南边）的是黄色恒星北河三。假设从北河二到北河三的距离为 1 步，沿着该方向继续前行 3 步。在该点右转，向上进行 1 步。这样就到了北河三与轩辕十四的中点附近。此时你应该能看见沿南北向排列的 2 颗恒星——巨蟹 γ 和巨蟹 δ。蜂巢星团就位于这 2 颗暗星的中点偏西一点儿。在条件良好的夜晚，肉眼可见其为一块模糊的光斑。

在寻星镜或双筒望远镜中　作为双筒望远镜易见的理想目标，蜂巢星团看上去就是一块位于南北向排列的 2 颗恒星的中点偏西一点儿的光斑。用寻星镜或双筒望远镜也许可以分辨出该星团中的一些成员星。

低倍对角镜中的蜂巢星团

在小型望远镜中：可见约 50 颗恒星，包括许多双星和三合星。其中许多恒星十分明亮，达 7 ~ 8 等，最亮的一些是呈明显的橙色或黄色的 G 型巨星。除非使用极低倍率的目镜，否则该星团可能会延伸到望远镜的视场之外。

低倍多布森望远镜中的蜂巢星团

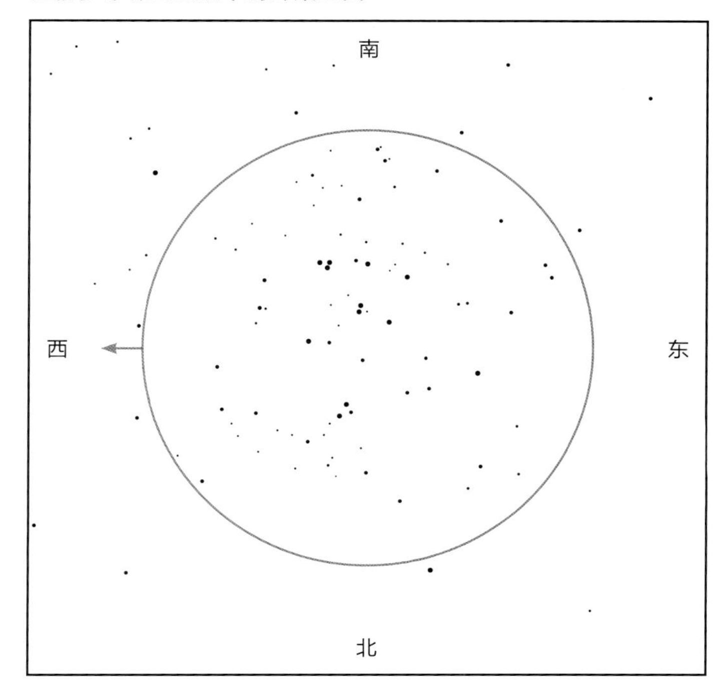

在多布森望远镜中：可见许多亮星，一些呈明显的黄色。这个星团太大，观看它时多布森望远镜无法发挥自己的优势。使用多布森望远镜的话，任何能容纳下该星团中大多数恒星的目镜可能都会显现出彗差，这一畸变会使大视场边缘的星点呈彗星状。

蜂巢星团（M 44） M 44 大而明亮，用寻星镜观看它的效果更佳；务必在最低倍率下观看。即便你用的是小型望远镜，M 44 中也鲜有它难以分辨的恒星，这使得这个星团少了点儿层次感和丰饶感。该星团中最亮的一些恒星为橙色恒星，其余的则为蓝色恒星。

这个松散的疏散星团总共含有约 400 颗恒星，大多数恒星位于一个直径 15 光年的区域内。该星团距离地球仅 500 光年，比昴星团稍远。其中明亮的红色恒星已经演化成了红巨星。由此我们可以推断出该星团相对年老，年龄约为 4 亿年。

与昴星团类似的是，M 44 也肉眼可见。在希腊神话中，它是一个饲料槽，南北各有一头驴在吃食；它也常被称为鬼星团。

水位四（巨蟹 ς） 通过寻星镜找到蜂巢星团中的巨蟹 δ 与巨蟹 θ。先从巨蟹 δ 行进 1 步到巨蟹 θ，再前进 1 步多就到了 M 44 西边（稍偏南）约 5° 的地方。此时，你可以看见一颗较明亮的 5 等星——水位四（巨蟹 ζ）。它是一个聚星系统，至少含有 3 颗类太阳恒星。在小型望远镜中，它看上去像一颗双星——主星是一颗 5 等星，在其 6" 处还有一颗 5.8 等的伴星。主星本身也是一颗双星，子星分别为 5.3 等和 6.2 等，仅相距 1.1"。在稳定的天空下，将多布森望远镜调至极高倍率可将这颗主星分解开。较远的伴星 C 也是一颗密近双星，但对业余望远镜来说太过密近。A 星、B 星和 C 星都是黄矮星。水位四距离地球 83 光年；A 星和 B 星相距 30 天文单位，而 C 星距离 A 星和 B 星 180 天文单位。

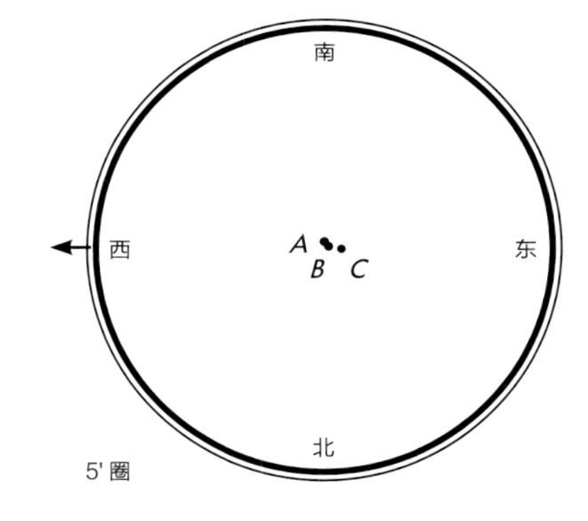

水位四（巨蟹 ς）

恒星	星等	颜色	位置
A	5.3	黄	主星
B	6.2	黄	A 星东北 1.1"
C	5.8	黄	A 星东北偏东 6.3"

邻近还有 在 M 44 西北方约 5° 的地方，用寻星镜可见一串东西向排列的恒星。在这串恒星的北边，是 6.9 等的巨蟹 24。在其主星东北方仅 5.6" 处有一颗 7.5 等的伴星（其实它也由 2 颗 8.5 等星组成，但太过密近而无法被小型望远镜分解开）。该双星距离地球 250 光年。

巨蟹座：疏散星团 M 67 和变星巨蟹 VZ

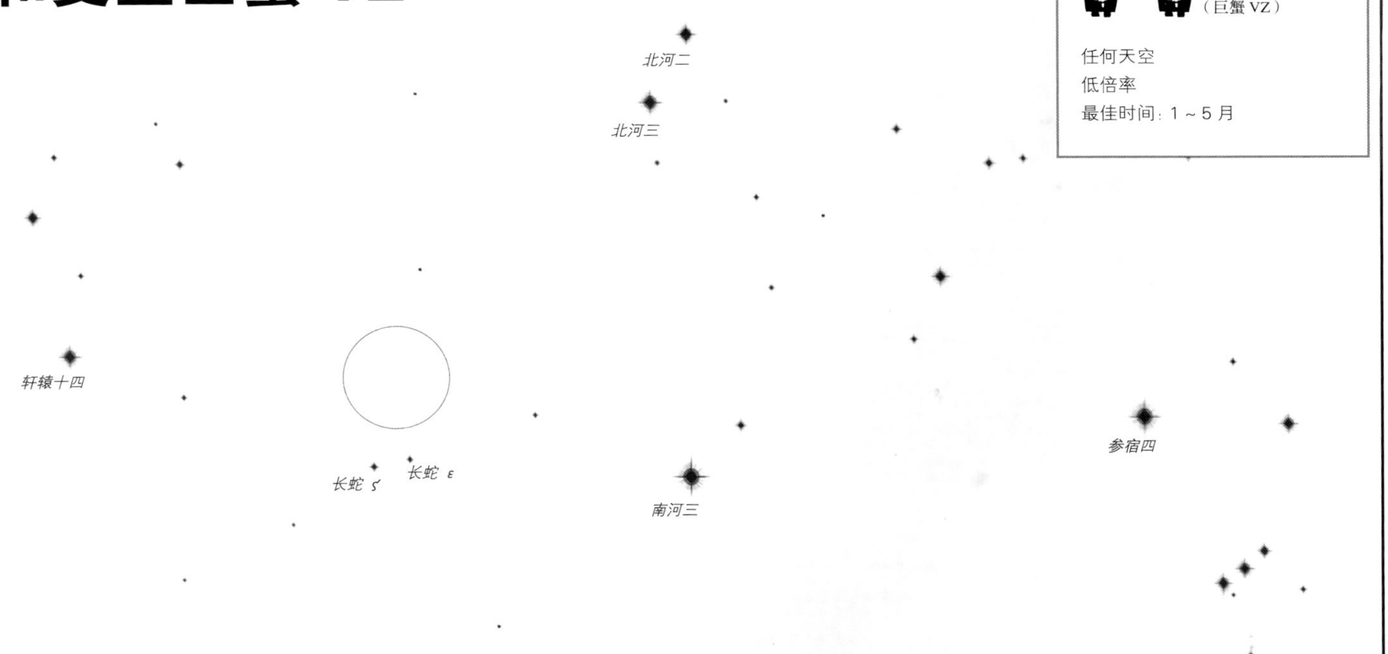

星图由模拟课程公司星空教育版制作

- M 67：在小型望远镜中呈漂亮的颗粒状
- 已知最古老的疏散星团之一
- 巨蟹 VZ：亮度变化极快

看哪儿 在轩辕十四（位于狮子鬃毛底部）和南河三（双子座左下方的亮星）连线的中点附近，可见 2 颗 3 等星——长蛇 ζ 和长蛇 ε。它们就在蜂巢星团南偏东一点儿。

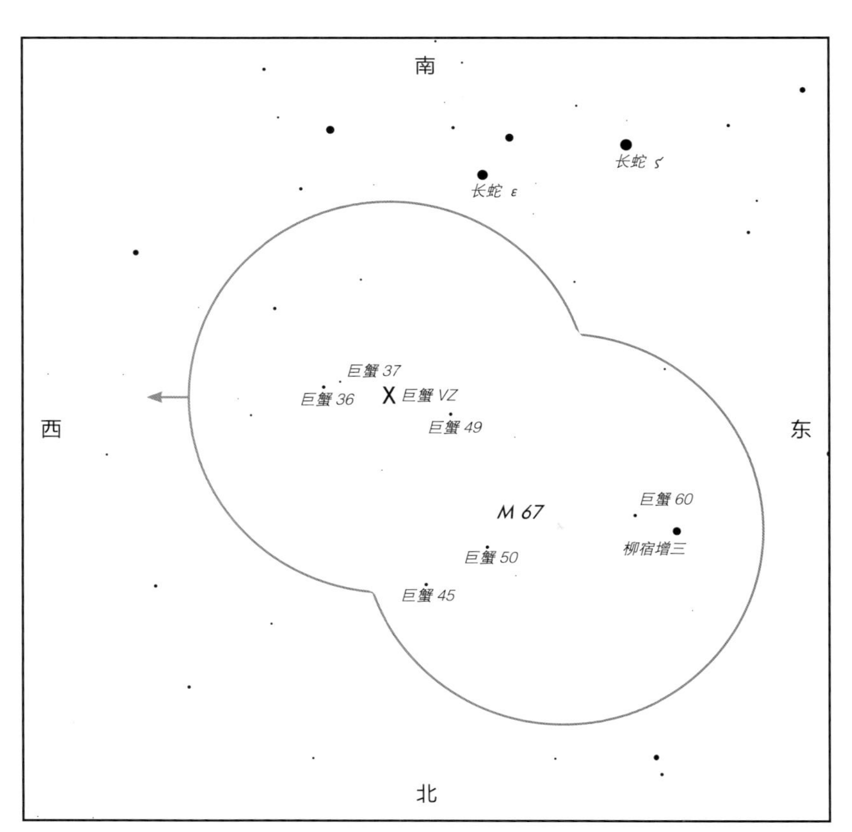

在寻星镜中 在长蛇 ζ 和长蛇 ε 周围，用寻星镜能看到 4 颗恒星。从长蛇 ζ 一直向北，直到看见一颗与它亮度相似的恒星——柳宿增三，在柳宿增三西南边有一颗较暗的恒星——巨蟹 60。现在把寻星镜往西移动约半个寻星镜视场的距离，直到看见 2 颗恒星——巨蟹 50（东南方的那颗）和巨蟹 45（西北方的那颗）。在巨蟹 60 和巨蟹 50 的中间，你会看到一小块光斑。它就是疏散星团 M 67。巨蟹 45 和巨蟹 50 南边有一颗与它们亮度相仿的恒星——巨蟹 49。巨蟹 VZ 是巨蟹 49 西边的一颗暗星，在巨蟹 49 与一对暗星——巨蟹 36 和巨蟹 37 的中点处。

低倍对角镜中的 M 67

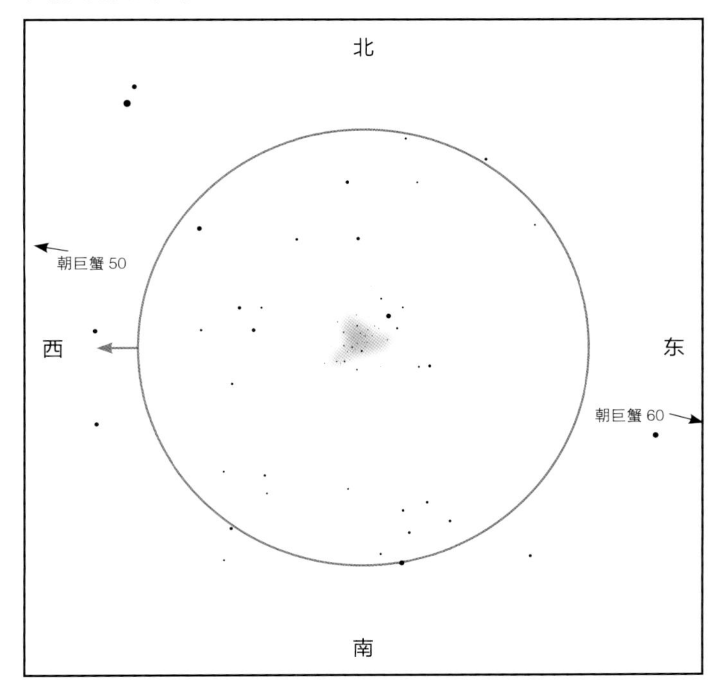

在小型望远镜中： M 67 看上去就像一块点缀着一颗颗恒星的小光斑。在该星团边缘有一颗相对明亮的 8 等星。M 67 中有几颗 9 等星、十几颗 10 等星以及许多更暗的恒星，是它们赋予了这个星团暗弱且伴有颗粒状光雾的外观。

低倍多布森望远镜中的 M 67

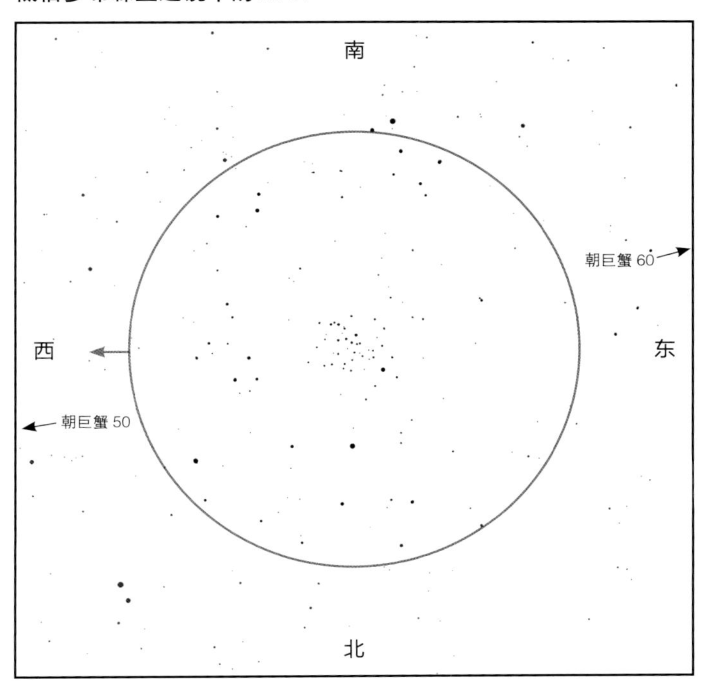

在多布森望远镜中： 即便用多布森望远镜可以分辨出 M 67 中的几十颗成员星，但整个星团看上去仍然呈颗粒状。该星团中的恒星漂亮且分布均匀。M 67 中的蓝色恒星相对较少，它可是年轻疏散星团的标志。

M 67 虽然算不上惊艳，但 M 67 仍可谓相当漂亮。其中的大多数恒星十分暗弱，在 3 in（7.62 cm）或更小的望远镜中无法呈现任何颜色。

大多数疏散星团形成于银道面内；在绕银河系中心转动的过程中，其他恒星的引力最终会使这些星团瓦解。然而，M 67 的轨道与银道面存在一个不同寻常的夹角（目前它高出银道面约 1 500 光年）。在大多数时间里，它都避开了其他恒星具有破坏性的引力，因此在极长的一段时间里仍能维系成一个星团。从它里头有已经演化进入红巨星阶段的成员星我们推断，其年龄可能在 50 亿 ~100 亿年间，比太阳系还老。它是目前已知最古老的疏散星团之一。

M 67 拥有约 500 颗成员星，直径稍大于 10 光年，距离地球约 2 500 光年（关于疏散星团的更多内容，参见第 67 页）。

巨蟹 VZ 在巨蟹 36 和巨蟹 37 东边 1°（相当于 2 个满月的直径）偏北一点儿的地方有一颗暗星，它就是巨蟹 VZ——小型望远镜可见的变化最剧烈的变星。它是一颗较为暗弱的恒星（最暗时为 7.9 等星），但它可以在 2 个小时里增亮 2 倍，之后再变到最暗。在一开始观星时，把它的亮度与巨蟹 36 和巨蟹 37 的进行对比，大约 1 个小时之后再来看。它一直比 6.5 等的巨蟹 36 暗得多。7.4 等的巨蟹 37 则可以作为巨蟹 VZ 的绝佳参照物，在 4 个小时内巨蟹 VZ 的星等会在 7.2 ~ 7.9 等之间变化。

巨蟹 VZ 是一颗天琴 RR 型变星。这类恒星显然正处于不稳定状态，在上述的 4 个小时内经历着加热、膨胀、冷却和收缩的循环过程。在最亮的时候，巨蟹 VZ 比太阳亮约 40 倍，它之所以看上去很暗是因为它距离地球约 600 光年。

邻近还有 对多布森望远镜来说，长蛇 ε 是一颗漂亮的双星：3.5 等的主星有一颗 6.7 等的、与之相距仅 2.8" 的伴星，两者的轨道周期为 990 年。该主星自身也是一颗密近双星，只有非常大的望远镜才能将它分解开，它的 2 颗子星的轨道周期为 15 年。

巨蟹座和狮子座双星/聚星

看哪儿 找到南方高空中的亮星——轩辕十四，它位于一个由6颗恒星构成的巨大的“镜像问号”或狮子鬃毛的底部。这6颗恒星中，从轩辕十四开始往上数第二颗是轩辕十二。它比轩辕十四暗，是这6颗恒星中的第二亮星。之后向西看，找到双子座中的北河二和北河三。蜂巢星团在轩辕十四和双子座之间，在黑暗的夜晚呈一块模糊的光斑，位于2颗暗星间。它南方的巨蟹 γ 和北方的巨蟹 δ 在希腊神话中是两头驴。把这2颗恒星间的距离设定为1步。先从巨蟹 γ 走1步到巨蟹 δ（从南到北），再往北走2步。在偏西一点儿的地方可见一颗相对较暗的恒星，但比紧邻的一些恒星要亮。这就是巨蟹 ι。轩辕十二和巨蟹 ι 是寻找附近其他双星的起点。不要忘了北河二，它也是一颗漂亮的双星（第70页）。

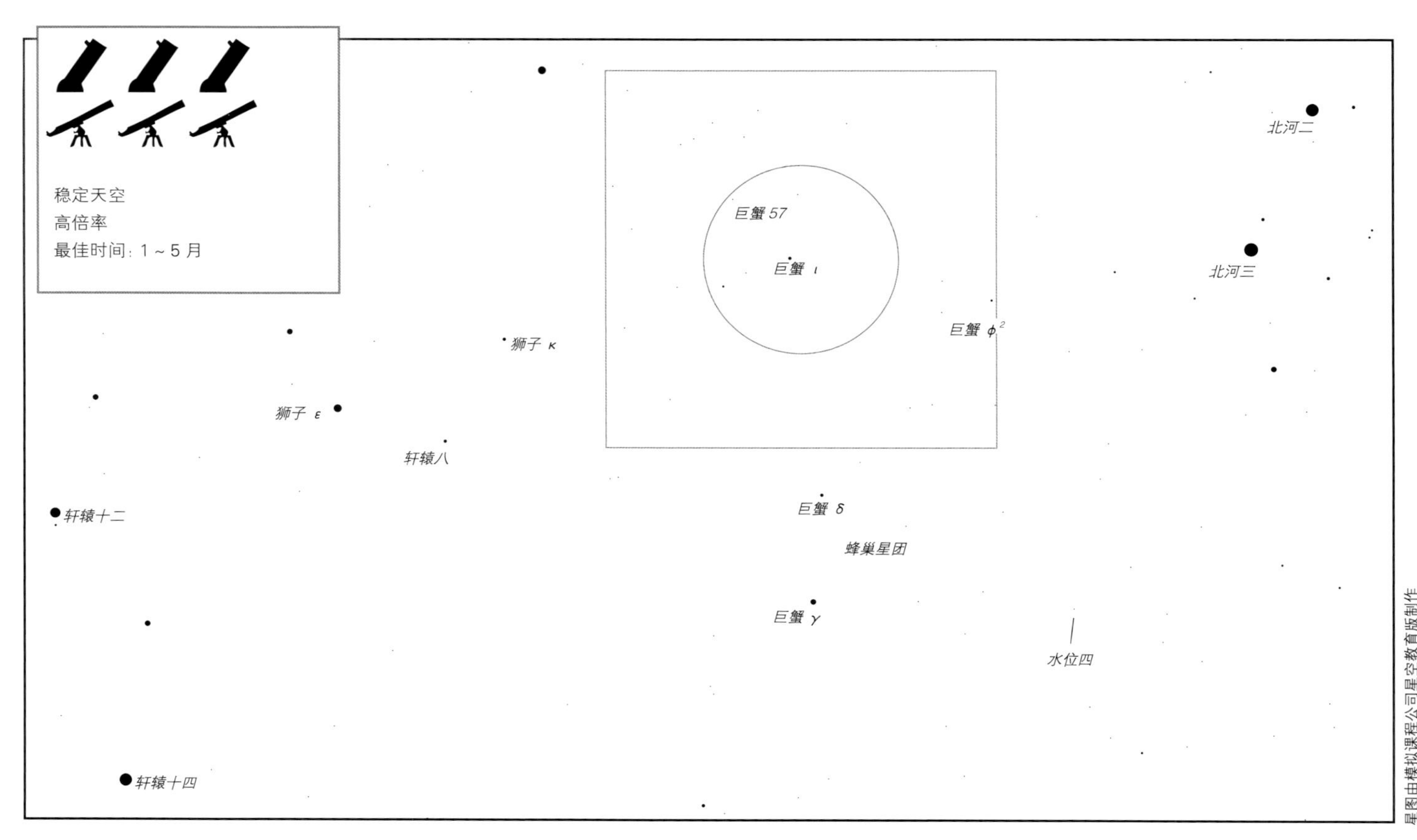

轩辕十二 它是一颗亮星，处于一片富含亮星的区域。你如果找对了，会在寻星镜中看见其南方的一颗较暗弱的恒星。主星呈金黄色，其伴星颜色则不太好说，有人认为是橙色的。轩辕十二很亮，是傍晚就会现身的漂亮天体。它在暮光的映衬下，颜色更加明显。

南
西
东
北
5′圈

轩辕十二距离地球125光年，其伴星在一条直径超过300天文单位的椭圆轨道上运动，绕转一周需要约500年的时间。因此在过去的100多年里，天文学家可以看到这颗伴星相对于主星的缓慢运动。从地球上看，目前伴星绕转到了差不多离主星最远的地方。新近的证据还显示，轩辕十二可能拥有一颗质量约为木星质量10倍的行星，它的轨道半径为1.2天文单位，轨道周期为429天。

南
西
东
北
5′圈

狮子 κ 它是狮子鬃毛和巨蟹 ι 之间的一颗4等星。把寻星镜对准狮子鬃毛顶端的狮子 ε，然后向西移动；狮子 κ、狮子 ε 和轩辕八构成了一个三角形，狮子 κ 是该三角形西北方的顶点。由于其伴星是一颗10等星，因此对多布森望远镜来说，分解狮子 κ 极具挑战性。这颗双星距离地球210光年，子星之间相距150天文单位。

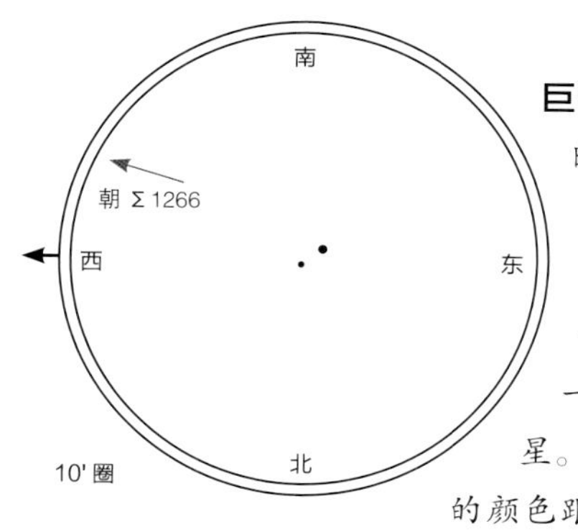

巨蟹 ι 在寻星镜可见的众多暗星中，巨蟹 ι 位于西南端，最亮。虽然只是一颗4等星，但它比附近的恒星都要亮。一旦找到它，你会发现它是一颗易被分解且十分漂亮的双星。它的颜色十分醒目——主星的颜色跟太阳的类似，是黄色的；不过它是一颗巨星，半径是太阳的约10倍，亮度则是太阳的60倍。其伴星比太阳稍大，温度也更高，因此呈蓝色。

巨蟹 ι 距离地球300光年，2颗子星相距约2 800天文单位，绕转一周需要50 000年。由于这2颗子星离得很远，从主星上任一地点望过去都能看见极为明亮的蓝色伴星，后者亮度约为满月的一半。在围绕伴星的一颗行星上看主星时，主星比满月亮4倍。

斯特鲁维 1266 它与巨蟹 ι 处于同一个低倍率视场中，在后者西南偏西40'处。从巨蟹 ι 出发很容易就能找到它。

巨蟹 ϕ^2 在巨蟹 ι 西南偏西5°的地方是巨蟹 ϕ^2，它由2颗6等星组成，两者沿东北–西南方向排列，彼此相距5.2"。它距离地球275光年。

巨蟹 57 它在巨蟹 ι 东北方2°，是一颗双星，拥有一对6等星，比巨蟹 ι 暗1.5等，也难分解得多，非常适合用高倍多布森望远镜观看。其实在距离它们近1'的地方还有一颗9等星。这个系统距离地球300光年。A星与B星相距140天文单位，与C星相距5 000天文单位。

巨蟹53是一颗远距双星，我们用寻星镜即可将其分解开。它位于巨蟹 ι 东南偏东1.5°处。

水位四在蜂巢星团西边，见第88页。

轩辕十四本身也是一颗双星，但其伴星较暗，距离主星也较远。

记得留意穿行于这些星座中的行星！

恒星	星等	颜色	位置
轩辕十二			
A	2.4	黄	主星
B	3.6	橙	A 星东南 4.6"
狮子 κ			
A	4.6	白	主星
B	9.7	白	A 星西南偏南 2.4"
巨蟹 ι			
A	4.1	黄	主星
B	6.0	蓝	A 星西北 30"
斯特鲁维 1266			
A	8.8	白	主星
B	10.0	白	A 星东北偏东 24"
巨蟹 ϕ^2			
A	6.2	白	主星
B	6.2	白	A 星西南 5.2"
巨蟹 57			
A	6.1	白	主星
B	6.4	白	A 星西北 1.5"
C	9.2	白	A 星西南偏南 54"

巨蟹 ι 周围的寻星镜景象

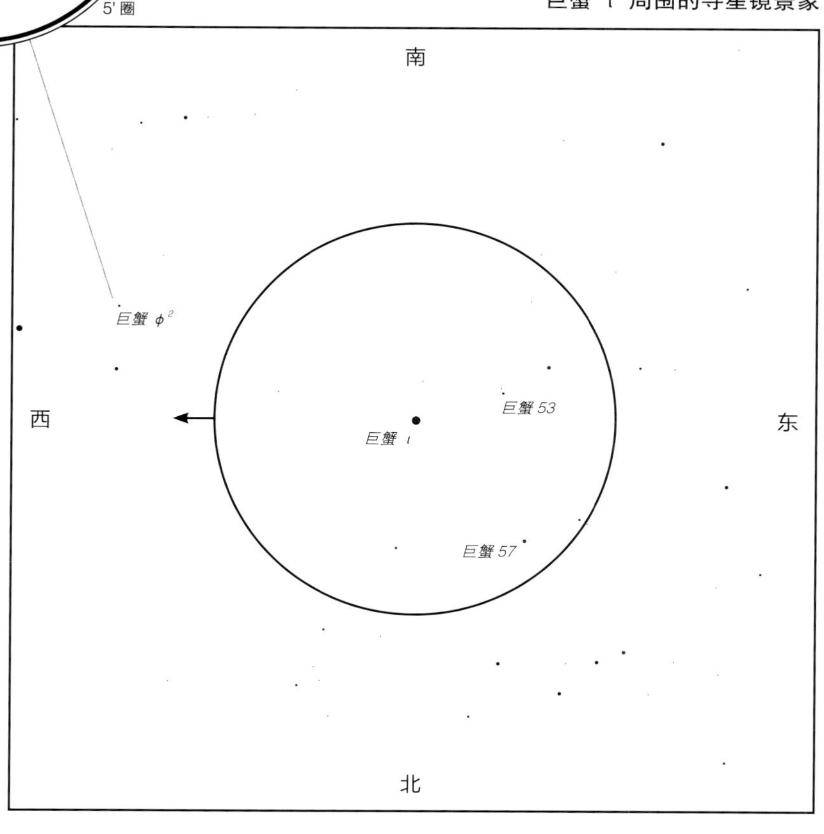

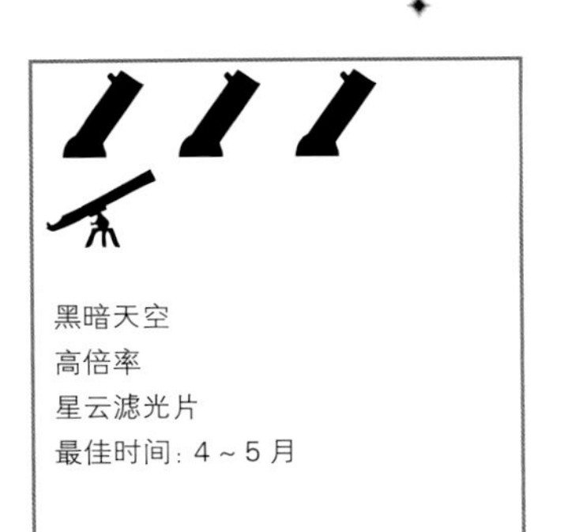

长蛇座：行星状星云木魂星云（NGC 3242）

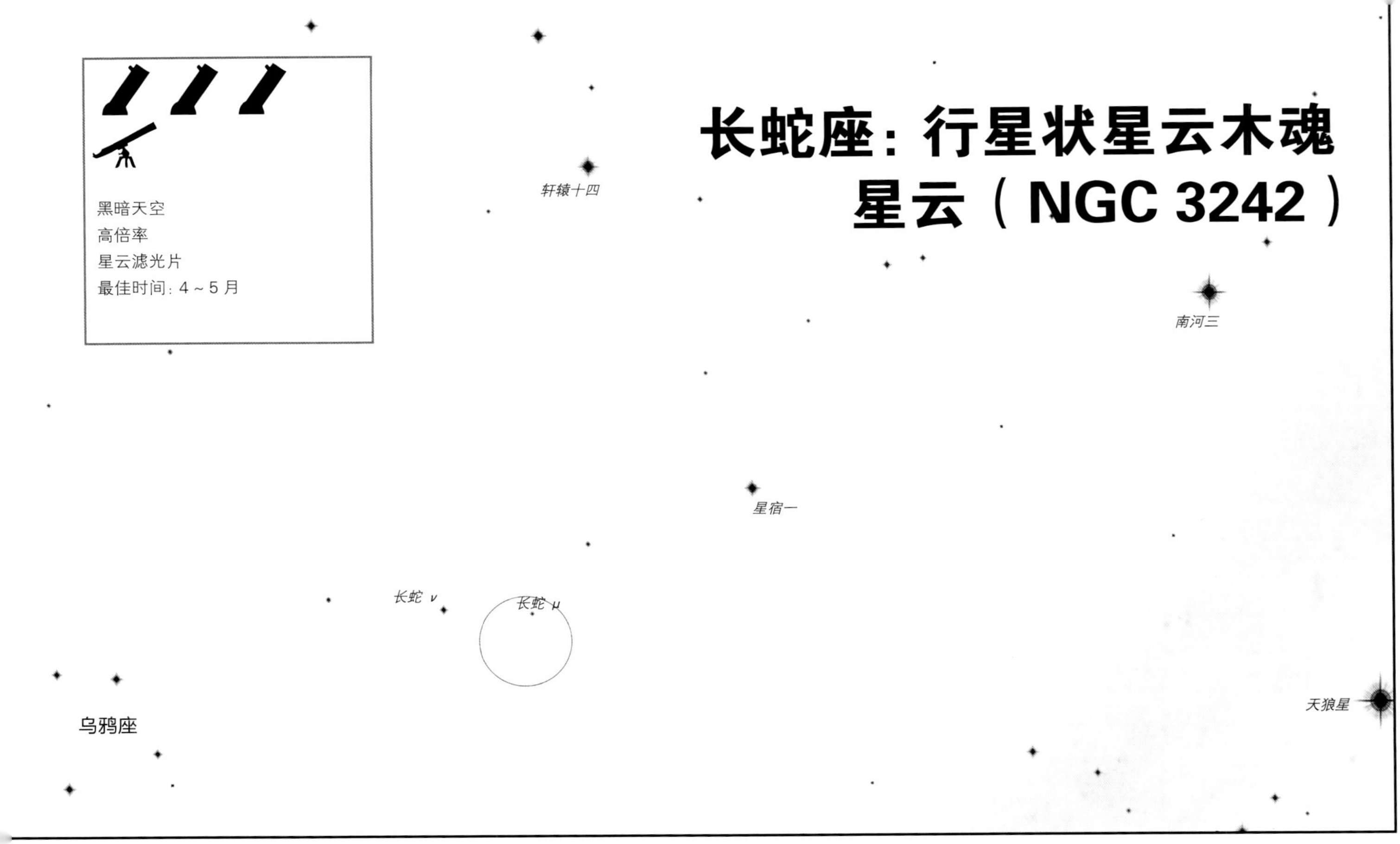

轩辕十四
南河三
星宿一
长蛇 ν
长蛇 μ
乌鸦座
天狼星

- 有趣的挑战
- 类似木星的扁圆面
- 用较大口径的望远镜和星云滤光片看极美

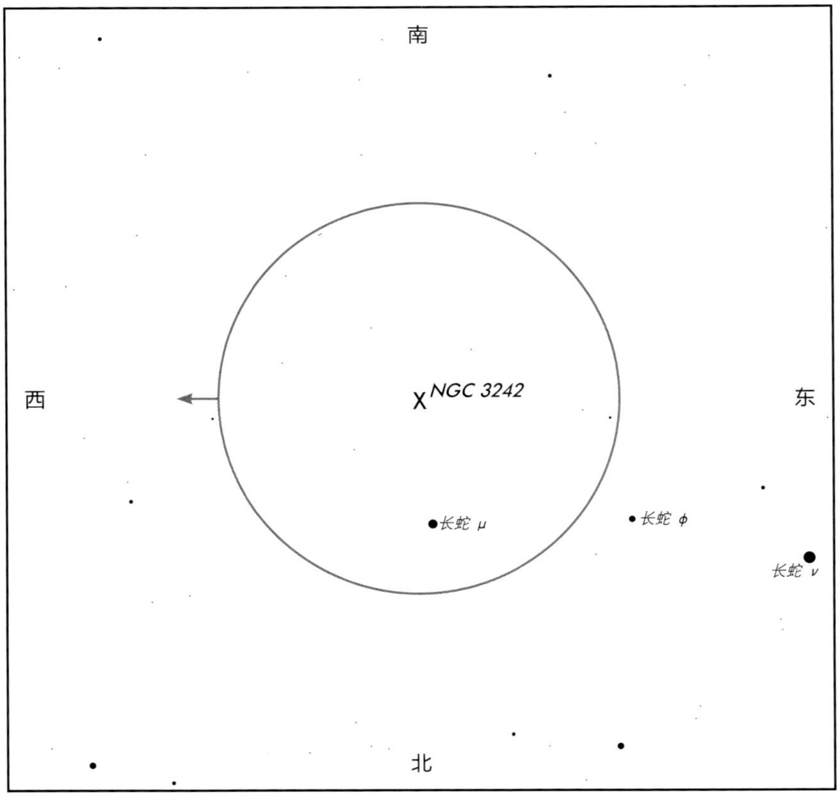

南
西
东
北
X NGC 3242
长蛇 μ
长蛇 ϕ
长蛇 ν

看哪儿 观星一半的乐趣来自寻找这片位于暗弱而偏僻的天区的星云。它基本上位于轩辕十四正南方，差不多南至南天的天狼星。在天狼星和轩辕十四之间的这片天空中，仅有一颗 2 等星，即星宿一。

找到双子座左下方的亮星——南河三。从南河三走 1 步到星宿一，再往前走 1 步多就可以抵达一个由 3 等星构成的四边形，即乌鸦座。在星宿一和乌鸦座的中点附近，你可以看到一颗 3 等星——长蛇 ν。从这里开始看。

在寻星镜中 对准长蛇 ν。在寻星镜视场的西边缘，你会看到一颗 5 等星——长蛇 ϕ。从长蛇 ν 向西 1 步至长蛇 ϕ，之后再缓慢地向西前行 1 步。经过长蛇 ϕ 之后，你会在它西边看到一颗更亮的 4 等星——长蛇 μ。将寻星镜从长蛇 μ 向南移动半个寻星镜视场的距离。木魂星云（NGC 3242）就位于由长蛇 μ 和其他 3 颗 6 等星所组成的四边形的中央。

低 / 高倍对角镜中的木魂星云

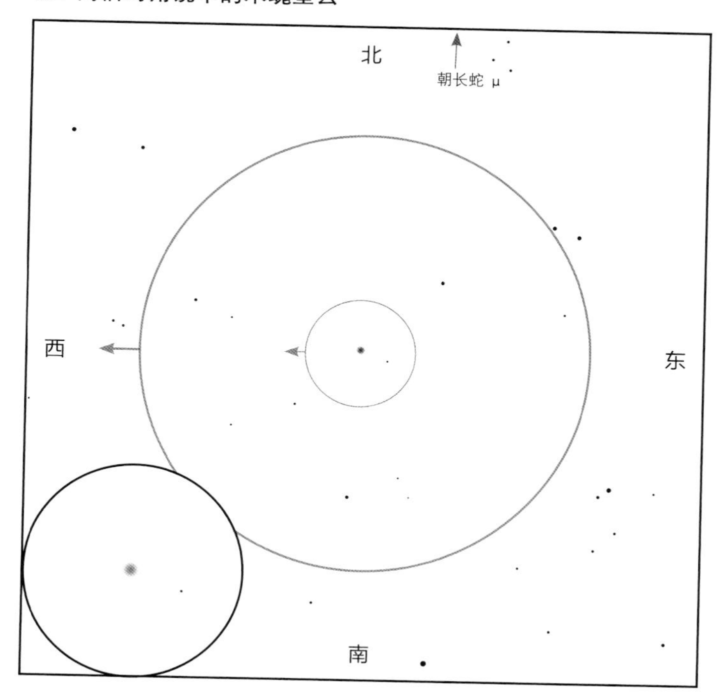

在小型望远镜中：寻找和观看木魂星云都是一项挑战，它看上去就是一个小而暗的蓝绿色圆面。在低倍率下找它，然后在高倍率下观看模糊的光斑来确认（上图左下角显示的是 20′ 的高倍率视场；其倍率没有右侧多布森望远镜 10′ 的大）。

低 / 高倍多布森望远镜中的木魂星云

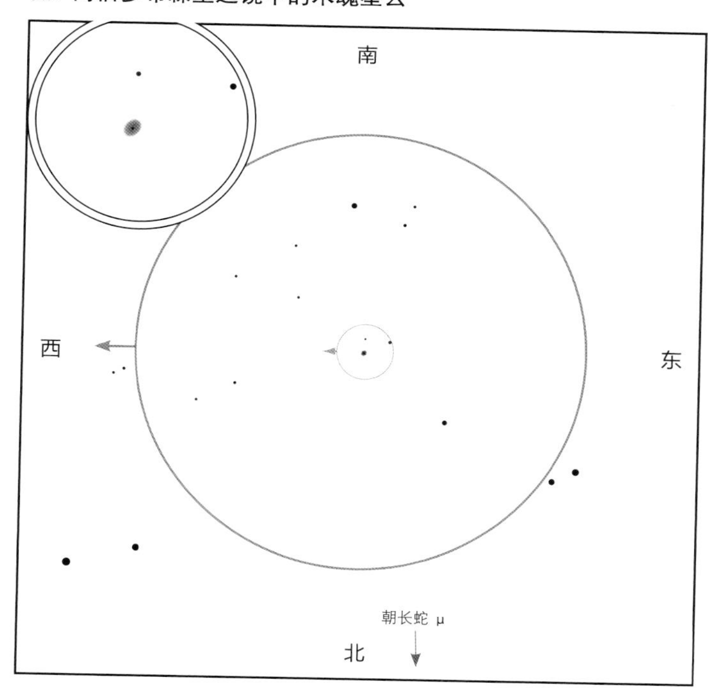

在多布森望远镜中：大口径带来的画面的提升是巨大的。在低倍率下寻找该星云，找到后把它置于视场中心，更换高倍目镜；你可以在最高倍率下看它。它因其扁圆形的外观而得名。使用周边视觉可以看到它的圆面中还有一个圆面。之后，在最高倍率下寻找该星云中心的恒星。

木魂星云（NGC 3242）距离地球约 1 400 光年。根据其内径的大小和可见的膨胀率我们推断，该星云形成于 1 600 年前恒星的坍缩。

其扁圆形的外观令早期的观星者想起望远镜中的木星，因此得名。但它与木星不同，木星赤道因离心力而突起，而该星云之所以看上去中间突起可能因为我们不是从正面看过去的。

关于行星状星云

在一颗恒星生命的晚期，当其核心中大多数较轻的元素聚变成了较重的元素（正是这一聚变让恒星发光）时，恒星中心区域中的温度和压强就会开始振荡。等到恒星耗尽其核燃料，它就会冷却；但这一冷却会使得恒星收缩，导致其内部再次升温并膨胀。

恒星内部在膨胀和收缩间的转换会持续数千年。它膨胀和收缩的幅度会越来越大，直到最终向核心的猛烈坍缩释放出了足以把恒星的外层抛射向太空的能量。当这种情况发生时，周围的气体会围绕着这个核心形成不断膨胀并冷却的气体云，这个核心则会变成一颗小而热的白矮星。这些中央星通常太暗而无法被小型望远镜看到（闪视行星状星云是一个例外，参见第 130 页）。

如果这颗恒星已经从其赤道向外抛射过密度相对较高的气体环，那么新产生的膨胀气体云就会被这个环部分地遮挡。此时，它就会向这个环的上方和下方膨胀，形成 2 个瓣（这也许就是哑铃星云的成因，参见第 132 页）。如果从正面看去，就会看到环，而看不见膨胀中的气体（参见第 126 页的指环星云）。

由于受到星云中心白矮星的照射，这些气体会发光。这些光中有红光和绿光。不同于人眼，CCD 芯片和彩色照相底片倾向于捕捉红光而非绿光，因此这些星云在照片中多为红色。但对人眼来说，在望远镜中它们看上去呈小而亮的绿色圆面，因此用绿色星云滤光片观看的效果更佳。

18 世纪末，天文学家第一次看见了这些星云。大约就在同时，威廉·赫歇尔发现了具有绿色小圆面的天王星。由于两者在望远镜中看上去相似，这些星云因此被称为行星状星云。然而，除了样子之外，它们和行星毫无关联。

狮子座：狮子三重星系 M 65、M 66 和 NGC 3628

北河二
北河三

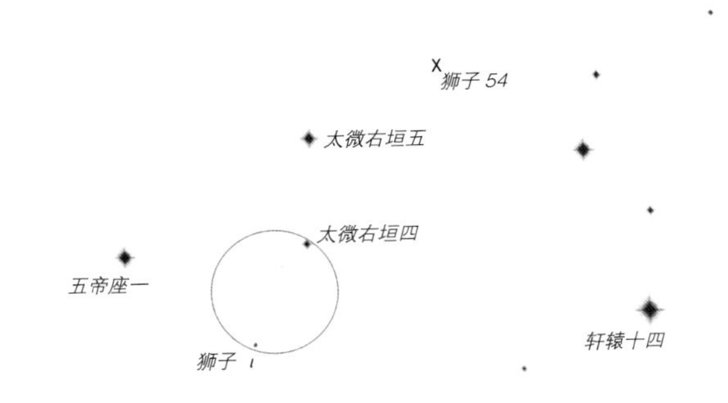

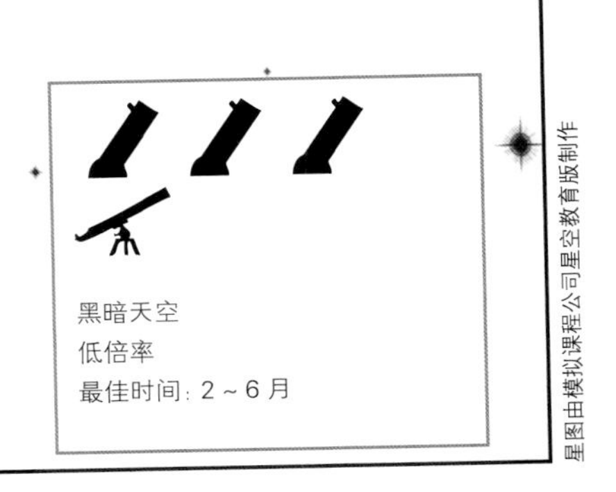

星图由模拟课程公司星空教育版制作

南
西
东
北
狮子 ι
狮子 73
狮子三重星系
太微右垣四
NGC 3607
NGC 3608
NGC 3632
太微右垣五
狮子 54

- 适合用多布森望远镜观看的天体
- 对小型望远镜来说是项挑战
- 看它们就像在看自己……

看哪儿　找到轩辕十四和狮子（狮子座）“镜像问号”状的鬃毛。在它的东边有 3 颗恒星，构成了狮子的后腿。它们呈一个直角三角形，位于右下方（西南方）直角顶点上的恒星是太微右垣四。在太微右垣四下面偏左一点儿（南偏东一点儿）能看到一颗较暗的恒星，即狮子 ι。狮子三重星系就位于这 2 颗恒星的中点处。

在寻星镜中　寻星镜视场可能刚好能同时容下太微右垣四和狮子 ι。对准它们的中点。在它们中点的西边有一颗 5 等星——狮子 73；它位于连成一线的 3 颗恒星中的最北端，其他 2 颗恒星比狮子 73 暗约 1.5 等。把寻星镜对准狮子 73，随后在低倍目镜中找到它。从狮子 73 缓慢向东移动。一个肯定能看到狮子三重星系的办法是，先对准狮子 73，然后把望远镜往南移动一点儿，接着就是等待。在 2 分钟内，这些星系会飘移进望远镜的低倍率视场；4 分钟后就会位于目镜的中央。

低倍对角镜中的狮子三重星系

北
狮子 73
NGC 3628
西
东
M 66
M 65
南

低倍多布森望远镜中的狮子三重星系

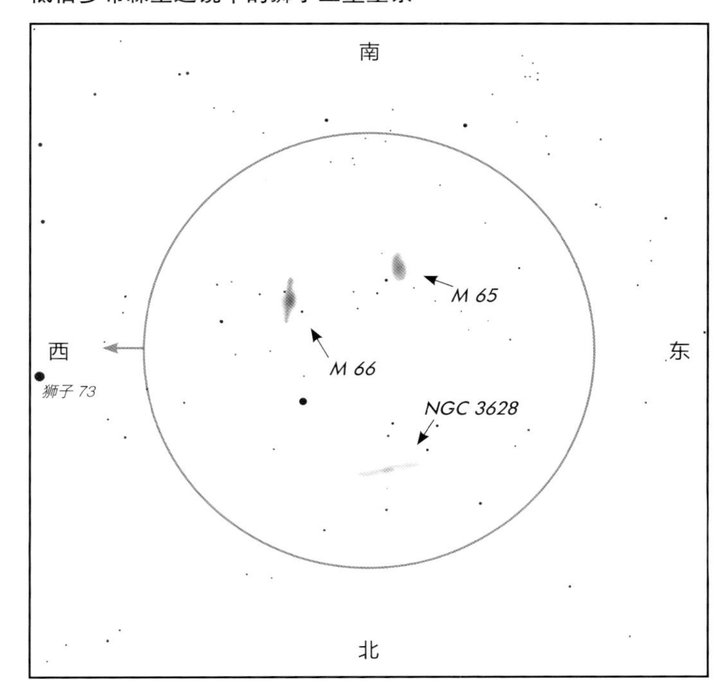

在小型望远镜中：这些星系看上去呈大小相同的暗弱光斑。东南方的 M 65 呈长椭圆形，比 M 66 暗，后者有一道穿过自身的光带。M 66 的亮度更加均匀，它比 M 65 长，但内部的棒结构没有 M 65 的明显。用小型望远镜寻找 NGC 3628 极难。把 M 65 和 M 66 的连线想象成一个指向北的三角形的底边，该三角形的高是底边的 2 倍，NGC 3628 就是该三角形的第三个顶点。

在多布森望远镜中：在条件良好的夜晚，用多布森望远镜应该能看到这三个星系明显的细节。M 65 十分明亮，是三者中最圆的一个（尽管仍呈南北向的椭圆形，长短轴之比约为 2∶1）。你可以在它的南边看到一个钩子（一条旋臂）。M 66 也十分明亮，其长短轴之比为 4∶1，明亮的核心看上去有点儿偏东。不过 NGC 3628 才是三者中最有趣的一个——长而薄的光带呈稍稍倾斜的东西走向，中间还有一条小黑带。

只有在漆黑的夜晚才能好好欣赏 M 65、M 66 和 NGC 3628。观看时，人眼需要很好地适应黑暗，该紧密的三重星系绝对不会辜负你。

它们是你练习使用周边视觉的绝佳对象：盯着邻近的一颗暗星（望远镜视场中许多暗星中的一颗），人眼的边缘部分对暗弱的光线更加敏感，可以捕捉这些星系的更多细节。你可以从不同方向用不同的暗星来练习，由此确定你眼睛的哪个角落最灵敏。

这 3 个星系都是旋涡星系，距离地球约 3 500 万光年。其中每个星系的直径均约为 50 000 光年；在小型望远镜中，你只能看到直径约 20 000 光年的中心核。这些星系都比银河系小。

如果我们在其中一个星系上望向地球，会看到银河系和仙女星系（M 31，见第 172 页）如 2 块间距大于 5° 的光斑，亮度与我们现在所见的这些星系的相仿。从这个角度看去，银河系会是一个漂亮的正向旋涡星系，M 31 则是侧向的，就像一根光棒。有关星系的更多内容，参见第 105 页。

邻近还有 在漆黑的夜晚，你可以寻找狮子星系团中的其他成员！附近还有一个三重星系——NGC 3607、NGC 3608 和 NGC 3632，位于太微右垣四和太微右垣五的中点附近。它们呈小而圆的光斑，用多布森望远镜观看的效果最佳。你也可以在后文找到有关狮子星系群的更多内容。

由狮子后腿上太微右垣四、五帝座一和太微右垣五构成的三角形很容易就能找到双星狮子 54。从五帝座一到太微右垣五行进 1 步，再往前行进半步就能看到 4 等星狮子 54。望远镜在高倍率下可以把它分解成 4.5 等的主星和距主星 6.4" 的 6.3 等的伴星。

狮子座：M105 附近的狮子 I 星系

黑暗天空
低倍率
最佳时间：2～6 月

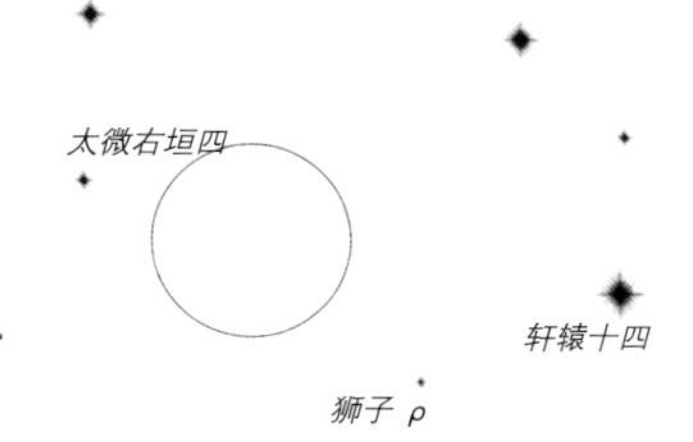

- 一小片天区中的 6 个星系
- 亮度跨度大
- 室女超星系团的一部分

看哪儿 找到轩辕十四和狮子（狮子座）镜像问号状的鬃毛。在它的东边有 3 颗恒星，构成了狮子的后腿。它们呈一个直角三角形，位于右下方（西南方）直角顶点上的恒星是太微右垣四。朝西偏南一点儿，从太微右垣四向轩辕十四行进。

南
狮子 ρ
狮子 53
M 95
M 96
M 105
西
东
朝太微右垣四
狮子 52
北

在寻星镜中 在太微右垣四和轩辕十四之间是一颗 5 等星——狮子 52，狮子 52 以南还有一颗 5 等星——狮子 53。对准这 2 颗恒星的中点。如果寻星镜质量很好（夜晚条件也很好），也许还可以看见附近的一颗 7 等星。

星图 3: 室女 34 东边有一颗 7 等星——HIP 62536。从 HIP 62536 往西走 1 步至室女 34，再沿着该方向走 2 步可达 M 60。M 60 呈一个东西指向的、幽灵般的椭圆形。你如果使用周边视觉，它看上去会更圆。它有一个类似恒星的核心，即便在不够完美的夜晚也易被看见。NGC 4638 就位于从室女 34 到 M 60 的同一方向上，还在 M 60 后边，它小而暗且若隐若现。M 59 位于 M 60 西边，位于 NGC 4638 的西北方。它比 M 60 暗，但比 NGC 4638 亮。你可以留意它是如何从边缘向中心逐渐增亮的。继续西行，在 M 59 离开视场时，M 58 应该就会进入视场，后者看上去像 8 等星旁的一块相对较亮且小而模糊的光斑。从 M 58 向北行进。随着它离开低倍率视场，你可以看到一个圆形星系——M 89，它除了中心稍稍增亮之外，没有任何结构特征。随后，向北偏东一点儿行进至东北–西南指向的椭圆星系 M 90。它也许是这一星系群中最有趣的一个，有一个块状的盘。

星图 4：多布森望远镜中的室女星系团星系，从 M 90 到马卡良链

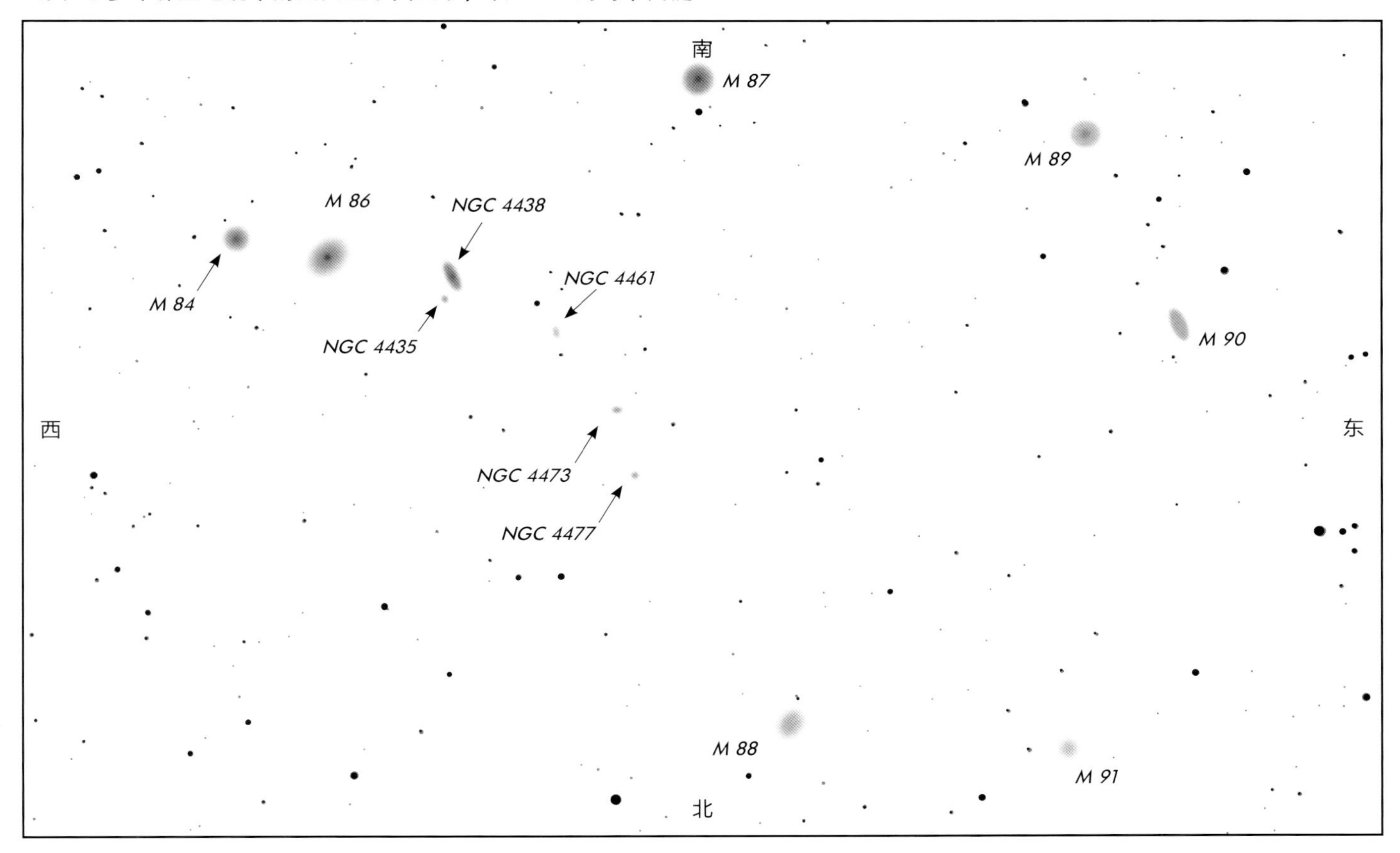

星图 4: 先从室女 34 开始，根据星图 3 相关的图文描述找到 M 89。然后向西行进，直到看见椭圆形的 M 87；它在一颗 8 等星南边。以这颗 8 等星为钟面的中心，以 M 87 的方向为 6 点钟方向，把望远镜往 2 点钟方向移动，即往西北方行进。随着 M 87 离开寻星镜视场，你会看见一串暗弱的星系进入视场。正如你在星图 4 中见到的，这条弧线上共有 7 个星系。这部分室女星系团由亚美尼亚天文学家本杰明·马卡良第一个描述，因此以他的名字命名。这些星系中最大且最亮的是该链西端的 M 86 和 M 84。一旦找到了这条星系链，往西移动直到两个椭圆形星系进入视场；随后缓慢地先向东移动，再向北移动，一个个地观看这些星系。在看到 M 84 和较大的 M 86 之后，你会看到一对较小的星系——NGC 4438（东北–西南指向）及其较小的伴星系 NGC 4435。接下来是该链中朝北弧段的起点——小椭圆形的 NGC 4461。之后，你会看见椭圆形的 NGC 4473 和最后一个星系——NGC 4477。在低倍率下，你可以同时看见几个星系。但如前所述，在中倍率下观看的话天空背景看上去更黑，这样你可以在更加锐利的星点间辨识星系模糊的光斑。在低倍率下，从 NGC 4473 行进 1 步到 NGC 4477，然后继续行进 3 步，你会看到相对较大的椭圆形星系 M 88。从这里向东，在 M 88 离开视场的时候，圆形星系 M 91 会进入视场。

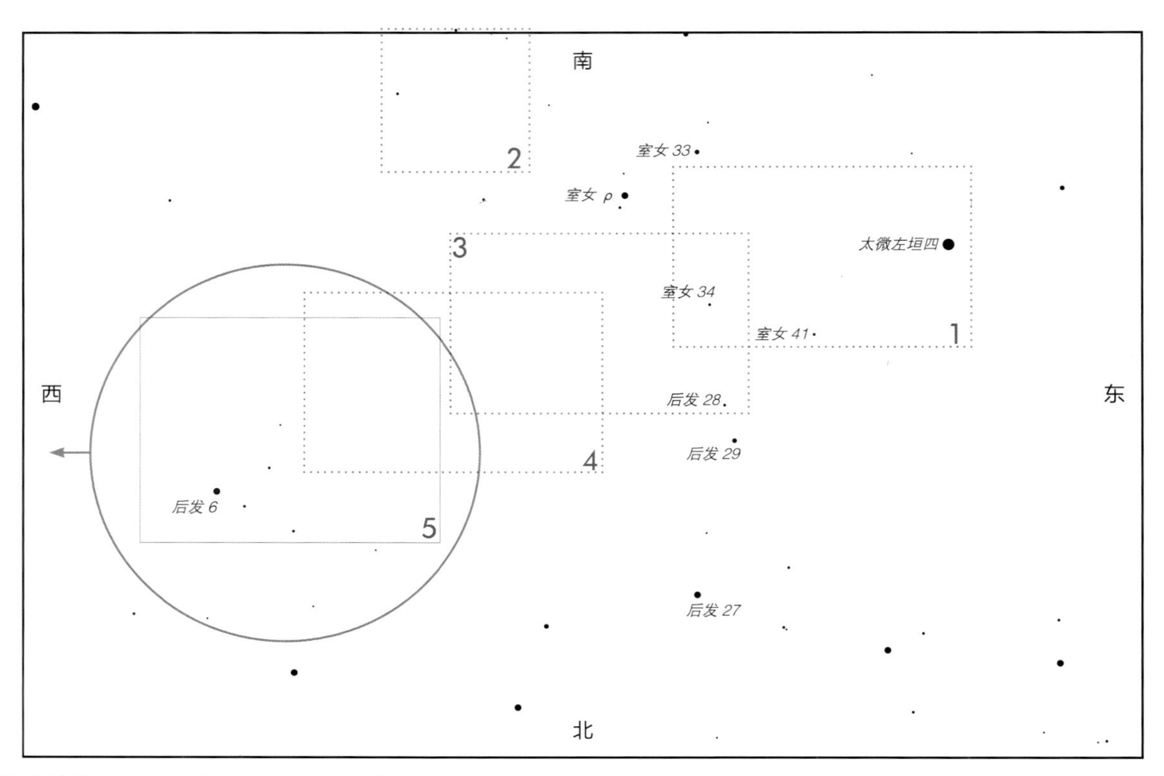

星图 5：低倍多布森望远镜中的室女星系团星系，从马卡良链到 NGC 4216

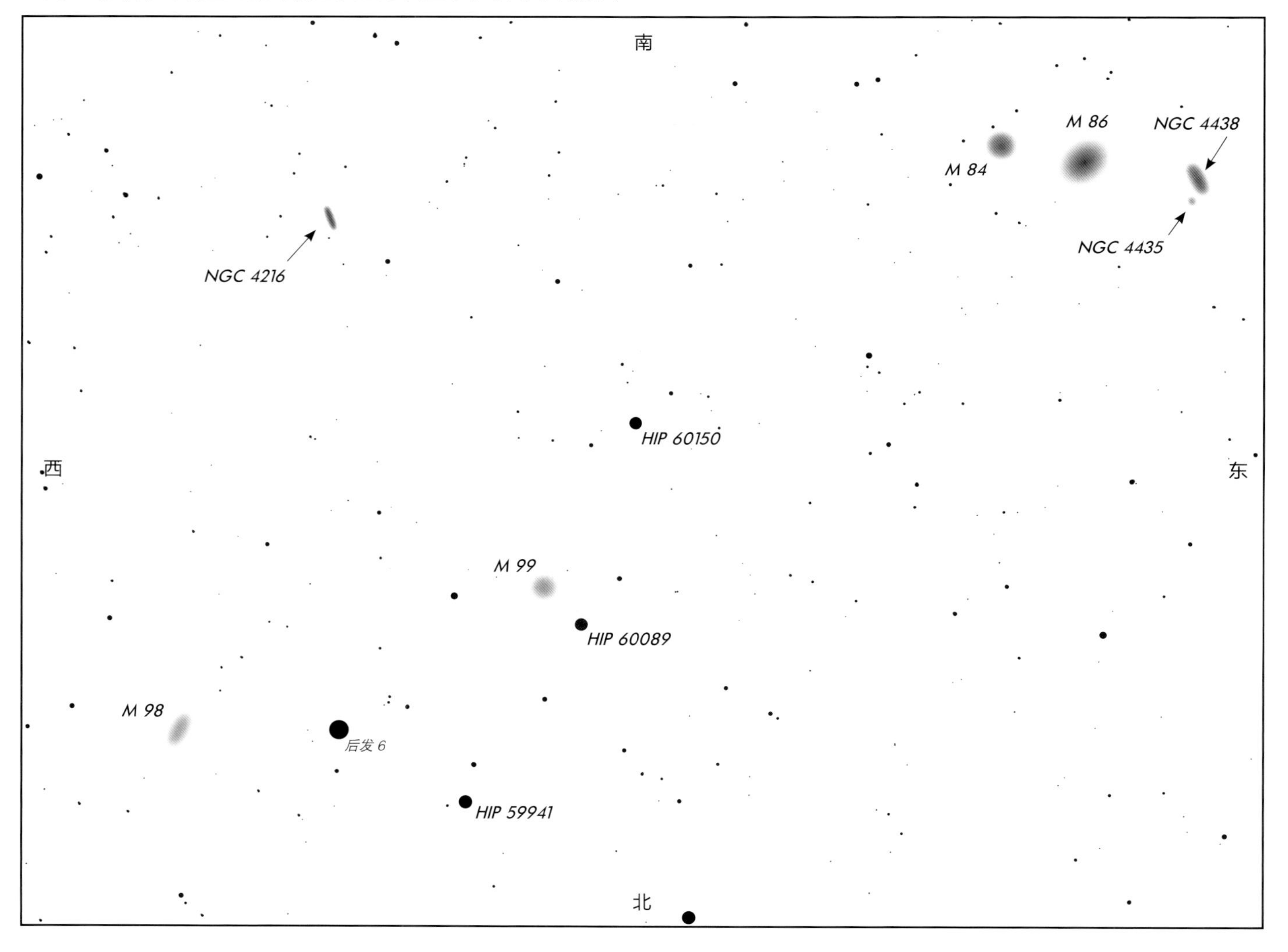

在寻星镜中 你应该能看到5等星后发6和它东边的一组恒星构成了一个L形（或7字形，取决于你视线的方向）。在后发6西边有一个星系——M 98，而在L形（7字形）长边中点处恒星西边的星系是M 99。

星图5 如果你已经按顺序观看了前文所描述的星系，那么现在就从马卡良链西端的M 84开始。从这里，把望远镜往西北朝后发6移动。沿途你会经过在后发6东边基本按南北方向排成一线的3颗恒星——7等星HIP 60150、6.5等星HIP 60089和6等星HIP 59941。HIP 59941位于后发6东北方。看向HIP 60089西边，在它和一颗8等星之间你可以看到星系M 99。同样地，在后发6西边，你可以看到M 98。它们是室女星系团中较亮的两个星系。从M 98向南移动。随着M 98和M 99先后移出视场，留意一道窄银光——NGC 4216。

室女星系团星系

星系	类型 *	星图	外观
NGC 4762	SB	1	窄椭圆形，东北–西南向
NGC 4754	SB	1	圆形
M 49	E4	2	近椭圆形，西北–东南向
NGC 4535	SB	2	圆形
NGC 4526	S0	2	3∶1椭圆形，西北–东南向
NGC 4469	SB	2	3∶1，东西向
M 60	E1	3	椭圆形
NGC 4638	S0	3	3∶2椭圆形，西北–东南向
M 59	E3	3	近椭圆形，南北向
M 58	SAB	3	椭圆形，东北–西南向
M 89	E0	3、4	圆形
M 90	SAB	3、4	5∶2椭圆形，东北–西南向
M 87	E1	4	椭圆形
NGC 4461	SB	4	2∶1椭圆形，南北向
NGC 4473	E5	4	椭圆形，东西向
NGC 4477	SB	4	圆形
M 88	SA	4	2∶1椭圆形，西北–东南向
M 91	SB	4	圆形
NGC 4438	SB	4、5	5∶2椭圆形，东北–西南向
NGC 4435	SB	4、5	近椭圆形，南北向
M 86	S0	4、5	3∶2椭圆形，西北–东南向
M 84	E1	4、5	椭圆形，南北向
M 99	SA	5	圆形
M 98	SAB	5	2∶1椭圆形，西北–东南向
NGC 4216	SAB	5	4∶1椭圆形，东北–西南向

关于星系

在宇宙大爆炸最初的膨胀之后，物质似乎碎裂成了独立的团块，其中每一个团块可以形成数十亿颗恒星。这样的一个团块随后会聚集成一个星系，拥有一群绕其中心无规则转动的球状星团以及一个绕其中心转动（类似行星围着太阳公转）的恒星盘。星系是构成宇宙的基本单位。

星系有3种基本形态。椭圆星系看上去就像大而呈扁圆的球状星团。不规则星系形如其名，是数十亿颗恒星的不规则集合。最漂亮的是旋涡星系，其中的恒星会形成2条或多条绕其中心的旋臂。涡状星系（第200页）、风车星系（第202页）和我们的银河系都是旋涡星系的代表。涡状星系有一个椭圆星系伴星系。大熊座中的M 82是一个不规则星系，其伴星系M 81则是一个旋涡星系（第196页）。

星系也会聚集成群（内含多达约50个星系）或团（内含数百个星系），其中的每一个都会被其他星系的引力束缚住。这里所述的室女星系团星系是星系团的一个范例。仙女星系及其伴星系（第172页）、三角星系（第174页）银河系及其伴星系（大、小麦哲伦云，第206和第212页）都是本星系群的成员。大熊座中的星系（第196页和第202页）和狮子座中的星系（第96页和第98页）则是其他星系群的成员。所有星系团看上去都在远离彼此，这暗示着它们是137亿年前大爆炸的残片。

星系团自身也会成团，形成超星系团。这些超星系团是独立的实体（就像布丁中的葡萄干）还是彼此相连（就像海绵中真空泡周围的物质），我们还不得而知。但我们知道，这一答案是了解在创生宇宙的大爆炸时究竟发生了什么的关键。

* 星系类型有以下几种。
SA：旋涡星系，无中心棒；
SB：旋涡星系，有中心棒；
SAB：旋涡星系，介于SA和SB之间；
S0：透镜状星系，无可见旋臂；
E0：椭圆星系，近球形；
E5：椭圆星系，长椭圆形。
星系所属类型由主观判断，可能因人而异。表格中所列的是作者对这些星系进行的分类。椭圆星系用En表示，其中字母E后面的数字n表示椭圆的扁率。如果长轴为a，短轴为b，那么$n = 10(a-b)/a$。

后发座：球状星团 M 53 和黑眼睛星系（M 64）

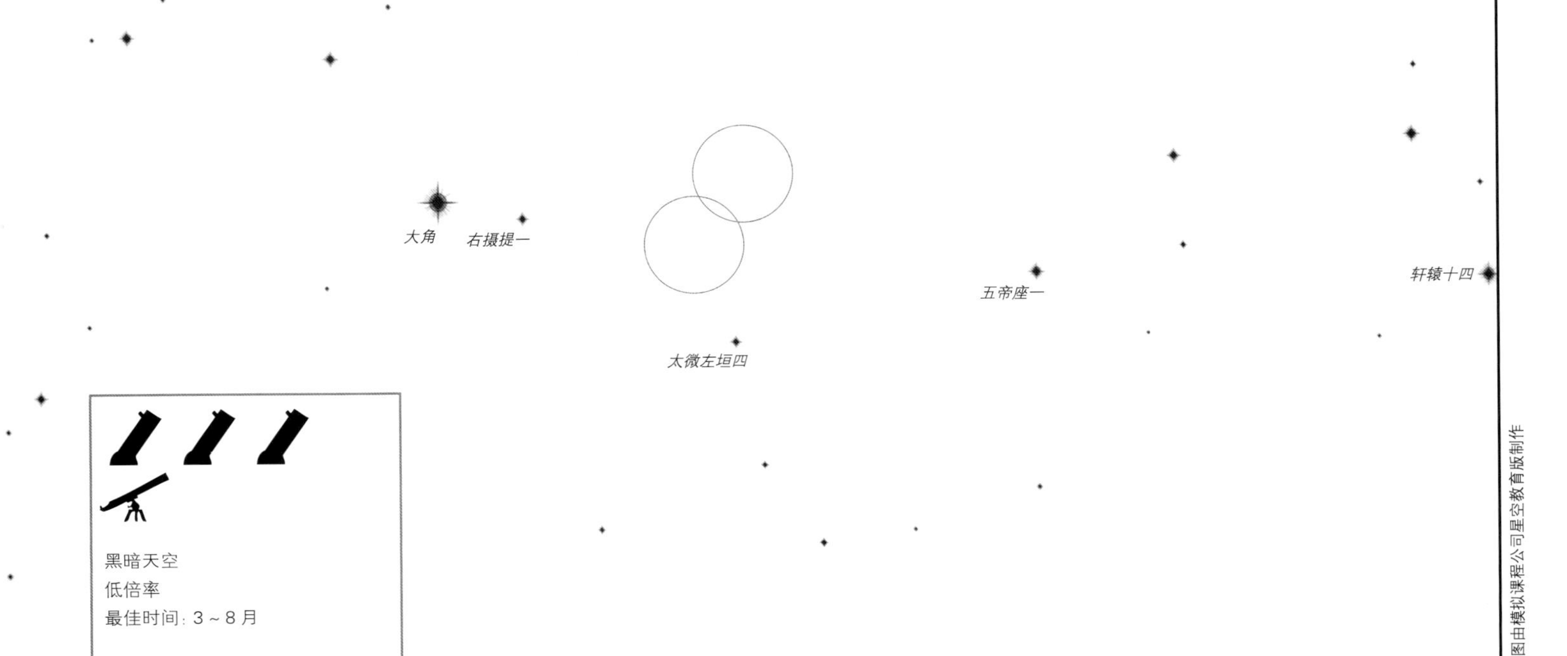

- “买一赠一”的球状星团和星系
- 小型望远镜有趣的挑战
- 在多布森望远镜中非常漂亮

看哪儿 从大角向西行进 1 步到右摄提一；再前行 2 步并往北一点儿，你会看到一颗 4 等星——后发 α（它位于太微左垣四北偏东一点儿）。把寻星镜对准后发 α。

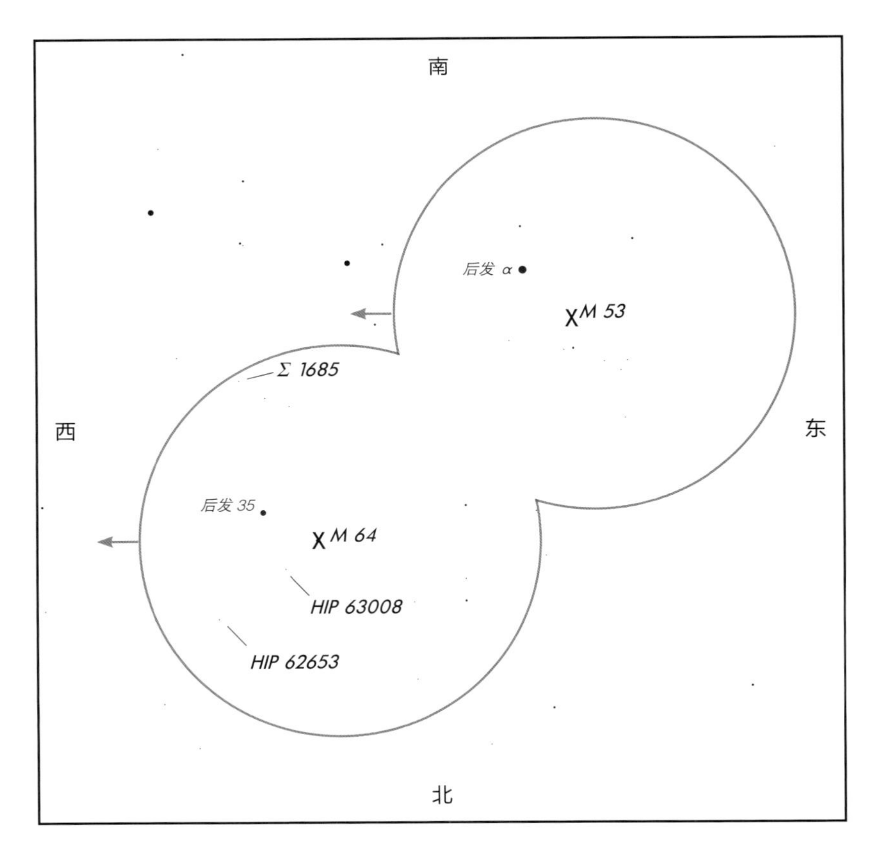

在寻星镜中 从后发 α 往东北方行进，一旦过后发 α 与一些更暗恒星的中点，就能看到 M 53（位于后发 α 东北方约 1° 处）。把后发 α 置于寻星镜视场的东南角，在寻星镜视场的西北角找一颗与后发 α 差不多亮的恒星——后发 35。把寻星镜向后发 35 移动，寻找 2 颗恒星——HIP 62653（6.5 等星）和 HIP 63008（7 等星）。对准 HIP 63008 的东南方（邻近还有一颗漂亮但暗弱的双星——斯特鲁维 1685，就位于寻星镜视场的西南边缘）。

M 53 球状星团 M 53 由 100 000 多颗古老恒星组成，其外延近 300 光年，距离地球约 65 000 光年。它的中心部分（小型望远镜可见的全部区域）直径约为 60 光年。

M 64 该星系也许是最亮的旋涡星系之一，比 100 亿个太阳都亮。然而，计算这一亮度时需要知道它有多远。据天文学家估计，它到地球的距离在 1 000 万 ～4 000 万光年之间，目前它离地球较近。对该星系大小的估计也会受到距离的影响（离

低倍对角镜中的 M 53

北
西
东
南
后发 α

低倍多布森望远镜中的 M 53

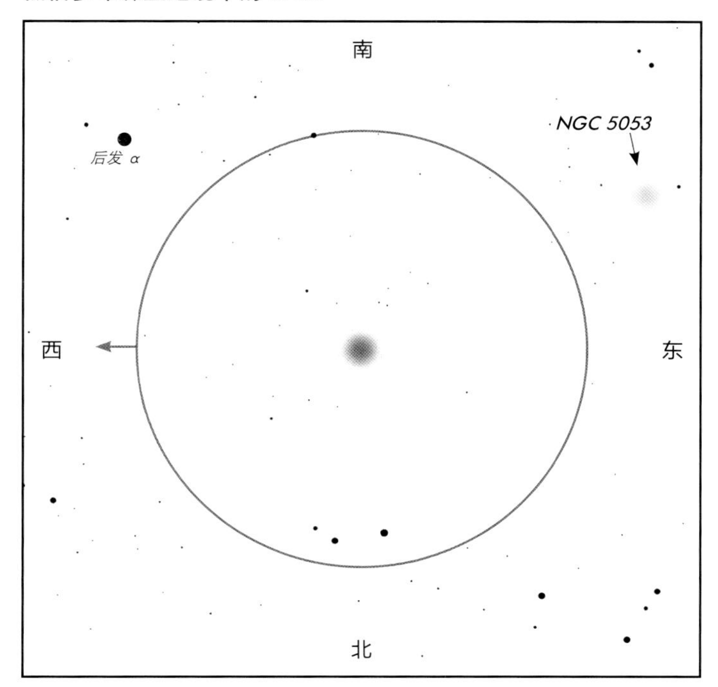

低倍对角镜中的 M 64

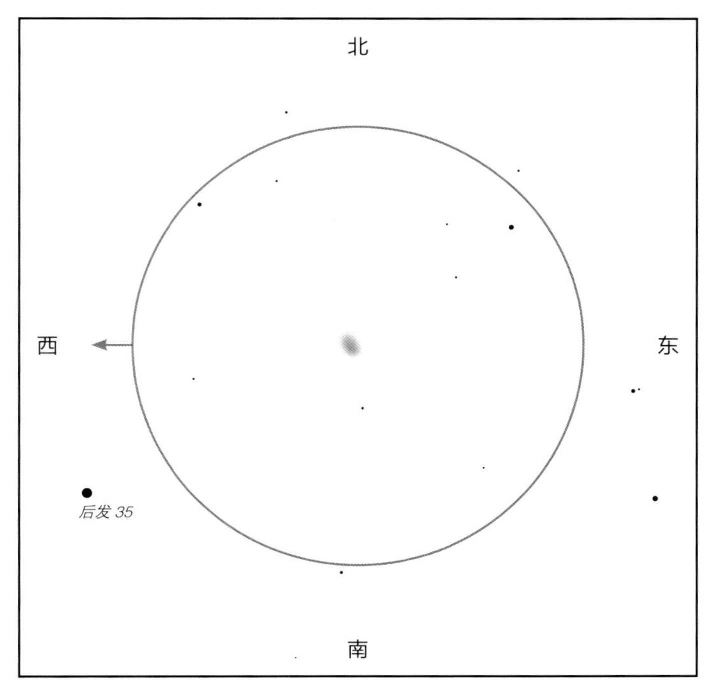

低倍多布森望远镜中的 M 64

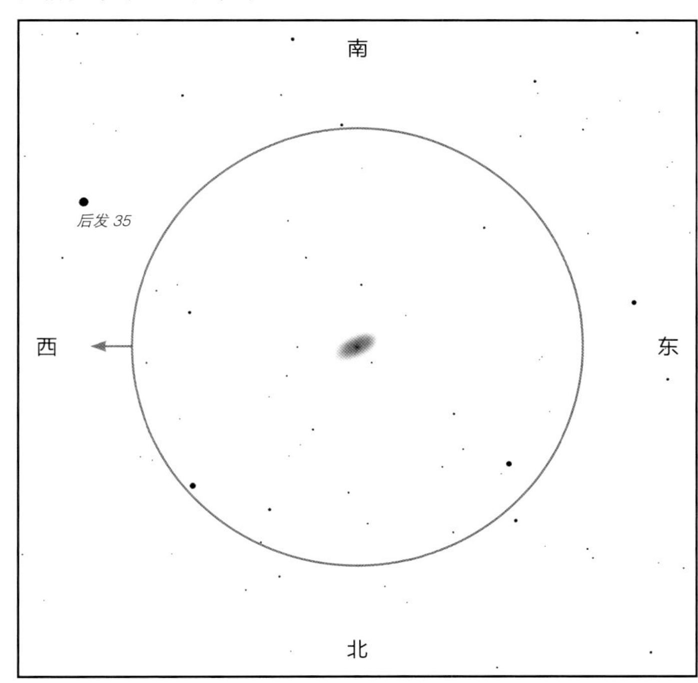

在小型望远镜中：M 53 是一块小而模糊的近圆形光斑，中心要比边缘稍亮。M 64 并不十分出众，看上去就像一个暗弱的球状星团的光斑，但呈椭圆形——长轴是短轴的 2 倍，呈西北偏西-东南偏东指向。

在多布森望远镜中：应该能看到 M 53 中心的颗粒以及这个星团外部区域较暗的光晕。在其东南方 1.5° 处有一个更暗的球状星团——NGC 5053。可以在 M 64 中寻找一根贯穿其椭圆形明亮核心的黑色条带，这个星系因此得名。

得越远，它本身必定比估计的越大）；其直径在 25 000～100 000 光年之间。

穿过该星系中心的黑色条带是 2 片尘埃云遮挡部分核心及其上方的旋臂所致。在大型望远镜拍摄的照片中，这根黑色条带确实让它看上去像一只黑色的眼睛。

猎犬座：星系 M 94 和双星常陈一

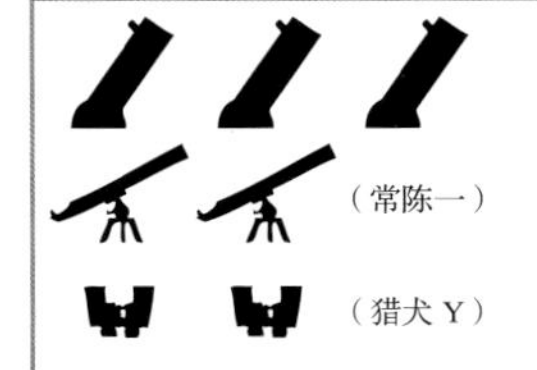

黑暗天空

低倍率

最佳时间：3～8 月

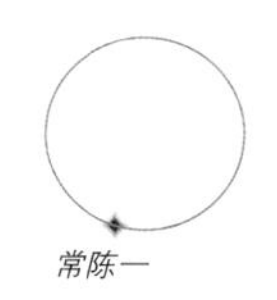

星图由模拟课程公司星空教育版制作

- 小而亮的星系，在多布森望远镜中很漂亮
- 常陈一：易见的多彩双星
- 近邻的猎犬 Y——非常红

看哪儿 找到北斗七星中构成其斗柄的 3 颗恒星。在斗柄所成的弧线内（远离北极星方向）有 2 颗肉眼清晰可见的恒星，它们是猎犬座的代表。其中就在斗柄下方且较亮的那颗为猎犬 α，即常陈一。找到常陈一的另一个依据是，如果由南向北找，它与大角和五帝座一构成了一个等边三角形。

在寻星镜中 在常陈一的西北方有一颗亮星——猎犬 β。在常陈一和猎犬 β 间连一条线，把望远镜对准这条线的中点。然后，往东北方行进一段距离——约是常陈一和猎犬 β 间距离的 1/3。

南

常陈一

西 2

猎犬 β

M 94 X

东

M 63 x

猎犬 Y

北

低倍对角镜中的 M 94

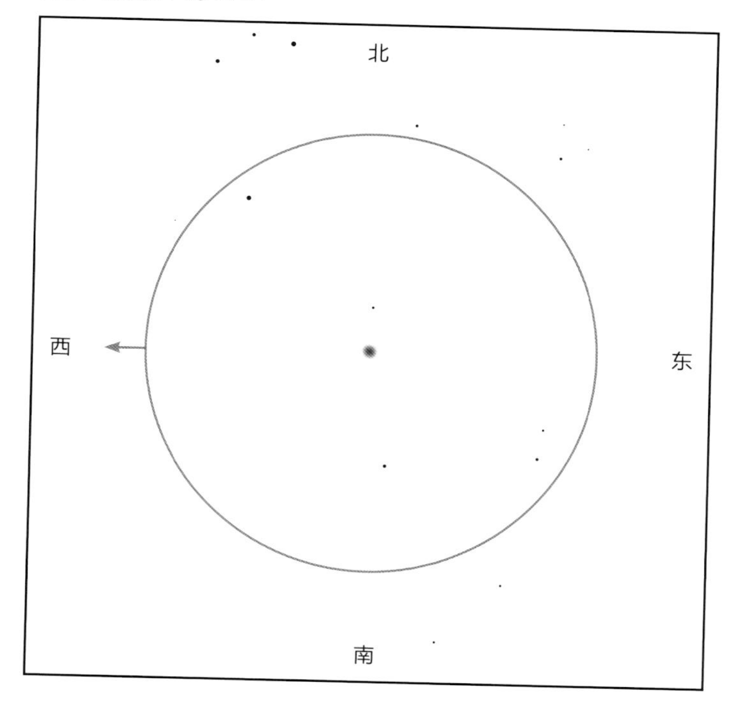

在小型望远镜中：在望远镜离开常陈一与猎犬 β 的连线往东北方行进后，在低倍率视场中寻找 M 94，它呈一块亮度均匀的小圆形光斑。找到后，尝试在中倍率下观看。

低倍多布森望远镜中的 M 94

南
西
东
北

在多布森望远镜中：M 94 明亮的圆核被一圈较暗的光晕环绕，呈东西向的椭圆形。找到后，尝试在中高倍率下观看。

M 94 它是一个相当奇特的小型棒旋星系，距离地球约 1 500 万光年。在小型望远镜中，只能看见它的中心核。它非常小，在低倍率下可能会被错当成一颗失焦的恒星。在低倍率下寻找它，找到后将望远镜调成中倍率观看。

该星系直径约为 30 000 光年，亮度是太阳的近 100 亿倍。有关星系的更多内容参见第 105 页。

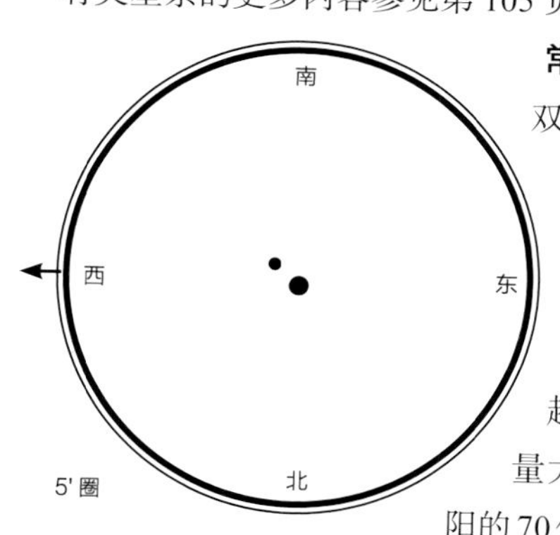

常陈一 它是一颗相当漂亮的双星，易被分解开且子星的颜色对比非常妙。主星呈蓝白色，伴星呈黄色或橙色。它距离地球 110 光年，2 颗子星间距 650 天文单位，绕转周期超过 10 000 年。其中主星的质量大约是太阳的 3 倍，亮度是太阳的 70 倍；伴星的大小是太阳的 3 倍，质量是太阳的近 1.7 倍，亮度是太阳的 6 倍。

常陈一

恒星	星等	颜色	位置
A	2.8	蓝	主星
B	5.5	黄	A 星西南 19"

邻近还有 双星斯特鲁维 1702 就在常陈一东边约 0.5° 处。它由一颗 8 等星和一颗 9 等星组成，这 2 颗子星大致沿东西方向排列，间距达 36"。斯特鲁维 1702 易于寻找——把常陈一置于视场中心后等待即可。2.5 分钟后，地球的自转就会把斯特鲁维 1702 送到视场中心附近。

从常陈一行进 1 步至猎犬 β，向左转（东北偏北），再前行 1 步，就能抵达奇妙的红色恒星猎犬 Y 附近。它是一颗变星，在 160 天的时间里星等能从 5 等变成 6.5 等。由于其颜色特别，19 世纪的天文学家安杰洛·塞基称之为“富丽堂皇之城”，他还发现这类恒星富含碳。猎犬 Y 用双筒望远镜或小型望远镜都值得一看。

从猎犬 β 往西一个寻星镜视场，找一颗蓝色的 6 等星——猎犬 2。在它西边 11" 处有一颗黄色的 9 等伴星，它俩的颜色形成了鲜明的对比。

在 M 94 东偏北一点儿有一个星系——M 63，即葵花星系。从 M 94 往东移动寻星镜，直到你看见一个由恒星组成的三角形；随后往北行进 1° 即可。M 63 对小型望远镜来说太暗，在漆黑的夜晚可以试着用多布森望远镜寻找它。在条件非常好的夜晚，甚至用寻星镜就能看见它。在多布森望远镜中，它呈一个长轴约是短轴 2 倍的椭圆形，中心稍亮。M 63 是这片天区中的一个星系团里最亮的成员。该星系团中的大多数成员对小型望远镜来说太暗，不过在漆黑的夜晚值得用多布森望远镜看看。

猎犬座：球状星团 M 3

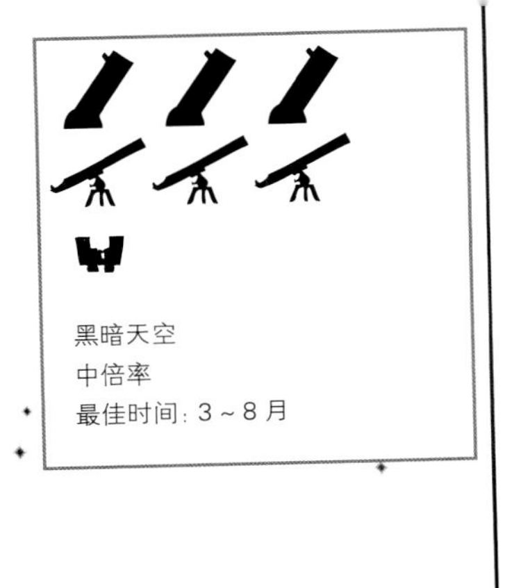

星图由模拟课程公司星空教育版制作

- 经典而明亮的球状星团
- 用小型望远镜甚至可见其颗粒状中心
- 用多布森望远镜可分辨其中的单颗恒星

看哪儿 找到北斗七星斗柄所成弧线内易见的2颗恒星中较亮的常陈一，然后由斗柄弧线至其东南方的橙色亮星——大角。在大角西边有一颗2等星——右摄提一。从这里开始观看。

在寻星镜中 从右摄提一向西北方的常陈一缓慢行进。在两者的中点附近，你会遇到一颗4等星——后发β（如果天空漆黑，这颗星肉眼可见）。在这片相对贫瘠的星场中，后发β是唯一一颗显眼的恒星。在寻星镜中，你应该还可以在它西边看到一颗恒星；你如果看到了，说明你走对了。一旦找到了后发β，向东移动，直到它位于寻星镜视场的边缘。随着后发β从视场的一侧移出，M 3会从视场的另一侧出现，后者在寻星镜中看上去就像一颗模糊的恒星。

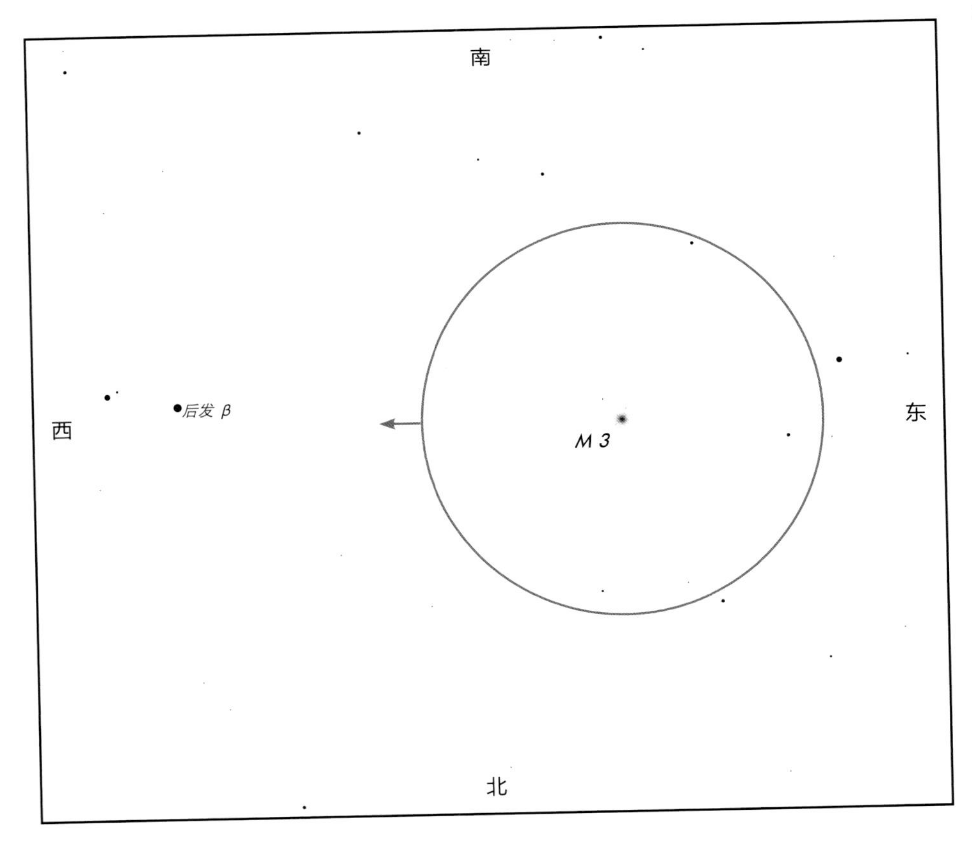

中倍对角镜中的 M 3

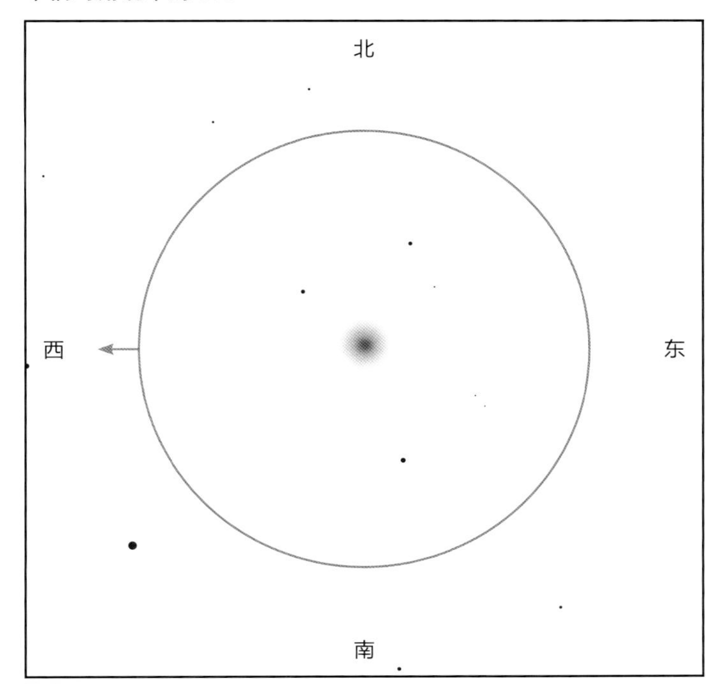

在小型望远镜中：这个球状星团就像一块致密、明亮且多少有点儿呈颗粒状的光斑。

中倍多布森望远镜中的 M 3

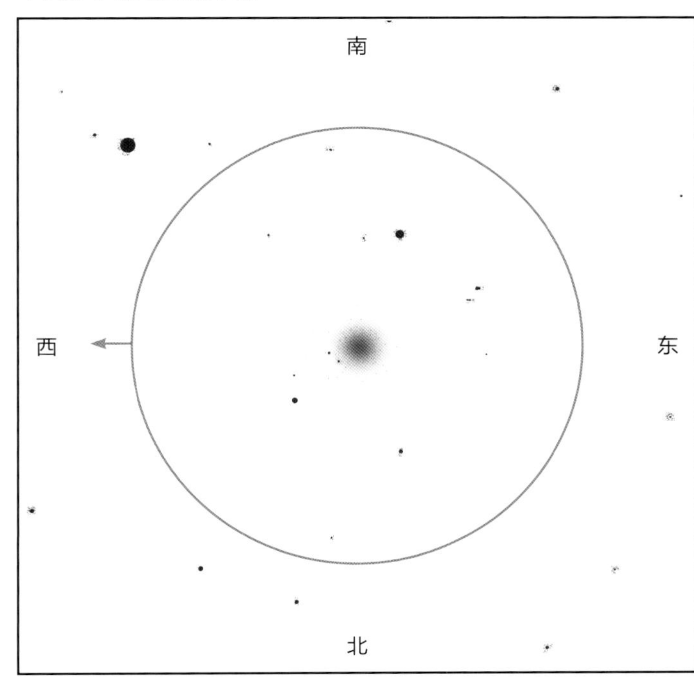

在多布森望远镜中：中倍望远镜可以展现该星团颗粒状的外观以及其外部的恒星，这一景象让人印象深刻。

M 3 是北天可见的最亮的球状星团之一，其核心要明显比周围的光晕亮。在漆黑的夜晚，用低倍望远镜可见其中心的“颗粒”。如果用的是口径 4 in（10.16 cm）或更大的望远镜，你甚至能在该星团的边缘分辨出单颗恒星。当然，就算是在更小的望远镜中，该星团也相当漂亮。高倍率有助于分辨恒星，但也会损失大量的光；如果把望远镜的倍率调得太高，你也许最终无法看见它。

M 3 是一个直径超过 200 光年的恒星的球形集合，由大约 100 亿年前所形成的单颗恒星间的相互吸引所维系。大型望远镜已分辨出了 M 3 中近 50 000 颗恒星。考虑到它的大小和亮度，我们估计该星团中的恒星多达 500 000 颗。

M 3 距离地球 40 000 光年。因此，即便它的亮度是太阳亮度的 300 000 倍，从地球上看也不过与一颗 6 等星相当。

关于球状星团

M 3 这样的球状星团包含宇宙中最年老的一些恒星。与确定疏散星团年龄的方法类似，通过观察哪些恒星已经演化成红巨星，也可以推断球状星团的年龄。有关的计算表明，球状星团的年龄至少有 100 亿年，与银河系的年龄相当。

这些恒星还有一个奇特的地方——一般仅由氢和氦构成，鲜有在太阳上发现的铁、硅和碳（它们是形成类地行星的要素）。如果球状星团中的恒星中有这些元素，它们也必定深埋在星团中恒星的内部。事实上，目前的理论认为，像铁这样的重元素必定是由星团中大质量恒星在内部通过氢和氦原子的聚变形成。

如果恒星在内部制造出了重元素，这些元素该如何去到可以形成行星的地方？一颗恒星耗尽其所有的氢和氦燃料后，就会爆发成为超新星（第 63 页）。通过这种方式，所有的重元素被撒入太空，在那里它们与氢气和氦气混合形成新一代的恒星。

除了自己制造的之外，球状星团中的恒星不具有其他任何重元素。无论球状星团中的恒星形成于何时，必定由从未被超新星“污染”过的气体形成。换句话说，它们必定形成于第一颗超新星爆发之前。这意味着它们是银河系中最年老的恒星。

稳定天空
高倍率
最佳时间：3～8月

牧夫座附近的双星／聚星

看哪儿 沿着北斗七星斗柄的弧线至其东南方明亮的橙色恒星——大角。大角是4～6月东北方最亮的恒星。

北冕 ζ
七公六
牧夫 δ
梗河一
牧夫 ξ
大角
牧夫 ο
牧夫 π

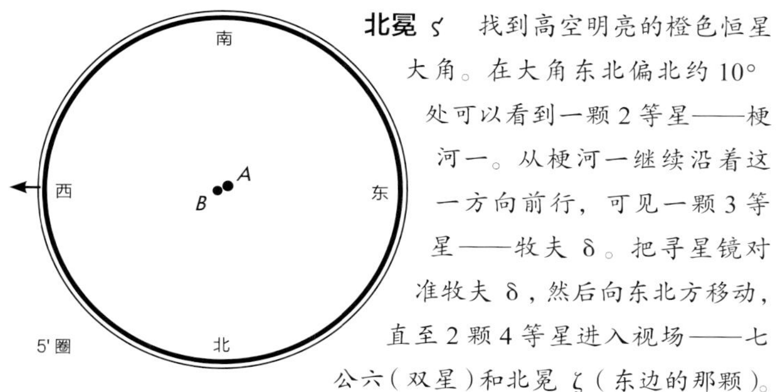

北冕 ς　找到高空明亮的橙色恒星大角。在大角东北偏北约 10° 处可以看到一颗 2 等星——梗河一。从梗河一继续沿着这一方向前行，可见一颗 3 等星——牧夫 δ。把寻星镜对准牧夫 δ，然后向东北方移动，直至 2 颗 4 等星进入视场——七公六（双星）和北冕 ζ（东边的那颗）。此时寻星镜视场中有很多恒星，不过这 2 颗恒星的中点处有 2 颗 6 等星，你可以通过这来辨认它们。

北冕 ζ 2 颗子星的星等很接近，分别为 5 等和 6 等；它们也靠得很近，颜色很美：主星呈黄蓝色，伴星呈绿蓝色。它在多布森望远镜中易见；但对小型望远镜来说是个挑战，只有夜空稳定时才可能被小型望远镜分解开。北冕 ζ 距离地球约 470 光年。

牧夫 ξ　在大角的东南方，有 4 颗恒星（其中有 3 等星，有 4 等星）大致沿南北向排成了一条线。这条线最北端的恒星是牧夫 ξ，差不多就在大角正东边。这颗漂亮的双星（子星一颗呈黄色，一颗呈橙色）对小型望远镜来说极具挑战，但易见于多布森望远镜；较大的望远镜可以很好地展示它的颜色。

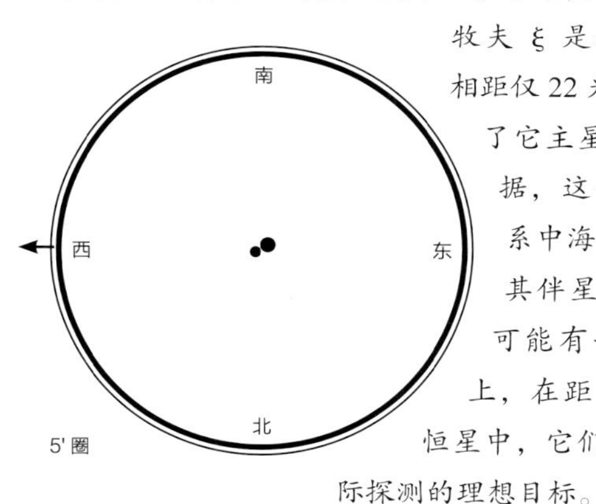

牧夫 ξ 是地球的近邻，与地球相距仅 22 光年。红外望远镜发现了它主星周围存在彗星带的证据，这条彗星带类似于太阳系中海王星之外的柯伊伯带。其伴星的细微运动则表明它可能有一颗类木行星。事实上，在距离太阳最近的类太阳恒星中，它们是下一个千年进行星际探测的理想目标。

主星和伴星绕转得很快。到 2025 年，伴星到主星的间距会缩小到 2010 年时的 2/3（不足 5"），并更靠西。

牧夫 π　它是大角东南方四星曲线中从上（北）往下数的第 3 颗。在寻星镜视场中，它就位于牧夫 ο 西南方。虽然在较小的望远镜中牧夫 π 是一颗紧密的双星，但用多布森望远镜很容易就能将其分解开。牧夫 π 距离地球约 320 光年。

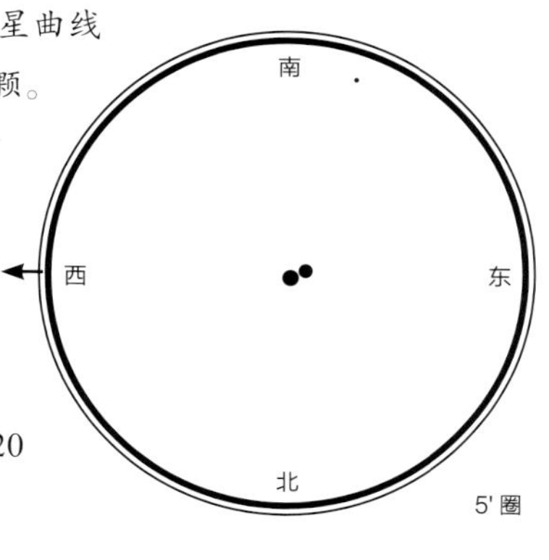

七公六　它是一颗北冕 ζ 以西约 3° 的 5 等星。对准北冕 ζ，七公六会出现在寻星镜视场的西边缘。七公六这颗远距双星是双筒望远镜的最佳目标，可以被轻易地分解开；用多布森望远镜和高倍目镜还能将其伴星分解开。如果夜晚非常稳定，即使会受到近旁较亮主星的干扰，用小型望远镜也能将其伴星分解开。

七公六在希腊神话中指的是牧夫的牧羊杖。它距离地球约 120 光年，B/C 星距主星超过 4 000 天文单位。B 星和 C 星在一条大椭圆轨道上运动，轨道周期为 260 年。这 2 颗星在 1865 年最接近。

梗河一　它是大角东北偏北约 10° 的一颗 2 等星。它其实是一颗双星，特别漂亮：耀眼的黄色主星有一颗淡蓝中带点儿绿的 5 等伴星。然而，它们的间距只有 3"；主星太亮，湮没了伴星，这使得梗河一难以被分解开。用高倍望远镜虽然能将它分解开，但这难免会损失一部分颜色。梗河一距离地球约 210 光年。2 颗子星间距数百天文单位，自 1829 年被发现以来仅运动了一小段距离。

恒星	星等	颜色	位置
七公六			
A	4.3	白	主星
B	7.1	黄	A 星以北 109"
C	7.6	白	B 星东北偏北 2"
牧夫 ξ			
A	4.8	黄	主星
B	7.0	橙	A 星西北 6.4"
牧夫 π			
A	4.9	蓝	主星
B	5.8	黄	A 星东南偏东 5.6"
北冕 ς			
A	5.0	黄	主星
B	5.9	蓝绿	A 星西北 6.3"
梗河一			
A	2.6	黄	主星
B	4.8	蓝	A 星西北偏北 3"

季节性天空：7～9月

银河系的中心位于人马座，最适宜在这几个月观看。这意味着，在这几个月里用小型望远镜可以看到更多好看的天体。在银河中，天空的南部有许多令人惊艳的天体。在规划观星时，试着找一个拥有漆黑南天的地点。

7～9月的北半球正值夏季，是一年中观星最舒适的时候。即便如此，夜凉露重虫又多，你也要做好防范工作（不要低估驱虫剂的价值）。有可能你的观星时间会少数小时；这不仅仅是因为夜晚变短了，还可能因为你所在地采用了夏令时，这样即便在晚上22点以后天空也没有暗到能看见暗星的地步。后文所描述的最适合在10～12月观看的恒星其实早在7月就能看到，前提是你能坚持到早上三四点。

如果去远离城市灯光的乡村度假，记得带上望远镜。一旦天空晴朗而漆黑，在城市灯光下呈模糊光斑的星团和星云会呈现出惊人的细节。然而，在大洋或者湖上观星也许会令你失望，因为那里空气潮湿且多雾。

7～9月，南半球的观星者需要应对夜晚的寒冷。确保自己穿暖和了，戴上轻便的手套。最晴朗的夜晚也是最冷的。与北半球的情况不同的是，这个时候南半球长夜漫漫。

寻找星路：7～9月天空路标

在西边，找到一颗明亮的橙色恒星——大角；如果你能看见位于西北方的北斗七星，可以沿着北斗七星斗柄的弧线向南方画一条假想弧线，直到看见明亮的大角。北斗七星远离斗柄的2颗恒星则会将你指引到北极星。大角是西方天空中的路标。

向东看，在天空高处可见由非常亮的恒星所组成的夏夜大三角。其中南边的是一颗蓝色的1等星——牛郎星。它是排成一排的三颗恒星中最亮的一颗。夏夜大三角中的其他2颗恒星几乎就在你头顶上（对北半球而言）。其中最东边的亮星是天津四。它位于一个由亮星组成的大十字架的顶部；这个大十字架有时被称为北十字，不同于较小但更亮的南十字座，北十字并非正式的星座，它构成了天鹅（天鹅座）的脖子和翅膀。夏夜大

西方天空

三角中最亮且位于天空最高处的是织女星。它是一颗明亮的蓝白色恒星。可以把它的颜色与同样亮的大角的橙色和南方心宿二的深红色进行比较。

在南边，你可以看到心宿二，它是一颗非常明亮的红色恒星（南半球的观星者此时可以看见它位于头顶上空）。它位于黄道上的天蝎座，因此你可以在那里寻找行星。由于心宿二位于行星的运行路径上且呈红色，你可能会将它与火星混淆："心宿二"（Antares）在希腊语中是"火星对手"的意思。然而，心宿二比任何行星都闪烁得厉害（第41页）。

在心宿二西边有3颗竖直排列的亮星，你在南方更容易看见它们。它们有时也被称为"天蝎钳"。

在心宿二东边升起的是一组看似一幢房子的恒星。看得更仔细一点儿的话，你可以看见周围更暗的恒星，于是这组恒星就变成一个"茶壶"。的确，当天空漆黑时，你会在它的上方看到银河中的亮点，这些亮点就像是从壶嘴里冒出的蒸汽。这里就是另一个黄道星座——人马座，也是寻找行星的好地方。银河系的中心就位于人马座，是天空中星团和星云最富集的区域。

正在从东方升起的是由4颗恒星构成的飞马大四边形，它在这几个月里看上去更像一颗钻石而非四边形，在它北边是呈巨大的"W"形的仙后座。这些恒星在年末（或深夜）是很有用的路标，具体参见"季节性天空：10～12月"相关内容。

银河是一条从东北方向南延伸的光带。在漆黑的夜晚，用望远镜欣赏它真是令人赏心悦目。人马座、天津四和北十字附近尤其值得一看。

面朝西 在西方地平线上，许多4～6月非常漂亮的天体仍然易见。刚刚日落你就可以尝试观看下面的天体。

天体	星座	类型	页码
狮子三重星系	狮子座	星系	96
室女星系团	室女座	星系	100
M 53	后发座	球状星团	106
黑眼睛星系	后发座	星系	106
常陈一	猎犬座	双星	108
M 94	猎犬座	星系	108
M 3	猎犬座	球状星团	110
梗河一	牧夫座	双星	113

东方天空

武仙座：大球状星团 M13

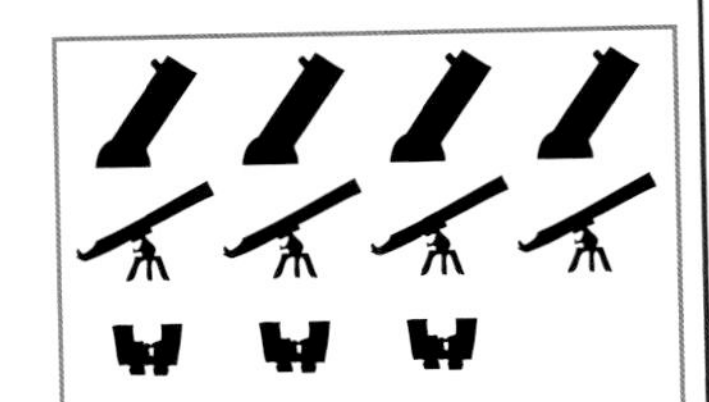

任何天空
中倍率
最佳时间：5 ~ 10 月

天津四
织女星
拱心石
贯索四
大角
武仙 δ
帝座
牛郎星

星图由模拟课程公司星空教育版制作

- 即便在明亮的夜晚也易找和易见
- 北半球可见的最佳球状星团
- 星系 NGC 6207：多布森望远镜的额外奖励

南
武仙 ζ
北冕 ν¹、ν²
北冕 σ
HR 6222
西
东
M 13
武仙 η
北

看哪儿 找到夏夜大三角最西边的蓝白色亮星——织女星和北斗七星斗柄弧线延伸出去所指的橙色亮星——大角。在这 2 颗恒星间画一条直线，把这条线等分成 3 段。从大角到织女星的 1/3 处有一个由暗星连成的半圆，即北冕座，其中的亮星贯索四正在下落。从大角到织女星的 2/3（或者从贯索四到织女星的中点）处，即在夏夜头顶的高空中，可以看见一个由 4 颗恒星组成的四边形，这个四边形被称为拱心石。找到这个四边形中西侧（朝向贯索四和大角的一侧）的 2 颗星。对准这 2 颗星中点偏北一点儿的地方。检验晴朗黑夜的一个经典的方法就是用肉眼观看 M 13。

在寻星镜中 找到拱心石西北角的武仙 η。向南行进，行进的路程约为从武仙 η 到西南角武仙 ζ 的 1/3，或者是从武仙 η 到 6 等星 HR 6222 的 1/2，可以看见一块暗弱的光斑。它就是 M 13。

低倍对角镜中的 M 13

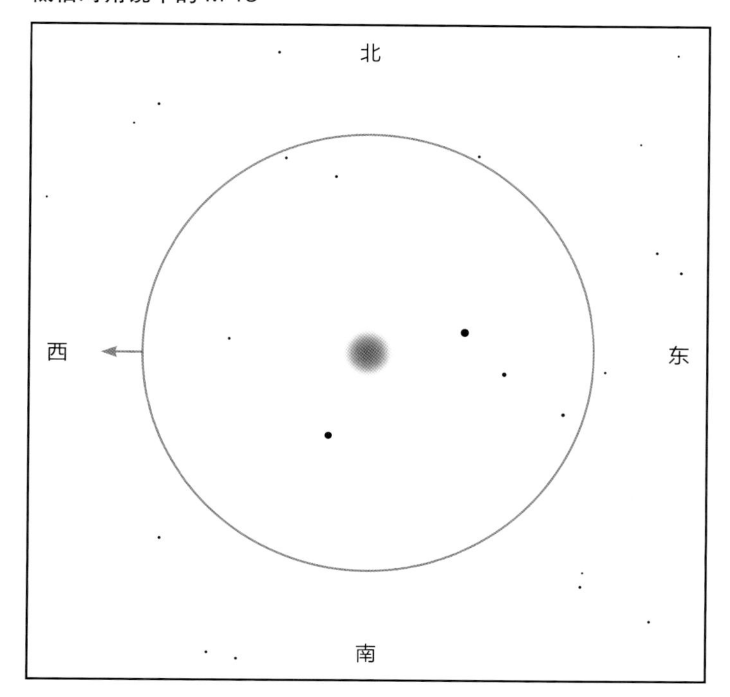

在小型望远镜中： M 13 看上去就像一个光球，中心比外边缘更亮。其两侧各有一颗 7 等星。

中倍多布森望远镜中的 M 13

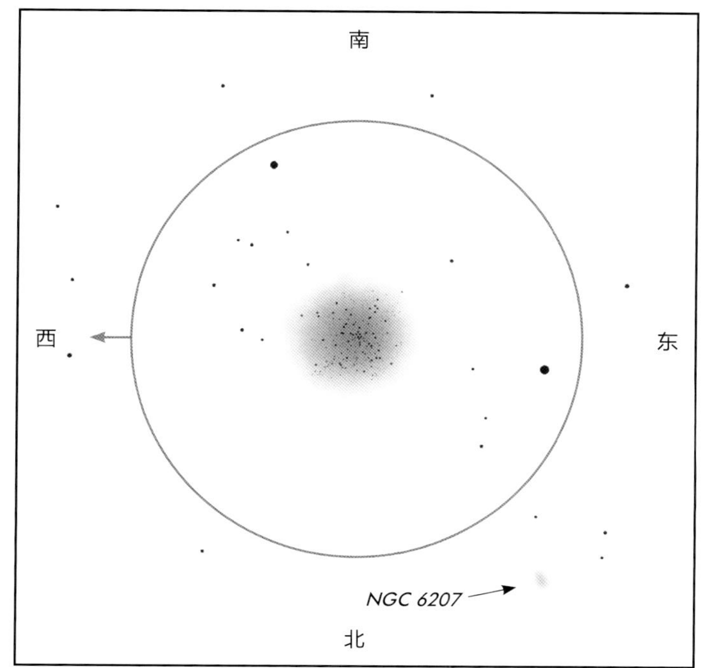

在多布森望远镜中： 你可以看到由不计其数的恒星组成的难以名状的团块，犹如一个由钻石合成的光球。在它的东北方有一个暗弱的星系——NGC 6207，详见下文。

M 13 是北半球可见的最佳球状星团，在全天球状星团中排前五（其他 4 个分别为：第 154 页介绍的 M 22，在北纬 35° 以南观看效果最佳；第 234 页介绍的半人马 ω，在北纬 35° 以南仅会在地平线上冒个头；第 208 页介绍的杜鹃 47；以及第 236 页介绍的 NGC 6752。后面 2 个球状星团仅在南半球可见）。

即便在天空条件较差的夜晚也可以看见这个星团小而亮的核心；天空越黑，能看到的部分越多。事实上，明亮的中心仅占该星团半径的约 1/5。在小型望远镜中，该星团呈颗粒状；6 in（15.24 cm）的望远镜刚好可以分辨出其边缘的单颗恒星。

据估计，这个球状星团含有约 100 万颗恒星（有关球状星团的更多内容，参见第 111 页）。其中心区直径超过 100 光年，距离地球 25 000 光年。

大型望远镜可以在这个星团的边缘分辨出约 30 000 颗恒星，但由于中心区的恒星太过密集而无法在那里分辨出单颗恒星。当然，“密集”是一个相对概念；即便在它稠密的中心区，恒星之间仍相距约 1/10 光年，因此彼此发生碰撞的概率微乎其微。

事实上，类似的球状星团已经存在了约 100 亿年，超过太阳系年龄的 2 倍，可以追溯到银河系形成之时。

邻近还有　星系 NGC 6207 位于望远镜低倍率视场的东北角，距离 M 13 约 0.5°。即便用的是多布森望远镜，也只有在使用周边视觉时才能看见这一椭圆形的光雾；它只有 11 等，长宽分别约为 3.5' 和 1.5'。当然，在漆黑的夜晚，它很漂亮。

一个有趣的把戏是，如果和朋友一起观星，你先把望远镜对准 NGC 6207，然后将目镜倍率调高从而让 M 13 离开视场，再把你的朋友叫来观看。在他们看过这一星系之后，请他们把望远镜往西南方稍稍移一点儿，观察他们看见 M 13 时的表情！

从 M 13 出发，向西南方移动寻星镜，寻找 2 颗南北排列的 5 等星——北冕 ν^1 和北冕 ν^2。在它们的西边还有一颗 5 等星——北冕 σ。后者是一颗漂亮的双星，主星（5.6 等星）呈浅黄色，6.5 等的黄蓝色伴星在主星西边 7.1" 处。

从拱心石中西南角的恒星（武仙 ζ）前行 1 步至其东南角的恒星（武仙 ε），再前行 1 步即可看见武仙 δ。对多布森望远镜而言，武仙 δ 是一颗分辨起来具有挑战性的、漂亮的双星。3 等主星西南偏西 11" 处有一颗 8 等的伴星。沿同一方向继续前行 1 步，可以看到 2 颗相对较亮的恒星——候（2 等星）和帝座（3 等星，呈明显的红色）。帝座是一颗多彩的双星，相关介绍参见第 120 页。

武仙座：球状星团 M 92

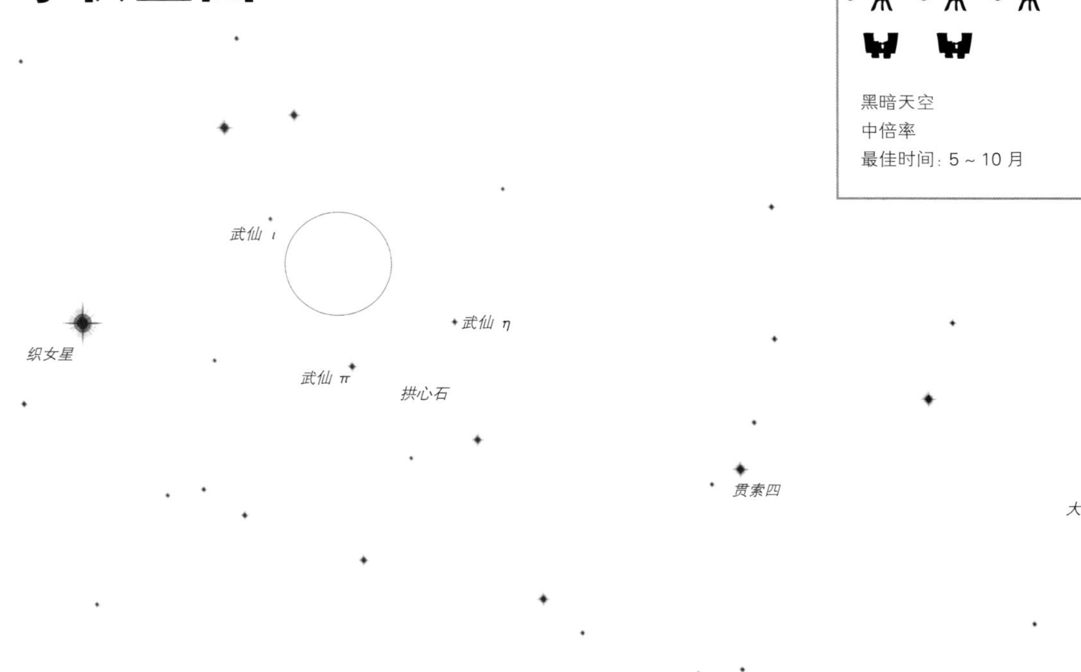

黑暗天空
中倍率
最佳时间：5 ~ 10 月

星图由模拟课程公司星空教育版制作

- 有点儿难找
- 漂亮的星团
- 看得越久，看到的越多

拱心石
武仙 π
南
武仙 ρ
武仙 η
西
东
M 92
武仙 ι
北

看哪儿　找到夏夜大三角最西边的蓝白色亮星——织女星，沿着北斗七星斗柄的弧线找到橙色亮星——大角。在这 2 颗恒星间画一条直线，把这条线等分成 3 段。从大角到织女星的 1/3 处有一颗亮星——贯索四。从大角到织女星的 2/3（或者从贯索四到织女星的中点）处，即在夏夜头顶的高空中，可以看见一个由 4 颗恒星组成的四边形，即拱心石。拱心石星组中北边的 2 颗恒星是武仙 η 和武仙 π。它们以北有一颗 3 等星——武仙 ι（不要把它与其北边 2 颗更亮的恒星搞混）。从武仙 π 向北行进，直至位于武仙 η 和武仙 ι 的连线上。

在寻星镜中　M 92 相对较亮（星等为 6 等），应该易见于寻星镜中。然而，这个星团仍难以寻找，因为其附近鲜有能做指引的恒星。

低倍对角镜中的 M 92

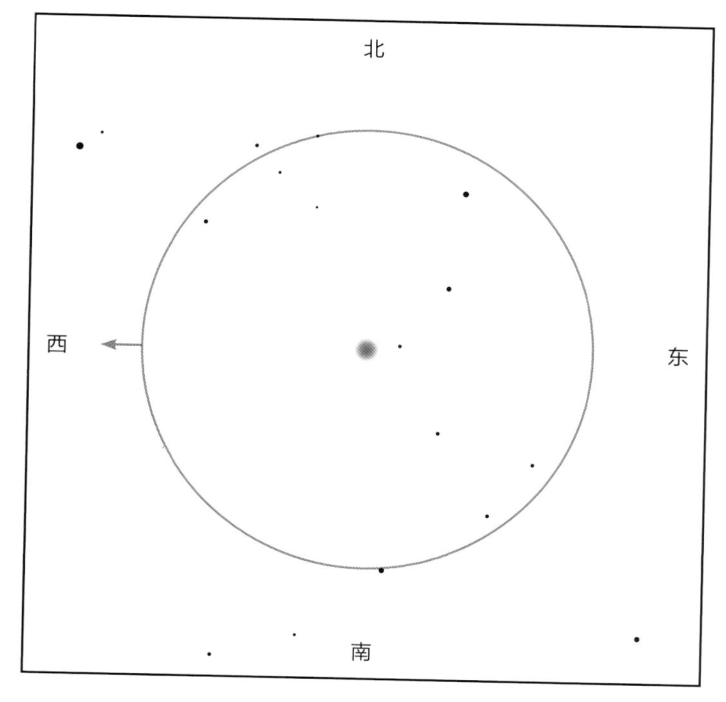

中倍多布森望远镜中的 M 92

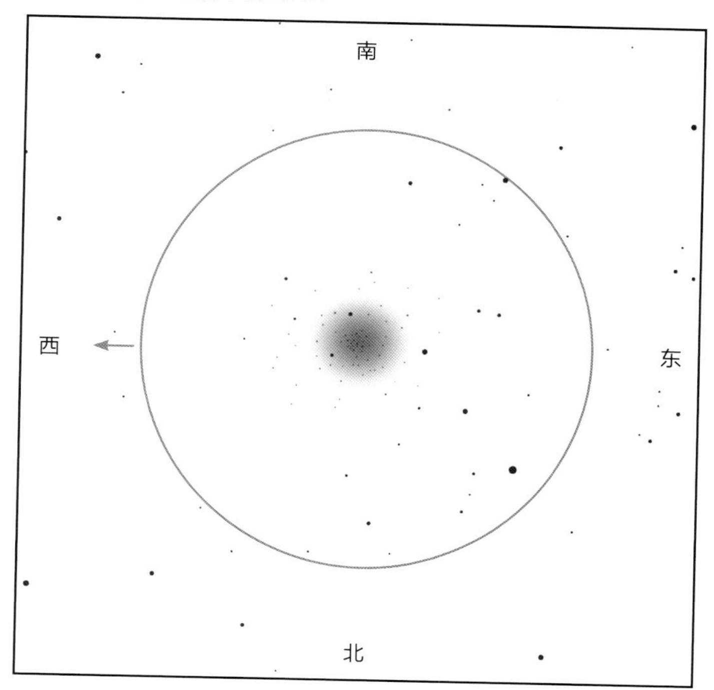

在小型望远镜中： 这里所显示的是低倍率视场，有助于你找到 M 92；一旦找到了，将望远镜调成中倍率再观看。该星团看起来是一个光球，很小却不会被弄错。它的光多少有些不均匀，这使它看上去几乎呈团块状，而无颗粒感。该星团有一个核，但并不明显。使用周边视觉（把眼睛从星团移开，因为眼睛的周边对暗光更敏感）有助于你看到整个星团；等眼睛适应之后，它看上去会越来越大、越来越亮。

在多布森望远镜中： 在天空中的其他任何一个地方，它都会被视为一个壮观的球状星团；然而不幸的是，M 92 位于 M 13 附近，后者已经被冠以“武仙大星团”的称号。M 92 是一个明亮而易于分辨的星团，有着极高的恒星中心聚集度。在更高的倍率下，可见恒星不对称地分布在其中心周围。

M 92 至少包含几十万颗恒星，直径约为 100 光年。尽管这么大，但它看上去比 M 13 更暗，因为它距离地球远得多，约为 35 000 光年。

有关球状星团的更多内容，参见第 111 页。如在那里所讲的，球状星团中的恒星仅含极少的重元素，这表明它们都是年老的恒星。有关恒星演化的详细计算表明，这些星团中的恒星年龄可达 130 亿 ～150 亿年。

这些计算基于一些已被确认的物理学原理，一度引发了一个有趣的谜题。此前，对描述宇宙膨胀的哈勃常数的不同观测和计算表明，宇宙大爆炸发生在 120 亿年之前，换句话说这些恒星的年龄不可能比宇宙的年龄还大！

幸运的是，从 2001 年起威尔金森微波各向异性探测器对宇宙微波背景辐射（宇宙大爆炸向各个方向发出的能量余辉）的观测和对宇宙演化认识的进一步完善，把宇宙的年龄确定在了 137 亿年。这足以让这些星团合理地存在了。没想到这些天体竟可以追溯到宇宙中的第一代恒星。

邻近还有 在拱心石星组中东北方的武仙 π 东边，有 2 颗 4 等星，其中距离武仙 π 较远的一颗是武仙 ρ。它是一颗美丽的密近双星，4.5 等主星的西北方仅 4" 处有一颗 5.4 等的蓝色伴星。要用最高倍率的望远镜才能将其分解开。

巨蛇座：球状星团M5；武仙座：双星帝座（武仙 α）

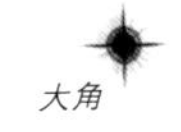

牧夫 ζ

帝座

候

天市右垣七

巨蛇 ε

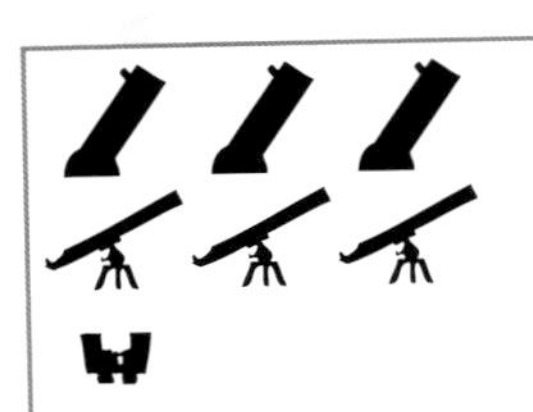

黑暗天空
低倍率（M5）/高倍率
最佳时间：6～9月

- M5：难找的球状星团
- 不同寻常的年老星团
- 帝座：颜色不同寻常的双星

看哪儿 找到西方高空中的橙色亮星——大角。3等星牧夫 ζ 位于大角东南方。从大角行进1步至牧夫 ζ，在这一方向上再前行2步可达天市右垣七西南方的一片暗天区。天市右垣七相对较亮，附近有2颗比它暗的恒星——巨蛇 λ 和巨蛇 ε。从天市右垣七开始观看。球状星团M5在它西南方，双星帝座则在它东北方。

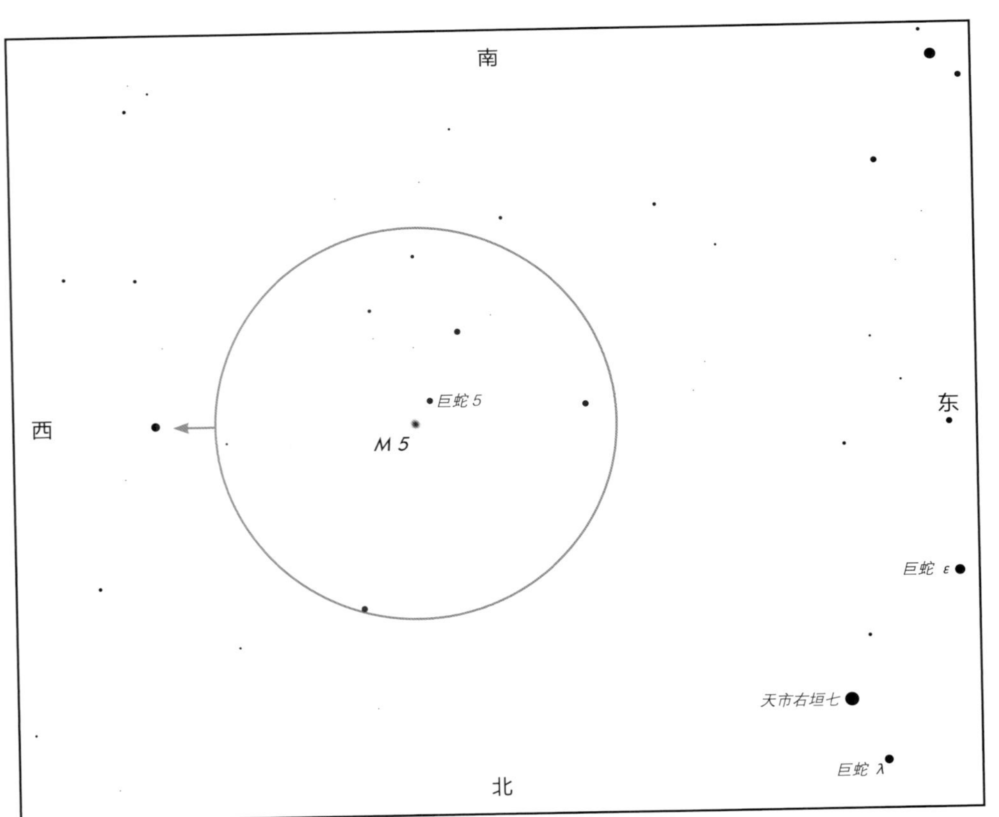

在寻星镜中 从巨蛇 λ 至天市右垣七，在这个方向上继续前行，直到看见一个由相对较亮的恒星所组成的三角形。其中2颗恒星沿东西方向排列，第3颗星偏南一点儿并且更靠近西边的那颗恒星。对准东西向排列的2颗恒星中西边的那颗——巨蛇5。M5在寻星镜中就是它西北方的一个模糊光点。

低倍对角镜中的M 5

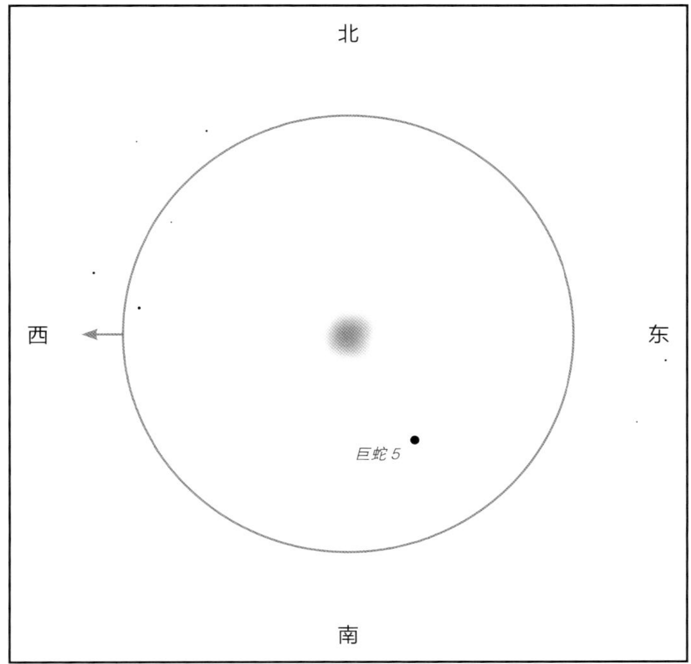

在小型望远镜中：M 5看上去像一个光球，中心区较亮。在它东南偏南的地方，可见5等星巨蛇5。除了一个逐渐消失在背景天空中的明亮光球之外，不要期望能看见M 5的任何结构。在2～4 in（5.08～10.16 cm）的望远镜中，M 5外边缘所发出的光看上去呈团块状；这些团块其实是位于该星团外部区域的一小群恒星。

低倍多布森望远镜中的M 5

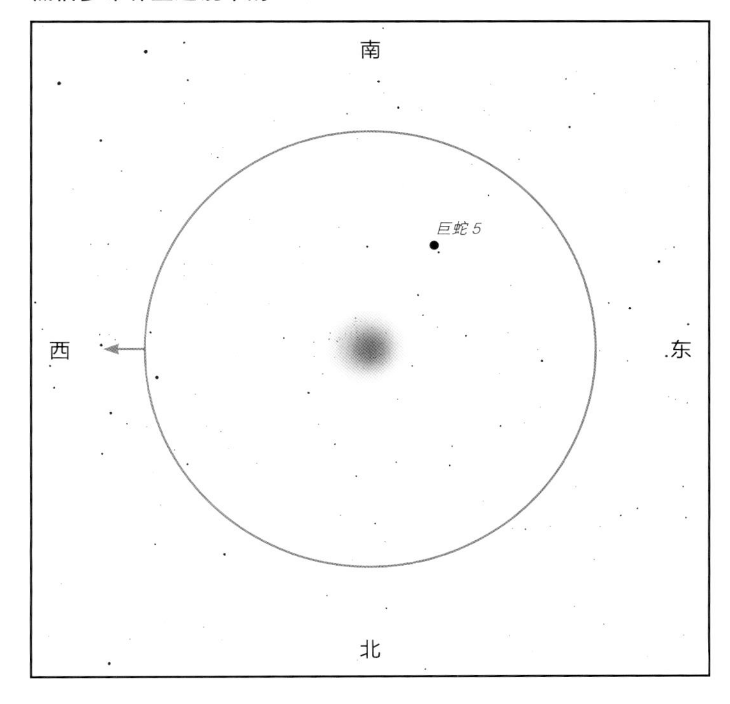

在多布森望远镜中：在低倍率下可分辨其中的部分恒星。在黑暗天空下，用高倍多布森望远镜观看的话，M 5让人印象相当深刻——你可分辨其中的数百颗恒星，且在其西边缘的一个团块中有一颗特别亮的恒星。

M 5 由于在它附近没有肉眼易见的恒星，你一开始寻找时会有些困难。不过，作为一个较亮的球状星团，它应该易在寻星镜中现身。在特别黑暗的夜晚，你甚至用肉眼就能看到它。

它是已知最年老的球状星团之一。从其中可见恒星的类型判断（即便是小质量的年老恒星也已经开始膨胀成其生命最后阶段的红巨星），这个星团的年龄可达130亿年，差不多是太阳系年龄的3倍。它可能含有近100万颗恒星，聚集在一个直径100光年、稍呈椭球形的区域中，距离地球27 000光年。在大型望远镜中，你会看到其中心稠密地聚集着明亮的恒星。这一中心区正是你在小型望远镜中所看到的景象。

有关球状星团的更多内容，参见第111页。

帝座 在巨蛇 ε 和天市右垣七的东北方，去往夏夜大三角的中点处，可以看到2颗较亮的恒星——候（东边的那颗2等星）和帝座（西边的那颗3等星，呈明显的红色）。帝座是一颗多彩的双星。

其中，主星是一颗红巨星变星，在3个月里它的星等会不规则地从3等变为4等。5等的伴星位于其东侧4.9"处，呈绿色（这也许是在与其红色主星的对比下所显现的颜色）。在条件良好的夜晚，即便用小型望远镜也能把它分解开；在多布森望远镜中，它令人印象深刻，主星呈橙黄色。可在高倍率下仔细观看。

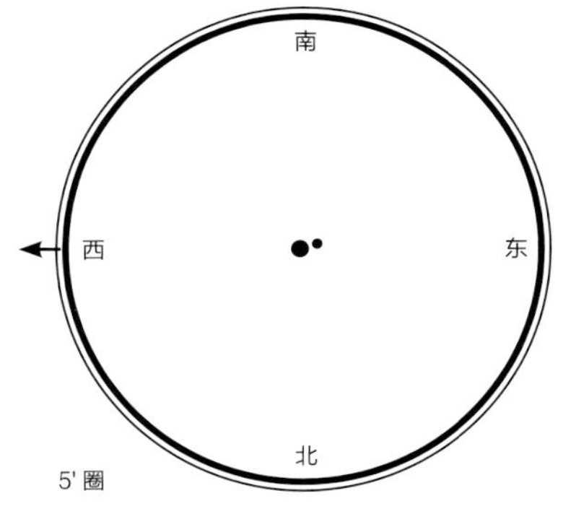

帝座是一颗巨大而遥远的红巨星。据估计，它到地球的距离约为360光年，它的直径大约是太阳直径的400倍。换言之，如果把太阳放在它的中心，火星轨道以内的所有行星（包括地球）都位于它内部。伴星距离主星超过500天文单位，绕转一周大约要花3 600年。这颗伴星本身也是一颗双星。

帝座（武仙 α）

恒星	星等	颜色	位置
A	3.0*	红	主星
B	5.4	绿	A星东南偏东4.9"

* 星等会变化（3.0～3.9等）。

蛇夫座：球状星团 M 10 和 M 12

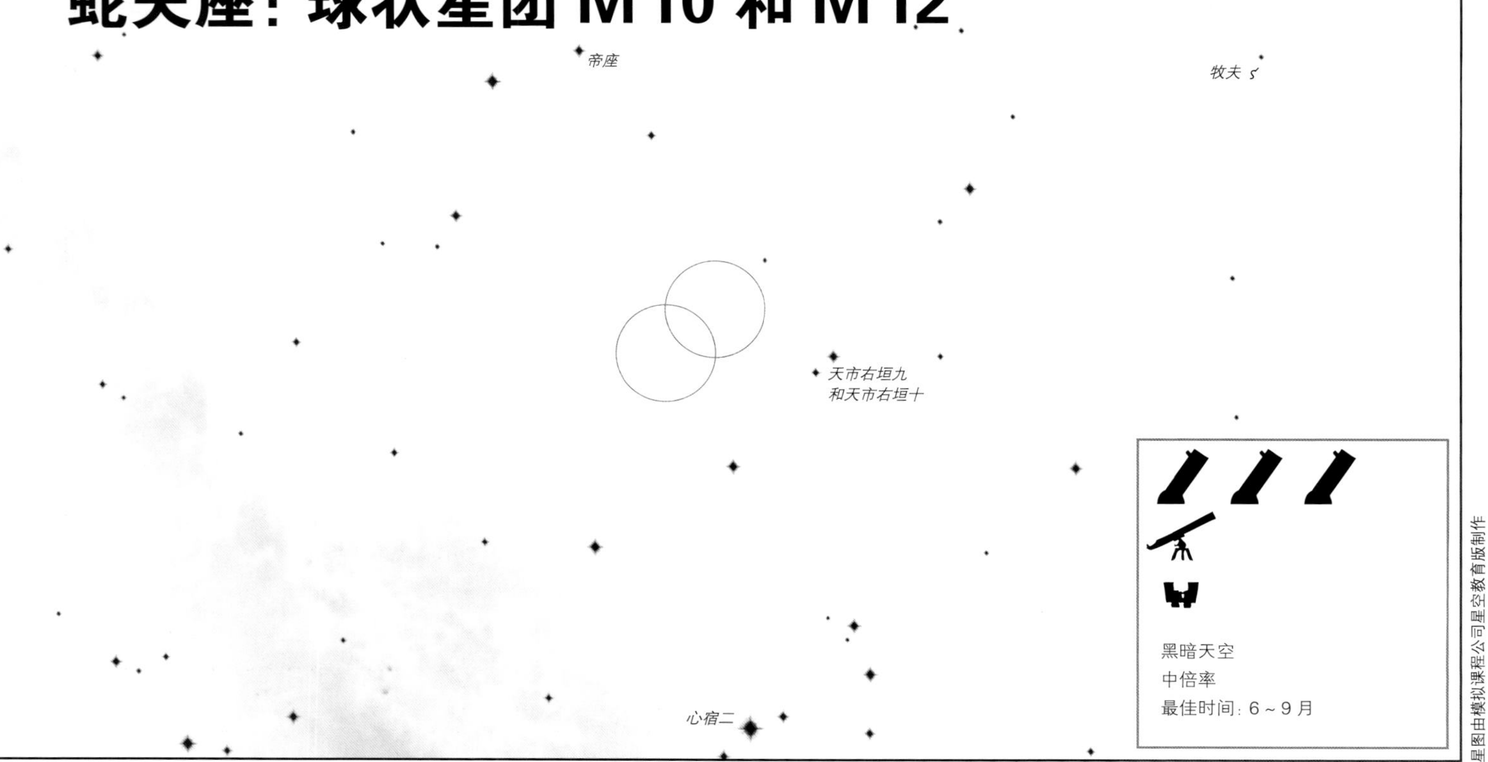

星图由模拟课程公司星空教育版制作

- 难找，易见
- 用较大望远镜可见单颗恒星
- M 10 和 M 12 中的结构形成漂亮的对比

看哪儿 找到西方天空中的橙色亮星——大角。在大角以东偏南一点儿有一颗较暗的恒星，即牧夫 ζ。从大角前行 1 步至牧夫 ζ，再前行 3 步，你会看到 2 颗亮度相当的恒星，它们是天市右垣九和天市右垣十。从这 2 颗恒星开始观看。

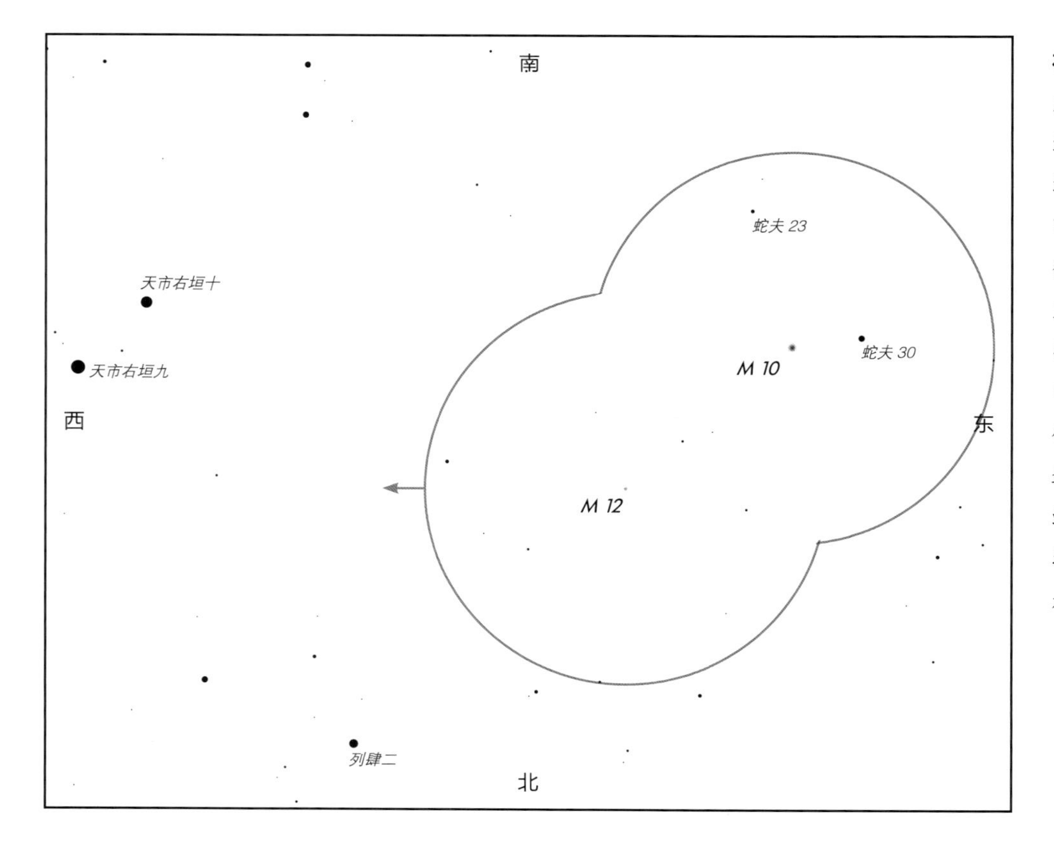

在寻星镜中 从天市右垣九和天市右垣十向东移动，直到 2 颗恒星——蛇夫 30 和蛇夫 23 进入视场。对准蛇夫 30 以西约 1°（2 个满月直径）、暗星蛇夫 23 以北约 3° 的地方。在条件良好的夜晚，M 10 在寻星镜中呈一小块光斑。从 M 10 往西北行进。想象一个以 M 10 为中心的钟面，其中蛇夫 30 位于 3 点钟方向，蛇夫 23 位于 11 点钟方向；向 8 点钟方向行进一段距离——差不多为蛇夫 23 到蛇夫 30 距离的 2 倍远。在寻星镜视场中，M 12 非常暗弱，比 M 10 更难看到。

低倍对角镜中的 M 10

北
西
东
蛇夫 30
南

低倍对角镜中的 M 12

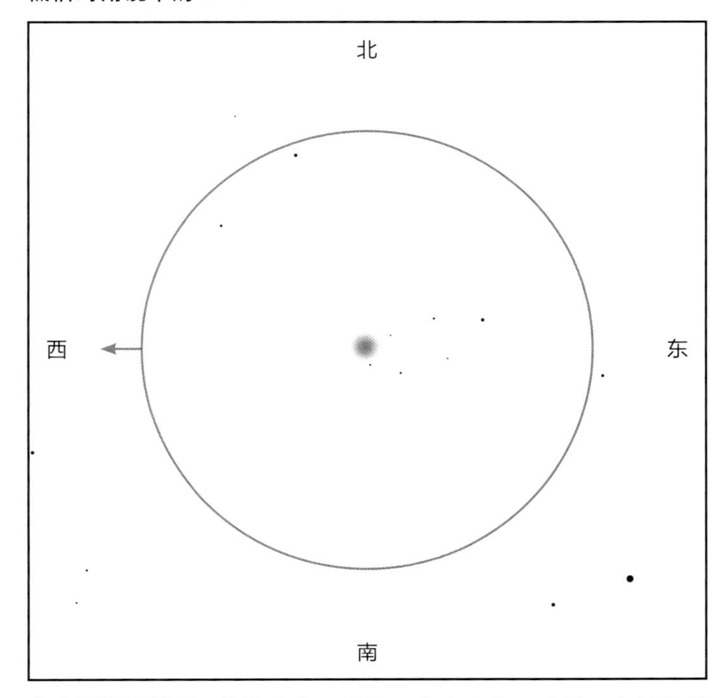

在小型望远镜中：在低倍率下寻找，在中倍率下观看。在低倍望远镜中 M 10 看上去像一个相对较亮的模糊光球，它有一个稍微偏向西南方的明亮且较大的核心。M 12 看上去比 M 10 大一点儿，但更暗。

中倍多布森望远镜中的 M 10

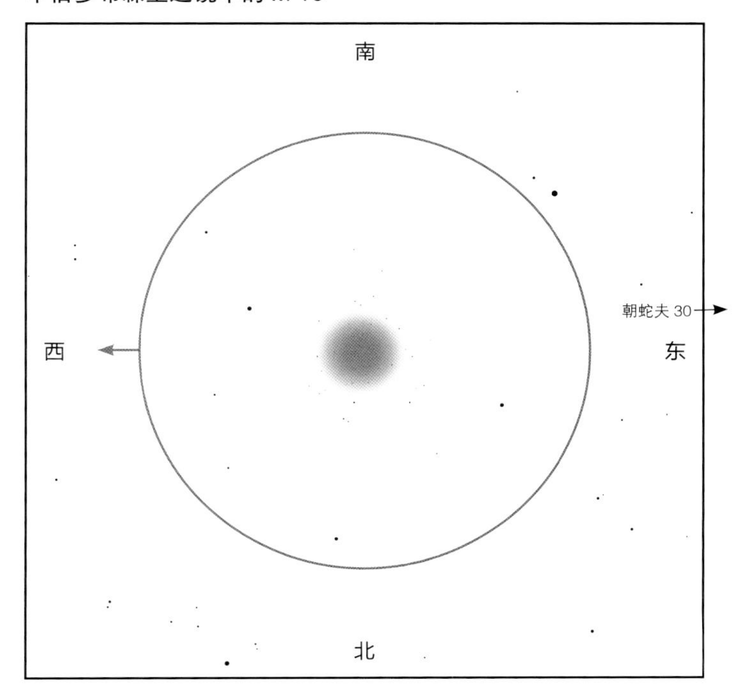

中倍多布森望远镜中的 M 12

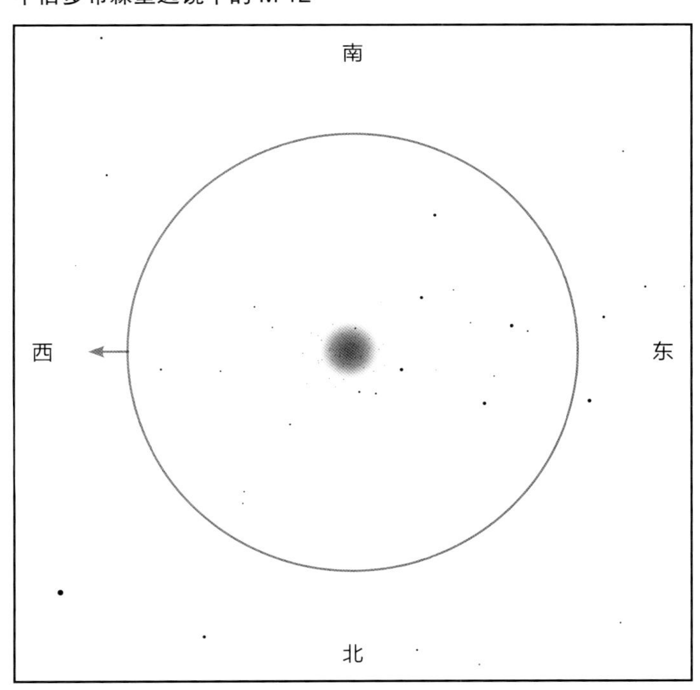

在多布森望远镜中：要用 6 in（15.24 cm）或更大的望远镜才能分辨出 M 10 中的单颗恒星。在高倍率下寻找带颗粒感的星光。M 12 在多布森望远镜中特别漂亮；如果夜空足够黑，你可以分辨出其中的单颗恒星。

M 10 和 M 12 是 2 个靠得较近的球状星团，间距仅 1 000 光年。它们距离地球约 20 000 光年。M 10 中有几十万颗恒星，直径 80 光年；M 12 稍小，直径约为 70 光年。

很容易把这 2 个星团搞混。它们的区别主要是：在 M 12 东边有一团 9.5 ~ 10 等的恒星；M 10 看上去较小，但比 M 12 更亮，其中的恒星也更易于分辨；M 12 在结构上更加松散，其中心聚集度较低。

有关球状星团的更多内容，参见第 111 页。

夏夜大三角附近的双星／聚星

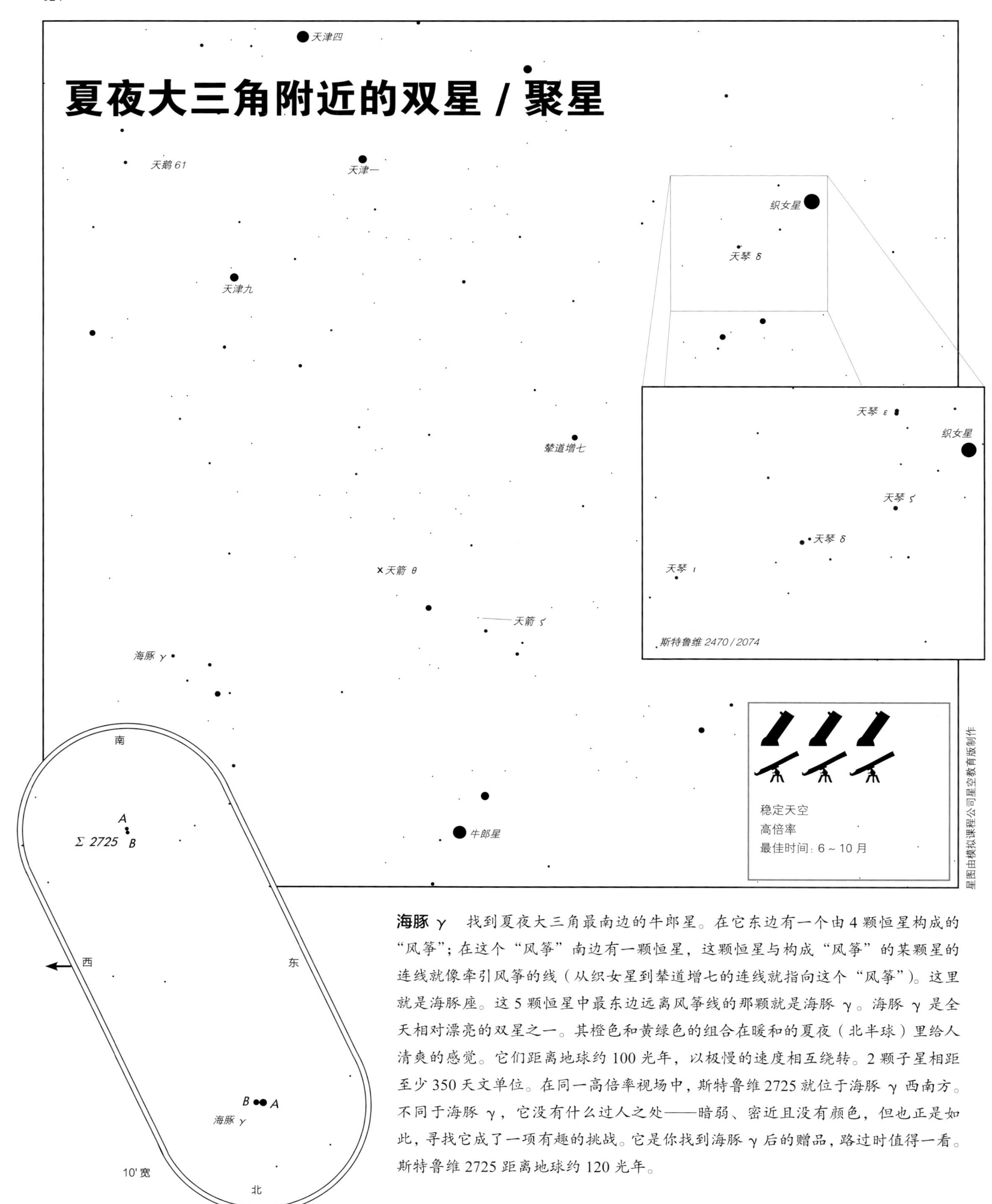

海豚 γ　找到夏夜大三角最南边的牛郎星。在它东边有一个由 4 颗恒星构成的“风筝”；在这个“风筝”南边有一颗恒星，这颗恒星与构成“风筝”的某颗星的连线就像牵引风筝的线（从织女星到辇道增七的连线就指向这个“风筝”）。这里就是海豚座。这 5 颗恒星中最东边远离风筝线的那颗就是海豚 γ。海豚 γ 是全天相对漂亮的双星之一。其橙色和黄绿色的组合在暖和的夏夜（北半球）里给人清爽的感觉。它们距离地球约 100 光年，以极慢的速度相互绕转。2 颗子星相距至少 350 天文单位。在同一高倍率视场中，斯特鲁维 2725 就位于海豚 γ 西南方。不同于海豚 γ，它没有什么过人之处——暗弱、密近且没有颜色，但也正是如此，寻找它成了一项有趣的挑战。它是你找到海豚 γ 后的赠品，路过时值得一看。斯特鲁维 2725 距离地球约 120 光年。

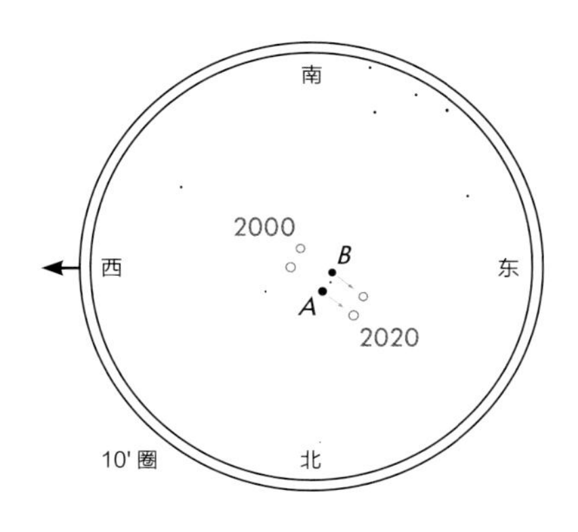

天鹅 61 找到北十字顶部的天津四。北十字纵横相交处是天津一，左侧（东南方）翅膀上的恒星是天津九。想象一个斜四边形，其中3个顶点上分别是天津九、天津一和天津四，第4个顶点上是一团暗星。这团暗星中有3颗的亮度大致相同，瞄准距离北十字最近的那颗。天鹅61是一颗双星，易被分解开，它们的橙色会与蓝白色的银河背景形成对比。作为距离地球最近的恒星之一，天鹅61每年会相对背景恒星向东北方移动5"。图中的空心圆给出了它们在2000年和2020年时的位置。2010年时（实心圆所在位置），它的2颗子星之间有一颗11等的背景星；可以记录它们与该星的相对位置，然后逐年比较。在一年内，天鹅61的位置还会有点儿往复摆动，这其实是由地球绕太阳的运动所致。根据这一视差可以十分精确地计算出它与地球的距离——11.4光年。天鹅61是第一颗被测出视差的恒星。

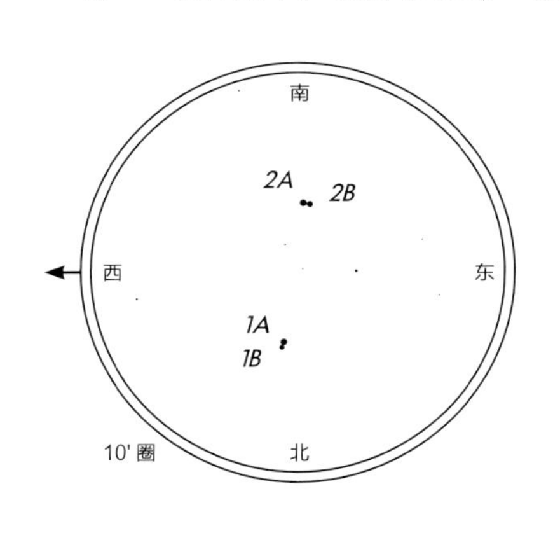

双双星天琴 ε 看天琴 ε 是对望远镜和人眼分辨本领的一项测试。找到夏夜大三角中西边的织女星。在寻星镜中，可见织女星与其南方的天琴 ζ 和其东北方的天琴 ε 构成了一个三角形。天琴 ε 是双双星。用寻星镜可以分解开主双星，其每颗子星都是要在最高倍率下才能被分解开的密近双星（天琴 ζ 是一颗易见的双星，4.3等的主星东南偏南44"处有一颗5.6等的伴星）。天琴 ε 是一个复合聚星系统，距离地球160光年。北边的双星1A和1B相距约150天文单位，绕转周期超过1 000年。南边的双星2A和2B的间距也约为150天文单位，但绕其质心的转动周期仅约为600年。它转得较快的原因是子星质量更大。

在过去的一个世纪里，这2颗双星的位置已经发生了明显的变化。它们相距近0.2光年，需要50万年的时间才会绕其质心转动一周。

无法分解开双双星天琴 ε？那可以试试双双双星！还从织女星开始，先找到织女星，然后把寻星镜往东南方移动到织女星所在三角形的另一顶点——天琴 ζ。之后前行1步到天琴 δ，在寻星镜中可见其为双星。再前行1步可见天琴 ι。在低倍率下找到它，往南移动1.5°，直到看见2颗7等星——斯特鲁维2470及其南边的斯特鲁维2474。它们都是双星，你用高倍望远镜可以把它们都分解开，难度要比分解天琴 ε 时小得多。

恒星	星等	颜色	位置
海豚 γ			
A	4.4	橙	主星
B	5.0	黄绿色	A星以西9.1"
斯特鲁维2725			
A	7.5	白	主星
B	8.4	白	A星以北6.0"
天鹅61			
A	5.2	橙	主星
B	6.0	橙	A星东南31"
双双星天琴 ε			
1	4.7	白	2以北208"
1A	*5.2*	*白*	*主星*
1B	*6.1*	*白*	*1A以北2.3"*
2	4.5	白	主星
2A	*5.3*	*白*	*主星*
2B	*5.4*	*白*	*2A以东2.3"*
斯特鲁维2470			
A	7.0	白	主星
B	8.4	白	A星以东13.8"
斯特鲁维2474			
A	6.8	黄	主星
B	8.1	黄	A星以东16.1"

不同于天琴 ε，这2颗双星之间并没关联。斯特鲁维2474的2颗子星仅相距155光年，斯特鲁维2470的2颗子星则相距得远得多，后者可能仅仅是视双星，而非真正的双星。

此外，别忘了双星辇道增七（第128页）、天箭 ζ 和天箭 θ（第135页）。

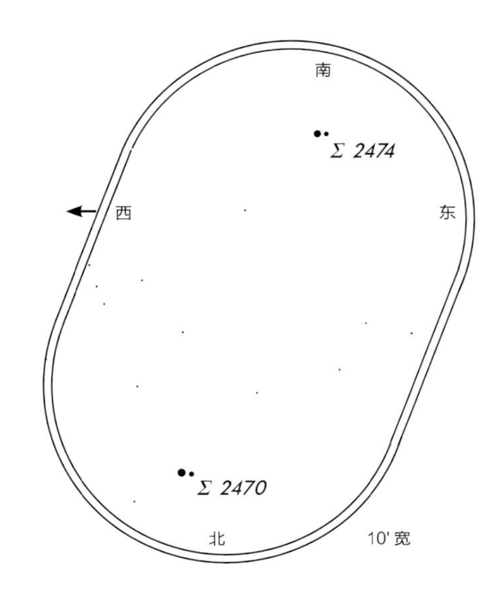

天琴座：行星状星云
指环星云（M57）

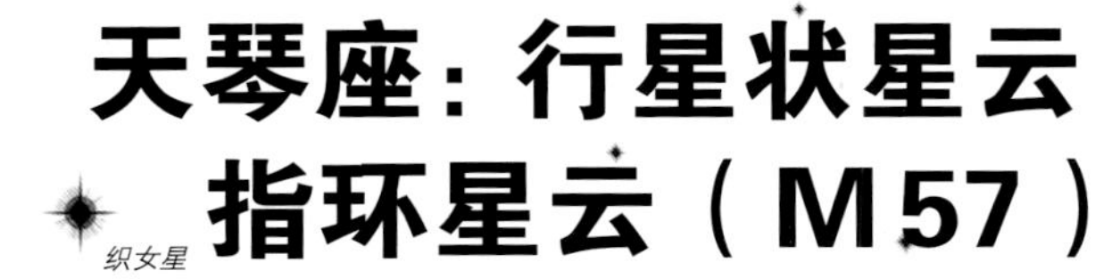

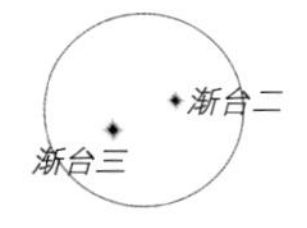

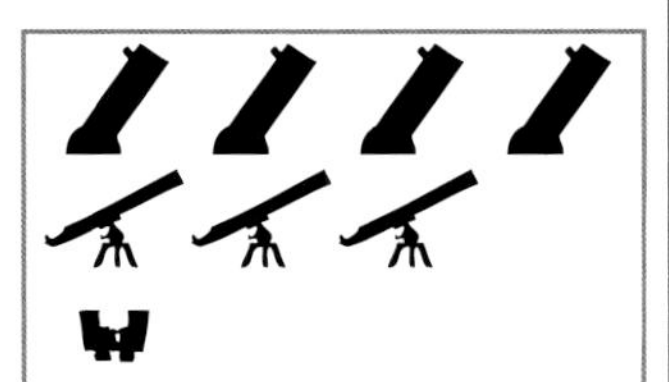

- 著名的行星状星云
- 易于寻找
- 使用周边视觉可见其呈环形

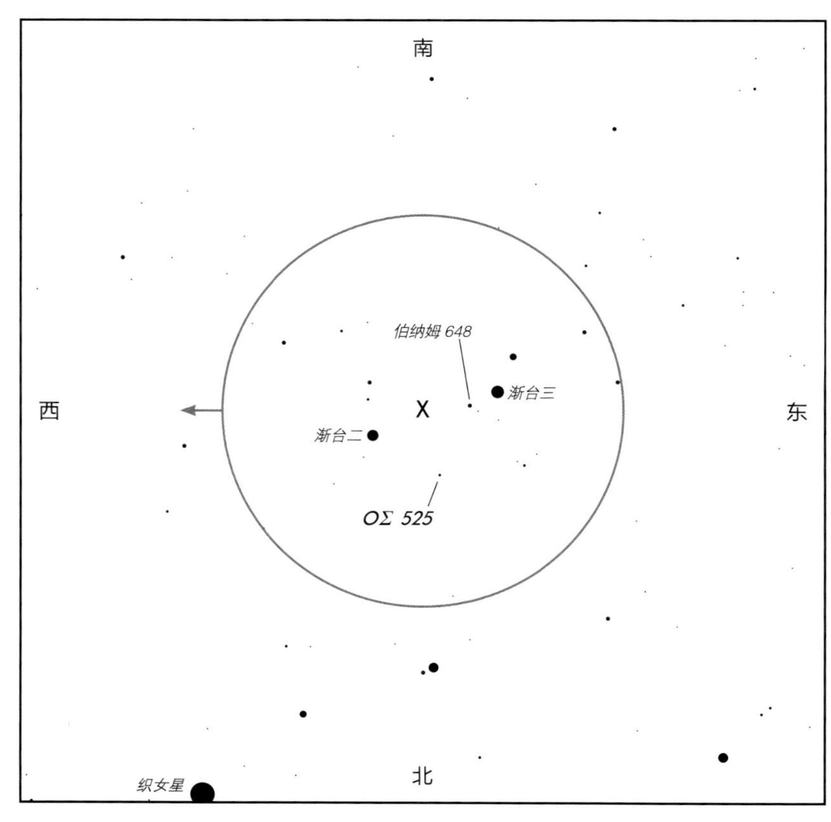

看哪儿　找到头顶高处由织女星、天津四和牛郎星构成的夏夜大三角。把望远镜对准这三者中最亮且位于西北角的织女星。在织女星南边，位于它和辇道增七的中点附近，可以看见 2 颗相对较亮的恒星，它们是渐台二和渐台三。把望远镜对准这 2 颗恒星之间的区域。

在寻星镜中　渐台二和渐台三都易被寻星镜分辨。在它们之间连线上更靠近渐台三的地方有一颗 3 等星——伯纳姆 648。指环星云就位于伯纳姆 648 和渐台二的中点处。

低倍对角镜中的 M 57 和奥托・斯特鲁维 525（OΣ 525）

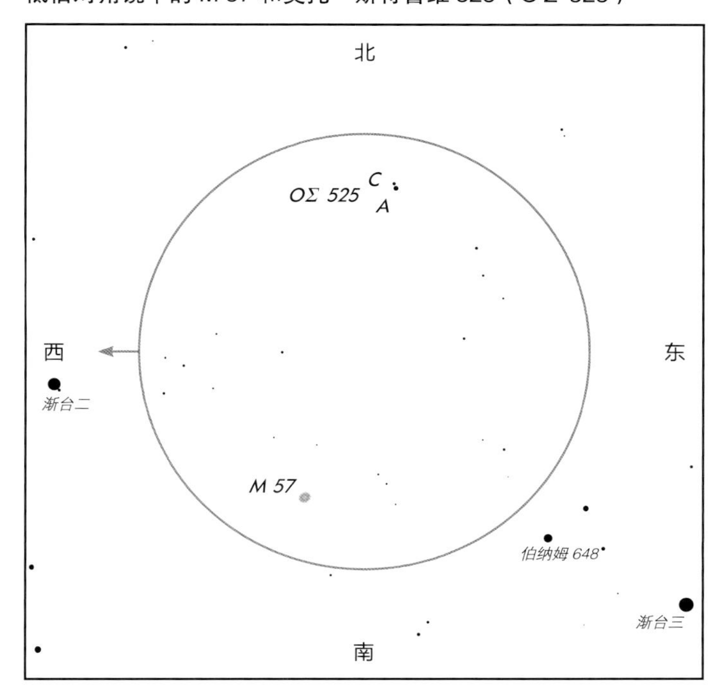

在小型望远镜中：在低倍率下寻找，在中倍率下观看。在低倍望远镜中，M 57 看上去就像一块亮而模糊的小光斑，与周围的点状亮星形成鲜明对比。在较高的倍率下，它看上去像一块中心较暗的扁圆形光斑。易见而多彩的奥托・斯特鲁维 525 与 M 57 可在同一低倍率视场中出现。

中 / 高倍多布森望远镜中的 M 57

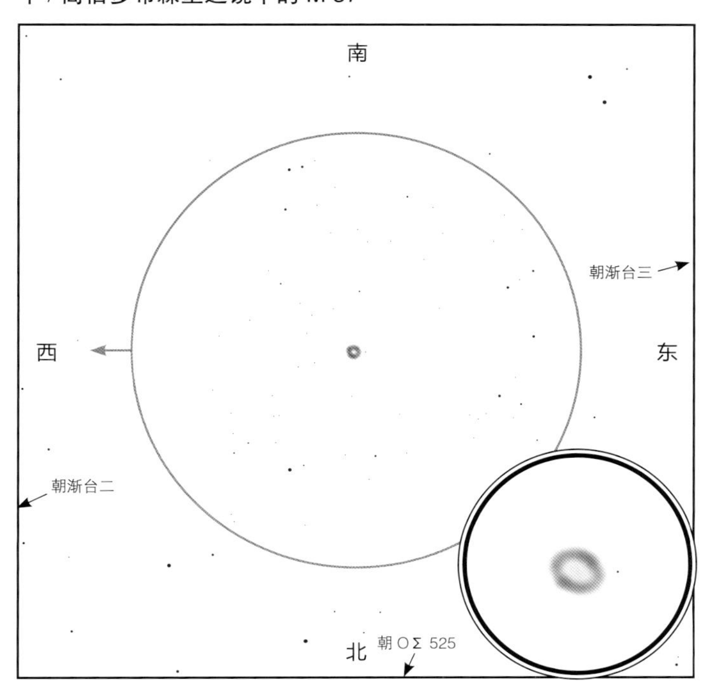

在多布森望远镜中：M 57 的环形在多布森望远镜中非常漂亮。在较大望远镜的高倍率下，这个环看上去呈椭圆形；你也许还会注意到它的亮度在不规则地变化。你可以在低倍率视场中寻找其北边的奥托・斯特鲁维 525，多布森望远镜可以将其分解成三合星。

指环星云（M 57）虽然不如哑铃星云（M 27，见第 132 页）在小型望远镜中令人印象深刻，但也许是最著名的行星状星云。类似其他的行星状星云，它比本书中所列的大多数弥漫星云或星团都更小、更亮。想在望远镜中看见它应该不难，但想在最低倍率下把它和其他恒星区分开会有点儿麻烦。由于它相对小而亮，你在观看时需使用比观看其他大多数星云所需的倍率更高的倍率。使用周边视觉的话，即使在口径 2.4 in（6.1 cm）或 3 in（7.62 cm）的望远镜中也能看见它像个烟圈。在多布森望远镜中，它更像一枚指环。

M 57 其实是一团以氢和氦为主的低温气体，非常稀薄，密度不足地球空气的一千万亿分之一。这些气体正在膨胀并远离小而高温的中央星，它为该气体云的发光提供了能量。中央星太暗了，任何口径小于 12 in（30.48 cm）的望远镜都无法看见它。

据估计，M 57 到地球的距离为 1 000 ~ 5 000 光年，因此这个指环的直径约为 1 光年。一些观测表明，该气体云正以接近 20 km/s 的速度膨胀。如果自形成起它就以这个速度膨胀，那它花了约 20 000 年的时间才有今天我们所见的大小。

有关行星状星云的更多内容，参见第 95 页。

邻近还有 包夹 M 57 的 2 颗恒星中的渐台二是一颗双星，也是一颗著名的变星。它的 2 颗子星非常密近，即便用最大的望远镜也无法将其分解开。事实上，这 2 颗子星差不多就要相接了，气体可以从一颗子星流到另一颗上。它们每 12.9 天相互绕转一周，就会从彼此前方经过一次。在最亮时，两者的和星等可达 3.4 等，几乎与渐台三（3.3 等）亮度相当。当其中较暗的子星被部分遮挡时，渐台二会变暗几天，星等变为 3.7 等；当其中较亮（但较小）的子星被遮挡时，它会一下子变暗，星等变为 4.3 等。因此，如果发现渐台二明显暗于渐台三，那说明它正处于食（渐台二主星东南偏南 47" 处还有一颗 7.8 等的伴星）。

在距离 M 57 东北偏北不到 1° 的地方有一颗多彩的三合星——奥托・斯特鲁维 525。A 星是一颗 6 等的黄色恒星，7.6 等的 C 星位于其北边 46" 处，两者易被分解开。B 星是一颗 9 等星，在 A 星东南仅 1.8" 处，分辨出 B 星对多布森望远镜来说是一项真正的挑战。

10' 圈

天鹅座：双星辇道增七（天鹅 β）；天琴座：球状星团 M 56

M 39
天津四
M 29
织女星
渐台三
辇道增七
牛郎星

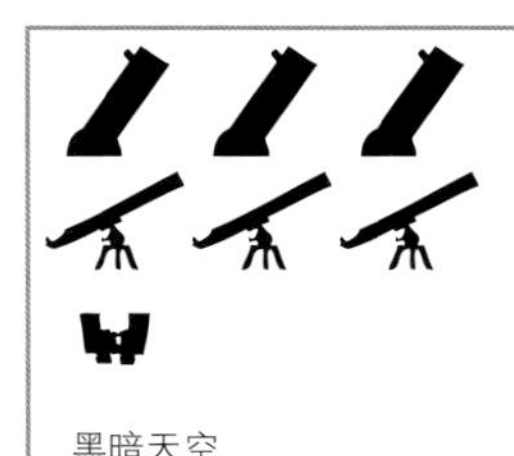

黑暗天空
中倍率
最佳时间：6～10 月

星图由模拟课程公司星空教育版制作

- 辇道增七：多彩而易见的双星
- M 56：难以寻找，但背景很漂亮
- 逛逛这周围的银河吧！

看哪儿 找到从头顶高空由天津四、织女星和牛郎星构成的夏夜大三角。其中最东边的是天津四，它位于北十字的顶部（天鹅尾）。天鹅朝向西南方，位于夏夜大三角另外 2 颗恒星——织女星和牛郎星之间。辇道增七位于北十字的底部。从这里开始观看。

在寻星镜中 辇道增七易在寻星镜中现身，是一颗漂亮的双星。M 56 位于辇道增七与渐台三的中点附近。从辇道增七往西北方（即渐台三和渐台二所在的方向，它们是织女星南边、M 57 附近的 2 颗较亮的恒星）看过去，你会看到一颗比辇道增七暗约 2 等的恒星——天鹅 2。在这个方向上再前行 1 步会遇到一颗更暗的恒星——HR 7302。对准这颗恒星，在望远镜低倍率视场中寻找该星西南方的 M 56。

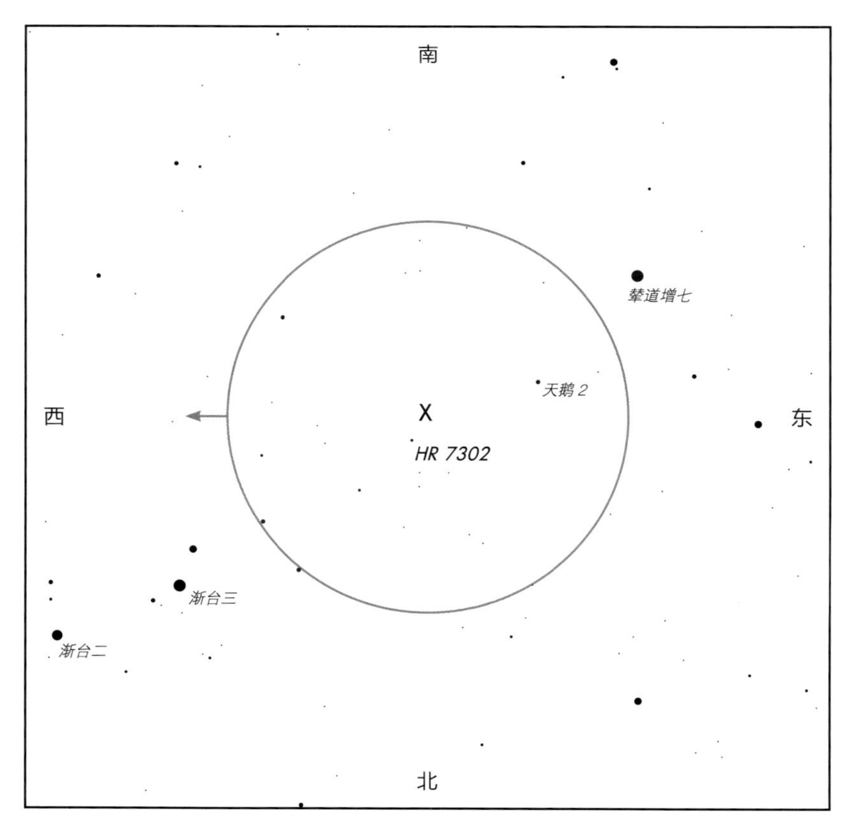

低倍对角镜中的 M 56

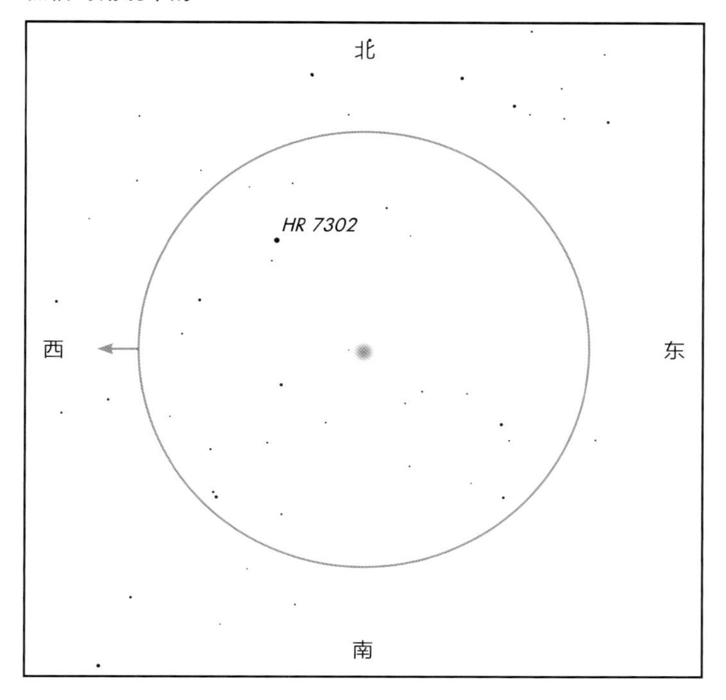

中倍多布森望远镜中的 M 56

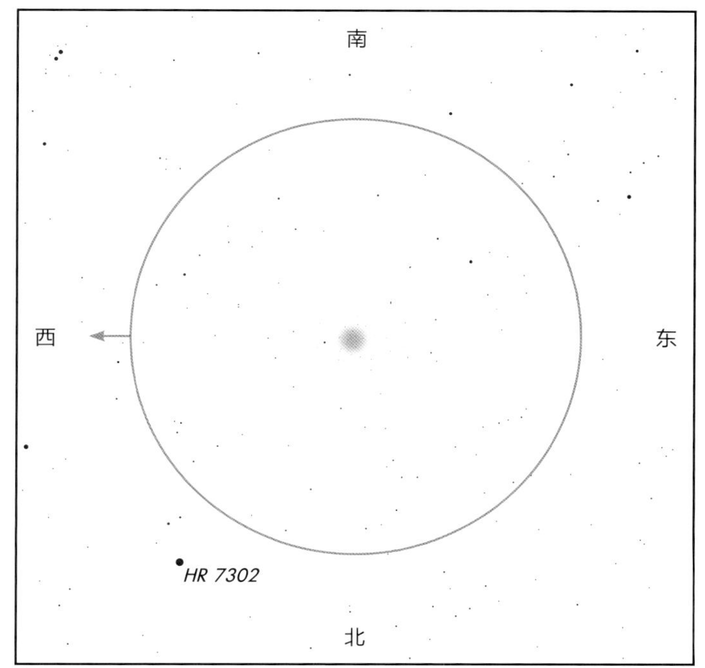

在小型望远镜中：在低倍率下寻找，在中倍率下观看。M 56 在低倍望远镜中看上去是银河系丰饶星场中的一块模糊的小光斑。

在多布森望远镜中：在这个小且具有颗粒感的星团中，多布森望远镜可分辨出许多单颗恒星，这让它看上去比其他球状星团松散得多。

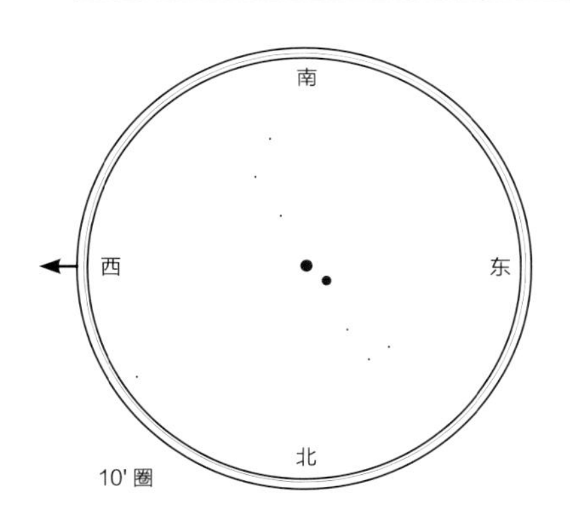

辇道增七 它易于寻找，且易被分解开。如果你对恒星具有颜色心存疑问，辇道增七可以为你答疑。辇道增七由一颗橙色的巨星（K 型星）和一颗高温蓝色恒星（B 型星）组成。B 星距离 A 星至少 4 000 天文单位，需要约 100 000 年才能绕转一周——绕转得太慢，我们无法看到其位置的任何变化。它们距离地球不到 400 光年。

M 56 它并不是一个特别醒目的球状星团。不过它位于恒星富集的银河星场中，即便在小型望远镜中也十分迷人。这个球状星团在直径 10 光年的范围内含有约 100 000 颗恒星。据估计它的年龄为 130 亿年，是太阳系年龄的 3 倍，可以追溯到宇宙形成的初始时期。它距离地球 40 000 光年。

有关球状星团的更多内容，参见第 111 页。

邻近还有 在看完了辇道增七和 M 56 之后，可以逛一逛这片天空中的银河。在漆黑的夜晚，这片天区的暗星背景激动人心。用最低倍率的目镜浏览天津四所在的北十字。

朝天津一行进，它是北十字两条十字臂的交点。把天津一置于寻星镜视场的北边缘附近。使用低倍目镜，在众多银河系背景恒星中寻找类似昴星团的一小群暗星。这群暗星就是疏散星团 M 29。它包含约 20 颗恒星，小型望远镜可分辨其中的约 6 颗。M 29 距离地球约 5 000 光年。

继续沿银河闲步前行，路过天津四后朝仙后座行进，你会遇到疏散星团 M 39，它是映衬在银河背景光中的一群恒星。

辇道增七（天鹅 β）

恒星	星等	颜色	位置
A	3.2	橙	主星
B	5.4	蓝	A 星东北 34"

天鹅座：闪视行星状星云（NGC 6826）和双星天鹅 16

黑暗天空
中 / 高倍率
星云滤光片
最佳时间：6～10 月

- 寻找时具有挑战性
- NGC 6826：忽隐忽现的有趣星云
- 天鹅 16：2 颗子星都类似太阳

看哪儿 找到从头顶高空中由 3 颗亮星构成的夏夜大三角。其中东边的天津四就位于北十字的顶部（天鹅尾）。从东南向西北排成一线的 3 颗亮星组成了北十字较短的分支，即天鹅的翅膀。找到伸向西北方的左翼的末端。具体方法为：从天津四开始，然后找到其西北方的 2 颗恒星，再往西可见沿东南–西北方向排成一线的 3 颗恒星——天鹅 θ、天鹅 ι 和天鹅 κ，它们构成了天鹅左翼的翅尖。对准其中东南方更靠近天鹅躯干的天鹅 θ。

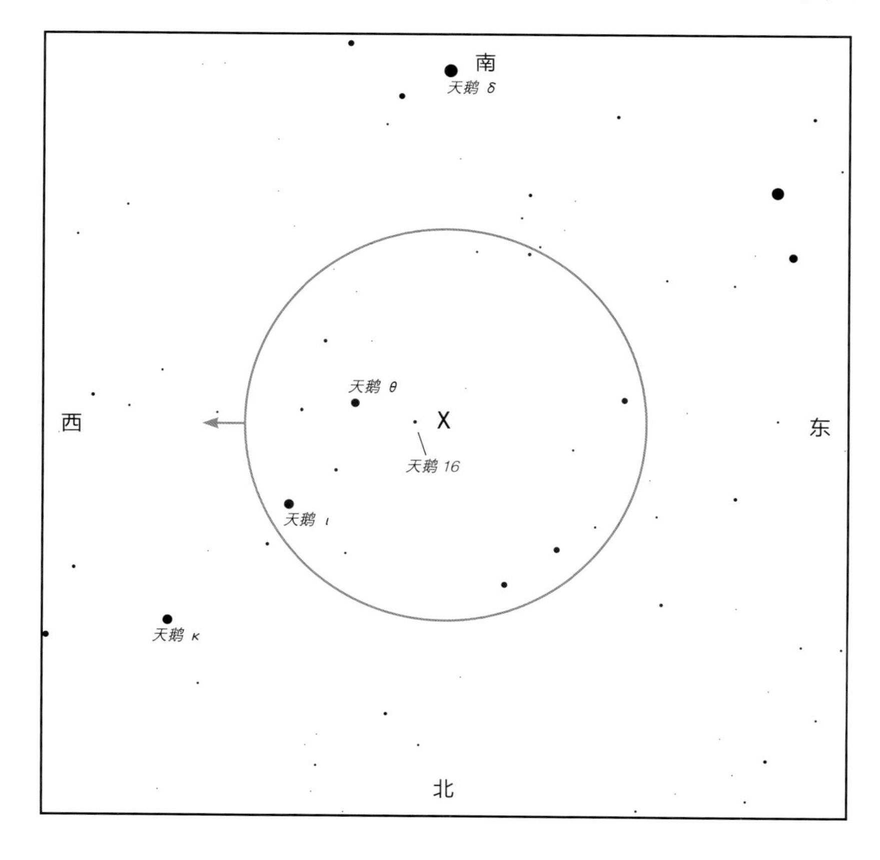

在寻星镜中 3 个光点——天鹅 θ、易见的天鹅 ι 和银河中的一个光点（只有在天空足够黑暗时才会现身）——在寻星镜中构成了一个楔形。位于该楔形东南角的那个光点就是天鹅 16。或者，把寻星镜对准天鹅 κ，从天鹅 κ 前行 1 步至天鹅 ι；沿着这个方向再前行 1 步就是天鹅 16，它在天鹅 θ 东偏北一点儿。一旦找到了天鹅 16，你就能在其东边看到星云 NGC 6826，它们能在同一个低倍率视场中出现。

天鹅 16

恒星	星等	颜色	位置
A	6.0	黄	主星
B	6.0	黄	A 星东南 40"

低倍对角镜中的 NGC 6826

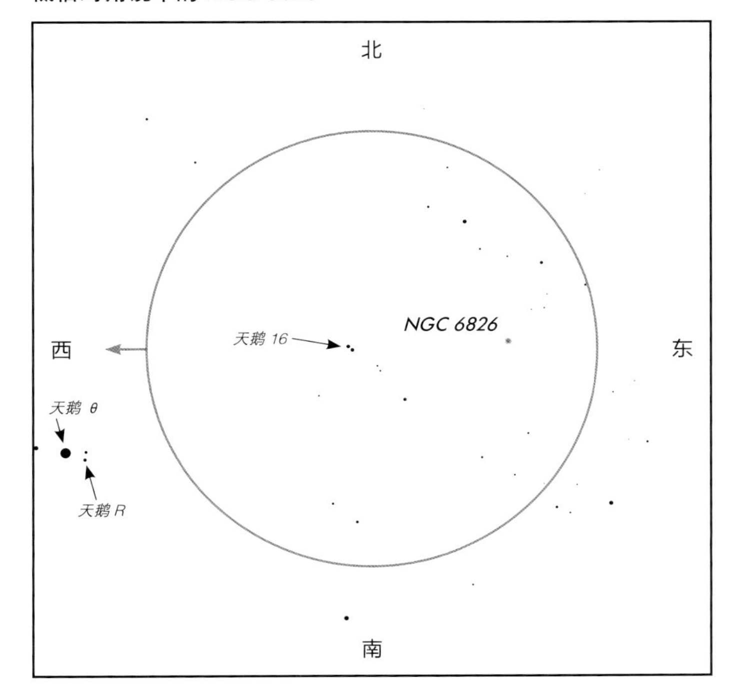

在小型望远镜中： 应该可以看见相对易被分解的双星天鹅 16。在从天鹅 16 往东移动不到 0.5° 的地方（或者把天鹅 16 置于视场中心，然后等 3 分钟），找一颗暗“星”并把它放到视场中心。但是，当你直接盯着它时，这颗“星”似乎会变得更加暗。它就是闪视行星状星云（NGC 6826）。在放大图（在中倍率下观看的影像）中，使用周边视觉的话它看上去像一块微小的暗光斑，直径没有天鹅 16 两颗子星的间距大；直接盯着它时，你会看到一颗 11 等星。

中 / 高倍多布森望远镜中的 NGC 6826

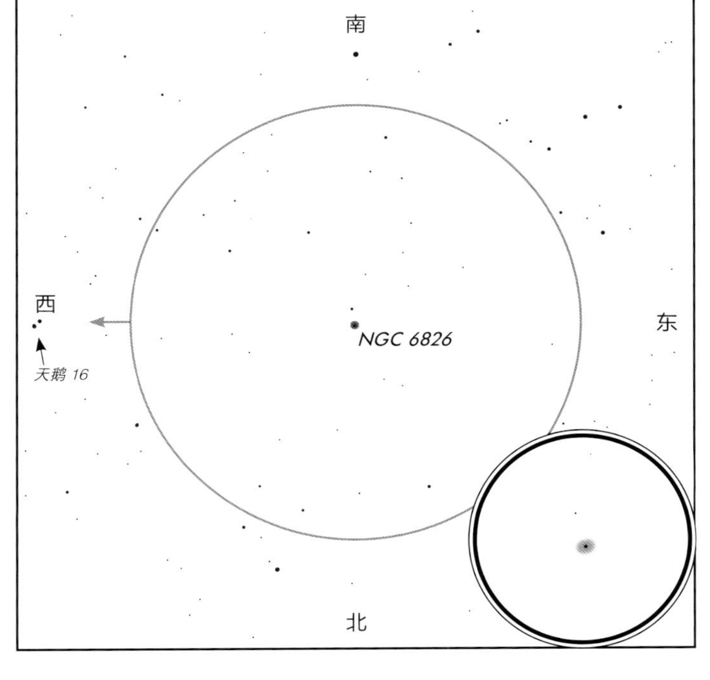

在多布森望远镜中： 双星天鹅 16 是由 2 颗白色恒星构成的、易见的大间距双星。向东移动 0.5°，使用周边视觉寻找一个模糊的亮蓝色圆圈，它就是 NGC 6826。跟在低倍望远镜中的情况一样，当你直视它时，它周围的光雾会消失，你只能看见它的中央星。然而，由于多布森望远镜有更强的聚光本领，使用星云滤光片的话，你一次能同时看见中央星及其周围模糊的光斑。

闪视行星状星云（NGC 6826） 它所发出的光与一颗 9 等星发出的光相当，但它的光散成了一个小圆面而非聚集成一个点。因此，你用周边视觉能清晰地看到该星云，但你直接盯着它看的话，可能什么都看不见（你眼睛的中心部分对细节而不是对暗弱的光线更加灵敏，因此只能看见中央星，而无法看到其周围的星云）。这一“忽隐忽现”的效应让该星云得名。

NGC 6826 距离地球约 2 000 光年。其气体云已向外膨胀到了直径 15 000 天文单位（约 1/4 光年）的区域。行星状星云是红巨星爆炸时抛射的气体云，在那里你可以看到爆炸后所留下的白矮星。

天鹅 16 它由 2 颗与太阳极为相似的 G 型星组成，距离地球 70 光年。事实上，天鹅 16B 的光谱与太阳的几乎一模一样。它常常被当作太阳的模拟星——把其他天体发出的光与它发出的光进行比较，就相当于与太阳的光进行比较。

此外，对其光谱中微小偏移的测量（跟对分光双星所做的一样）发现，天鹅 16B 拥有一颗质量为木星 2 倍的行星，轨道周期为 802 天。然而，这颗行星的轨道非常扁，这使得它到天鹅 16B 的距离最小为 0.7 天文单位（跟金星到太阳的距离差不多），最大为 2.7 天文单位（跟小行星带到太阳的距离差不多）；它在绕天鹅 16B 转动的过程中会扫过温和的宜居带，这意味着那里有类地行星存在的可能性极低。

天鹅 16A 本身也是一颗双星，但其伴星离主星太近且太暗，即便用多布森望远镜你也无法看见它。

邻近还有 在低倍率视场中找到天鹅 θ。就在它的东边，你可以看见一两颗恒星。其中你总能看到一颗 9 等星。就在这颗 9 等星西南方不远处，是长周期变星天鹅 R。在较为规则的 14 个月的周期里，它会先变暗（星等从 7 等变成 14 等）再变亮。因此，在大多数时间里它太过暗弱，口径小于 10 in（25.4 cm）的望远镜无法分辨出它。天鹅 R 是一颗罕见的 S 型星，呈红色，温度低且暗弱。

狐狸座：行星状星云 哑铃星云（M 27）

织女星

辇道增七

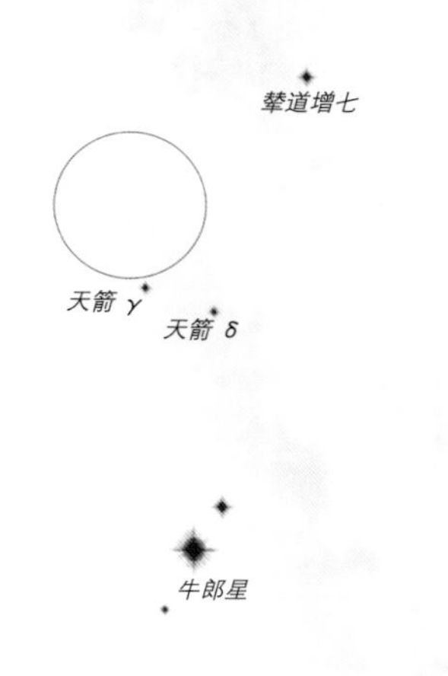

牛郎星

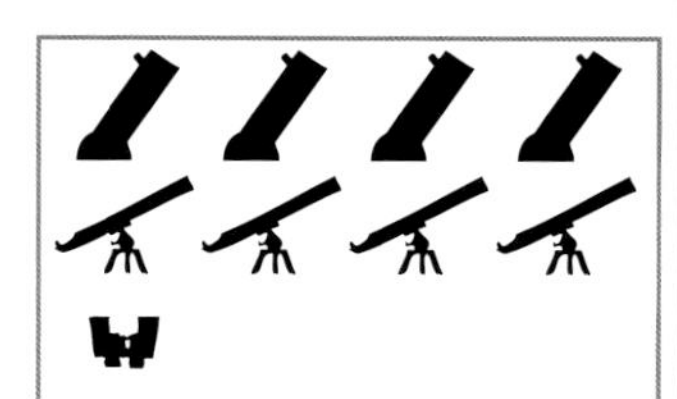

黑暗天空
中倍率
星云滤光片
最佳时间：6～10 月

星图由模拟课程公司星空教育版制作

- 大而亮的行星状星云
- 黑夜下非常壮观
- 用大口径望远镜和星云滤光片可见迷人的细节

看哪儿 找到构成夏夜大三角的 3 颗恒星中最南边的牛郎星。在它北边有一个由 4 颗易见的恒星组成的狭长的星群。这里就是天箭座。最左边的天箭 γ 是箭头，其他 3 颗恒星所组成的狭长三角形是箭羽。假设箭中间的恒星到箭头的恒星为 1 步，那么从箭头往北行进 1 步（这样你就到了另一个星座——狐狸座）。

在寻星镜中 寻找一颗 6 等星——狐狸 14，哑铃星云就在它南边。在暗弱恒星富集的银河星场中，你也许能看见它呈一个微小而模糊的点。

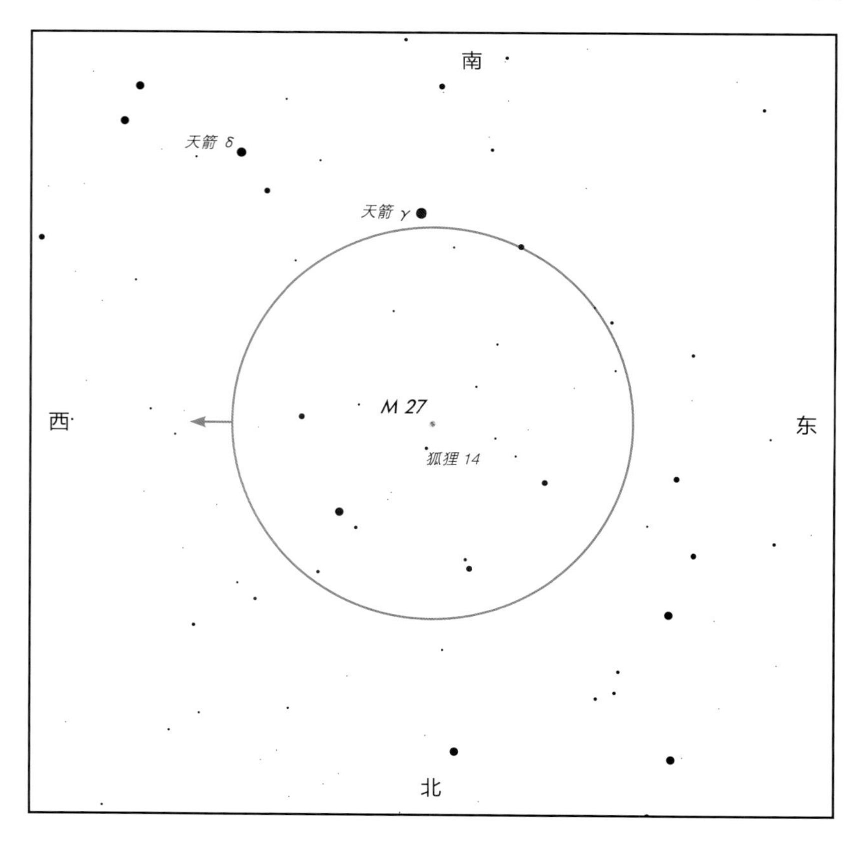

低倍对角镜中的哑铃星云

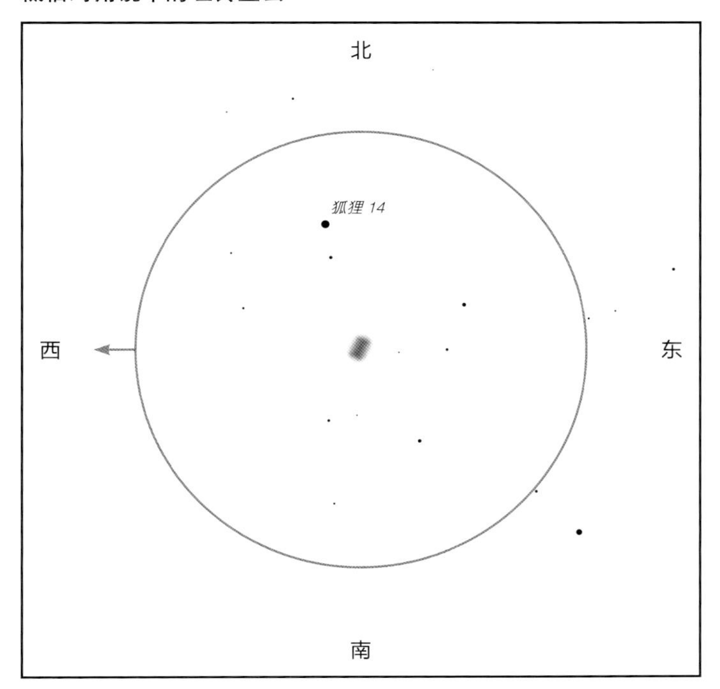

在小型望远镜中：用低倍望远镜对准狐狸 14，哑铃星云就在它南边。把哑铃星云置于视场中心，然后在中倍率下观看。它看上去就像位于恒星富集的星场中的一个明亮却模糊的蝴蝶结（或者更经典的说法是，它像一个举重用的哑铃）。

中倍多布森望远镜中的哑铃星云

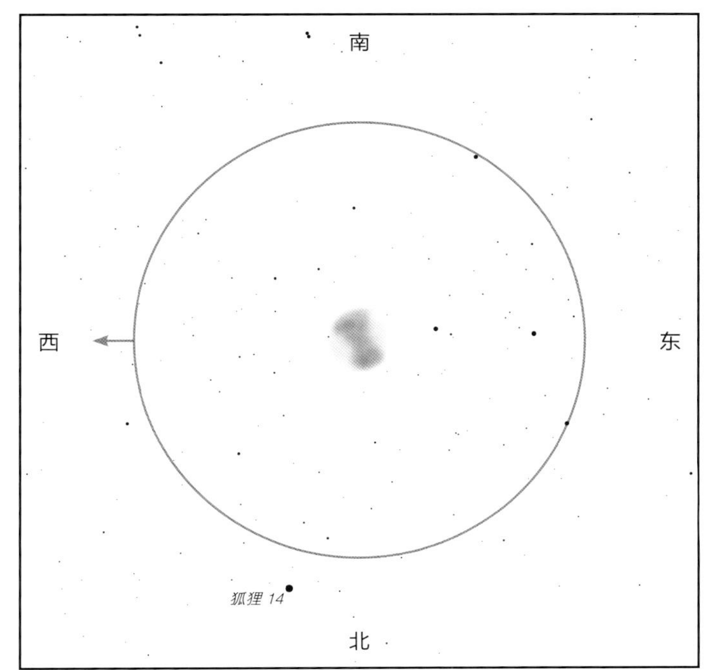

在多布森望远镜中：一旦找到哑铃星云（用低倍望远镜找到狐狸 14 后向南移动），试着用更高倍率的望远镜和星云滤光片观看。此时它的哑铃形状非常明显，在它后方还有一团较暗的光晕。

在漆黑的夜晚，哑铃星云（M 27）所发出的缥渺而弥漫的光芒就像悬挂在周围的恒星之间。光点状的恒星与该星云弥漫光线的对比造就天空中一幅漂亮而令人心动的图画。放松眼睛，花点儿时间看看周围的天体，以适应黑暗。慢慢来，你的付出，M 27 最终都会回馈给你。

在黑暗的夜晚，你可以试着观察它不对称的形状和不规则的亮度变化。

该行星状星云呈不规则的薄壳形，低温气体正从中央星（太暗，小型望远镜无法分辨出来）向外膨胀，后者为气体发光提供了能量。这些气体的主要成分是氢和氦，它们温度极低，也极为稀薄。

M 27 距离地球 1 200 光年，直径超过 2 光年。它正在以约 30 km/s 的速度向外膨胀，因此它会稳定地以每世纪约 1" 的速度生长。如果它自形成时就以这个速度膨胀，得花约 10 000 年才能达到现在的大小。

有关行星状星云的更多内容，参见第 95 页。

天箭座：球状星团（？）M 71

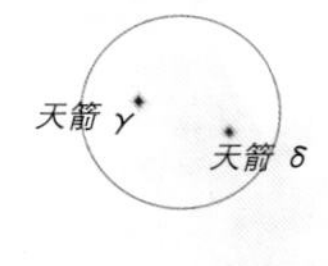

- 易于寻找，难以看见
- 神秘天体：是球状星团还是疏散星团？
- 近邻：布罗基星团，双筒望远镜的漂亮目标

看哪儿　找到构成夏夜大三角的 3 颗恒星中最南边的牛郎星。然后找到牛郎星北边的一个由 4 颗较亮的恒星组成的狭长星群，这里就是天箭座。其中最左边的天箭 γ 是箭头，其他 3 颗恒星所组成的狭长三角形是箭羽。位于箭中间、箭羽和箭杆连接处的是天箭 δ。对准天箭 γ 和天箭 δ 的中点处。

在寻星镜中　除非是在条件异常好的夜晚，否则 M 71 在寻星镜中不可见。寻找天箭座中的 4 颗主要恒星，寻星镜的视场应该能同时容纳它们。找到后，对准天箭 γ 和天箭 δ 的中点。在这个中点的西边有一颗 7 等星——天箭 9。

低倍对角镜中的 M 71

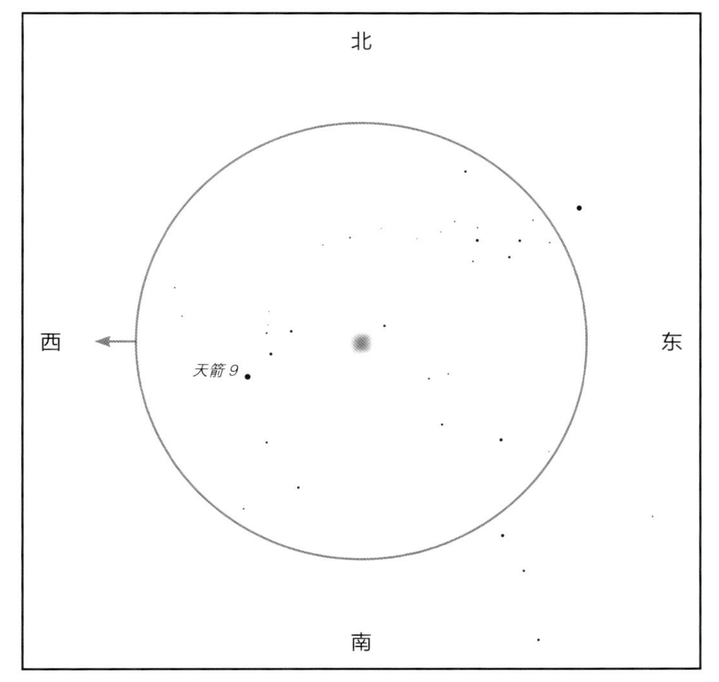

在小型望远镜中：在低倍率下寻找天箭 9。M 71 就在它东边，看上去非常像一片暗弱的行星状星云或者一个有着不规则光斑的星系。在中倍率下观看，口径 3.5 in（8.89 cm）的望远镜或许能分辨其光线中的“颗粒”。M 71 十分暗弱，你得在一个漆黑的夜晚仔细观看。使用周边视觉会有所帮助。

中倍多布森望远镜中的 M 71

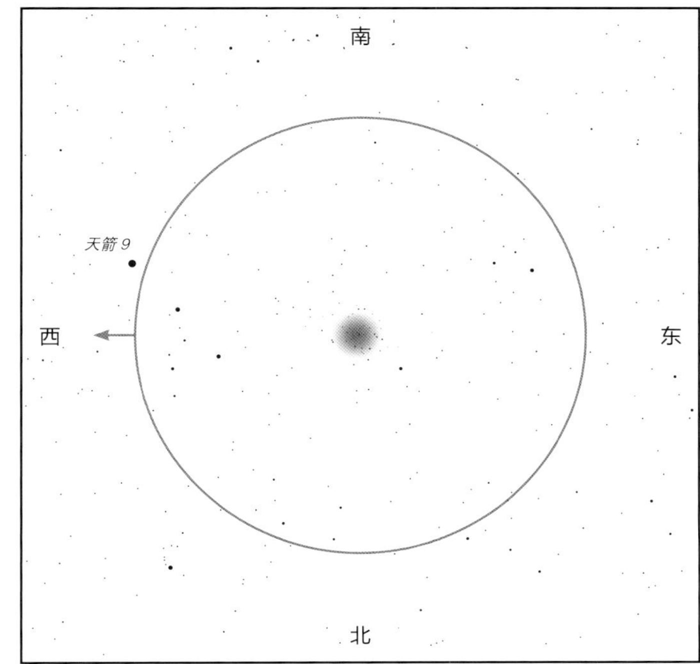

在多布森望远镜中：M 71 在多布森望远镜中看上去特别奇怪。你在低倍率下观看时，它看上去颗粒感很重；而在中倍率下观看时，你也许可以分辨出其中的恒星。然而，除非夜空极为黑暗，否则它没有亮到你可以在高倍率下观看的地步。

M 71 既不大也不亮，但有种典雅美。它看上去与其他球状星团极为不同；事实上，它是否是一个球状星团学术界仍没有定论。该星团中的恒星似乎并不像典型的球状星团中的恒星那样仅含有氢和氦。不过，天文学家在研究其中不同类型的恒星时也并未发现普通疏散星团中常见的由蓝色恒星演化而成的红巨星；事实上，其中不同颜色的恒星的分布非常接近球状星团中的情况。这个不知是球状星团还是疏散星团的天体直径为 30 光年，距离地球约 20 000 光年。

邻近还有 天箭 δ 东北方有一颗 5 等星——天箭 ζ。在小型望远镜中它是一颗双星，主星西北方 8.5" 处有一颗 9 等的伴星。其主星也是一颗双星，但太密近而无法被分解开。该系统中还有一颗恒星，不过因距离主星较远且太暗弱而无法被小型望远镜分辨出。

天箭 γ 东北方还有一颗双星。从天箭 δ 行进 1 步至天箭 γ（从箭中到箭头），再前行 1 步即可看见天箭 θ。天箭 θ 的主星是一颗 6 等星，在其西北方 12" 处还有一颗 9 等的伴星。这里是一个恒星富集区，在它西南方不到 2' 处有一颗 7 等的场星。

从天箭 δ 前行 1 步至天箭 β，再前行 1 步可见 2 颗 6 等星——天箭 ε 和 HN 84。它们均带有暗弱且遥远的伴星。8.4 等的天箭 εB 位于其主星东边 87" 处，附近另外 2 颗相距 2' 的、更暗的恒星可能也属于该系统。HN 84 中的伴星为 9.5 等，位于其主星西北偏北 28" 处。

M 71 西边 5° 偏北一点儿——差不多一个寻星镜视场的距离——有一群 6 等星和 7 等星，即布罗基星团（或被称为科林德 399，更形象的叫法是“衣架星团”）的成员星。该星团直径超过 2°，对大多数望远镜来说太大了，更适合用双筒望远镜或寻星镜观看。虽然曾被认为是疏散星团，但欧洲依巴谷卫星测得的恒星距离和运动数据显示，它们其实是一群不相关的恒星，只是恰好位于同一方向上，距离地球 200 ~ 1 000 光年。

盾牌座：疏散星团野鸭星团（M11）

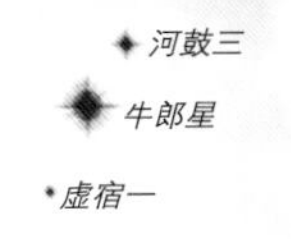

天鹰 δ

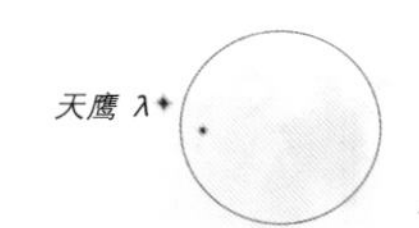

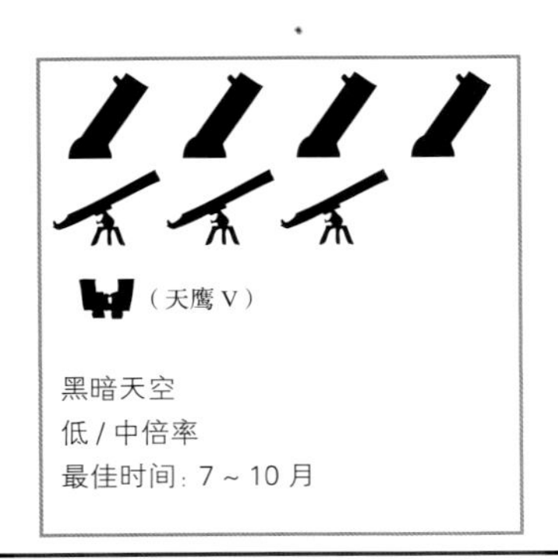

心宿二

星图由模拟课程公司星空教育版制作

- 优美的疏散星团
- 丰饶的天区
- 用多布森望远镜观看棒极了！

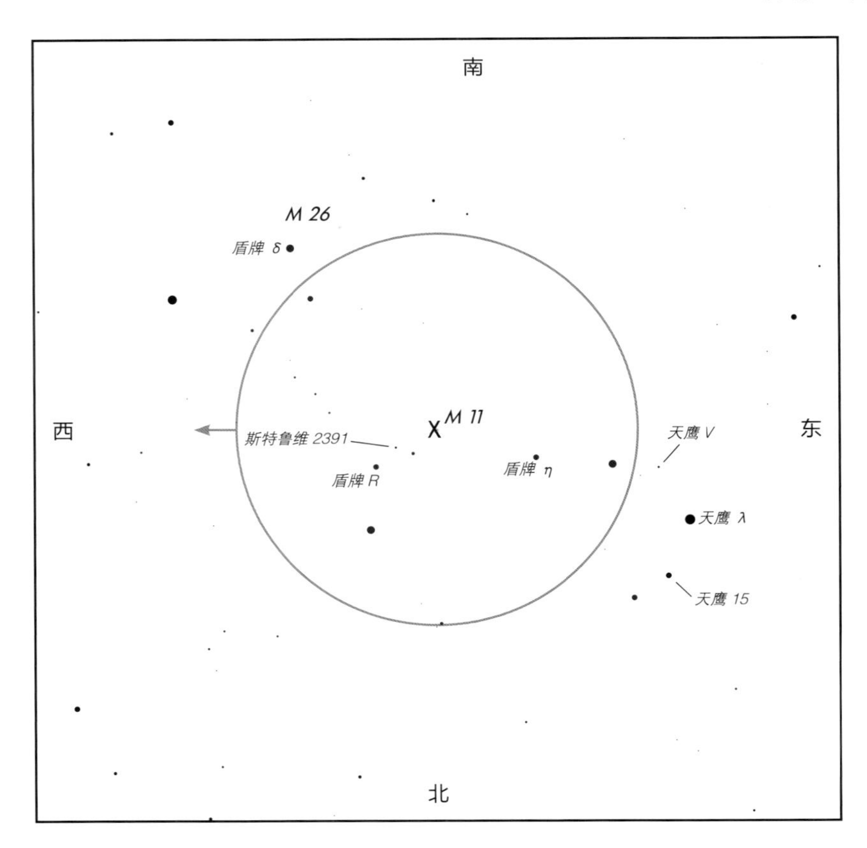

看哪儿 找到夏夜大三角中最南边的牛郎星。它是一颗明亮的 1 等星。牛郎星的两侧各有一颗暗星，其中北偏西一点儿的是河鼓三，南偏东一点儿的是虚宿一。它们构成了天鹰（天鹰座）的头。天鹰的身体（从头到尾）由自东北向西南排成一线的多颗恒星构成。从河鼓三行进 1 步到天鹰 δ，再前行 1 步即可到天鹰 λ。在天鹰 λ 的西南方有 2 颗比它暗的恒星，这 3 颗星可被纳入同一寻星镜视场中。

在寻星镜中 把天鹰 λ 及其西南方的 2 颗恒星置于寻星镜视场中，并把它们想象成在一个钟面上。以中间的恒星为钟面的中心，那么其中最亮的天鹰 λ 在 4 点钟方向上，盾牌 η 则在 9 点钟方向上。从钟面的中心行进 1 步至盾牌 η，再前行 1 步就到 M 11 附近了。

低倍对角镜中的 M 11

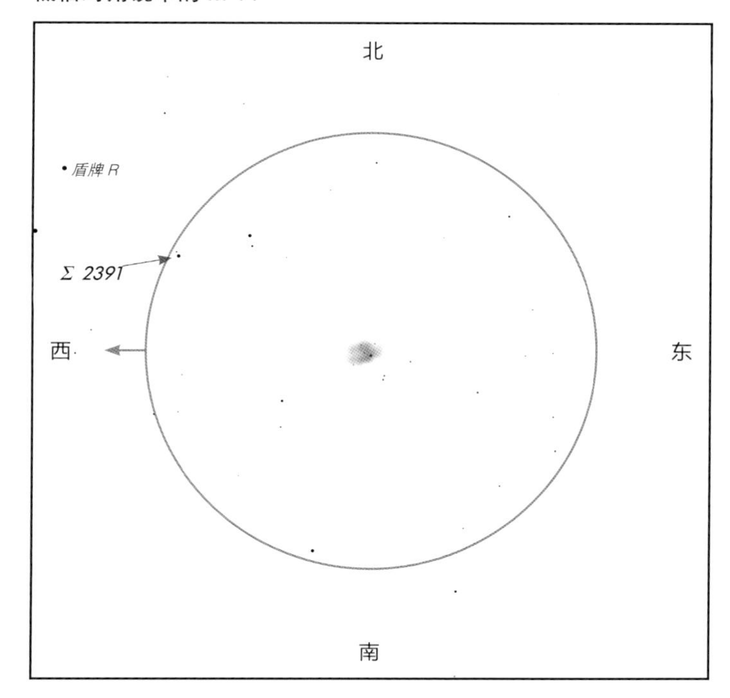

在小型望远镜中：在低倍率下寻找，在中倍率下观看。该星团呈一块带颗粒感的楔形光斑，光晕从一颗 9 等星向西扩散。在中等大小——口径 4 in（10.16 cm）或更大的望远镜中，你可以看到一个 V 字形。

中倍多布森望远镜中的 M 11

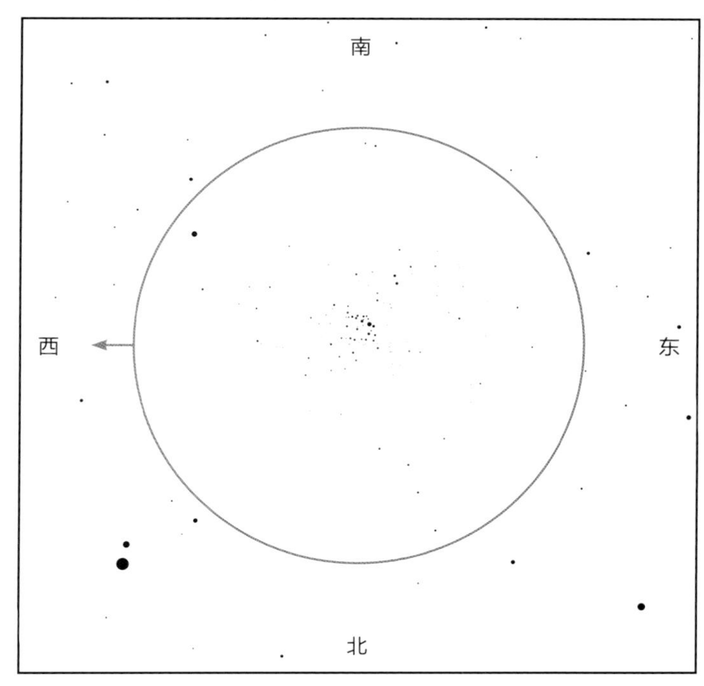

在多布森望远镜中：用多布森望远镜可见 M 11 中的数百颗恒星，使用周边视觉你还能感知更多超出你分辨极限的恒星。使用更大口径的望远镜的话，M 11 看上去不再呈楔形，而更像一个西边有一道缝隙的球。

野鸭星团（M 11）是一个由 1 000 多颗恒星组成的接近圆形的集合，其中大多数较亮的恒星组成了一个楔形星群，形如飞行的野鸭。在小型望远镜中，位于该楔形星群顶点的亮星十分明显，此外你只能勉强从背景的光雾中分辨出两三颗恒星。

即使你将小型望远镜调到高倍率看 M 11，它也很小且不够亮，不过仍很漂亮。在条件良好的夜晚，该星团在多布森望远镜中十分壮观，多布森望远镜可以从背景的颗粒感光雾中分辨出 100 多颗单颗恒星。不管是在小型望远镜中还是在多布森望远镜中，它都算得上漂亮。

M 11 的半径超过 50 光年，距离地球约 6 000 光年。形如飞行的野鸭的楔形星群直径约为 20 光年。这么小的区域内容纳的恒星太多了，因此相邻恒星的间距平均不到 1 光年。其中绝大多数的亮星是年轻的高温蓝色恒星和白色恒星，光谱型为 A 型和 F 型，也有十几颗恒星已经演化成了红巨星。由此可以估计该星团的年龄约为 1 亿年（有关疏散星团的更多内容，参见第 67 页）。

邻近还有 在 M 11 西北 0.5° 的地方有 2 颗 6 等星，其中西边较暗的那颗（离 M 11 较远的那颗）是双星斯特鲁维 2391。它的主星是 6.5 等星，而其伴星暗得多，为 9.6 等星，位于主星西北偏北 38" 处。

从这 2 颗恒星往西北 0.5° 可见变星盾牌 R。它的星等会在一个月的时间里从 5.7 等毫无规律地变成 8.6 等。

南
西
东
天鹰 15
北
10' 圈

天鹰 λ 北边是 5 等双星天鹰 15。其主星为 5.4 等的黄色恒星，西南方 38" 处有一颗深蓝色的 7 等伴星。

在天鹰 λ 南边与天鹰 λ 到天鹰 15 约相同的距离上，有一颗漂亮的深红色变星——天鹰 V（星等在 6.6～8.4 等之间变化）。它是一颗类似于猎犬 Y 的碳星。

M 11 西南方刚好位于寻星镜视场外的是疏散星团 M 26。相比于其他的梅西叶天体，M 26 小而暗。用多布森望远镜可以分辨出其中二十几颗恒星，它们聚集在一个直径仅几角分的、形似风筝的区域里。可以尝试在中倍率下观看。

最后，在 M 11 西南方有一颗 5 等星——盾牌 δ。它现在距离地球 190 光年，并不起眼；但在 125 万年后，它到地球的距离仅为 9 光年，在天空中会像今天的天狼星一般明亮。

人马座：天鹅星云（M 17）

河鼓三
牛郎星
虚宿一
天鹰 δ
天鹰 λ

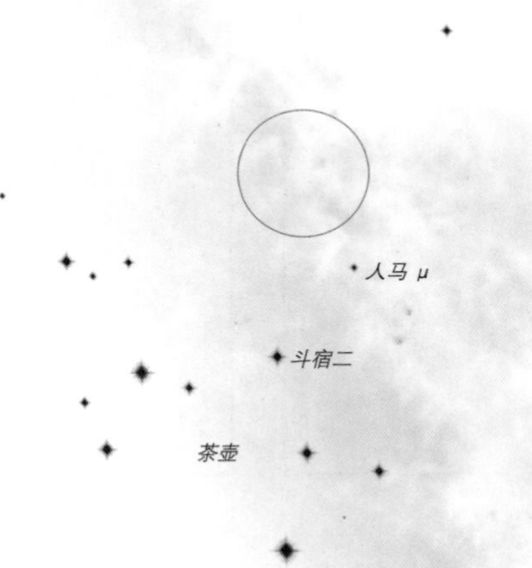

心宿二

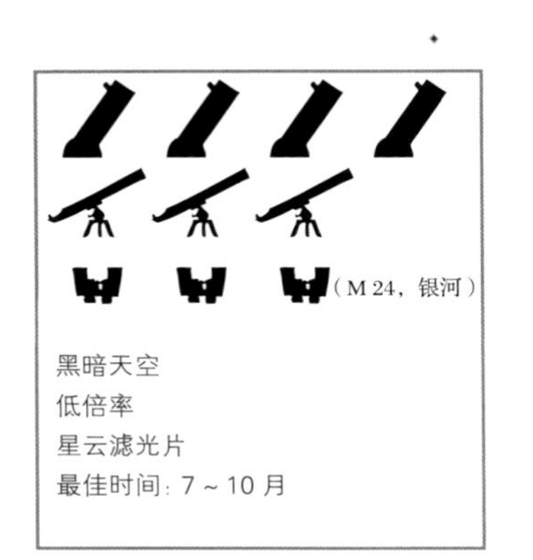

星图由模拟课程公司星空教育版制作

- 漂亮的天鹅形光斑
- 星云状物质背景和星团
- 位于一个疏散星团富集区

看哪儿　找到位于南方低空中的茶壶星组。从茶壶顶部的斗宿二往西北方寻找一颗 3 等星——人马 μ。把寻星镜对准人马 μ。如果茶壶星组还没升起来，找到夏夜大三角中最南边的牛郎星。在牛郎星两侧各有一颗暗星——虚宿一和河鼓三，它们构成了天鹰的头。从河鼓三（牛郎星右边的恒星）行进 1 步到天鹰 δ，再行进 1 步即可到天鹰尾部的天鹰 λ。沿着这一方向继续前行 2 步即可看到人马 μ。

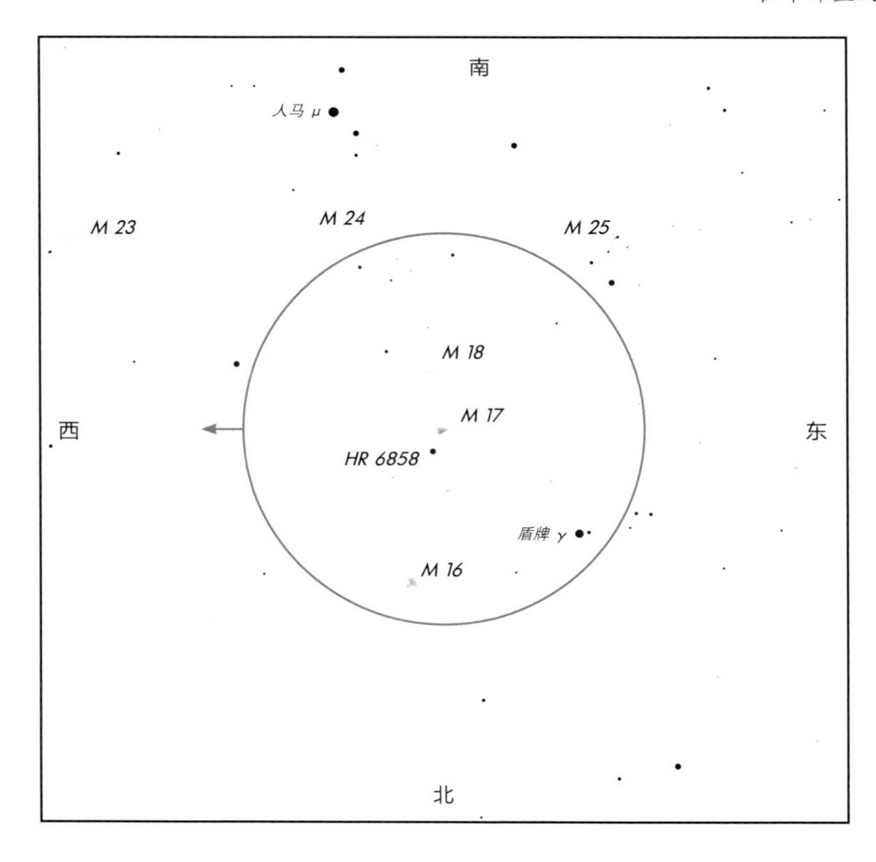

在寻星镜中　从人马 μ 一路向北，穿过 M 24，直到在寻星镜中看见 5 等星 HR 6858 和 4 等星盾牌 γ（它东边有一颗暗星和一个由恒星组成的显眼的三角形）。对准 HR 6858，此时盾牌 γ 就在视场的东北边缘。

低倍对角镜中的 M 17

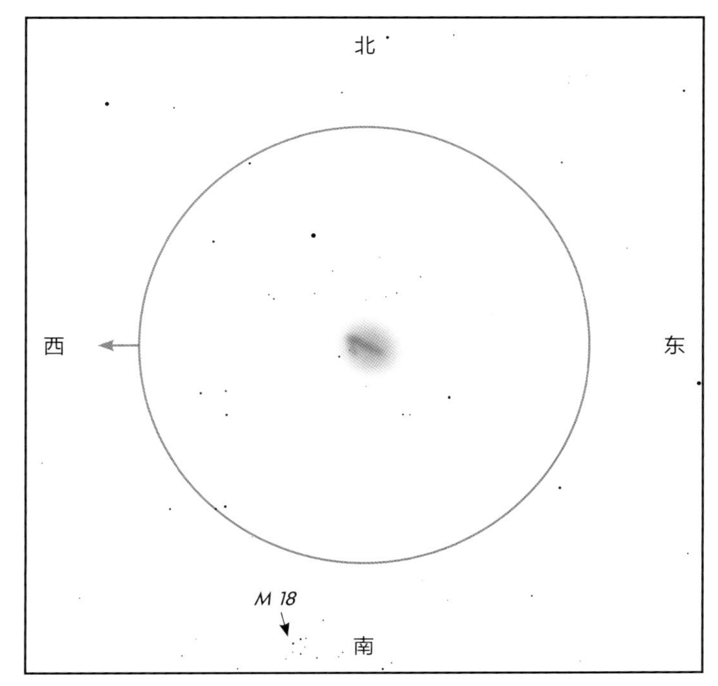

在小型望远镜中： M 17 是一根很小的光棒，其一端向旁边稍微延伸，这使它看上去像一个镜像的对号（√）。在其另一端，一团暗弱的光晕包裹着一个由十几颗恒星组成的疏散星团，并向北边和东边延伸出去。发挥一点儿想象力，你会发现它像一只朝你游来的天鹅——光棒是天鹅的脖子，从光棒西边的顶端向南延伸的一小段是天鹅的头和嘴，脖子后面包裹疏散星团的暗弱的星云状物质则是天鹅的躯干。

低倍多布森望远镜中的 M 17

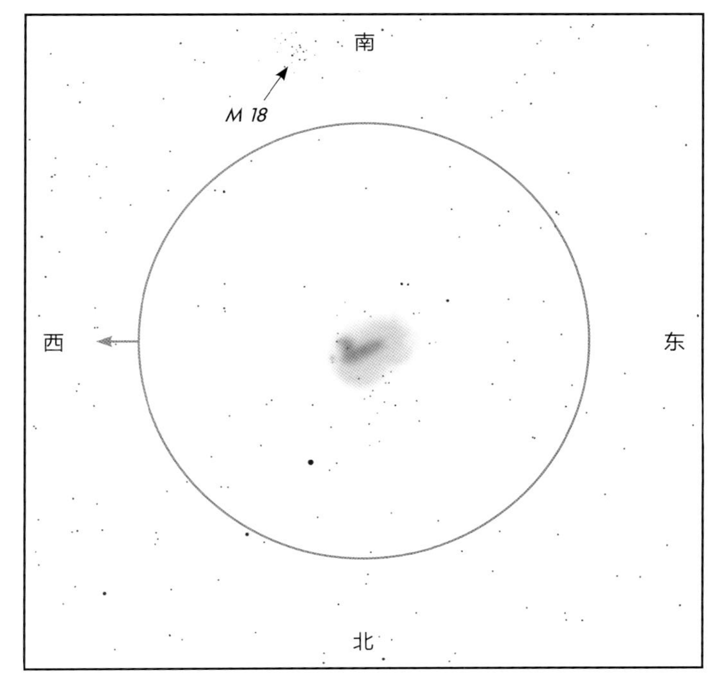

在多布森望远镜中： M 17 是一个令人印象深刻且若隐若现的光球，其一端向旁边延伸出去了一点儿，这让它看上去像一个对号（√）。在对号较长的一支上，一小束纤细的光弥漫开并包裹着一个由十几颗恒星组成的疏散星团。该星云较暗的外部一直向北边和东边延伸出去。使用星云滤光片可以增强“一只天鹅向你游来”的画面感。

加拿大或北欧的观星者难以看见天鹅星云，而从纽约或罗马及以南的地区看过去它非常漂亮。在一个漆黑的夜晚，你可以清楚地看见该星云的所有细节。你很容易就能看见呈“对号”形（√）的光棒，但想看清天鹅的躯干则具有挑战性。

M 17 是一团主要成分为氢和氦的气体和尘埃云，藏在这些气体中的年轻恒星使之发光。这是一个恒星形成区，该星云具有的物质足以形成数千颗恒星。在该星云中心的亮斑长约 10 光年；整片星云延伸出去的话，直径约为 40 光年。该星云距离地球 5 000 光年。

有关弥漫星云的更多内容，参见第 51 页。

邻近还有 在 M 17 北边有一个星云和疏散星团的复合体——M 16。移动寻星镜直到盾牌 γ 位于视场东南偏东的边缘（若以南为上，即盾牌 γ 约在 2 点钟的方向）。这样 M 17 应该会出现在寻星镜视场顶部（南）的边缘，而 M 16 应该会位于寻星镜视场的中心。M 16 又被称为鹰状星云，哈勃空间望远镜拍摄了其中有恒星正在形成的尘埃柱的著名照片；在小型望远镜中，M 16 仅显现为一个松散的疏散星团。在双筒望远镜中，它是一块暗弱而模糊的光斑。口径 3 in（7.62 cm）的望远镜也许可以分辨出其中二十几颗恒星。在一个条件良好的夜晚，只有用多布森望远镜才能看见恒星间的星云。M 16 是一个相当年轻的疏散星团，据估计年龄仅为 300 万年。在该星团边缘有一颗小而明显的双星。

在 M 17 西南偏南一点儿有一个小型疏散星团——M 18。它是一个由十几颗恒星组成的不起眼的星团。第 138 页上的寻星镜视场中标记出了其他 3 个疏散星团——M 23、M 24（更确切地说，M 24 是一片恒星云，稠密地聚集着毫无关联的恒星，在双筒望远镜中它很漂亮）和 M 25。

靠近银河系中心的这部分银河富含有趣的星团和星云，其中许多我们会详细介绍。在一个漆黑的夜晚，其中一些星团和星云用肉眼看上去像银河中的一个个光点。你可以像当年的梅西叶那样，把天文望远镜（或双筒望远镜）指向这一片区域，然后随心浏览，自己去探索这些奇妙的天体。

人马座：疏散星团 M 23 和 M 25

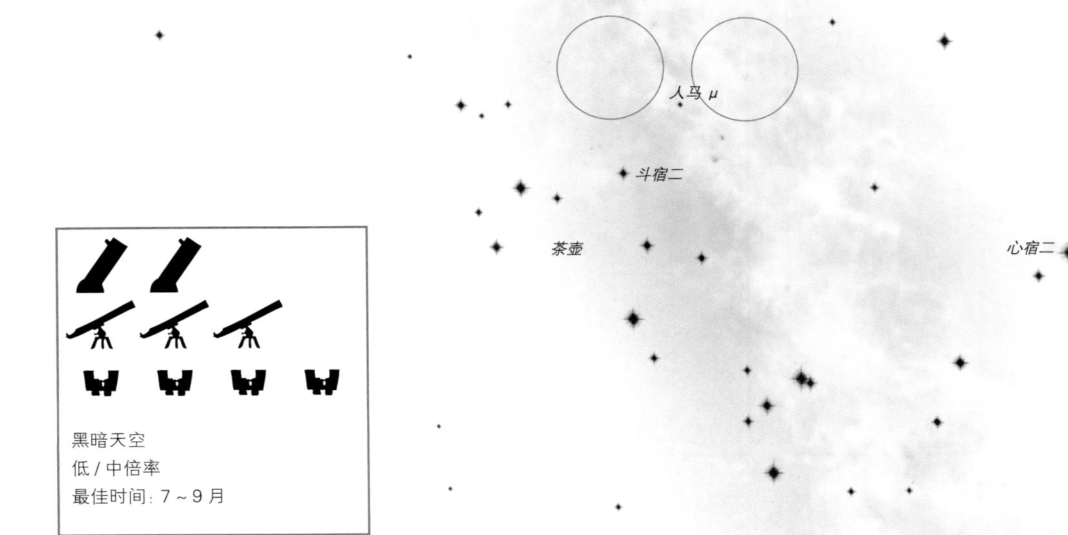

星图由模拟课程公司星空教育版制作

看哪儿 找到位于南方低空中的茶壶星组，之后找到茶壶顶部的斗宿二。对准斗宿二西北方的一颗暗星——人马 μ。

在寻星镜中 用一个方法就可以找到这 2 个疏散星团——先对准人马 μ，然后移动一个寻星镜视场直径的距离。把人马 μ 放在寻星镜视场的东南偏南边缘处，往西北偏西移动就能找到 M 23。如果人马 μ 在寻星镜视场 2 点钟的方向上，那么 M 23 就位于 8 点钟的方向上。M 25 到人马 μ 的距离与 M 23 到人马 μ 的距离一样，不过它位于人马 μ 的东侧而非西侧。把人马 μ 置于寻星镜视场的西南偏西角，即 10 点钟的方向上，此时 M 25 位于 4 点钟的方向上。

南
M 8
M 22
M 20
M 21
人马 μ
M 23
西
M 25
东
M 24
M 18
M 17
北

使用小型望远镜在最低倍率下看到的 M 23 最漂亮。事实上，在 10 × 50 的双筒望远镜中，M 23 是一块大而朦胧且非常显眼的光斑。它在直径约 30 光年的区域内有 100 多颗恒星。M 23 距离地球约 4 000 光年。因包含许多亮度和外观相同的恒星，这个特别的星团显得不同寻常。其中大多数恒星为 B 型星，还有几颗黄巨星，目前没有明显呈红色或橙色的恒星。

M 25 距离地球约 2 000 光年。它在直径 20 光年的区域内含有近 100 颗恒星。

低倍对角镜中的 M 23

北

西

东

南

中倍多布森望远镜中的 M 23

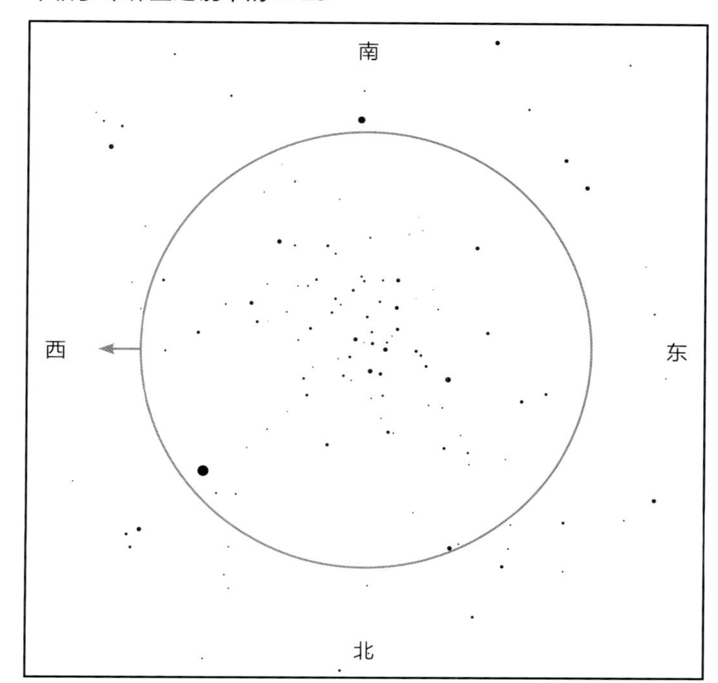

低倍对角镜中的 M 25

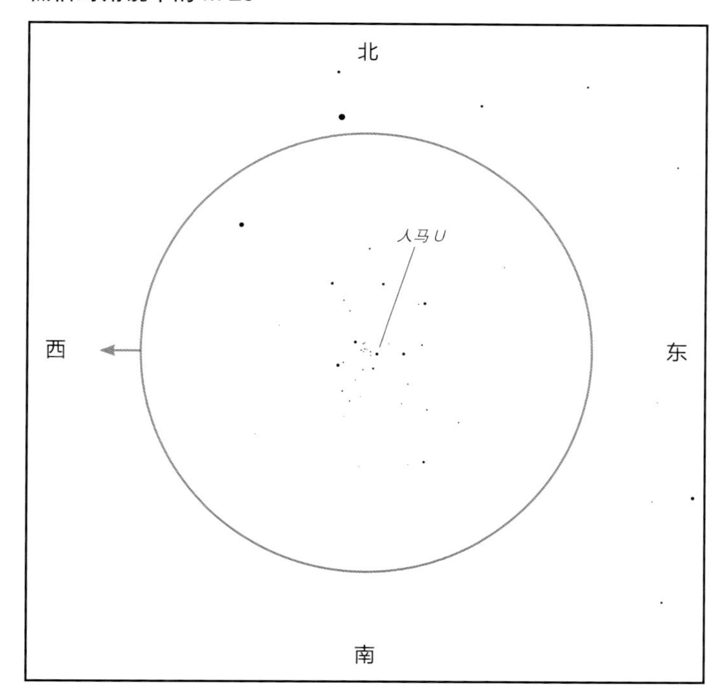

中倍多布森望远镜中的 M 25

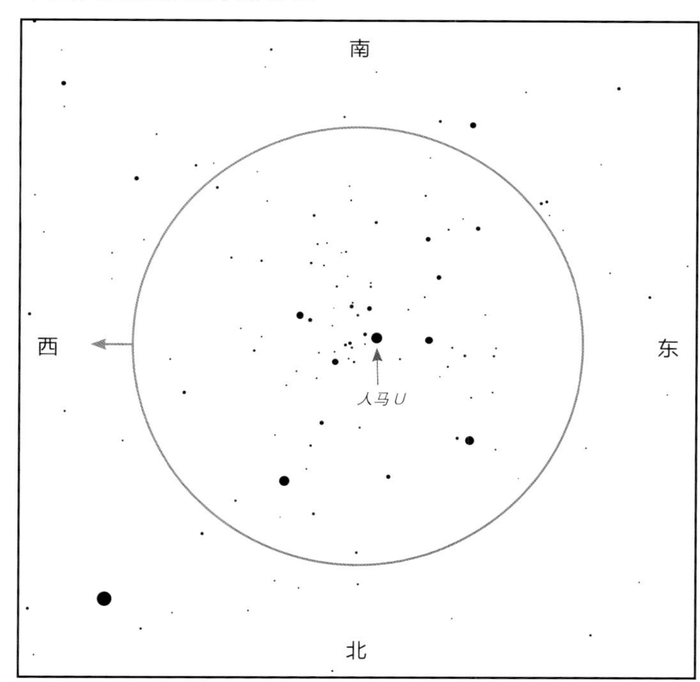

在小型望远镜中： M 23 大而松散。其中有一群因太暗而无法被小型望远镜分辨出的恒星，在它们所形成的一团光雾的映衬下，你可见约 30 颗恒星。M 25 是一个更致密的小星团。用小型望远镜可以看到其中五六颗显眼的恒星以及周围二十几颗暗得多的恒星。

在多布森望远镜中： M 23 中漂亮地散布着一串恒星（约 50 颗）。M 25 极为松散，在很大的区域内散布着约 60 颗恒星，其中有几颗十分明亮。

邻近还有 M 24 在人马 μ 北偏东一点儿（M 25 与 M 24 之间的距离不足 M 25 与 M 23 之间距离的一半）是一片松散的恒星云，在肉眼中它是银河中的一块光斑。在双筒望远镜或大视场的低倍望远镜中，它很漂亮；但对大多数小型望远镜来说，它太大了。M 24 北边就是小型疏散星团 M 18 和天鹅星云。

在 M 25 中央显眼的 3 颗恒星里，中间的人马 U 是一颗造父变星（第 193 页），星等会在约 1 周的时间里在 6.3 等跟 7.1 等之间变化。

人马座：礁湖星云 M 8 和疏散星团 NGC 6530

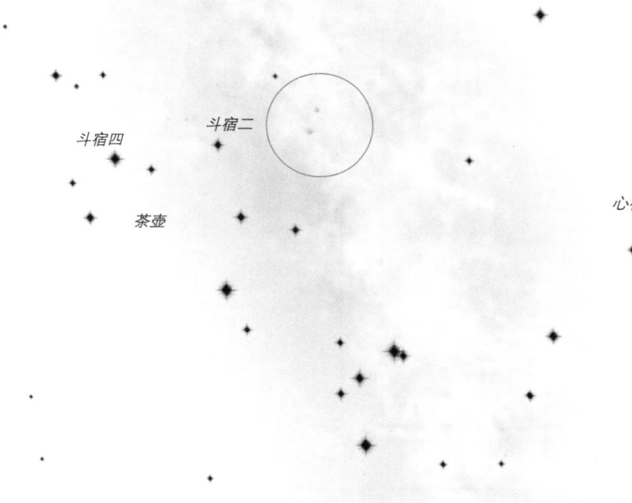

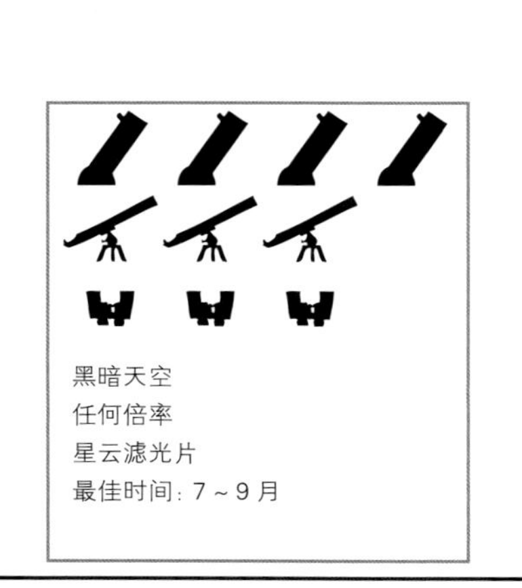

星图由模拟课程公司星空教育版制作

- 在任何天空中均漂亮的疏散星团
- 在黑暗天空可见壮观星云、星团的组合
- 在所有口径的望远镜下都非常美丽

看哪儿 找到位于南方低空中的茶壶星组，从茶壶把手顶部的恒星——斗宿四行进 1 步至茶壶顶部的斗宿二。沿着这个方向再前行 1 步即可到达 M 8 和 NGC 6530 所在的区域。在一个漆黑无月的夜晚，你即使不用望远镜，也能看见这片区域附近的银河中的一群恒星。

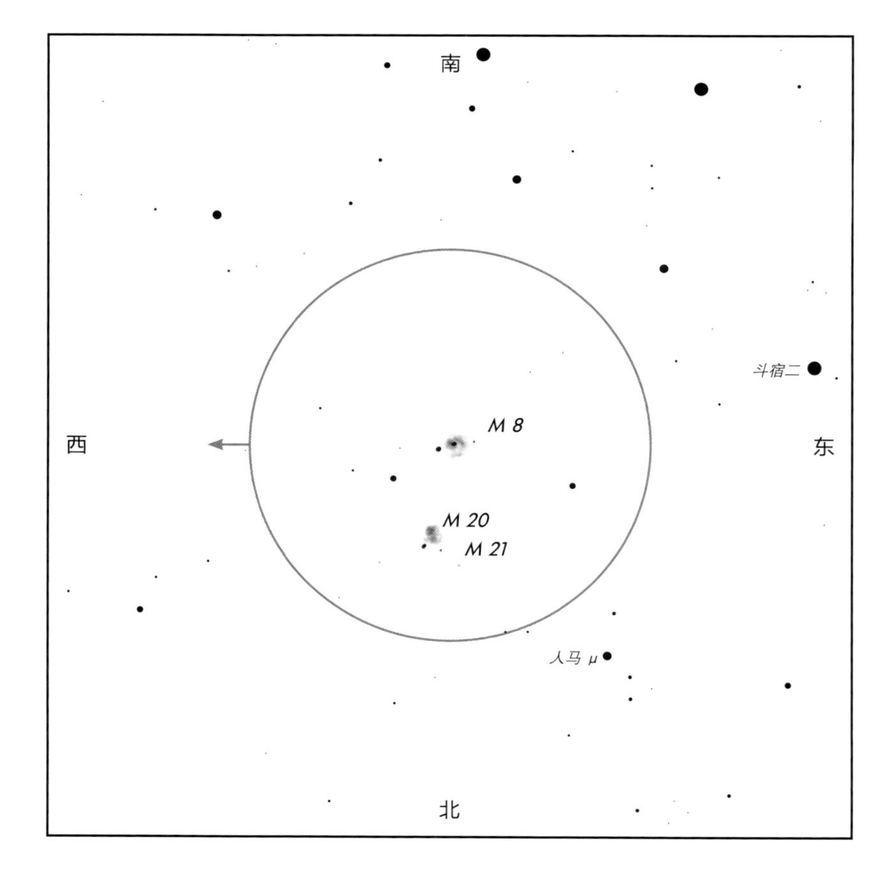

在寻星镜中 由于正看向银河系的中心，因此你应该能在寻星镜中看见许多恒星，但其中没有非常明亮的。疏散星团 NGC 6530 应该会在寻星镜中现身，呈一块暗弱的光斑。别把它与北边的 M 20 或 M 21 搞混。

低倍对角镜中的 M 8

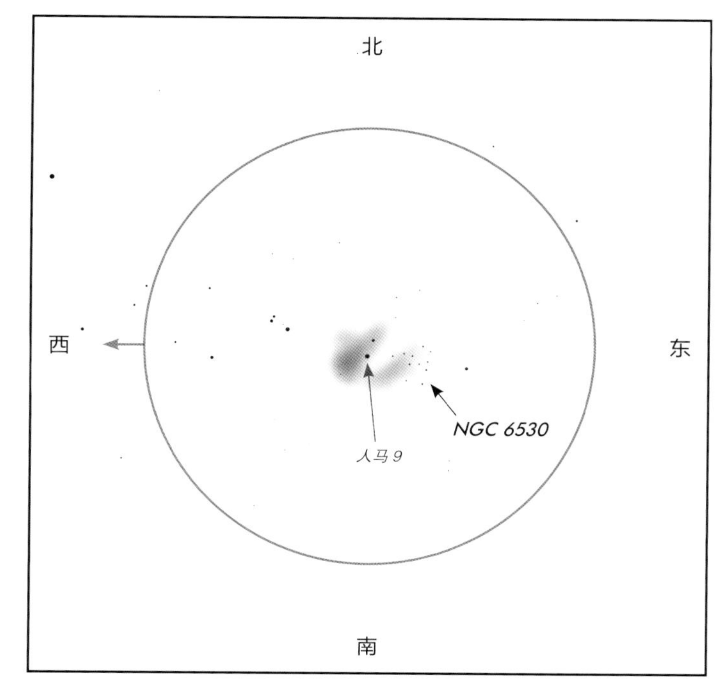

在小型望远镜中：即便是在一个糟糕的夜晚，你也能在一颗显眼的 7 等星旁边看见一个由十几颗或更多恒星组成的疏散星团（NGC 6530）。在一个较好的夜晚，你可以在那颗 7 等星的另一端看到一小块光斑（M 8）。如果是在一个晴朗的黑夜，这块光斑会变成一片明亮的不规则星云。这片星云暗弱的卷须会延伸到疏散星团周围并深入其中，就像环绕珊瑚岛的一片礁湖。这片星云还会延伸向一颗较亮的恒星——人马 9。

高倍多布森望远镜中的 M 8

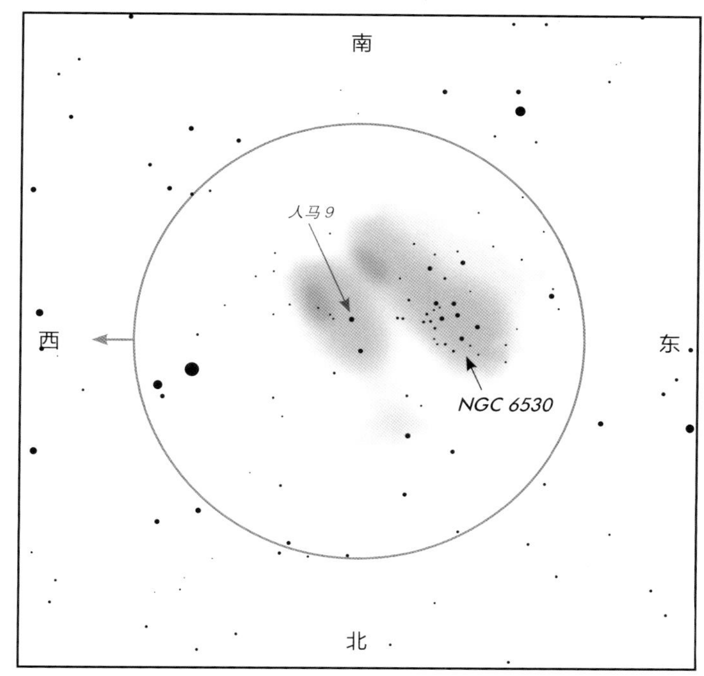

在多布森望远镜中：可见 NGC 6530 中的 20 多颗恒星。在黑暗的夜晚，还能看见它们之间的 M 8 所发出的微弱光芒；如果天空特别暗，这片光芒会更加显著。你可以在 6 等星人马 9 与 NGC 6530 之间的星云状物质中寻找一条往东北—西南方向延伸的黑色小道。

在糟糕的夜晚，大多数星云会消失在明亮的天空中，而疏散星团 NGC 6530 仍会现身。如果你身处北半球，会很难看到它，因为它总是位于南方低空。加拿大或欧洲的大多数观星者就很难好好地欣赏它。不过，如果你所在地的纬度足够低，那么在一个漆黑的夜晚，它会极为壮观。在眼睛适应了黑暗后，试着使用周边视觉来观看 NGC 6530 周围弥漫的星云。

礁湖星云（M 8） M 8 是一片巨大的电离氢气云，直径约 50 光年，距离地球约 5 000 光年。该星云中的 2 颗显眼的恒星为电离这些气体并使之发光提供了能量。跟猎户星云（第 48 页）类似，它也是一个恒星形成区。据估计，M 8 中的气体至少可以形成 1 000 个太阳。

NGC 6530 该疏散星团位于礁湖星云附近，距离地球约 5 000 光年。在它直径约 15 光年的近球形区域内，有二十几颗恒星。这些恒星中的大多数看上去十分年轻，仍处于形成的最后阶段。其中有几颗是刚开始发光的金牛 T 型星。金牛 T 型星会吹出强劲的高温等离子体星风，把形成这些恒星的星云所残留的最后一点儿气体吹走。NGC 6530 被认为是已知最年轻的疏散星团之一，年龄仅有几百万年。

有关疏散星团的更多内容，参见第 67 页；有关弥漫星云的详细内容，参见第 51 页。

人马座：三叶星云（M 20）和疏散星团 M 21

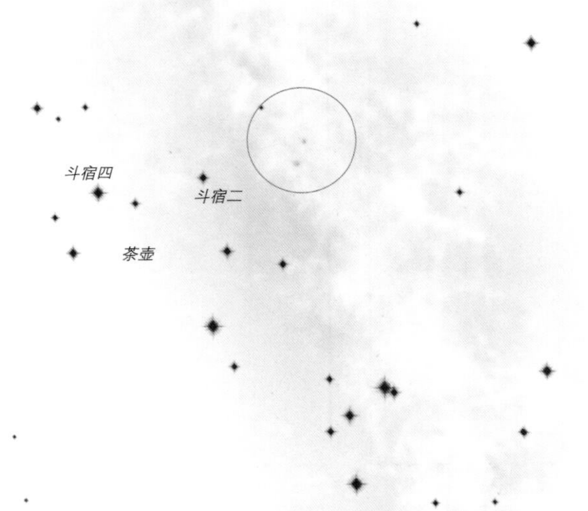

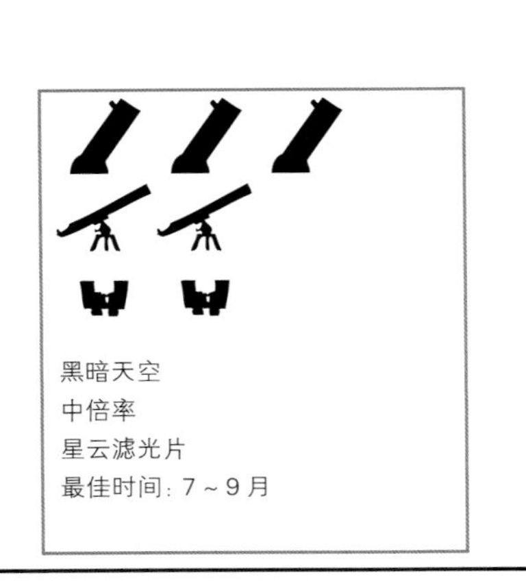

星图由模拟课程公司星空教育版制作

- 黑暗夜晚中壮观的星云、星团组合
- 任何天空均可见的疏散星团
- M 8 漂亮的近邻

看哪儿 找到位于南方低空中的茶壶星组，从茶壶把手顶部的恒星——斗宿四行进 1 步至茶壶顶部的斗宿二。沿这一方向再前行 1 步即可到达非常靠近 M 20 和 M 21 的区域。在一个漆黑无月的夜晚，你即便不用望远镜，也能看见这片区域附近的银河中的一群恒星。

在寻星镜中 星云 M 20 和疏散星团 M 21 应该会在寻星镜中出现，呈一块暗弱的光斑。不要把它们与南边的 M 8 和 NGC 6530 搞混。如果夜空没有黑得能让你在寻星镜中看见 M 8，那在寻星镜中也难以看见 M 20，这时你可以寻找一个由恒星组成的“M”。

中倍对角镜中的 M 20

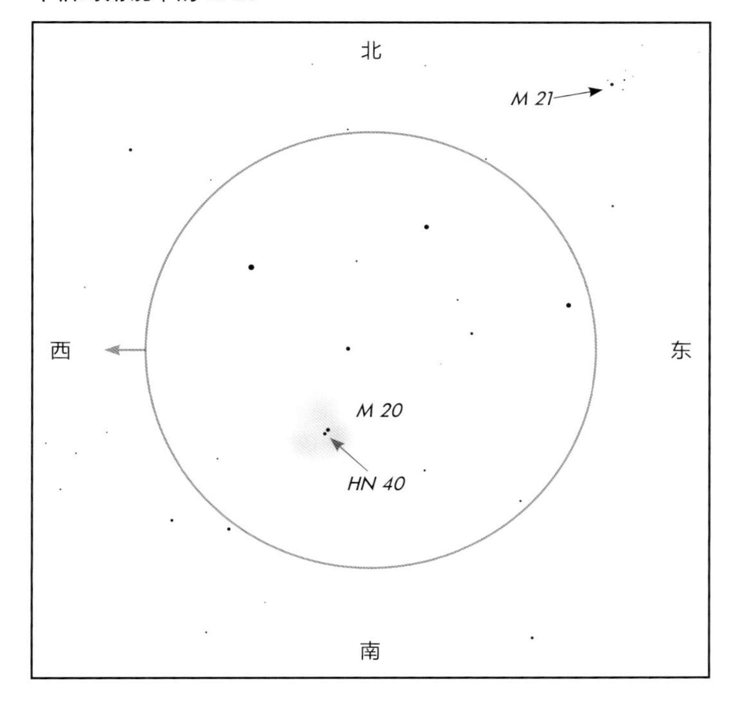

中倍多布森望远镜中的 M 20

南
HN 40
西
M 20
东
北
M 21

在小型望远镜中：先把望远镜对准更容易被找到的 M 8（第 142 页），然后缓慢向北移动。在向北移动一个低倍率视场的距离之后，M 20 应该就会进入视场。在寻星镜中寻找由 5 颗恒星组成的“M”，在望远镜中它们则看上去像一个大而不规则的“W”。M 20 就位于“W”中左数第 2 颗恒星的南边，看上去像一块不规则的光斑，似乎包裹着暗弱的双星 HN 40。疏散星团 M 21 则在“W”中左数第 5 颗恒星的东北方。

在多布森望远镜中：银河中的背景星场恒星云集，这使得疏散星团 M 21 中的 40 多颗恒星无法很容易地被分辨出来。但如果天空足够黑暗，星云 M 20 绝不会被搞错。多布森望远镜拥有高强的聚光本领，这意味着你可以使用星云滤光片并在中倍率下观看，以增强 M 20 与背景天空的对比度。寻找把这片星云分成三部分的黑色条带，使用周边视觉会对你有所帮助。M 20 在“M”形 5 颗恒星中左数第 2 颗的南边，似乎包裹着一颗暗弱的双星——HN 40。

在漆黑的夜晚，三叶星云（M 20）异常绚丽。在口径 3 in（7.62 cm）的望远镜中，你会看见把这片星云分割成 3 部分的黑色条带（因此得名“三叶星云”）。用多布森望远镜可以清楚地看到这些条带。这 3 条黑色条带从中心分别向西、东北和东南方向延伸出去。此外，一块较暗的光斑会延伸到该星云主体部分的北边。

在条件较差的夜晚，比如路灯太亮或雾气弥漫，你可能需要使用周边视觉来观看中间微小的双星之外的其他所有天体。

由于 M 20 非常靠南，在北纬 40° 以北的地区，它不会升到高空。加拿大或欧洲的大多数观星者很难好好地欣赏它。

M 21 是一个由约 50 颗恒星组成的松散的不规则集合，小型望远镜可分辨出其中的十几颗恒星。这个星团的直径约为 10 光年。它很年轻，年龄为 1 000 万年或 1 500 万年。

M 20 和 M 21 距离地球大约 2 500 光年。

M 20 是一片直径约 25 光年的电离氢气云，其中有年轻的恒星正在形成。据估计，它含有的气体足够形成数百个太阳。跟猎户星云（第 48 页）的情况类似，也是埋藏在这些气体中的年轻恒星所发出的光使它发出辐射的。在条件良好的夜晚可见的黑色条带是尘埃云遮挡星云所致。

让 M 20 发光的主要能源来自恒星 HN 40。后者位于 M 20 的中心附近，看上去是一颗双星，其实是一颗聚星。其中最亮的成员星（主星）为 7.6 等星，在其西南方 11" 处有一颗 8.7 等的伴星。此外，在主星东北偏北 6.1" 处有一颗 10.4 等的伴星（离主星更近但也更暗），在与这颗伴星相对的方向上距离主星 18" 处还有一颗更暗的伴星。后面的这 2 颗恒星可能得用多布森望远镜才能看见。其实还有 2 颗更暗的伴星——分别为 13 等星和 14 等星，即便是多布森望远镜也无法分辨出它们。

有关疏散星团的更多内容，参见第 67 页；有关弥漫星云的详细内容，参见第 51 页。

天蝎座附近的双星 / 聚星

蛇夫 o 在心宿二东边和天蝎毒刺北边寻找3等星蛇夫 θ，它位于一个“V字形”的底部。蛇夫 θ 西北方的5等双星就是蛇夫 o。蛇夫 o 的2颗子星颜色的对比（一蓝一橙）漂亮，亮度差别小，间距也小。

蛇夫 36 蛇夫 θ 东北方是“V字形”中的另一颗恒星——蛇夫44。从蛇夫44行进1步至蛇夫 θ，再前行2步即可看见蛇夫36，你现在看到它是2颗密近的橙色恒星。其实在A星东北偏东12'处还有一颗遥远的伴星。

蛇夫 24 从蛇夫36往西北方行进可见一对东西向排列的6.7等星——蛇夫28和蛇夫31。继续前行可见一对沿东北-西南方向排列的恒星——蛇夫26（5.7等）和HR 6308（5.9等）。蛇夫24在它们西北方，分解它对多布森望远镜来说有难度。

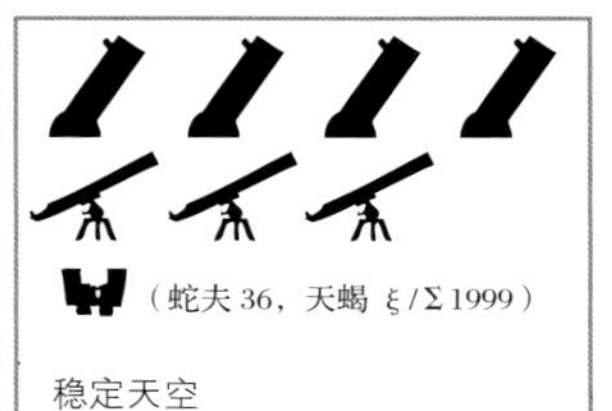

稳定天空
高倍率
最佳时间：7～8月

星图由模拟课程公司星空教育版制作

天蝎 ξ 找到天蝎的爪子，即心宿二西边的3颗亮星——房宿四、房宿三和天蝎 π。从天蝎 π 行进1步至房宿三，继续前行2步即可见4等星天蝎 ξ。它属于一颗双双星，其中每颗双星都有自己的名称。天蝎 ξA 和天蝎 ξC 差不多亮，口径3 in（7.62 cm）的望远镜难以分辨它们。1998年时，即便是对多布森望远镜来说，天蝎 ξB 和天蝎 ξA 也太靠近了，相距仅0.5"；但2011年时，天蝎 ξB 已运动到了天蝎 ξA 北边1"处。该双双星系统的另一半是斯特鲁维1999，位于天蝎 ξ 南边4.7'（1光年）处，很容易被分辨出来。它绕天蝎 ξ 转动的周期约为50万年。用口径3 in（7.62 cm）的望远镜刚好可以将斯特鲁维1999分解开。

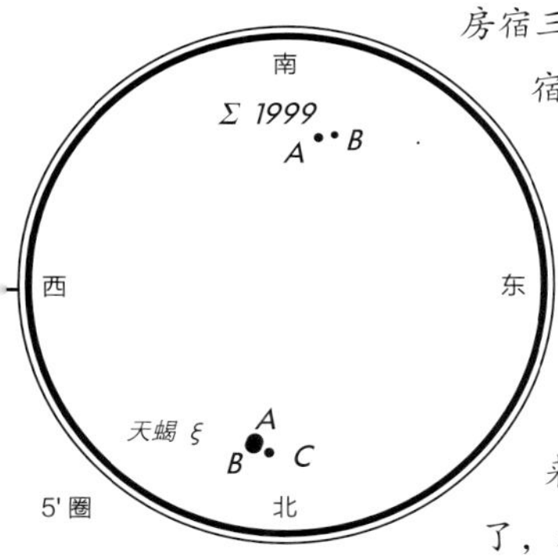

南 Σ 1999 A B 西 东 天蝎 ξ A B C 5' 圈 北

房宿四 其实房宿四至少是一个四合星系统，距离地球超过500光年。主星到其最近的伴星的距离比水星到太阳的距离还小（两者靠得太近，无法被分解开），它们绕转一圈只要一周。B星距离这一双星约100天文单位，绕转一圈要花数百年；它仍因太过密近而无法被分辨。A星和C星相距超过2 000天文单位，C星要花20 000多年才能绕其一周。C星可能也是一颗双星，那么房宿四可能是五合星。

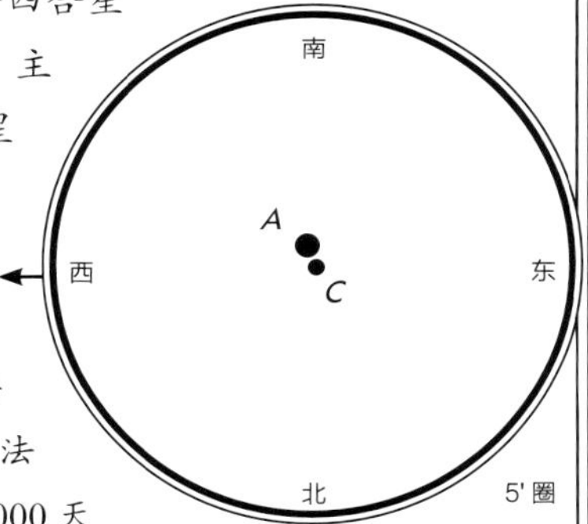

南 A 西 C 东 北 5' 圈

天蝎 ν 它是一颗双双星。小型望远镜很容易就能分解开南北向排列的远距双星——A星和C星；在条件良好的夜晚，用口径3 in（7.62 cm）的望远镜可以进一步将C星分解开，而用多布森望远镜可以将A星分解开。天蝎 ν 距离地球约450光年；因此A星和C星相距0.1光年，而C星和D星间的距离是冥王星轨道到太阳距离的10倍。沿着天蝎的爪子往南行进，经过天蝎 π 后，在寻星镜中易见的下一颗4等星是天蝎 ρ。再往南则是豺狼 χ，在它东边有一颗5等星——**豺狼 ξ**。后者由2颗亮度相当的蓝色恒星组成，距离地球约200光年。再往南前行一步可见**豺狼 η**（对大多数北半球的观星者来说，它位于地平线上的雾气中），它子星之间较大的间距增强了其亮度的对比。豺狼 η 距离地球近500光年。

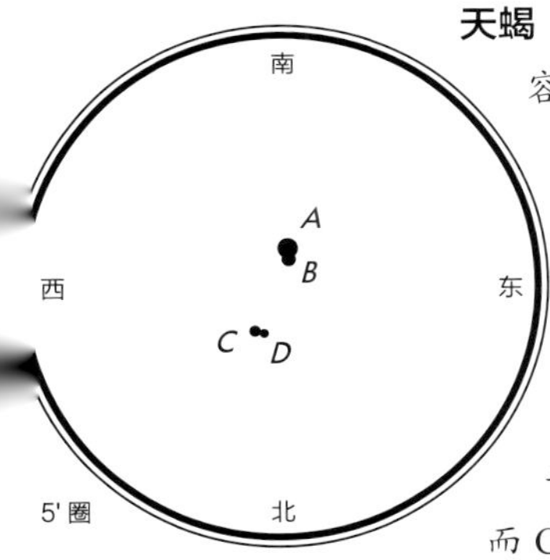

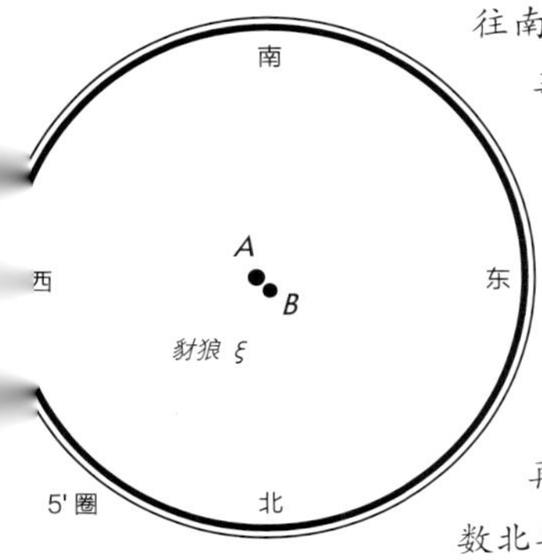

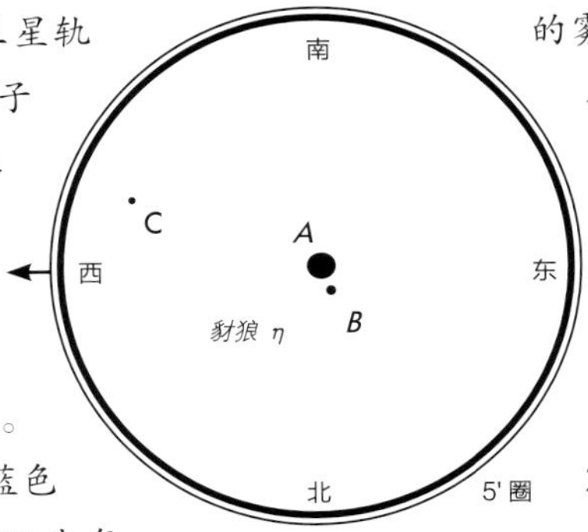

南 A 西 B 东 C D 5' 圈 北

南 A 西 B 东 豺狼 ξ 5' 圈 北

南 C A 西 东 豺狼 η B 北 5' 圈

心宿二是一颗双星，绿色的伴星离红色的主星很近且比主星暗得多。即便用多布森望远镜也很难将它分解开。月掩心宿二时可以看见其伴星闪现2次。

房宿四、天蝎 ν、心宿二、天蝎 σ 和南十字 β 都在以相同的速度穿行于银河系中。它们的起源也许相同——几亿年前形成于同一个疏散星团。

恒星	星等	颜色	位置
蛇夫 ο			
A	5.2	橙	主星
B	6.6	蓝	A星以北10"
蛇夫 36			
A	5.1	橙	主星
B	5.1	橙	A星东南4.9"
C	6.5	橙	A星东北偏东730"
蛇夫 24			
A	6.3	蓝	主星
B	6.3	蓝	A星西北偏西1.0"
天蝎 ξ			
A	5.2	黄	主星
B	4.9	黄	A星以北0.9"
C	7.3	橙	A星东北7.9"
斯特鲁维 1999			
A	7.5	黄	天蝎 ξ 以南4.7'
B	8.1	黄	A星以东11"
房宿四（天蝎 β）			
A	2.6	黄	主星
C	4.5	蓝	A星东北偏北12"
天蝎 ν			
A	4.4	蓝	主星
B	5.3	蓝	A星以北1.3"
C	6.6	蓝	A星西北偏北41"
D	7.2	蓝	C星东北偏东2.3"
心宿二（天蝎 α）			
A	1.0	红	主星
B	5.4	绿	A星以西2.5"
豺狼 ξ			
A	5.1	蓝	主星
B	5.6	蓝	A星东北10"
豺狼 η			
A	3.4	蓝	主星
B	7.5	蓝	A星东北偏北14"
C	9.3	蓝	A星西南偏西116"

天蝎座：球状星团 M 4 和 M 80

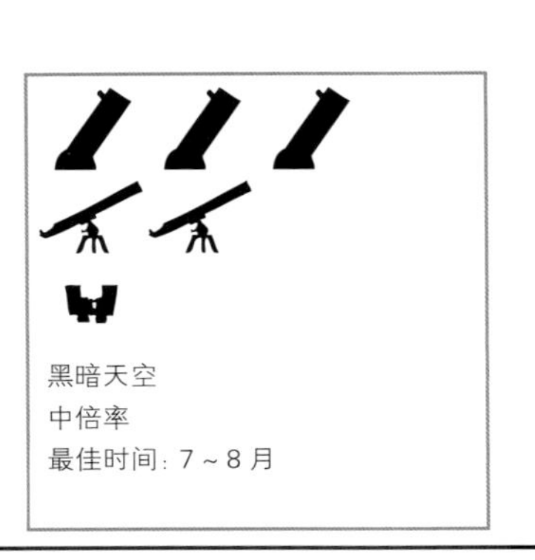

- 对比非常漂亮的球状星团
- M 4 较大，可分辨出其中的恒星
- M 80 小而亮

看哪儿 找到南方低空中的天蝎座。在非常亮的红色恒星心宿二西边，3 颗恒星构成了天蝎的爪子。爪子顶端的是房宿四，它下面的是房宿三。M 80 位于心宿二和房宿四的中点附近。在从心宿二到房宿三的 1/4 处有一颗较暗的恒星——天蝎 σ。

南
M 4
心宿二
天蝎 σ
西
东
X M 80
房宿三
房宿四
天蝎 ν
北

在寻星镜中 心宿二和天蝎 σ 应该能在同一寻星镜视场中出现，这样寻找 M 4 就变得容易得多。如果将心宿二当作钟面中心，那么天蝎 σ 就在 8 点钟的方向上，M 4 则在 9 点钟的方向上；M 4 到心宿二的距离是天蝎 σ 到心宿二距离的一半。M 4 在寻星镜中也许呈一块模糊的光斑。M 80 位于心宿二到房宿四的中点附近。

M 4 在黑暗的夜晚，用口径 3 in（7.62 cm）的望远镜就可以分辨出 M 4 边缘的单颗恒星。与 M 80 相比，M 4 更大更亮，其中的恒星更松散，也更易被分辨（因为它比 M 80 离地球近得多）。

M 4 距离地球约 7 000 光年，就球状星团而言算离地球相当近了。它直径近 100 光年。用大型望远镜可在 M 4 中分辨数千颗恒星，该星团中必定还有几十万颗更暗的恒星。

M 80 它的主要吸引力在于，虽然很小但相当明亮。在小型望远镜中，它看上去像一块小而亮且

低倍对角镜中的 M 4

北
天蝎 σ
朝心宿二
西
东
南

中倍多布森望远镜中的 M 4

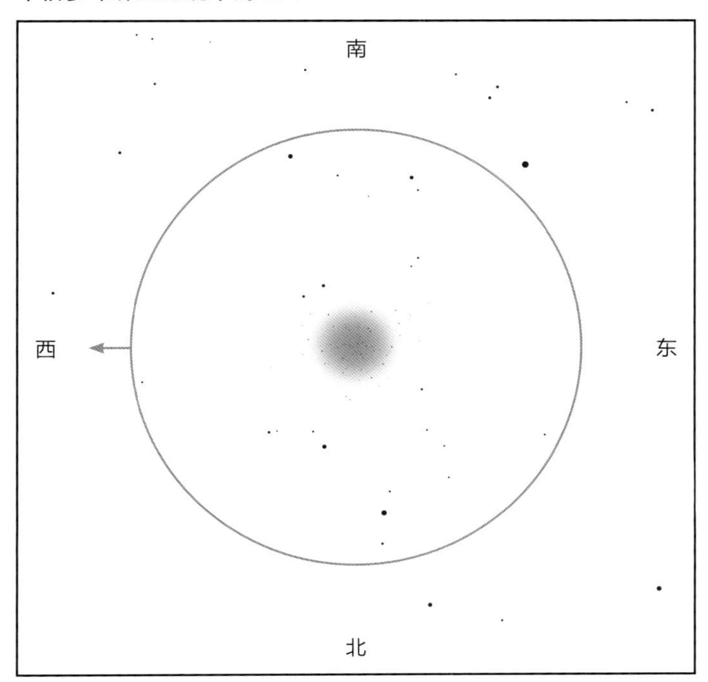

低倍对角镜中的 M 80

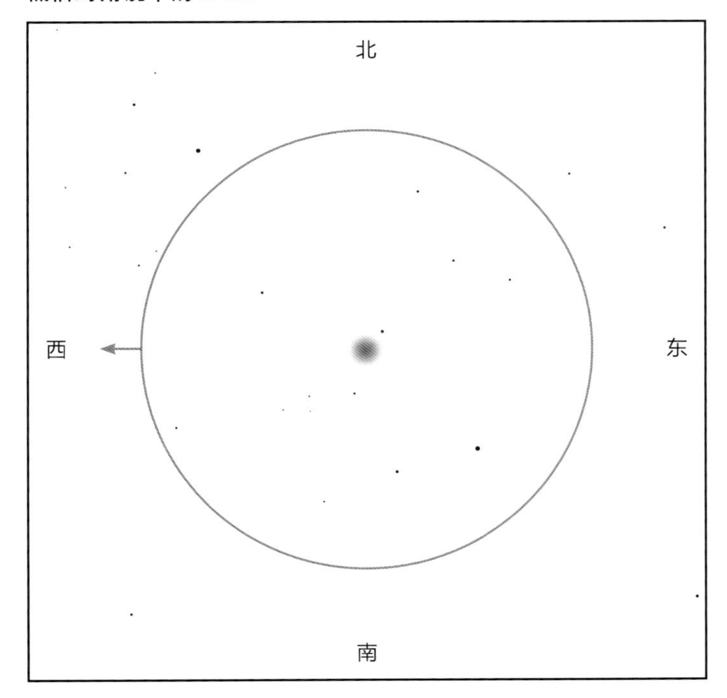

中倍多布森望远镜中的 M 80

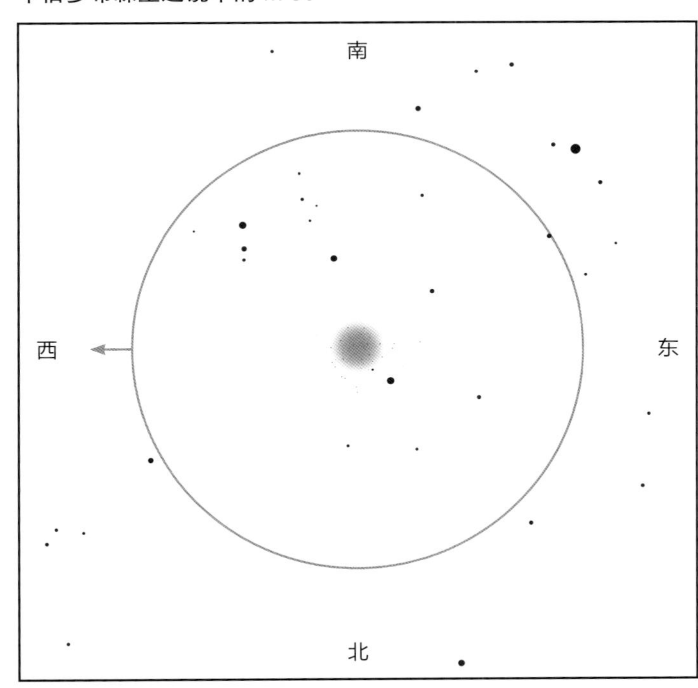

在小型望远镜中：在低倍率下寻找，在中倍率下观看。M 4 是一个均匀的亮光圈，中心柔和，边缘带颗粒感，朝中心逐渐变亮。在低倍率下，M 80 看上去像一颗恒星；在中倍率下则呈一块模糊的光斑，中心处恒星密集，且从中心向边缘逐渐变暗。

在多布森望远镜中：M 4 中的恒星并不是非常集中，你能很好地分辨出其中的数串恒星，这为其增添了几分吸引力。在 M 80 中可以看到两层光，中央带颗粒感的致密核心周围包裹着一团模糊的光晕。

没有任何细节的光斑，跟一片明亮的行星状星云的样子差不多。但在绝佳的条件下，虽然无法分辨出其中的单颗恒星，但用高倍多布森望远镜能够在其中央核心中分辨出斑驳的团块。

M 80 在直径 50 光年的区域内包含数十万颗恒星，距离地球 30 000 光年。这个星团中曾出现过一个非常有意思的现象：1860 年时，其中的一颗恒星爆发成了新星，在几天的时间里其亮度与整个星团的亮度相当。

蛇夫座：球状星团 M 19 和 M 62

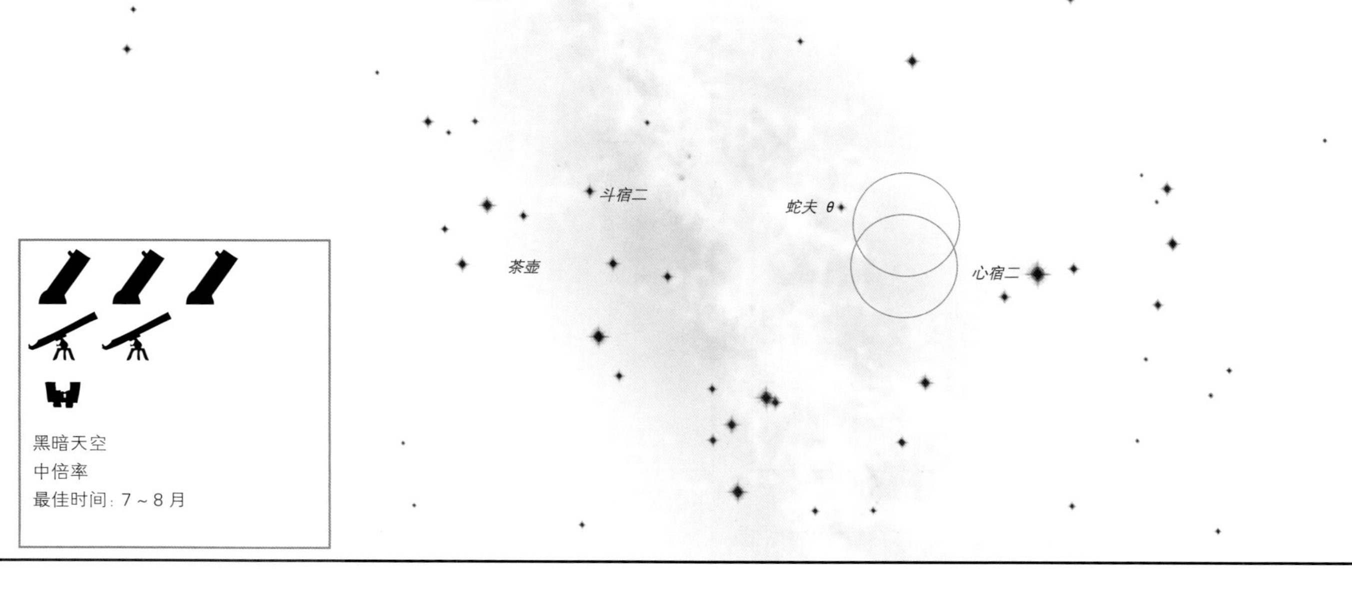

看哪儿 找到天蝎座中明亮的红色恒星心宿二。从心宿二向东找到茶壶顶部的斗宿二，途中寻找 3 等星蛇夫 θ。蛇夫 θ 是心宿二和斗宿二之间最亮的恒星。

在寻星镜中 蛇夫 θ 是东北-西南连线上 3 颗恒星——蛇夫 36、蛇夫 θ 和蛇夫 44——中间的那颗。对准其西南方的蛇夫 36，然后朝心宿二的方向行进。在蛇夫 36 离开寻星镜视场时，寻找一个模糊的光点，它就是 M 19。它就位于两对明显的恒星——6 等星蛇夫 26 和 7 等星蛇夫 28 / 31 南边。找到蛇夫 θ 和蛇夫 36 东北方的蛇夫 44。从蛇夫 44 朝西南方行进 1 步至蛇夫 36，再前行 1 步，即可看到呈一块模糊的光斑的 M 62。

南
西
东
北
天蝎 RR
M 62
心宿二
蛇夫 36
M 19
蛇夫 28
蛇夫 31
蛇夫 26
蛇夫 θ
蛇夫 o
蛇夫 44
蛇夫 24

M 19 它看上去呈椭圆形，向南北方向延伸。其明亮的中心区比其他球状星团的大。外部区域看上去具有颗粒感；在条件良好的夜晚，其中心区看上去也会如此。它距离银河系中心非常近，深处银河系的心脏。由于该区域中有大量尘埃，目前还很难确定其精确的位置和其中恒星的数量。据估计，它距离地球约 30 000 光年，直径约为 30 光年，可能含有 100 000 颗恒星。

M 62 因被尘埃遮蔽，M 62 中的恒星看上去有些偏离中心。也正因为被尘埃遮蔽，它比没被尘埃遮蔽时暗了

低倍对角镜中的 M 19

北
西
东
南
朝 M 62

中倍多布森望远镜中的 M 19

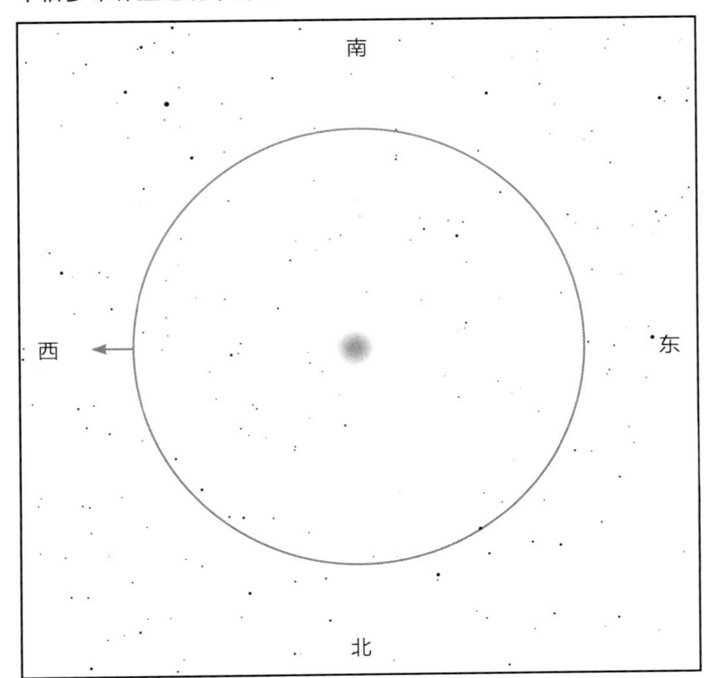

低倍对角镜中的 M 62

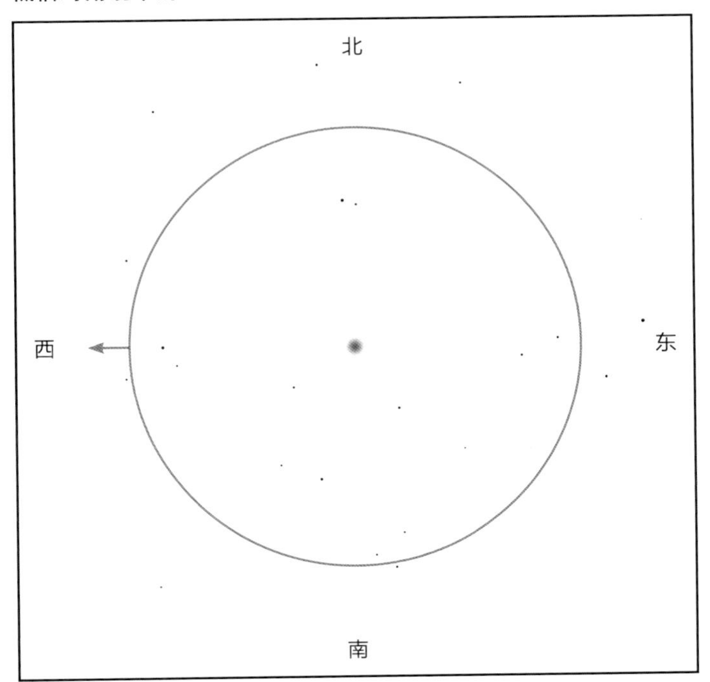

中倍多布森望远镜中的 M 62

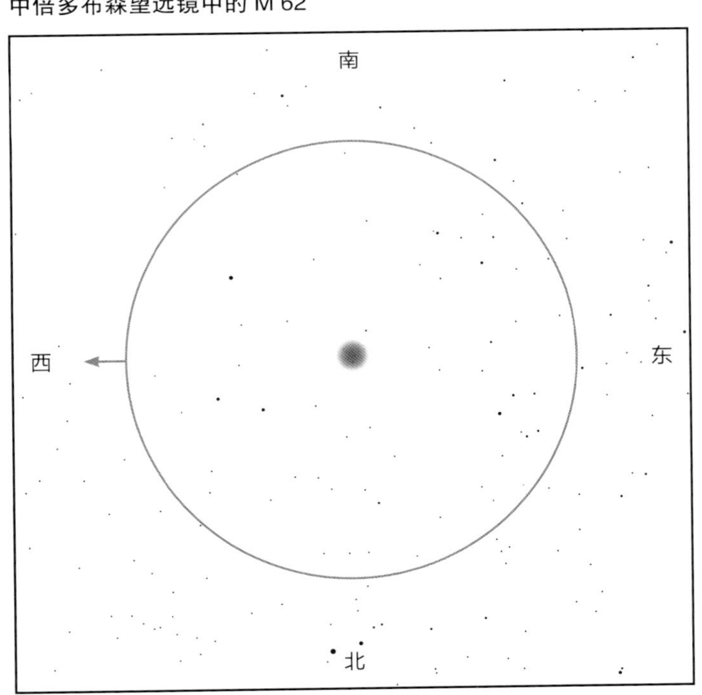

在小型望远镜中：在低倍率下寻找，在中倍率下观看。M 19 看上去像一块较明亮且多少有点儿呈椭圆形的光斑。M 62 呈一块椭圆形的光斑，给人一种它好像偏向一侧的感觉。

在多布森望远镜中：M 19 是一块均匀、较亮且带颗粒感的光斑。可以寻找其边缘的单颗恒星。M 62 则呈一块致密的模糊光斑，只有边缘带颗粒感。

约 10 倍。该星团距离地球约 25 000 光年。它在直径 40 光年的范围内聚集了数十万颗恒星。虽然它发出的光看上去带颗粒感，但小型望远镜无法分辨出其中的单颗恒星。还有一个有趣的地方是，M 62 恰好位于天蝎座和蛇夫座的边界。

邻近还有 第 150 页上寻星镜视场图中的天蝎 RR 是一颗红色的刍藁型变星，它会在 9 个月的时间里从约 6 等变暗到 12 等。它每过 4 年（比如 2014 年 7 月和 2018 年 8 月）在夏季时最亮，那时北半球的观星者可以看到它。蛇夫 o、蛇夫 24 和蛇夫 36 都是双星，详细内容参见第 146 页。

天蝎座：疏散星团 M 6 和 M 7

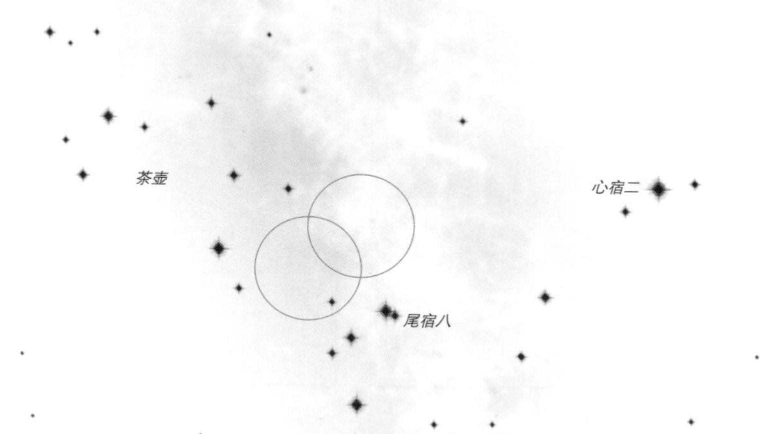

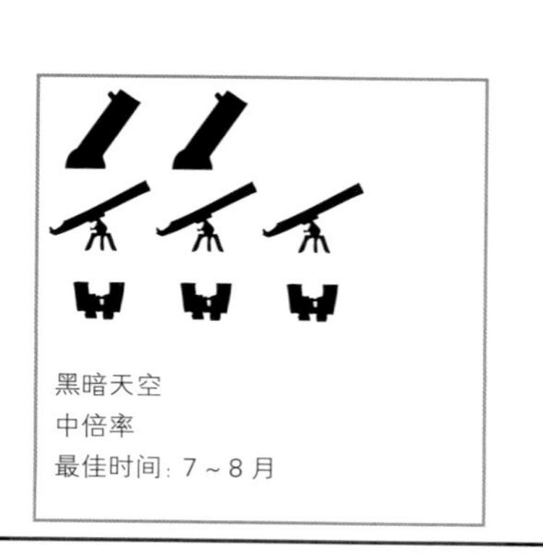

黑暗天空
中倍率
最佳时间：7～8 月

星图由模拟课程公司星空教育版制作

看哪儿 找到南方低空中的天蝎座。从心宿二开始，沿着天蝎身体的曲线朝东南方向一路往下，直到看见位于天蝎毒刺末端的 2 等星——尾宿八。

在寻星镜中 对准尾宿八。在寻星镜中，你应该会看见它及其邻近恒星位于一个等边三角形左下角的顶点上，该等边三角形另外两个顶点上的恒星分别是天蝎 κ 和天蝎 G。从天蝎 κ 朝东北方行进 1 步至天蝎 G，再前行 1 步即可看见一块模糊的光斑，即 M 7。一旦把 M 7 置于寻星镜视场的中心，寻找位于 M 7 西北方的另一块模糊的光斑（若南为上，则在寻星镜视场的左下方）。这块光斑就是 M 6。

在直径约 20 光年的区域中，M 7 包含约 80 颗恒星，它距离地球约 800 光年。在直径 13 光年的区域内，M 6 包含约 80 颗恒星，它距离地球约 1 500 光年。

M 6 中的大多数恒星为 B 型星和 A 型星，其中一些已经演化到了红巨星阶段，因此该星团的年龄大约为 1 亿年。明亮的橙色恒星已经从主序星阶段演化成了巨星，从 M 7 中橙色恒星的数目可以判断，M 7 可能比 M 6 更老。

M 7 明亮的恒星中夹杂着许多暗星，它们只有在晴朗的黑夜才会现身。你看得越久，看到的暗星越多。在小型望远镜中，许多恒星就处于望远镜分辨的极限。在 M 7 中你看不见模糊的光雾背景；它含有较多暗星，这些暗星散布在一块较大的区域中。与之形成对比的是，M 6 中鲜有暗星，看 M 6 的话

中倍对角镜中的 M 7

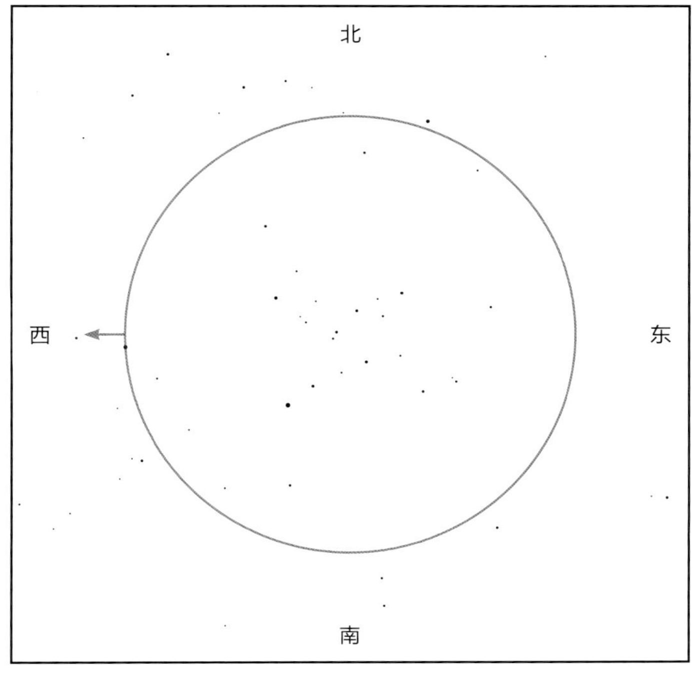

中倍多布森望远镜中的 M 7

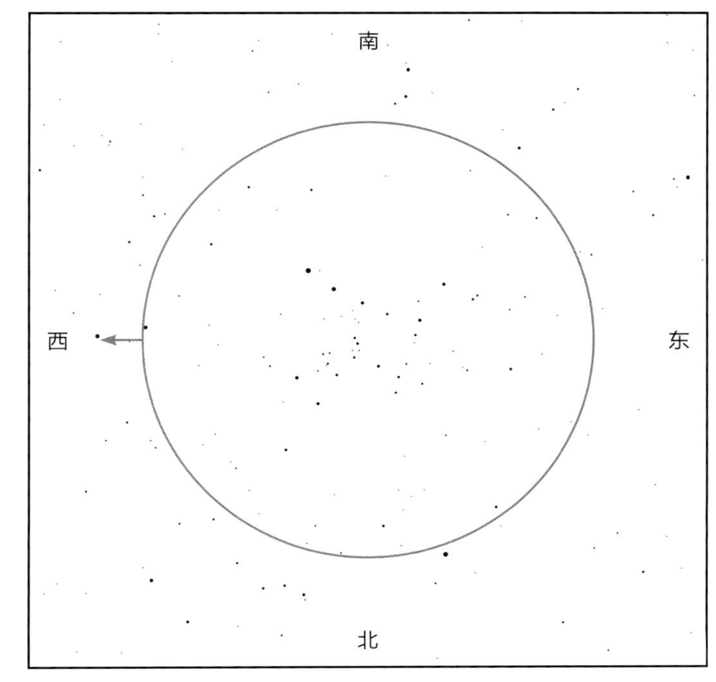

中倍对角镜中的 M 6

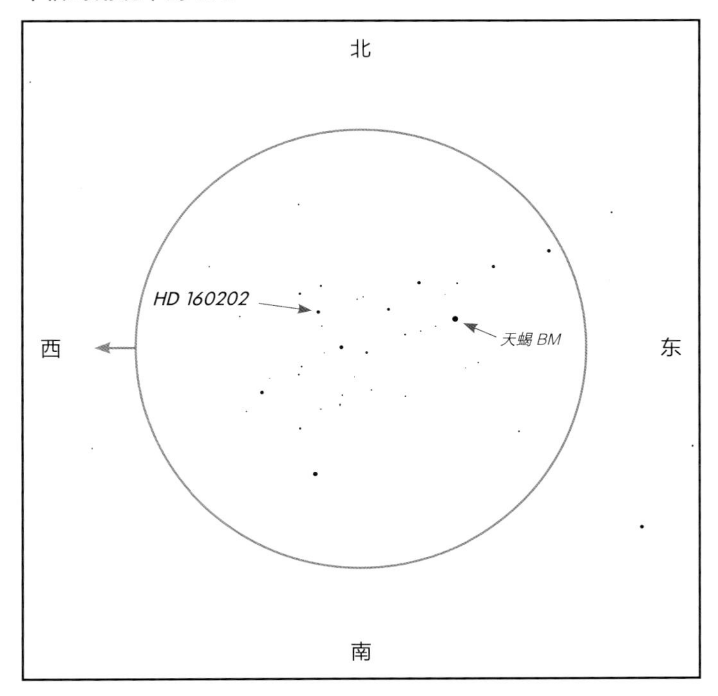

中倍多布森望远镜中的 M 6

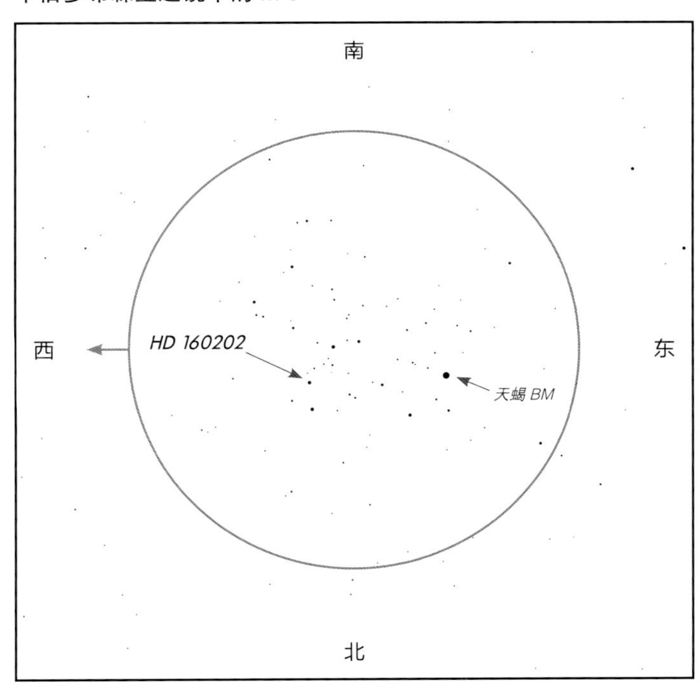

在小型望远镜中：M 7 中松散地分布着约 20 颗恒星，其中一些十分明亮，散布在望远镜的整个视场中。M 6 比 M 7 更松散，也更小。其中最亮的恒星——天蝎 BM 呈明显的橙色，在 28 个月的时间里其星等能从 6 等毫无规律地变成 8 等。

在多布森望远镜中：M 7 大而松散，散布着多条星索。在蓝白色恒星的西南方是其中最亮的恒星——黄色恒星。在 0.5° 的范围内 M 6 拥有 75 颗恒星，其中显眼的橙色恒星天蝎 BM 就在 M 6 东部边缘。

你不会生出“用的望远镜越大，能看见的恒星越多”的感觉。在 M 6 西边缘，你可以看见其中 3 颗最亮的恒星。HD 160202 就是其中一颗，它是一颗普通的 7 等星，不过偶尔会变为 2 等星。然而，1965 年 7 月 3 日，它突然爆发，星等从 8 等猛减至 1 等！不过在 40 分钟内，又变暗了。至于它的亮度为什么会发生这一突变，目前还无法确定。

人马座：球状星团 M 22 和 M 28

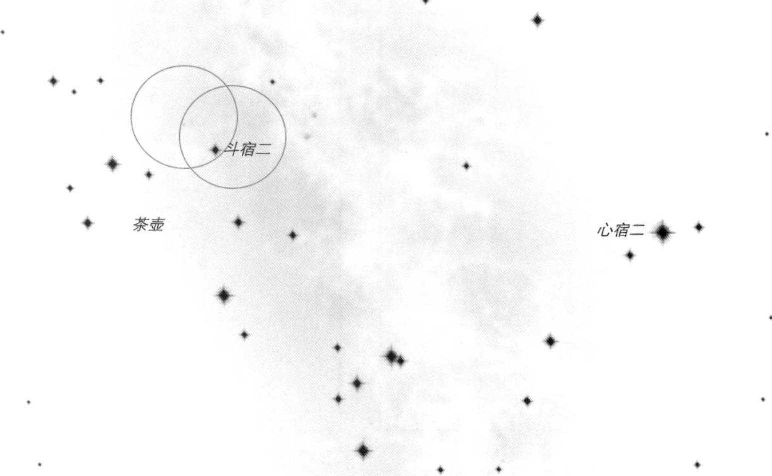

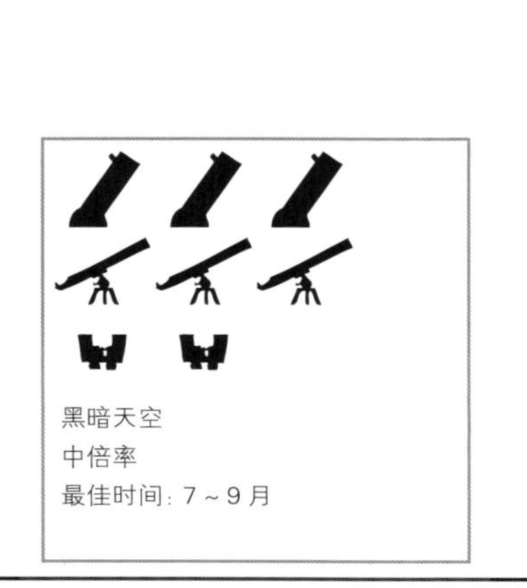

星图由模拟课程公司星空教育版制作

看哪儿 找到南方低空中心宿二东边的茶壶星组（其中 5 颗较亮的恒星组合的图案看上去像一幢房子，跟附近其他较暗的恒星一起则构成了一个茶壶）。这里就是人马座。找到茶壶顶部的恒星——斗宿二。

在寻星镜中 把茶壶顶部的斗宿二置于寻星镜的左上角。在其东北方寻找一个由较暗的恒星构成的小三角形。球状星团 M 22 就位于这个小三角形的东边（右侧）。用寻星镜应该能看见它，尤其是在漆黑的夜晚。在极佳的条件下，你甚至用肉眼直接就能看见它。

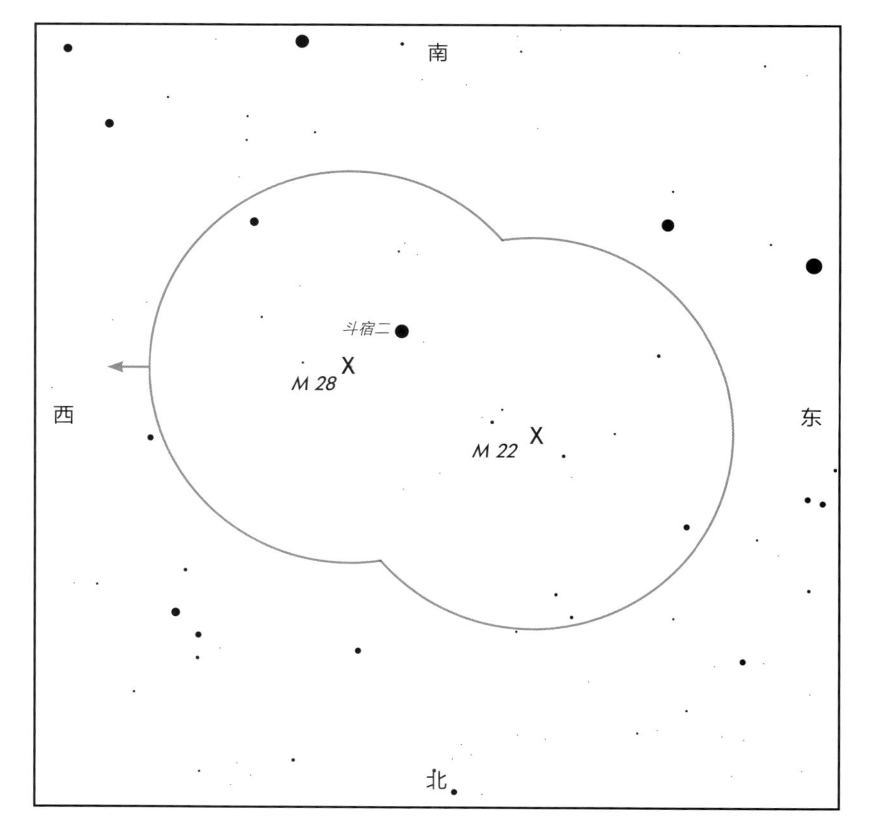

M 22 如果更靠北，则能被更多的人看见，那样的话它甚至会比 M 13 更为人熟知。如果你地处北纬 40° 以南（但在赤道以北），在一个漆黑的夜晚观看的话，你会把它当作天空中最漂亮的球状星团，尤其是在小型望远镜中——当然，南半球的球状星团半人马 ω（第 234 页）和杜鹃 47（第 208 页）会让 M 22 和 M 28 相形见绌。M 22 并非北半球可见的最亮的球状星团，却是最易被分辨出恒星的球状星团——即便用口径 3 in（7.62 cm）的望远镜也能看清其中的颗粒。

M 28 看上去像一颗失焦的恒星。即便在高倍率下也很难分辨出其中的单颗恒星，不过也许可以看到其带颗粒感。

M 22 在直径 50 光年的区域内包含约 50 万颗恒星，距离地球 10 000 光年。它距离银河系中心相对较近。其实，在它和地球之间有一片尘埃云；如果

低倍对角镜中的 M 22

北

西

东

人马 24

朝斗宿二

南

中倍多布森望远镜中的 M 22

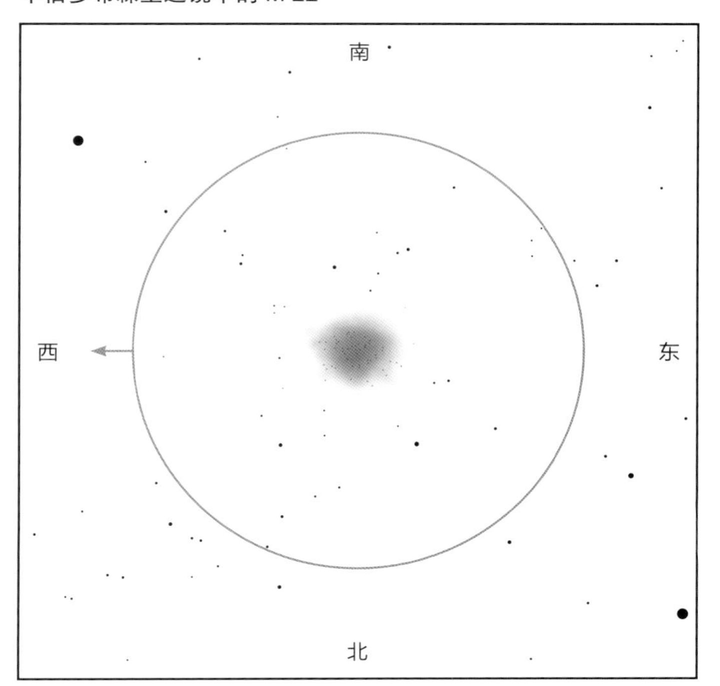

低倍对角镜中的 M 28

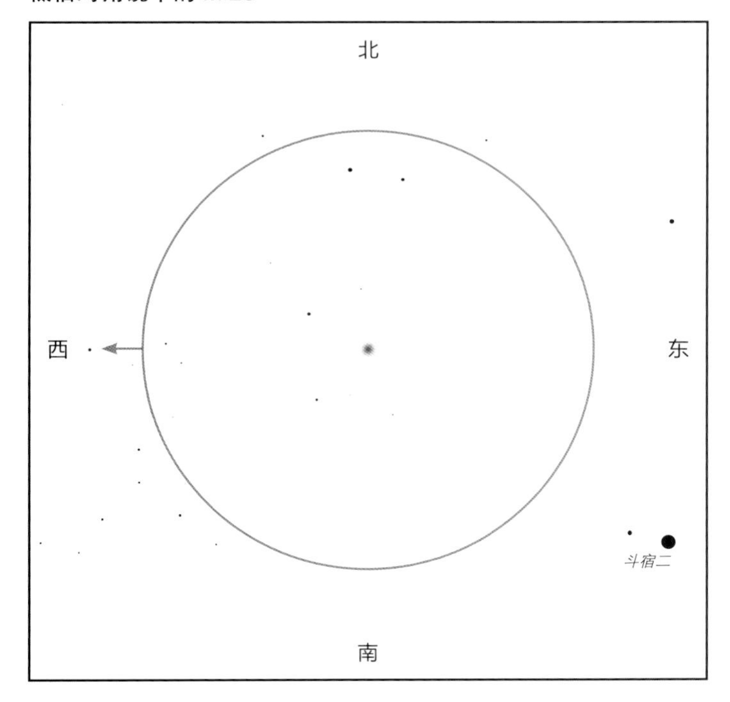

中倍多布森望远镜中的 M 28

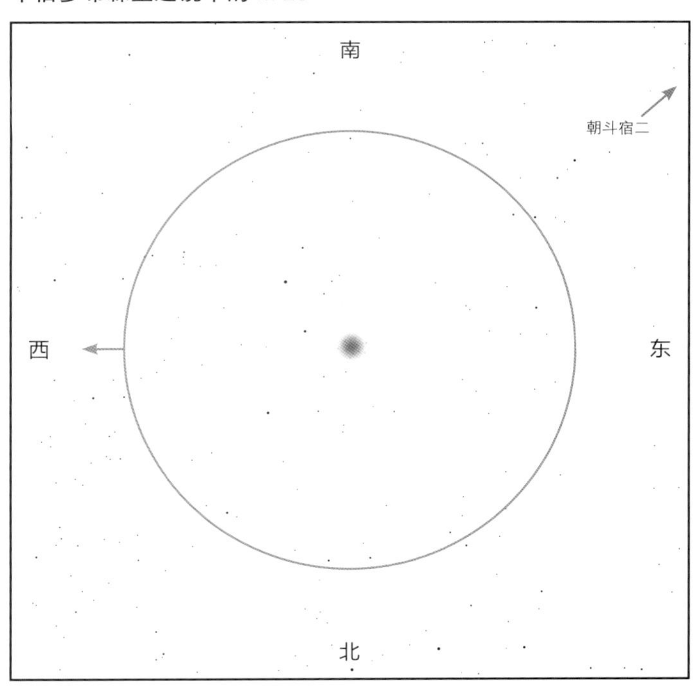

在小型望远镜中：在低倍率下寻找，在中倍率下观看。M 22 看上去是一块忽隐忽现的大光斑，大小几乎和半个满月相当，稍微呈椭圆形，并且从中心逐渐向边缘变暗。在清爽的夜晚，你可以看见该星团中最亮的单颗恒星。M 28 看上去则小得多，呈一块相对较亮且恒星集中的光斑。

在多布森望远镜中：很容易就能分辨出 M 22，它呈不对称的光斑状，其中带有数条星索。M 28 则显现出其较高的中心聚集度，但你仅能勉强分辨其中的恒星；使用周边视觉会对你有所帮助。

没有这片尘埃云的遮挡，它看上去会比现在亮 5 倍。M 28 在直径 65 光年的区域内含有约 10 万颗恒星。它距离地球 15 000 光年，是 M 22 到地球距离的 1.5 倍。跟 M 22 的情况类似，它也非常靠近银道面，差不多在从地球到银河系中心的中点处。

人马座：球状星团 M 54 和 M 55

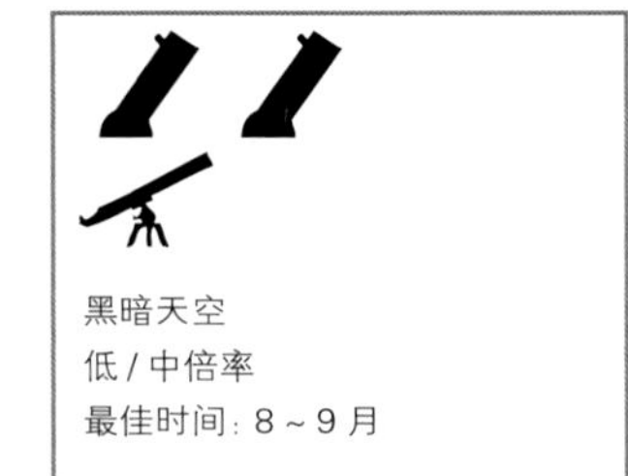

星图由模拟课程公司星空教育版制作

看哪儿 找到南方低空中的茶壶星组。其中 4 颗恒星构成了茶壶的把手——斗宿四、人马 φ、人马 τ 和斗宿六。对准斗宿六。

在寻星镜中 从斗宿六往西南偏西的方向移动约 2°，应该就能把M 54置于寻星镜视场的中心。你也许无法在寻星镜中看见它。寻找M 55时，从斗宿四朝东南行进 1 步至人马 τ，沿同一方向再前行 2 步。这时你就到了人马座中恒星相对稀疏的区域。你如果看到了人马 ω、人马 59、人马 60 或人马 θ，那说明你走过了。在寻星镜中，M 55（6 等）就像一颗模糊的恒星。

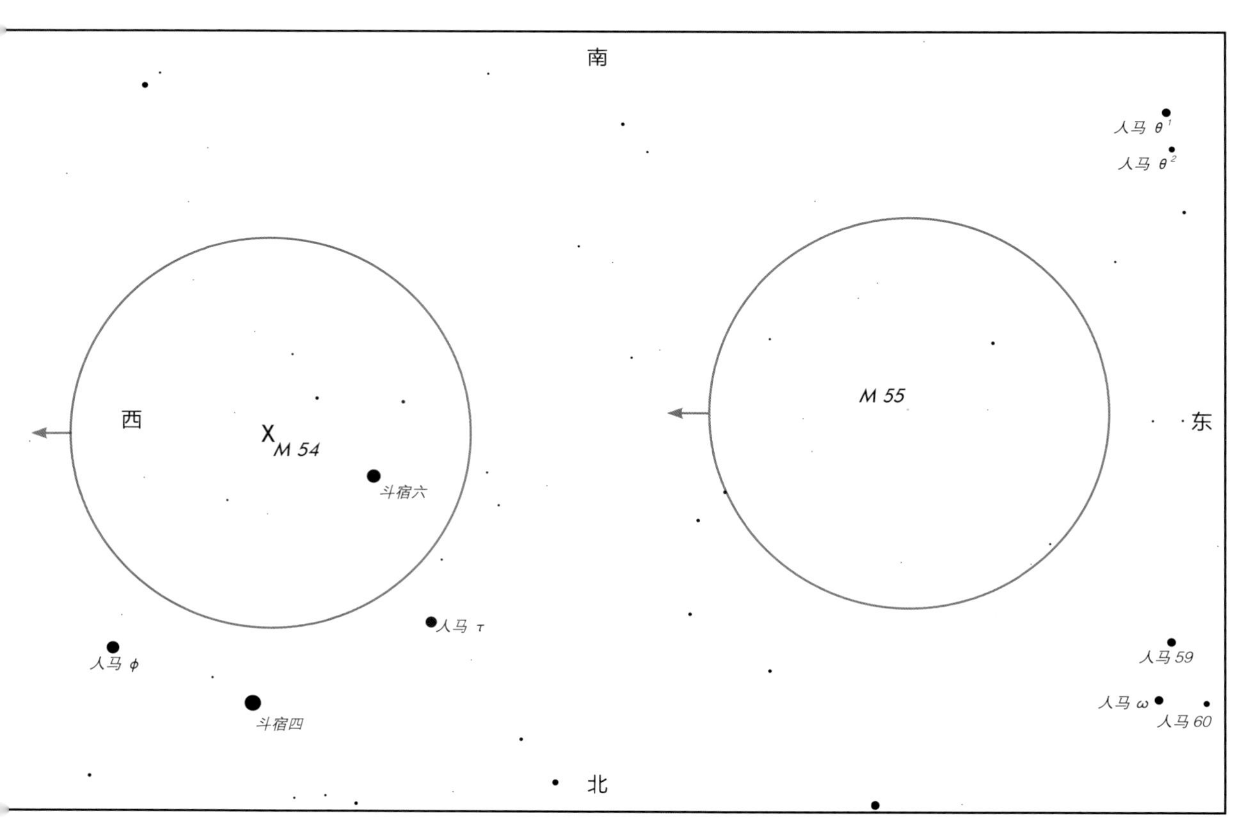

邻近还有 分辨出斗宿六对多布森望远镜来说很难。作为一颗密近双星，斗宿六 3.6 等的伴星每 21 年绕 3.4 等的主星一周。在 2014 ~ 2018 年间，伴星与主星相距最远，约 0.6"。也许在条件完美时多布森望远镜能将它分解开，或至少能让斗宿六呈一颗东西向的恒星。斗宿六在绕银河系转动，120 万年前它到地球的距离只有现在的 1/10，那时它看上去有现在天狼星的 3 倍亮。

低倍对角镜中的 M 54

北

西

东

南

中倍多布森望远镜中的 M 54

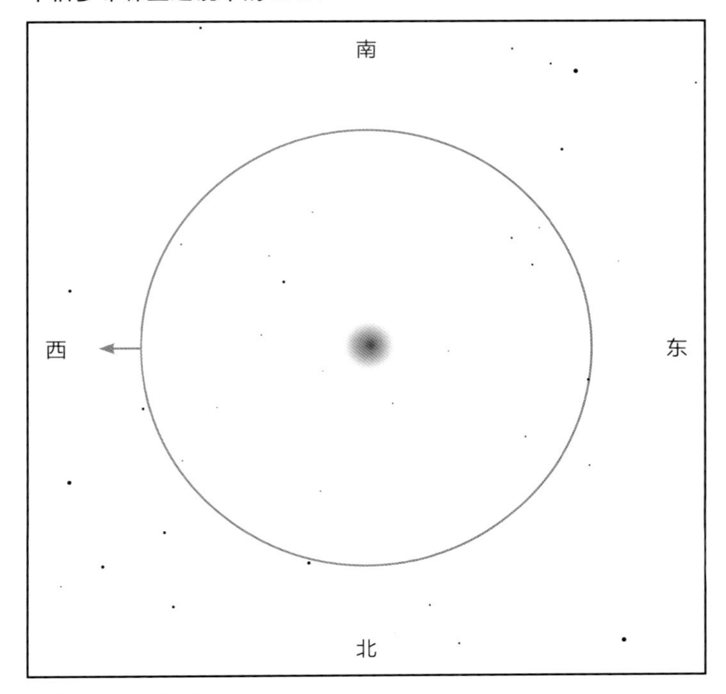

低倍对角镜中的 M 55

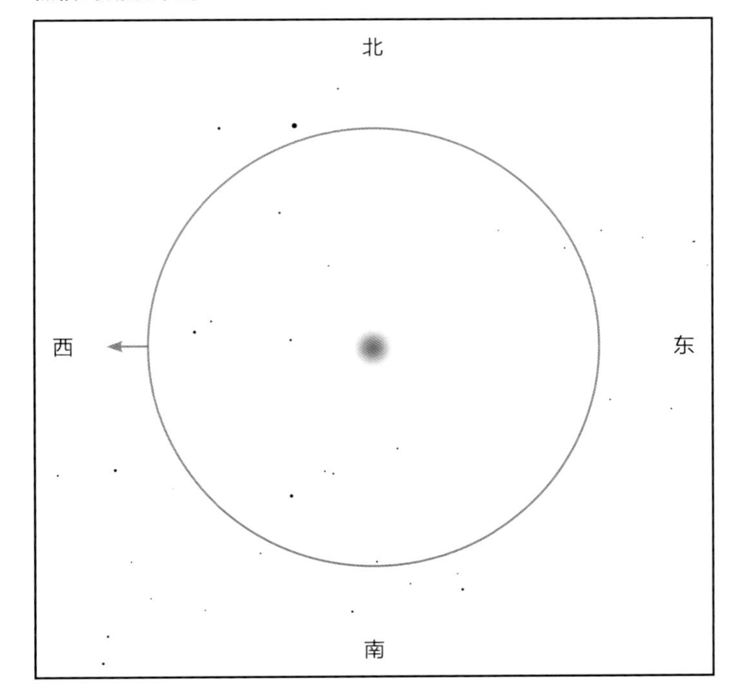

中倍多布森望远镜中的 M 55

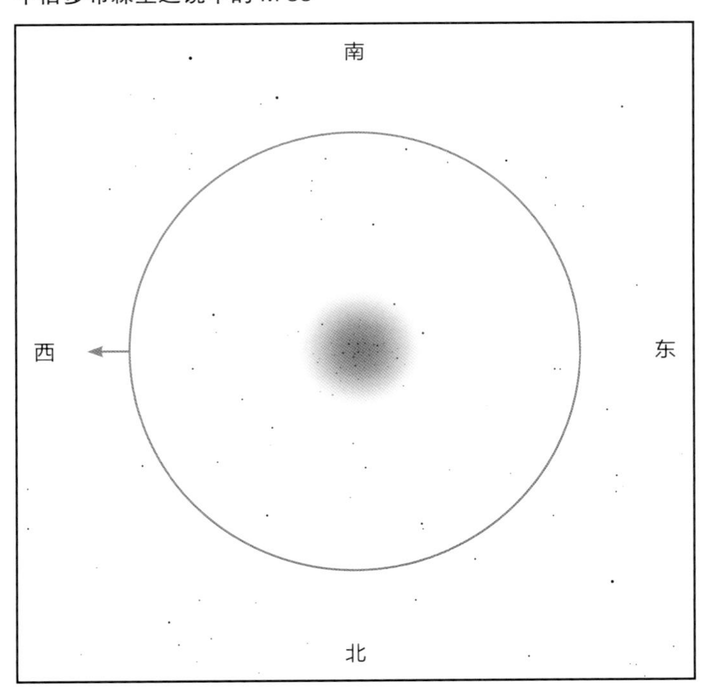

在小型望远镜中：M 54 非常小且非常圆，其暗弱的光斑让人想起行星状星云。M 55 更大，更具颗粒感，就像一团烟。

在多布森望远镜中：M 54 是一个中心集中的光球，但用多布森望远镜无法分辨出其中的恒星。M 55 看上去明显带颗粒感，用多布森望远镜可以分辨出其中的几十颗恒星。

M 54 和 M 55 因太靠近南方地平线而难以被欧洲的观星者看到。你若从美国南部及以南的地方看，它们更显眼。尤其是 M 55，那时它会显现其较亮的中心。

可以根据恒星在球状星团中心的聚集度来给球状星团分级。1 级星团中心的恒星聚集度极高，12 级星团中心的恒星则非常松散。M 54 是一个致密的 3 级球状星团，直径 60 光年，包含 10 万颗恒星，距离地球 5 万光年。由于大多数恒星聚集在其核心，它看上去比 M 55 更小。M 55 是一个 11 级球状星团，其中数十万颗恒星分布得更加均匀。M 55 距离地球更近（仅 3 万光年），也更大（直径约 75 光年）。

季节性天空：10～12月

一年中的这几个月里，夜晚常常出乎意料地冷，因此合理着装尤其重要。在许多地方，夜晚湿气往往较重，因此在使用前确保望远镜的温度与户外温度相当也非常重要。

望远镜外表面结露是一个常见的问题。玻璃透镜会向外辐射热量，因而比空气冷却得更快，从而形成一个低温表面，使得潮湿的空气在上面凝结成水珠。能防止透镜向外辐射热量的露罩会对你有所帮助。你可以买一个通用型露罩，也可以把一张黑纸卷成筒状套在望远镜前。市面上还有能加热透镜的电套管出售。说到底其实就是一直将望远镜的透镜覆盖着，或者在不使用时将望远镜镜筒指向下方，而非指向天空（更多细节参见第11页）。

现在银河系的中心已经落下。这段时间你看不到壮观的弥漫星云——不过猎户座会在子夜上升到高空，如果你愿意等的话。其实，这几个月里最突出的天体是星系，尤其是仙女星系。

如果这几个月你在北半球，可以留意获月！在夏季或冬季，在满月后月球每天升起的时间都会推迟约1个小时，因此天空黑暗的时间也就多了约1个小时。但在秋季，在满月后月球每天升起的时间仅推迟约20分钟。之所以会这样，是因为月球轨道与地平线之间存在夹角；你离赤道越远，这一现象就越明显。这对收割者、猎人和恋人来说是一件好事，但对想观看深空天体的观星者来说就不是了（当然，南半球的观星者会在4～6月遇到这一问题）。

寻找星路：10～12月天空路标

先朝西南方看。你会看到由3颗亮星组成的夏夜大三角正在缓缓落下。夏夜大三角中南边的是牛郎星，北边靠近地平线的蓝白色亮星是织女星，而差不多在头顶上的是天津四。在织女星和牛郎星之间有一个“十字”，天津四就位于该十字的顶部。

高悬于头顶的4颗恒星构成了飞马大四边形。虽然它们并不是特别明亮，但因比周围的恒星亮而凸显了出来。该四边形的两条对角线刚好分别指向南北和东西方向。

在飞马大四边形南边，你基本看不到恒星。在南方低空，有一颗非常亮的恒星，即北落师门。如果你在它的北边看到了

其他明亮的天体，那很可能是行星。

在飞马大四边形北边，可见由仙后座的5颗主要恒星所构成的明亮“W”（或“M”，具体取决于你的视角）。即便南至巴西你也可以看见它。

在仙后座南边，从飞马大四边形的东北角向外延伸出一排2等星，那里就是仙女座。

银河穿过仙后座向北方地平线延伸出去。它不在南方观星者可见的范围内，不过其中一些天体现在还能在北方看到，尤其是仙后座附近的天体——有关北天的内容参见下一章。用望远镜随心所欲地从仙后座浏览到英仙座，即便不特意寻找某个天体，你也会感觉非常舒心。

在东边，你会看见一些恒星开始升起来。你可以寻找一个小星团——昴星团。

在昴星团东南方的是红色恒星毕宿五，在昴星团北边的则是亮星五车二。后者是一颗0等星，与西边的织女星遥相呼应。

沿着地平线看过去，猎户座中的亮星参宿七和双子座刚刚升起。如果可以，你可以多逗留一会儿，试着观看此时可见的一些在1～3月观看最佳的天体（第46页）。

面朝西 许多7～9月观看最佳的天体此时仍在高空。北半球的夜幕会在10～12月提前来临，因此北半球的观星者在它们下落前有更长的时间来观看西方地平线之上的天体。

天体	星座	类型	页码
天琴 ε	天琴座	四合星	125
指环星云	天琴座	行星状星云	126
辇道增七	天鹅座	双星	128
M 11	盾牌座	疏散星团	136
哑铃星云	狐狸座	行星状星云	132
闪视行星状星云	天鹅座	行星状星云	130

在一年中的这段时间，就算是北方的观星者也很难看见北斗七星，因为夜里它就“平躺”在地平线上，任何树木、建筑物或者天空中的雾气都会将它遮住。你如果地处北纬30°——墨西哥、埃及、印度等地——以南，在这几个月里都难以看见北斗七星。

东方天空

飞马座：球状星团 M15

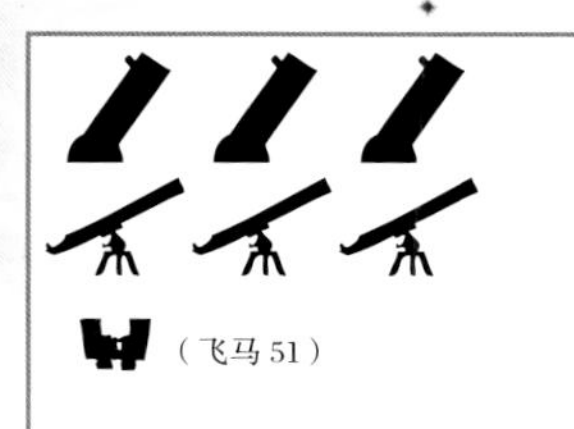

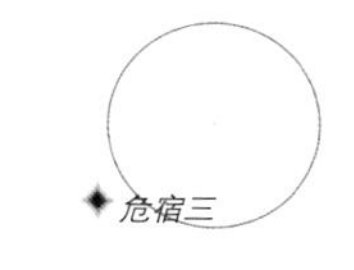

- 漂亮而易见
- 在高倍率下观看更佳
- 附近有一颗具有历史意义的行星

看哪儿 找到高悬于头顶的飞马大四边形，其西南角上的恒星是室宿一。从室宿一往西南偏西的方向行进，你会先看到 2 颗恒星，再前行一段距离你就会看到危宿二，这几颗恒星基本在一条直线上。在危宿二西北方有一颗 3 等星——危宿三。它和构成飞马大四边形的恒星差不多亮。先从危宿二向西北方行进一步至危宿三，再沿着这一方向前行半步就是 M 15 所在区域了。

在寻星镜中 M 15 在寻星镜中就像一个模糊的光点，旁边有一颗亮度与之相当的恒星。危宿三可能位于你寻星镜视场之外，是否会这样取决于你所用的寻星镜。M 15 附近鲜有其他亮星。

中倍对角镜中的 M 15

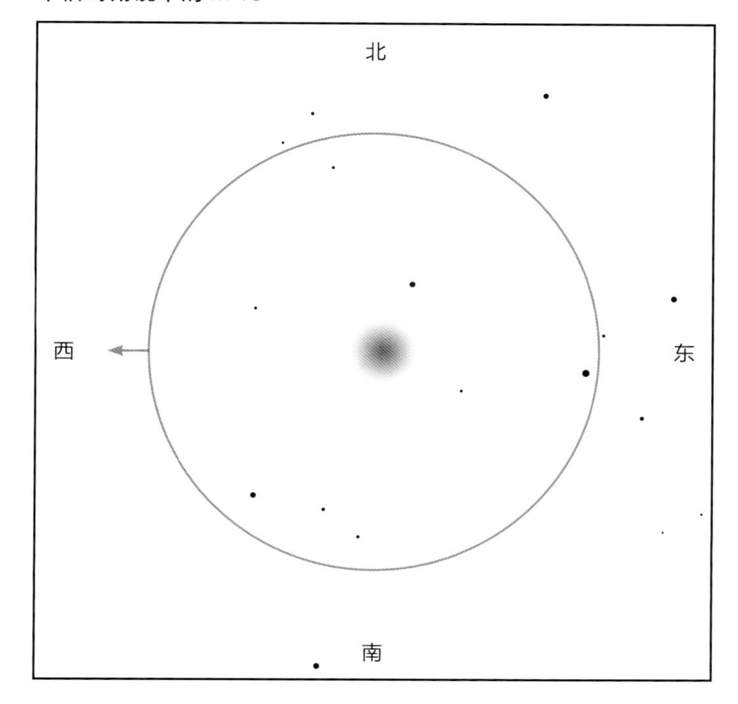

在小型望远镜中： M 15 似乎具有一个小而明亮的中央核，中央核周围是一片大得多且非常均匀的暗弱外区。它看上去就像一颗被均匀的光晕包裹着的恒星。

中倍多布森望远镜中的 M 15

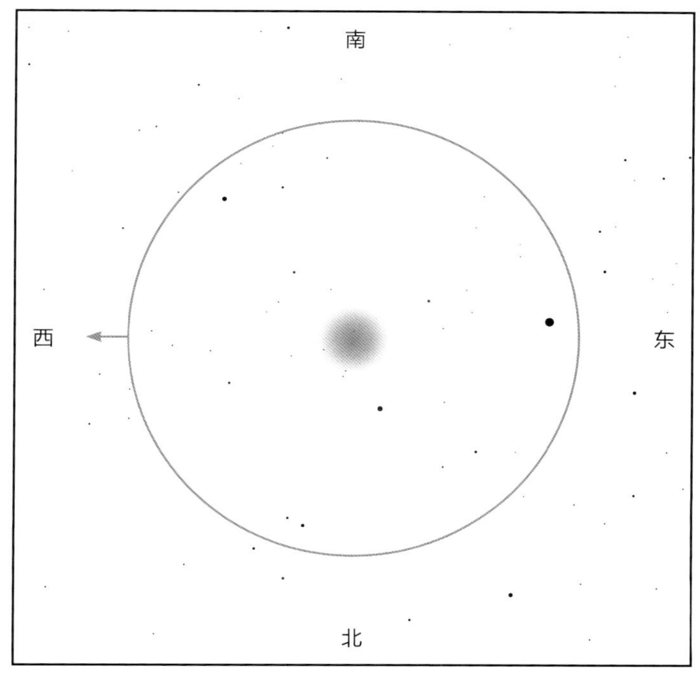

在多布森望远镜中： M 15 的中央核看上去像一颗无趣的恒星，并在向外快速地变暗。其余部分就像一个超大的疏散星团，你可以分辨出其中许多单颗恒星。在高倍率下你会看见一根根毫无颗粒感的光带。

M 15 本身已经足够亮，你一旦找到它，可以尝试使用更高倍率的目镜来观看细节（尤其是当天空非常黑暗时），但它一般在低倍率下看上去更漂亮。要想看见该星团中的单颗恒星，至少要使用口径 4 ~ 6 in（10.16 ~ 15.24 cm）的望远镜。

该球状星团包含几十万颗恒星，直径约为 125 光年，距离地球约 40 000 光年。其中心恒星的聚集度非常高，这使得它的核心在小型望远镜中呈明亮的光点状。

M 15 还有许多其他有趣的地方。它是一个 X 射线源，这表明它的内部存在中子星或黑洞。大型望远镜在该星团中还发现了一片暗弱的行星状星云。

有关球状星团的更多内容，参见第 111 页。

邻近还有 你可以用双筒望远镜或寻星镜寻找飞马 51——一片相当萧瑟的天区中的一颗 5.5 等星。它找起来比较难，而且找到了也没什么可看的——只不过是小型望远镜中的一颗不起眼的恒星。那为什么还要费事找呢？纯粹是因为它名气大：它是继太阳之后第一颗被发现拥有行星的恒星。1995 年，日内瓦天文台的米切尔 · 梅厄和迪迪埃 · 克洛茨在飞马 51 光谱中搜索由伴星的引力所导致的微小偏移（跟对分光双星的探测类似）时，发现这颗距离地球仅 50 光年、与太阳极为相似的 G 型星拥有一颗比木星小一点儿的行星。该行星到飞马 51 的距离非常近，仅 0.051 天文单位。该行星上的 1 年只有 4.2 地球天。

要找飞马 51，还得借用飞马大四边形西南角的室宿一。飞马大四边形西北角上的恒星是室宿二，在它右侧偏北一点儿有一颗与它亮度相当的恒星——离宫四。从离宫四去往室宿一，途中你会先经过一颗 4 等星——飞马 μ（位于 4 等星飞马 λ 的东北方）。把寻星镜对准飞马 μ 和室宿一中点附近的区域，你会看见一颗较明亮的恒星，它就是飞马 51（它东边有一颗 8 等星，你可以根据这一相对位置来确定你找到的是否是飞马 51）。

宝瓶座：球状星团 M2

黑暗天空
中倍率
最佳时间：8～10 月

飞马大四边形
室宿一
牛郎星
危宿二
危宿一
虚宿一

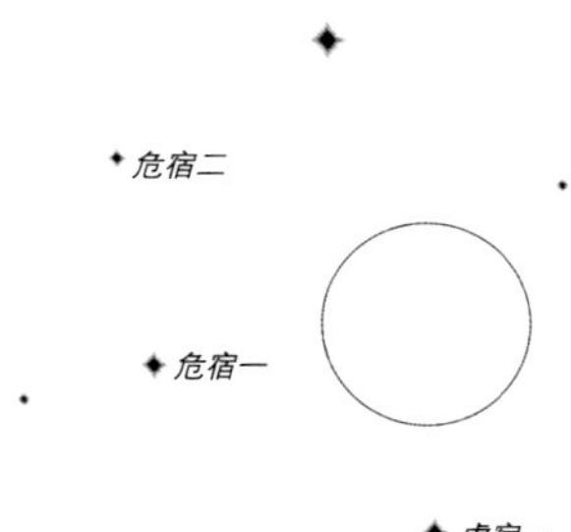

星图由模拟课程公司星空教育版制作

- 找起来相对容易
- 在稀疏星场中很显眼
- 在较大望远镜中带颗粒感

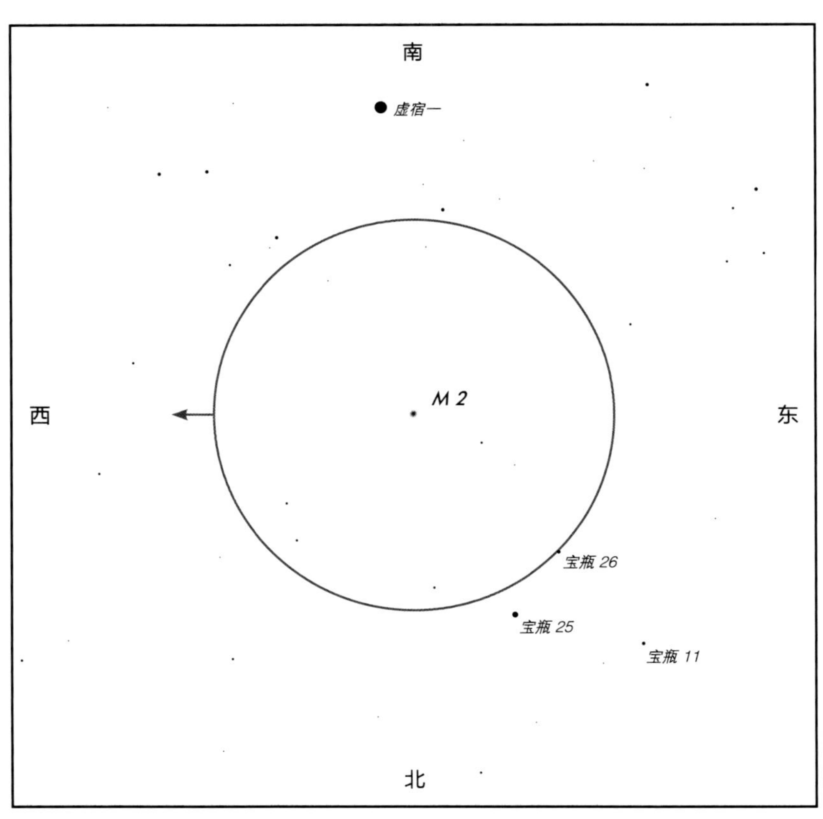

看哪儿 找到高悬于头顶的飞马大四边形，看向其西南角的室宿一。从室宿一往西南偏西的方向行进，你会先看到 2 颗恒星，再前行一段距离你就会看到危宿二；这几颗恒星基本在一条直线上。你可以在危宿二的西南方找到危宿一，虚宿一则在危宿一的西南方。

在寻星镜中 把寻星镜从虚宿一向北移动。如果夜晚的条件真的很好，那么在一片有约 6 颗同样暗的恒星的星场中，你也许可以看见 M 2 像一颗暗弱而模糊的恒星。通常情况下，在遇到 2 颗沿西北–东南方向排列的 6 等星——宝瓶 25 和宝瓶 26 之前，你什么也看不到，而这 2 颗 6 等星就位于 M 2 的东北方。此时，对准这 2 颗 6 等星，你可以在它们的东北方看到另一颗恒星——宝瓶 11。从宝瓶 11 往西南方行进 1 步至宝瓶 26，再前行 1 步就可到达 M 2 附近。

低倍对角镜中的 M 2

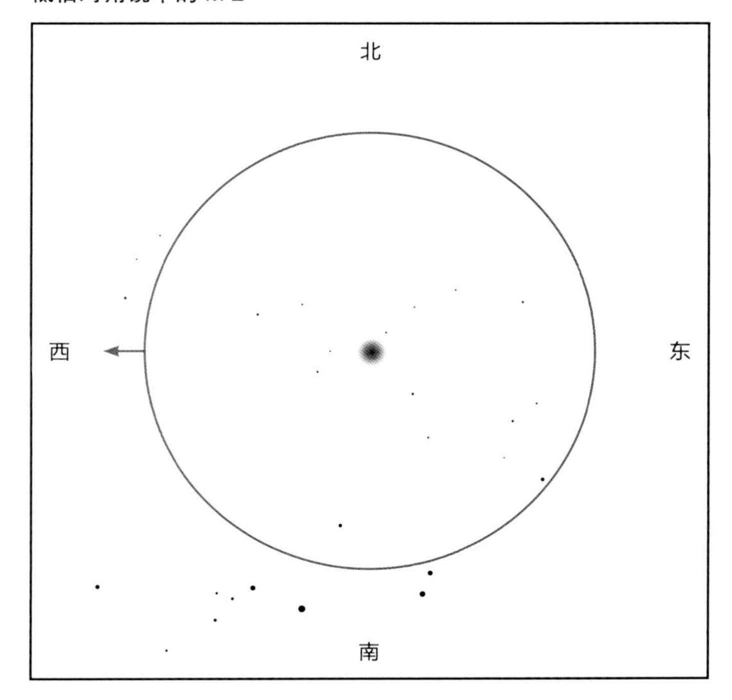

中倍多布森望远镜中的 M 2

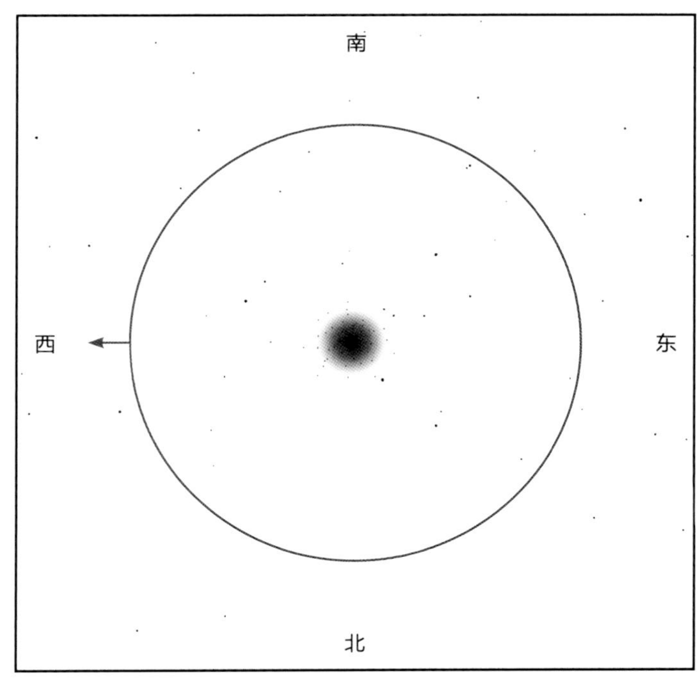

在小型望远镜中：在低倍率下寻找，在中倍率下观看。M 2 呈一个显眼的小圆面，四周散布着暗星；在低倍率下，它呈圆形，亮度均匀而没有明显的特征。从虚宿一往上移动时，你会看到它南边的 4 颗恒星，这 4 颗恒星是 M 2 即将进入视场的信号。在低倍率下 M 2 较亮，因此找起来相对容易。一旦找到了你可以将望远镜调到中倍率甚至高倍率，这样你可以看到更多细节。

在多布森望远镜中：你会看到一个斑驳或带颗粒感的天体，并且能分辨出其中的单颗恒星。M 2 在多布森望远镜中呈椭圆形，沿西北–东南方向延伸。光线在 M 2 中心的聚集度算中等，但它整个圆面看上去都带颗粒感，其中有几十颗恒星很明显。使用周边视觉可以看见沿各个方向分布的光带。在高倍率下，你可以在其圆面上看到大量颗粒和较暗的条带。

M 2 是一个包含数十万颗恒星的球状星团，直径约为 175 光年，是已知最大的球状星团之一。它距离地球约 40 000 光年。从其如此小的编号可知，它是夏尔・梅西叶第一批记录下的天体。1760 年，夏尔・梅西叶就看到了这个天体并记了下来，虽然他知道另一位寻彗者曾在 1746 年就见到过它。13 年后，威廉・赫歇尔和他妹妹卡罗琳・赫歇尔第一次成功分辨出了 M 2 中的单颗恒星。

天文学家对 M 2 运动的测量显示，它正在一条非常扁的椭圆轨道上绕银河系中心转动。在几亿年之后，它到银河系的距离会超过麦哲伦云到银河系距离的一半。

有关球状星团的更多内容，参见第 111 页。

宝瓶座：球状星团 M 72 和土星状星云 NGC 7009

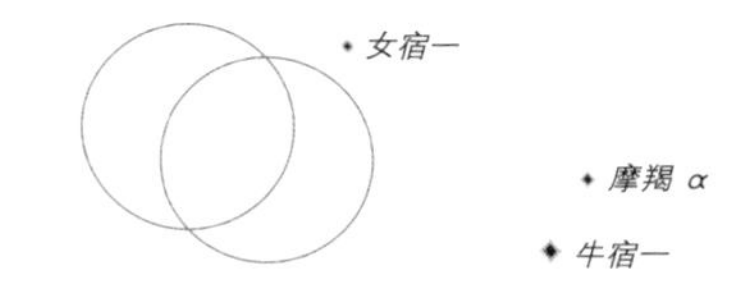

星图由模拟课程公司星空教育版制作

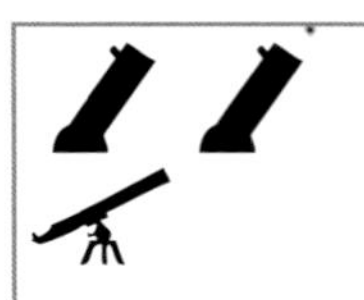

黑暗天空
中 / 高倍率
星云滤光片（土星状星云）
最佳时间：9 ~ 10 月

- 形状不寻常的 NGC 7009
- 难以寻找，用多布森望远镜观看最佳
- 充满乐趣的天区

看哪儿 对准 1 等星牛郎星和北落师门的中点处。在这片区域西边（朝茶壶的方向）有 2 颗沿西北偏北–东南偏南方向排列的 3 等星——摩羯 α 和牛宿一。从这里开始观看。

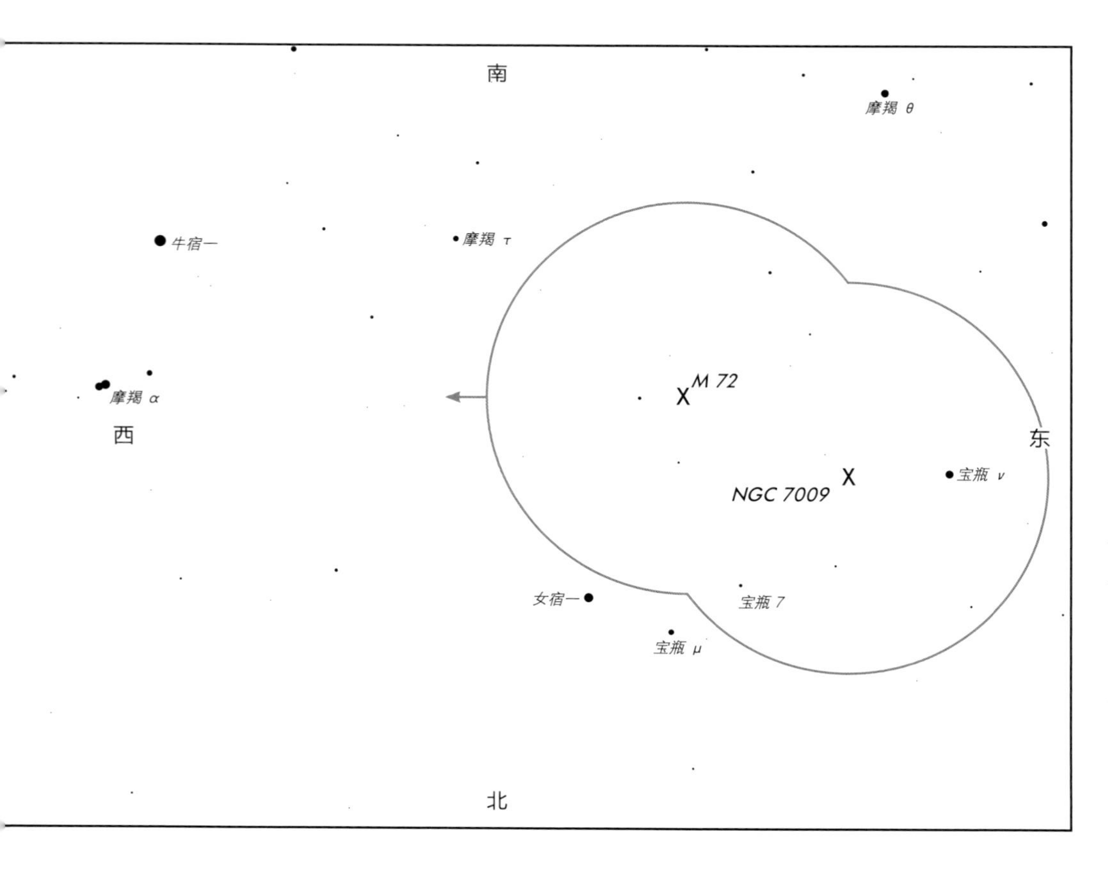

在寻星镜中 在寻星镜视场中应该同时可见摩羯 α 和牛宿一。摩羯 α 是一颗双星。把它放到寻星镜视场的南边缘，往东移动 2 个寻星镜视场的距离，直到看见 3 颗恒星——女宿一、宝瓶 μ 和 5 等星宝瓶 7。把宝瓶 μ 置于视场中心，然后向南行进，寻找一个由 3 颗 6 等星构成的狭长三角形。M 72 就在中间那颗恒星东边。从 M 72 向东北方行进，直到看见宝瓶 ν，对准宝瓶 ν 西边 2° 处；或者从宝瓶 μ 往东南方行进 1 步至宝瓶 7，再前行 2 步，NGC 7009 就在那附近。

M 72 较年轻，其中有较多蓝色恒星。它直径约为 40 光年，距离地球 50 000 光年。土星状星云到地球的距离约为 5 000 光年。之所以呈绿色，是因为星云气体受到高温中央星的紫外光激发产生了荧光。

中倍对角镜中的 M 72

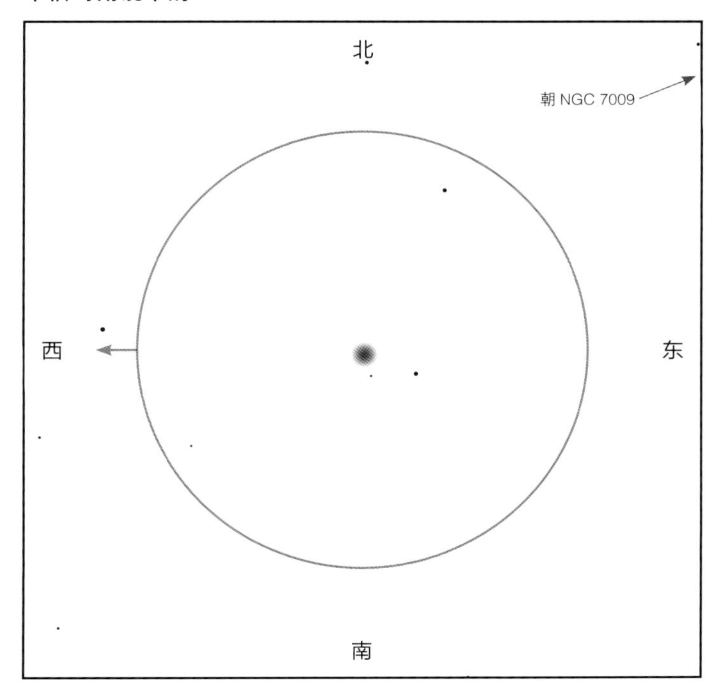

在小型望远镜中：M 72 在小型望远镜中非常暗弱且难以分辨，想在黑暗天空中找到它极具挑战性。不过乐趣正是寻找的过程，因为它位于一片萧瑟的天区。

中倍多布森望远镜中的 M 72 和 M 73

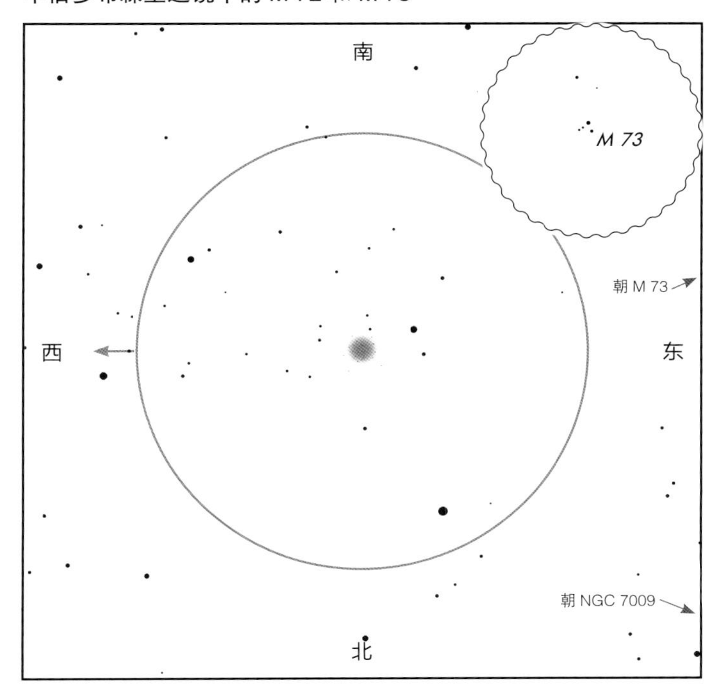

在多布森望远镜中：M 72 没有明显的核心，呈一块光斑，稍微带有颗粒感，尤其是边缘处。使用周边视觉的话可以看见一些恒星。在 M 72 东边有一个与之没有实际关联的星团，即 M 73。

低 / 高倍对角镜中的土星状星云

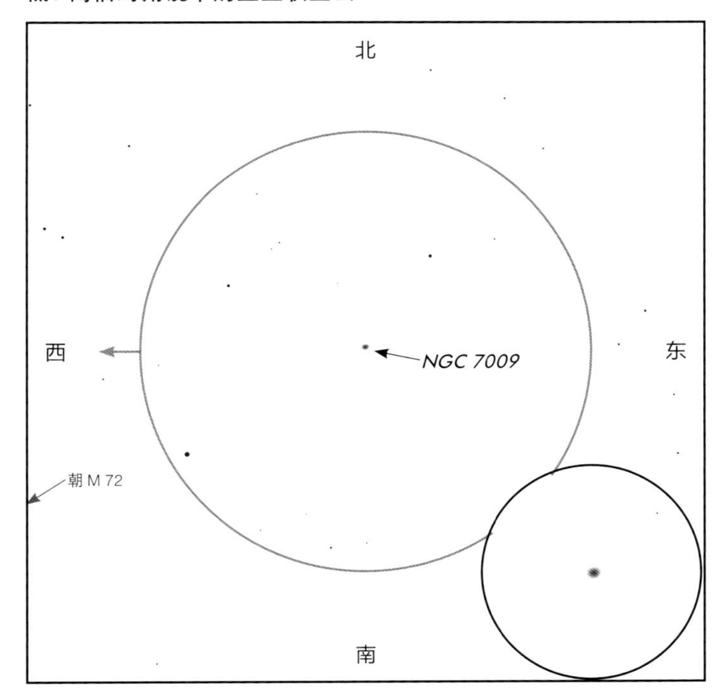

在小型望远镜中：土星状星云小而亮。如果你觉得已经找到它了，可以将望远镜调到更高倍率来看看它是否会显现除光点之外的细节。星云滤光片可以增强它与天空的对比度。图中展示的是高倍率视场（20'）。

中 / 高倍多布森望远镜中的土星状星云

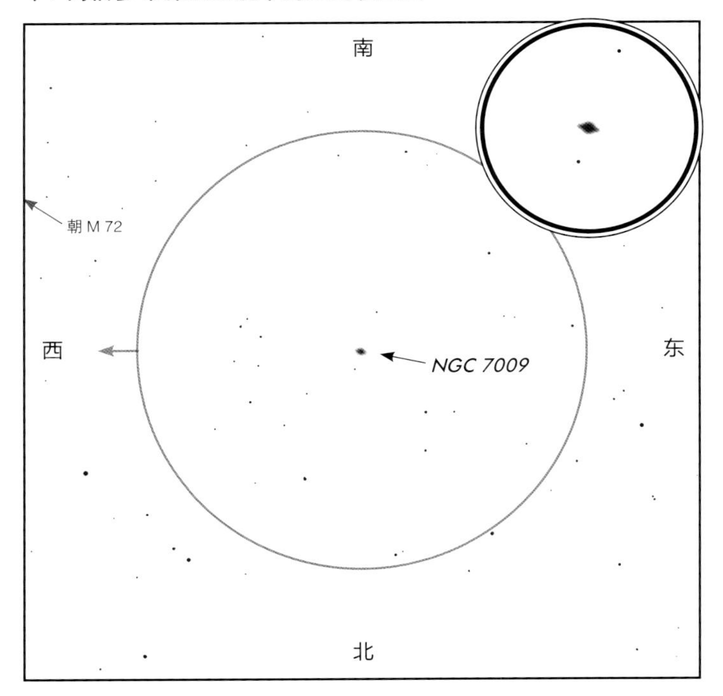

在多布森望远镜中：土星状星云在低倍率下几乎是一个星点，呈明显的浅蓝灰色。在更高的倍率下，它看上去是一个非常均匀的圆面，两端似乎突起，而这正是它得名的原因。图中展示的是极高倍率视场（5'）。

摩羯座：球状星团 M 30

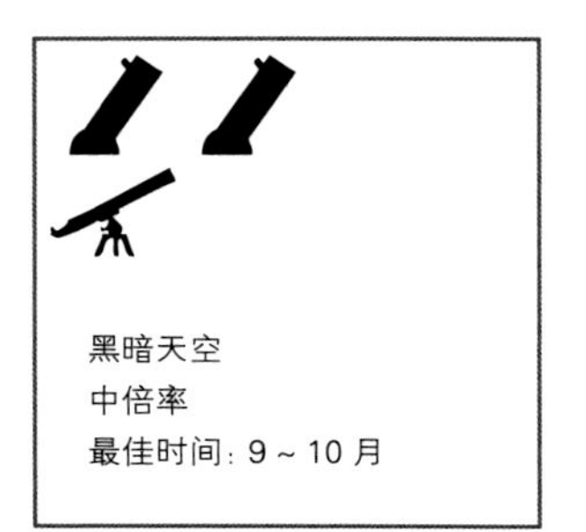

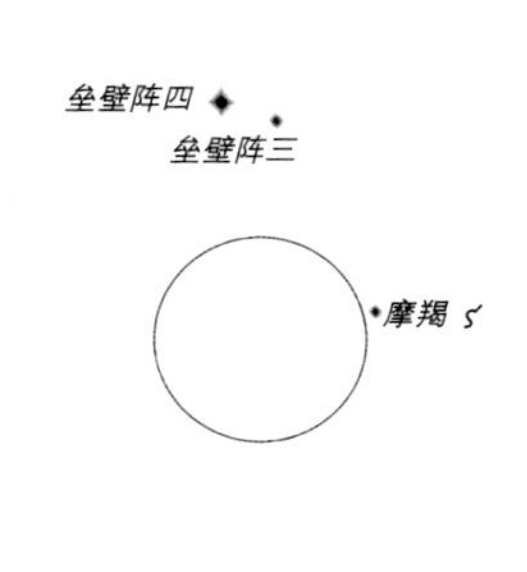

星图由模拟课程公司星空教育版制作

- 易于寻找，难以看见
- 中心聚集度极高
- 挑战“梅西叶马拉松”

看哪儿 找到夏夜大三角最南端天鹰（天鹰座）头部的牛郎星，然后看向东南方的北落师门，它是这片天区中仅有的一颗 1 等星。在从牛郎星到北落师门 2/3 的地方，有 2 颗恒星——垒壁阵三和垒壁阵四（不要把垒壁阵四与它西边的摩羯 α 搞混）。从这 2 颗恒星开始，在它们南偏西一点儿的地方可以看见一颗 3 等星——摩羯 ζ。

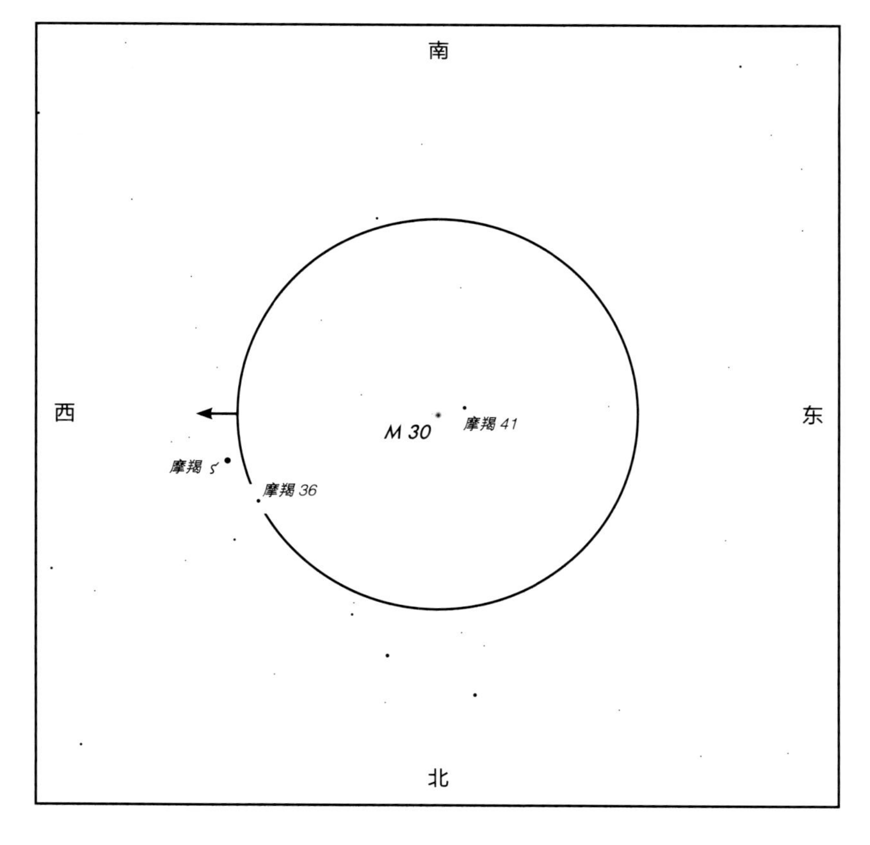

在寻星镜中 对准摩羯 ζ。在它附近有许多 4 等星和 5 等星，其中最显眼的是它东北方的摩羯 36。从摩羯 ζ 向东偏南一点儿移动，可见一颗 5 等星——摩羯 41，对准那里。M 30 就在摩羯 41 西边。

低倍对角镜中的 M 30

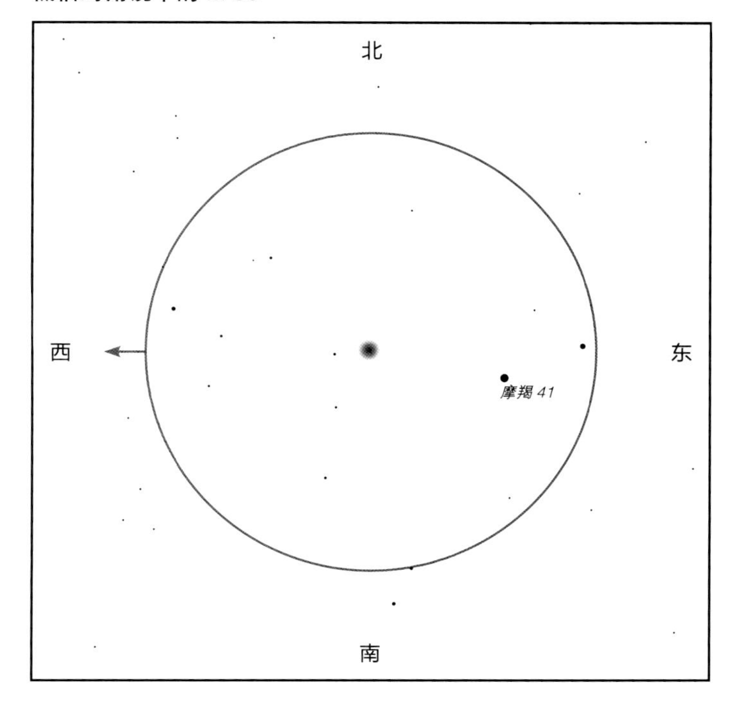

在小型望远镜中：在低倍率下寻找，在中倍率下观看。M 30 旁边有一颗 5 等星——摩羯 41，它所在的区域找起来应该相对容易。但是，如果从郊区或者从北纬 35° 以北的地方（它总是位于地平线上）观看，想看到它就没那么容易了。它在小型望远镜中呈一块小而暗的光斑，寻找时没有经历一番艰辛的人绝不能感受它的美。

中倍多布森望远镜中的 M 30

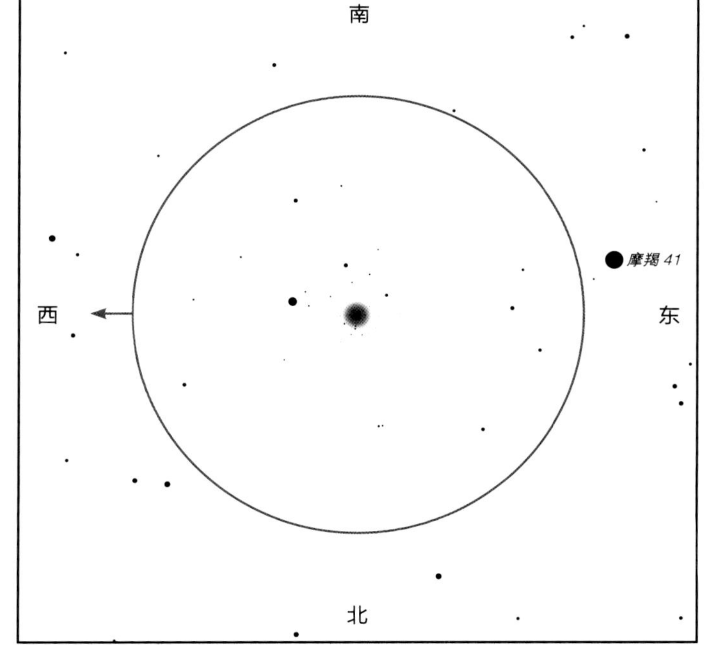

在多布森望远镜中：这是“在低倍率下寻找、在高倍率观看”的经典案例。在低倍率下，M 30 以及用来寻找它的恒星摩羯 41 可被纳入同一视场，这使得寻找 M 30 变得更加容易。但 M 30 直径仅约 10'，在低倍率下你很难看到任何细节。更高倍率的望远镜呈现出来的 M 30 带颗粒感，用它你能够分辨出其中的单颗恒星。

M 30 是一个恒星稠密的球状星团，距离地球约 25 000 光年。它中心恒星的聚集度极高——整个星团的直径为 90 光年，其中心的恒星似乎都聚集在直径 1 光年的区域内。事实上，该星团一半的质量都聚集在直径 17 光年的区域内。这就好比在地球和天狼星之间“塞”了数十万颗恒星。

对天文爱好者来说，M 30 因远离其他梅西叶天体而臭名远扬。在资深天文爱好者中流行着一个考验观星技术的方法，即跑“梅西叶马拉松”，也就是在一个晚上看遍所有梅西叶天体。北半球的观星者只有在 3 月底一个无月的夜晚才能进行这项马拉松，但那个时候，M 30 因最靠近太阳而最难被看见，在日出时才会出现在东方的低空中。

有关球状星团的更多内容，参见第 111 页。

宝瓶座：行星状星云螺旋星云（NGC 7293）

牛郎星

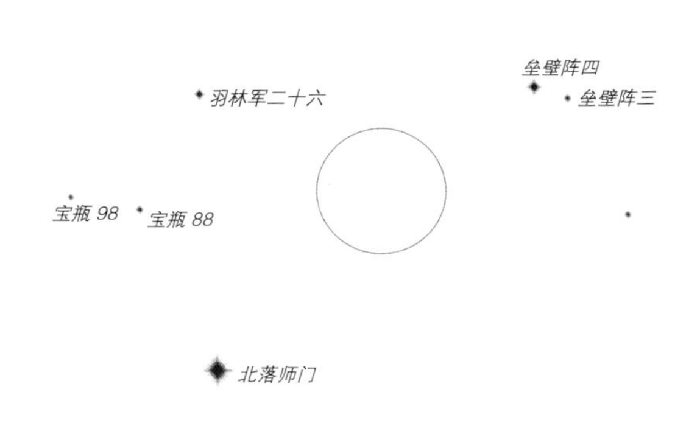

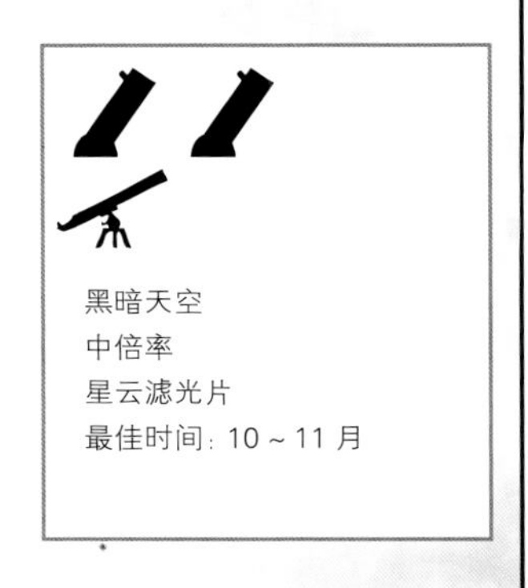

星图由模拟课程公司星空教育版制作

- 分辨它对小型望远镜来说有难度
- 非常著名
- 大而暗

看哪儿　飞马大四边形南边最亮的恒星就是北落师门。在北落师门的西北方有 2 颗 3 等星——垒壁阵四和垒壁阵三，而在北落师门北偏东一点儿有一颗 3 等星——羽林军二十六。把寻星镜从北落师门移向羽林军二十六，途中会经过 2 颗 4 等星——宝瓶 98 和宝瓶 88。

南
西
东
北
X
宝瓶 47
宝瓶 υ
宝瓶 66
羽林军二十六

在寻星镜中　从羽林军二十六往西南方行进，会看见一系列 5 等星。先找到位于寻星镜视场西南边缘的宝瓶 66，再从那里往西南方行进 1 步至宝瓶 υ，然后把宝瓶 υ 置于视场中心。此时寻星镜所在的位置差不多就是北落师门与垒壁阵四的中点。一旦把宝瓶 υ 置于视场中心，可见其西偏南一点儿的宝瓶 47。螺旋星云就位于从宝瓶 υ 到宝瓶 47 的 1/3 处。

低倍对角镜中的螺旋星云

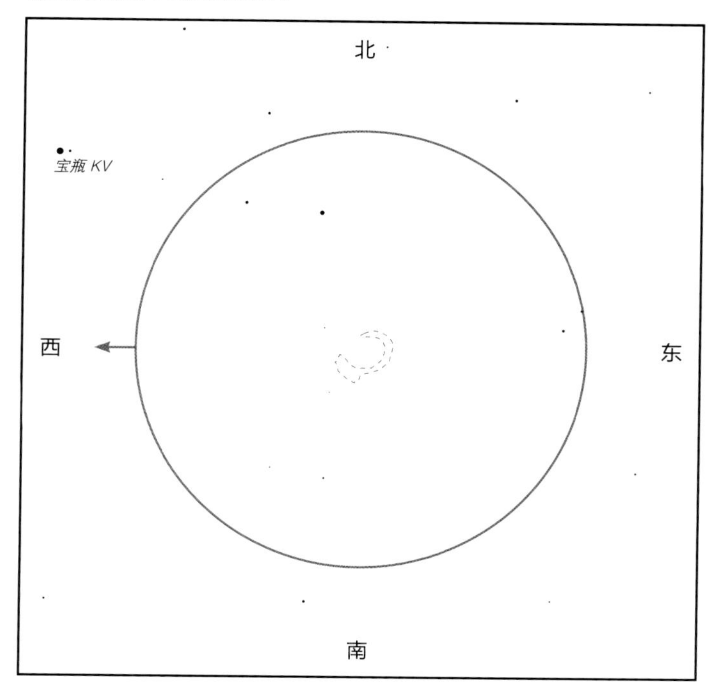

中倍多布森望远镜中的螺旋星云

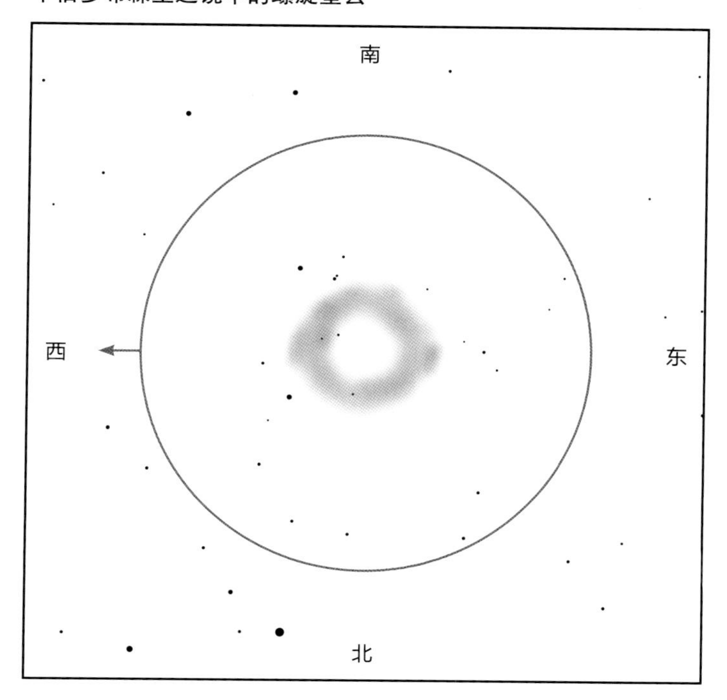

在小型望远镜中：螺旋星云是一片较大但相当暗弱的星云。对小型望远镜来说，除非是在最漆黑的夜晚观看，否则想看到它极具挑战性。如果你身处极黑暗的地点并且有星云滤光片，可以尝试观看图中用虚线标出的暗弱光环。

在多布森望远镜中：螺旋星云是一片较大但相当暗弱的星云。在漆黑的夜晚，用星云滤光片的话，可以看见一个巨大而饱满的暗光环在视场中其他恒星后面若隐若现。其因为较大而成为天文摄影师钟爱的目标。在长时间曝光下，螺旋星云红色的环和绿色的内部会显现出来。然而，在照片或数码图像中所呈现的红光其实都是一般的人眼所不可见的。

螺旋星云距离地球约 700 光年，是距离最近的行星状星云之一，因此在业余天文望远镜中的尺寸较大。从这个距离上计算，该星云的直径约为 2.5 光年。据估计，该星云已经膨胀了约 10 000 年，是银河系中相对年轻的星云。

有关行星状星云的更多内容，参见第 95 页。

邻近还有　在该星云西北方 1° 处（如上方对角镜视场图所示，就在低倍率视场之外）是宝瓶 KV。它既是一颗双星，也是一颗变星。作为一颗变星，它没什么意思（偶尔会增亮 0.2 等）；作为一颗双星，它则是一项很好的挑战。其主星为 7.1 等星，伴星为 8.0 等星，位于主星东南偏南 6.9" 处。如在对角镜视场图中所示，在它东边 3' 处有一颗更暗的 10 等星，不过这颗 10 等星是一颗场星，并不属于该系统。

鲸鱼座：星系 NGC 247；玉夫座：星系 NGC 253 和球状星团 NGC 288

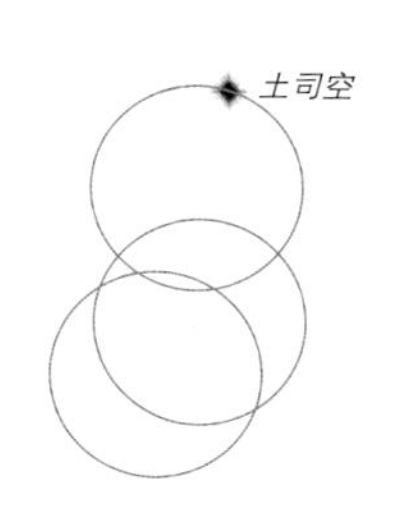

垒壁阵四

北落师门

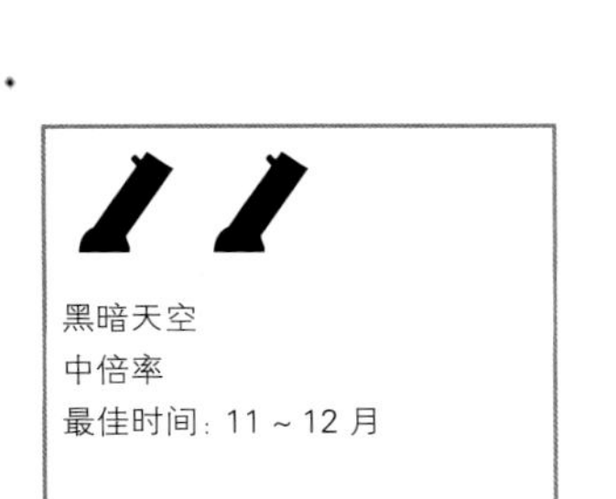

星图由模拟课程公司星空教育版制作

- 毗邻的三大漂亮天体
- 对多布森望远镜来说极具挑战
- 超出了绝大多数小型望远镜可及的范围

南

玉夫 α

NGC 288

NGC 253

HR 228

HR 232

HR 220

NGC 247

西

东

土司空

北

看哪儿 朝飞马大四边形的南边看，那里最亮的恒星就是北落师门。在北落师门的东北方，除了 2 等星土司空（不要把它与北落师门西北方的垒壁阵四搞混）没有其他亮星。对准那里。

在寻星镜中 从土司空向南行进到一个由 5 等星和 6 等星构成的三角形。对准其东北顶点上的 HR 220，然后向北偏西一点儿移动即可见 NGC 247。接着，从上面的那个暗弱的三角形继续往南行进，可以看见一个由恒星组成的钻石图案。从 HR 232 向南 1 步至 HR 228，再前行 1 步即可看见 NGC 253。从 NGC 253 向东南方移动寻星镜，直至 4 等星玉夫 α 进入寻星镜视场；随后缓慢地往西北方行进，在低倍望远镜中寻找球状星团 NGC 288。

中倍多布森望远镜中的 NGC 247

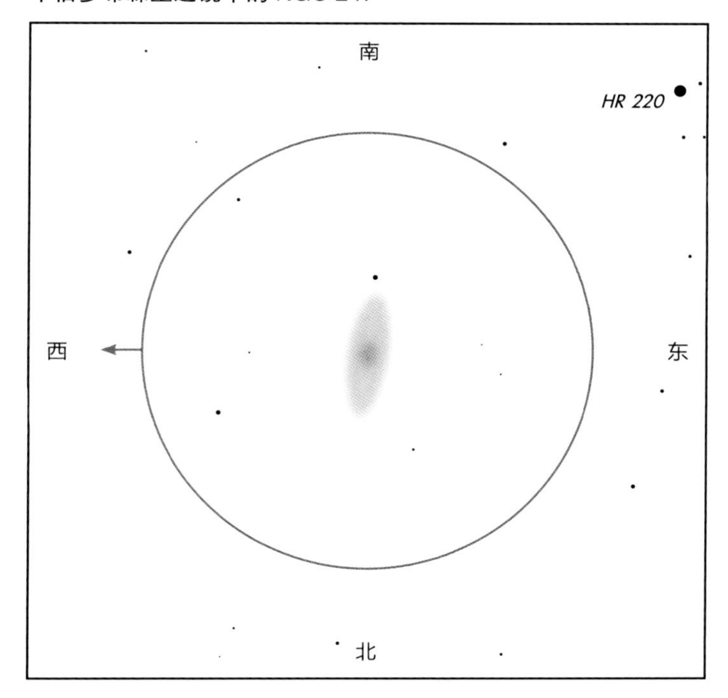

在多布森望远镜中： NGC 247 十分暗弱，是这三个天体中最难看见的一个。它看上去是一块几乎呈南北向的暗弱光斑。在这个星系的东南方有一颗 9 等星（它是我们银河系的成员，并不属于该星系），它是寻找该星系的指引星；在它的西北方，你可以看到一小团暗弱的恒星。

中倍多布森望远镜中的 NGC 253

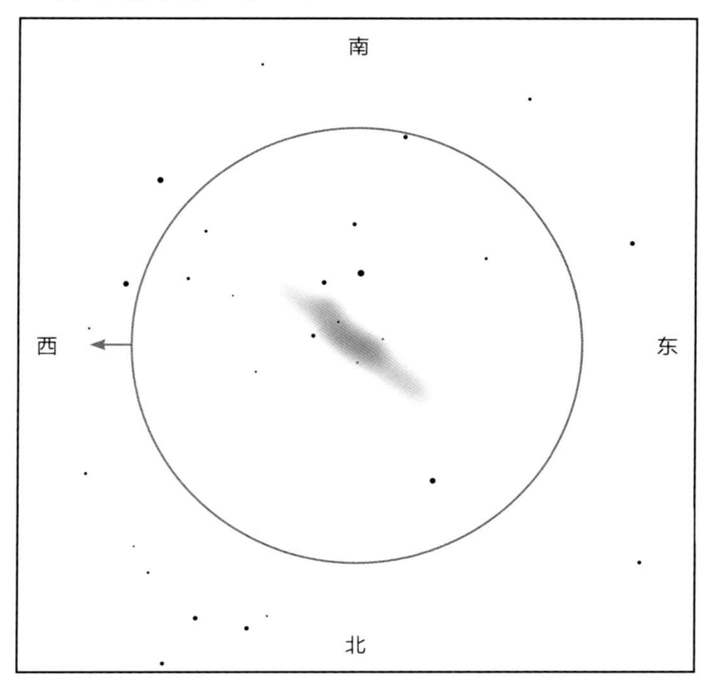

在多布森望远镜中： NGC 253 具有大而不对称的块状光棒。它整个看上去几乎呈方形，就像一个光盒。它相对较亮的光贯穿整个视场，比它北边的 NGC 247 易见得多。

星系 NGC 247 和 NGC 253 看上去如此靠近并非巧合。事实上，它们是玉夫星系群中最亮的成员，确实如我们所见的那样彼此靠近。它们距离地球约 1 200 万光年，这意味着该星系群是距离我们所在的本星系群（包括银河系、仙女星系和麦哲伦云）最近的星系群之一。

NGC 253 是该星系群的中央星系，其他星系都绕其转动。它内部目前正处于恒星形成阶段，被称为星暴星系（关于星系的更多内容，参见第 105 页）。

球状星团 NGC 288 位于银河系，因此它在天空中如此靠近星系 NGC 247 和 NGC 253 仅仅是一个巧合。跟玉夫星系群与地球相距千万光年不同，该星团距离地球仅 30 000 光年（有关球状星团的更多内容，参见第 111 页）。

中倍多布森望远镜中的 NGC 288

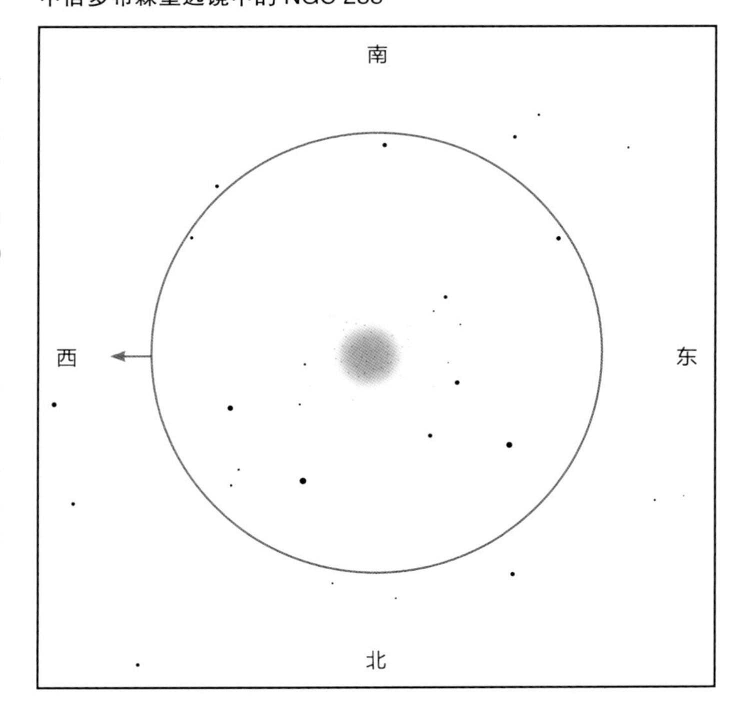

在多布森望远镜中： NGC 288 比 NGC 247 亮，且更易见。它是一个球状星团而非星系，是恒星的球形集合，边缘几乎无法被分辨。其整个圆面都带颗粒感，中心恒星的聚集度不高。

仙后座

仙女座：仙女星系（M31）及其伴星系 M32 和 M110

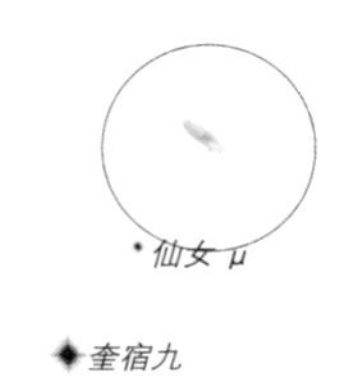

奎宿九

飞马大四边形

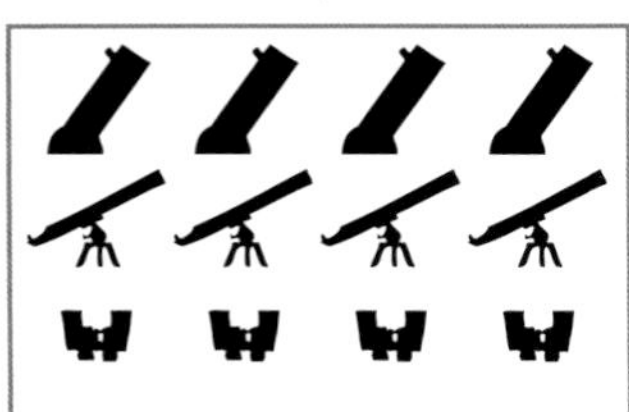

黑暗天空
低倍率
最佳时间：9～12 月、1 月

星图由模拟课程公司星空教育版制作

- 大而明亮且壮观的星系
- 易找易见
- 在任何夜晚都值得你用任何望远镜观看

看哪儿 找到高悬于头顶的飞马大四边形。在其东北方，即仙后座巨大的“W”形南边，可以看到 3 颗东西走向连成一条长线的亮星。从这 3 颗恒星中间的恒星（奎宿九）向北往仙后座方向行进，可以看见仙女 μ。在黑暗的夜晚，你也许还能看见仙女 ν，它位于仙女 μ 西北边。在漆黑的夜晚，用肉眼勉强可见仙女星系，它就在仙女 ν 西边。

在寻星镜中 从仙女 μ 向北行进，直到在寻星镜中看见仙女 ν。对准仙女 ν，应该就可以在寻星镜中看见仙女星系。

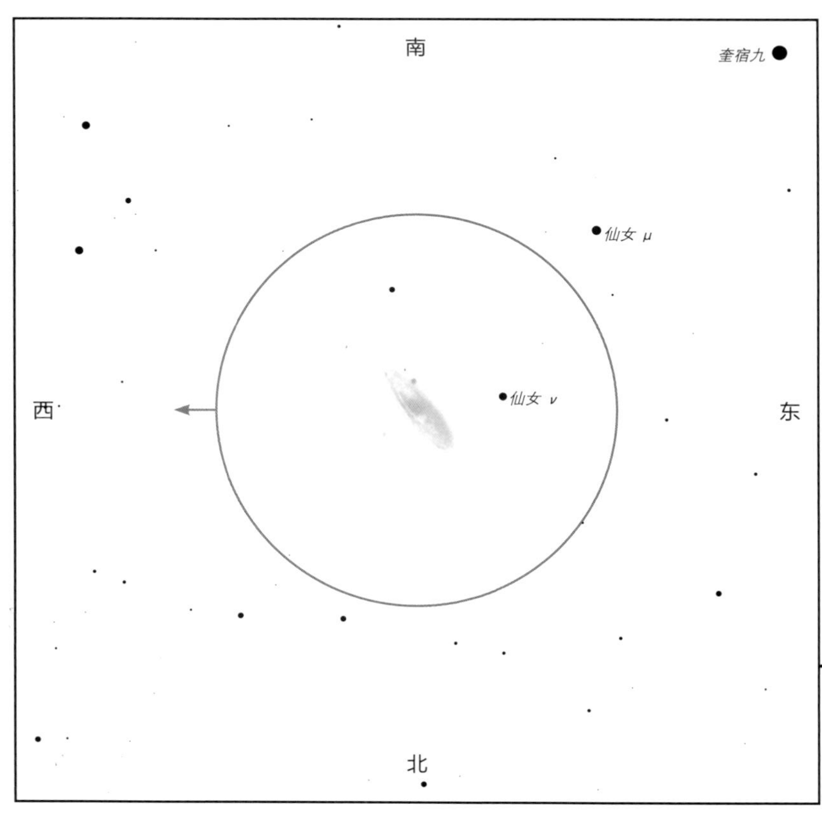

低倍对角镜中的仙女星系

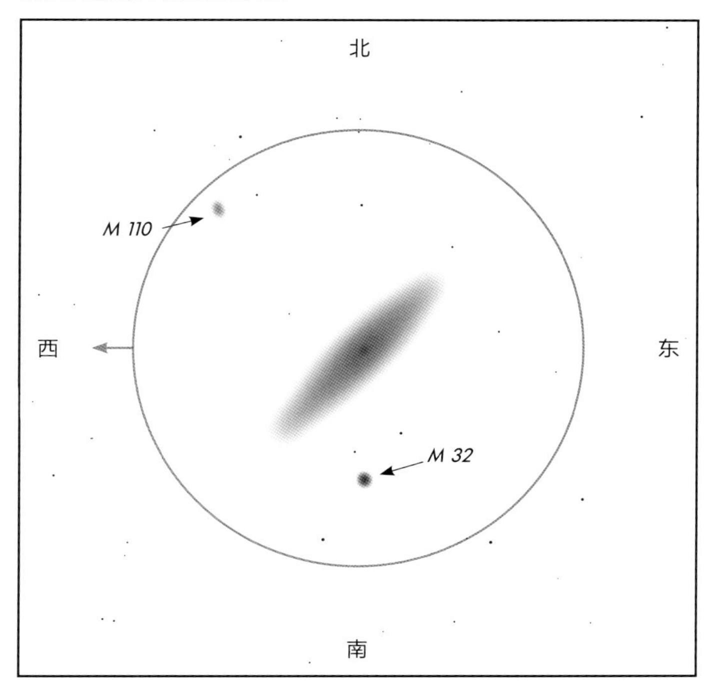

低倍多布森望远镜中的仙女星系

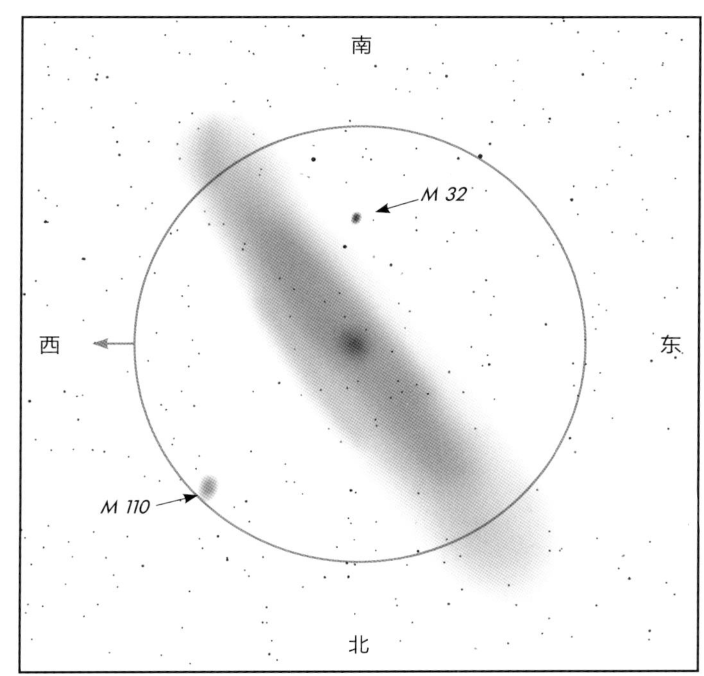

在小型望远镜中：仙女星系看上去像一条中央镶嵌着一个明亮的椭圆形的长光带，这条长光带几乎贯穿整个视场。在它南偏东一点儿，有一颗特大的“恒星”，它与另外 2 颗暗星组成了一个直角三角形。这颗特大的“恒星”就是仙女星系的伴星系 M 32。调高倍率，你会发现 M 32 看上去是一块椭圆形的光斑。如果把仙女星系置于低倍率视场的中心，星系 M 110（NGC 205）就位于视场的西北方。相对于伴星系 M 32，它位于仙女星系的另一侧。它更加暗弱，比 M 32 更分散，因此更难被看见。它呈一个南北指向的长椭圆形。

在多布森望远镜中：仙女星系是天空中的一大胜景，即便是在月球升起后，只要天空晴朗而黑暗就值得一看。它的中央核会抓住你的目光。当然，高度集中的 M 32 也会呈一个小圆面。让你的眼睛四处游走，你的周边视觉会向你展示仙女星系的宽广，你看到的将远超最低倍率目镜的视场。在能轻易看见该星系的旋臂之后，你应该能分辨出仙女星系一侧小而亮的 M 32 和另一侧 M 110 的小圆面。

仙女星系、银河系、三角星系（第 174 页）和大、小麦哲伦云（第 206 页和第 212 页）等二十几个星系组成了本星系群，仙女星系是其中最大的星系。它的直径为 150 000 光年，拥有 3 000 亿颗恒星，比银河系大得多。它是一个旋涡星系，但由于我们是从侧面看过去的，因此很难看见它的任何旋臂结构，尤其是用小型望远镜观看的话。

在漆黑的夜晚，你即使用肉眼也能看见它。仙女星系是在不使用望远镜的情况下肉眼可见的最遥远的天体。即便在糟糕的夜晚，它明亮的核也会在天文望远镜或双筒望远镜中显现；夜空越黑，其周围可见的部分就越多。其明亮的核似乎有点儿偏离呈较暗光斑的中心。其中心较暗的光你一开始几乎看不见；看的时间越久，看到的就越多，最后这些光甚至可以延伸到最低倍率目镜的视场之外。

据估计，仙女星系距离地球 250 万光年。它的伴星系 M 32 直径约 2 000 光年，位于其南边约 20 000 光年处。M 110 是它另一个可见的伴星系，大小是 M 32 的 2 倍。这 2 个伴星系都是椭圆星系。仙女星系至少还有 2 个暗弱的伴星系。但那 2 个伴星系都太暗而无法在小型望远镜中显现。

用大型望远镜可以分辨出仙女星系中的单颗恒星。20 世纪 20 年代，埃德温 · 哈勃发现其中一颗是被称为造父变星的脉动变星（以变星仙王 δ——造父一命名，见第 192 页）。他知道其脉动的速率与这类恒星的内禀亮度有关，并且由此可以计算出在给定距离上它们看上去有多亮。通过测量仙女星系中该恒星的亮度，他第一个发现该星系距离地球极其遥远。

有关星系的更多内容，参见第 105 页。

仙后座

三角座：三角星系（M33）

黑暗天空
低倍率
最佳时间：10～12月、1月

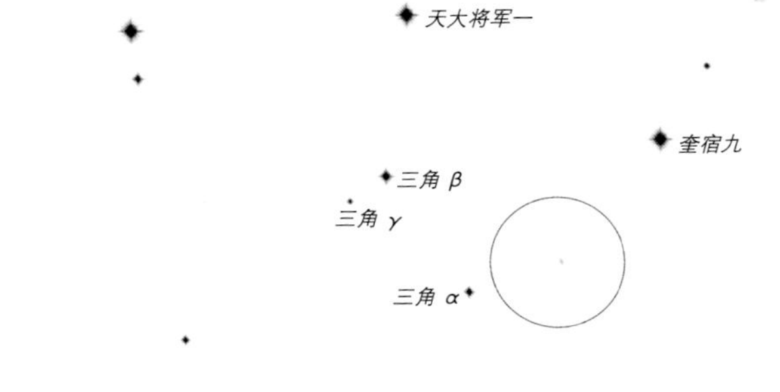

昴星团

飞马大四边形

星图由模拟课程公司星空教育版制作

- 如果夜空黑暗，它是一大美景
- 在良好条件下可见其旋臂
- 大口径的望远镜有用，黑暗的天空更有用

看哪儿 找到高悬于头顶的飞马大四边形。在其东北方，即仙后座巨大的“W”南边，可以看到4颗东西走向连成一条长线的亮星。在中间2颗恒星（奎宿九和天大将军一）的左下方（东南方），可以看见一个由3颗恒星组成的、大致指向西南方的狭长三角形。这里就是三角座。对准狭长三角形西南方顶点上的恒星——三角 α。

在寻星镜中 把狭长三角形中最北边的三角 β 与西南方顶点上的三角 α 之间的距离作为标准距离。在三角 α 西北方（奎宿九的方向）1/3标准距离的地方是暗星CBS 485（如果因天空不够黑暗而无法看见CBS 485，那可能也无法看见三角星系了——详细说明见下文）。从三角 α 行进一步至CBS 485，再前行半步。此时寻找一块模糊的光斑，这块光斑就是三角星系。

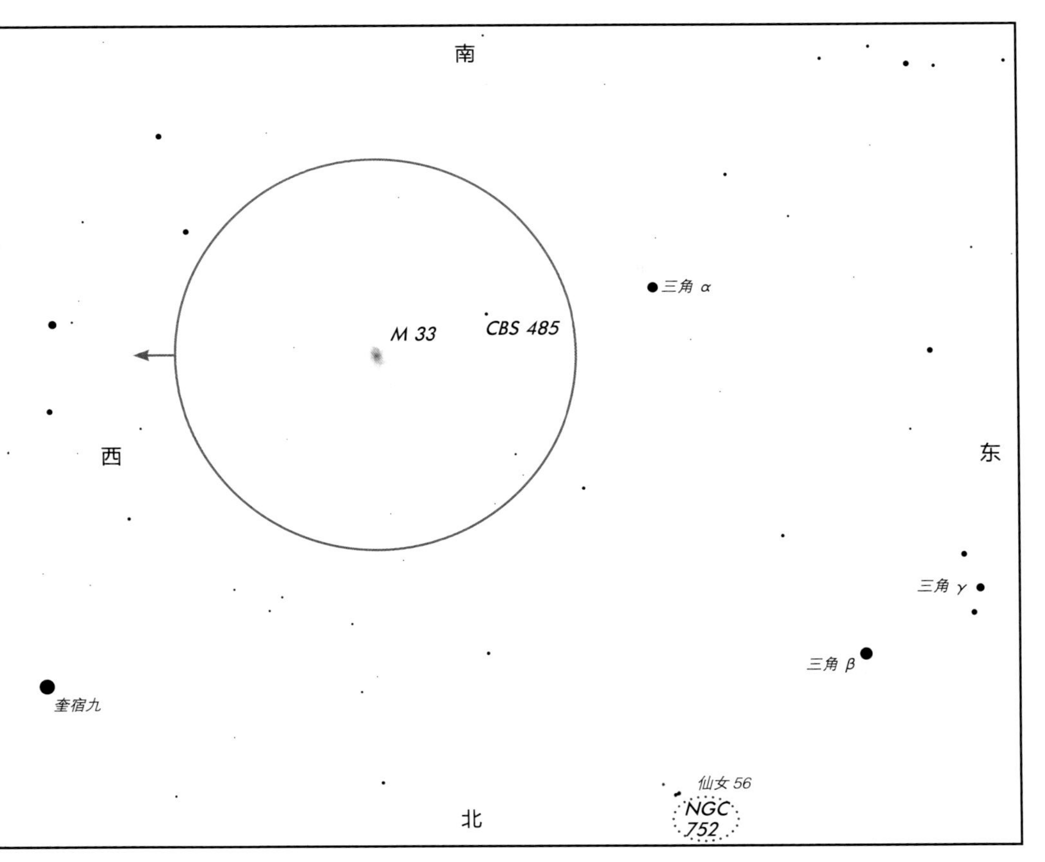

低倍对角镜中的三角星系

北
西
东
南

低倍多布森望远镜中的三角星系

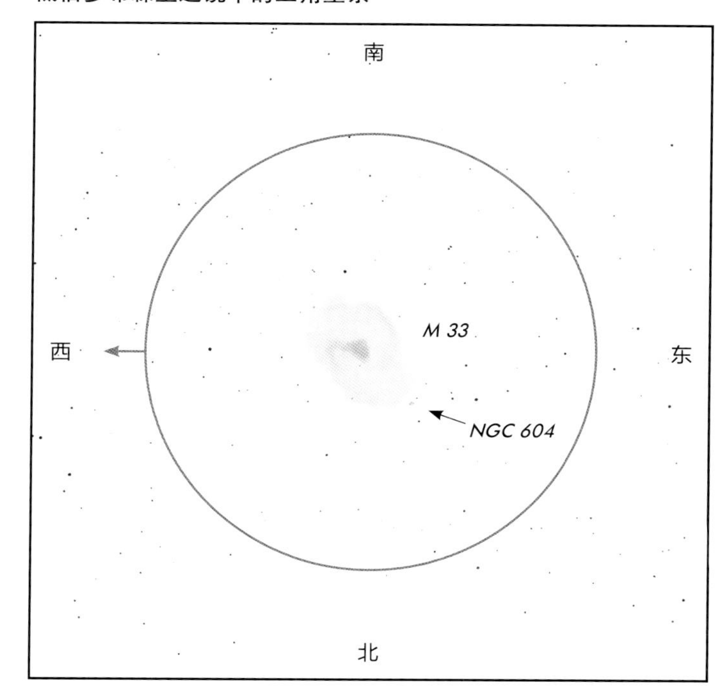

在小型望远镜中：在望远镜中应该能看到呈“风筝”状的4颗恒星。三角星系看上去就像是这个风筝中的一块大而暗弱的光斑。务必在最低倍率下观看。三角星系不够亮，这是我们想看到它必须解决的问题。黑暗的天空是必需的；如果确有这样的天空，那它会成为小型望远镜或双筒望远镜中最令人印象深刻的天体之一。如果在夏季露营时把望远镜带到远离城市灯光的地方，那为了它晚点儿睡觉也值得。

在多布森望远镜中：三角星系看上去是一块多处呈团块状的、东北–西南指向的椭圆形光斑。夜空越暗，你能看见的细节越多。如果天空足够黑，你应该还能分辨出它从西向北和从东向南伸出的两条旋臂。三角星系内有一个恒星形成区——NGC 604。使用光污染滤光片可以滤除钠蒸汽灯的黄光，以增强三角星系与周围天空的对比。一些人发现，使用星云滤光片有助于突出NGC 604。

三角星系虽然非常大，但难以被看见。由于太大，即在天空中占据一块相对较大的区域，其总亮度被“稀释”了。跟仙女星系不同，三角星系从边缘到中心的亮度对比并不明显，因此你就算找到了它，一开始也很难认出它。

较大的望远镜未必对你有所帮助。如果天空条件不是特别理想，你就算用14 in（35.56 cm）的望远镜也难以找到它。但在一个清爽而漆黑的夜晚，无论是在双筒望远镜还是在大视场的小型望远镜中，它看上去都很漂亮。这完全取决于天空的黑暗程度；如果月球升起来了，那就别浪费时间了！

当然，如果天空确实很黑并且你的眼睛也真正适应了黑暗，那多布森望远镜会向你呈现一幅惊人的景象。使用周边视觉你会清楚地看到三角星系呈巨大的S形——呈团块状的两条旋臂。有三个光点尤其明显，其中两个分别位于三角星系南边和西南边约10′处，另一个则位于它东北方10′处，即在S形旋臂的右上角。最后这个光点有它自己的NGC编号——NGC 604。它是一个类似于猎户星云和蜘蛛星云的高温氢气云，在那里有恒星正在形成。试着用星云滤光片观看！

作为本星系群的一个成员，三角星系距离地球约300万光年，并不比仙女星系远太多。确实，三角星系和仙女星系之间的距离还不到100万光年，可能还在相互绕转。在仙女星系上应该能看到三角星系上的动人景象，反之亦然。

三角星系的质量差不多是100亿个太阳的质量。除了没有中央的亮核之外，它是一个典型的旋涡星系。这也正是它难以被小型望远镜分辨的原因之一（它跟仙女星系的情况不同，仙女星系明亮的核正是它的一大标记）。

邻近还有 三角星系附近有一个疏散星团——NGC 752，第174页的寻星镜证认图中标记出了它的位置。要找到它，从三角γ进行1步至三角β，再前行2步即可。虽然你用肉眼无法看到它，但它在寻星镜中呈模糊的点，在低倍望远镜中则显现为一个松散的疏散星团，就位于光学双星仙女56（第177页）近旁。NGC 752包含约100颗恒星，距离地球约3 000光年。

仙女座附近的双星 / 聚星

任何天空
高倍率
最佳时间：9～12 月、1～2 月

仙后座
天大将军一
奎宿九
昴星团
娄宿三
飞马大四边形

恒星	星等	颜色	位置
天大将军一			
A	2.3	黄	主星
B	5.1	蓝	A 星东北偏东 9.8"
仙女 59			
A	6.1	蓝	主星
B	6.7	蓝	A 星东北 17"
仙女 56			
A	5.8	黄	主星
B	6.0	黄	A 星西北偏西 200"
C	11.9	暗	A 星东南偏东 18"
三角 6			
A	5.3	黄	主星
B	6.7	蓝	A 星东北偏东 3.7"
白羊 λ			
A	4.8	黄	主星
B	6.6	蓝	A 星东北 37"
娄宿二			
A	4.5	白	主星
B	4.6	白	A 星以北 7.5"

南
西
东
北
5' 圈

天大将军一 找到高悬于头顶的飞马大四边形。在其东北方，即仙后座巨大的“W”南边，可以看到 3 颗东西走向连成一条长线的亮星。天大将军一是最东边的那颗。它是一颗双星，子星的颜色对比非常明显：主星为橙黄色恒星，伴星为蓝色恒星。天大将军一其实是一个四合星系统，距离地球约 200 光年。A 星是一颗 K 型巨星，比太阳大，但温度较低。该系统中的其他恒星则都为矮星。其主要的伴星 B 星距离主星 A 星约 600 天文单位。C 星和 D 星绕 B 星转动。C 星绕 B 星一周要 64 年，两者太过密近，你即使用多布森望远镜也无法将其分解开；B/C 星一起绕 A 星转动，转动一周则要上千年。C 星的轨道是一个相当扁的椭圆。2002 年，C 星距 B 星最近，两者间距不到 0.1"，超出了所有业余望远镜分辨的极限。但到 2034 年时，C 星将处于离 B 星最远的位置，那时 B 星和 C 星的间距接近 2/3"；在绝佳的条件下，用多布森望远镜兴许可以将其分解开。B 星和 D 星是一颗分光双星。通过 B 星光谱中谱线的移动，我们计算出 D 星距离 B 星仅数百万千米（相当于日地距离的百分之几）。D 星绕 B 星转动的周期不到 3 天。

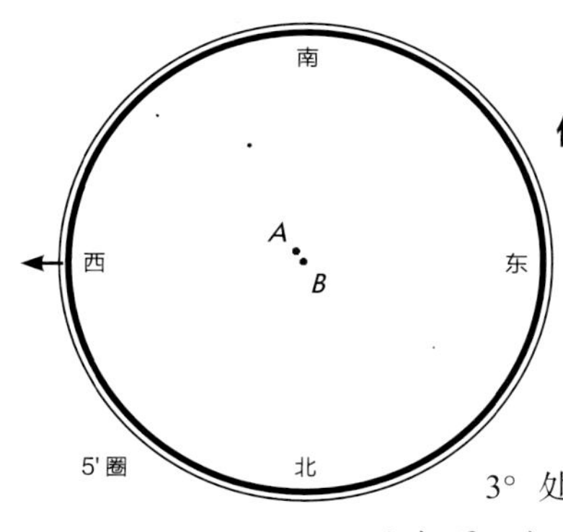

仙女 59 在天大将军一所处寻星镜视场的南边缘有一颗6等星，即仙女59（不要把它和更亮也更靠南的仙女58搞混）。它很漂亮，由2颗相近的白色恒星组成。

仙女 υ 位于天大将军一西边3° 处，是一颗距离地球44光年的类太阳恒星，拥有自己的行星系统。其中一颗行星的质量是木星的2倍，它到仙女 υ 的距离相当于地球到火星的距离；它在一条椭圆轨道上转动，周期为8个月。如果它有大型卫星（类似木星的卫星），那有可能宜居……

仙女 56 在天大将军一南边可以看见一颗2等星——三角 β。对准三角 β，在其西北方约2° 处有2颗6等星。这2颗6等星间距较大且位于一个疏散星团（NGC 752）附近，在双筒望远镜中非常有趣。它们实际上并没有相互绕转；其中一颗距离地球320光年，另一颗则距离地球超过1 000光年。A星确有一颗伴星，就在它东南偏东18" 处，是一颗12等的暗星。想用多布森望远镜将它分解开极具挑战。

三角 6 在天大将军一南边找到2等星三角 β 和三角 α。先把寻星镜对准三角 α，再看向视场东边缘的5等星——三角6。分辨三角6对多布森望远镜来说有难度。

白羊 λ 在飞马大四边形和昴星团的中点处、天大将军一南边，有2颗沿东北-西南方向排列的恒星——娄宿三和娄宿一。从娄宿三向西移动，可见2颗5等星，其中较亮且更靠近娄宿三的就是双星白羊 λ。白羊 λ 的主星与娄宿二的主星差不多亮，但前者伴星的亮度只有后者的1/10。此外，白羊 λ 主星和伴星的颜色也形成了微妙的对比。邻近的5等星是白羊1，它是一颗暗弱的双星，能被多布森望远镜分辨：6.3等的主星东南偏南2.9" 处有一颗7.3等的伴星。

娄宿二 找到位于天大将军一南边的娄宿三和娄宿一。把娄宿一置于寻星镜视场的中央，此时娄宿二会出现在视场的南边缘。娄宿二的2颗子星亮度相当，呈蓝白色。它们靠得较为密近，你得在最高倍率下才能把它们分解开。它们差不多亮，就像一双盯着你的猫眼，看起来十分有趣。这2颗子星的质量都是太阳的3～4倍。它们距离地球约200光年，两者相距至少500天文单位，绕转得极为缓慢，轨道周期超过3 000年。在过去的230年里，它们的相对指向似乎没有变化，只是更靠近彼此了一点儿。从这一点可以推测，我们很可能侧对着它们的轨道。

英仙座：疏散星团 M 34

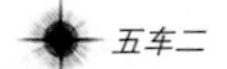

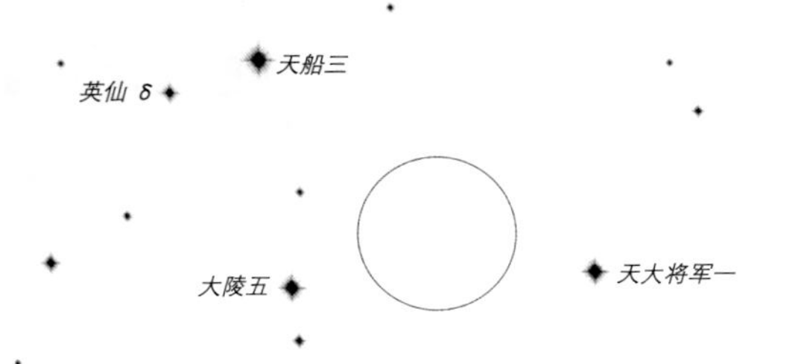

（天船三星场）

任何天空
低 / 中倍率
最佳时间：10～12 月、1～3 月

星图由模拟课程公司星空教育版制作

- “珠宝盒”
- 银河中的丰饶区
- 近邻：著名变星大陵五

看哪儿 仙后座和亮星五车二之间最亮的恒星是 2 等星天船三。就在天船三南边有一颗跟它差不多亮的恒星——大陵五（不过大陵五是一颗变星，见下文）。大陵五西边的亮星是天大将军一。M 34 就在大陵五和天大将军一连线的北边。

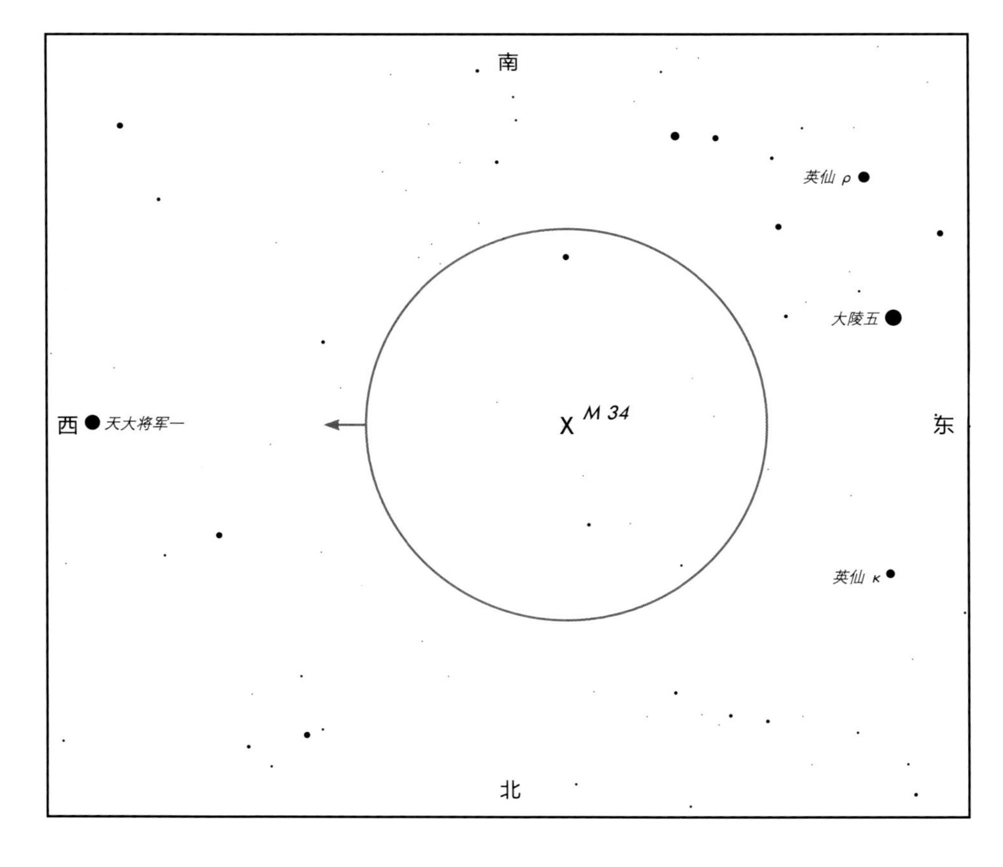

在寻星镜中 从大陵五往天大将军一行进，在不到中点的地方，往北移动一点儿。此时 M 34 会出现在寻星镜中，呈带颗粒感的光斑。

低倍对角镜中的 M 34

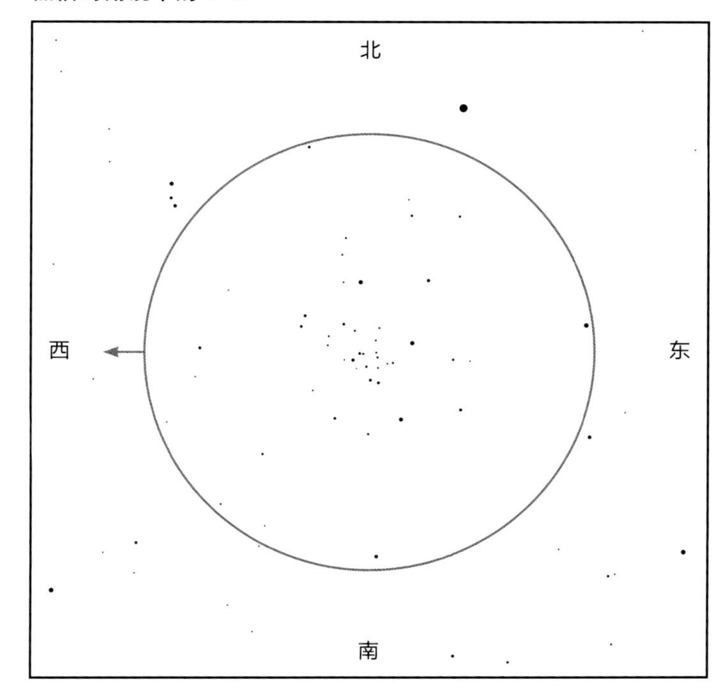

在小型望远镜中：在低倍率下 M 34 非常显眼。在相对较小的区域中可见其中十几颗较暗的恒星，还有十几颗十分均匀地散布在视场之外。这个星团中心东南偏南方的亮星明显呈橙色。

中倍多布森望远镜中的 M 34

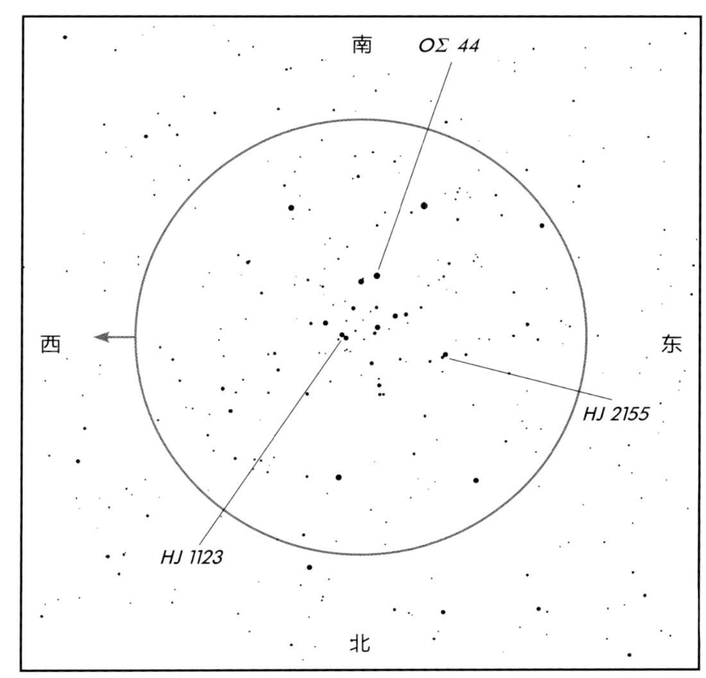

在多布森望远镜中：在低倍率下寻找，在高倍率下观看。在该疏散星团众多的恒星中有许多是漂亮的双星。奥托·斯特鲁维 44 对多布森望远镜来说分解起来有难度，它的 2 颗子星的星等分别为 8.3 等和 9.0 等，后者在前者的东北方，两者仅相距 1.4"。位于奥托·斯特鲁维 44 西北偏西 1.5' 的亮星也是 M 34 的成员星。双星 HJ 2155 中 2 颗子星的星等分别为 8.3 等和 10.3 等，两者相距 17"，其中伴星在主星的西北方。双星 HJ 1123 更易被分解开，2 颗子星的星等分别为 8.4 等和 8.5 等，两者相距 20"，其中伴星在主星的西南方。

在寻找 M 34 的过程中，你可能会把银河中的背景恒星错当成它，尤其是在使用较大的望远镜或高倍目镜时。

M 34 相当清晰且漂亮，看上去就像一盒珠宝。它含有约 80 颗恒星，直径约为 5 光年。目前我们估计该星团距离地球 1 500 光年。它是一个中年疏散星团，年龄刚超过 1 亿年。有关疏散星团的更多内容，参见第 67 页。

邻近还有　大陵五也许是天空中最著名的变星。它是一颗食双星，当较暗的伴星运行到较亮的主星前方时，它的亮度就会改变。它通常是一颗 2 等星，但在不到 3 天的周期里，星等会变成 3.5 等，亮度不足平时的 1/3，这一现象会持续 10 个小时。

这一现象十分明显也很有趣。但如果在大陵五最暗时把它当成指引星来寻找，那你就要抓狂了。可以把大陵五和 3.1 等的英仙 δ 进行比较，后者就在天船三的东南方。大陵五处于食时，明显比英仙 δ 暗；在其余时间里，它则明显比英仙 δ 亮。

在大陵五南边还有一颗变星——英仙 ρ。它是一颗红巨星，其内部为其提供能量的核聚变已变得不稳定，这使得它的亮度起起伏伏。在 5～8 周的时间里，它的星等会从 3.3 等变成 4.0 等。可以把它和英仙 κ 进行比较，后者的亮度为 4.0 等。英仙 κ 在大陵五北边，它到大陵五的距离差不多是大陵五到英仙 ρ 距离的 2 倍。

天船三附近的星场有一系列较亮的恒星，它们在双筒望远镜或寻星镜中尤其漂亮。然而，这些恒星过于分散，用天文望远镜观看的话效果不佳。

天大将军一在 M 34 西边，对这颗双星的介绍详见第 176 页。

北 天

对居住在北纬 35° 以北的观星者来说，在一年中的任何一个晴朗夜晚的任何一个时间点都可以看见本章描述的天体。而对南半球的观星者来说，这些天体只有在北半球才能看得见（如果你要去北方，可以带一架小型望远镜或者一副双筒望远镜）。

然而，就算北天天体总是位于地平线之上，很显然其中一些在 12 月更易见，而其他的则在 6 月更易见，除非你愿意在凌晨起床，或者是在低空中寻找。

请注意，想看到北天天体，当然要朝北看。因此，在望远镜中通常的“上”和“下”会与朝向南看时正好颠倒（本页下方的图中，下为北）。在描述本章中的天体时，我们把寻星镜和望远镜视场中的南北方向倒了过来。例如，寻星镜视场会假设在寻星镜中所看到的与肉眼所见的相颠倒；但是，当你向北看时，未颠倒视场的“顶部”为南，因此经过这两次颠倒之后，视场的“顶部”就为北了。

如果觉得实在太复杂而想不明白，那相信我们就行了：对大多数拥有并使用本书的望远镜用户来说，本章中所采用的指向是最适合的。

为了把这些星图与其他季节的联系上，我们把北定为肉眼视场的顶部。

寻找星路：北天路标

在北天，最关键的星座是北斗七星——严格来说它并不是一个星座，而是大熊座中最亮的部分——和呈巨大的“W”形（或“M”形，由 5 颗主要的恒星构成）的仙后座。

在 1 ~ 6 月，北斗七星在夜间位于天空高处；下半年位于高空的则变成了仙后座。这两者都十分显眼、明亮且基本不会被搞错。

在这两群恒星之间的是 2 等星北极星，它标志着北天极所在的位置（跟北天极相距不到 1° ）。面朝北极星，就意味着面朝北方。在北天，其他所有恒星都绕北极星逆时针转动，它自己全年都保持静止。值得注意的是，在北极星和北斗七星斗柄

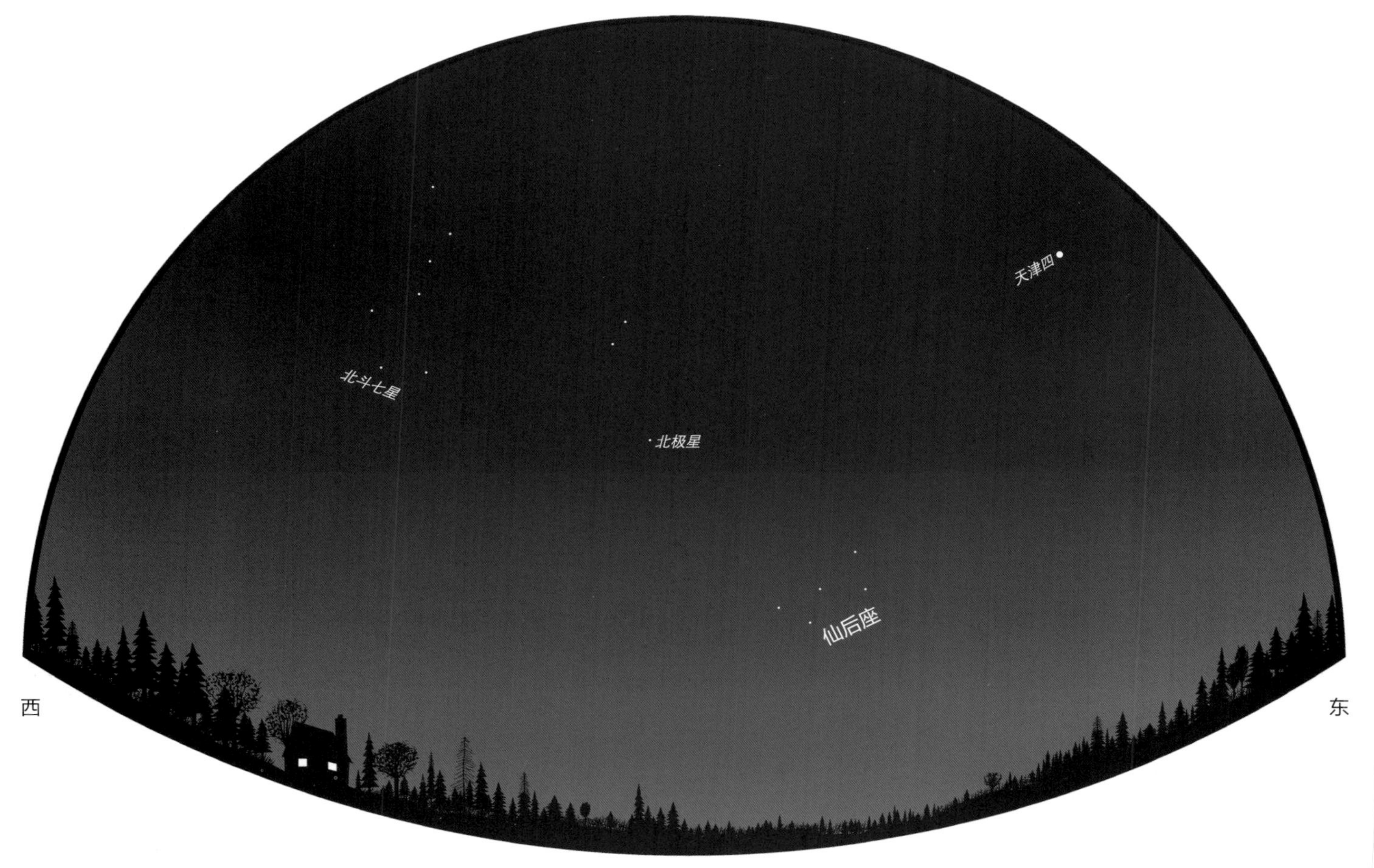

6 月北方天空

之间有 2 颗 2 等星，因它们整晚都会绕着北极星转动，故被称为护卫。

北斗七星自身的形状决定了它是去往许多方向的路标，那里有一颗最易见的双星（开阳），还有许多星系。

最著名的当属由斗勺远离斗柄的 2 颗星构成的指极星，它们几乎直指北极星。这 2 颗恒星十分接近赤经 11 时——这是对天球上经度的一种天文学度量方式，用来精确地描述恒星的位置。斗勺上的另外 2 颗恒星穿过天空指向天津四，后者是构成夏夜大三角的一颗亮星。斗柄的曲线则能指引你前往 4～6 月的路标——大角和角宿一（先赴大角，再达角宿一）。在北斗七星南边可以看见狮子座及其亮星轩辕十四。

仙后座中有许多漂亮的双星和众多著名的疏散星团。其恒星中仅有 3 颗有（英文）俗名，不过都有希腊字母名；为简单起见，这里仅使用希腊字母名。

仙后座的“W”的不同部分可以指向附近很多有趣的天体。最重要的是搞清楚你所看的是该星座的哪一边。当你上下颠倒或从一个奇怪的角度看过去，尤其是当它接近头顶时，想要辨认你看的是哪一边就更难了。可以把它看成是由 2 个“V”字形组成的。左侧的“V”字较钝、开口较大，右侧的“V”字（旁边还有几颗 3 等星，这里未显示）更加锐利，成 90° 角。钝角“V”靠近英仙座，直角“V”则靠近仙王座。“W”南边有 3 颗仙女座中的 2 等星。

“W”最右端的恒星，也就是直角“V”的端点，位于 0 时赤经线附近。从北极星画一条线到它，把这条线想象成钟面上的一根时针，只不过这根时针是逆着走的，并且仅显示标准时间；在 3 月 21 日之后这根时针每个月会走 2 小时。

面朝南 如果你从南半球来到北半球看北天天体，许多从南半球看在北方地平线低处的天体会焕然一新。一定要看一下它们。

天体	星座	类型	页码
M 31 / M 32	仙女座	星系	172
M 94	猎犬座	星系	108
M 13	武仙座	球状星团	116
M 92	武仙座	球状星团	118
M 57	天琴座	行星状星云	126
M 34	英仙座	疏散星团	178
天琴 ε	天琴座	聚星	125

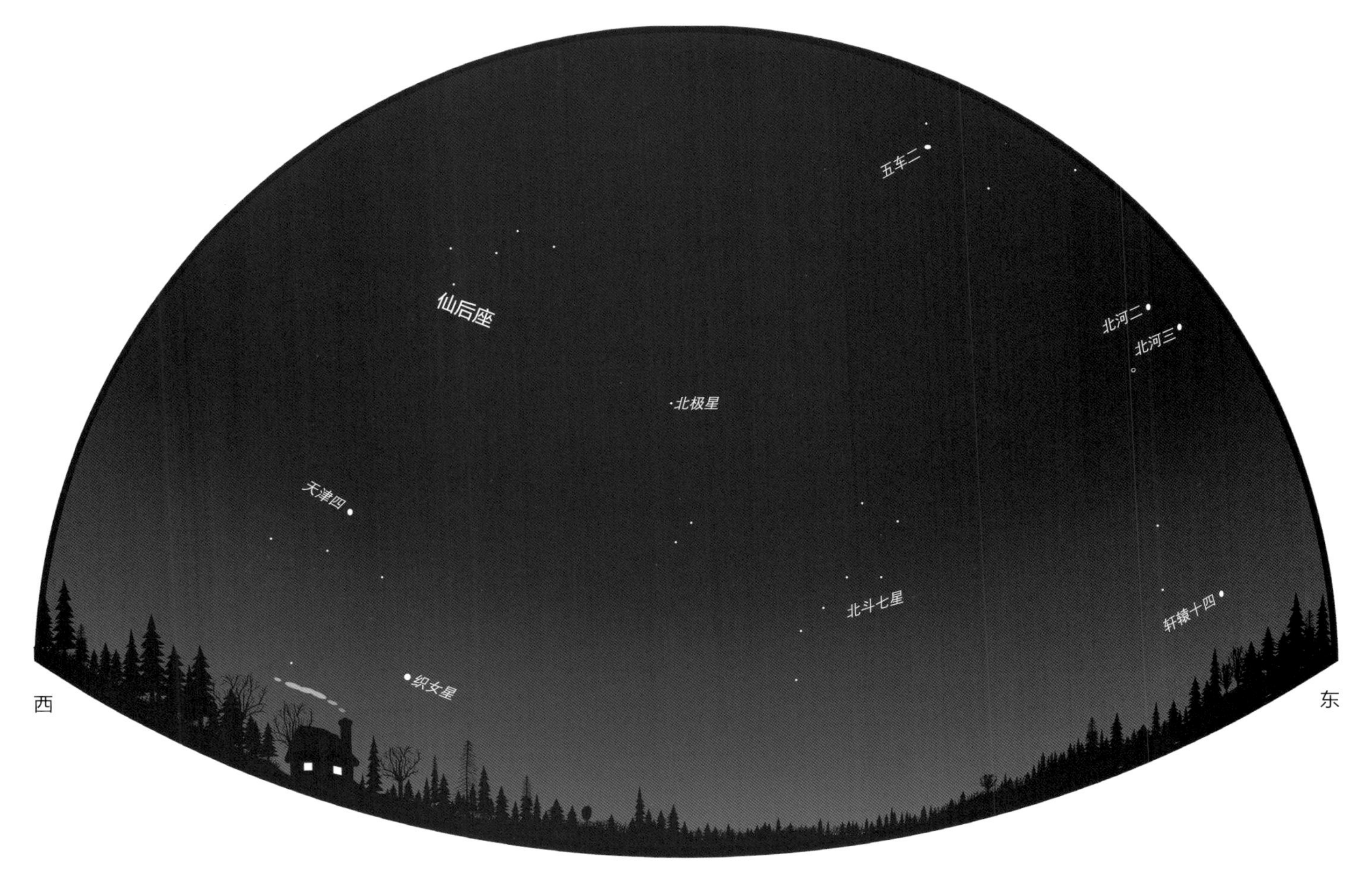

12 月北方天空

英仙座：双重星团——疏散星团 NGC 869 和 NGC 884

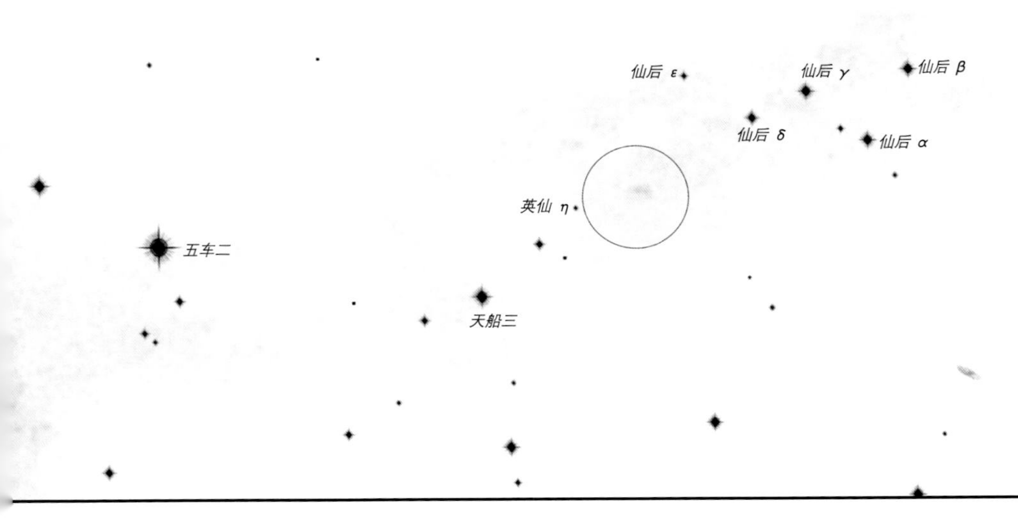

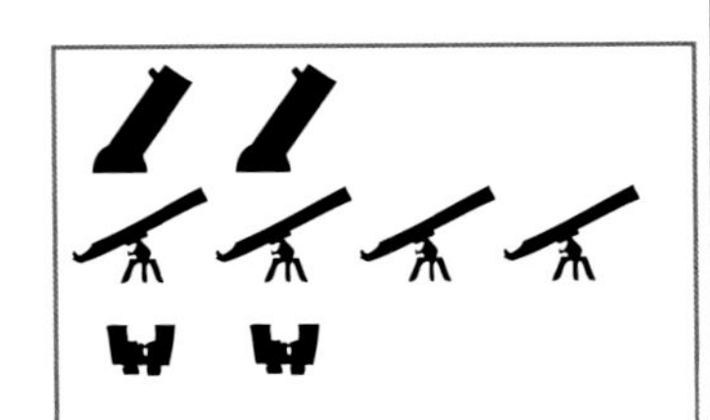

任何天空
低 / 中倍率
最佳时间：9 ~ 12 月、1 ~ 3 月

- 同一视场中的两大疏散星团
- 易找且易见
- 邻近有多彩双星

看哪儿 找到头顶高处呈巨大“W”形的仙后座。把从仙后 γ 到仙后 δ 的距离设定为 1 步；先从仙后 γ 行进 1 步至仙后 δ，再前行 2 步。

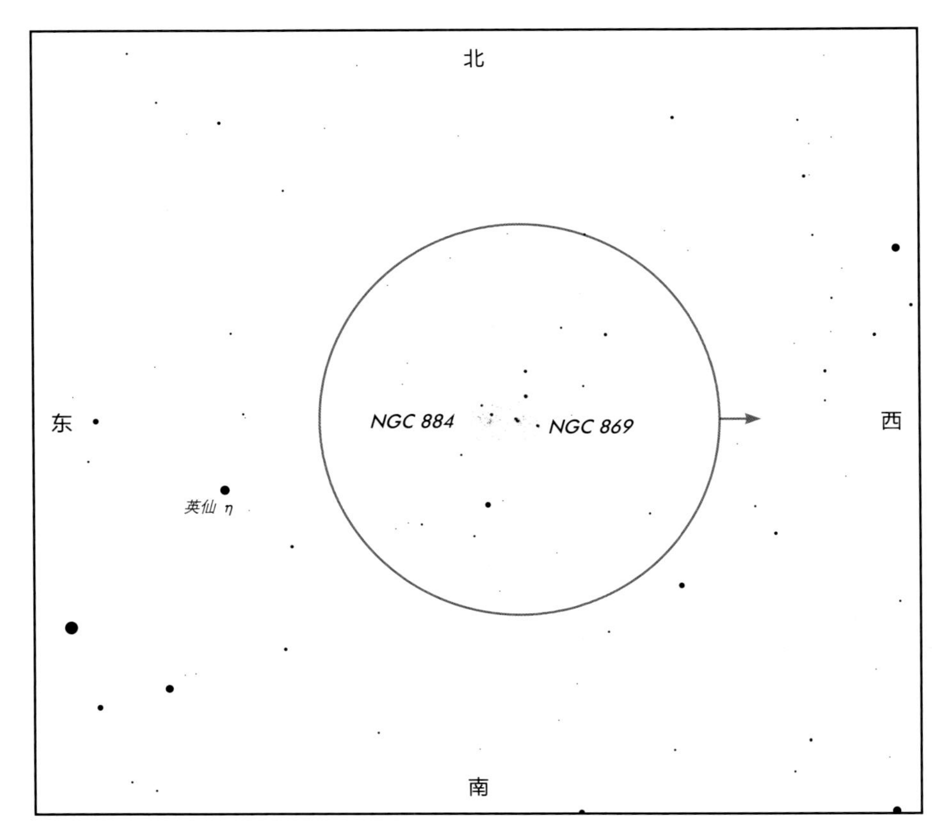

在寻星镜中 在寻星镜中应该可以看见一块模糊的光斑。事实上，夜晚在郊区你用肉眼就能看见它，在双筒望远镜中它则十分明显。它就是双重星团。

邻近还有 在双重星团的东南方，有一个由 3 等星和 4 等星组成的、横跨寻星镜视场且指向北方的三角形。其北方顶点上的橙色 4 等星英仙 η 是一颗双星。其 8.6 等的蓝色伴星位于主星东北偏东 28" 处。虽然伴星很暗，但它与主星之间的颜色对比起来看很漂亮。

低倍对角镜中的双重星团

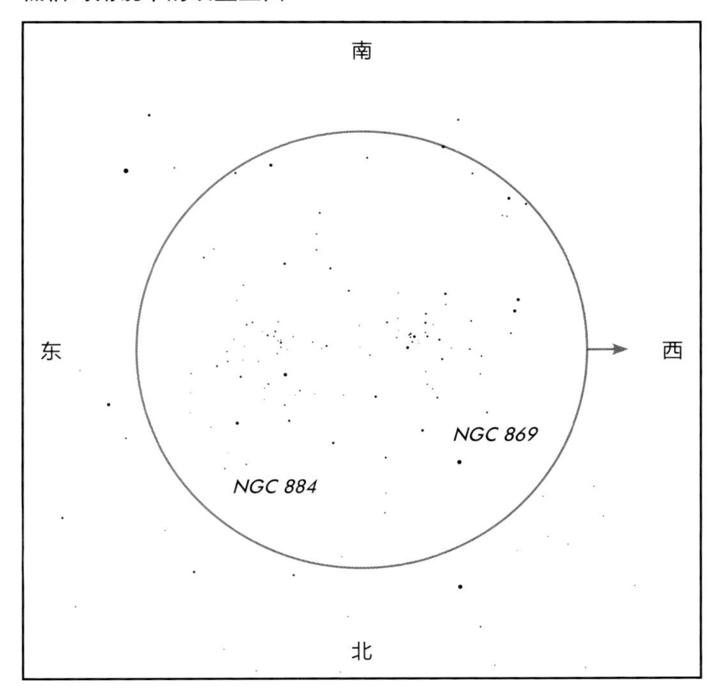

在小型望远镜中：离仙后座较近的是NGC 869，较远的则是NGC 884。在NGC 869中你应该能看到30多颗恒星，它们中的大多数位于一个不足半个满月大的区域内，其中有2颗恒星明显比其他恒星亮。在NGC 869的中心，你可以看到一块带颗粒感的光斑，这种颗粒感源自那些太暗且靠得太近而无法被单独分辨出来的恒星。NGC 884能显现约30颗恒星，比NGC 869更大。NGC 884的中心似乎有个洞，那里鲜有可见的恒星。

中倍多布森望远镜中的双重星团

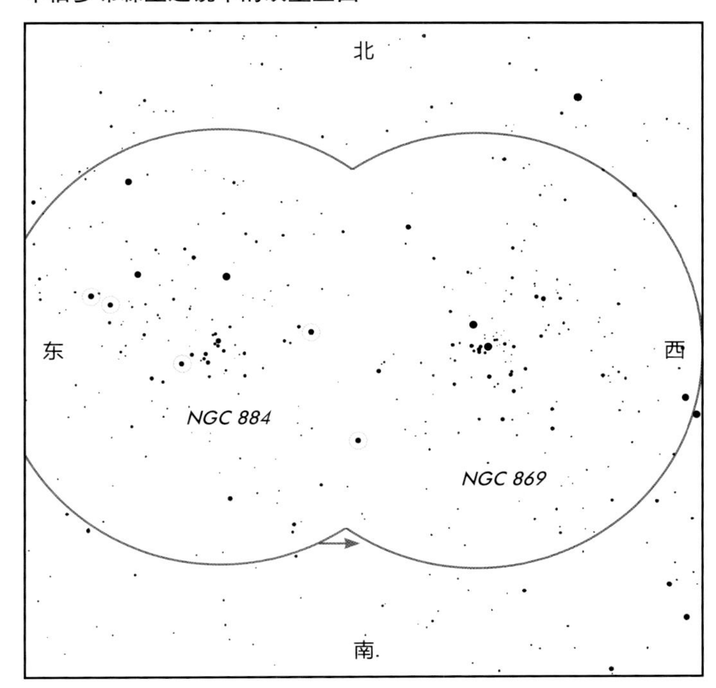

在多布森望远镜中：将望远镜调到低倍率有助于找到并看见这2个星团，而将望远镜调到中倍率你可以好好地欣赏它们。可以留意NGC 884中许多用浅灰色圆圈标出的红色恒星，它们的存在表明该星团要比NGC 869更年老。

双重星团——NGC 869和NGC 884在小型望远镜中要比在大型望远镜中漂亮。NGC 869中明亮恒星后方的光雾特别漂亮。在最低倍率下来观看的话，可以把这2个星团纳入同一视场。

这2个星团中有好几颗恒星是显眼的红色变星。直接盯着它们看——眼睛的边缘善于看见暗弱的天体，中央区域则善于捕捉颜色。这些恒星中有一颗位于2个星团中心区之间，稍微偏向NGC 884；有一颗位于上面介绍的这颗恒星的西南方，差不多在这颗恒星到视场边缘的中点处；有2颗彼此靠近，在望远镜视场中心到东部边缘的2/3处，即位于NGC 884的东部边缘；还有一颗更暗，位于双重星团中心的东南方。

NGC 869也被称为英仙h，至少包含350颗恒星，稠密地聚集在直径70光年的区域内。它距离地球约7 500光年。

NGC 884也被称为英仙χ。它的大小和距离与NGC 869的均相似，直径约为70光年，距离地球7 500光年。它包含约300颗恒星。这些恒星中最亮的是超巨星，亮度约为太阳亮度的50 000倍。

其实，双重星团中恒星的确切数目仍然不确定，因为在地球和它们之间存在暗尘埃云；它们到地球的距离也存在一定的不确定性。一些研究显示，NGC 884到地球可能比NGC 869到地球远接近1 000光年；有些研究则显示它们彼此非常靠近。

目前一些研究认为，这2个星团的年龄几乎相同；另一些研究则认为，NGC 884的年龄更大。你也可以看到NGC 884周围显眼的红色恒星，而这表明其中较大的恒星有更多的时间来演化成红巨星。

如果这2个星团的年龄和到地球的距离确实都不同，那它们就不一定真的相互关联，很可能是恰巧位于我们望过去的同一视线上，仅仅是看上去相互靠近而已。

无论是哪种情况，从双重星团中某颗行星上看过去的景象都极为壮观：其母星团中也许有100颗恒星比在地球天空中所见的最亮的恒星还要亮，而另一个星团则可能比地球上可见的任何疏散星团都绚丽得多。不过，这样的行星都非常年轻（如果确有足够的时间来形成它），年龄仅为500万年。

仙后座双星 / 聚星

仙后 ι 它是一颗四合星，小型望远镜仅可分辨其中的3颗子星。为了找到它，从“W”最东边的仙后 ε 和仙后 δ 开始。从仙后 δ 行进1步至仙后 ε，沿着这一方向再前行2步即可看到仙后 ι。

仙后 ι 的A星和C星易被分解，但C星要远暗于A星。对小型望远镜来说，想将A星和C星分解开很难；用多布森望远镜的话则容易得多。把A星和B星分解开对多布森望远镜来说有难度，因为B星十分靠近A星。在一个稳定的夜晚，B星看上去就像较亮恒星上一个突出的部分。该系统中的恒星距离地球140光年。其子星没有可见的颜色。

从仙后 ι 向东北方行进半步可见2颗6等星——仙后SU和仙后RZ（仙后SU靠南，其西南方有一颗暗星）。仙后RZ也许是天空中变化最剧烈的变星。作为一颗食双星，它大约每2天星等就会从6.4等变成7.8等，变暗持续2小时，之后又会恢复到初始亮度。仙后SU也是一颗变星，在2天的时间里星等会从5.9等变成6.3等。

恒星	星等	颜色	位置
仙后 ι			
A	4.6	白	主星
B	6.9	白	A星西南2.9"
C	9.0	白	A星东南偏东7.0"
斯特鲁维163			
A	6.8	橙	主星
B	9.1	蓝	A星东北偏北34"
C	10.7	蓝	A星西南偏西114"
仙后 η			
A	3.4	黄	主星
B	7.4	红	A星西北13"
伯纳姆1			
A	8.6	白	主星
B	9.3	白	A星以东1.1"
C	8.9	白	A星东南3.7"
D	9.7	白	A星西南偏南8.5"
斯特鲁维3053			
A	6.0	橙	主星
B	7.3	蓝	A星东北偏东15"
仙后 σ			
A	5.0	蓝	主星
B	7.2	蓝	A星西北偏北3.2"

斯特鲁维163 它是仙后 ε 附近的一颗聚星。在仙后 ε 东北偏北（远离“W”的方向）寻找一个由5等星和6等星组成的小三角形。如果从仙后 ε 到这个三角形的距离为1步，那从仙后 ε 向西北偏北行进1步即可看到斯特鲁维163（另一个办法是，把仙后 ε 置于低倍率视场中心，然后往东北偏北方移动。随着仙后 ε 离开视场，斯特鲁维163进入视场）。在小型望远镜中，斯特鲁维163是一颗暗弱但多彩的双星，包含一颗7等的橙色主星及其东北偏北约35"处的一颗9等的蓝色伴星。用多布森望远镜还能看见它更暗也更远的伴星C。

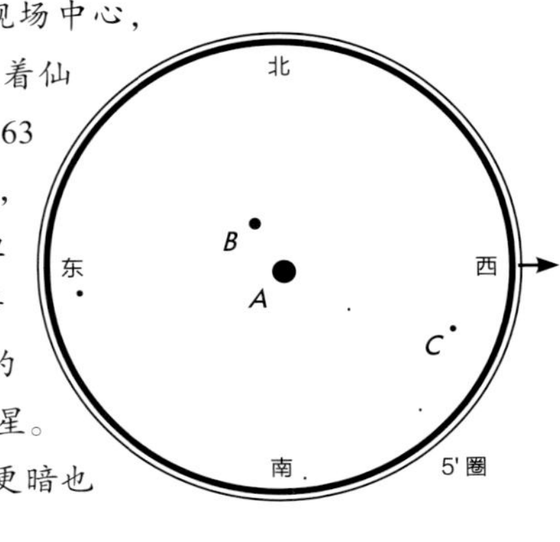

仙后 η 它位于“W”中间顶点上的恒星——仙后 γ 和“W”上左数第4颗恒星——仙后 α 之间，且更靠近后者。它是一颗较为密近的双星，主星的星等比伴星的小近4等（亮近40倍），因此只有天空稳定且用高倍望远镜才能把它分解开。这2颗子星的颜色对比鲜明，主星是黄色的（可能还带几分绿色），伴星则是红色的。天空有微光时，用较大口径的望远镜（比如多布森望远镜）在高倍率下能让它们的颜色更好地显现出来。用口径3 in（7.62 cm）的望远镜在高倍率下观看时，你仅可勉强且隐约地看见暗弱的红色伴星。

它们中较亮的主星是一颗与太阳非常相似的G型星，因此呈黄色。它的质量比太阳的大10%，亮度比太阳的亮25%。较小的伴星质量为太阳的一半，体积为太阳的1/4，亮度则是太阳的1/25。根据它的颜色，我们可以推测它是一颗温度低得多的恒星（光谱型为M型）。

该双星距离地球19.4光年，2颗子星相距很近。它们之间的平均距离约为80天文单位，绕转一周要500年。1890年它们的距离最近，从那时起开始彼此远离。这意味着在几个世纪里我们在望远镜中可见它们的间距从最小时的5"增大到最大时的16"。在之后的几十年里，它们的间距会增大到约13"。

它们在相互绕转，每年约转1°。20世纪40年代时，暗弱的伴星位于明亮的主星西侧；现在它则差不多在主星的西北方。

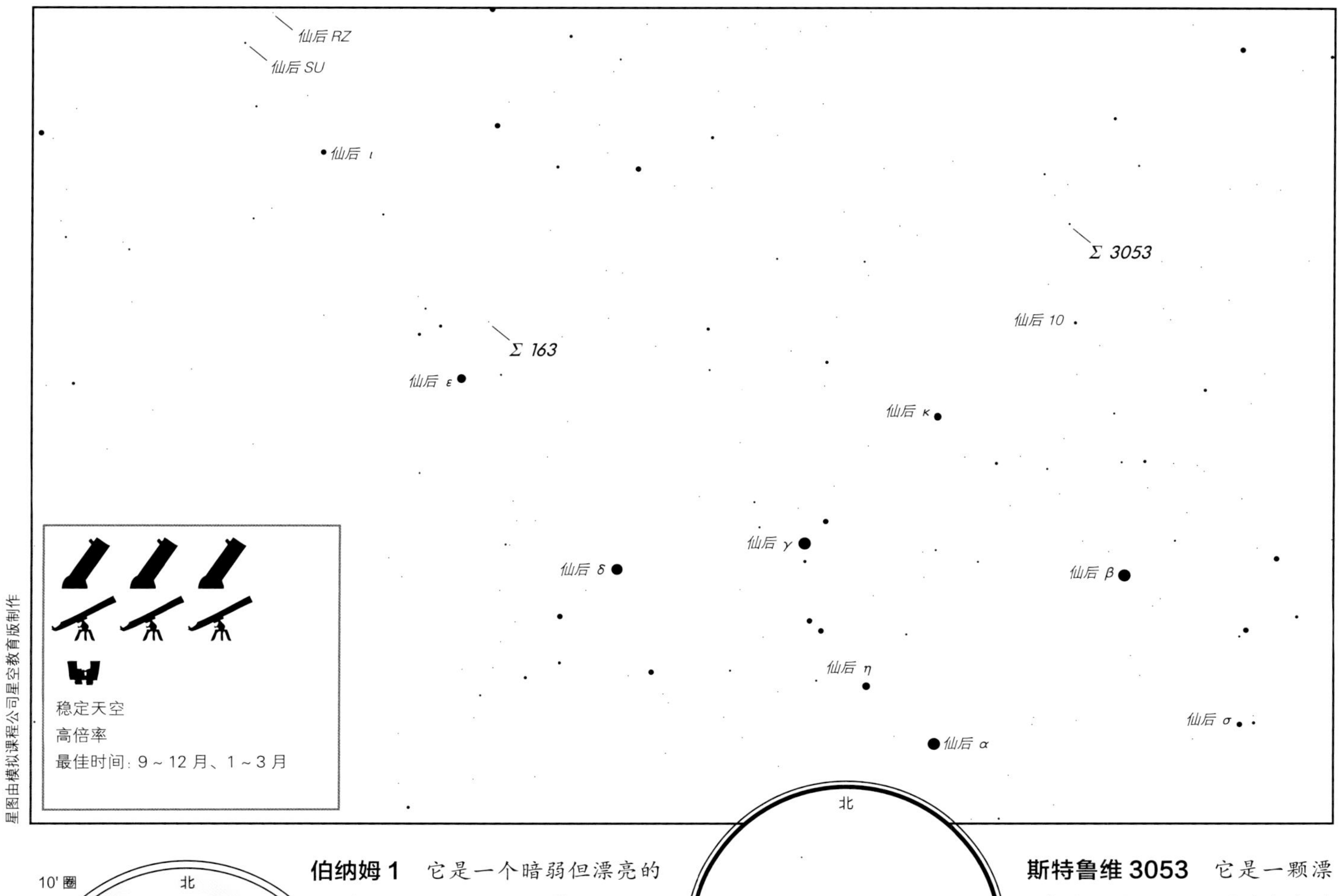

伯纳姆 1 它是一个暗弱但漂亮的复合体，由 4 颗星等为 8～10 等的恒星组成，位于暗弱的星云物质（NGC 281，俗称“吃豆人星云”——看上去就好像马上要吞下伯纳姆 1）中。要想找到它，得想象一个由仙后 η 和仙后 α 组成的等边三角形，该三角形的另一个顶点位于这 2 颗恒星的东南方。从仙后 η 开始，用最低倍率的望远镜向下朝这个虚拟的顶点移动。途中你会经过一颗红色的 7 等星，看到一组包括伯纳姆 1 在内的 8 等星。你如果又看到了一颗红色的 7 等星，说明走过了。

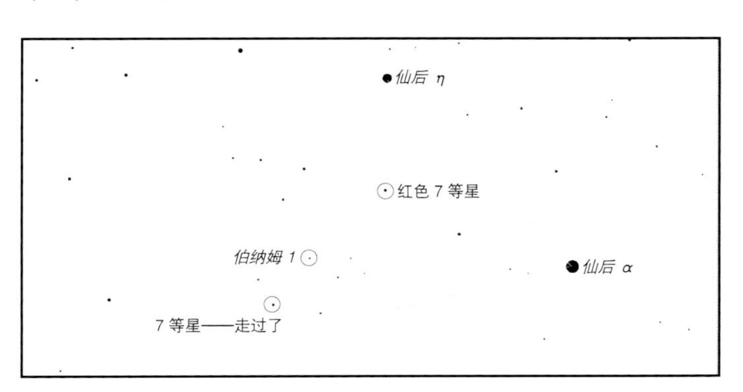

斯特鲁维 3053 它是一颗漂亮的双星，2 颗子星的颜色对比鲜明，其中一颗是橙色的，一颗是蓝色的，想找到它依然有难度。从“W”中间顶点上的仙后 γ 开始，向西北方行进 1 步至 4 等星仙后 κ，再前行 1 步即可见 5 等星仙后 10。在仙后 10 北边寻找 3 颗差不多竖直排列的 6 等星。它们中最南端的且离另外 2 颗较远的就是斯特鲁维 3053。斯特鲁维 3053 易被分解开，用口径 3 in（7.62 cm）的望远镜看时乐趣来自寻找的过程；用口径更大的多布森望远镜看的话，它 2 颗子星的颜色会显现出来。该双星距离地球大约 2 000 光年，2 颗子星相距近 10 000 天文单位。

仙后 σ 它是一颗 5 等星，位于“W”最西边的仙后 β 的西南方。从仙后 β 往西南方移动，寻找 2 颗沿东西方向排列的恒星；当仙后 β 移出视场时，这 2 颗恒星会进入视场。仙后 σ 是其中东边的一颗，比另一颗稍亮。仙后 σ 是一颗密近双星，距离地球约 1 500 光年。

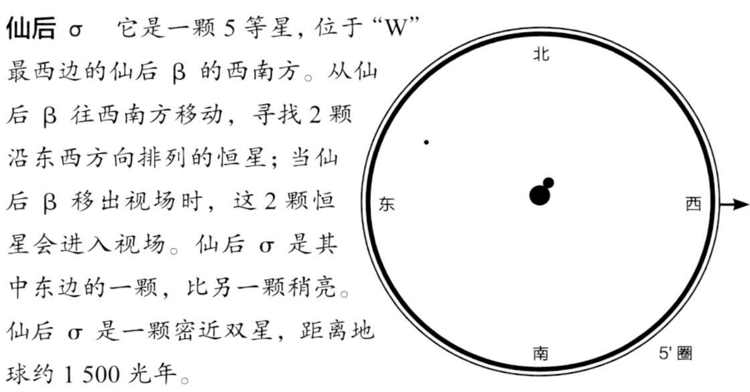

仙后座：仙后座疏散星团

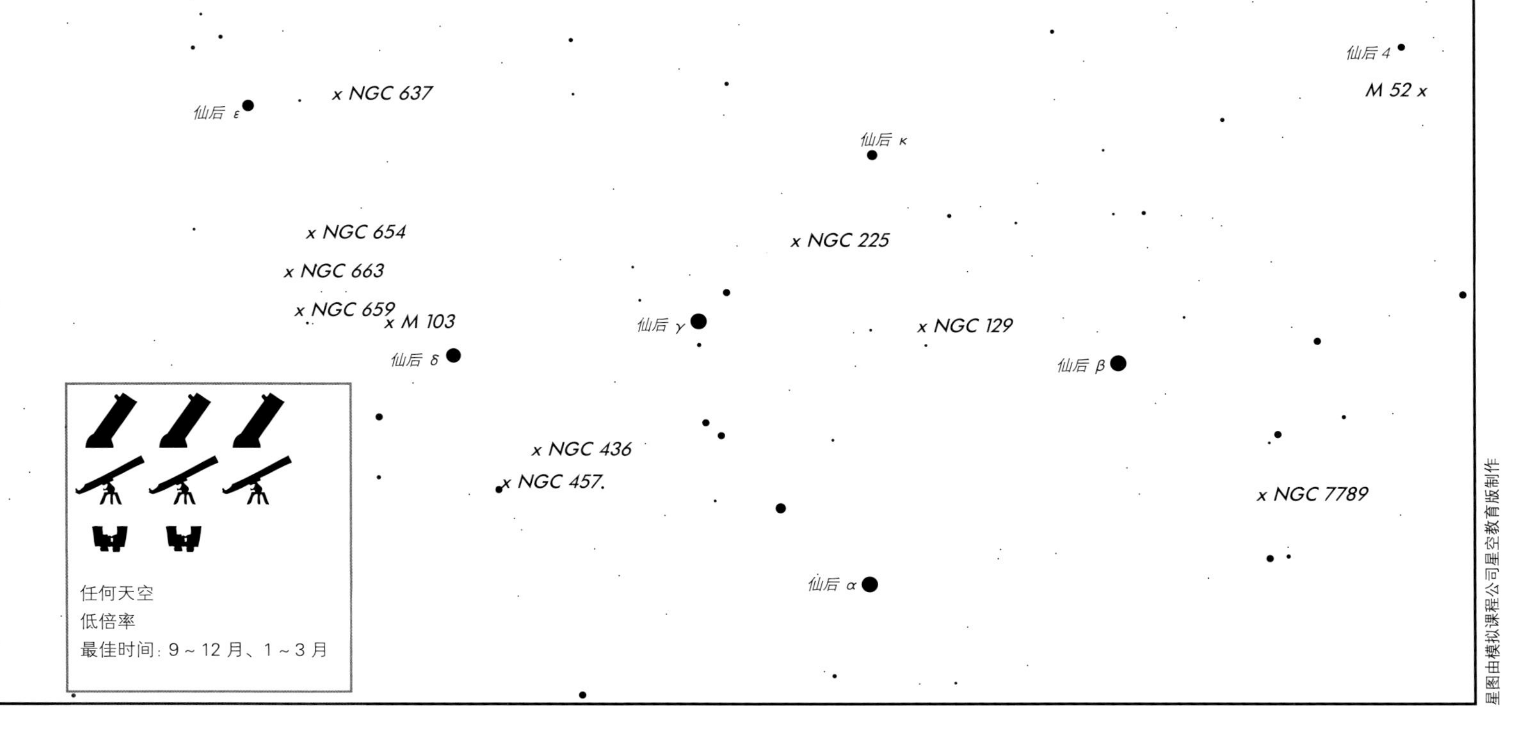

- 同一个星座中的十几个不同的疏散星团
- 不同大小和样式的迷人组合
- 银河中的恒星富集区

仙后座西部在寻星镜中　仙后座“W”中西边的 3 颗恒星——仙后 α、仙后 β 和仙后 γ 与更暗弱的 4 等星仙后 κ 构成了一个矩形。从仙后 κ 行进一步至仙后 β，再前行半步即可找到 NGC 7789。在寻星镜中你可以看见 2 颗亮星，其中每一颗附近都还有一颗较暗的恒星。对准这 2 对恒星的中点，即 NGC 7789 所在区域。接着我们来寻找 M 52。从仙后 α 行进 1 步至仙后 β，沿着这一方向再前行 1 步可达暗星仙后 4 附近。找到仙后 4 后，对准其南边的一个模糊的光点，即 M 52。

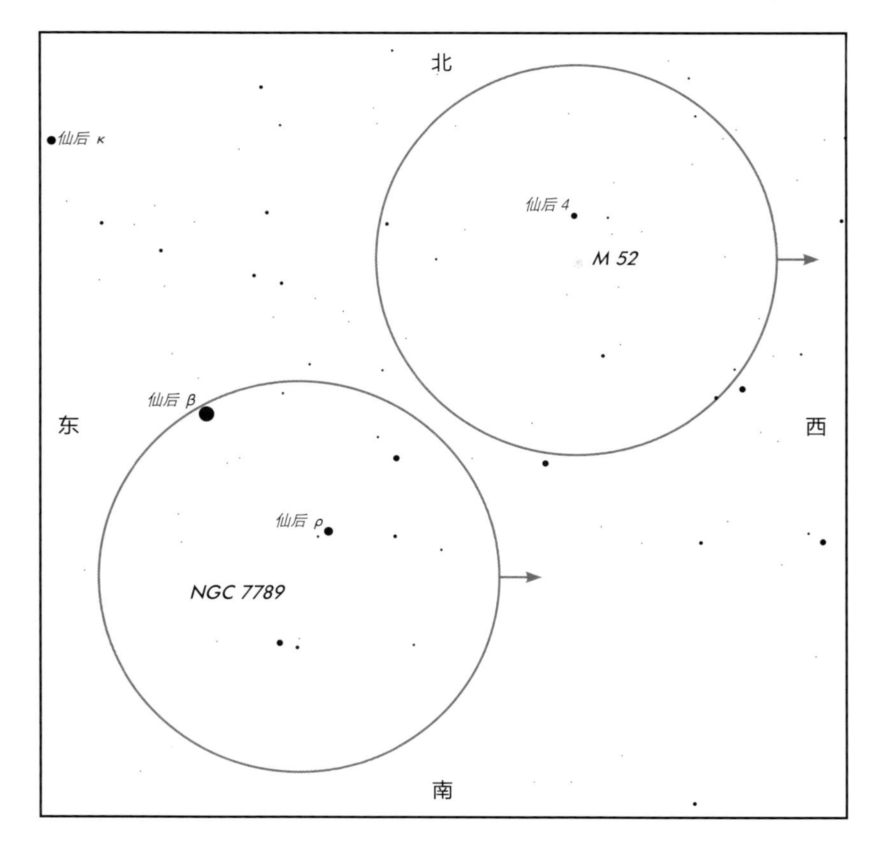

NGC 7789 是一个大且非常年老的疏散星团。这个星团中有近 1 000 颗恒星，直径为 40 光年。该星团中的大多数恒星都已演化成了红巨星或超巨星，这表明它的年龄应该超过了 10 亿年。它距离地球超过 5 000 光年。

M 52 在直径 15 光年的范围内包含约 200 颗恒星。它距离地球 5 000 光年。

邻近还有　留意仙后 ρ。它是一颗不稳定的超巨星，也是银河系中最亮的恒星之一，距离地球数千光年。它还是一颗变星，正在流失大量的物质。这一过程不可能无限期地持续下去，最终它可能成为一颗超新星。

低倍对角镜中的 NGC 7789

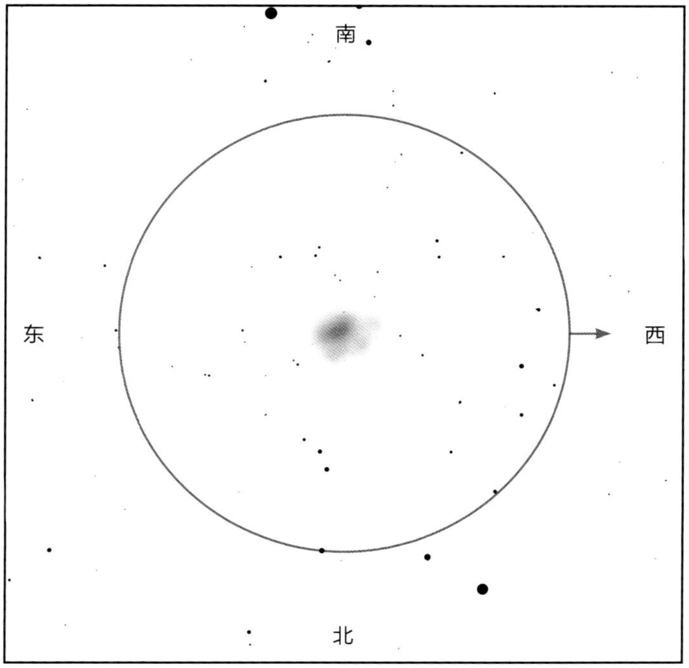

在小型望远镜中：NGC 7789 看上去像一块大而圆的暗弱光斑。该光斑并不平滑，带有颗粒感，这意味着再稍微调高一点儿望远镜的分辨率就能在这个星团中看到单颗恒星——这些恒星中有许多星等在 11 等左右，接近口径 3 in（7.62 cm）望远镜的分辨极限。

中倍多布森望远镜中的 NGC 7789

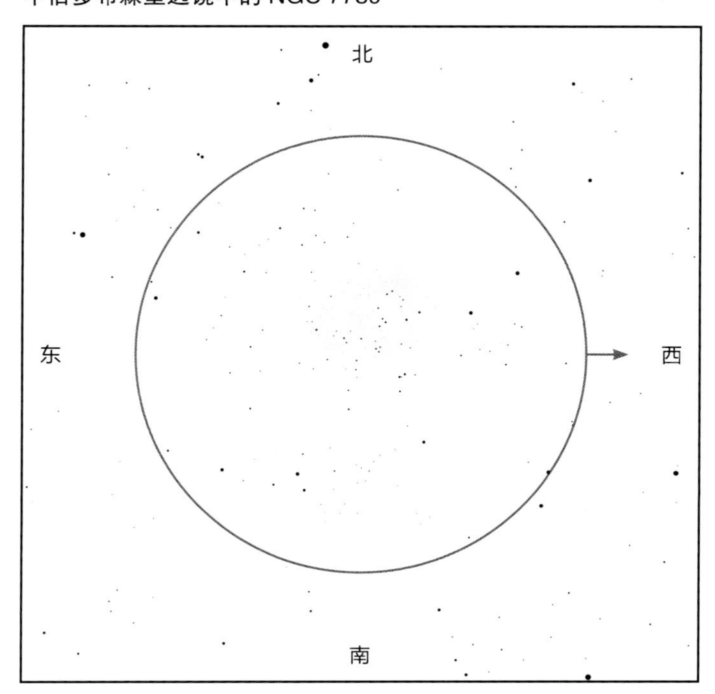

在多布森望远镜中：在低倍率下，NGC 7789 给人一种神秘感。用更高倍率的望远镜观看即可把这个星团的大部分分解成背景光雾中的一串漂亮的小亮点。

低倍对角镜中的 M 52

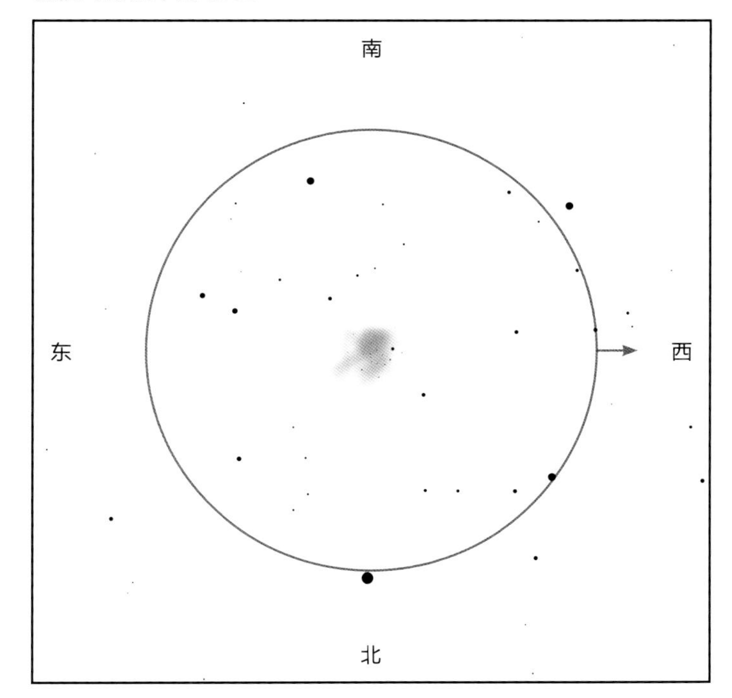

在小型望远镜中：在一团用周边视觉可见的光雾中能看到一些单颗恒星——这些恒星呈团块状且非常集中，处于就要但还没有被分辨出来的状态。该星团中西侧的一颗 8 等星是主导星，东侧也有数颗已被分辨出的更暗的恒星。

中倍多布森望远镜中的 M 52

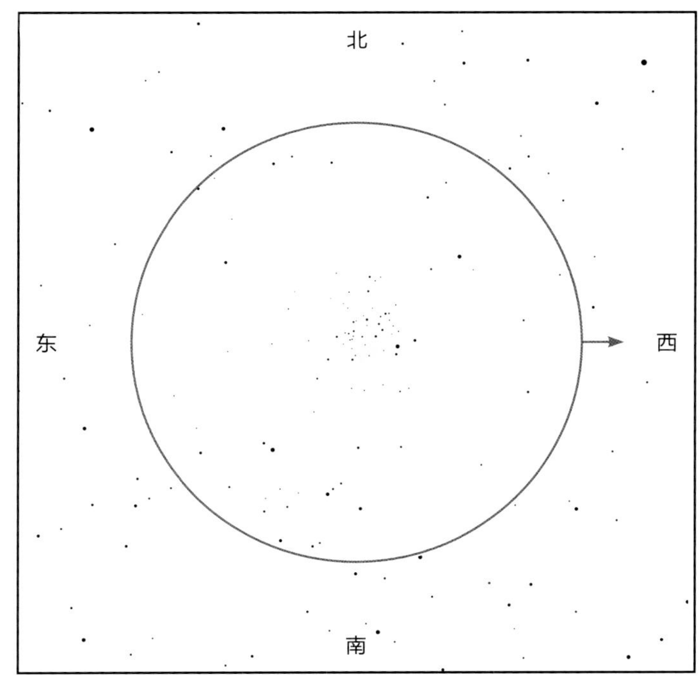

在多布森望远镜中：在中等倍率下应该能清晰地看见约 30 颗恒星和数条星索，它的背景呈光雾状，这意味着其中还有很多恒星没被分辨出来。在视场西南边缘有一颗 8 等星，它是该星团的主导星 。

仙后座中部在寻星镜中 从仙后 γ 向西北行进至仙后 κ，寻找位于这两者中点上的 NGC 225。

北
仙后 κ
NGC 225
仙后 γ
西
仙后 δ
HR 113
NGC 129
东
仙后 β
仙后 φ
NGC 457
仙后 α
南

寻找 NGC 457 也从仙后 γ 开始，得先找到在仙后 κ 反方向上的仙后 φ，NGC 457 就位于仙后 φ 的东南方。

最后，寻找位于仙后 γ 和仙后 β 中点附近的 NGC 129，它就在 6 等星 HR 113 附近。

NGC 225 拥有约 20 颗明亮的成员星，此外应该还有超过 50 颗较暗的恒星。该星团直径约为 5 光年，距离地球近 2 000 光年。

NGC 129 在直径 20 光年的范围内包含 50 颗恒星，距离地球约 5 000 光年。

NGC 457 距离地球约 9 000 光年，包含约 200 颗恒星，直径约为 30 光年。仙后 φ 是该星团的成员星吗？它比该星团中的已知恒星亮得多，看上去和那些恒星的运动速度相同。它是一颗黄色的超巨星，与对该星团中恒星已经经过了红巨星的演化阶段的预测相符。如果它真是该星团的成员星，并且和该星团中的已知恒星到地球的距离一样，那它会是银河系中最明亮的恒星之一。

NGC 457 附近的 NGC 436 是一个直径为 4 光年、含有约 40 颗恒星的小星团，距离地球约 4 000 光年。

低倍对角镜中的 NGC 225

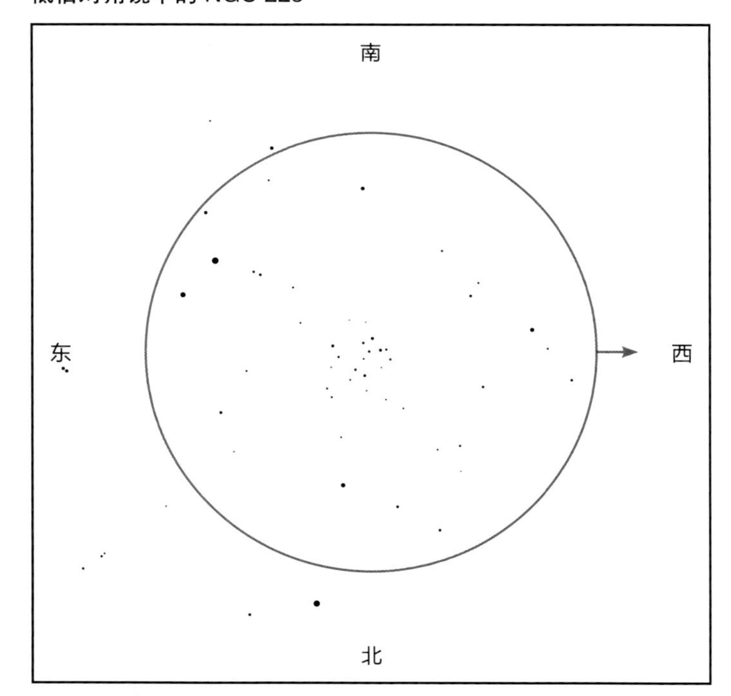

在小型望远镜中： NGC 225 看上去像由十几颗恒星组成的一个精美的半圆，在这个半圆豁口处还有 2 颗恒星。使用周边视觉的话，你会看到很多恒星存在的迹象，在这个半圆的西侧有一块光斑。

中倍多布森望远镜中的 NGC 225

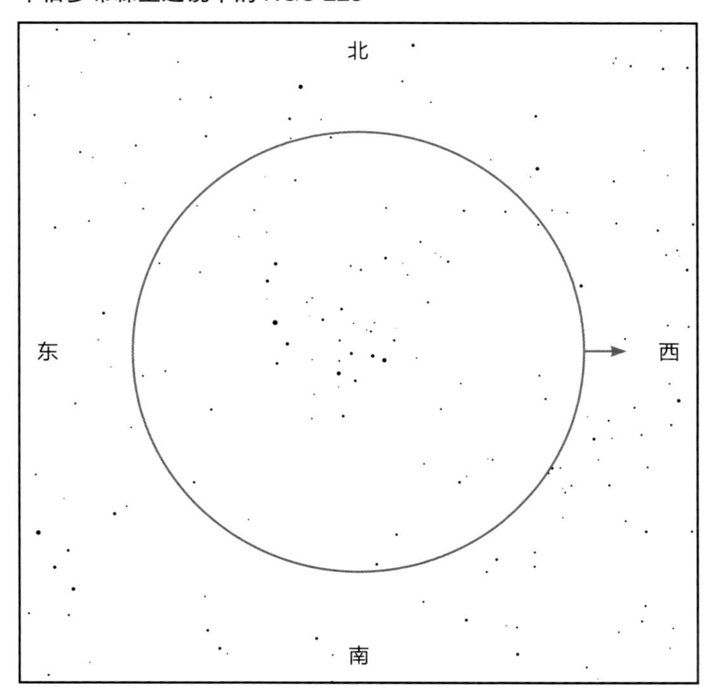

在多布森望远镜中： 用多布森望远镜可见约 20 颗恒星，即使你在低倍率下看，NGC 225 也是一个非常松散的星团。所以，该星团并不十分适合用多布森望远镜来观看。试着在中倍率下观看以使该星团从更暗的银河背景中凸显出来。

低倍对角镜中的 NGC 436 和 NGC 457

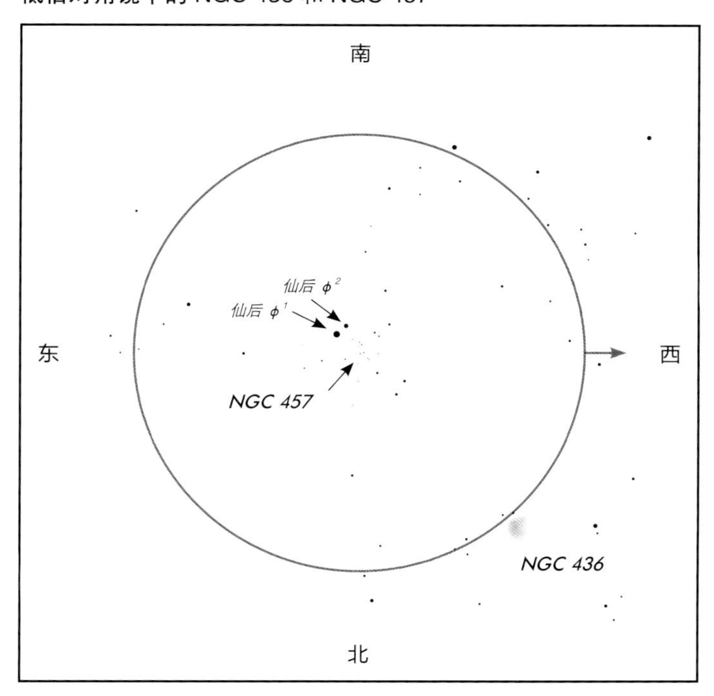

在小型望远镜中： NGC 457 形如一双张开的翅膀，由 20 多颗亮度差异较大的恒星组成。它是北天的一个较漂亮的疏散星团，也是梅西叶错过的最佳天体之一。在它附近，NGC 436 呈一块小而暗的光斑。

低倍多布森望远镜中的 NGC 436 和 NGC 457

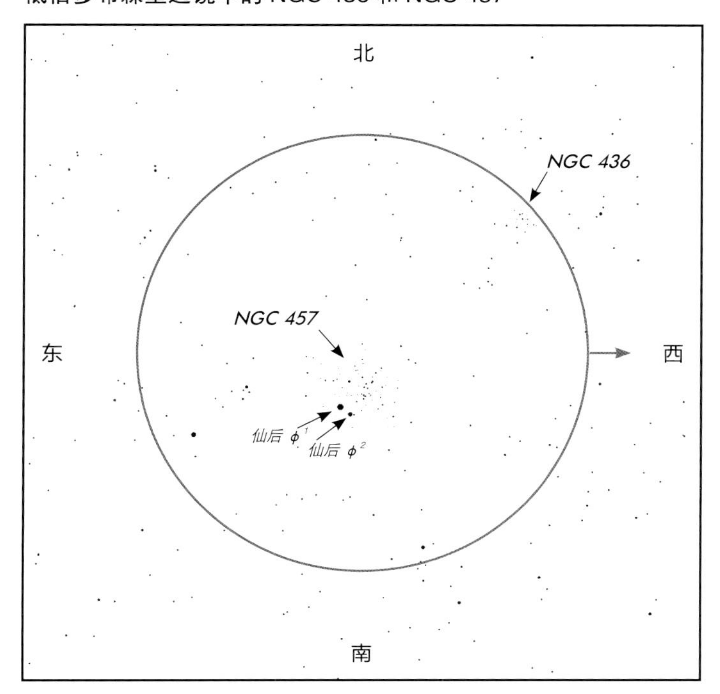

在多布森望远镜中： NGC 457 相当丰饶，你用多布森望远镜可见其中约 80 颗恒星，其中位于其东南边缘的 ϕ^1（5 等星）和 ϕ^2（7 等星）占主导地位。在视场的西北角，NGC 436 是一个包含 20 多颗恒星的小星团。

低倍对角镜中的 NGC 129

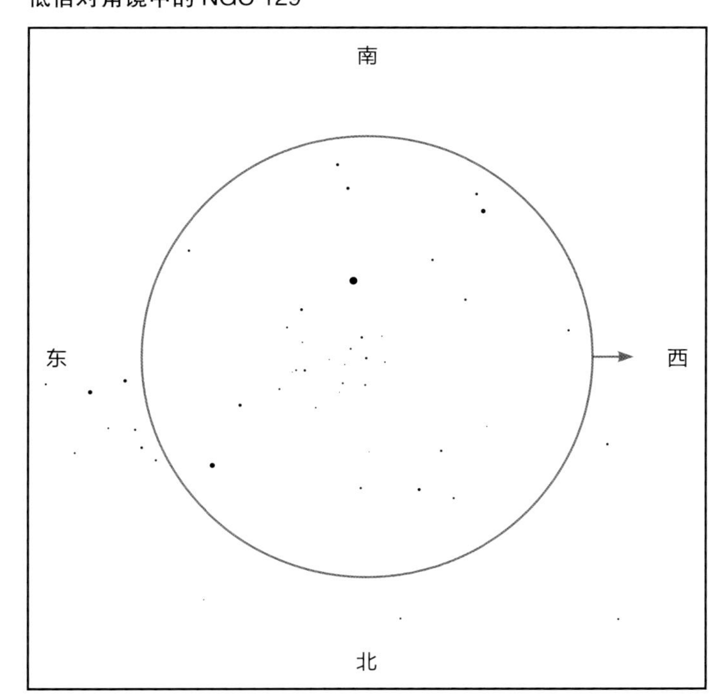

在小型望远镜中： NGC 129 大但不是特别稠密。用小型望远镜可见其中约 15 颗恒星（基本都是 9 等星或更暗的星）。该星团的中心明显缺乏恒星。小型望远镜可以抑制银河背景亮光的干扰，用它观看效果最佳。

低倍多布森望远镜中的 NGC 129

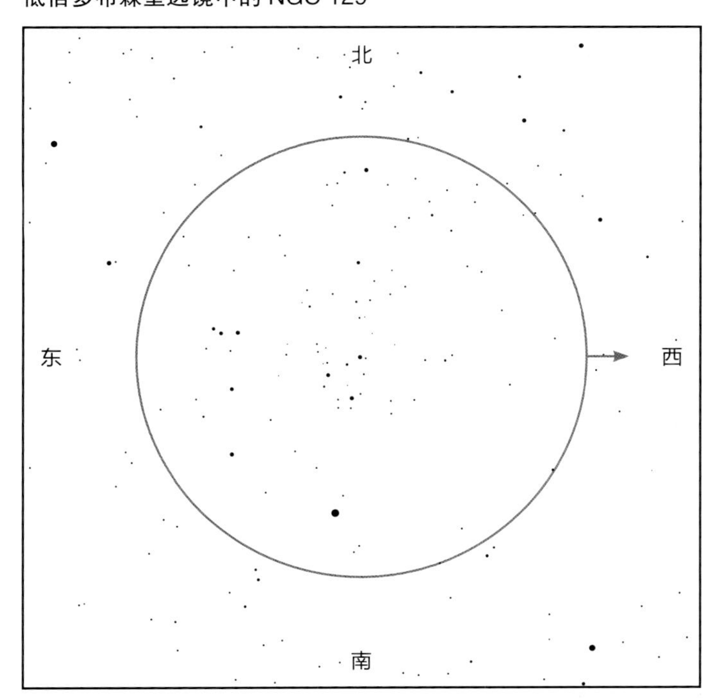

在多布森望远镜中： NGC 129 在多布森望远镜中并不十分突出。你可以看到被一条空隙分隔开的 2 团松散的恒星，总计约 25 颗；其中有 8 颗相对较亮，其余的恒星则湮没在银河中。

仙后座东部在寻星镜中：对准仙后 δ，然后朝东北方往仙后 ε 缓慢移动，你会先在寻星镜中看到 M 103。把 M 103 置于视场中央，再次注意寻星镜中各天体的相对位置。假设从仙后 δ 到 M 103 的距离为 1 步，沿着这一方向前行 1 步即可见一群 6 等星，再前行 1 步即可见 NGC 663。星团 NGC 654 和 NGC 659 应该就在望远镜低倍率视场附近。

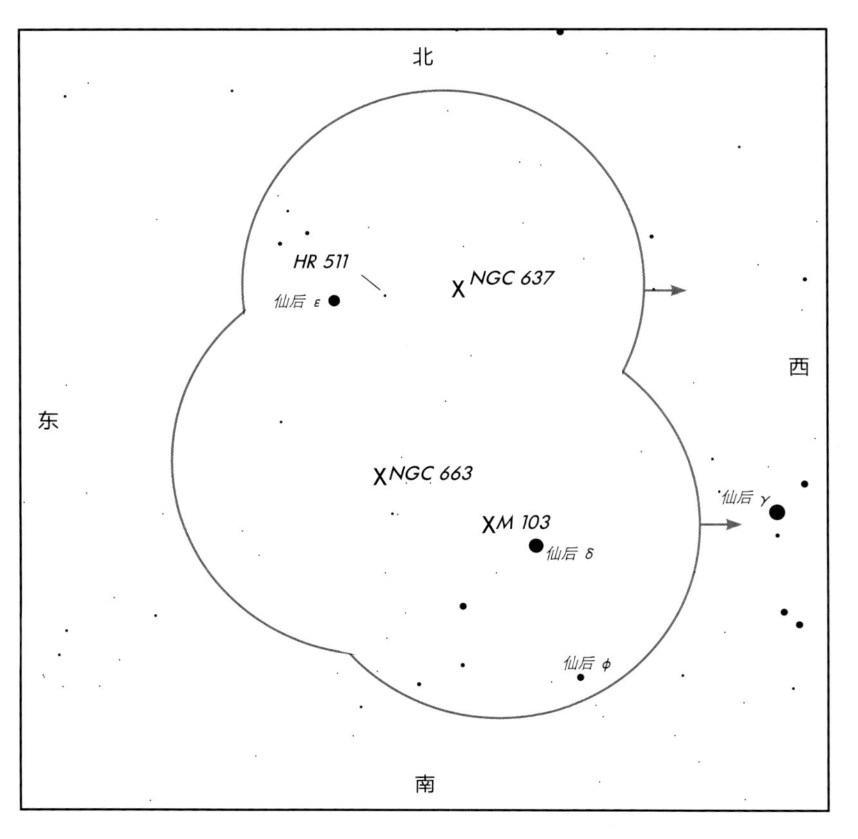

把寻星镜对准仙后 ε，可见其西侧的 5.5 等星——HR 511。从仙后 ε 行进 1 步至 HR 511，沿着这一方向再前行 1 步即可见星团 NGC 637。

M 103 直径为 15 光年，是一个约由 50 颗恒星组成的松散集合。它距离地球约 8 000 光年，年龄约为 1 500 万年。

NGC 663 在直径超过 35 光年的区域内包含约 100 颗恒星，距离地球约 5 000 光年。NGC 654 是一个小星团，直径为 5 光年，距离地球约 4 000 光年，含有约 50 颗恒星。其中有许多恒星在红外波段上很亮，这意味着它们被埋藏在一片巨大的星际尘埃云中，后者会吸收并再辐射星光。NGC 659 距离地球 7 000 光年，在直径约 10 光年的区域中含有 30 颗较亮的恒星（可能还有 100 多颗非常暗的恒星）。

NGC 637 是一个非常小的星团，包含约 20 颗恒星，直径不到 5 光年，距离地球 5 000 光年。

低倍对角镜中的 M 103

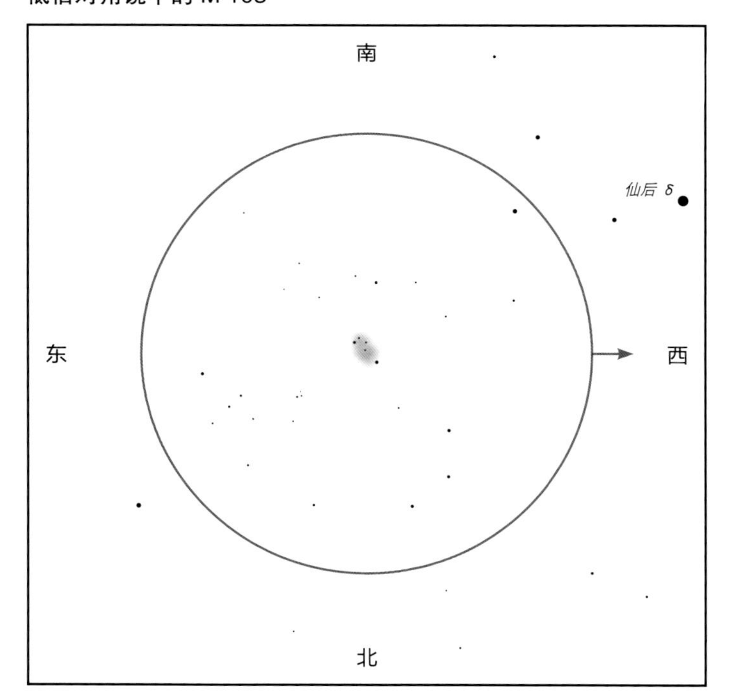

在小型望远镜中：M 103 呈一块小而暗的光斑，你用小型望远镜仅能看到几颗恒星。其中一颗明显呈橙色。如果在从仙后 δ 朝仙后 ε 行进的途中错过了 M 103，也许会遇见 NGC 663。

中倍多布森望远镜中的 M 103

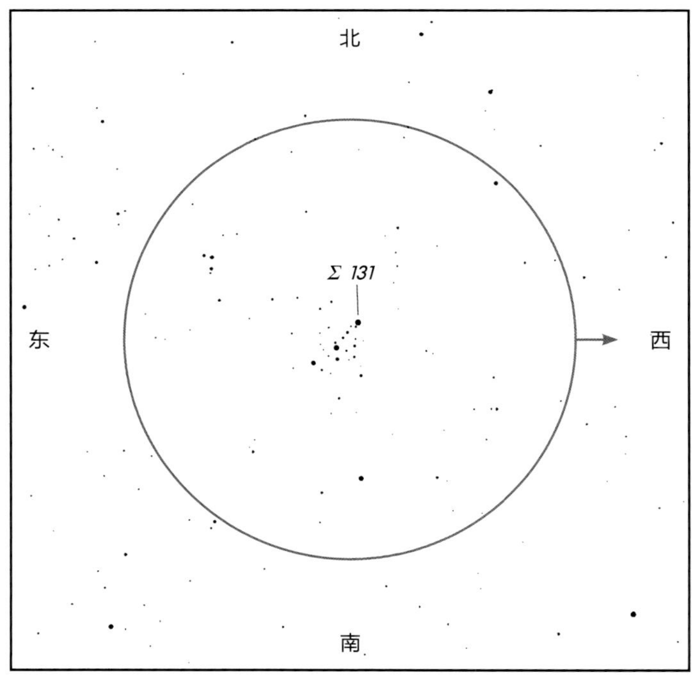

在多布森望远镜中：在低倍率下寻找，在中倍率下观看。在一小片楔形区域中可见约 30 颗恒星，在该区域的西北角可见 7 等双星斯特鲁维 131（场星）——主星东南方 14" 处有一颗 10 等伴星。

低倍对角镜中的 NGC 659、NGC 663 和 NGC 654

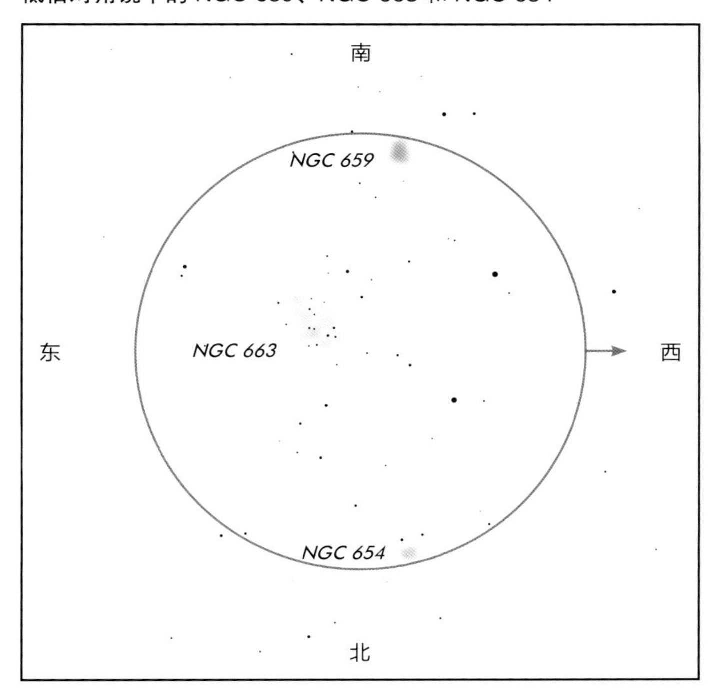

在小型望远镜中：NGC 663 相当出众，很可能是这片区域中最漂亮的疏散星团。你可以看见大约 15 颗微小的黄色恒星，就像点缀在背景光雾中的一颗颗宝石。在口径 3 in（7.62 cm）的望远镜中，NGC 654 非常暗弱且难以分辨；NGC 659 则呈一小块光斑，你想分辨出它也有难度。

低倍多布森望远镜中的 NGC 654、NGC 663 和 NGC 659

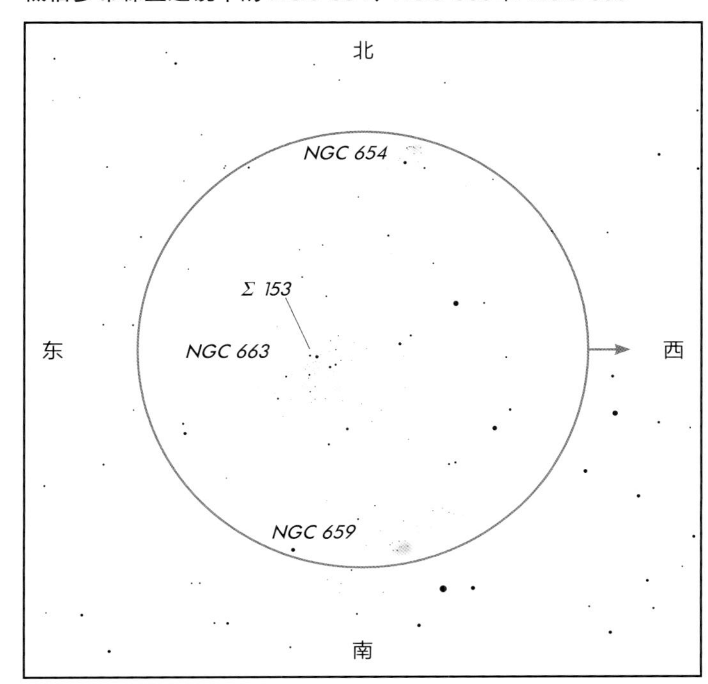

在多布森望远镜中：在低倍率下寻找，在高倍率下观看。虽然即使用高倍望远镜消除了 NGC 663 的神秘感但也无法看清光雾，但这个星团中仍有许多值得看的东西。这几个星团中有一些暗弱却有趣的双星，比如 NGC 663 中的斯特鲁维 153（子星分别为 9.4 等星和 10.4 等星，伴星位于主星东边 7.7" 处）。

低倍对角镜中的 NGC 637

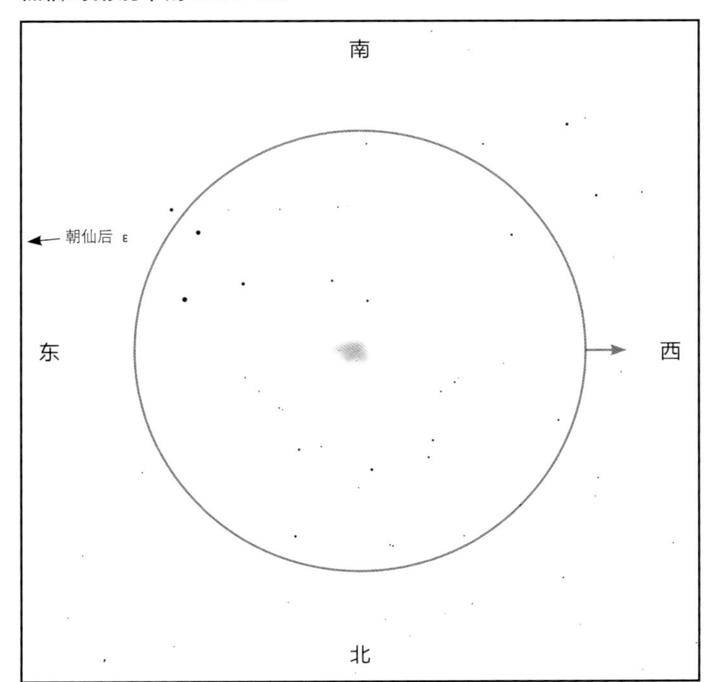

在小型望远镜中：NGC 637 呈一块小而暗的椭圆形光斑。在该光斑中，你仅可分辨出几颗恒星，但还有数颗恒星处于可分辨的边缘。寻找 NGC 637 时，把仙后 ε 置于望远镜视场中心，然后向西移动。不要把 NGC 637 与更靠西的 NGC 559 搞混。

中倍多布森望远镜中的 NGC 637

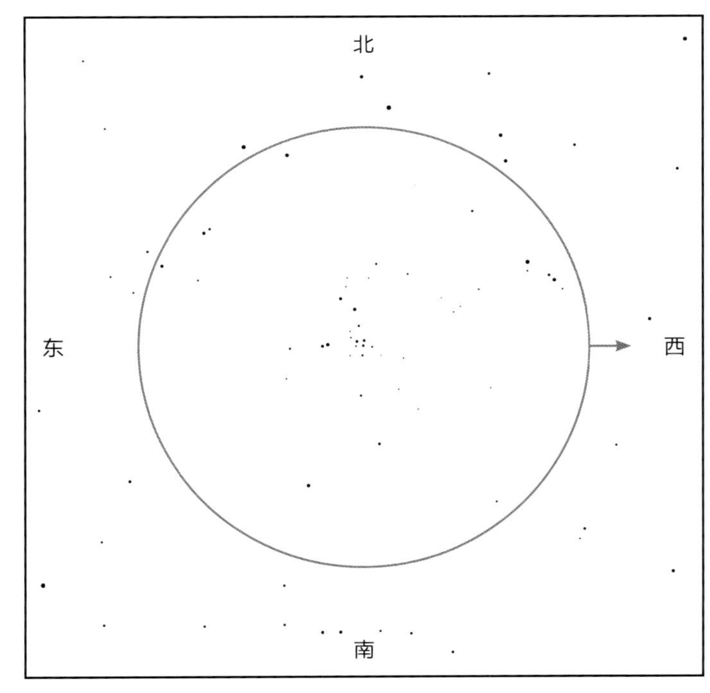

在多布森望远镜中：在多布森望远镜中，NGC 637 是由十几颗恒星组成的漂亮集合，这些恒星在银河背景的映衬下松散地聚集在一起。尝试在中倍率下观看。

仙王座：石榴石星仙王 μ、聚星仙王 δ 和斯特鲁维 2816 / 2819

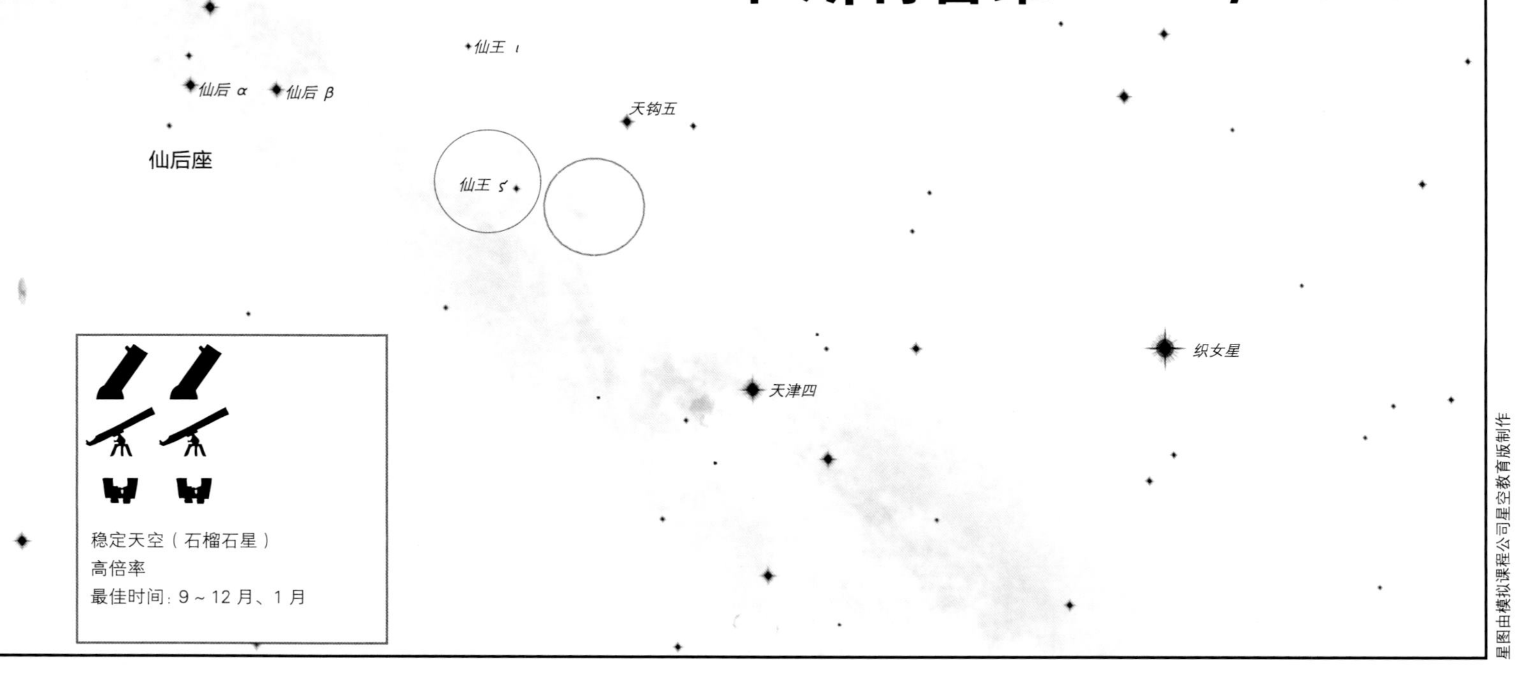

星图由模拟课程公司星空教育版制作

- 绚丽的石榴石星，呈深红色
- 斯特鲁维天体——同一视场中的双星和三合星
- 仙王 δ——著名变星和双星

北
天钩五
仙王 9
仙王 ν
仙王 δ
仙王 ζ
石榴石星
东
西
Σ 2816/Σ 2819
南

看哪儿 通过仙后座的特征——由 5 颗亮星构成的大“W”——找到仙后座。在“W”的右侧，从仙后 α 行进 1 步至仙后 β，沿着这一方向继续前行直到看见一个由 3 颗 3 等星——天钩五、仙王 ι 和仙王 ζ 组成的三角形。这 3 颗恒星中天钩五最亮。从这里开始观看。

在寻星镜中 从天钩五向东南方行至仙王 ζ。途中你会经过 5 等星仙王 9 和仙王 ν。从仙王 ν 径直向南行进可见一颗红色的 5 等星——石榴石星。寻找斯特鲁维 2816 / 2819 时，从石榴石星沿着一条由暗星串成的先向南后向西延伸的曲线行进，这条曲线就包围着聚星斯特鲁维 2816 / 2819。寻找仙王 δ 时，先从石榴石星往东行进，在寻星镜视场中寻找仙王 ζ。它与其南边的一颗恒星和其东边的仙王 δ 构成了一个漂亮的三角形。仙王 δ 就位于这个三角形最东边的顶点上。

高倍对角镜中的斯特鲁维 2819 / 2816

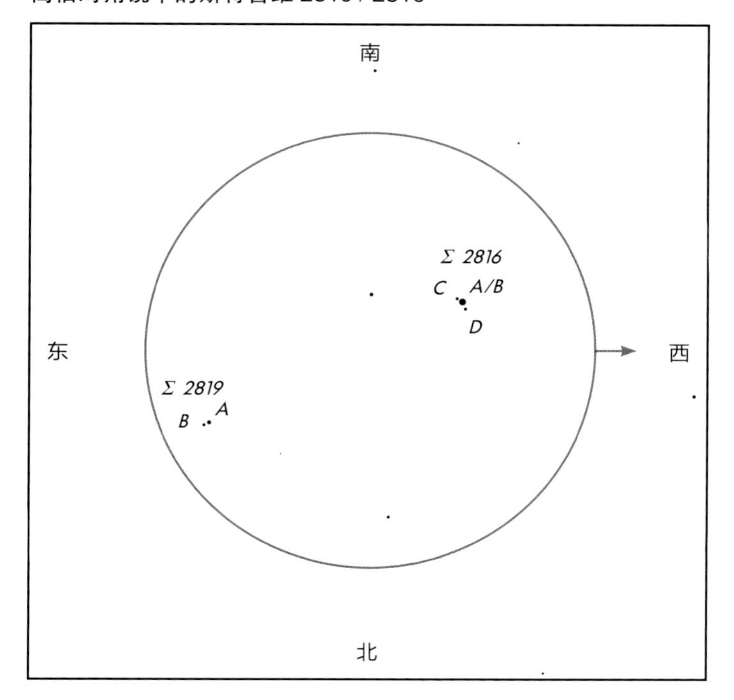

在小型望远镜中： 在银河恒星富集的暗弱场星中分解开这 2 颗星很有趣。

高倍多布森望远镜中的斯特鲁维 2819 / 2816

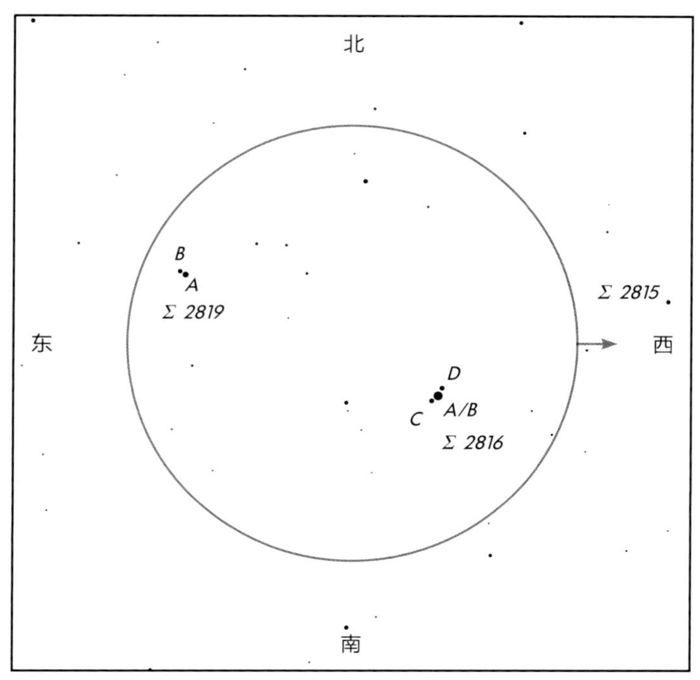

在多布森望远镜中： 用多布森望远镜应该很容易就能将这 2 颗星分解开。斯特鲁维 2815 在它们的西边——主星是一颗 8.6 等星，2 颗伴星分别为 10.0 等星（位于主星东南偏南 0.9" 处）和 8.6 等星（位于主星东边 7.5" 处）。

石榴石星 “石榴石星”是赫歇尔为仙王 μ 起的俗名。它是一颗红巨星（呈深红色），是最大的巨星之一。还记得红巨星帝座吗？如果把帝座放到太阳的位置上，它可以吞下太阳系中所有的类地行星。石榴石星比帝座大 5 倍。把它放到太阳的位置上的话，它可以延伸到土星轨道之外。它距离地球 5 000 光年。

仙王 δ 它又名造父一，除了是一颗漂亮的双星之外，还是一颗造父变星，也正是它使得这一类重要的变星得名造父变星。在核聚变的过程中，造父变星会在规律的周期内脉动，这一周期通常为几天（仙王 δ 的脉动周期为 5.3 天）。脉动周期的长短直接关系造父变星的光度。这意味着，你测得一颗造父变星的脉动周期后，就能确定其内禀亮度。这样这颗造父变星就成了标准烛光。你可以根据脉动周期计算出造父变星的内禀亮度，测量它看上去的亮度，进而计算出它的距离（越暗则代表越远）。观测其他星系中造父变星用的正是哈勃测量星系距离的方法。天文学家通过这一观测最终发现星系离地球越远，远离地球的速度就越快。这一观测是证明大爆炸宇宙论的第一个证据。由此可以知道宇宙的体积和年龄。

北
东
西
南
10' 圈

斯特鲁维 2816 它距离地球 1 000 光年，其中伴星距离主星数千天文单位。斯特鲁维 2819 到地球到底有多远目前还没有定论。在这 2 颗星周围有一片星云，即 IC 1396。即使在非常黑暗的夜晚，看见该星云对多布森望远镜来说也很难。相关照片显示，该星云在天空中的跨度近 3°，它超出了口径 8 in（20.32 cm）的望远镜可及的范围。石榴石星和斯特鲁维 2816（可能还有斯特鲁维 2819）比该星云远得多，都与该星云无关，它们只是恰好出现在我们望过去的同一视线上。

恒星	星等	颜色	位置
仙王 δ			
A	3.5*	白	主星
B	6.1	白	A 星以南 41"
斯特鲁维 2816			
A/B	5.7	黄	主星
C	7.5	白	A 星东南偏东 12"
D	7.5	白	A 星西北 20"
斯特鲁维 2819			
A	7.4	白	主星
B	8.6	白	A 星东北偏东 13"

* 变星：3.5 ~ 4.4 等，周期 5.3 天。

天龙座：行星状星云猫眼星云（NGC 6543）

黑暗天空
高倍率
星云滤光片
最佳时间：9～12 月、1 月

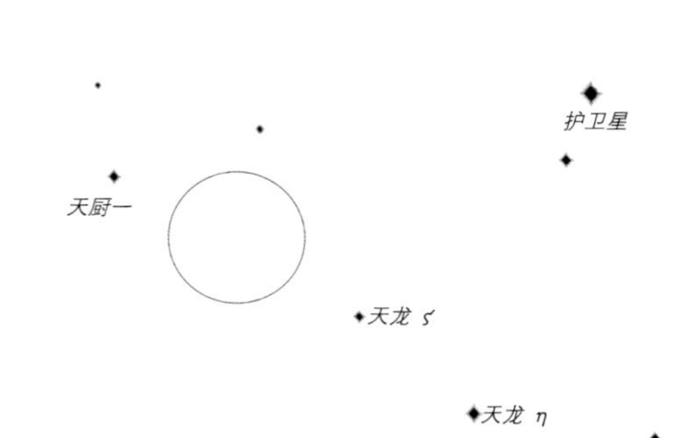

星图由模拟课程公司星空教育版制作

- 有趣，难找
- 在高倍率下呈蓝绿色的椭圆形
- 具有历史价值

看哪儿 用北斗七星远离斗柄的指极星找到北极星。寻找在北极星和北斗七星斗柄之间绕着北极星转动的 2 颗护卫星。沿着这 2 颗恒星的连线向南行进去往一颗较亮的恒星——天龙 η（3 等星）。在天龙 η 东北方，你还可以看见一颗 3 等星——天龙 ζ。从天龙 η 行进 1 步至天龙 ζ，再向东北方前行 1 步，此时你看的应该是天龙 ζ 和 3 等星天厨一中点附近的天区。

在寻星镜中 此时你在寻星镜中看到的恒星非常稀疏。看见天龙 28 和天龙 27 后，转向东南方，直到这 2 颗恒星离开寻星镜视场，此时另外 2 颗恒星——天龙 42 和天龙 36 就会进入寻星镜视场。对准这 2 对恒星的中点处。还有一种方法可以找到猫眼星云，对准天龙 ζ，4 分钟后猫眼星云就会飘进寻星镜视场。

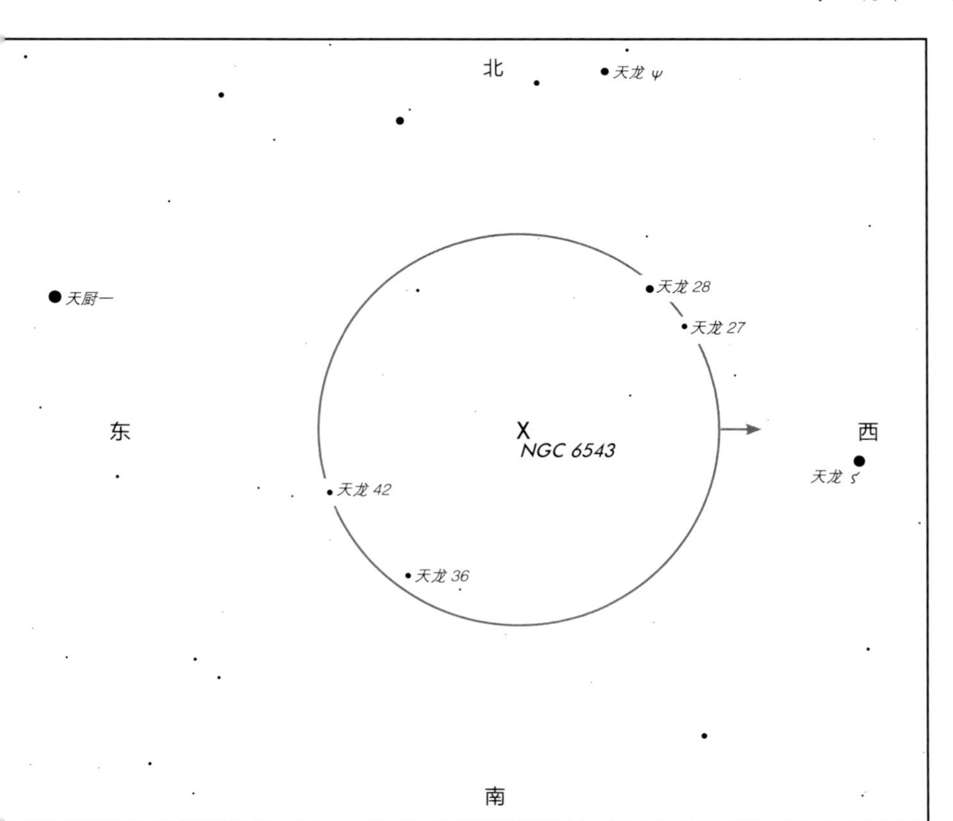

低 / 高倍对角镜中的猫眼星云

在小型望远镜中：在低倍率下寻找，在高倍率下确认。寻找一颗“双星”，其中东边的“恒星”看上去有点儿模糊且非常显眼，呈蓝绿色。在高倍率（见右下角 20' 的插图）下可见其明显为行星状星云。

高倍多布森望远镜中的猫眼星云

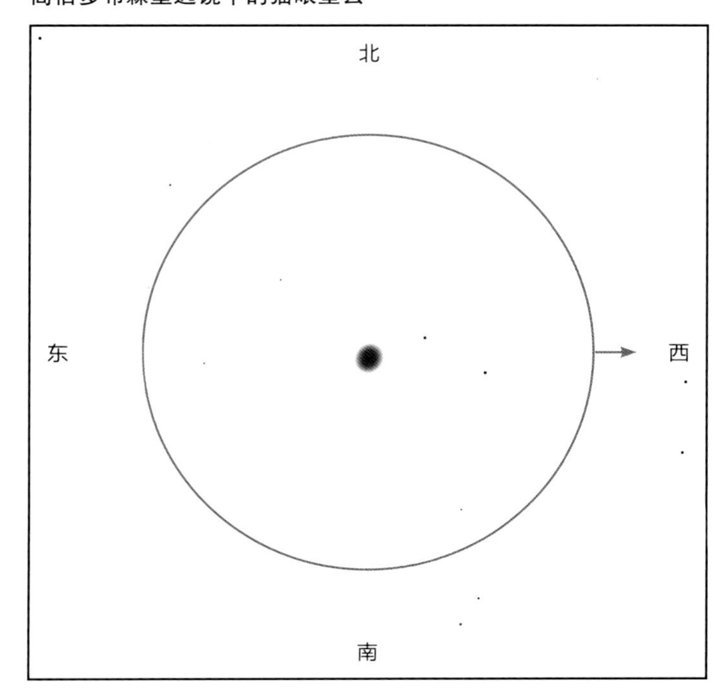

在多布森望远镜中：在低倍率下寻找，在高倍率下观看。猫眼星云呈明显的铁蓝色。你可以留意它西边的恒星——当你直接盯着该星云时，这些恒星看上去更亮；而当你直接盯着这些恒星时，你的周边视觉会使猫眼星云看上去比这些恒星更亮。同样地，星云滤光片会抑制天空背景亮光的干扰，让该星云凸显。

猫眼星云属于行星状星云，是一颗垂死恒星的抛射物。它是一颗距地球 3 300 光年的恒星所抛射的直径约 20 光年的气体云，该恒星正处于其坍缩的最后阶段。

人们虽然已经对这类行星状星云有了很好的认识，但还不是很清楚这类星云的具体演化过程。大型望远镜的影像显示，其内部存在极为复杂的星云结构，而这赋予了它特有的“猫眼”形状。可惜用业余望远镜很难看见“猫眼”。一种观点认为，其中央垂死恒星其实是一颗双星，不过这仍有待确认。

猫眼星云是被研究得最多、被研究的时间最长的行星状星云。19 世纪中期，英国天文爱好者威廉·哈金斯研究出了它的光谱——它是第一个获得光谱的行星状星云——他的研究结果表明，行星状星云的光来自高温气体而非恒星。

邻近还有 在寻星镜视场中，位于天龙 27 和天龙 28 北边的 4 等星天龙 ψ 是一颗易见的双星——主星是一颗 4.6 等星，在其东北偏北 30" 处有一颗 5.6 等的伴星。

大熊座：星系 M 81 和 M 82

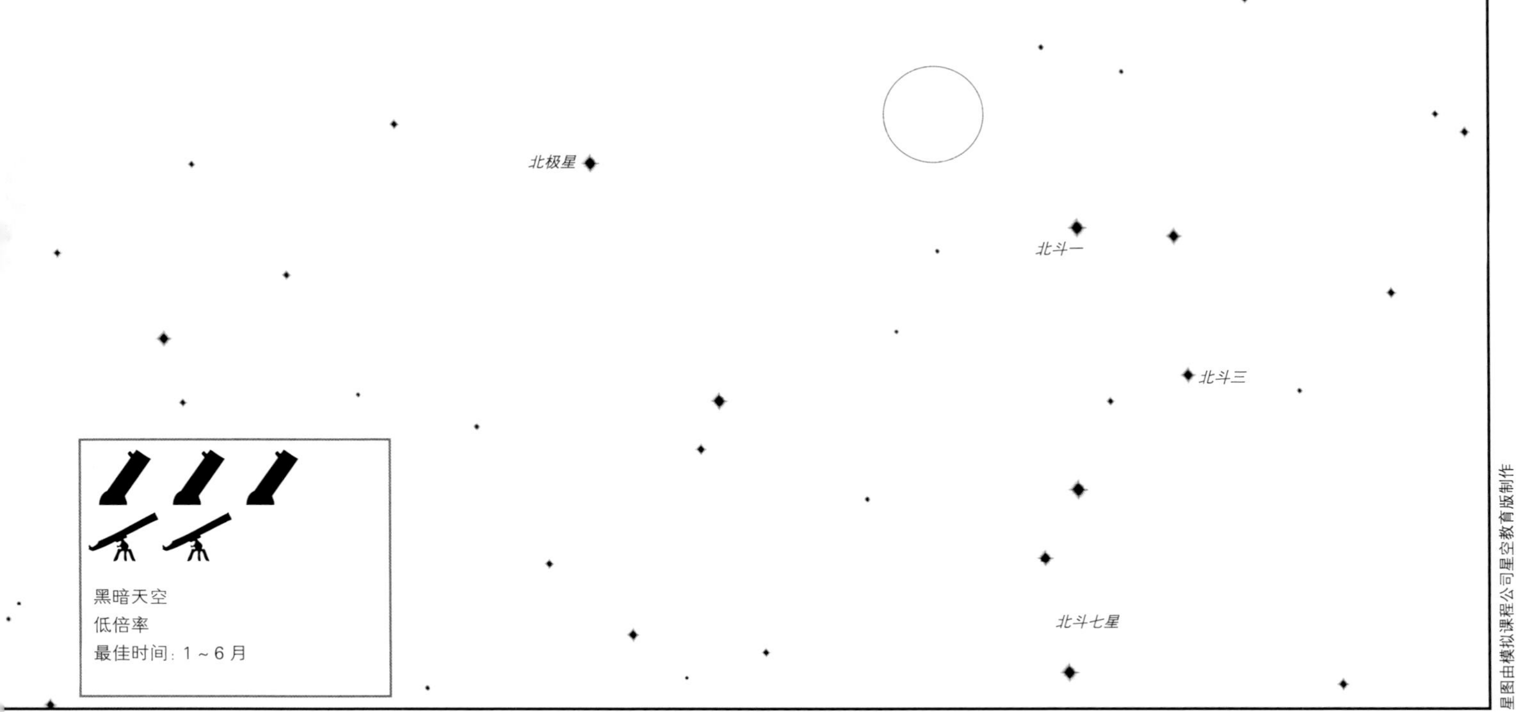

- 漂亮的星系对
- 难以寻找，但较易观看
- 两种星系形成有趣的对比

北
东
西
南
M 82
M 81
大熊 24
HD 3838
大熊 38
大熊 32
北斗一

看哪儿 找到构成北斗七星斗勺的 4 颗恒星。连接北斗三（位于斗柄底端但不属于斗柄）和北斗一（构成斗勺的 4 颗恒星中与北斗三成对角的恒星）。从北斗三行进 1 步至北斗一，沿着这个方向再前行 1 步。

在寻星镜中 此时寻星镜中的恒星非常稀疏。从北斗一往前行进时，一开始可以看见大致沿一条直线排列的 5 等星和 6 等星（共 4 颗）。位于这条直线两端的是恒星大熊 38 和大熊 32。北斗一一离开寻星镜的视场，这 4 颗恒星就会在视场中出现。到这里已经走了半步。继续前行，在这 4 颗暗星移出视场时，4 等星大熊 24 会进入视场。瞄准它。现在给望远镜装上最低倍率的目镜，继续观看。

低倍对角镜中的 M 81 和 M 82

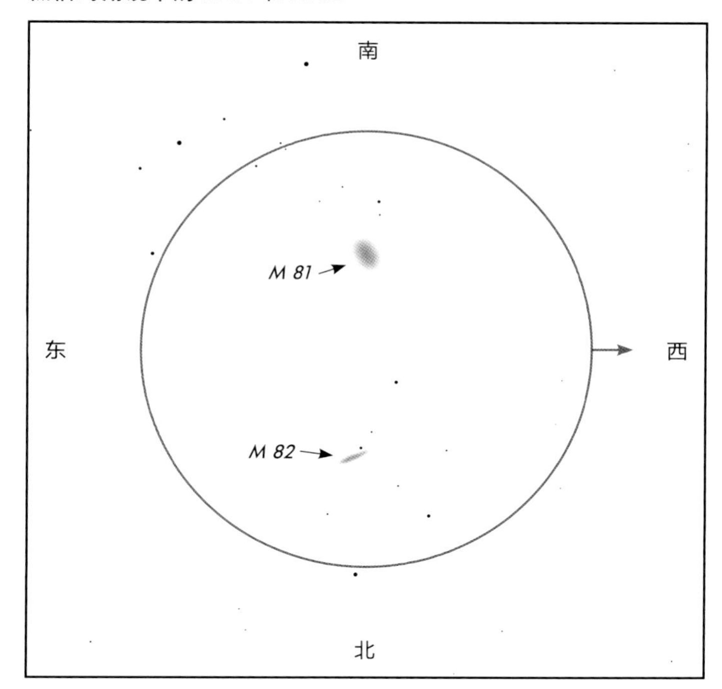

低倍多布森望远镜中的 M 81 和 M 82

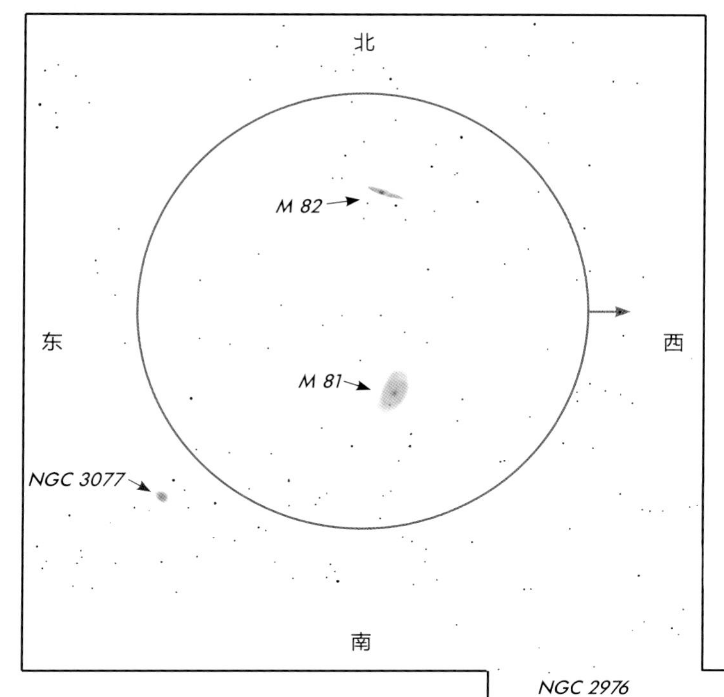

在小型望远镜中：恒星大熊 24 位于一个直角三角形的顶点上（第 196 页寻星镜视场图）。它和其他 2 颗恒星构成了该直角三角形的斜边，对准斜边一端的 6 等星 HD 3838，然后向东缓慢移动望远镜。注意视场中的星系。你如果看见了另一个暗弱的三角形，说明走过了。这两个星系看上去像 2 个模糊的光点。南边离北极星较远的是 M 81。它明显呈椭圆形，长约是宽的 2 倍。M 82 则像一支细长的铅笔，也像一串珠子间隔很大的手串。对小型望远镜来说，天空够暗至关重要。在城郊，想用小型望远镜分辨出 M 81 和 M 82 极难；不过一旦摆脱了城市的灯光，它们就会凸显出来。

在多布森望远镜中：M 81 和 M 82 都十分明亮。和其他星系一样，如果天空晴朗而黑暗，它们会相当惊人。M 81 呈西北-东南指向的椭圆形。它中心稍亮，但没有清晰的核。M 82 很窄，呈团块状且不规则。天空越暗，你能看到的该星系的外部区域就越多，它就越像一支铅笔。它看上去甚至有点儿弯，像一个开口朝向西北方的浅碗。在条件非常好的夜晚，用多布森望远镜可以看见贯穿 M 82 的黑色尘埃带。可以尝试在高倍率下仔细观看。把 M 81 置于视场西部边缘，寻找东南方的星系 NGC 3077。朝 M 81 西南方移动一个低倍率视场的距离，可以看见另一个暗弱的星系——NGC 2976。

星系 M 81 和 M 82 距离地球约 1 000 万光年。它们彼此靠得很近，间距只有仙女星系到银河系距离的 1/10。居住在这两个星系中的任意一个上都会看到另一个星系的动人景象！

星系 M 81、M 82、NGC 2976 和 NGC 3077 隶属于由几十个星系组成的 M 81 星系群（星系群的成员数没有星系团的多，两者大约以 50 个星系为界）。有趣的是，M 81 星系群的成员大多数是旋涡星系。M 81 是旋涡星系的典范。它的直径至少为 50 000 光年，你用小型望远镜只能看见其中心较亮的部分。它包含几千亿颗恒星。

M 82 是一个不规则星系。它没有清晰的旋臂，但充满了不规则的尘埃云和呈团块状的恒星集合。它的大小只有 M 81 的一半，但仍包含数百亿颗恒星。

对从 M 82 发出的光和射电波的细致观测表明，其中心核曾发生过一次极其剧烈的爆炸，这次爆炸所产生的激波扫过了该星系数千光年的区域。是什么造成了那次爆炸，目前仍有争议。但不管怎样，它无疑是小型望远镜可见的最奇怪的星系之一。

有关星系的更多内容，参见第 105 页。

小熊座：北极星（小熊 α）；仙王座：疏散星团 NGC 188

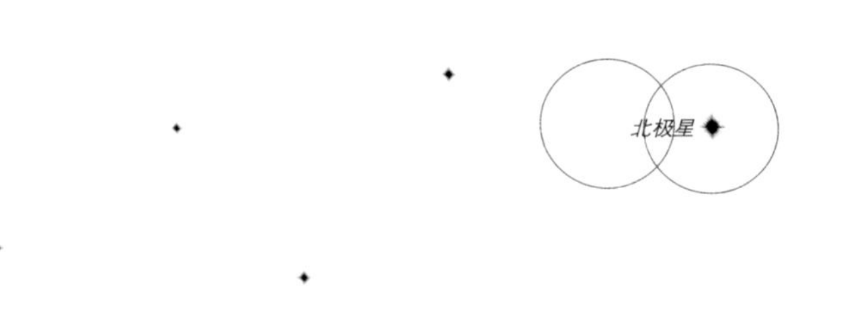

稳定天空
低倍率 (NGC 188)，高倍率（北极星）
最佳时间：全年

- 著名恒星，易于寻找
- 具有挑战性的双星（伴星暗弱）
- 小而古老的疏散星团

看哪儿 找到北斗七星，看向距离斗柄最远、位于斗勺勺口处的 2 颗恒星，即指极星。连接这 2 颗恒星——从勺底往勺口画线，并延长这条假象的直线，直至遇到一颗较亮的恒星，它就是北极星。面向北极星，就必定面朝北方。

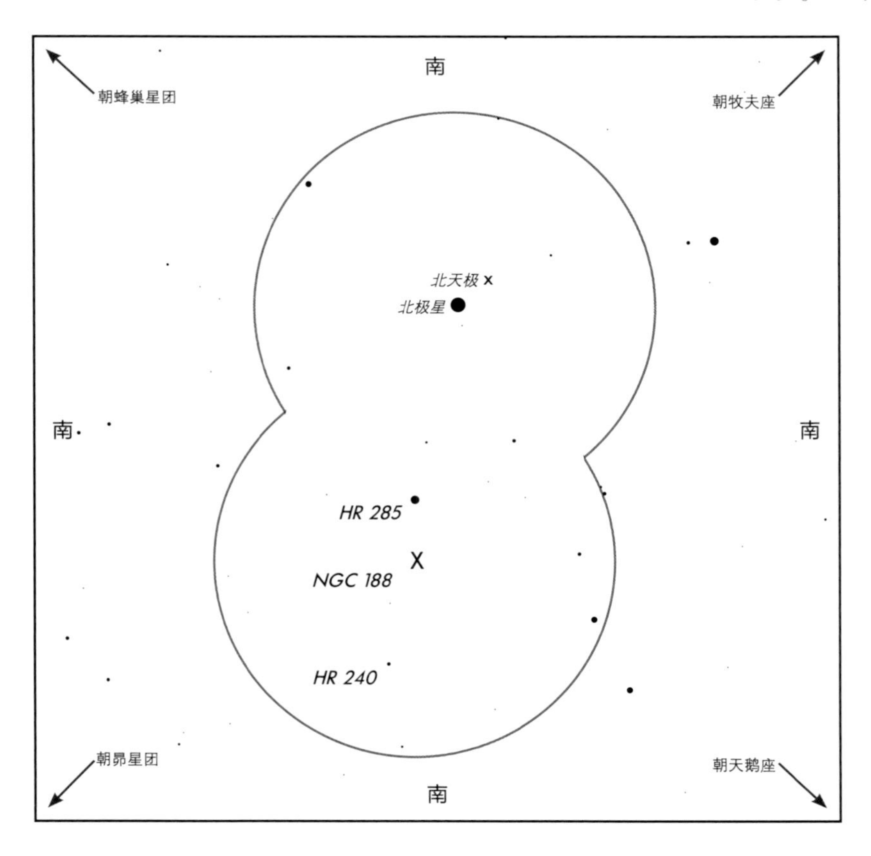

在寻星镜中 2 等星北极星是这片区域中最亮的恒星，很难被弄错（它并不是天空中最亮的恒星，有大约 45 颗恒星比它亮。北极星的盛名完全因为它的位置，而非亮度）。从北极星朝仙后座行进约 4° 至 4 等星 HR 285。对准这里，然后将低倍目镜缓慢向南移动即可看见 NGC 188。

北极星（小熊 α）

恒星	星等	颜色	位置
A	2.1	黄	主星
B	9.1	蓝	距 A 星 18"

低倍对角镜中的 NGC 188

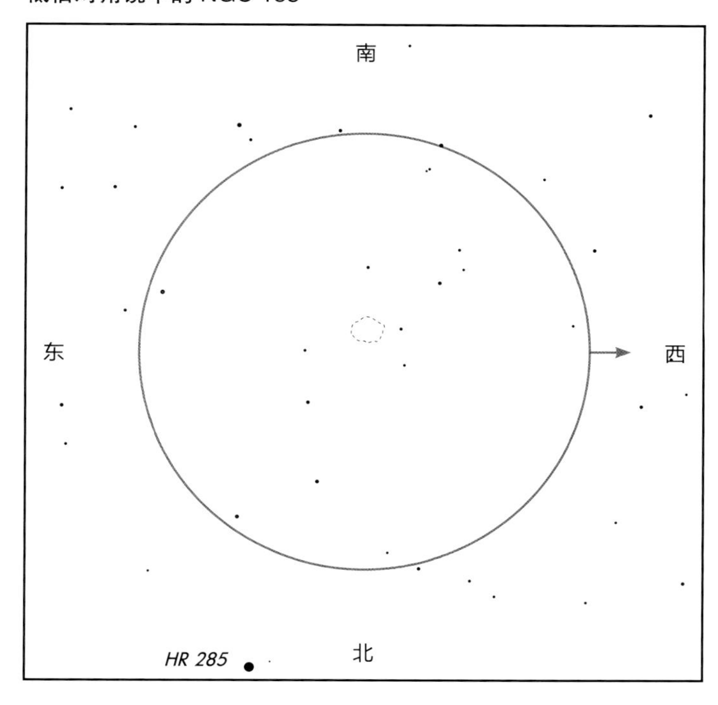

在小型望远镜中： NGC 188 在小型望远镜中很暗弱。除非天空特别黑暗，否则用口径 3 in（7.62 cm）的望远镜无法看见它。图中虚线标记的是我们曾经在美国得克萨斯州西部沙漠中用小型望远镜中所见的该星团的区域……

低倍多布森望远镜中的 NGC 188

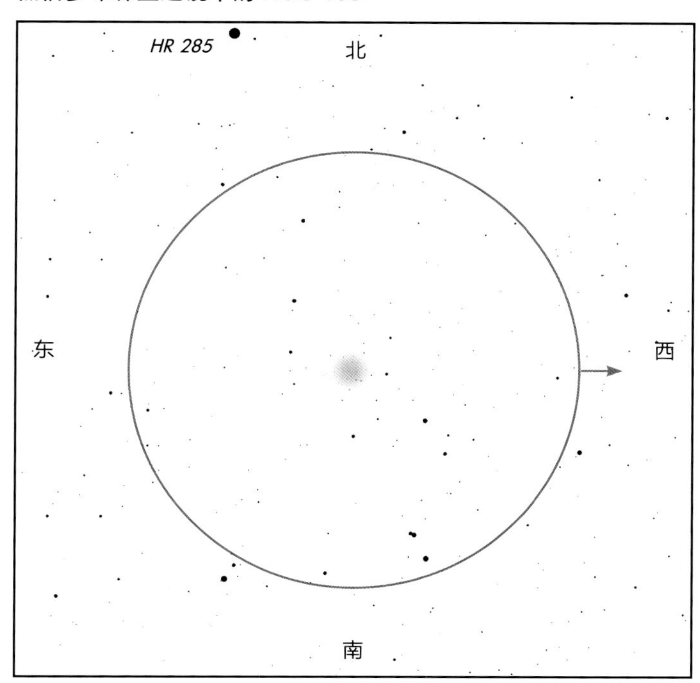

在多布森望远镜中： 用多布森望远镜的话易于寻找。在黑暗的夜晚，该星团看上去像一个带颗粒感的光球，有一条由极暗恒星组成的漂亮星索。它是一个全年都可用来检测夜空条件的天体。

5' 圈

北极星　对小型望远镜而言，观看北极星是一项不错的挑战。它难以被分解开并非因为 2 颗子星极为靠近，而是因为主星比伴星亮得多。高倍望远镜有助于让较暗的伴星显现出来。

北极星距离地球约 430 光年，其实它至少包含 3 颗恒星。我们可见的 2 颗恒星的间距超过 2 000 天文单位，要至少 40 000 年才能相互绕转一周。其实 A 星也是一颗分光双星——天文学家从 A 星光谱的振荡判断出它有一颗暗伴星，跟 A 星的距离仅是 B 星跟 A 星距离的数百分之一，绕 A 星一周仅需 30 年。

由于极轴所指的方向非常靠近北极星，因此用赤道装置（第 15 页）来观看北极星会极其别扭。要想避免这个问题，只需要把极轴对准其他方向。如果有转仪钟，可以把它关掉——北极星永远不会移出你望远镜的视场！不过，你看完了北极星一定要记得重新调校赤道装置。

对此时此刻的地球居民来说，北极星最值得关注的是它恰好在北天极附近。随着时间的流逝和地球自转轴的摆动，最终北极轴的指向也会改变。在古埃及和古巴比伦时期，北极星距离北天极超过 10°，那时另一颗恒星——紫微右垣一被当作“北极星”。现在，北极星距离北天极不到 1°。到 2100 年，这两者间的距离会小于半度。那将是北极星最靠近北天极的时候，会成为真正的指北星。

北极星 A 是一颗巨星，温度并不比太阳的温度高太多，但比太阳大得多，亮度约是太阳的 1 500 倍。它是一颗造父变星：亮度会因其恒星大气的膨胀和收缩而缓慢变换。奇怪的是，它亮度变化的振幅在随时间减小。100 年前，北极星的星等每 4 天变化 0.12 等；但如今它的星等变化仅为百分之几等，肉眼根本无法察觉。

北极星 B 是一颗较为普通的恒星，仅比太阳大一点儿，亮度是太阳的 3 倍。从北极星看的话，太阳的亮度只有我们看到的其暗伴星亮度的 1/3。

NGC 188　该疏散星团距离地球近 6 000 光年，是已知最年老的疏散星团之一，年龄约为 60 亿年（根据其中一颗可见的双星的年龄得出的结论）。它跟 M 67（第 90 页）的情况类似，都是因为轨道远离银道面中其他恒星的摄动才得以幸存。

猎犬座：涡状星系 M 51

北斗七星

北斗七

大角

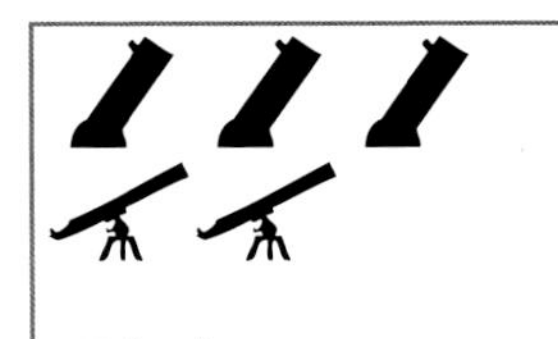

黑暗天空

低 / 中倍率

最佳时间：2～6 月

星图由模拟课程公司星空教育版制作

- 壮观的星系（如果天空够暗）
- 可见邻近的小星系
- 具有有趣的历史

看哪儿 找到北斗七星斗柄末端的恒星——北斗七。

在寻星镜中 可见北斗七及其西边更暗的恒星——猎犬 24。把猎犬 24 置于视场中心。把寻星镜视场想象成一个钟面，猎犬 24 位于其中心。如果北斗七在 9 点钟的方向上，那么 M 51 就在 5 点钟的方向上。

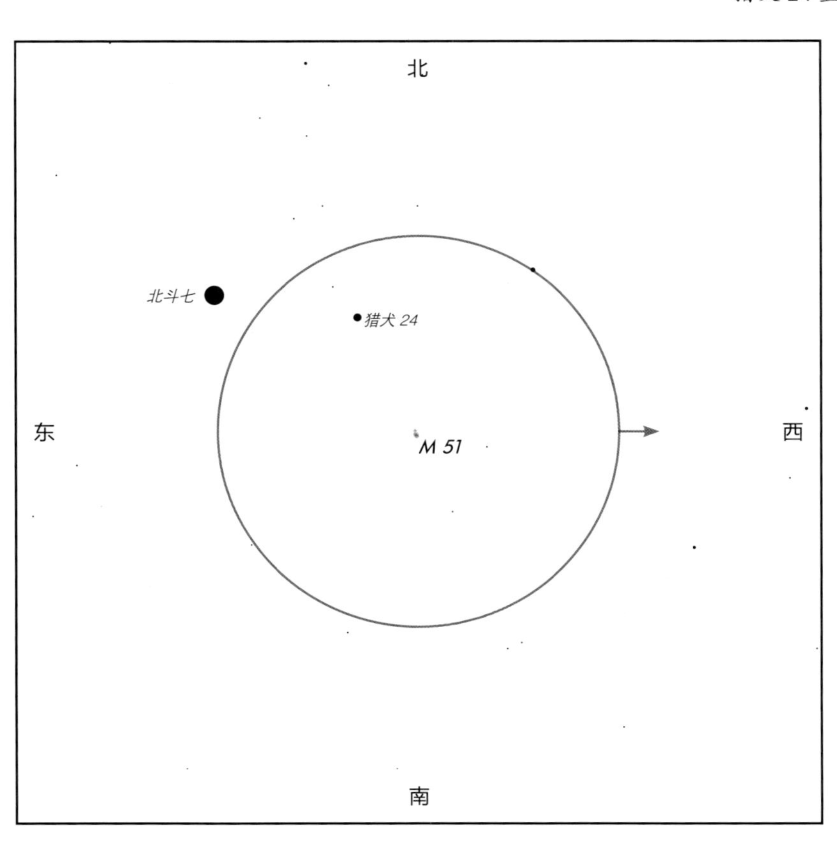

低倍对角镜中的涡状星系

南
东
M 51
NGC 5195
西
北

在小型望远镜中：涡状星系看上去像一块暗弱的光斑。用周边视觉细看的话你会发现 2 块独立的光斑，类似于一颗严重失焦的双星。较大的一块是 M 51，它北边较小的一块则是其伴星系——NGC 5195。NGC 5195 比更大也更分散的主星系要亮一点儿。

中倍多布森望远镜中的涡状星系

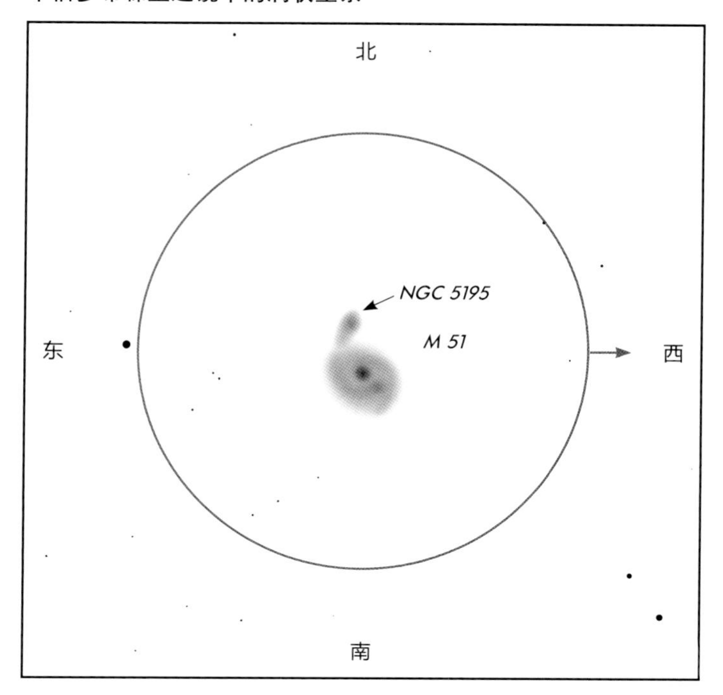

在多布森望远镜中：在低倍率下寻找，在中倍率下观看。在条件良好的夜晚，想分辨出这 2 个星系相对容易。如果天空特别黑，即便用口径 8 in（20.32 cm）的多布森望远镜也能看见 M 51 较亮的中心核和旋臂。

M 51 因在大型望远镜中呈漂亮的旋涡形状，因此被称为涡状星系。事实上，它是第一个被发现具有旋涡结构的星系。在完美的条件下，用口径 8 in（20.32 cm）的多布森望远镜就能看见其旋臂。

M 51 是一个经典的旋涡星系，包含 1 600 亿颗恒星，直径为 38 000 光年。NGC 5195 可能是一个致密的椭圆星系，比它直径较大的同伴质量更大。目前天文学家对这 2 个星系的测量显示，它们距离地球约 2 500 万光年。大型望远镜发现 M 51 中的一片尘埃云似乎就位于 NGC 5195 前方；这意味着，从地球上看过去，NGC 5195 就在 M 51 的后方。

虽然夏尔·梅西叶在 1774 年看见并收录了 M 51，但是罗斯勋爵（威廉·帕森斯）是发现它旋涡结构的第一个人（1845 年）。在其爱尔兰的伯尔城堡中，他建造了一架当时世界上最大的望远镜——直到 1917 年美国威尔逊山上 2.5 m 望远镜的建成才打破了他的纪录。罗斯所建造的望远镜在牛顿镜筒底部安装了一面口径 1.8 m 的反射镜，它大到无法任意指向天空；事实上，它被放置在 2 面高约 12 米的高墙之间，指向南方，要多辆绞车才能让它从地平线指向天顶。它在水平方向上仅有 15°（1 个时角）的移动空间。

因为出了名的多雨且太靠北，爱尔兰并不是观星的理想场所，在那里天蝎座和人马座中的许多深空天体永远不会升到高空。然而，它的位置却对观测涡状星系很有利。因为只有在这个纬度（北纬 53°）上，那架仅能观看天顶以南区域的望远镜才能看到赤纬 47° 的 M 51。事实上，当 M 51 从望远镜视场经过时，它距离天顶仅 7°，而其上中天时距离天顶仅 6°。

罗斯勋爵的望远镜保留至今，最近被恢复成了当年的模样。伯尔城堡现在是一座博物馆，也是一年一度举办涡状星系恒星派对的地点。每年夏天，天文爱好者都会在这架巨型望远镜下架起自己的望远镜来观测涡状星系——如果天气允许的话。

大熊座：风车星系（M 101）和双星大熊 ζ（开阳和辅）

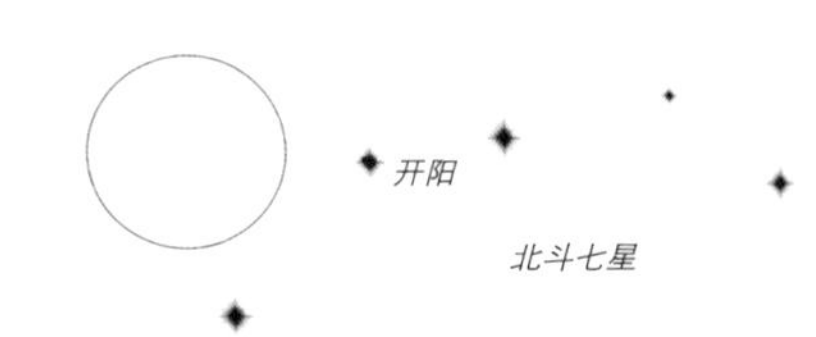

大角

黑暗天空（M 101），任何天空（开阳）
低倍率
最佳时间：2～6月

星图由模拟课程公司星空教育版制作

- M 101——壮观的星系（如果夜空够暗）
- 开阳——极易寻找和被分解开
- 具有有趣的历史

看哪儿 开阳是北斗七星斗柄上的一颗恒星。你用肉眼应该能看见它旁边还有一颗暗星，即辅。在阿拉伯，这2颗恒星被称为马和骑手；它们也被称为谜，是测试视力的好工具。其实，在大多数夜晚，想看到它们都挺容易的。

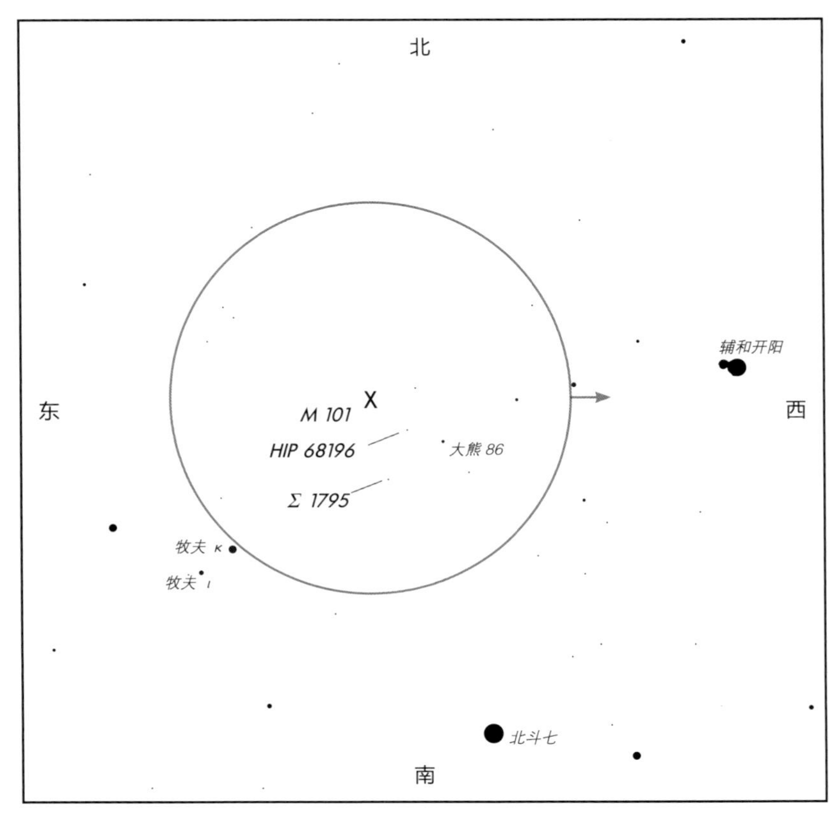

在寻星镜中 开阳和辅易在寻星镜中出现。在开阳东边，可以看见一串往东南偏东方向延伸的6等星。经过这串恒星中的第4颗——大熊86，可见3颗大致南北向排列的7等星。从大熊86行进至这3颗暗星中间的那颗——HIP 68196，再前行1步即可看见M 101。如果你无法在寻星镜中看见这3颗暗星，那从大熊86向东北方移动即可。

邻近还有 在经过大熊86之后可见的3颗7等星中，最南边的是斯特鲁维1795：在7等主星以北7.9"处有一颗9.8等的伴星，分解开它对多布森望远镜来说有难度。

从北斗七星向东南方行进一个寻星镜视场，可见牧夫 ι 和牧夫 κ，它们都是漂亮的双星。牧夫 κ 的2颗子星的星等分别为4.5等和6.6等（伴星位于主星西南偏西14"处），颜色微妙；牧夫 ι 是4.8等星，在其东北方39"处有一颗7.4等的伴星。

低倍对角镜中的 M 101

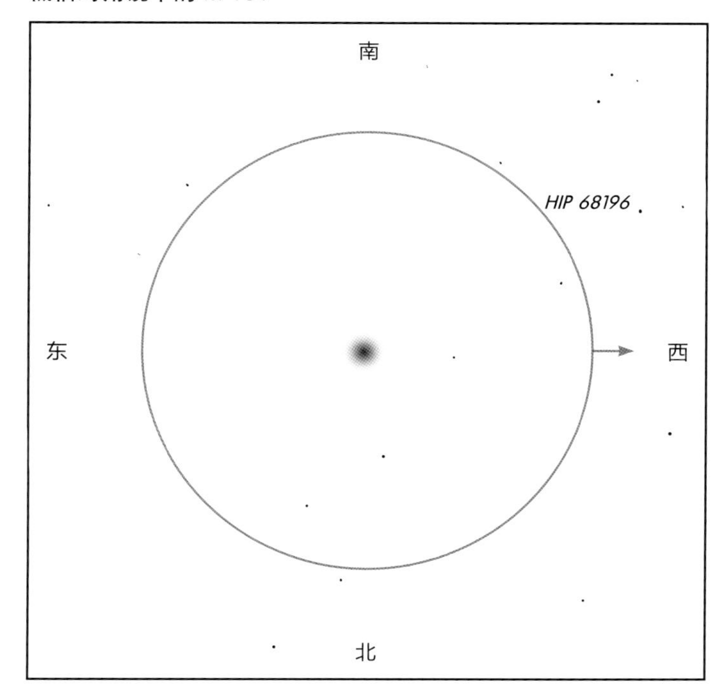

低倍多布森望远镜中的 M 101

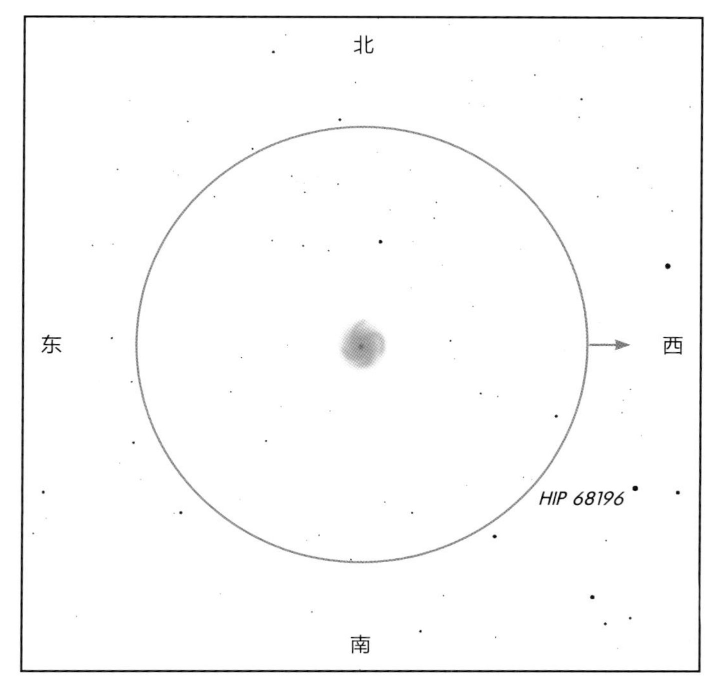

在小型望远镜中：寻找 M 101 的方法很简单，从大熊 86 往东北方行进，经过 2 颗 7 等星后看到的一块暗弱的光斑就是 M 101。在城郊，用小型望远镜看 M 101 有难度。它比星系 M 81、M 82 和涡状星系都暗，因此你如果在夜空中无法看见后面这几个星系，就不要指望能看见 M 101 了。

在多布森望远镜中：在散落的暗星之间寻找一团光斑。如果夜空足够好，隐约可以看见 M 101 的旋臂。该星系比星系 M 81/82 和涡状星系都暗，因此你如果在夜空中无法看见后面这几个星系，就不要期望能看见 M 101 了。

风车星系（M 101）因在大型望远镜中呈旋涡状而得名。它跟近邻 M 52 的情况相似，在条件绝佳时，你用口径 8 in（20.32 cm）的多布森望远镜就能看见其旋臂。M 101 距离地球 2 400 万光年，是已知最大的盘星系之一（我们仅能看见其中心核），隶属于一个目前已知至少包含 9 个星系的星系群。

开阳是人类发现的第一颗双星，也是第一颗被拍到的双星。然而，它的 2 颗子星都不是彩色的，因此虽然易于寻找，但缺少其他双星特有的魅力。

辅虽然不是开阳的一颗伴星，但它们确有关联。包括开阳及其伴星以及辅在内，北斗七星中的所有恒星都是大熊星群的成员，它们是一个疏散星团遗留下来的恒星。这群恒星可能都形成于同一时间。现在它们正缓缓地经过我们的太阳系，由于沿不同的轨道绕银河系中心转动，正慢慢分散开来。这些恒星中的大多数距离地球不足 100 光年，这也正是它们中的许多看上去十分明亮的原因。事实上，夜空最亮的恒星——天狼星也是该星群的一员！对大熊星群其他恒星而言，它目前位于太阳的另一侧。

北
辅
东
开阳
西
路德维希五世
20' 圈
南

据测量，开阳距离地球 78 光年，辅则距离地球 81 光年。因此，它们十分靠近。在环绕辅的一颗行星的天空中，开阳会是一颗肉眼可见的华丽双星。开阳 A 看上去和金星一样亮，开阳 B 看上去则比木星亮，它们的间距可能为 7'（约为满月直径的 1/4）。

开阳较小的伴星距离主星约 500 天文单位，它们要花数千年才能相互绕转一周。主星的质量是太阳的 2.5 倍，半径是太阳的 2 倍，亮度则是太阳的 25 倍。伴星的质量是太阳的 2 倍，半径是太阳的 1.6 倍，亮度则是太阳的 10 倍。

在该视场中还有一颗 8 等星——路德维希五世。一位 18 世纪的德国天文学家声称这颗恒星是他新发现的一颗行星，并以他的国王命名。

开阳（大熊 ζ）

恒星	星等	颜色	位置
A	2.2	白	主星
B	3.9	白	A 星东南偏南 14"

南 天

最令人惊叹的一些深空天体仅在南半球可见。南半球的观星者拥有丰厚的天空宝藏，如果不利用这一位置优势，那就太可惜了。前往南半球的观星者别忘了带上你的天文望远镜，一副优质双筒望远镜也可以。

你在向南旅行时会发现，原本在北半球熟悉的一些恒星开始没入北方地平线之下，而新的恒星会在南方出现。

在北纬 30° ——比如美国佛罗里达、美国得克萨斯南部、中东、日本南部和中国——以南，你可以看见南至赤纬 –60° 的一些天体，包括半人马 ω。在中美洲、夏威夷和印度，可以看见南至赤纬 –70° 的天体，包括半人马 α 和南十字。

在赤道上可以看到全天的天体，至少在理论上是这样的。不过，南天极附近的暗弱天体，比如大、小麦哲伦云，你只有在南半球中高纬度地区才能很好地观看。在智利、阿根廷、南非、澳大利亚和新西兰可以看见它们。

我俩都生活在北半球。对我俩来说，北半球可见的天体就像老朋友，在写本书的过程中，在一次次对它们进行反复观测之前，我们就一直在观看它们。但我们对南半球的天体就没那么熟悉了。这意味着，后面的内容可能无法如我们所希望的那样细致或完整。

此外，雾、云、光污染和满月还是会改变即便是最佳深空天体的样貌。

寻找星路：南天路标（从南纬 35° 观看）

在 6 月，沿着银河望过去，南天最显眼的星座贯穿整个南半球的天空。

在东方可以看到正在升起的天蝎座（辖红色恒星心宿二）和人马座的茶壶星组。看向南方，在夏威夷和加勒比地平线处的是亮星半人马 α 、半人马 β 和南十字底部的十字架二。你的位置越靠南，它们越显著。在傍晚或年初（或从更靠南的地方观看），可以看见老人星或天狼星从西方落下。

6 月，澳大利亚冬季的北天恒星正是美国加利福尼亚州夏季

6 月南方天空

的南天恒星。你可以使用 7 ~ 9 月的路标图（第 114 页），不过使用时要把星图上下颠倒过来！

在北方地平线上，即便从新西兰偶尔也能看见北斗七星（图中未体现）。其斗柄、大角和角宿一现在正高悬于头顶。位于狮子（狮子座）鬃毛“镜像问号”底部的轩辕十四正在从西方落下，狮子的背部横贴在地平线上。因为月径幻觉，狮子座看上去出奇地大。熟悉的夏夜大三角——在这里，更恰当的称呼应该是冬夜大三角——正要升起，得到夜深（或后半年）才变得易见。

12 月，可以寻找从东方升起的猎户座。继续往东南方看可见夜空最亮的恒星——天狼星。

在猎户座南边可见亮星老人星。当猎户座在 2 月的夜晚上升到最高处时，即便在美国南部也能看见老人星。它位于一个由 2 等星和 3 等星构成的巨大的椭圆形中，这个形似字母“D”的星群曾被称为南船座。现如今它已经被拆成了船尾座、船底座和船帆座。它附近就是剑鱼座和飞鱼座。

12 月，在南方可见 1 等星水委一。在它西边可见另一颗亮星——北落师门，在北落师门的南边可见孔雀 α（孔雀十一）。在这一贫瘠的天区，它们本身看上去就非常漂亮。南天的珍宝——大、小麦哲伦云就是此时南天亮星缺失的最好补偿。如果你身处南半球高纬度地区并且夜空黑暗，大、小麦哲伦云会非常醒目，美到足以与银河媲美。

北方天空（未在图中体现）中的夏季恒星包括所有我们熟悉的北半球冬季天体，比如仙女座和双子座中的。船尾座中的深空天体——M 46、M 47 和 M 93——尤其不容错过。有关它们的详细介绍参见第 80 页和第 84 页。

在后文中，我们会标明自己钟爱的南天天体处于天空中最高处时的月份以及能看见它们时你的位置。

面朝北 你在南半球观星时会发现，许多熟悉的北半球夏季天体会焕然一新。由于南半球 6 月天黑的时间比北半球更早，在南半球，这些天体可见的时间也就更长。如果你到南半球旅行，记得观看这些天体。

天体	星座	类型	页码
礁湖星云	人马座	星云	142
三叶星云	人马座	星云	144
M 22 / M 28	人马座	球状星团	154
M 54 / M 55	人马座	球状星团	156
NGC 253	玉夫座	星系	170

12 月南方天空

杜鹃座：小麦哲伦云

黑暗天空
低 / 中倍率
星云滤光片
最佳时间：11 月（南纬 10° 以南）

星图由模拟课程公司星空教育版制作

看哪儿 从老人星画一条线至水委一，大、小麦哲伦云就位于该线南边，小麦哲伦云的位置偏西。在一个较黑暗的夜晚，如果你在南半球所处的纬度足够高，应该很容易就能看见小麦哲伦云，它看上去就像一块脱离了银河系的亮斑。

在寻星镜中 小麦哲伦云的直径近 5°，因太大且太分散而看上去没那么有趣。用肉眼观看会更加容易。

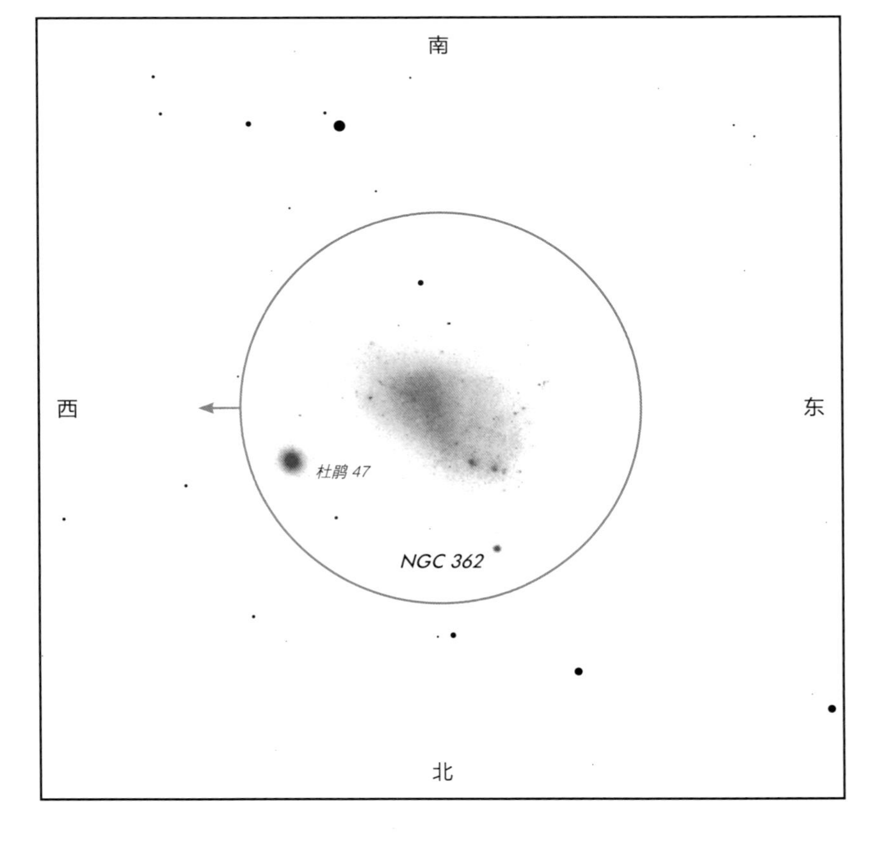

小麦哲伦云是银河系的伴星系。据估计它包含 10 亿颗恒星，距离地球约 200 000 光年。其明亮的中心核直径约为 10 000 光年。

小麦哲伦云中有十几个 NGC 天体，具体如下。

天体	类型
NGC 220 / 222 / 231	疏散星团
NGC 249	发射星云 / 反射星云
NGC 261	发射星云 / 反射星云
NGC 265	疏散星团
NGC 330	疏散星团
NGC 346	星团和星云
NGC 371	疏散星团
NGC 376	疏散星团
NGC 395	疏散星团
NGC 419	球状星团
NGC 458	疏散星团
NGC 456 / 460 / 465	疏散星团

多布森望远镜中的小麦哲伦云

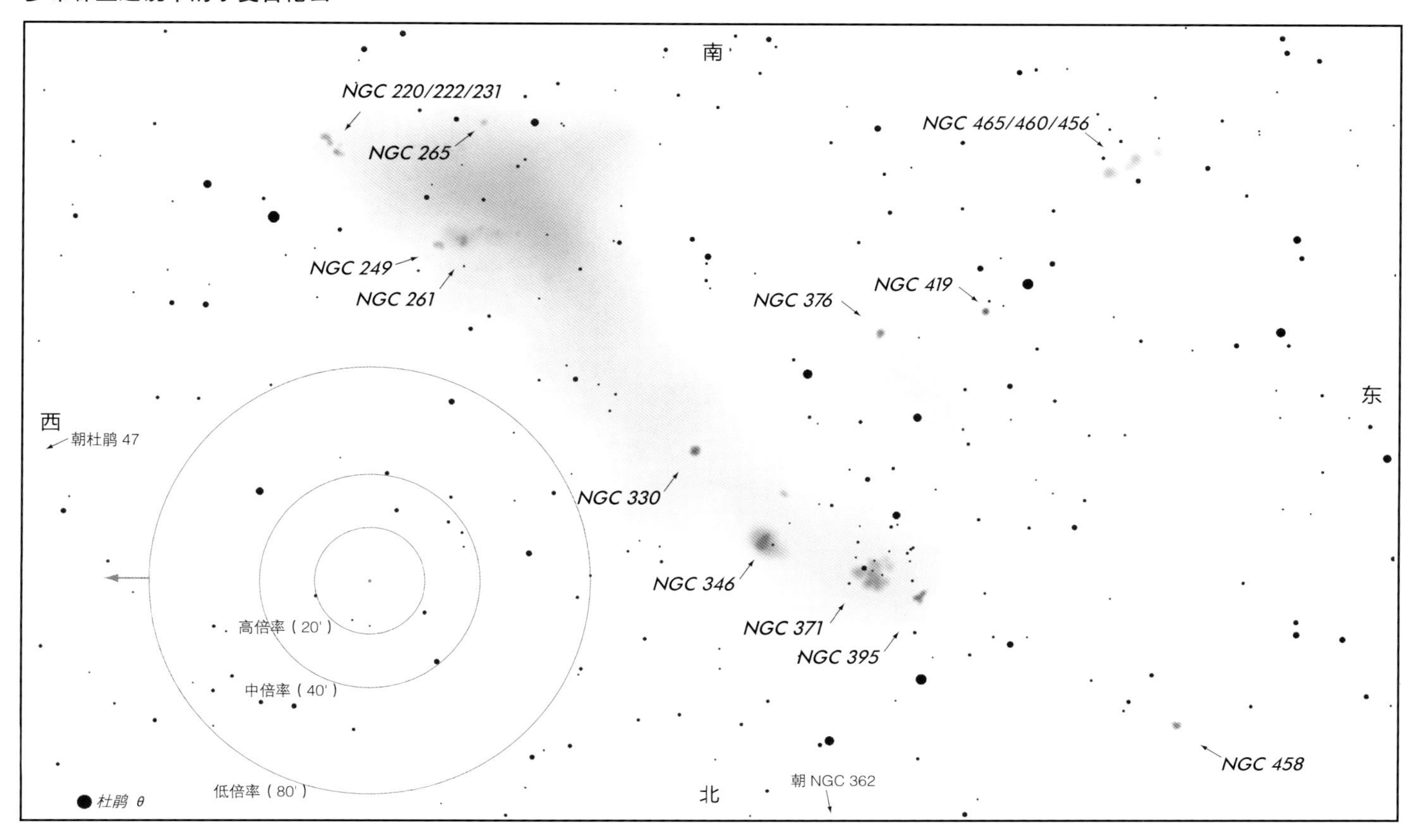

在多布森望远镜中：小麦哲伦云看上去就像多块光云，比视场大出许多倍，其中有数个明显的光块。着重观看它边缘的天体，它们在黑暗天空的映衬下更容易凸显出来，并不会被小麦哲伦云湮没。

杜鹃座：球状星团杜鹃 47（NGC104）

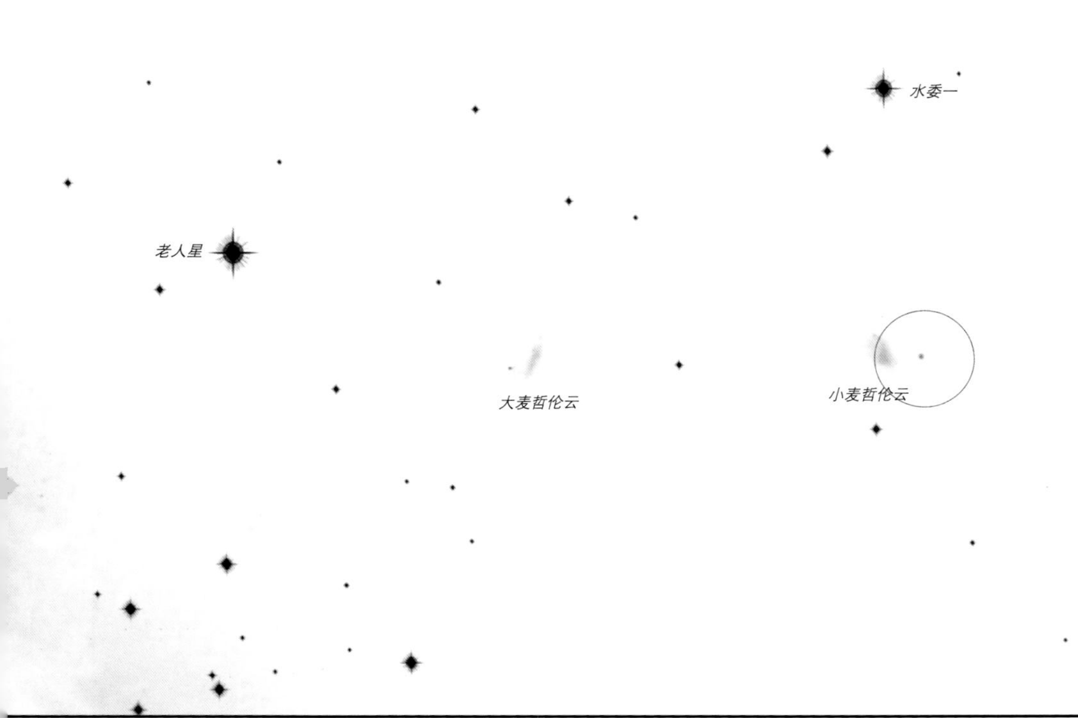

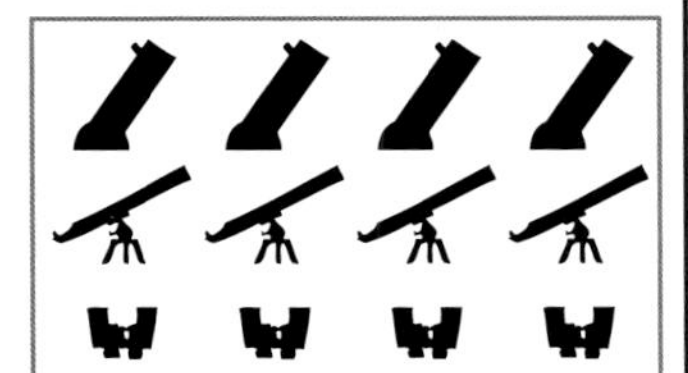

任何天空（黑暗天空更佳）
中倍率
最佳时间：11 月（南纬 5° 以南）

星图由模拟课程公司星空教育版制作

- 壮观的球状星团
- 易找易见（即便直接用肉眼观看）
- 年轻到不同寻常？

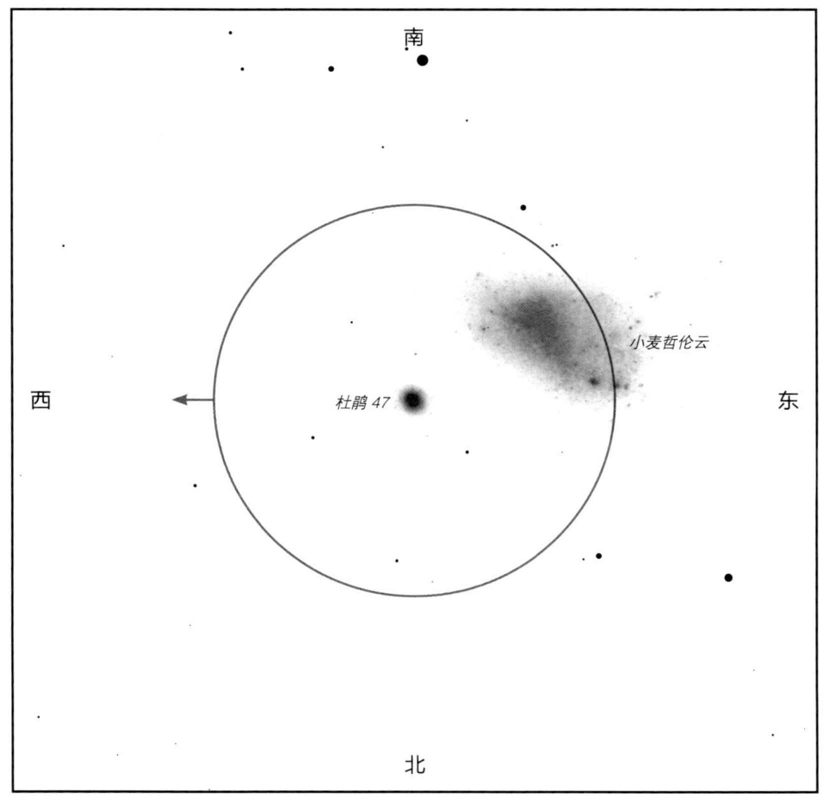

看哪儿 找到小麦哲伦云——从老人星画一条线至水委一，大、小麦哲伦云就在这条线南边。如果你在南半球所处的纬度足够高，可以看到拱极星座南十字座，那么也可以从其顶部的恒星——南十字 γ 画一条直线至十字架二，将这条直线延长并穿过南天极，这条直线直指小麦哲伦云。

在寻星镜中 对准小麦哲伦云西偏北一点儿的一个模糊的光点。

中倍对角镜中的杜鹃 47

北
西
东
南

中倍多布森望远镜中的杜鹃 47

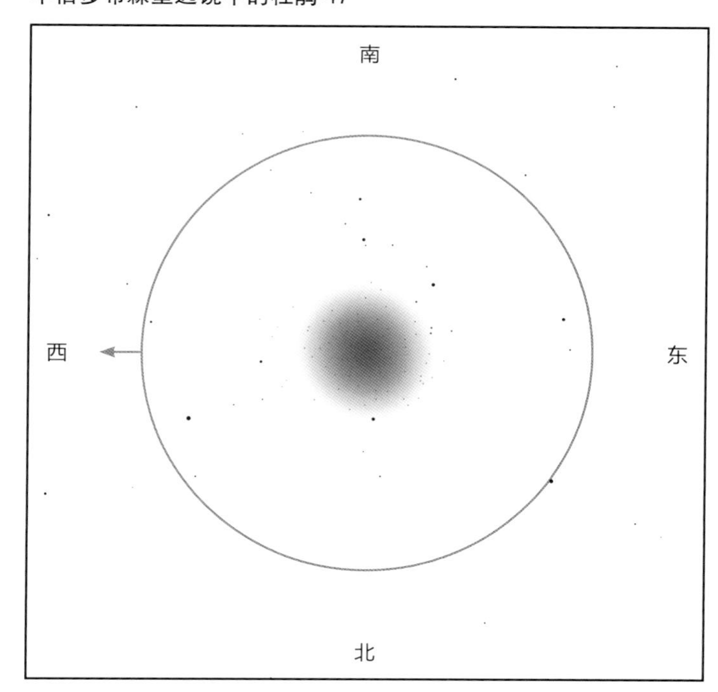

在小型望远镜中：杜鹃 47 在小型望远镜中呈一块巨大、明亮且带颗粒感的光斑，其中富含恒星。其较暗的外部区域的大小是核心的 3 倍。

在多布森望远镜中：杜鹃 47 在多布森望远镜中呈一块巨大、明亮且颗粒感极强的光斑，其中富含恒星。在其明亮核心之外，你比较容易分辨出单颗恒星。

杜鹃 47 是天空中第二亮的球状星团，仅次于半人马 ω（第 234 页）。如果夜空黑暗，即便用肉眼也能看见一个模糊的光点，在寻星镜或优质双筒望远镜中它呈一块光斑。口径 4 in（10.16 cm）或更大的望远镜足以分辨出该星团中的单颗恒星。

它比 M 13 更大且亮得多，跟 M 22 差不多大，比 M 22 亮 1 个星等。其核心比周围的光晕亮得多。事实上，因为核心太亮了，所以你很难在核心发出的光芒下分辨出该星团的外部区域。

你在视场中还能看到许多亮星。这个星团向南几乎可以延伸到一颗 9 等的场星（并非该星团的成员），跨度几乎达 1/3 个低倍率视场，差不多有 2/3 个满月那么大。

该星团距离地球 15 000 ~ 20 000 光年，确切的距离难以确定。它的质量超过太阳质量的 50 万倍。

相比其他球状星团，杜鹃 47 中的恒星含有的重元素异常多。亦如在第 111 页对球状星团所介绍的，绝大多数球状星团中的恒星鲜少含有这些元素。由于这些元素是在恒星内部深处被制造的，表面拥有这些重元素的恒星必定由更早的恒星的残骸形成。虽然天文学家认为大多数球状星团形成于银河系历史的极早期，先于重元素被制造出来之时，但杜鹃 47 也许是最年轻的球状星团之一。它形成于更早一代的恒星形成之后，后者制造了重元素并爆炸成了超新星。

该星团的另一个特别之处是，对其单颗恒星的仔细观测显示其中双星少得超乎寻常。这应该可以为天文学家对双星形成的研究提供一些线索，不过目前还无法确定。

杜鹃座：球状星团 NGC 362

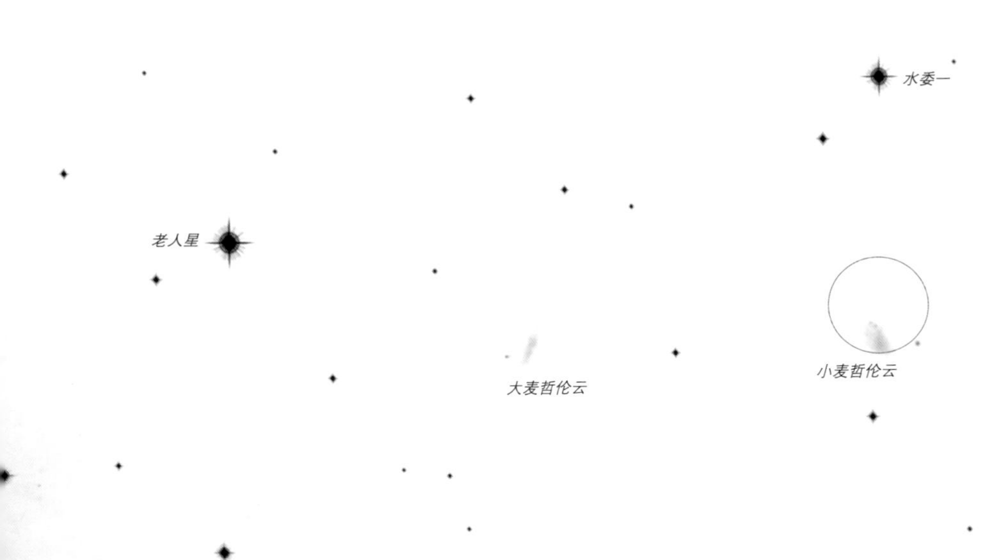

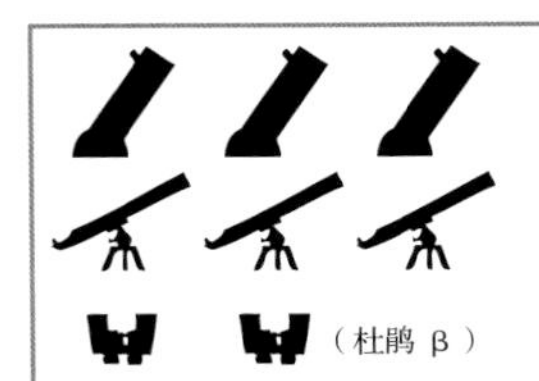

任何天空（黑暗天空更佳）
中倍率
最佳时间：11 月（南纬 5° 以南）

星图由模拟课程公司星空教育版制作

- 小而亮
- 易于寻找
- 附近有数颗复杂的双星

南
小麦哲伦云
杜鹃 47
NGC 362
杜鹃 κ
西
东
杜鹃 β
北

看哪儿 先找到小麦哲伦云——从老人星画一条线至水委一，大、小麦哲伦云就在这条线的南边。如果你在南半球所处的纬度足够高，可以看到拱极星座南十字座，那么也可以从其顶部的恒星——南十字 γ 画一条线至十字架二，将这条线延长并穿过南天极，这条线直指小麦哲伦云。

在寻星镜中 你应该能在寻星镜中看到小麦哲伦云东北角的区域。寻找小麦哲伦云旁的一颗“6.5 等星”，它就是 NGC 362。

中倍对角镜中的 NGC 362

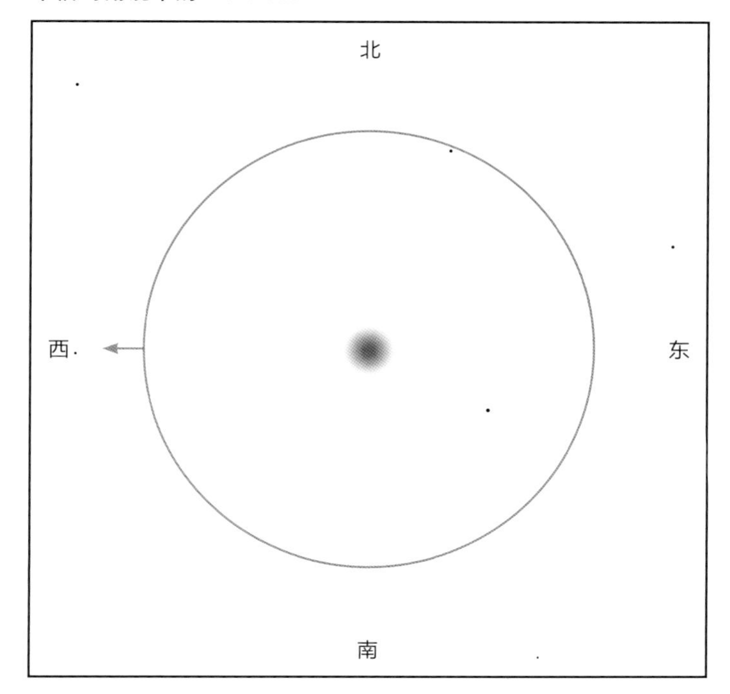

中倍多布森望远镜中的 NGC 362

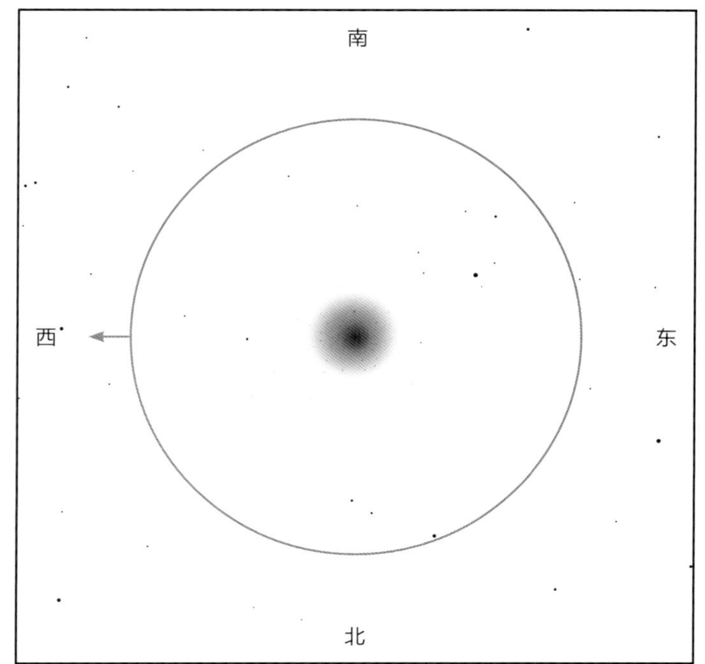

在小型望远镜中：NGC 362 是一个小而明亮的球状星团，位于一个恒星富集的星场。至少要在中倍率下才能很好地欣赏它。幸运的是，它足够亮，在高倍率下观看也不成问题。整个星团直径约为 13'，其中心核（最易见的部分）的直径仅是其总直径的一半。

在多布森望远镜中：用多布森望远镜可见 NGC 362 周围众多的场星。至少要在中倍率下才能看到这些场星。该星团有一个小而亮的中心核，这个中心核被带颗粒感的光晕包围着，整个星团直径约为 13'。

与包括近邻杜鹃 47 在内的其他球状星团相比，NGC 362 看上去较小。它可能仅含有约 100 000 颗恒星，杜鹃 47 含有超过 50 万颗恒星，而半人马 ω 这样的巨型球状星团则含有近 100 万颗恒星。NGC 362 距离地球约 15 000 光年，与半人马 ω 和杜鹃 47 到地球的距离相当，因此这 3 个天体在望远镜中大小的差别真实反映了它们实际大小的差别。

有关球状星团的更多内容，参见第 111 页。

邻近还有 用寻星镜你可以在 NGC 362 东北方 2° 处看见聚星杜鹃 κ。其主星是一颗黄色的 5 等星，伴星位于主星西北方 5" 处，是一颗 7.4 等显眼的橙色恒星。此外，在杜鹃 κ 西北方约 5'（319"）处有一颗 7.9 等星。它实际上是 2 颗 8 等星（2 颗恒星的星等分别为 7.9 等和 8.4 等），沿着东南–西北方向排列，两者相距 1"。它们离得太近，用口径 3 in（7.62 cm）的望远镜无法将其分解开，用高倍多布森望远镜则可以。

NGC 362 和小麦哲伦云北边 10° 处有 2 颗靠得极近的恒星，你即便用肉眼也能看到它们。它们就是杜鹃 β——一个复杂的恒星系统。肉眼可见的 2 颗恒星中较亮的那颗还可以被小型望远镜分解成 2 颗恒星——杜鹃 β^1 和杜鹃 β^2，它们分别为 4.4 等星和 4.5 等星，相距 27"；杜鹃 β^2 位于杜鹃 β^1 东南偏南方。

附近还有一颗肉眼可见的恒星——杜鹃 β^3，它是一颗 5.2 等星，位于杜鹃 β^1 和杜鹃 β^2 东南方 10' 处。用肉眼就能分辨杜鹃 β^1 和杜鹃 β^2，用双筒望远镜观看更有趣；即使在高倍率下，杜鹃 β^1 和杜鹃 β^2 也能出现在望远镜同一个视场中。

事实上，这 3 颗恒星都是极为密近的双星，但因为靠得太近而无法被小型望远镜分解开，因此这是一个六合星系统。整个系统距离地球约 150 光年。

剑鱼座：大麦哲伦云

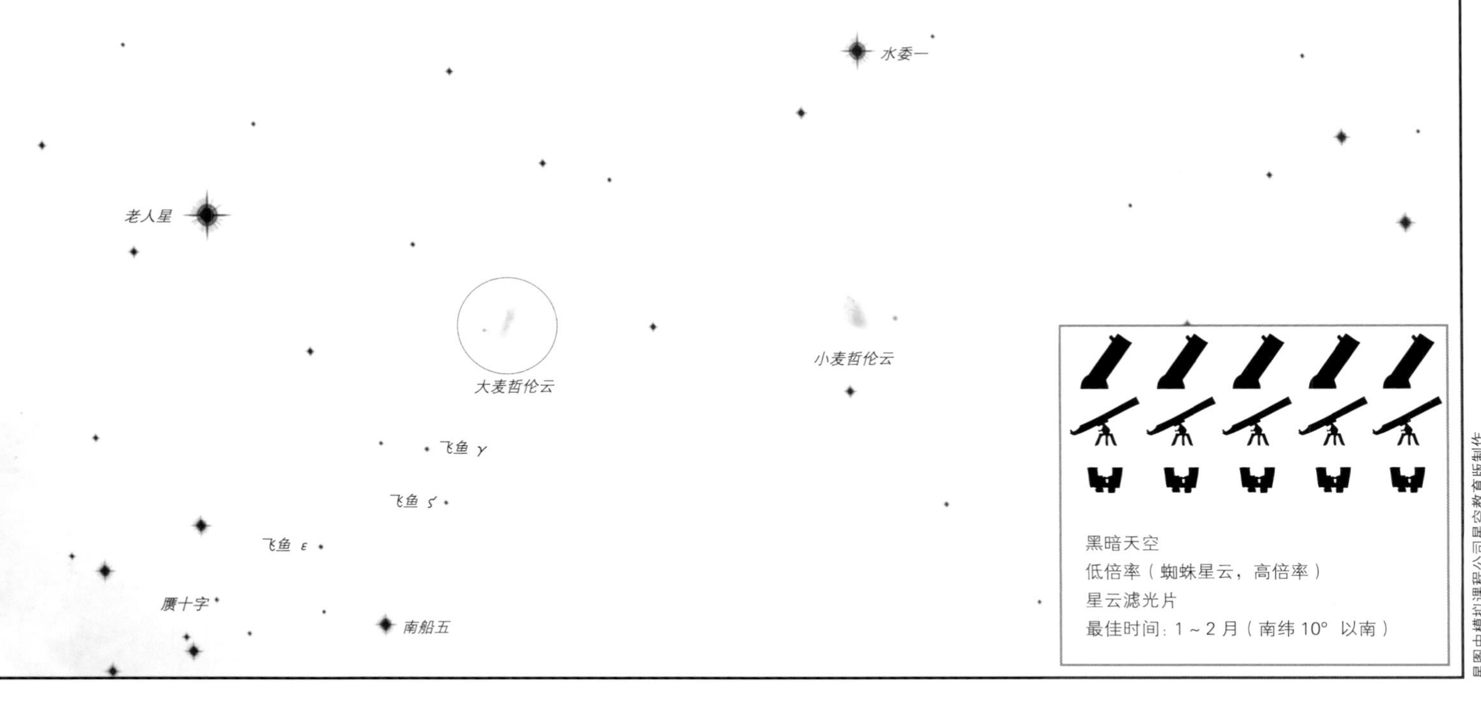

黑暗天空
低倍率（蜘蛛星云，高倍率）
星云滤光片
最佳时间：1～2月（南纬10° 以南）

星图由模拟课程公司星空教育版制作

- 银河系的伴星系
- 数十个绝佳天体——尽情遨游吧！
- 蜘蛛星云——美得令人难以置信

看哪儿 从老人星画一条线至水委一，大、小麦哲伦云就在这条线南边。在一个较黑暗的夜晚，如果你在南半球的纬度足够高，应该极易看见大麦哲伦云。

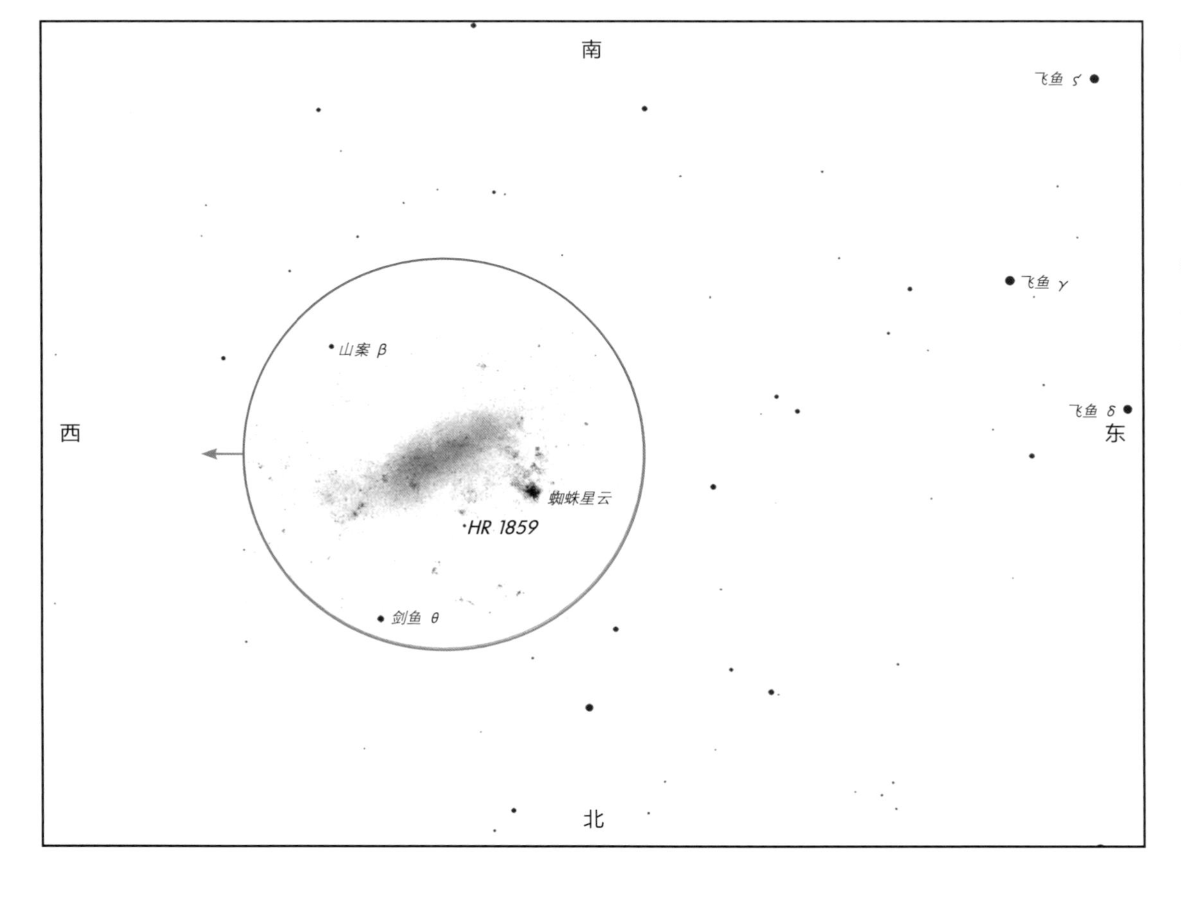

在寻星镜中 大麦哲伦云长达7°，它太大了，无法全部进入寻星镜视场。大麦哲伦云中最明亮且最壮观的成员是蜘蛛星云（NGC 2070），你应该很容易就能在寻星镜中看见它。

大麦哲伦云是银河系的伴星系，到地球的距离约为仙女星系到地球距离的1/15，约为140 000光年。以星系的标准来说，它很小，包含约100亿颗恒星，其中许多颗恒星中含有的碳异常多——银河系中类似的碳星非常罕见。

蜘蛛星云又称剑鱼30，是一个巨大的恒星形成区。它到底有多大？如果把它放到现在猎户星云所在的位置，它所发出的光足以在地球上形成影子。

在背景光雾的映衬下和前景恒星的点缀下，极具层次感的大麦哲伦云富含星团和发射星云。它几乎呈椭圆形，宽约5°，长约7°。即便在低倍率下，这也相当于50个望远镜视场的大小，而这其中每一个视场中呈现的区域都和其他任何一片星云一样富庶和有趣。层层叠叠的星云既有呈亮斑的，又有黑带状的，到处散落着星团，你只有亲眼看见才会相信这些描述都是真的。

右边的表格列出了在条件良好的夜晚用多布森望远镜或小型望远镜在大麦哲伦云中可见的45个NGC天体（这里所列的其实不止45个天体，那些后面带有“+”的表示不止一个NGC天体，只不过在小型望远镜中看上去像一个天体）。

下文给出了寻找这些天体所用的两套星图。第一套星图的指向与配有对角镜的小型望远镜的相同，第二套星图的指向则与多布森望远镜的一致。每一套都包含4幅星图。其中3幅涵盖了大麦哲伦云的北部（N）、中部（C）和南部（S）区域，第4幅较小的星图则着重描绘该星系中最丰饶且最明亮的部分——蜘蛛星云（T）附近的天区。

邻近还有 在大麦哲伦云和膺十字中间有一个由4颗3等星组成的钻石形松散集合。其中3颗是聚星。

最靠近大麦哲伦云的是飞鱼 γ，你即便用小型望远镜也能很容易地将其分解开。3.8等的黄色主星西北偏北13" 处有一颗5.7等的蓝色伴星。

对多布森望远镜来说，分辨飞鱼 ε 较难。它是丰饶星场中的一个黄蓝组合：主星是一颗4.4等星，8.0等的伴星位于主星东北偏北6.1" 处。这超出了绝大多数小型望远镜的分辨极限。

飞鱼 ζ 有一颗暗弱的伴星——橙色的10等星，位于其4等的黄色主星东南偏东16" 处。这2颗子星的亮度差异如此大，对小型望远镜来说将它们分解开是一项挑战；用多布森望远镜的话则会容易一些。

天体	星图	类型
NGC 1711	C	疏散星团
NGC 1727	C	星团和星云
NGC 1743	C	星团和星云
NGC 1755	N	疏散星团
NGC 1786	N	球状星团
NGC 1835	C	球状星团
NGC 1837	S	星团和星云
NGC 1845	S	疏散星团
NGC 1847	N、C	疏散星团
NGC 1850	N、C	疏散星团
NGC 1854	N、C	疏散星团
NGC 1856	C	疏散星团
NGC 1858	N、C	星团和星云
NGC 1872	C	星团和星云
NGC 1874+	C	星团和星云
NGC 1901	N	疏散星团
NGC 1910	C	疏散星团（变星剑鱼S）
NGC 1934+	N	星团和星云
NGC 1962+	N、C	星团和星云
NGC 1967+	C	疏散星团
NGC 1974+	N	星团和星云
NGC 1983	T	疏散星团
NGC 1986	S、C、T	疏散星团
NGC 2001	N、C、T	星团和星云
NGC 2009	T	疏散星团
NGC 2014	N	星团和星云
NGC 2015	T	星团和星云
NGC 2031	S	疏散星团
NGC 2032+	N	星团和星云
NGC 2033	S、T	星团和星云
NGC 2042	T	星团和星云
NGC 2044	T	星团和星云
NGC 2048	S、T	发射星云/反射星云
NGC 2055	T	星团和星云
NGC 2060	T	星团/超新星遗迹
NGC 2070	T	星团和星云（蜘蛛星云）
NGC 2074	T	星团和星云
NGC 2079	S、T	星团和星云
NGC 2080	S、T	星团和星云
NGC 2081	T	星团和星云
NGC 2086	S、T	星团和星云
NGC 2098	T	星团和星云
NGC 2100	T	疏散星团
NGC 2103	S	星团和星云
NGC 2122	T	星团和星云

用对角镜寻找大麦哲伦云中的星路 右边是一幅大麦哲伦云示意图，上为北。星云状物质中最亮的部分从西北延伸至东南，形成一条光带。大麦哲伦云北部、中部和南部这 3 幅星图描述的就是这条光带上的天体。这条光带延伸至东南端后向北延伸，止于一片明亮的星云状物质。这一结点就是蜘蛛星云，右边图中用一个专门的方框（T）表示（详细星图见第 215 页）。这里的每一幅图所描绘的天区均宽 2°。北部（N）、中部（C）和南部（S）这 3 幅星图的长稍大于 4°，蜘蛛星云星图（T）所描绘的是长宽均为 2° 的正方形区域。

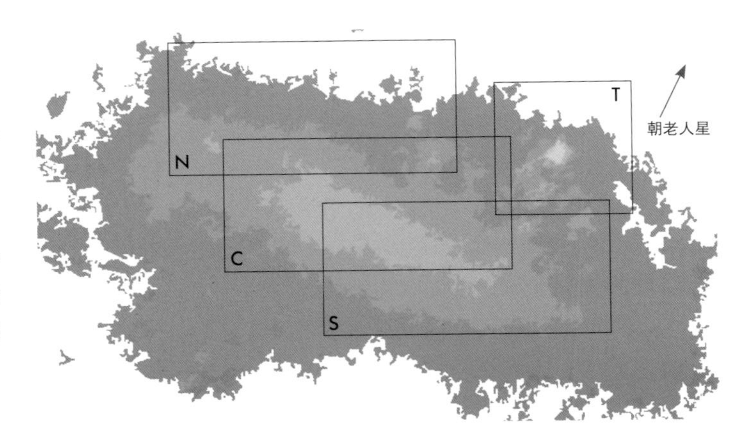

高倍对角镜中的大麦哲伦云北部（N）

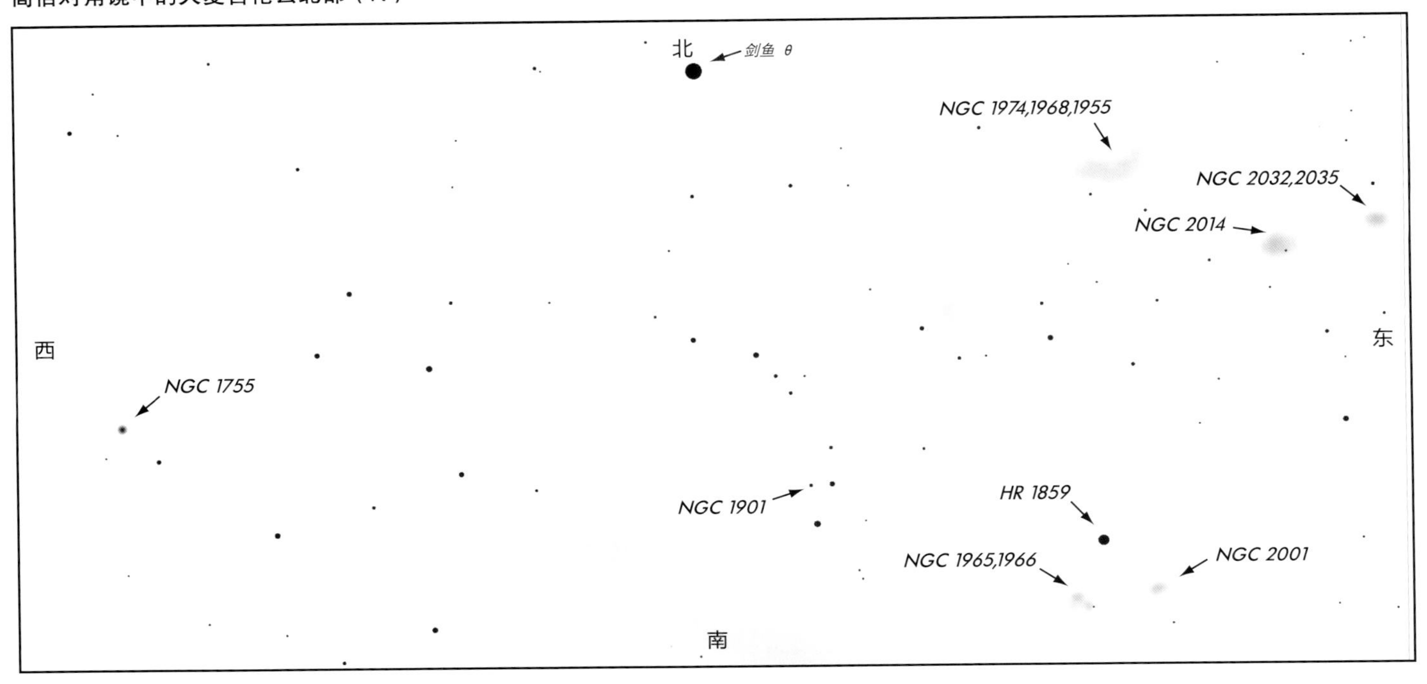

高倍对角镜中的大麦哲伦云中部（C）

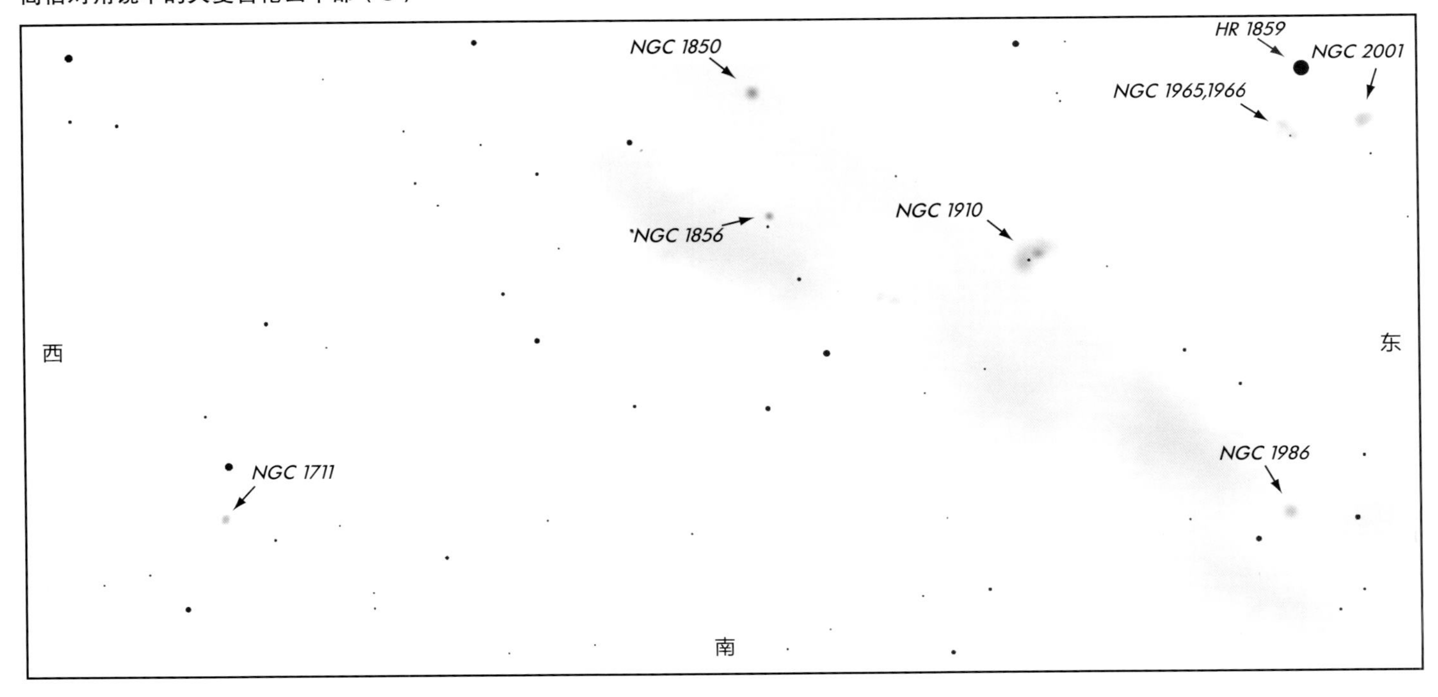

在小型望远镜中：右图所示的是一片漂亮的4平方度的天区！

从蜘蛛星云开始，因为它最易见、最明亮且最壮观。

如果你可以抵御它的美，不再流连，那向南行进吧。这样你就可以抵达大麦哲伦云明亮的中心地带，在那里可以看到一个光点，它就是NGC 2103。

从这里向西行进，寻找5等星山案β。把它置于低倍率视场的南边缘，寻找NGC 1837和NGC 1845。再向东北方行进，直到再次遇到大麦哲伦云明亮的中心地带。沿着这一地带往西北方行进，你会看到6个NGC天体，之后向西可见NGC 1711。

再往东北方行进至明亮的中心地带，继续往前直到看见6等星HR 1859；此时你在低倍率视场的南边缘可以看见许多漂亮的NGC天体。

从HR 1859向西北方行进，寻找5等星剑鱼θ。把剑鱼θ置于低倍率视场的西边缘，你应该就能看到NGC 1974周围的天体。继续向东可以看见NGC 2014和NGC 2032/2035。

三幅较大的星图（S、C、N）与蜘蛛星云星图（T）在尺度和恒星数目上不同是有意为之。想找到大麦哲伦云其余部分中较暗的星云，需要设定一个合理的极限星等。显示暗至11.0等的恒星（本书中其他对角镜星图的默认标准）会使这几幅星图中的恒星太过密集，因此三幅较大的星图中仅显示了暗至10等的恒星（包括一些较暗的红色恒星，舍弃了一些较亮的蓝色恒星，因为人眼在可见光波段上比CCD相机更善于看见它们）。而对蜘蛛星云而言，即便如此，星图中的恒星依然太过密集，因此蜘蛛星云星图中仅显示了一部分恒星。

低倍对角镜中的蜘蛛星云及其附近天区（T）

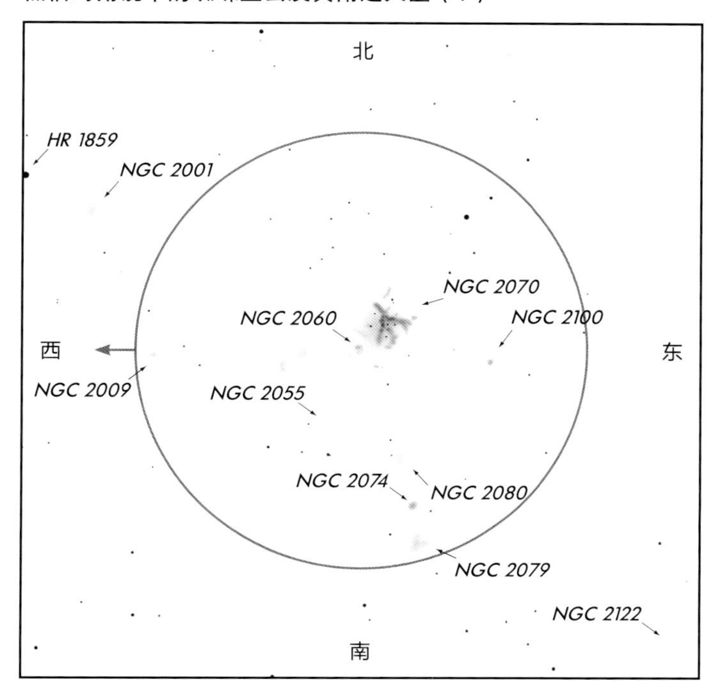

高倍对角镜中的大麦哲伦云南部（S）

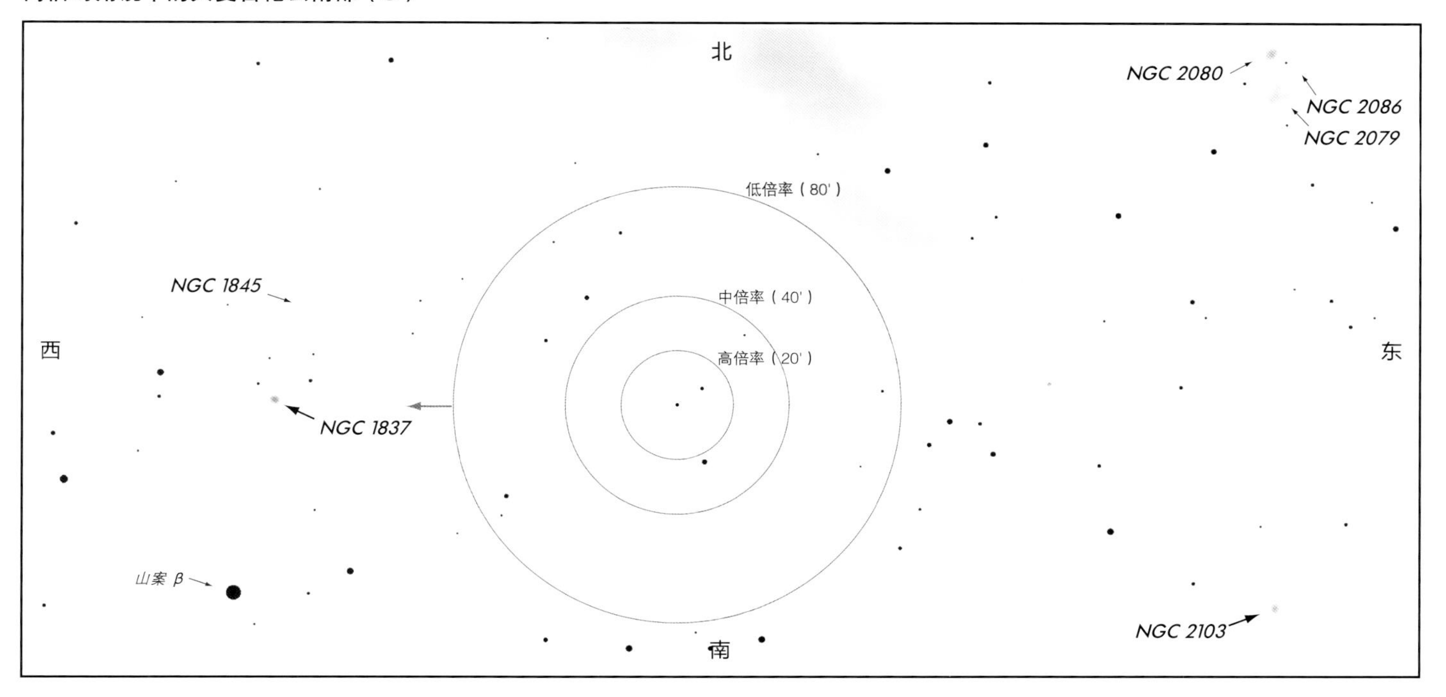

用多布森望远镜寻找大麦哲伦云周围的星路 右边是一幅大麦哲伦云示意图，上为南。星云状物质中最亮的部分从西北延伸至东南，形成一条光带。大麦哲伦云南部（S）、中部（C）和北部（N）这3幅星图描述的就是这条光带上的天体。这条光带延伸至东南端后向北延伸，止于一片明亮的星云状物质。这一结点就是蜘蛛星云，右边图中用一个专门的方框（T）表示（详细星图见第217页）。这里的每一幅图所描绘的天区均宽2°。南部（S）、中部（C）和北部（N）这3幅星图的长稍大于4°，蜘蛛星云星图（T）所描绘的是长宽均为2°正方形区域。

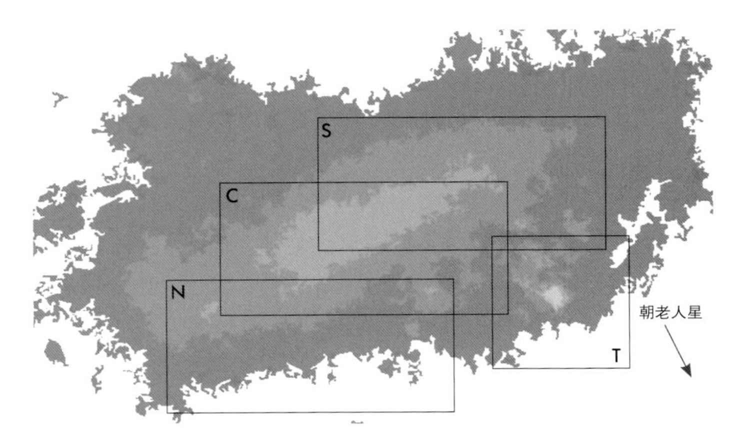

多布森望远镜中的大麦哲伦云中部（C）

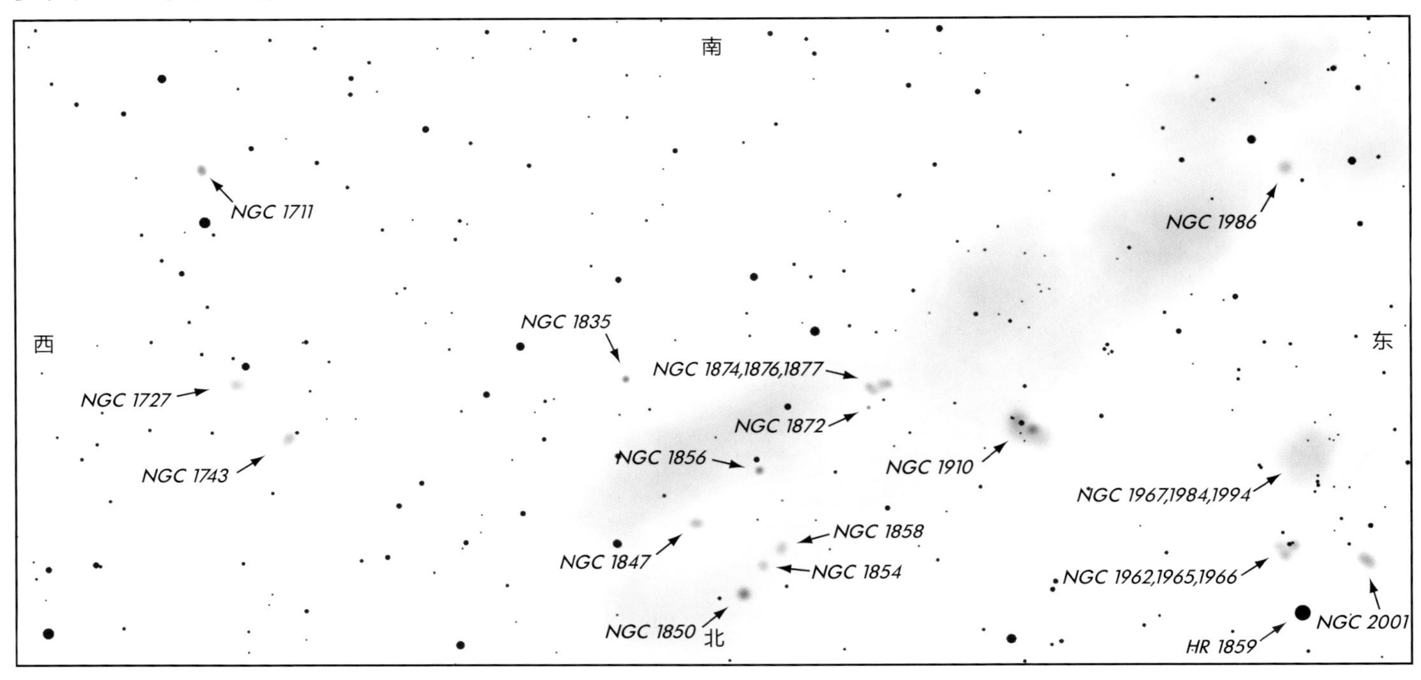

多布森望远镜中大麦哲伦云北部（N）

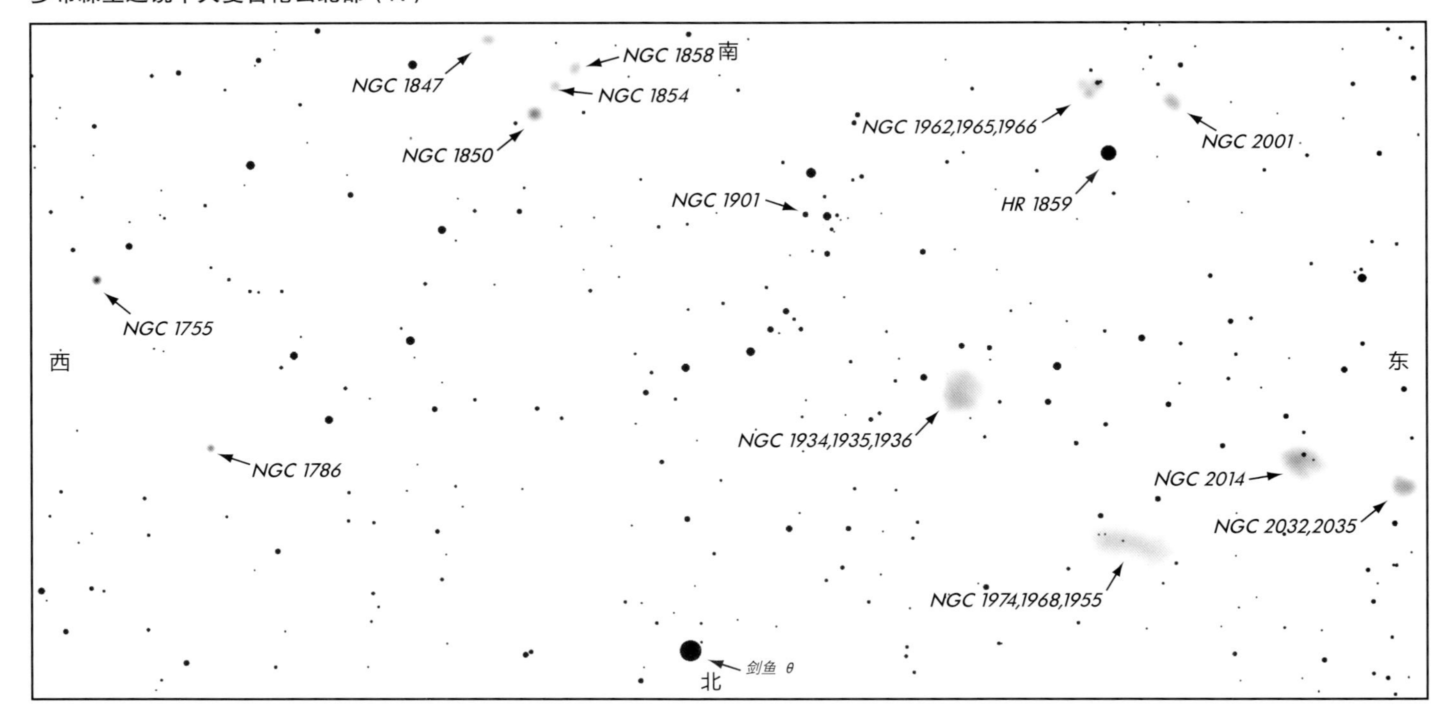

多布森望远镜中的大麦哲伦云南部（S）

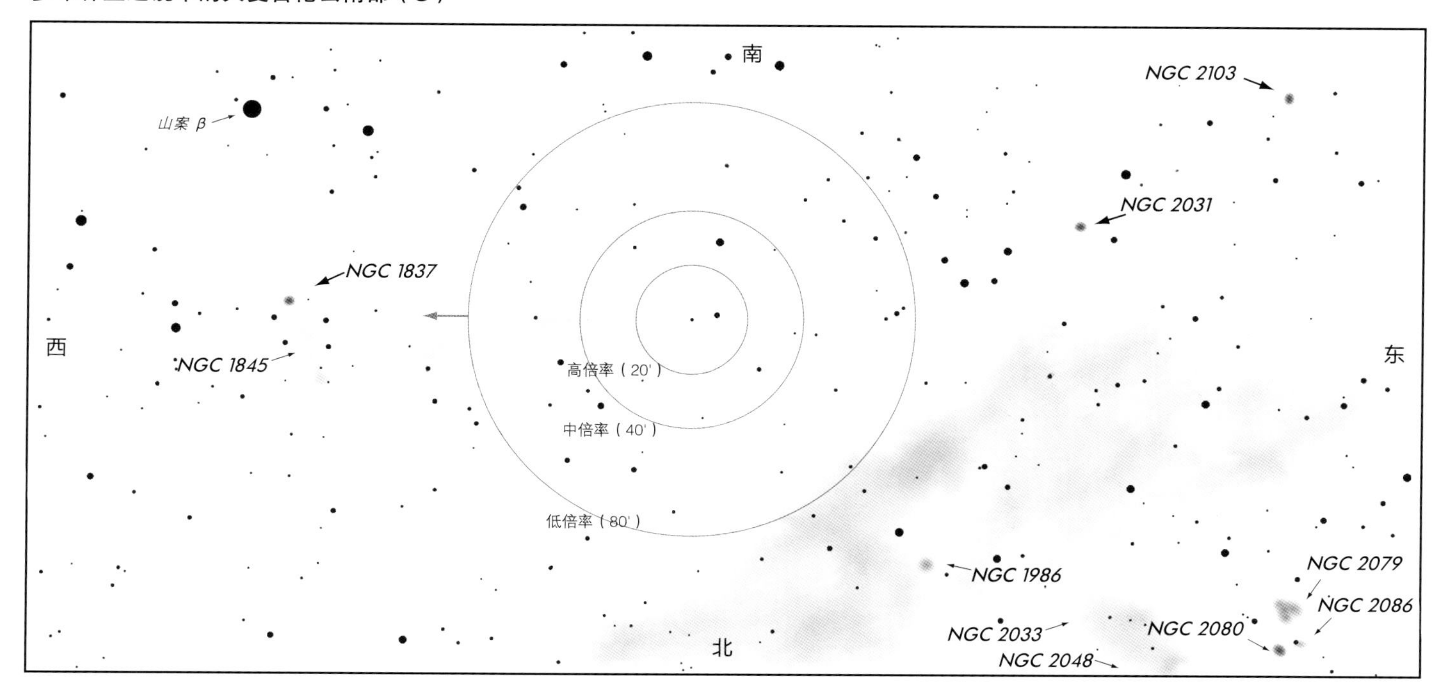

在多布森望远镜中：右图所示的是一片真正的4平方度的天区！

从蜘蛛星云开始，因为它最易见、最明亮且最壮观。

如果你可以抵御它的美，不再流连，那向南行进吧。这样你就可以抵达大麦哲伦云明亮的中心地带，在那里你可以看到NGC 2103和NGC 2031。

从这里向西行进，寻找5等星山案β。把它置于低倍率视场的南边缘，寻找NGC 1837和NGC 1845。再向东北方行进，直到再次遇到大麦哲伦云明亮的中心地带。沿着这一地带往西北方行进，你会看到12个NGC天体，之后向西可以看见NGC 1711、NGC 1727和NGC 1743。

再往东北方行进至明亮的中心地带，继续往前直到看见6等星HR 1859，此时你在低倍率视场的南边缘可以看见许多漂亮的NGC天体。

从HR 1859向西北方行进，寻找剑鱼θ。把剑鱼θ置于低倍率视场的西边缘，你应该就能看到NGC 1974周围的天体。继续向东行进可以看见NGC 2014和NGC 2032/2035。之后重新回到剑鱼θ，再向西行进直至看见NGC 1786，它西南方就是NGC 1755——此次游览的终点。

三幅较大的星图（S、C、N）与蜘蛛星云星图（T）在尺度和恒星数目上不同是有意为之。想找到大麦哲伦云其余部分中较暗的星云，需要设定一个合理的极限星等。显示暗至12.0等的恒星（本书中其他多布森望远镜星图的默认标准）会使这几幅星图太过密集，因此三幅较大的星图中仅显示了暗至11.5等的恒星。然而，对蜘蛛星云来说，即便如此，星图中的恒星依然太密，因此蜘蛛星云星图只显示了一部分恒星。

低倍多布森望远镜中的蜘蛛星云及其附近天区（T）

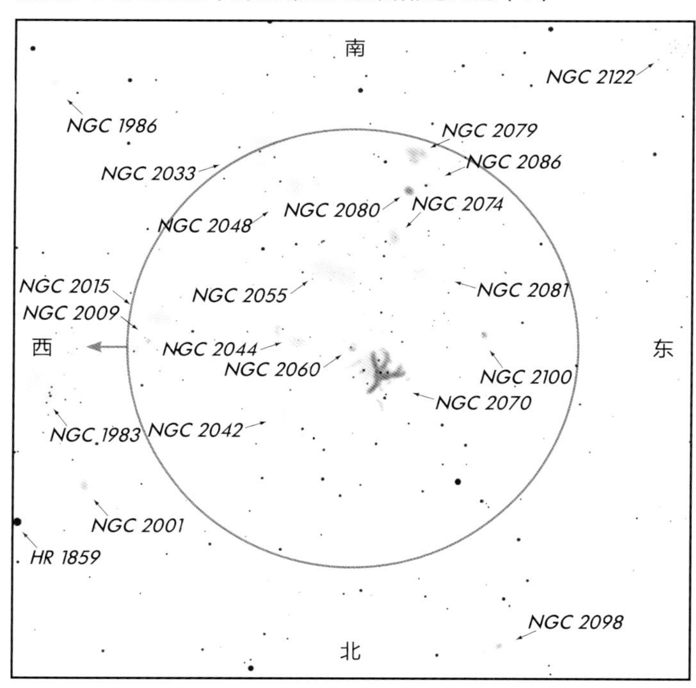

请记住，这些星图只能用来帮助你在望远镜中寻找天体。它们并不能与你在目镜中看到的影像完全对应。此外，这几幅星图是根据肉眼所见的景象绘制的，不能用于天文导航！

船帆座：疏散星团 NGC 2547 和聚星船帆 γ

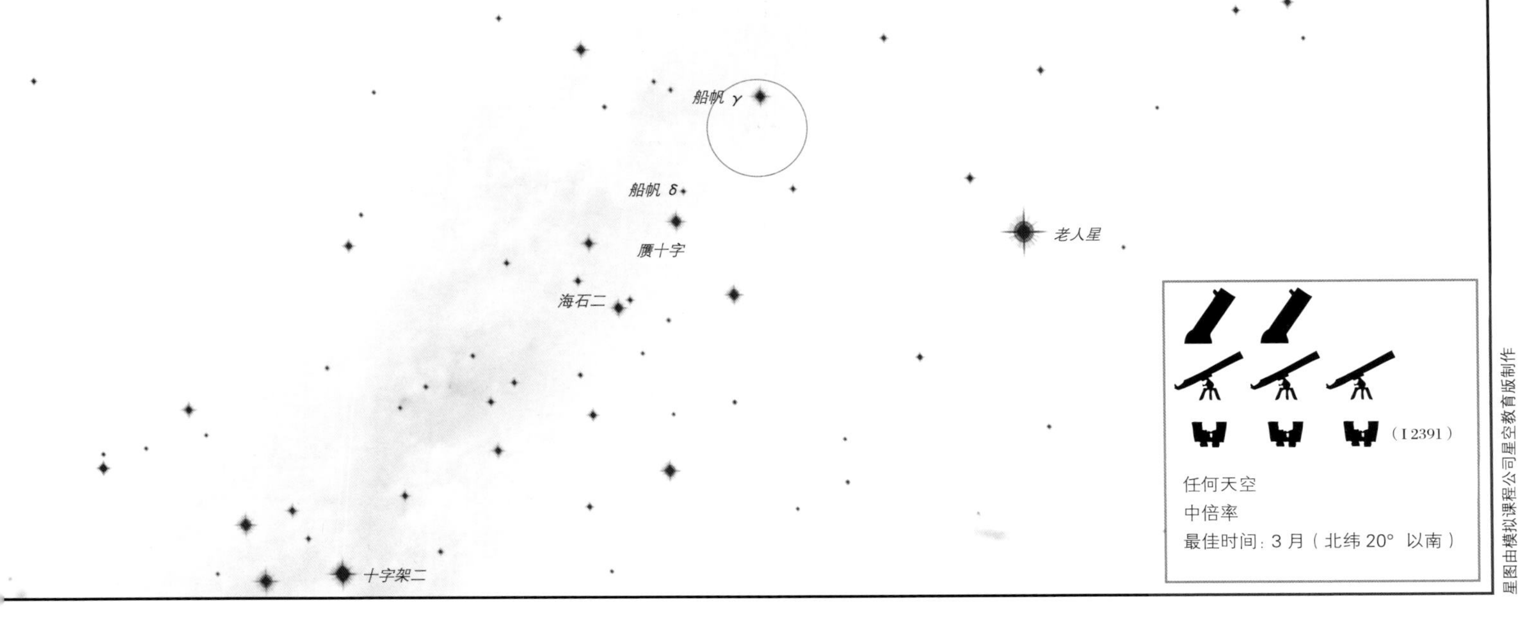

- 船帆 γ——易见的四合星
- NGC 2547——小型望远镜可见的漂亮星团
- I 2391——附近双筒望远镜可见的漂亮星团

看哪儿 找到赝十字——南十字座西边的一群恒星，看上去像一个风筝。从海石二行进 1 步至船帆 δ，再前行 1 步即可看到船帆 γ。

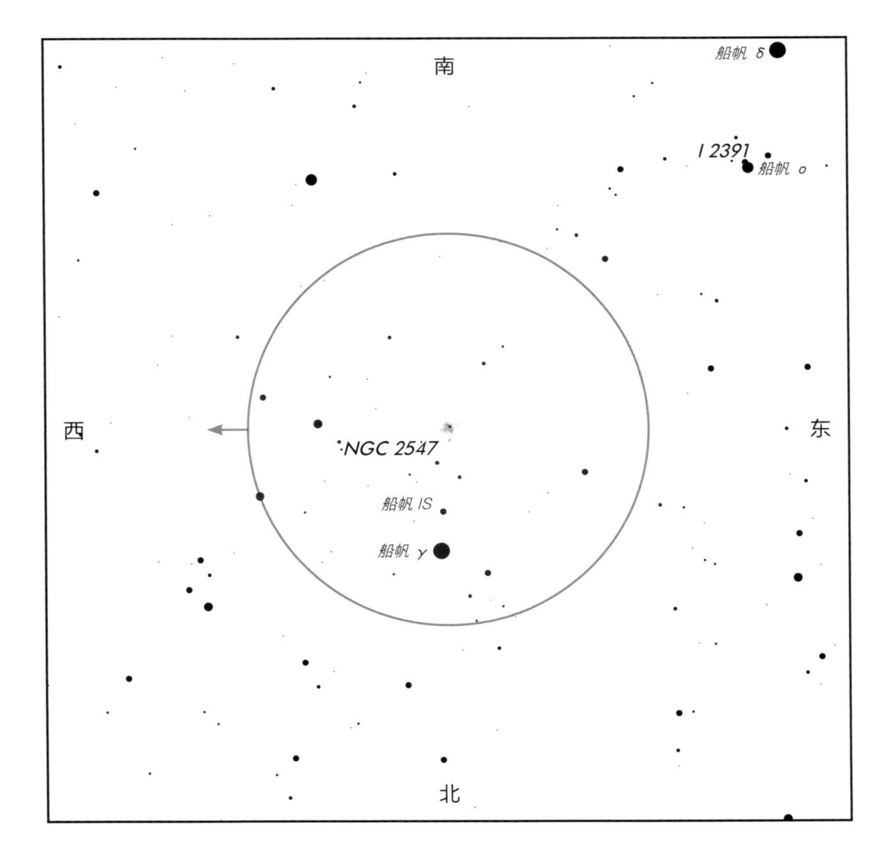

在寻星镜中 从船帆 γ 往南行进 1 步寻找 5 等星船帆 IS，再前行 1 步可见沿西南–东北方向排列的 2 颗较暗的恒星，经过它们继续前行，就能抵达疏散星团 NGC 2547 附近。在条件较好的夜晚，你可在寻星镜中看见它。

中倍对角镜中的 NGC 2547

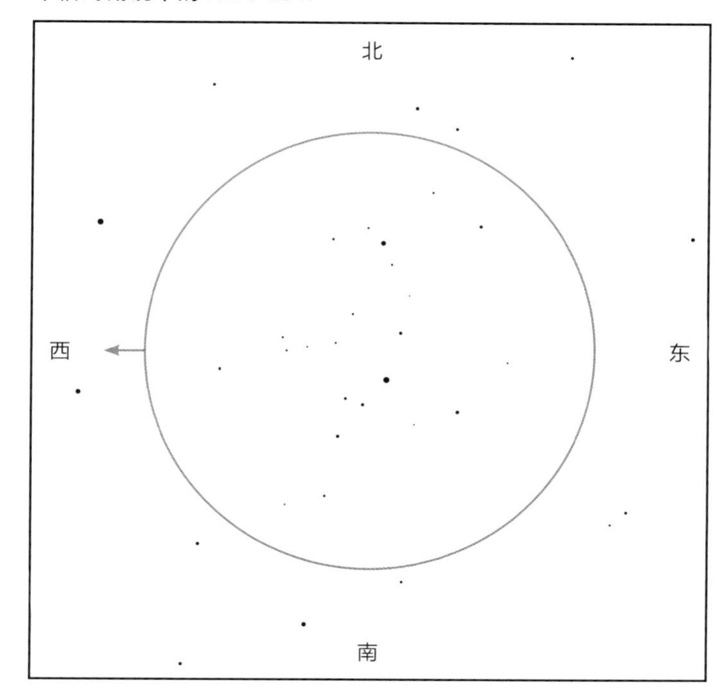

中倍多布森望远镜中的 NGC 2547

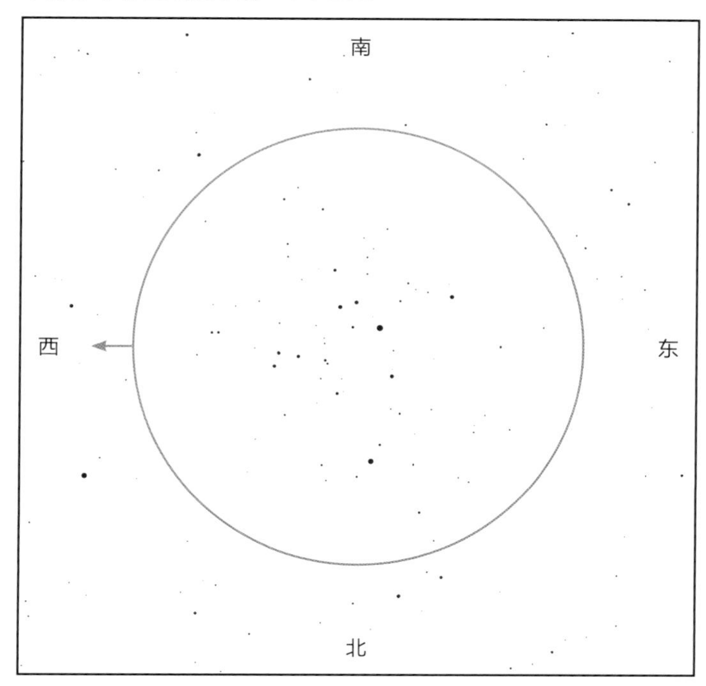

在小型望远镜中： NGC 2547 是一个由十几颗恒星构成的美丽而松散的集合。该疏散星团易见于小型望远镜，拥有背景光雾。

在多布森望远镜中： 用多布森望远镜观看 NGC 2547 的效果并不理想，因为它太稀疏，你很难将它与银河背景中的恒星区分开。

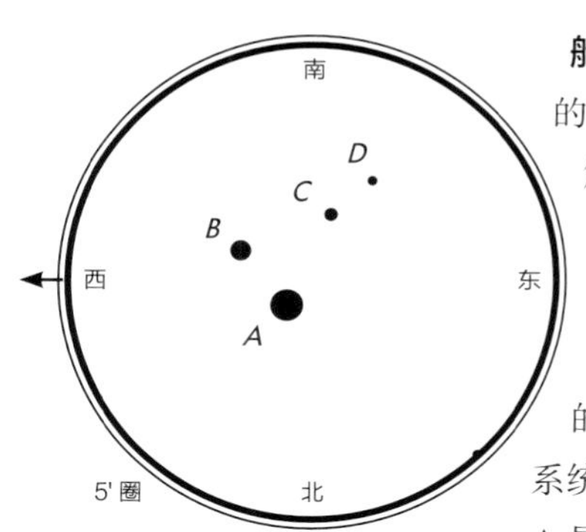

船帆 γ 它是一颗迷人且易见的聚星。其 A 星和 B 星易被分解开，是双筒望远镜或小型望远镜观看的理想目标。较暗的 C 星与 A 星和 B 星构成了一个漂亮的等边三角形，较暗的 D 星则离得比 C 星还远。该系统距离地球 520 光年。

A 星也许是距离地球最近的沃尔夫–拉叶星。沃尔夫–拉叶星是演化到晚期的大质量恒星，有着非常强劲的星风，可以在 10 000 年的时间里吹出 1 个太阳质量的物质。

NGC 2547 该疏散星团距离地球 1 500 光年。斯皮策空间望远镜在红外波段对其进行的研究发现，该星团包含 160 多颗成员星。由于其中没有红巨星且许多较小的成员星中仍存在未被燃烧的锂，该星团应该很年轻，形成于 2 500 万 ~5 000 万年前。

船帆 γ

恒星	星等	颜色	位置
A	1.8	蓝	主星
B	4.1	蓝	A 星西南 41"
C	7.3	蓝	A 星东南偏南 62"
D	9.4	蓝	A 星东南偏南 93"

邻近还有 从船帆 δ 行进到船帆 γ 的过程中，会经过一个漂亮的星团——I 2391。它以 3.5 等星船帆 ο 为中心，无论在双筒望远镜中还是在寻星镜中，都很漂亮。

船底座：疏散星团南蜂巢星团（NGC 2516）

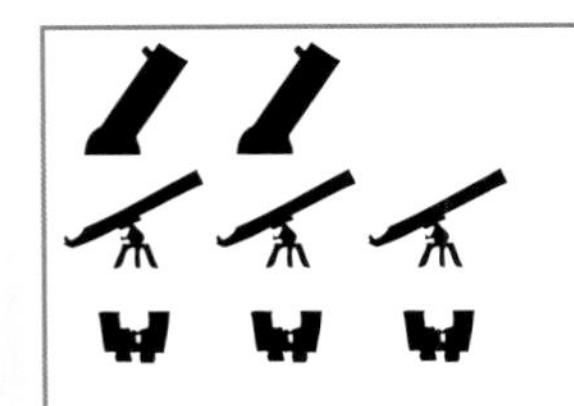
任何天空
中倍率
最佳时间：3月（北纬10° 以南）

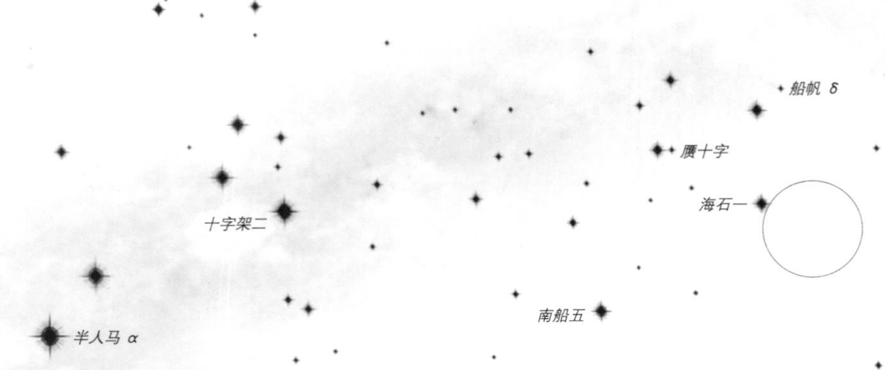

- 背景光映衬下的丰饶星场
- 易于寻找
- 小型望远镜的理想目标

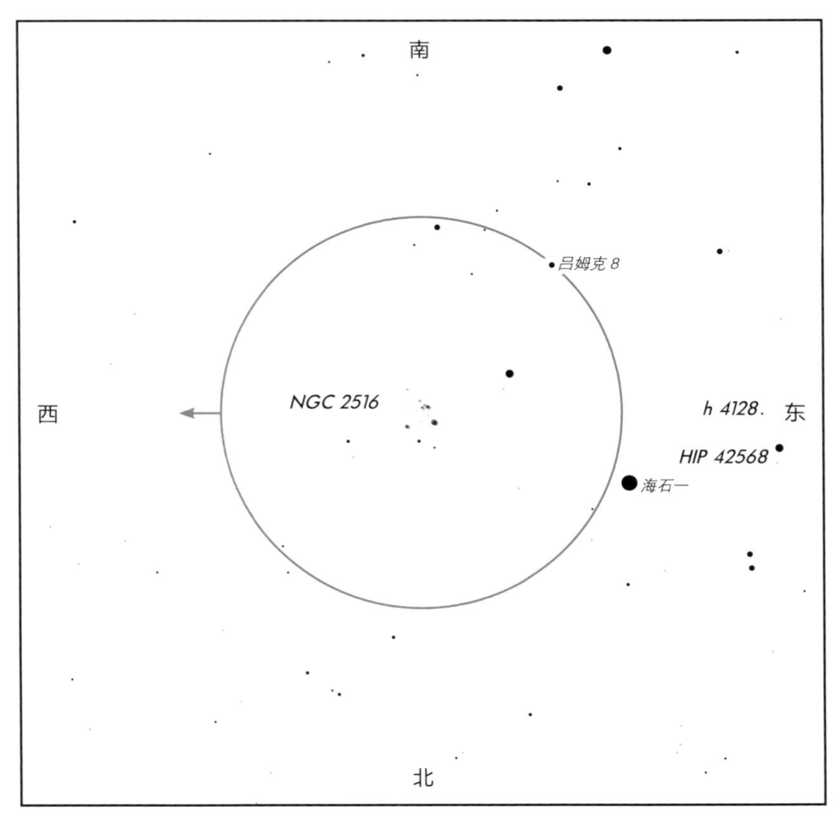

看哪儿 银河从猎户座南部经过1等星老人星，一直延伸至南十字座。在老人星和南十字座的中点附近还有一个由4颗恒星构成的十字形星组，被称为㫖十字。㫖十字中的恒星比南十字座中的恒星更分散，也更暗。对准㫖十字中最亮且位于最西边的3等星——海石一（船底 ε）。在条件良好的夜晚，用肉眼可见它为银河南边的一个光点。

在寻星镜中 从海石一向西偏南一点儿移动。就在海石一差不多离开寻星镜视场的时候，南蜂巢星团就会进入视场。它易见于寻星镜，并且在双筒望远镜中相当漂亮。

中倍对角镜中的 NGC 2516

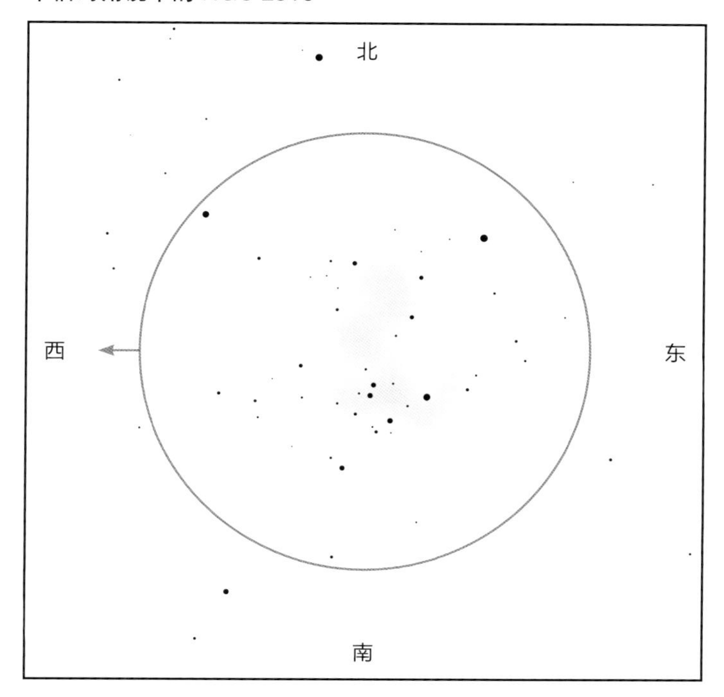

在小型望远镜中：用小型望远镜应该能在 NGC 2516 的中心看见至少 20 颗恒星。在一架口径 3 in（7.62 cm）的望远镜中，在这些被分辨出来的恒星的后方，未被分辨出的暗弱恒星会形成一片模糊的光辉。整个星团的直径超过 1°，你只有移动望远镜才能把它看全。在其中心东偏北一点儿的地方，有一颗明亮的红色恒星（5 等星），它就位于一条光带的末端。此外，还有 3 颗双星——都由 8 等星组成，每颗双星中子星的间距都不到 10"。

中倍多布森望远镜中的 NGC 2516

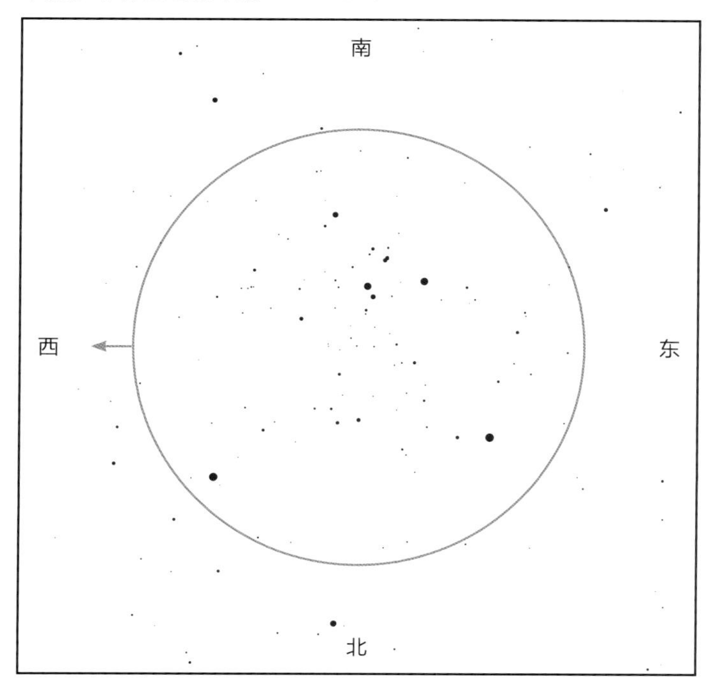

在多布森望远镜中：NGC 2516 在暗弱的银河背景的映衬下非常明显，是一个令人印象深刻的、亮星稠密的集合。用多布森望远镜观看时，由于该星团没有了由无法分辨的恒星形成的光雾，你可以在明亮的成员星之间分辨出无数的暗弱光点。

南蜂巢星团包含 100 多颗恒星，直径达几十光年，距离地球超过 1 000 光年。它中心的 5 等星是该星团中唯一一颗显眼的红色恒星。星团中的双星包含 B 型星和 A 型星，这表明该星团相对年轻，也许从形成至今也仅有 500 万 ~1 000 万年。

大量 12 等星和 13 等星形成了南蜂巢星团的模糊光辉，在小型望远镜中它们充当了一个神奇而漂亮的背景。就这一点而言，分辨本领更强的大口径望远镜在观看这一星团时没有任何优势。

邻近还有 在寻星镜视场的东南边缘，距离 NGC 2516 约 6° 的地方，可见双星吕姆克 8。用多布森望远镜观看的话，你能看到它 5 等的黄色主星以及位于主星东北偏东 4" 处的、8 等的橙色伴星。

在海石一东边有一颗 4 等星——HIP 42568，而在这颗 4 等星西南方 1° 处是双星 h 4128。一开始 h 4128 看上去像一颗椭圆形的恒星，用高倍多布森望远镜观看的话你就会发现，它其实由 2 颗 7 等星组成，这 2 颗 7 等星相距 1.4"，差不多沿南北方向排列。

船底座：球状星团 NGC 2808

任何天空
中倍率
最佳时间：3 月（北纬 5° 以南）

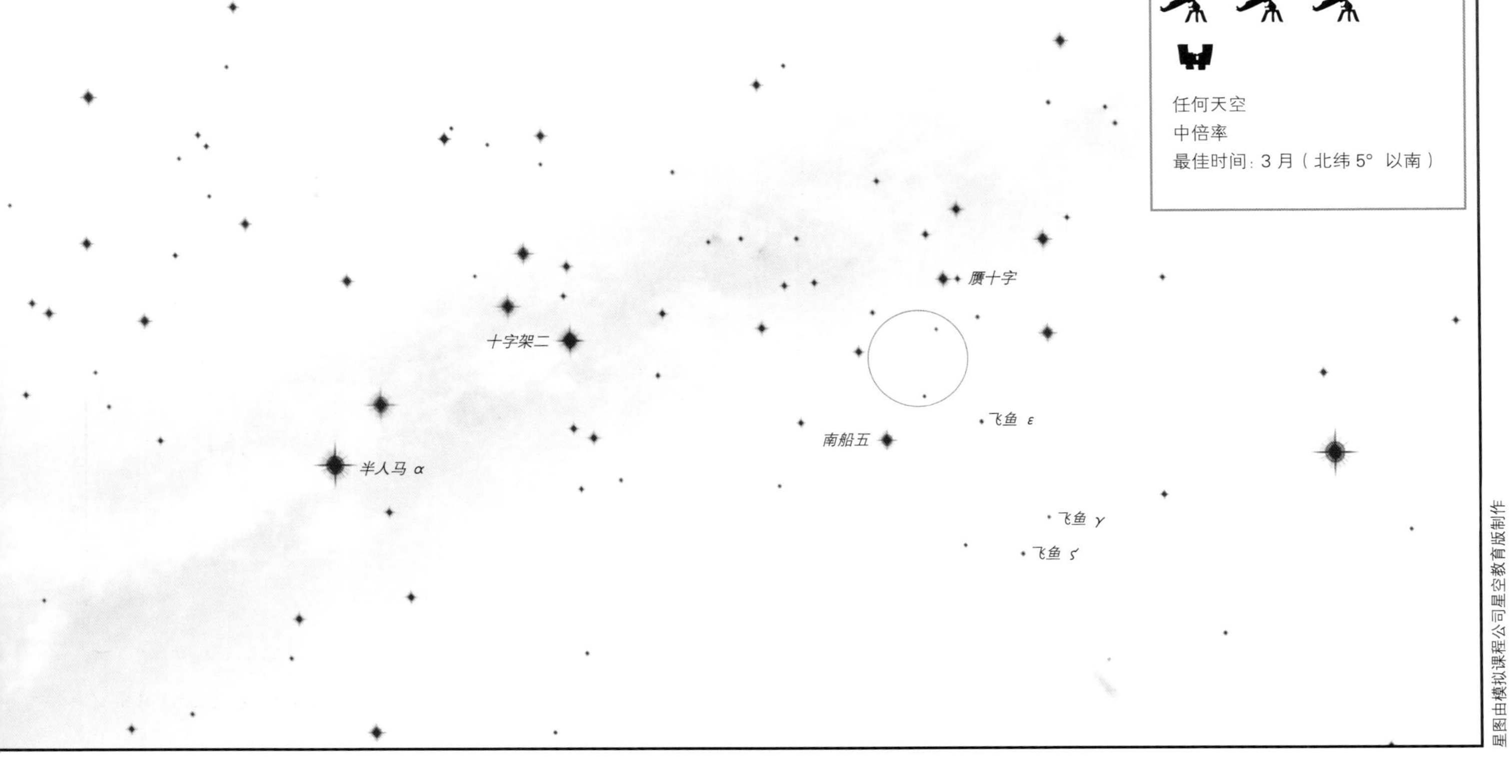

星图由模拟课程公司星空教育版制作

- 丰饶而优美的星团
- 用多布森望远镜易分辨单颗恒星
- 也许是一个被俘获的矮星系的核心？

看哪儿 找到位于老人星和南十字座之间最亮的恒星——南船五（2 等星）。把寻星镜对准它所在的天区。

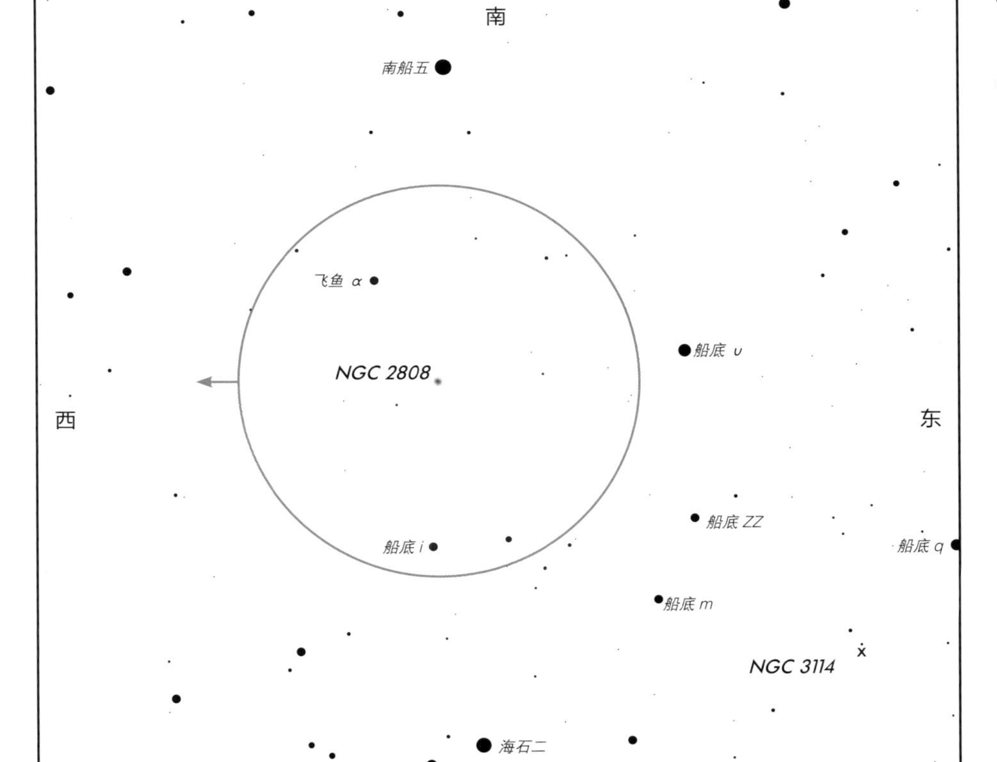

在寻星镜中 从南船五向北行进至屡十字中东边的恒星——海石二，途中会经过 2 颗 4 等星——飞鱼 α 和船底 i。对准这 2 颗恒星的中点，然后把寻星镜向东移动 1° 就能看见 NGC 2808 了，它在寻星镜中看上去像一颗模糊的恒星。当然，你也可以从船底 η 和钥匙孔星云向西南方行进，经过船底 q，到达船底 υ，然后向西行进直至看见飞鱼 α 和船底 i。

中倍对角镜中的 NGC 2808

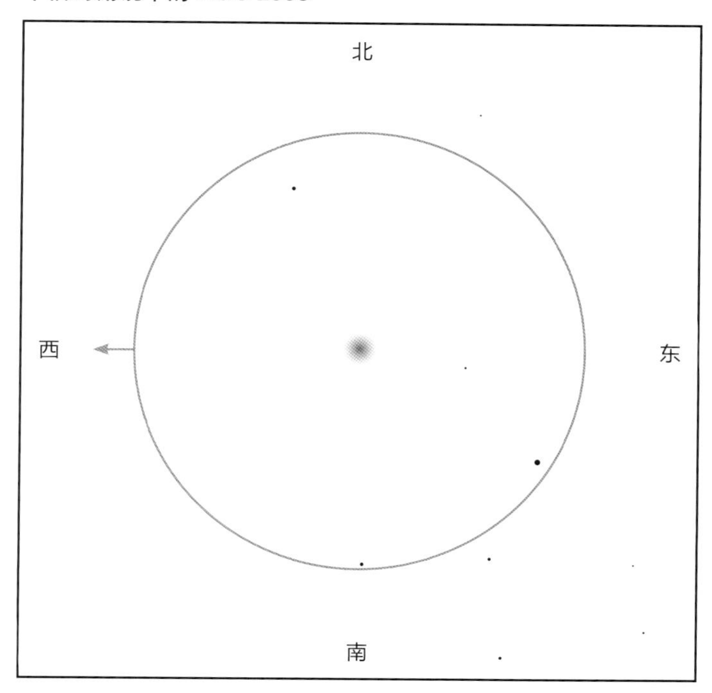

在小型望远镜中： NGC 2808 小而亮，与西边的一颗 7 等星和一颗 8 等星构成了一个等边三角形。丰饶的背景星场使得它格外漂亮。

中倍多布森望远镜中的 NGC 2808

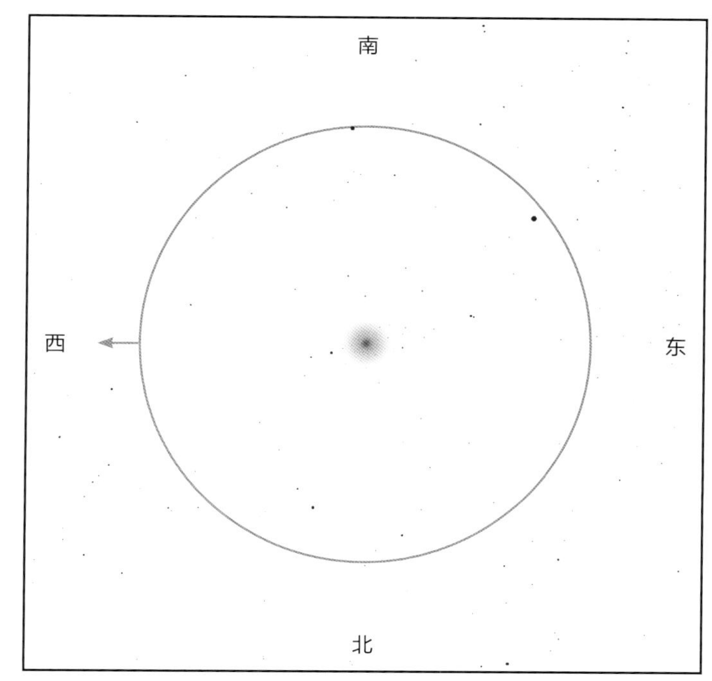

在多布森望远镜中： NGC 2808 具有一个小而亮的核心，周围是部分能被分辨出来的光晕。在丰饶的背景星场的映衬下它格外漂亮。

NGC 2808 是一个质量非常大的球状星团，包含超过 100 万颗恒星，距离地球 30 000 光年。

近年来，该球状星团成为研究的焦点，因为天文学家通过对其中恒星的仔细研究发现它可能包含三代恒星。如第 111 页所述，球状星团被认为是最古老的恒星集合，主要由贫金属的第一代恒星构成；该星团中含有在上一代恒星内部产生的金属着实令人惊讶。一个理论认为，该星团非常大，这使得它能产生金属的数代恒星快速形成。然而，另一个理论认为，它根本就不是一个球状星团，而是一个被银河系俘获的矮星系的核心。

邻近还有 在 NGC 2808 东边 4° 处可见 2 等星船底 υ。它由 2 颗黄色恒星组成，在 3 等主星东南方 5" 处是其 6 等的伴星。用小型望远镜就能将船底 υ 分解开。在同一视场中还能看见 2 颗 9 等星，不过它们并非双星，只是碰巧在同一视线上。

从船底 i 向东行进，会经过 4 等星船底 m 和船底 ZZ，继续前行，直到看见 3 等星船底 q。在船底 m 和船底 q 连线的北边可见 2 颗 6 等星；将寻星镜对准那片天区，寻找 NGC 3114，它是一个疏散星团。在寻星镜或双筒望远镜中，该疏散星团应该呈一团星雾。在小型望远镜中，它是分散在半个低倍率视场中的几十颗恒星。

船底 ZZ（也被称为船底 l——是字母“l”而非数字“1”）本身是一颗造父变星，在为期 3 周的时间里它的星等会从 3.4 等变为 4 等。有关此类变星的更多内容，参见第 193 页。

在 NGC 2808 西南方可见 3 颗 3 等星——飞鱼 ε、飞鱼 γ 和飞鱼 ζ。有关这些聚星的描述，参见第 213 页。

船底座：船底 η、钥匙孔星云（NGC 3372）和四个邻近的疏散星团

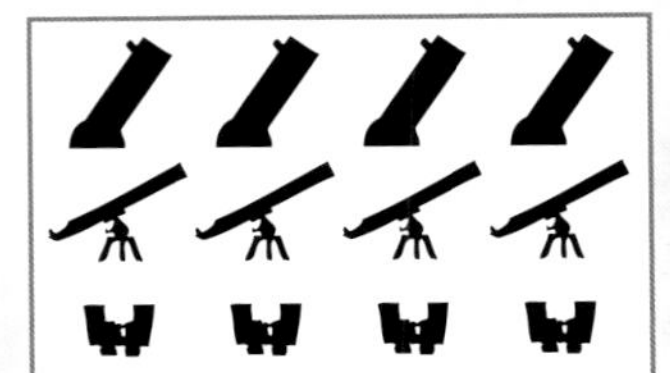

任何天空（黑暗天空更佳）
低倍率到高倍率
星云滤光片
最佳时间：4 月（北纬 10° 以南）

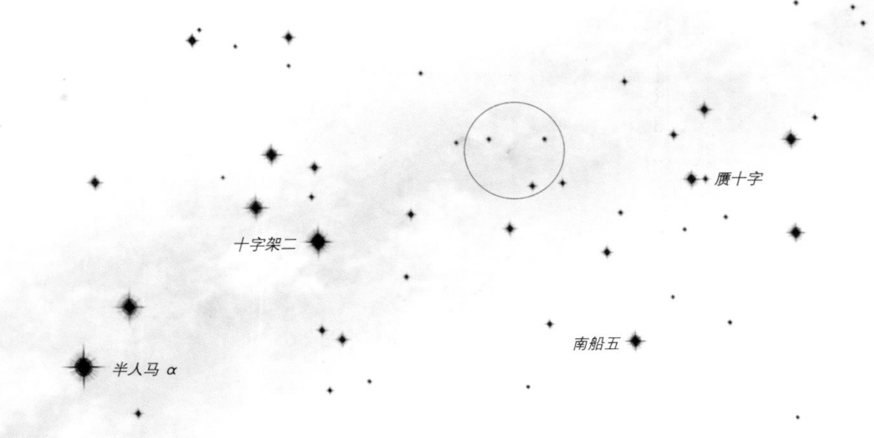

星图由模拟课程公司星空教育版制作

- 极为明亮
- 爆前超新星？
- 邻近天区明亮星团富集

看哪儿 银河穿过猎户座和双子座，向南先经过天狼星，再经过亮星老人星，延伸至南十字座。在老人星和南十字座中点附近还有一个由 4 颗恒星构成的十字形星组，被称为赝十字。赝十字中的恒星比南十字座中的恒星更加分散，也更暗。在南十字座和赝十字的中点附近、在银河南边缘寻找一个明亮的光点。

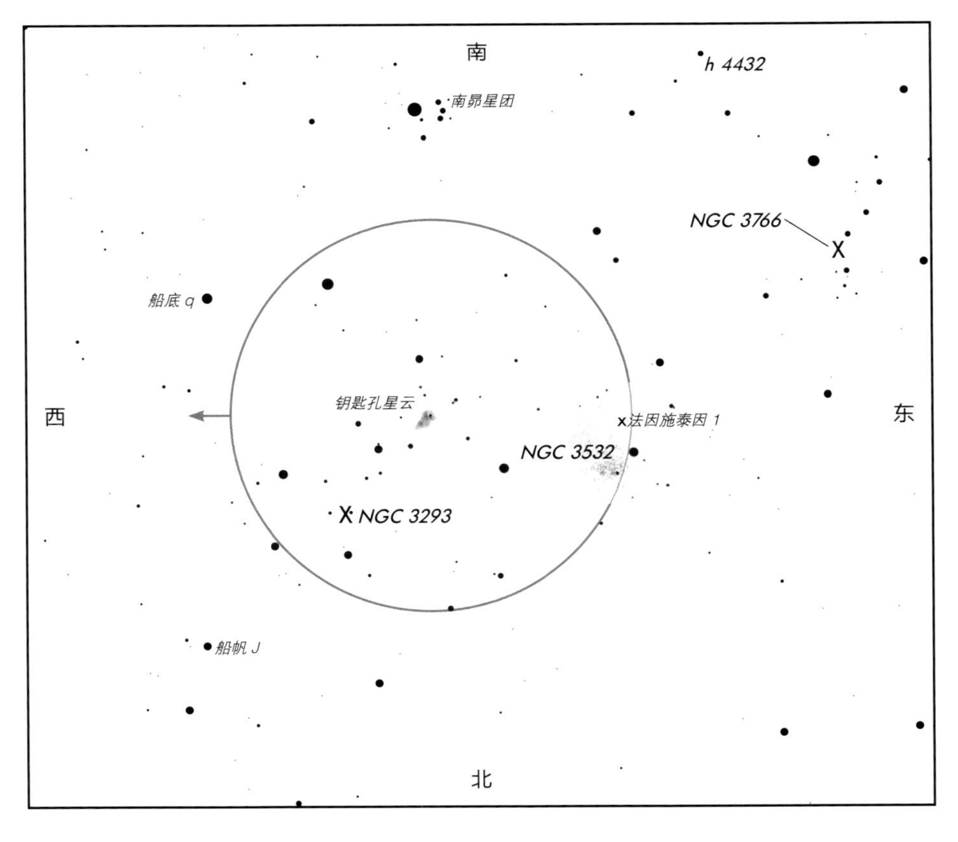

在寻星镜中 对准南十字座和赝十字的中点处，在银河这块极为富庶的区域寻找 2 块模糊的光斑——西边的那个是钥匙孔星云，东边更大的那块是 NGC 3532。星团 NGC 3293 就在钥匙孔星云西北边一个由恒星构成的三角形内。星团 NGC 3766 则位于钥匙孔星云和南十字座的中点处，易被寻星镜分辨。在钥匙孔星云南边，用寻星镜可以看见南昴星团。这些天体都易被寻星镜分辨；在条件良好的夜晚，大多数也能直接被肉眼看见。

低倍对角镜中的钥匙孔星云

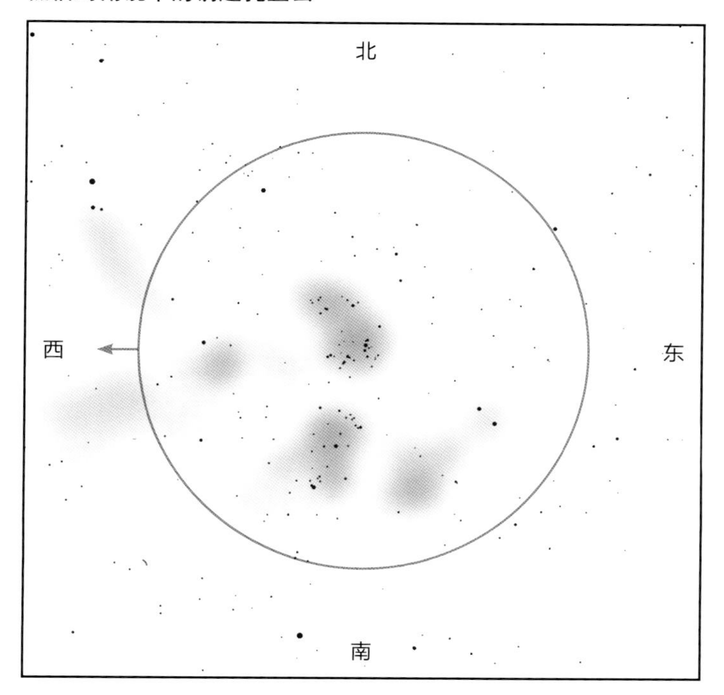

低倍多布森望远镜中的钥匙孔星云

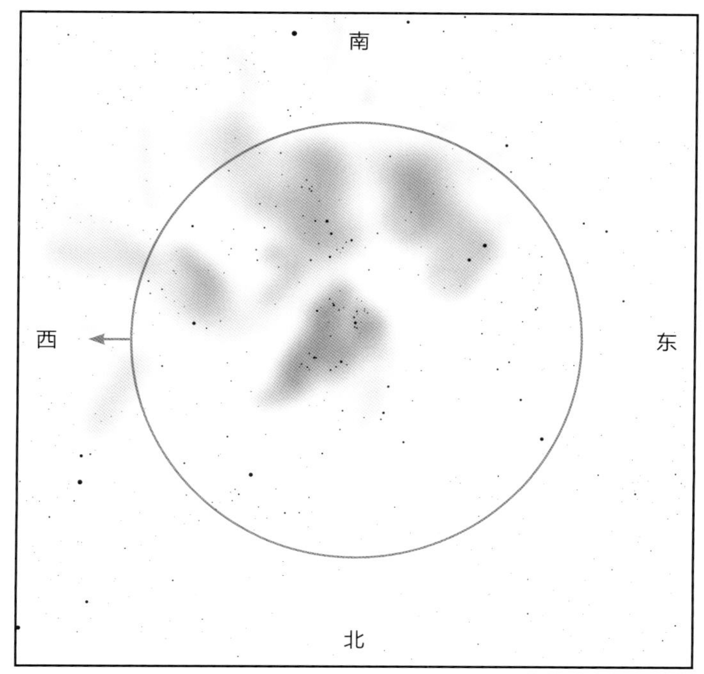

在小型望远镜中：钥匙孔星云相当大，直径约为 1.5°，大到甚至超出了低倍率视场。如果夜空黑暗，你会在这片星云中看见层次感极强的亮带和暗带，它们会渐渐淡入银河中。可以尝试在高倍率下观看更多的细节。在视场中央可以看见一颗明亮而显眼的橙色恒星。用较大的望远镜观看的话，你能看出它是一小片呈人形的星云，俗称侏儒星云。

在多布森望远镜中：钥匙孔星云会超出低倍率视场。如果夜空黑暗，你能看见一系列令人惊艳且层次感强的亮带和暗带，它们会渐渐淡入银河中。在视场中央非常亮的星云状物质中有一颗密近双星。在视场中央还可见一颗明亮而显眼的橙色恒星。用较大的望远镜观看的话，你能看出它是一小片呈人形的星云，俗称侏儒星云。试着使用星云滤光片并在中倍率和高倍率下观看。

钥匙孔星云因其在一片光亮的区域中有一个明显的黑孔而得名。尽管猎户星云的中心较亮，但在黑暗的夜晚，钥匙孔星云更加迷人——明亮的星云状物质和黑色条带之间的对比、不同部分亮度的差异以及点缀在星云状物质之间的亮星使之令人难忘。

这片巨大的气体和尘埃云其实是一个恒星形成区，距离地球 2 000 ~ 10 000 光年。和宝盒星团（第 232 页）一样，位于它们和地球之间的尘埃让计算它们到地球的距离变得困难。据估计，有 1 200 多颗恒星与之成协。

这些恒星中最亮的船底 η 有着非凡的历史。今天，它的星等会在 7 等和 8 等间小幅度变化。但在 18 世纪时，船底 η 的星等则在 2 等和 4 等间变化。在 19 世纪初，它亮度爆发；而到 1827 年，它成为一颗 1 等星。在 1843 年 4 月，它的星等达到 -0.8 等，成为仅次于天狼星的夜空第二亮星。考虑到它到地球的距离，其亮度相当于 100 万个太阳的亮度——站在仙女星系上用一架口径 12 in（30.48 cm）的望远镜就能看见它。天文学界对船底 η 亮度爆发的原因仍有争议。虽然新星或超新星会出现类似的亮度爆发的现象，但通常不会持续几十年。

疏散星团宝石星团（NGC 3293）距离地球约 8 000 光年。要确定它的年龄并非易事。其中的恒星颜色较暗表明它的年龄约为 2 500 万年，但其中较亮的蓝色恒星的年龄只有约 600 万年，也许这些蓝色恒星比其他恒星形成得晚。

许愿井星团（NGC 3532）看上去犹如散落在井底的一枚枚硬币。它是哈勃空间望远镜 1990 年所观测的最早的目标，距离地球 1 300 光年。

珍珠星团（NGC 3766）因贯穿其北部边缘的星索而得名。它距离地球 5 500 光年。

南昴星团到地球的距离不到 500 光年，跟昴星团（M 45）差不多远。不过，南昴星团更老（5 000 万年），也更小。M 45 中同一亮度的恒星只有这里的一半。

邻近还有 位于南昴星团东边 5° 处的是 h 4432，它由间距 2.3"、沿西北-东南方向排列的 2 颗 5 等蓝色恒星组成。

在钥匙孔星云西北方 5° 处可见船帆 J。它是一颗三合星，在 5 等主星东边 7" 处有一颗 8 等伴星，在主星南边 37" 处还有一颗 9 等伴星。

高倍对角镜中的宝石星团（NGC 3293）

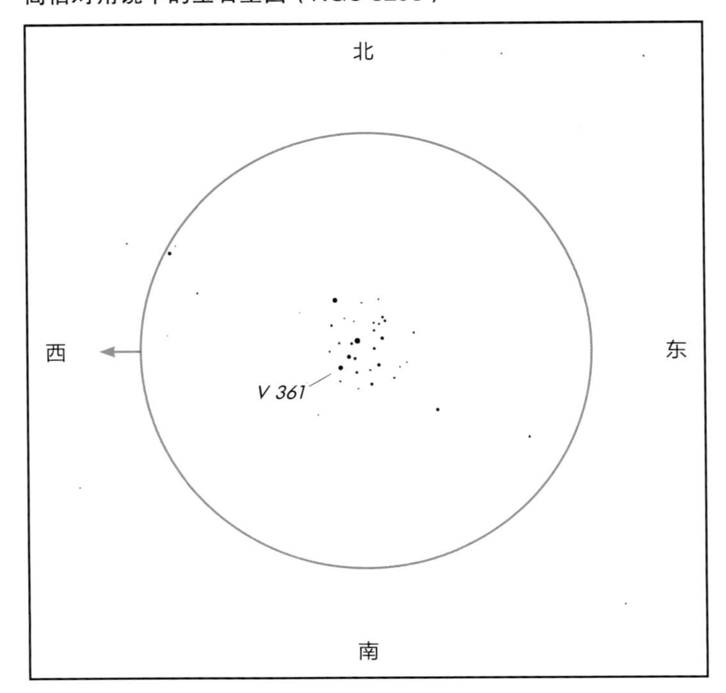

在小型望远镜中：宝石星团在钥匙孔星云的西北方，在背景光雾的映衬下分布着一系列暗星。在它西南边可见一颗红色恒星——V 361，它是一颗星等会在7.1等和7.6等间变化的红巨星。

高倍多布森望远镜中的宝石星团（NGC 3293）

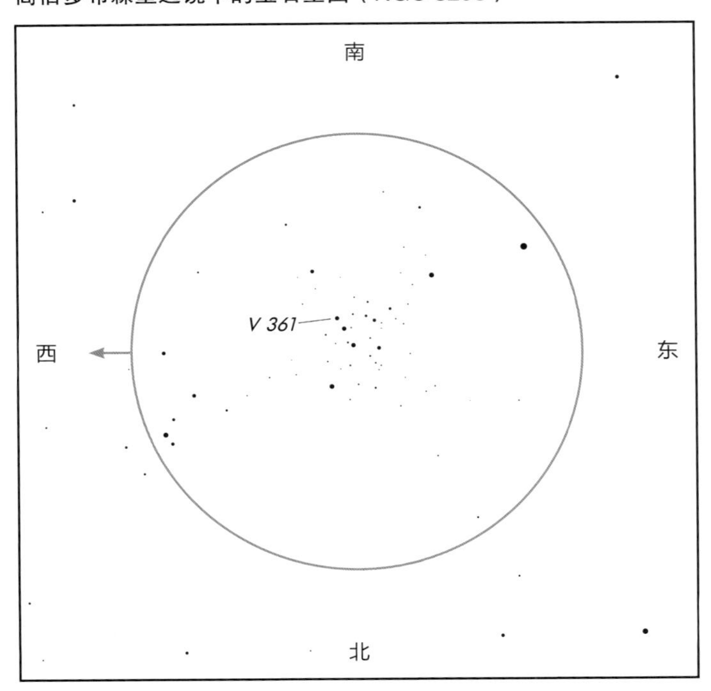

在多布森望远镜中：宝石星团其实是钥匙孔星云西北方的一团恒星。用高倍多布森望远镜可见其中的几十颗暗星。V 361在它西南方，是一颗星等会在7.1等和7.6等间变化的红巨星。

中倍对角镜中的许愿井星团（NGC 3532）

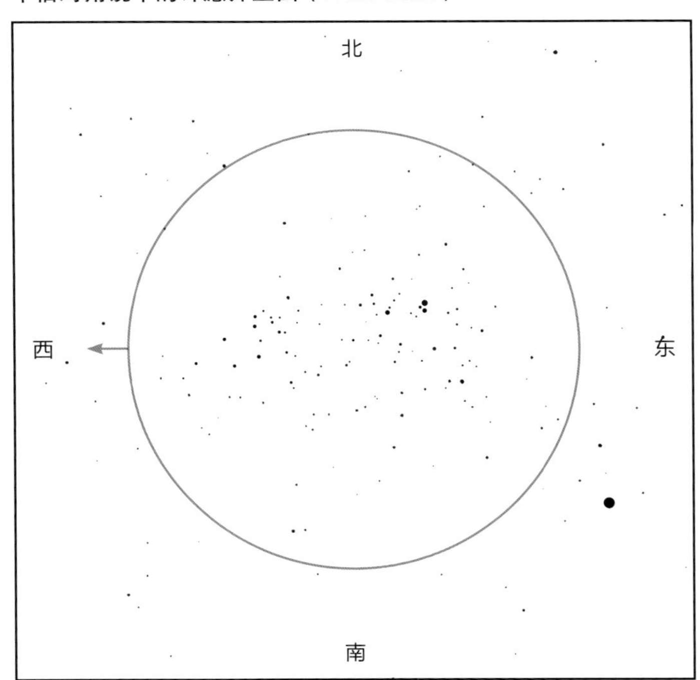

在小型望远镜中：疏散星团许愿井星团位于钥匙孔星云东边3°处。在肉眼中它为银河中的一个光点；在小型望远镜中，它则是一个松散的星团，就像井底的一枚枚硬币，充满整个视场。在它南边1°处是法因施泰因1（第224页寻星镜视场图），后者是一个松散的疏散星团，适合在低倍率下观看。

中倍多布森望远镜中的许愿井星团（NGC 3532）

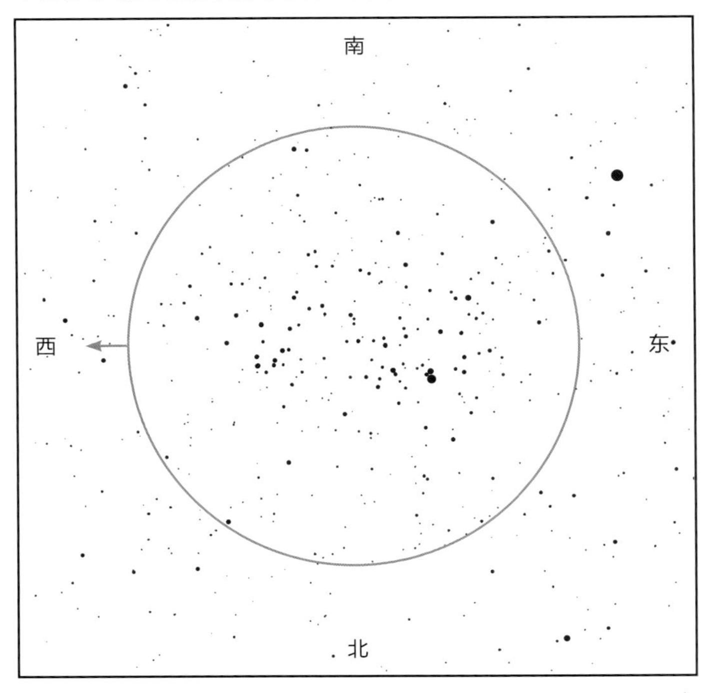

在多布森望远镜中：许愿井星团位于钥匙孔星云东边3°处。在肉眼中它为银河中的一个光点。在多布森望远镜中，它是一个由几十颗恒星组成的明亮而松散的星团，映衬在100多颗更暗的恒星背景中。在它南边1°处是松散的疏散星团法因施泰因1（第224页寻星镜视场图），后者适合在低倍率下观看。

低倍对角镜中的南昴星团

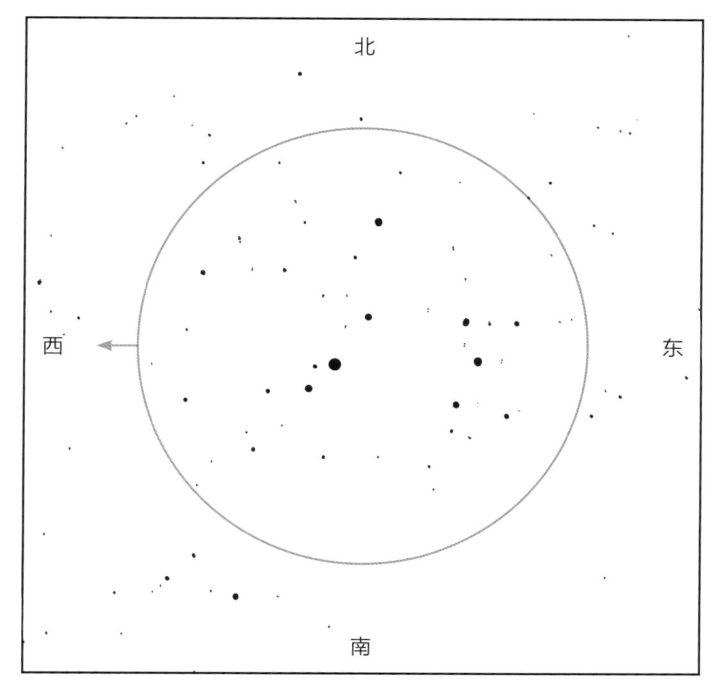

在小型望远镜中：在钥匙孔星云南边约 5° 处是松散的疏散星团 IC 2602，俗称南昴星团。它的大小有点儿尴尬——对寻星镜来说太小，对低倍望远镜来说又太大。使用双筒望远镜观看效果最佳。

低倍多布森望远镜中的南昴星团

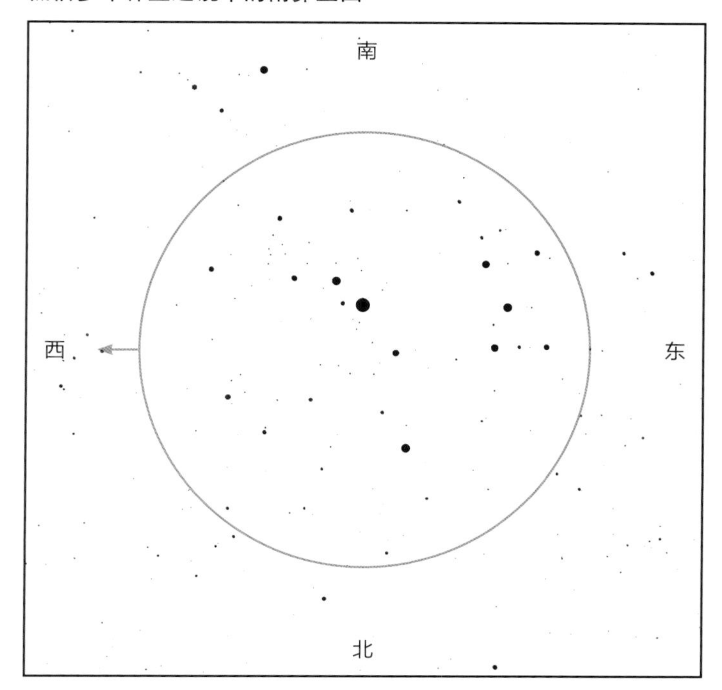

在多布森望远镜中：在钥匙孔星云南边约 5° 处是松散的疏散星团 IC 2602，俗称南昴星团。它是恒星密集的银河星场中的一个大而松散的恒星集合。在最低倍率下观看效果最佳。

中倍对角镜中的珍珠星团

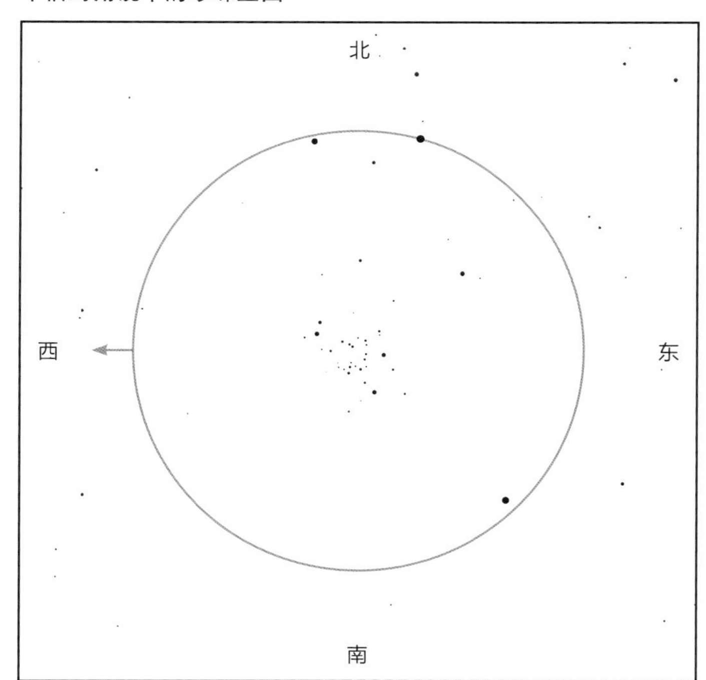

在小型望远镜中：在钥匙孔星云和十字架二中点附近的是疏散星团 NGC 3766，即珍珠星团。在小型望远镜中，它呈一团具有颗粒感的光雾，东侧有 2 颗 5 等星。该星团中有一个由恒星构成的三角形，这个三角形北边的 2 颗亮星为红巨星。

中倍多布森望远镜中的珍珠星团

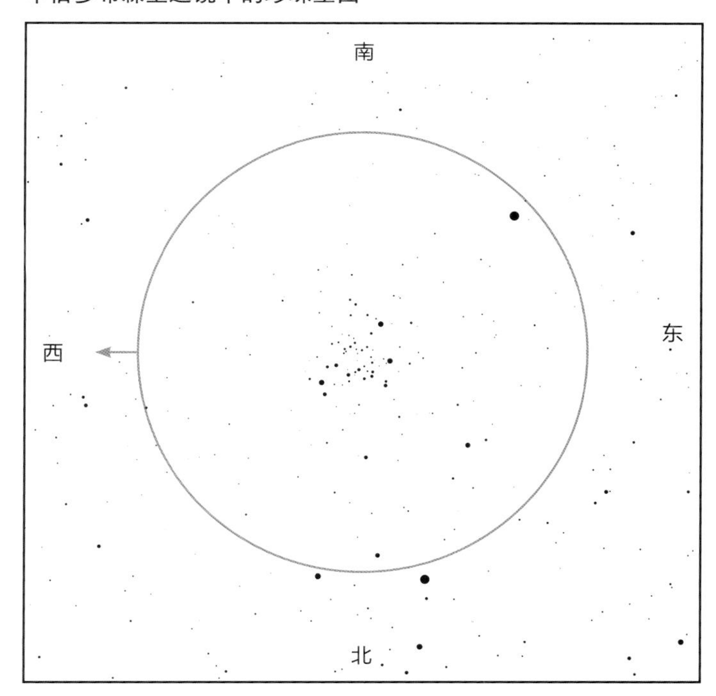

在多布森望远镜中：在钥匙孔星云和十字架二中点附近的是疏散星团 NGC 3766，即珍珠星团。在多布森望远镜中，它是一个致密的暗星集合，在其东边有 2 颗 5 等星。该星团中有一个由较亮的恒星构成的三角形，这个三角形北边的 2 颗亮星都是红巨星。

半人马座和南十字座附近的双星 / 聚星

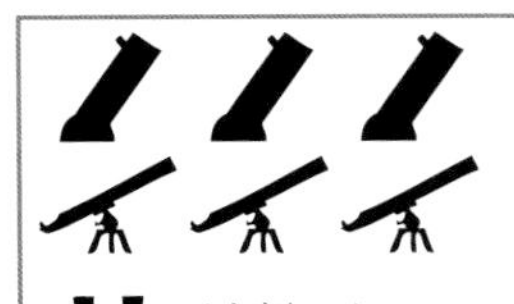

（十字架一）

任何天空
最高倍率
最佳时间：5～6 月（北纬 10° 以南）

半人马 α 作为全天第三亮星，半人马 α 不会被弄错——只要不把它与半人马 β 搞混就行了，半人马 β 就在半人马 α 附近且它们亮度接近！半人马 α 易被分解开。较亮的主星呈明显的黄色，比主星暗 1 个星等的伴星看上去有点儿呈橙色或红色（半人马 β 也是一颗双星，但子星太过密近，即使用多布森望远镜也无法将其分解开）。

恒星	星等	颜色	位置
半人马 α			
A	0.0	黄	主星
B	1.3	橙	A 星西南 10"
邓洛普 159			
A	5.0	黄	主星
B	7.6	蓝	A 星东南偏南 8.9"
南十字 μ			
A	3.9	蓝	主星
B	5.0	白	A 星东北偏北 35"
十字架一			
A	1.6	橙	主星
B	6.5	白	A 星东北偏北 127"
C	9.5	白	A 星以东 155"
圆规 α			
A	3.2	白	主星
B	8.5	红	A 星西南 16"
苍蝇 β			
A	3.5	白	主星
B	4.0	白	A 星东北偏北 1.1"
十字架二			
A	1.3	蓝	主星
B	1.6	蓝	A 星以西 4"
C	4.8	蓝	A 星西南偏南 90"

半人马 α 其实是一颗三合星，也是全天最亮（最易见）的聚星。值得注意的是，它是距离太阳系最近的恒星系统——就在 4.395 光年之外。小型望远镜可见的 2 颗子星的轨道周期为 80 年，间距在 12～36 天文单位间变化（在天文望远镜中，相当于间距在 4"～22" 间变化）。在离得最近时，伴星到主星的距离与土星到太阳的距离相当。从地球上看去，它们在 1980 年时间距最大，而在 2015 年时间距最小。

主星是一颗有趣的恒星，颜色和亮度跟太阳的几乎相同。我们眼中的它就像半人马 α 上的人眼中的太阳一样（当然，太阳没有一颗明亮的橙色伴星）。那里真有可能有人正在观测我们——离这 2 颗恒星 3 或 4 天文单位以内的任何行星（或离这 2 颗恒星超过 70 天文单位的行星，那里会非常寒冷）拥有稳定的轨道和宜居的环境。

该恒星系统中的第 3 颗成员星是一颗 11 等星，大多数小型望远镜难以分辨出它。它距离另外 2 颗恒星 0.25 光年，与太阳到奥尔特云的距离相当。从地球上看去，这相当于它距离 A 星和 B 星超过 2°，远在望远镜视场之外。在这一轨道位置上，它到地球的距离比另外 2 颗恒星更近，为 4.22 光年，因此是距离太阳最近的恒星，由此得名比邻星。它在星图中被标记为“×”。即便在最佳的条件下，用口径 3 in（7.62 cm）的望远镜也仅能勉强看见它。事实上，就算我们把自己放到一条环绕半人马 α 的类地球轨道上，用肉眼看的话它也只不过将将可见（4.5 等）。

十字架二至少是一个四合星系统，因为已知其 A 星是一颗分光双星：它的谱线会在 76 天的周期里往复移动，这表明有一颗密近的伴星在绕着它转动。该系统距离地球约 500 光年。

十字架二是继开阳和娄宿二之后被发现的第三颗双星，第四颗被发现的是半人马 α。发现十字架二和半人马 α 的是 3 名来自法国的天文学家和传教士：1685 年，让·德丰塔奈和居伊·塔查尔在南非好望角将十字架二分解开了；1689 年，让·里绍在印度南部的本地治里观看一颗彗星时，分解开了邻近的半人马 α。

邓洛普 159 把寻星镜对准半人马 α 和半人马 β 的中点，然后向北移动 1.5°，可见 5 等星邓洛普 159。它是一颗漂亮的黄蓝双星（其北边的 10 等星只是一颗场星），距离地球约 300 光年。

圆规 α 在半人马 α 的南边可见一颗 3 等星。

如果以半人马 α 为钟面中心，半人马 β 在 2 时 30 分的方向上，圆规 α 则在 6 点钟的方向上。圆规 α 的伴星明显比主星暗，对多布森望远镜来说将它分解开是一项挑战。该双星距离地球仅 53 光年。它也是一颗快速脉动的变星，每 6.8 分钟星等就会变化零点几等。

南十字 μ 从十字架二向东北方行进 1 步至南十字 β，再前行半步可见 4 等星南十字 μ。它是一颗易被分解开的远距双星，是小型望远镜观看的理想目标。它距离地球 360 光年。

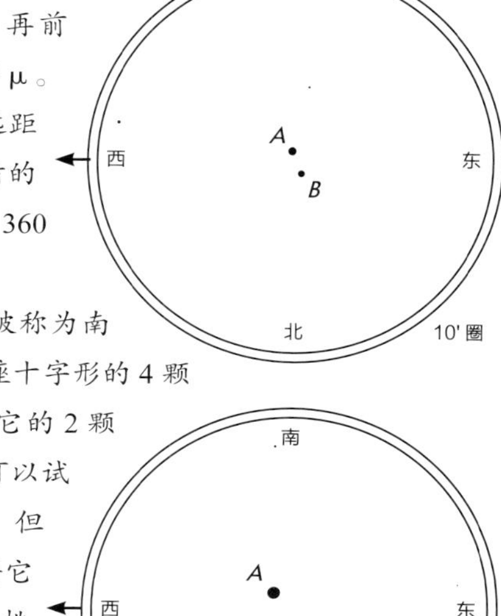

十字架一 十字架一又被称为南十字 γ，是构成南十字座十字形的 4 颗恒星中最北边的那颗。它的 2 颗伴星虽然间距较大（你可以试着用双筒望远镜观看），但明显暗于主星，因此想将它们分解开是一项有趣的挑战。事实上，它们仅仅是一颗光学双星：A 星距离地球仅 88 光年，而 B 星距离地球超过 400 光年。

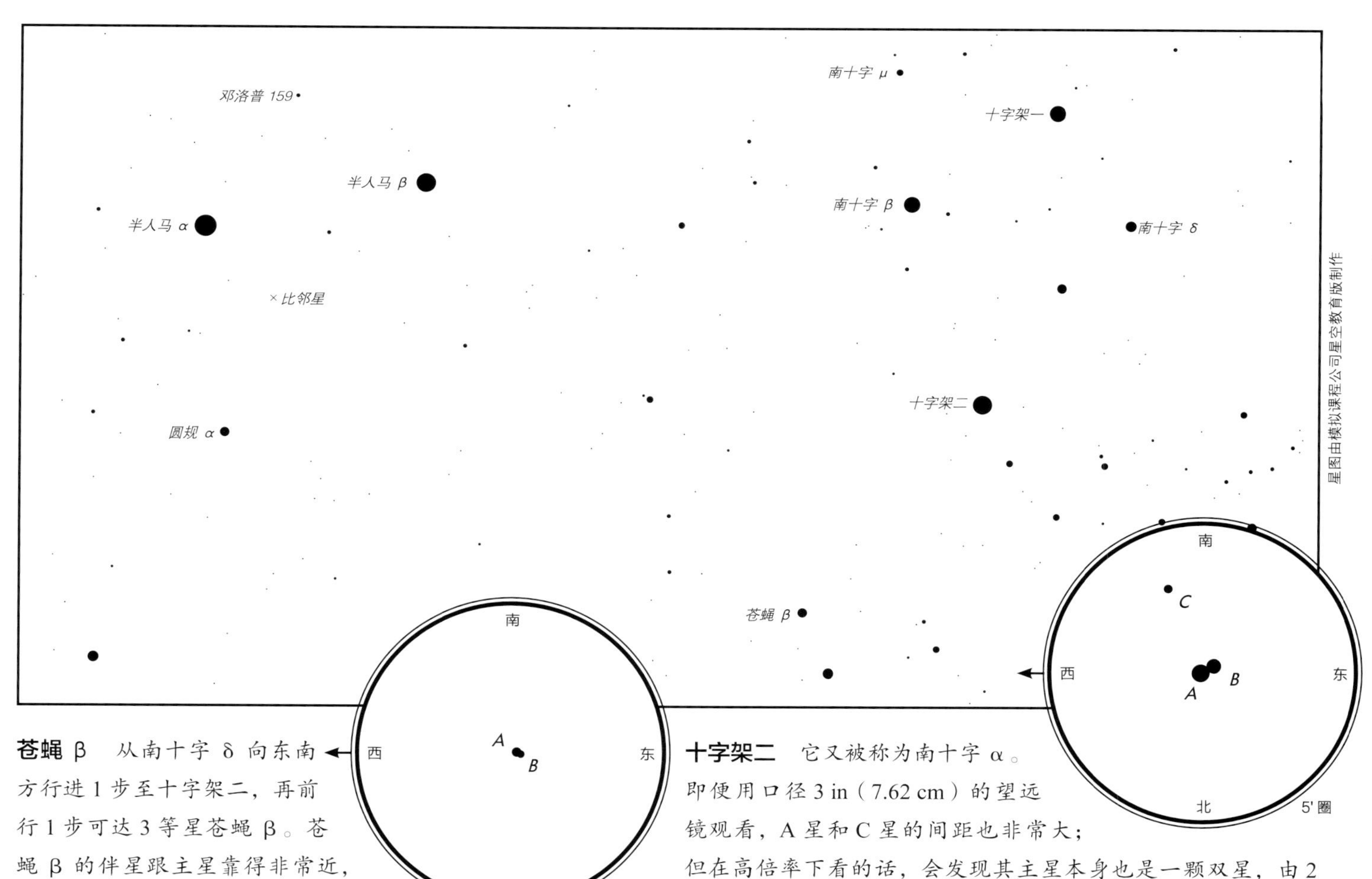

苍蝇 β 从南十字 δ 向东南方行进 1 步至十字架二，再前行 1 步可达 3 等星苍蝇 β。苍蝇 β 的伴星跟主星靠得非常近，对多布森望远镜来说想要将其分解开极具挑战。该双星距离地球不到 350 光年，绕转周期为 194 年，平均间距约为 100 天文单位。

十字架二 它又被称为南十字 α。即使用口径 3 in（7.62 cm）的望远镜观看，A 星和 C 星的间距也非常大；但在高倍率下看的话，会发现其主星本身也是一颗双星，由 2 颗亮度相同的亮星组成。此外，这些恒星都位于银河中，因此还能看到比 C 星暗 1 个星等的背景恒星。在这些较暗的恒星前方看见一颗明亮的聚星给人一种视觉上的层次感，非常漂亮。

苍蝇座：球状星团 NGC 4833 和 NGC 4372

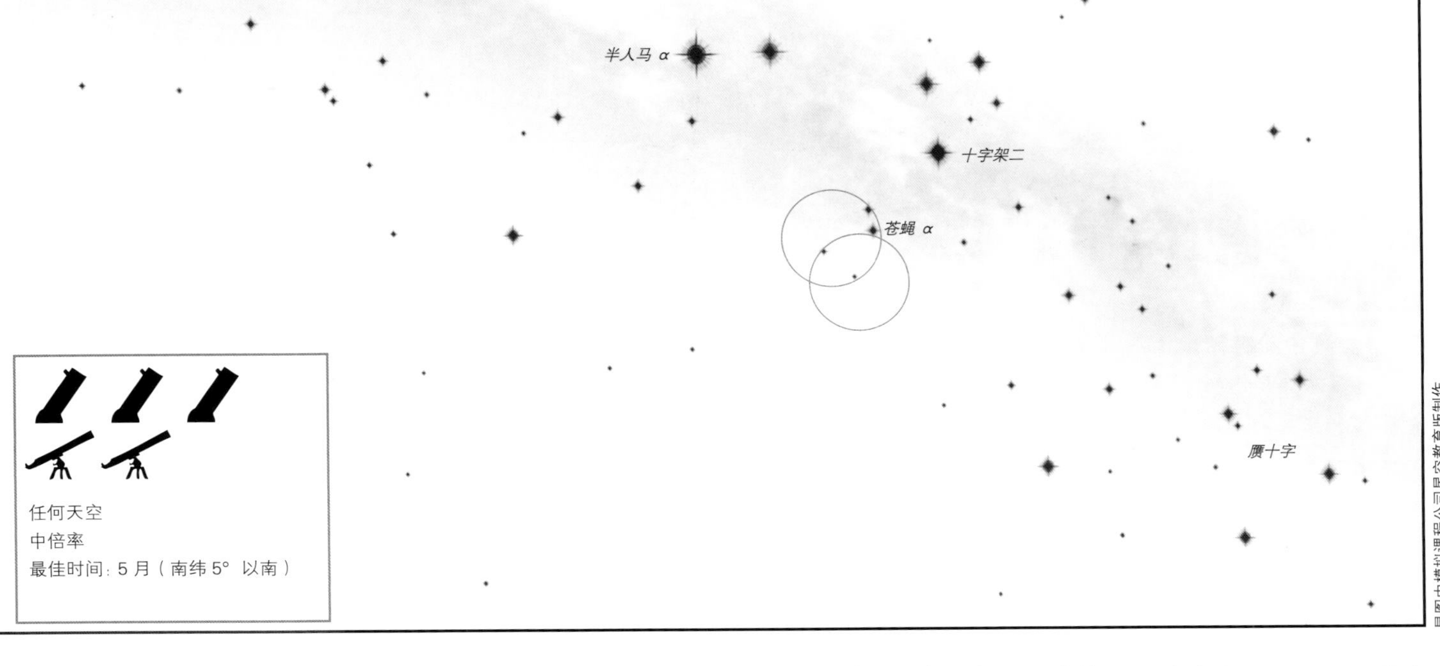

任何天空
中倍率
最佳时间：5 月（南纬 5° 以南）

看哪儿 在南十字座南边寻找 2 等星苍蝇 α 和苍蝇 β。苍蝇 α 更靠南。把寻星镜对准那片天区。

南
西
东
北
NGC 4372
HIP 60561
苍蝇 γ
苍蝇 δ
NGC 4833
苍蝇 α
苍蝇 β
NGC 5189
半人马 m

在寻星镜中 3 等星苍蝇 δ 在苍蝇 α 东南方。NGC 4833 就在苍蝇 δ 北边约 1° 处。该星团在寻星镜中看上去像一颗暗弱而模糊的恒星。在苍蝇 α 南边或者苍蝇 δ 的西南方可见 3 等星苍蝇 γ。NGC 4372 就在苍蝇 γ 西南方约 1° 处，位于暗星 HIP 60561 附近。在条件良好的夜晚，可在寻星镜中看到 NGC 4372。

邻近还有 从苍蝇 α 朝着半人马 β 的方向行进 1 步至苍蝇 β，继续前行，寻找 3 颗差不多沿南北方向排列的 5 等星，其中最北端的是半人马 m，在寻星镜中你可以看见它旁边的 6 等伴星。

从半人马 m 开始，一系列的 6 等星和 7 等星朝东南方延伸出去，沿着这群恒星前行，就会看到行星状星云 NGC 5189。用较大的望远镜可见使其得名的内部细节；对一般的多布森望远镜而言，想看到其内部细节则具有挑战性。

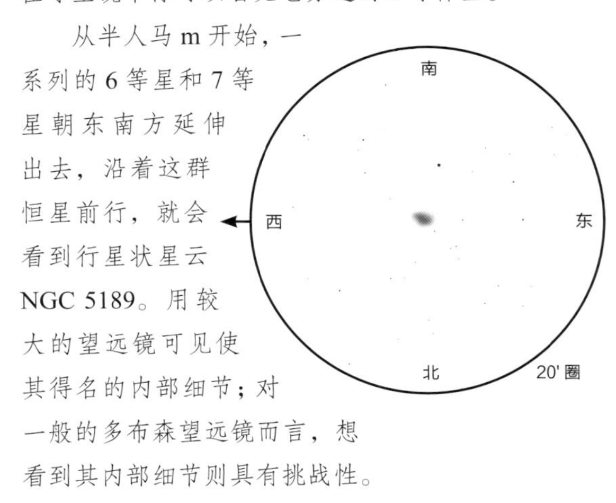

苍蝇 β 是一颗漂亮的双星，详见第 229 页。

中倍对角镜中的 NGC 4833

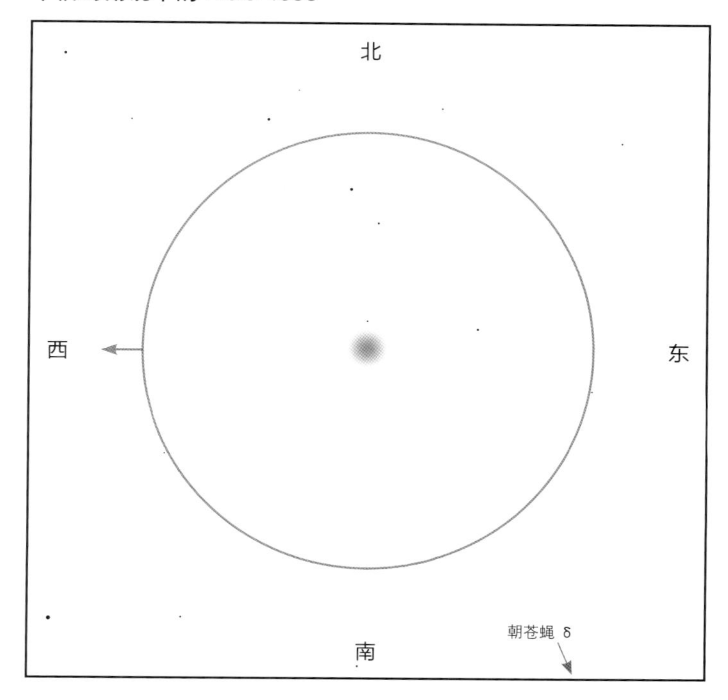

中倍多布森望远镜中的 NGC 4833

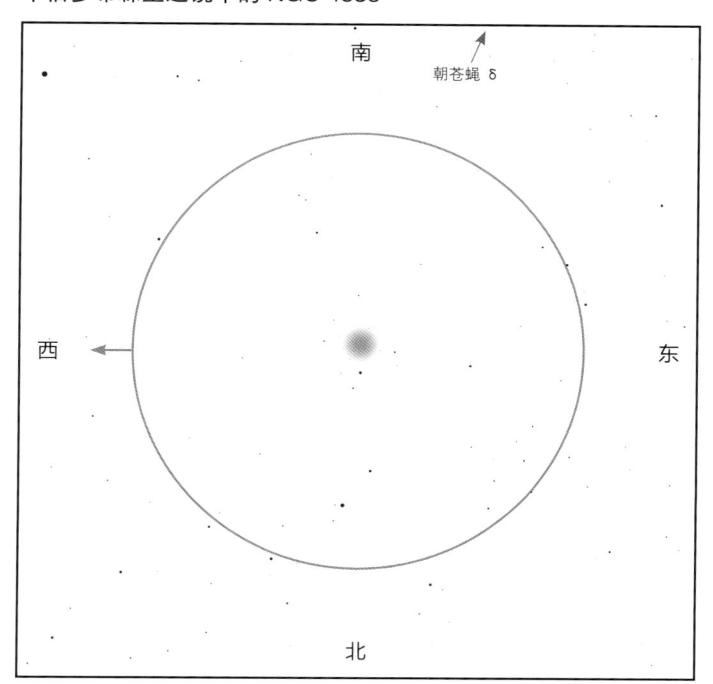

中倍对角镜中的 NGC 4372

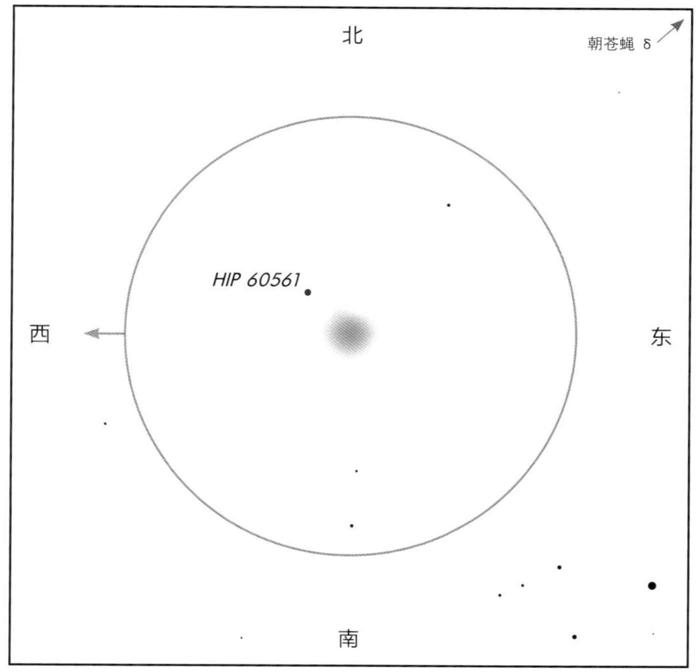

中倍多布森望远镜中的 NGC 4372

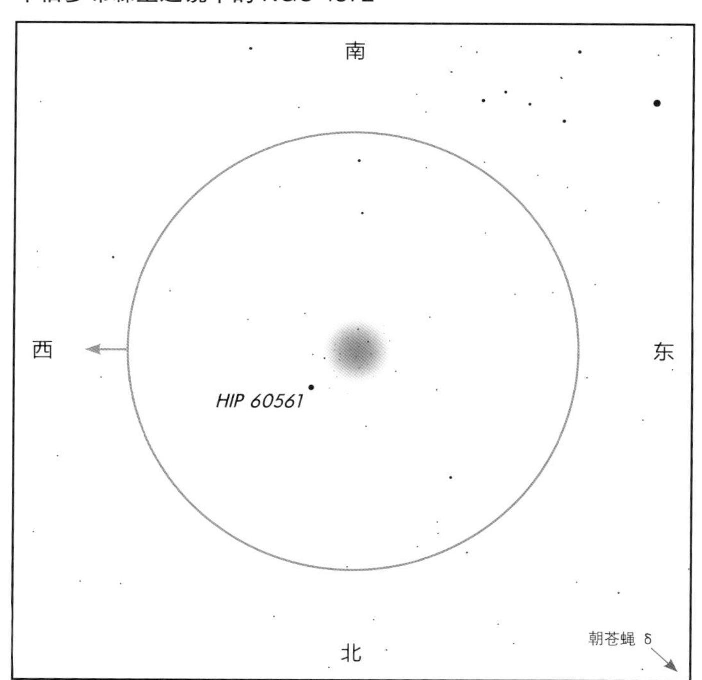

在小型望远镜中：这两个星团看上去极为相似，都是小而无特征的光斑，边缘有一颗恒星。不过，NGC 4372 更大且更分散，它旁边的恒星要比 NGC 4833 旁边的亮得多。区分这两个星团的方法是看北边有没有 3 颗恒星——NGC 4833 的北边有。

在多布森望远镜中：这两个星团看上去比其他球状星团更加苍白。它们都刚好能被分辨出恒星，中心聚集度都较低，在边缘都有一颗显眼的恒星。NGC 4372 较大且较分散，它旁边的恒星要比 NGC 4833 旁边的亮得多。

球状星团 NGC 4833 和 NGC 4372 仅相距约 2 500 光年。NGC 4833 距离地球 21 000 光年，NGC 4372 则距离地球 18 900 光年。来自这两个星团的光必定穿过位于它们和地球之间的一片低温气体云，后者散射了它们中的大部分蓝光（正是这一效应使得地球上的落日霞光呈红色）。相比于星团中未被遮蔽的蓝白色恒星，这一散射效应使得这两个星团看上去偏黄。

南十字座：疏散星团宝盒星团（NGC 4755）

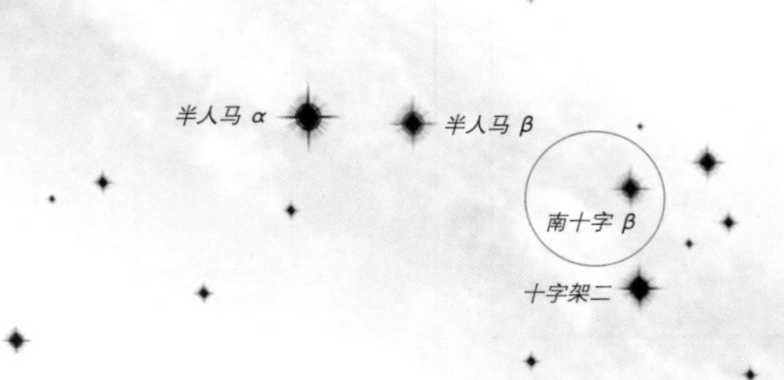

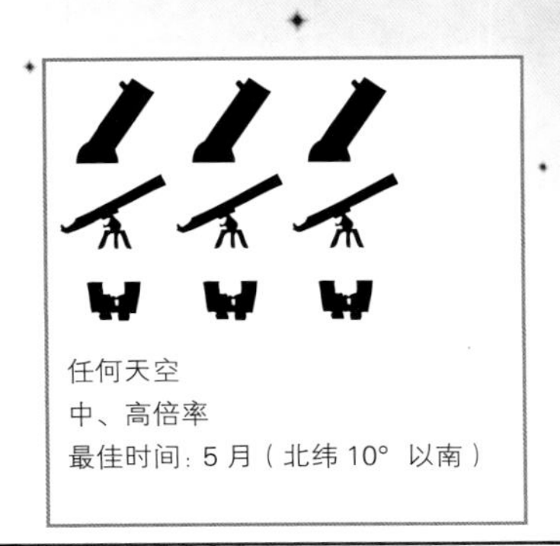

星图由模拟课程公司星空教育版制作

- 美丽、多彩而明亮的星团
- 易于寻找
- 附近有暗星云——煤袋星云

看哪儿 找到南十字座。构成南十字座十字形的 4 颗恒星中最南端的是十字架二（南十字 α），最左边且最靠近半人马 α 和半人马 β 的是南十字 β（有时也被称为十字架三）。对准那片天区。

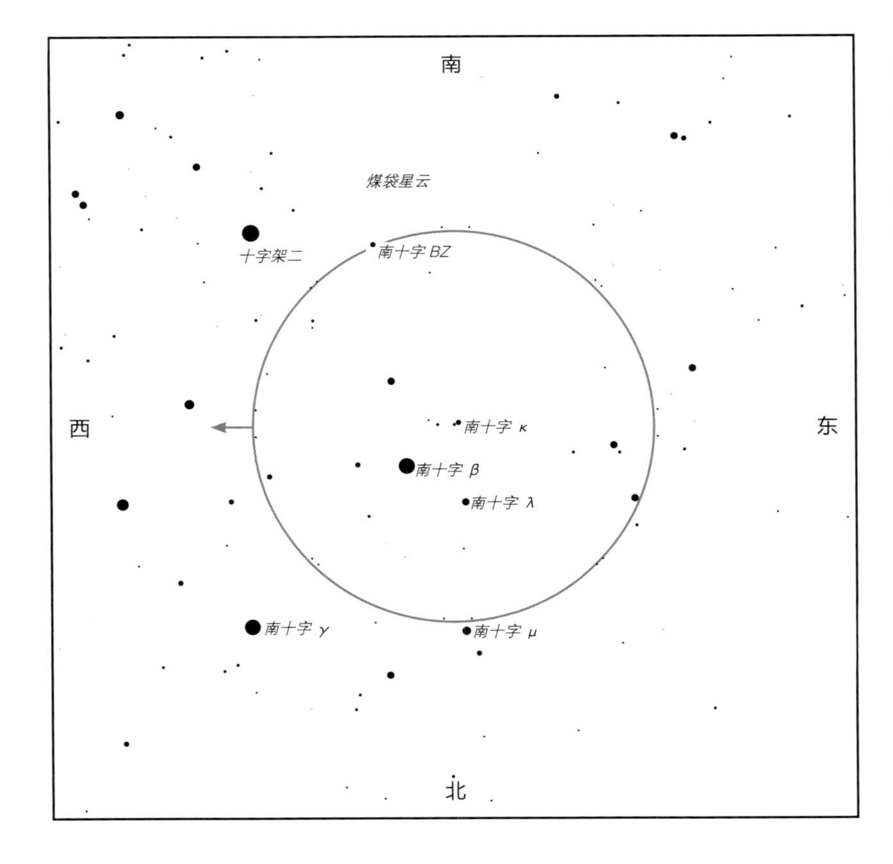

在寻星镜中 寻找与南十字 β 构成等边三角形的 4 等星南十字 λ 和南十字 κ。南十字 λ 靠北，南十字 κ 偏南（更靠近十字架二）。对准南十字 κ。宝盒星团和南十字 β 可被纳入同一低倍率视场，这为你寻找宝盒星团提供了便利。由于宝盒星团小而明亮，适合在中倍率或高倍率下观看。

中倍对角镜中的宝盒星团

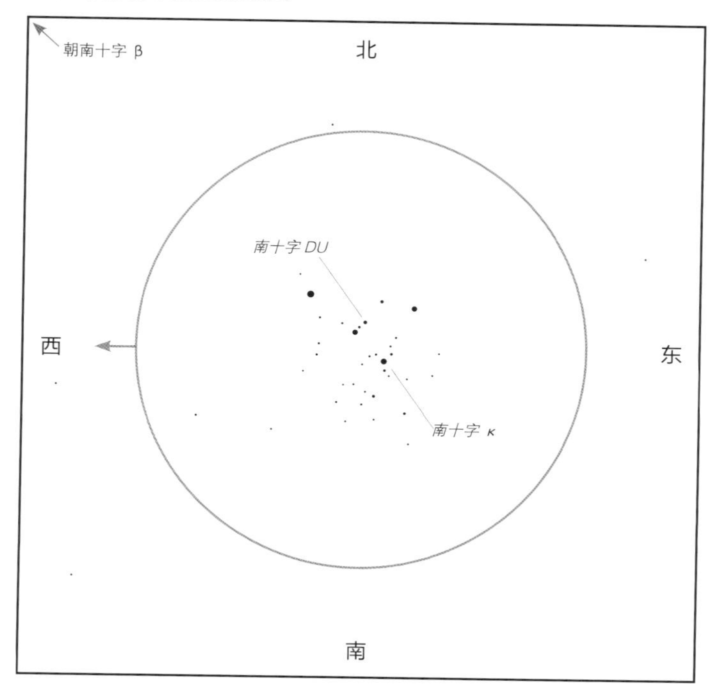

高倍多布森望远镜中的宝盒星团

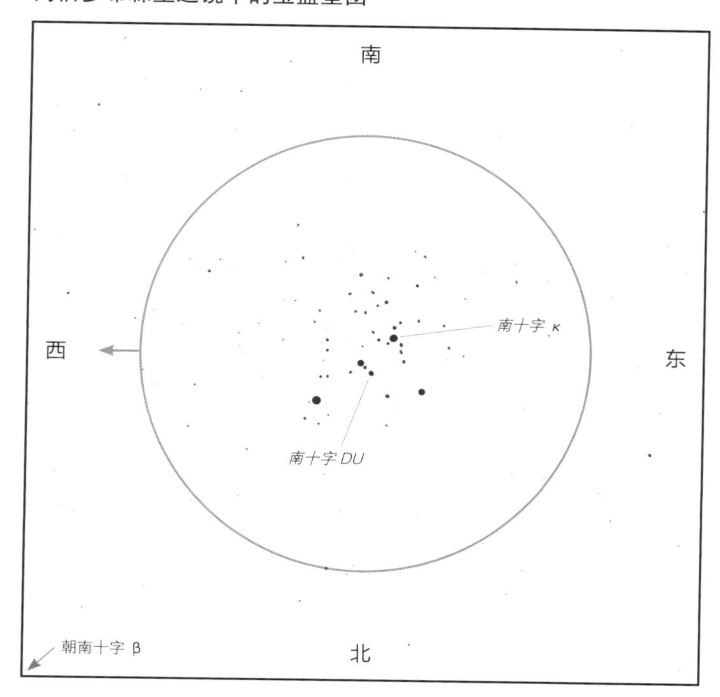

在小型望远镜中：它在肉眼中是一颗4等星，在小型望远镜中是一个由约6颗6～8等的恒星组成的星团，此外还能看到一团由20多颗更暗的恒星形成的暗淡的光雾背景。你先会注意到的是一个楔形星组，该星组的中心是一个三角形中沿西北偏西方向排列的3颗亮星；进一步观测后你会看见位于它们后方和周围的其他恒星。在该星团中心附近，位于3颗亮星连线的东南端的是6等星南十字 κ。

在多布森望远镜中：可见一个楔形星组——该星组的中心是一个三角形中沿西北偏西方向排列的3颗亮星——以及位于它们后方和周围的其他恒星。多布森望远镜口径较大，这意味着你可以在高倍率下观看该星团，从而能看见更多更暗的恒星。在该星团中心附近，位于3颗亮星连线的东南端的是6等星南十字 κ。

宝盒星团中较亮的成员星在较暗的背景恒星的映衬下非常显眼，就像一颗颗硕大的宝石散落在珠宝盒中，因此得名。约翰·赫歇尔在19世纪将其描述为“一盒五颜六色的宝石”。即便在口径3 in（7.62 cm）的望远镜中它也相当漂亮；随着背景星云状物质增亮并十分显眼，用更大的望远镜观看的话你会更加难忘。

宝盒星团至少包含50颗恒星，距离地球约7 500光年（不过这一测量数据仍有相当大的不确定性）。测量星团到地球的距离需要借助已知光谱型和绝对亮度的恒星，根据观测到的它们的亮度来计算距离。在南十字座周围的区域中有浓密的尘埃云（煤袋星云就在附近），想要消除这些尘埃的影响非常难。

在该星团中最亮的10颗恒星中，位于明亮的三角形中心的是一颗红超巨星——南十字 DU，赫歇尔将其描述成“一系列钻石和蓝宝石中的红宝石”。正如其名，它是一颗变星，星等会在7.1～7.5等之间变化。其他9颗恒星都是蓝色B型星，亮度是太阳的1万多倍（假设它们就是离地球7 500光年，那么其中最亮的恒星的亮度可能是太阳的80 000倍）。如此明亮的恒星会快速耗尽其燃料，变成一颗红巨星。它们目前还没有变成红巨星，这表明该星团相当年轻，年仅数百万年（有关疏散星团的更多内容，参见第67页）。

邻近还有 作为最小的星座，南十字座全部在银河中。然而，在易见银河的黑暗夜晚，肉眼可见其东部的一大片区域明显比银河中的其他区域暗。那里就是煤袋星云，它是一个巨大的气体和尘埃暗星云，距离地球仅约600光年，挡住了后方的恒星。用望远镜的话其实看不见任何东西，用肉眼看非常漂亮。肉眼观看的另一项有趣的挑战是：寻找5等变星南十字 BZ，它就位于煤袋星云的中心。其实它在煤袋星云的后方，距离地球约1 000光年。很显然，它的星光穿过了该星云中的一道缝隙。

南十字 γ 和南十字 μ 都是漂亮的双星，详情参见第229页。

半人马座：球状星团半人马 ω（NGC 5139）

任何天空
中倍率
最佳时间：5 月（北纬 30° 以南）

看哪儿 天蝎座西南方是豺狼座中的一群 2 等星，其中最南端的是豺狼 α。在它西边则是半人马座中最北端的亮星——半人马 ζ。从豺狼 α 行进 1 步至半人马 ζ，再前行半步即达 4 等的恒星状天体——半人马 ω。当然，你也可以从十字架二行进 1 步至南十字 β，再前行 3 步即可达半人马 ω。

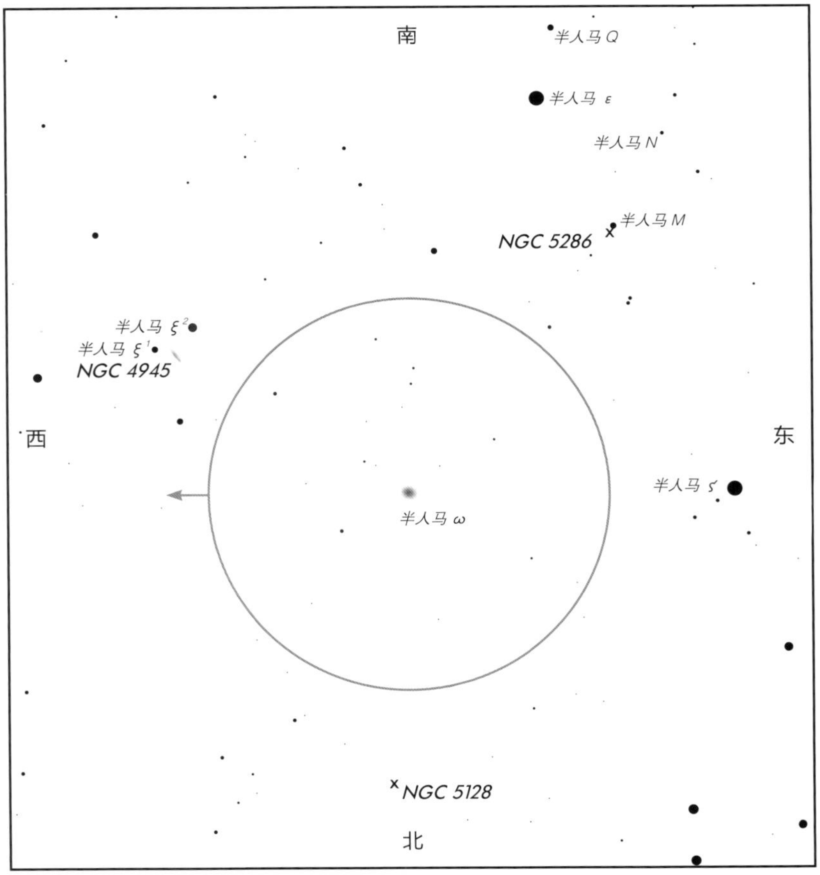

在寻星镜中 即使在寻星镜中半人马 ω 也非常明显，呈一块延展型光斑，而非一个星点。同样地，它在双筒望远镜中也十分惊艳。

半人马 ω 是天空中最大、最亮、最壮观的球状星团。它直径超过 0.5°，比 M 22 还大，亮度则是后者的 3 倍。半人马 ω 的角直径是武仙座中的大球状星团 M 13 的 2 倍，星等比 M 13 小 2 等。北半球甚至都没有能与之相抗衡的球状星团（只有杜鹃 47 能与之媲美）。

使用高倍小型望远镜并不能看到它更多的细节——其中心核看上去更大，较暗的外部边缘则会更加分散，难以被看见。

在古时候，半人马 ω 曾被认为是一颗恒星。由于地球自转轴的摆动（星座的位置随之发生变化），大约 2 000 年前，即使人在埃及也能看见它。在文艺复兴时期的星图中，人们标记出了它，并赋予了它希腊名。在 17 世纪 70 年代，埃德蒙·哈雷前往南非，成为第一批用望远镜观测南天的天文学家；

中倍对角镜中的半人马 ω

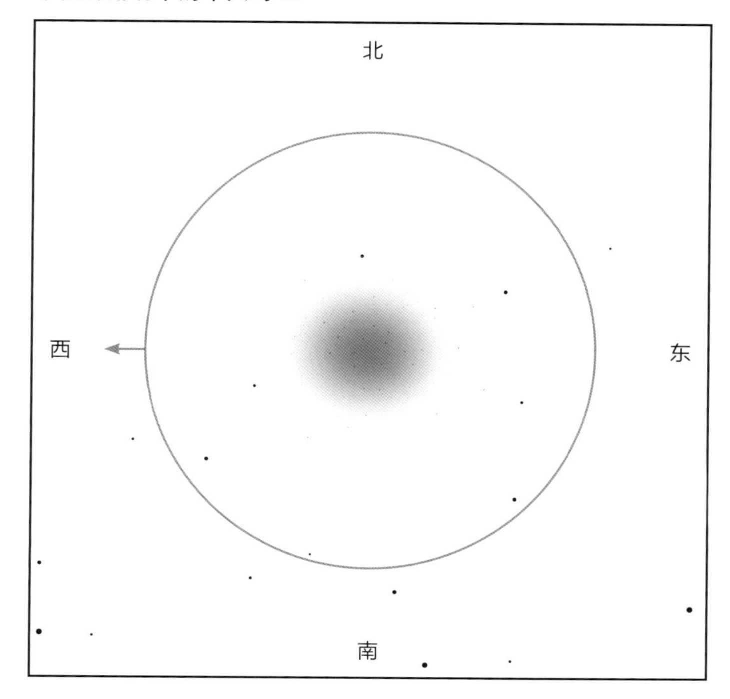

在小型望远镜中：半人马 ω 位于一片丰饶的星场，这里仅显示了稍暗的背景恒星。即便在低倍率下它也会占据大部分视场。其明亮的中心延伸超过半个星团。在口径 3 in（7.62 cm）的望远镜中，它看上去带有颗粒感；在条件良好的夜晚，用这么大的望远镜也许可以分辨出其中的单颗恒星。

中倍多布森望远镜中的半人马 ω

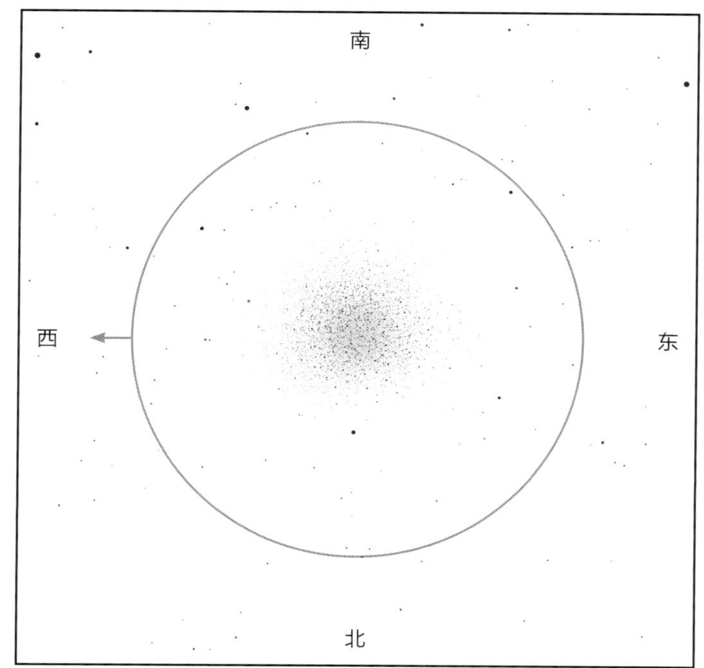

在多布森望远镜中：即便在低倍率下，位于银河丰饶星场中的半人马 ω 也会占据整个视场。其明亮的中心延伸超过半个星团。用多布森望远镜能轻而易举地分辨出其中的单颗恒星。

1677 年他发现这颗"恒星"实际上是一个球状星团。然而，一些人怀疑它是被银河系俘获的一个小型星系的核心。

它包含超过 100 万颗恒星，距离地球约 15 000 光年。如这里所见，该星团的核心直径约为 50 光年。

邻近还有 把半人马 ω 置于寻星镜视场的东北角，在西南方寻找恒星半人马 ξ^1 和半人马 ξ^2。在它们之间的是侧向星系 NGC 4945，观看它对多布森望远镜来说有难度。它的直径为 150 000 光年，距离地球约 1 200 万光年。

半人马 ε 在半人马 ω 东南偏南方。在半人马 ε 东边 2° 处是双星半人马 N——子星分别为 5.4 等和 7.6 等的蓝色恒星，东西向排列，相距 18"。在半人马 ε 南偏东边 1° 处是双星半人马 Q，其子星比半人马 N 的子星更亮，但也更难被分解开——6.6 等的伴星位于 5.3 等主星东南偏南仅 5" 处。分辨半人马 Q 对小型望远镜来说有难度，对多布森望远镜来说则很容易。

在半人马 ω 东南方约 5° 处是球状星团 NGC 5286。它就位于相对较亮的黄色恒星半人马 M（5 等星）的西北方。用多布森望远镜观看它非常容易，用小型望远镜观看的话则有一定的难度。

包含强射电源半人马 A 的星系 NGC 5128 位于半人马 ω 北边 5° 处。即便你从纽约看，它也会升到地平线上；我们在纽约长岛南岸的完美夜空下曾看到过它！把寻星镜向北移动，直到在视场西边缘看见一个由 6 等星构成的数字"7"，有时它也被称为"汉堡星系"——在多布森望远镜中，可见一条黑色的尘埃带穿过其星系盘，整个星系看上去犹如一个汉堡。

NGC 5128 星系团因该星系得名，距离地球约 2 200 万光年。NGC 4945 也是其中的成员。

孔雀座：球状星团 NGC 6752

任何天空
中倍率
最佳时间：8 月（北纬 10° 以南）

北落师门
茶壶
鹤一
天鹤 β
孔雀 α
水委一
小麦哲伦云

星图由模拟课程公司星空教育版制作

- 在任何天空中都易于寻找
- 天空较暗有助于看到其边缘的更多细节
- 小型望远镜就能分辨出其中的单颗恒星

看哪儿 找到北落师门。在它南边有 2 颗 2 等星——鹤一和天鹤 β。从北落师门行进 1 步至鹤一，再前行 1 步可至 1.9 等星孔雀 α——该天区中最亮的恒星。

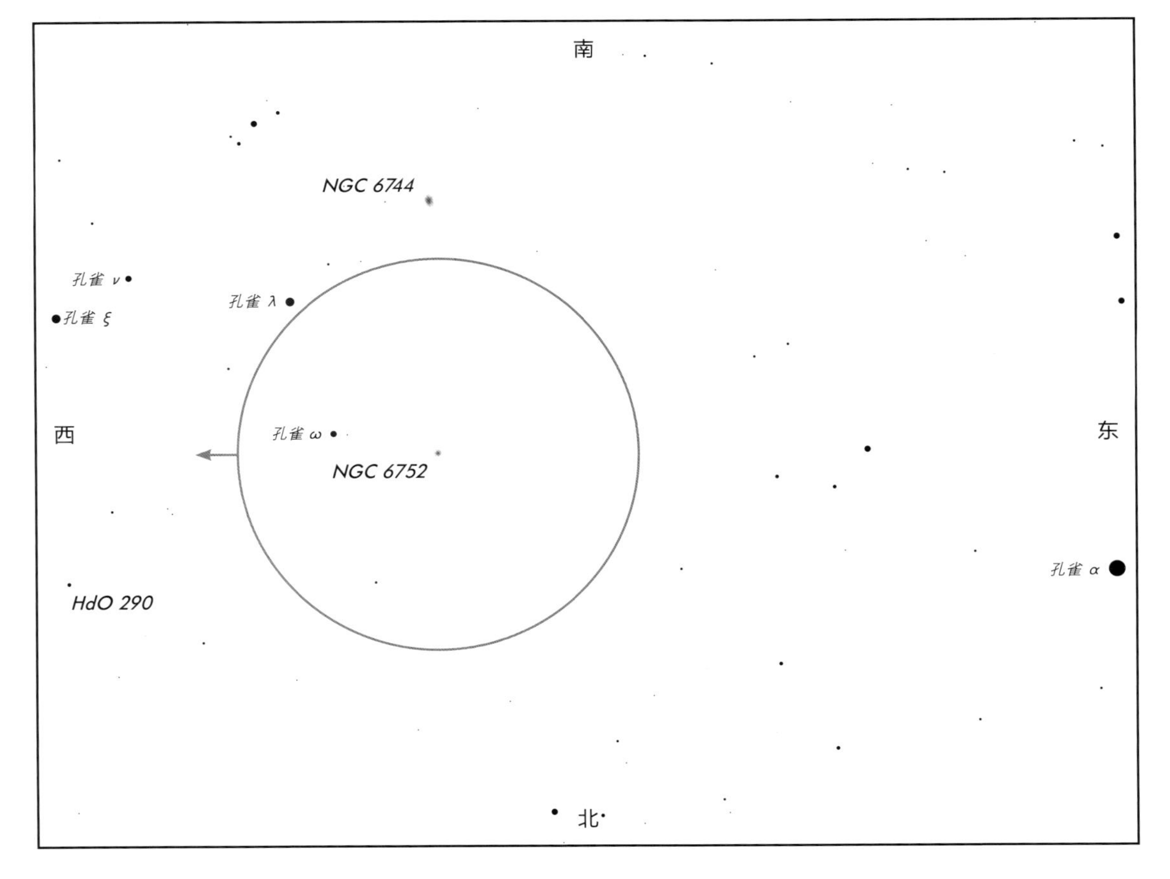

在寻星镜中 从孔雀 α 向西经过一颗 6 等星后可达 3 颗 5 等星，这 3 颗恒星的分布情况跟钟面上 12 点 45 分时时针和分针的分布情况相似。沿着分针的指向继续向西前行一个寻星镜视场的距离，就会发现暗弱而模糊的 NGC 6752。如果你走过头了，会看到 3 颗 4 等星——孔雀 λ、孔雀 ν 和孔雀 ξ。此时，从孔雀 λ 向北行进可见 5 等星孔雀 ω；对准孔雀 ω 并向东朝孔雀 α 的方向行进，在最低倍率的视场中即可见 NGC 6752。

中倍对角镜中的 NGC 6752

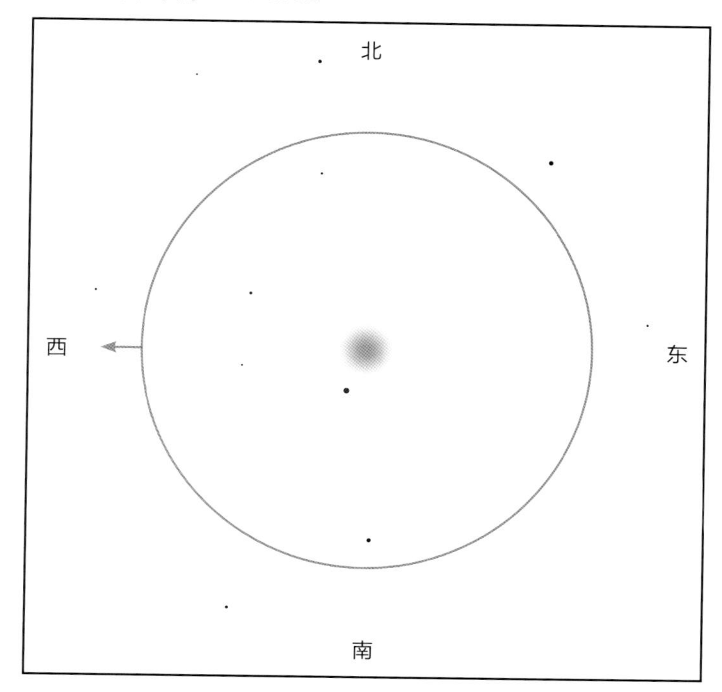

在小型望远镜中：NGC 6752 在小型望远镜中明亮而美丽。其中心核易被分辨，即便在有月亮时也能被分辨出来。在较暗的夜晚，用小型望远镜可以在边缘看见更多的细节，该星团看上去也更大。

中倍多布森望远镜中的 NGC 6752

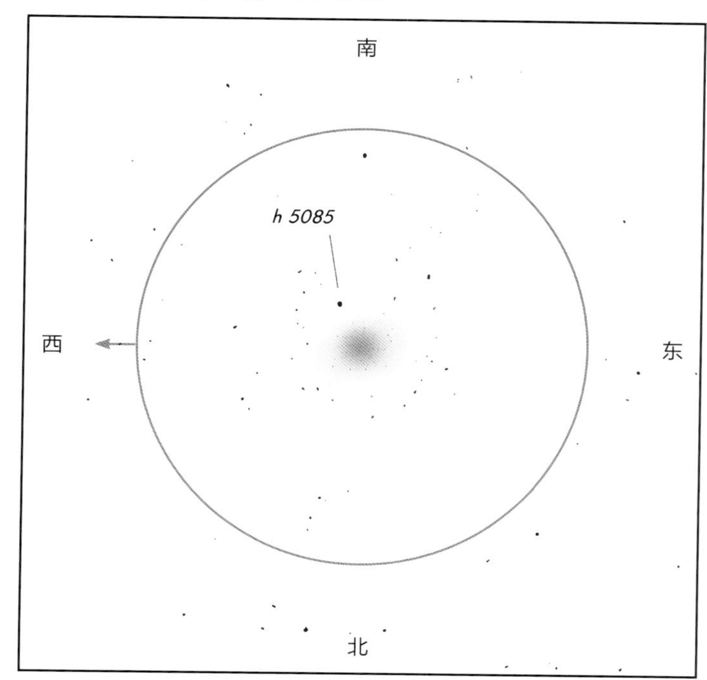

在多布森望远镜中：NGC 6752 易见且能被分辨出单颗恒星。如果夜空足够黑暗，你可以看见明亮且可分辨出恒星的中心核。周围则是一团暗弱的光雾，直径是中心核的 3 倍。该星团的南边缘有一颗双星——h 5085，其 7.6 等的主星西边 2.7" 处有一颗 9.1 等的伴星。

NGC 6752 堪称全天最佳球状星团之一，与 M 22 和 M 13 相当。由于它中心聚集度很高，你用小型望远镜看的话很容易低估它的大小。事实上，长时间曝光的图像显示，该星团的直径可以延伸至近 0.75° ，因此它比满月还大，大小跟半人马 ω 或杜鹃 47 差不多。

跟该天区中的许多天体一样，在该星团与地球之间存在尘埃云，这使得计算其内禀亮度和到地球的距离更加困难。不过，目前使用现代技术进行的计算显示，它距离地球约 13 000 光年，与半人马 ω、杜鹃 47 和 NGC 362 到地球的距离相当。

孔雀 α（孔雀十一）在 20 世纪中期才得名。20 世纪 30 年代，英国航海年历办公室为飞往南半球的飞行员和航海家制作天文年历时，皇家空军认为把这颗亮星称为孔雀 α 很可能使人们困惑，于是就用星座名来对其命名—— “孔雀星”（在中文语境下为孔雀十一——译者注）。即便在今天，人们仍经常使用这个简称。海石一（船底 ε ）也是那个时候得名的，以纪念用它来导航的飞行员。

邻近还有 在 NGC 6752 南边约 5° 处是几乎正对地球的旋涡星系 NGC 6744。用小型望远镜你应该能看见其明亮的中央星系核，用多布森望远镜则能看见其旋涡结构。

该天区中有许多漂亮的双星。孔雀 α 本身就是一颗有趣的聚星，它有 2 颗间距较大的暗弱伴星（分别为 9 等星和 10 等星），位于主星东边 4' 处。孔雀 ξ 的主星是一颗 4.4 等星，在其东南偏南 3.4" 处有一颗 8.1 等的伴星，对多布森望远镜来说将其分解开是一项很好的挑战。在孔雀 ξ 北边，6 等星 HdO 290 主星东南偏东 30" 处有一颗 10.5 等的伴星。虽然 2 颗子星间距很大，但两者亮度差异较大，这增加了分解的难度。

后面的路该怎么走?

看到这里，你已经见识了所有的季节性天空，了解了本书中的大多数星团、星云和双星。但这并不意味着你能就此停步。开始观星后，你会发现本书中介绍的一些天体会成为你的老朋友，你会一次又一次地观赏它们。此外，由于篇幅有限，还有很多我们没有提及的有趣天体。

其实，我们在选择本书中的天体时是有自己的偏好的，毕竟大家都倾向于分享自己的最爱。在某些情况下，我们收录了一些相比而言并没那么吸引人的天体，这或者是因为它们易于寻找，或者是因为在同一望远镜视场或寻星镜视场中包含其他有趣的天体。

想必至此你已发现，我们在天体的选择上是比较主观的。事实上，我们希望至少在一些天体的评分上你与书中给出的相左。这意味着，在观星时，你已经形成了一套自己的审美标准。并非所有人都会对某一类天体感兴趣。盖伊特别喜欢多彩的双星，我则偏爱能被部分分辨出来的疏散星团和球状星团。本书中列出了大量这类天体，正是因为我们自己喜欢。

读完这本书，后面的路该怎么走？时刻留意天空中正在发生的事情是一个好的开始。有许多杂志可以帮你做到这一点，包括《天空和望远镜》（*Sky & Telescope*）、《天文学》（*Astronomy*）、英国的《当代天文学》（*Astronomy Now*）以及相关的电子杂志。在了解将要发生的掩星、日月食、流星雨、彗星和如何寻找行星及其卫星上，这些杂志总是非常有用。一些年度出版物，尤其是盖伊·奥特维尔的《天文日历》（*Astronomical Calendar*），对此也同样有用。

如果你真的计划进一步观星，那你需要一套好的星图。雷伊的《恒星》（*The Stars*）一书就非常好用。虽然它不会教你如何使用望远镜，但我们之所以推荐它，是因为如果你想了解星座，那么不要低估晚上坐在外面用红光手电筒追踪星座的乐趣。

有很多方法可以获得好的星图。《剑桥双星星图集》（*Cambridge Double Star Atlas*）虽然叫这个名字，但书里不仅仅介绍了双星；此外，它采用螺旋装帧，星图中标出了暗至 7.5 等的恒星，很好地标记出了深空天体，是你使用望远镜观星时的理想工具书。《星图集 2000》（*Sky Atlas 2000*）标出了暗至 8 等的恒星以及数千个深空天体。对资深天文爱好者来说，有用的星图还包括《测天图 2000.0》（*Uranometria 2000.0*）和《美国变星观测者协会变星星图集》（*AAVSO Variable Star Atlas*），这些书中都标出了暗至 9.5 等的恒星。这些书你都可以在网上买到。

一些有用的书籍会通过挨个介绍星座来介绍天空，比如针对中等水平的观星者的《恒星和行星指南》（*Guide to Stars and Planets*）和《业余天文学》（*Astronomy for Amateurs*），以及面向高水平天文爱好者的《小型望远镜天体》（*Celestial Objects for Common Telescopes*）或《伯纳姆天文手册》（*Burnham's Celestial Handbook*）。想要加入有关观星方法和硬件设备的高水平讨论，则可以分别参考西奇威克的《天文爱好者观测天文学》（*Observational Astronomy for Amateurs*）和《天文爱好者手册》（*Amateur Astronomer's Handbook*）。新出的《夜空观星者指南》（*The Night Observer's Guide*）也值得推荐，它分秋冬、春夏和南天三卷。

太阳和月球是特殊的天体。有一些非常好的书来介绍月球上的细节，比如安东宁·吕克尔的《月球图集》（*Atlas of the Moon*）。我特别喜欢观看太阳，也许你也会喜欢上它。记住，只有在望远镜上安装了滤光片后才能观看太阳。千万千万不要冒险！

用合理的价格可以买到很棒的天文软件。我一直使用“旅行者”（Voyager），在观星时我会将笔记本电脑调成红屏模式再运行它，这非常有用。盖伊则常用“夜空”（Starry Night）。在互联网上还有一些可免费使用的专业数据库，其中就包括“阿拉丁天图”（Aladin Sky Atlas）和“辛巴达天文数据库”（SIMBAD）。美国空间望远镜研究所的“数字化巡天”（Digitized Sky Survey）能让你获得天空中任何一块区域的照片。

这些图像非常漂亮，但通常来说照片或相对复杂的星图并不适合初学者。照片太过突出星云状物质而忽略恒星，太过突出蓝色恒星而忽略红色恒星。这也正是本书使用根据小型望远镜中所见的影像而非大型天文台望远镜长时间曝光的照片来绘制星图的原因。事实上，天空中任何天体（月球除外）的照片与我们真实所见的差异极大，你可以在观星时画下所见的天体，然后把它和照片中的做比较。随着较大口径的多布森望远镜越来越多地被用作入门望远镜，画下所见天体已是20年前我们写第一版时会做的事，当时我用的是一架口径2.4 in（6.10 cm）的小型折射望远镜。

写给高水平观星者的参考书特别爱介绍用恒星坐标来定位天体。天空中的这些坐标其实非常简单，只不过初学者刚接触时会心生畏惧。这也是我们使用语言加图释的方法来教你如何找到目标天体的原因。然而，一旦你习惯了天空，了解了夜空和季节的变化，就会开始理解这些坐标系（以及其他更复杂的星图）。

如果你只想偶尔观星，那本书就完全够用了。而如果我们激发了你对天文学的兴趣，那再好不过了。我希望在使用本书的过程中，你能尝试着观星，这样在使用上述参考书和星图来继续探索星空时就会感到轻松自如了。

本书有一个网站！更多资源，可访问 www.cambridge.org/turnleft。

丹·戴维斯

2011年写于美国纽约州石溪

参考资源

这里列出了对你进一步深入观星有用的一些资源！如果你有相关的建议，请联系我们——turnleft@cambridge.org。

期刊

《天文学》

www.astronomy.com

《当代天文学》

www.astronomynow.com

盖伊·奥特维尔的《天文日历》

www.universalworkshop.com

《天空和望远镜》

www.skyandtelescope.com

此外，几乎每个国家都有本土的天文爱好者杂志、社团以及其他出版物。你可以去当地的图书馆看看。

星图集

《剑桥双星星图集》

《测天图2000.0》

《美国变星观测者协会变星星图集》

图书

在北美和欧洲有些书名可能略有不同。

H. A. Rey: *The Stars*

R. Garfinkle: *Star Hopping*

B. Liller and B. Mayer: *The Cambridge Astronomy Guide*

C. Luginbuhl and B. Skiff: *Observing Handbook and Catalogue of Deep-Sky Objects*

P. Martinez: *The Observer's Guide to Astronomy*

H. Mills: *Practical Astronomy*

J. Newton and P. Teece: *The Guide to Amateur Astronomy*

G. North: *Advanced Amateur Astronomy*

S. J. O'Meara: *The Messier Catalog*

J. Pasachoff and D. Menzel: *A Field Guide to the Star and Planets*

I. Ridpath: *Norton's 2000.0 Star Atlas*

I. Ridpath and W. Tirion: *Stars and Planets*

A. Rükl: *Atlas of the Moon*

P. Taylor: *Observing the Sun*

组织

美国变星观测者协会（AAVSO）

25 Birch St., Cambridge, MA 02138

太平洋天文学会

390 Ashton Ave., San Francisco, CA 94112

英国天文协会

Burlington House, Piccadilly, London W1V 9AG

加拿大皇家天文学会

136 Dupont St., Toronto, Ontario M5R 1V2

天文软件

阿拉丁天图：aladin.u-strasbg.fr

夜空：www.starrynight.com

Stellarium：www.stellarium.org

旅行者：www.carinasoft.com

互联网资源

数字化巡天

archive.stsci.edu/cgi-bin/dss_form

辛巴达天文数据库

simbad.u-strasbg.fr/simbad

太空和观星新闻

www.space.com

后 记

本书创作历程

前往郊区，你可以看见本书中列出的几乎所有天体。我们也曾这样做！

从 1985 年开始，在乔治·华盛顿大桥的阴影下，我们在我位于新泽西州老家的后院观星；在那里仅能看到几个位于南方地平线上的暗弱天体，我们不得不前往长岛最黑暗的地方。那时，盖伊用的是口径 90 mm 星特朗 C–90 望远镜（他带到非洲的那架），我用的则是老式优利康口径 2.4 in（6.10 cm）的折射望远镜。

为了出这本书的新版，我们在郊区重新观测了书中几乎所有天体。我根据口径 10 in（25.4 cm）的猎户多布森望远镜和所钟爱的优利康望远镜中的影像绘制本书中的星图（我的星特朗 C–8 望远镜也帮我确认了许多天体）。在天体被树遮挡的时候，我还会冒险翻过围墙，到朋友芭芭拉和杰夫·格尔森夫妇更开阔的后院去。如果在观看一些天体时需要更黑暗的天空，我会前往长岛东部的州立公园。

我们的观星地点还包括盖伊工作的梵蒂冈天文台办公室，它位于罗马南边的教皇夏季花园内。2010 年我在那里度过了为期 2 个月的学术休假。那里受到了保护，没有路灯的直接照射，离意大利阿尔巴诺镇广场仅几十米远。在那里我们用的望远镜包括盖伊的星特朗 C–90（已跟着他去了好多地方）和口径 8 in（20.32 cm）的猎户多布森望远镜，后者是美国阿里索纳图森的望远镜经销商——星利桑那（starizona.com）的迪安·凯尼格捐赠给梵蒂冈天文台的。

通过参加美国西南部的星空派对，包括俄克拉荷马–得克萨斯 2009 和得克萨斯星空派对 2010，我们对许多天体有了全新的认识。为此特别感谢主办得克萨斯星空派对 2010 并让我们收获颇丰的安妮·阿德金斯、芭芭拉·威尔逊和范·罗宾逊。如果你有机会，也可以试着加入一个当地的社团。在一个好地方和新老朋友一起观星会非常棒。

出第三版的过程中，在观测南天天体时我们得到了许多人的帮助，包括新西兰蒂卡波湖的格兰特和罗斯玛丽·布朗夫妇，以及已故的神父克劳迪奥·罗西，他帮助我们联系了蒂娜·穆考尔、弗雷迪·玛尼翁加纳和塔博·莫托（南非约翰内斯堡威特沃特斯兰德大学）以及理查德·亨利和他在南非斯隆公园的家人。为了这一版的出版，我们在澳大利亚南部的七山丘对所有天体重新进行了观测。伊恩·克里布在当地接待了我们，南澳大利亚天文学会的罗伯特·詹金斯把口径 10 in（25.4 cm）的米德望远镜借给我们。我们本打算购买一架口径 8 in（20.32 cm）的多布森望远镜，但悉尼望远镜经销商——宾特尔（www.bintelshop.com.au）的迈克·史密斯坚持给我们捐赠望远镜，后来他所赠的望远镜侧面刻着“致帕特里克·托蒂·摩根”，后者曾在高中教过他。

在写本书时我们参考了许多资料，其中很多来自梵蒂冈天文台，从盖伊的办公室穿过大厅就是一座图书馆。只要兴起，我们就走过去找 17 卷的依巴谷星表、一个大而内容详细的月球仪（“阿波罗”计划时美国宇航局局长赠予教皇保罗六世的礼物）和 1895 年刊载于皇家天文学会月刊（该出版物可以追溯到 16 世纪）的原版德雷伯星表。

在我们经常使用的书籍中，尤其要感谢《伯纳姆天文手册》（*Burnham's Celestial Handbook*）、里德帕斯和季里翁的《恒星和行星指南》（*Guide to Stars and Planets*）、哈通以及后经法林和弗鲁修订的《哈通南天望远镜天体》（*Hartung's Astronomical Objects for Southern Telescopes*）、贝科沃的《星图集》（*Atlas of the Heavens Catalog*）、伊恩·库珀、詹尼·凯和乔治·罗伯特·凯普尔的《夜空观星者指南》（*The Night Sky Observer's Guide*），以及詹姆斯·穆拉尼和威尔·季里翁的《剑桥双星星图集》（*The Cambridge Double Star Atlas*）。我们还使用了许多在线数据资源，包括华盛顿双星星表和辛巴达天文数据库。确定恒星名称时我们主要参考了理查德·欣克利·艾伦于1899年出版的名著《星名：知识和意义》（*Star Names: Their Lore and Meaning*，我们用的是1963年多佛出版社的那一版）。本书也从《天空和望远镜》（*Sky & Telescope*）杂志中获益良多。其中就包括许多很有用的小技巧，尽管有时它们也会相互矛盾。

归根结底，本书中的内容都是我们多年来辛勤观测和手绘的结果，绘图工作主要由我完成。我会先用计算机输出感兴趣天区的星图，然后根据自己所见标记出较亮（或较暗）的恒星。天文软件会根据在特定波长上的星等来给出恒星的亮度，但人眼会对更多的颜色做出反应，因此相比计算机给出的结果，人眼更易于看见在红光波段上较亮而在蓝光上较暗的天体。另一个问题是，这些软件倾向于夸大疏散星团。同样地，人眼所见的星云也往往与照片中的极为不同。

为了展现星团在人眼中的真正模样，我对每个星团中每颗可见的恒星进行了标记，还增加了其间星云状物质的阴影。在用望远镜观测之后，我会扫描它的绘图，用绘画软件将其打开，把它与照片和计算机上的星图进行比较（用来确定恒星的正确位置），然后画出恒星和星云图。之后我就把这些图寄给盖伊，他会对它们进行整理，并且撰写寻找这些天体的方法以及描述在找到之后它们看上去的样子。

盖伊还负责绘制肉眼和寻星镜图像。肉眼图像根据“夜空”（Starry Night）软件上的图像修改而得，当然这得到了该软件制作方的许可（模拟课程公司星空教育版，见www.starrynighteducation.com）。寻星镜图像的绘制与我制作望远镜图像的方式基本相同，先从计算机生成的星图开始，然后根据在寻星镜中实际所见的对其进行修改。寻星镜星图中绘制了较暗的恒星，以适用于有优质寻星镜的读者；当然，我们仅使用较亮的恒星来指明方向，以防读者的寻星镜威力不足。

我们本以为在几个月内就能做出一个新版本，不成想它花了我们两年的时间。因为我们太乐在其中了！我们希望你在使用本书时也能感受到我们在写它时的快乐！

致谢

感谢布拉德·谢弗、萨比诺·马费奥、克劳迪奥·科斯塔、菲尔·施密特和克利夫·斯托尔为本书提出有用的建议和发现书中的错误。感谢多年来帮助我们的剑桥出版社编辑——西蒙·米顿、艾丽斯·休斯敦以及这一版的编辑——文斯·希格斯，感谢他们对我们的鼓励。特别感谢及时教我们图书设计的斯蒂芬妮·特威尔，还有我们出色的制作编辑埃玛·沃克和优秀的文字编辑佐伊·卢因。

感谢卡伦·科塔什·塞普和安妮·德罗金在把我们的想法变成一件艺术品中所付出的努力。新版和第三版中的路标图由托德·约翰逊和玛丽·林恩·斯柯文绘制。玛丽·林恩·斯柯文还画了新版的封面和扉页（由第三版封面演变而来）以及第19页上多布森望远镜和折反射望远镜的卡通图。还要感谢同意做她这些封面模特的朋友们。

第24～35页上的月面图出自罗伯特·里夫斯，他通过星特朗口径8 in（20.32 cm）的望远镜和米德口径10 in（25.4 cm）的折反射望远镜所拍摄的数字图像合成了这些图片。第23～32页中的特写图来自美国亚利桑那大学月球和行星实验室的杰勒德·柯伊伯、尤恩·惠特克、罗伯特·斯特罗姆、约翰·方丹和斯蒂芬·拉森编纂的《统一月面图集》（*Consolidated Lunar Atlas*），埃里克·道格拉斯制作的数字版可通过网址 www.lpi.usra.edu/resources/cla/ 来查阅。书中还采用了里克·希尔用口径3.5 in（8.89 cm）的魁星望远镜和口径14 in（35.56 cm）的星特朗C-14望远镜所拍摄的图像。

我们还要特别感谢莱奥妮·戴维斯，感谢她能容忍丹另类的作息和他另类的朋友。

谢谢！

双星和聚星

页码	名称	星座	赤经	赤纬	星等	间距	章节
184	斯特鲁维 3053	仙后座	$0^h2.6^m$	66° 6'	6.0, 7.3	15"	北天
211	杜鹃 β	杜鹃座	$0^h31.5^m$	−62° 58'	4.4, 4.5	27"	南天
184	仙后 η	仙后座	$0^h49.0^m$	57° 49'	3.4, 7.4	13"	北天
184	伯纳姆 1	仙后座	$0^h52.8^m$	56° 38'	8.6, 9.3, 8.9, 9.7	1.1", 3.7", 8.5"	北天
211	杜鹃 κ	杜鹃座	$1^h15.8^m$	−68° 53'	5.0, 7.7, 7.9, 8.4	5.0", 319", 1"	南天
190	斯特鲁维 131	仙后座	$1^h33.2^m$	60° 41'	7.3, 9.9	14"	北天
191	斯特鲁维 153	仙后座	$1^h46.6^m$	61° 16'	9.4, 10.4	7.7"	北天
184	斯特鲁维 163	仙后座	$1^h51.2^m$	4° 51'	6.8, 9.1, 10.7	34", 114"	北天
177	白羊 1	白羊座	$1^h53.4^m$	22° 17'	6.3, 7.3	2.9"	季节性天空：10～12 月
176	白羊 γ，娄宿二	白羊座	$1^h53.4^m$	19° 18'	4.5, 4.6	7.5"	季节性天空：10～12 月
176	仙女 56	仙女座	$1^h56.2^m$	37° 15'	5.8, 6.0	200"	季节性天空：10～12 月
176	白羊 λ	白羊座	$1^h58.0^m$	23° 36'	4.8, 6.6	37"	季节性天空：10～12 月
176	仙女 γ，天大将军一	仙女座	$2^h3.9^m$	42° 20'	2.3, 5.1	9.8"	季节性天空：10～12 月
176	仙女 59	仙女座	$2^h10.9^m$	39° 3'	6.1, 6.7	17"	季节性天空：10～12 月
176	三角 6（ι）	三角座	$2^h12.4^m$	30° 18'	5.3, 6.7	3.7"	季节性天空：10～12 月
184	仙后 ι	仙后座	$2^h29.0^m$	67° 24'	4.6, 6.9, 9.0	2.9", 7.0"	北天
198	小熊 α，北极星	小熊座	$2^h31.8^m$	89° 16'	2.1, 9.1	18"	北天
179	HJ 1123	英仙座	$2^h41.9^m$	42° 47'	8.4, 8.5	20"	季节性天空：10～12 月
179	奥托・斯特鲁维 44	英仙座	$2^h42.2^m$	42° 41'	8.3, 9.0	1.4"	季节性天空：10～12 月
179	HJ 2155	英仙座	$2^h48.8^m$	42° 49'	8.3, 10.3	17"	季节性天空：10～12 月
182	英仙 η	英仙座	$2^h50.7^m$	55° 54'	3.8, 8.6	28"	北天
56	波江 39	波江座	$4^h14.4^m$	−10° 15'	5.0, 8.5	6.3"	季节性天空：1～3 月
57	波江 ο²，九州殊口增七	波江座	$4^h15.3^m$	−7° 39'	4.5, 10.2, 11.5	83", 7"	季节性天空：1～3 月
66	御夫 ω	御夫座	$4^h59.3^m$	37° 53'	5.0, 8.2	4.8"	季节性天空：1～3 月
54	猎户 β，参宿七	猎户座	$5^h14.5^m$	−8° 12'	0.3, 6.8	9.3"	季节性天空：1～3 月
66	御夫 14	御夫座	$5^h15.4^m$	32° 41'	5, 9, 8, 8	10", 14", 2"	季节性天空：1～3 月
58	h 3752	天兔座	$5^h22.5^m$	−24° 46'	5.4, 6.6	3.4"	季节性天空：1～3 月
54	猎户 η	猎户座	$5^h24.5^m$	−2° 24'	3.6, 4.9	1.8"	季节性天空：1～3 月
62	斯特鲁维 118	金牛座	$5^h29.3^m$	25° 9'	5.8, 6.7	4.4"	季节性天空：1～3 月
54	猎户 32	猎户座	$5^h30.8^m$	5° 57'	4.4, 5.7	1.2"	季节性天空：1～3 月
54	猎户 δ，参宿三	猎户座	$5^h32.0^m$	0° 20'	2.2, 6.8	53"	季节性天空：1～3 月
50	斯特鲁维 745	猎户座	$5^h34.7^m$	−6° 0'	8.5, 8.5	29"	季节性天空：1～3 月
50	斯特鲁维 747	猎户座	$5^h35.0^m$	−6° 0'	4.7, 5.5	36"	季节性天空：1～3 月
54	猎户 λ，觜宿一	猎户座	$5^h35.1^m$	9° 56'	3.5, 5.4	4.1"	季节性天空：1～3 月
51	猎户 θ¹，猎户四边形天体	猎户座	$5^h35.3^m$	−5° 25'	5.1, 6.6, 7.9, 6.3, 11.1, 11.5	13", 17", 13", 5", 5"	季节性天空：1～3 月
50	猎户 ι	猎户座	$5^h35.4^m$	−5° 54'	2.9, 7.0, 9.7	11", 49"	季节性天空：1～3 月
51	猎户 θ²	猎户座	$5^h35.4^m$	−5° 26'	5.0, 6.2	52"	季节性天空：1～3 月
54	猎户 42	猎户座	$5^h35.4^m$	−4° 50'	4.6, 7.5	1.1"	季节性天空：1～3 月
62	斯特鲁维 742	金牛座	$5^h36.4^m$	22° 0'	7.1, 7.5	4.1"	季节性天空：1～3 月
52	斯特鲁维 761	猎户座	$5^h38.6^m$	−2° 34'	7.9, 8.4, 8.6	67", 8.7"	季节性天空：1～3 月
66	御夫 26	御夫座	$5^h38.6^m$	30° 30'	5.5, 8.4	12"	季节性天空：1～3 月
52	猎户 σ	猎户座	$5^h38.7^m$	−2° 36'	3.7, 8.8, 6.6, 6.3	10.9", 12.7", 41"	季节性天空：1～3 月
54	猎户 ζ，参宿一	猎户座	$5^h40.8^m$	−1° 59'	1.9, 3.7	2.5"	季节性天空：1～3 月
54	猎户 52	猎户座	$5^h48.0^m$	6° 27'	6.0, 6.0	1.1"	季节性天空：1～3 月
69	双子 η，钺	双子座	$6^h14.9^m$	22° 30'	3.5, 6.2	1.7"	季节性天空：1～3 月
73	麒麟 ε	麒麟座	$6^h23.8^m$	4° 36'	4.4, 6.4	12"	季节性天空：1～3 月
69	双子 15	双子座	$6^h27.8^m$	20° 47'	6.6, 8.2	25"	季节性天空：1～3 月
74	麒麟 β	麒麟座	$6^h28.8^m$	−7° 2'	4.6, 5.0, 5.3	7.2", 2.9"	季节性天空：1～3 月
77	大犬 α，天狼星	大犬座	$6^h45.1^m$	−16° 43'	-1.4, 8.5	8.4"	季节性天空：1～3 月
77	大犬 μ	大犬座	$6^h56.1^m$	−14° 3'	5.3, 7.1	3"	季节性天空：1～3 月
83	大犬 ε，弧矢七	大犬座	$6^h58.6^m$	−28° 58'	1.5, 7.5	7"	季节性天空：1～3 月
213	飞鱼 γ	飞鱼座	$7^h8.7^m$	−70° 30'	3.8, 5.7	13"	南天
82	h 3945，冬季辇道增七	大犬座	$7^h16.6^m$	−23° 19'	5.0, 5.8	26"	季节性天空：1～3 月
71	双子 λ	双子座	$7^h18.1^m$	16° 32'	3.6, 10.7	9.7"	季节性天空：1～3 月
71	双子 δ，天樽二	双子座	$7^h20.1^m$	21° 59'	3.6, 8.2	5.6"	季节性天空：1～3 月
71	斯特鲁维 1083	双子座	$7^h25.6^m$	20° 30'	7.3, 8.1	6.8"	季节性天空：1～3 月
71	斯特鲁维 1108	双子座	$7^h32.8^m$	22° 53'	6.6, 8.2	11.6"	季节性天空：1～3 月
70	双子 α，北河二	双子座	$7^h34.6^m$	31° 53'	1.9, 3.0, 9.8	4.8", 70"	季节性天空：1～3 月
85	船尾 k	船尾座	$7^h38.8^m$	−26° 48'	4.4, 4.6	9.8"	季节性天空：1～3 月
77	小犬 α，南河三	小犬座	$7^h39.3^m$	5° 13'	0.4, 10.8	4.7"	季节性天空：1～3 月
213	飞鱼 ζ	飞鱼座	$7^h41.8^m$	−72° 36'	4.1, 9.8	16"	南天
81	船尾 2	船尾座	$7^h45.5^m$	−14° 41'	6.1, 6.9	17"	季节性天空：1～3 月
71	双子 κ	双子座	$7^h44.4^m$	24° 24'	3.7, 8.2	7"	季节性天空：1～3 月
213	飞鱼 ε	飞鱼座	$8^h7.9^m$	−68° 37'	4.4, 8.0	6.1"	南天
218	船帆 γ	船帆座	$8^h9.5^m$	−47° 21'	1.8, 4.1, 7.3, 9.4	41", 62", 93"	南天
88	巨蟹 ζ，水位四	巨蟹座	$8^h12.2^m$	17° 39'	5.3, 6.2	1.1"	季节性天空：4～6 月
221	吕姆克 8	船底座	$8^h15.3^m$	−62° 55'	5.3, 7.6	3.7"	南天
89	巨蟹 24	巨蟹座	$8^h26.7^m$	24° 32'	6.9, 7.5	5.6"	季节性天空：4～6 月
92	巨蟹 φ²	巨蟹座	$8^h26.8^m$	26° 56'	6.2, 6.2	5.2"	季节性天空：4～6 月
221	h 4128	船底座	$8^h39.2^m$	−60° 19'	6.8, 7.5	1.4"	南天
92	斯特鲁维 1266	巨蟹座	$8^h44.4^m$	28° 27'	8.8, 10.0	24"	季节性天空：4～6 月
92	巨蟹 ι	巨蟹座	$8^h46.7^m$	28° 46'	4.1, 6.0	30"	季节性天空：4～6 月
91	长蛇 ε	长蛇座	$8^h46.8^m$	6° 25'	3.5, 6.7	2.8"	季节性天空：4～6 月
93	巨蟹 53	巨蟹座	$8^h52.5^m$	28° 16'	6.2, 9.7	43"	季节性天空：4～6 月

双星和聚星（续）

页码	名称	星座	赤经	赤纬	星等	间距	章节
92	巨蟹 57	巨蟹座	$8^{h}54.2^{m}$	30° 35'	6.1, 6.4	1.5"	季节性天空：4～6 月
92	狮子 κ	狮子座	$9^{h}24.7^{m}$	26° 11'	4.6, 9.7	2.4"	季节性天空：4～6 月
223	船底 υ	船底座	$9^{h}47.1^{m}$	−65° 4'	3.0, 6.0	5.0"	南天
92	狮子 γ，轩辕十二	狮子座	$10^{h}20.0^{m}$	19° 51'	2.4, 3.6	4.6"	季节性天空：4～6 月
225	船帆 J	船帆座	$10^{h}20.9^{m}$	−56° 3'	4.5, 8, 9.2	7", 37"	南天
97	狮子 54	狮子座	$10^{h}55.6^{m}$	24° 45'	4.5, 6.3	6.4"	季节性天空：4～6 月
225	h 4432	苍蝇座	$11^{h}23.0^{m}$	−64° 57'	5.4, 5	2.3"	南天
109	猎犬 2	猎犬座	$12^{h}16.1^{m}$	40° 40'	5.9, 8.7	11"	季节性天空：4～6 月
228	南十字 α，十字架二	南十字座	$12^{h}26.6^{m}$	−63° 6'	1.3, 1.6, 4.8	4.0", 90"	南天
228	南十字 γ，十字架一	南十字座	$12^{h}31.2^{m}$	−57° 7'	1.6, 6.5, 9.5	127", 155"	南天
100	室女 γ，太微左垣二	室女座	$12^{h}41.7^{m}$	−1° 27'	3.6, 3.6	1.3"(2010)	季节性天空：4～6 月
228	苍蝇 β	苍蝇座	$12^{h}46.3^{m}$	−68° 6'	3.5, 4.0	1.1"	南天
106	斯特鲁维 1685	后发座	$12^{h}52.0^{m}$	19° 10'	7.3, 7.8	16"	季节性天空：4～6 月
228	南十字 μ	南十字座	$12^{h}54.6^{m}$	−57° 11'	3.9, 5.0	35"	南天
101	斯特鲁维 1689	室女座	$12^{h}55.5^{m}$	11° 30'	7.1, 9.1	30"	季节性天空：4～6 月
108	猎犬 α，常陈一	猎犬座	$12^{h}56.0^{m}$	38° 19'	2.8, 5.5	19"	季节性天空：4～6 月
109	斯特鲁维 1702	猎犬座	$12^{h}58.5^{m}$	38° 17'	8.7, 9.4	36"	季节性天空：4～6 月
202	大熊 ζ，开阳	大熊座	$13^{h}23.9^{m}$	54° 56'	2.2, 3.9	14"	北天
235	半人马 Q	半人马座	$13^{h}31.7^{m}$	−54° 17'	5.3, 6.6	5"	南天
235	半人马 N	半人马座	$13^{h}52.0^{m}$	−52° 35'	5.2, 7.5	18"	南天
202	斯特鲁维 1795	大熊座	$13^{h}59.0^{m}$	53° 6'	6.9, 9.8	7.9"	北天
202	牧夫 κ	牧夫座	$14^{h}13.5^{m}$	52° 0'	4.5, 6.6	14"	北天
202	牧夫 ι	牧夫座	$14^{h}16.2^{m}$	51° 22'	4.8, 7.4	39"	北天
228	邓洛普 159	半人马座	$14^{h}22.6^{m}$	−58° 28'	5.0, 7.6	8.9"	南天
228	半人马 α	半人马座	$14^{h}39.6^{m}$	−60° 50'	0.0, 1.3	10"	南天
112	牧夫 π	牧夫座	$14^{h}40.7^{m}$	16° 23'	4.9, 5.8	5.6"	季节性天空：4～6 月
228	圆规 α	圆规座	$14^{h}42.5^{m}$	−64° 59'	3.2, 8.5	16"	南天
112	牧夫 ε，梗河一	牧夫座	$14^{h}45.0^{m}$	27° 4'	2.6, 4.8	3.0"	季节性天空：4～6 月
112	牧夫 ξ	牧夫座	$14^{h}51.4^{m}$	19° 6'	4.8, 7.0	6.4"	季节性天空：4～6 月
112	牧夫 μ，七公六	牧夫座	$15^{h}24.5^{m}$	37° 23'	4.3, 7.1, 7.6	109", 2"	季节性天空：4～6 月
112	北冕 ζ	北冕座	$15^{h}39.4^{m}$	36° 38'	5.0, 5.9	6.3"	季节性天空：4～6 月
146	豺狼 ξ	豺狼座	$15^{h}56.9^{m}$	−33° 58'	5.1, 5.6	10"	季节性天空：7～9 月
146	豺狼 η	豺狼座	$16^{h}0.1^{m}$	−38° 24'	3.4, 7.5, 9.3	14", 116"	季节性天空：7～9 月
146	天蝎 ξ	天蝎座	$16^{h}4.4^{m}$	−11° 22'	5.2, 4.9, 7.3	0.9", 7.9"	季节性天空：7～9 月
146	斯特鲁维 1999	天蝎座	$16^{h}4.5^{m}$	−11° 26'	7.5, 8.1	11"	季节性天空：7～9 月
146	天蝎 β，房宿四	天蝎座	$16^{h}5.4^{m}$	−19° 51'	2.6, 4.5	12"	季节性天空：7～9 月
146	天蝎 ν	天蝎座	$16^{h}12.0^{m}$	−19° 28'	4.4, 5.3, 6.6, 7.2	1.3", 41", 42"(2.3")	季节性天空：7～9 月
117	北冕 σ	北冕座	$16^{h}14.7^{m}$	33° 51'	5.6, 6.5	7.1"	季节性天空：7～9 月
146	天蝎 α，心宿二	天蝎座	$16^{h}29.4^{m}$	−26° 26'	1.0, 5.4	2.5"	季节性天空：7～9 月
146	蛇夫 24	蛇夫座	$16^{h}56.8^{m}$	−23° 9'	6.3, 6.3	1.0"	季节性天空：7～9 月
120	武仙 α，帝座	武仙座	$17^{h}14.6^{m}$	14° 23'	3.5, 5.4	4.9"	季节性天空：7～9 月
117	武仙 δ	武仙座	$17^{h}15.0^{m}$	24° 50'	3.1, 8.3	11"	季节性天空：7～9 月
146	蛇夫 36	蛇夫座	$17^{h}15.4^{m}$	−26° 35'	5.1, 5.1	4.9"	季节性天空：7～9 月
146	蛇夫 ο	蛇夫座	$17^{h}18.0^{m}$	−24° 17'	5.2, 6.6	10"	季节性天空：7～9 月
119	武仙 ρ	武仙座	$17^{h}23.7^{m}$	37° 9'	4.5, 5.4	4.0"	季节性天空：7～9 月
195	天龙 ψ	天龙座	$17^{h}41.9^{m}$	72° 8'	4.6, 5.6	30"	北天
145	HN 40	人马座	$18^{h}2.3^{m}$	−23° 2'	7.6, 10.4, 8.7	6.1", 11"	季节性天空：7～9 月
237	孔雀 ξ	孔雀座	$18^{h}23.2^{m}$	−61° 30'	4.4, 8.1	3.4"	南天
237	HdO 290	孔雀座	$18^{h}29.9^{m}$	−57° 31'	5.8, 10.5	30"	南天
124	天琴 ε	天琴座	$18^{h}44.4^{m}$	39° 38'	5.2, 6.1, 5.3, 5.4	2.3", 208", 2.3"	季节性天空：7～9 月
125	天琴 ζ	天琴座	$18^{h}44.8^{m}$	37° 36'	4.3, 5.6	44"	季节性天空：7～9 月
137	斯特鲁维 2391	盾牌座	$18^{h}48.7^{m}$	−6° 2'	6.5, 9.6	38"	季节性天空：7～9 月
127	天琴 β，渐台二	天琴座	$18^{h}50.1^{m}$	33° 22'	3.3～4.3, 7.8	47"	季节性天空：7～9 月
127	奥托·斯特鲁维 525	天琴座	$18^{h}54.9^{m}$	41° 36'	6.1, 9.1, 7.6	1.8", 46"	季节性天空：7～9 月
156	人马 ζ，斗宿六	人马座	$19^{h}2.6^{m}$	−29° 53'	3.4, 3.6	0.5"	季节性天空：7～9 月
137	天鹰 15	天鹰座	$19^{h}5.0^{m}$	−4° 2'	5.5, 7.0	38"	季节性天空：7～9 月
124	斯特鲁维 2470	天琴座	$19^{h}8.8^{m}$	34° 46'	7.0, 8.4	13.8"	季节性天空：7～9 月
124	斯特鲁维 2474	天琴座	$19^{h}8.8^{m}$	34° 46'	6.8, 8.1	16.1"	季节性天空：7～9 月
128	天鹅 β，辇道增七	天鹅座	$19^{h}30.7^{m}$	27° 58'	3.2, 5.4	34"	季节性天空：7～9 月
135	天箭 ε	天箭座	$19^{h}37.3^{m}$	16° 28'	5.8, 8.4	87"	季节性天空：7～9 月
135	HN 84	天箭座	$19^{h}39.4^{m}$	16° 34'	6.4, 9.5	28"	季节性天空：7～9 月
130	天鹅 16	天鹅座	$19^{h}41.8^{m}$	50° 31'	6.0, 6.0	40"	季节性天空：7～9 月
135	天箭 ζ	天箭座	$19^{h}49.0^{m}$	19° 8'	5.0, 9.0	8.5"	季节性天空：7～9 月
135	天箭 θ	天箭座	$20^{h}9.9^{m}$	20° 55'	6.6, 8.9	12"	季节性天空：7～9 月
124	斯特鲁维 2725	海豚座	$20^{h}46.2^{m}$	15° 54'	7.5, 8.4	6.0"	季节性天空：7～9 月
124	海豚 γ	海豚座	$20^{h}46.7^{m}$	16° 8'	4.4, 5.0	9.1"	季节性天空：7～9 月
124	天鹅 61	天鹅座	$21^{h}6.6^{m}$	38° 42'	5.2, 6.0	31"	季节性天空：7～9 月
193	斯特鲁维 2815	仙王座	$21^{h}37.7^{m}$	57° 34'	8.6, 10.0	0.9"	北天
192	斯特鲁维 2816	仙王座	$21^{h}39.0^{m}$	57° 29'	5.7, 7.5, 7.5	12", 20"	北天
192	斯特鲁维 2819	仙王座	$21^{h}40.0^{m}$	57° 35'	7.4, 8.6	13"	北天
169	宝瓶 KV	宝瓶座	$22^{h}25.7^{m}$	−20° 14'	7.1, 8.0	6.9"	季节性天空：10～12 月
192	仙王 δ	仙王座	$22^{h}29.2^{m}$	58° 25'	4.2, 6.1	41"	北天
184	仙后 σ	仙后座	$23^{h}59.0^{m}$	55° 45'	5.0, 7.2	3.2"	北天

疏散星团

页码	名称	星座	赤经	赤纬	章节
189	NGC 129	仙后座	$0^h29.8^m$	60° 14'	北天
206	NGC 220	杜鹃座	$0^h40.5^m$	−73° 24'	南天
206	NGC 222	杜鹃座	$0^h40.7^m$	−73° 23'	南天
206	NGC 231	杜鹃座	$0^h41.1^m$	−73° 21'	南天
188	NGC 225	仙后座	$0^h43.4^m$	61° 47'	北天
206	NGC 265	杜鹃座	$0^h47.2^m$	−73° 29'	南天
198	NGC 188	仙王座	$0^h47.5^m$	85° 15'	北天
206	NGC 330	杜鹃座	$0^h56.3^m$	−72° 28'	南天
206	NGC 371	杜鹃座	$1^h3.4^m$	−72° 4'	南天
206	NGC 376	杜鹃座	$1^h3.9^m$	−72° 49'	南天
206	NGC 395	杜鹃座	$1^h5.1^m$	−72° 0'	南天
206	NGC 460	杜鹃座	$1^h14.6^m$	−73° 17'	南天
206	NGC 458	杜鹃座	$1^h14.9^m$	−71° 33'	南天
189	NGC 436	仙后座	$1^h15.5^m$	58° 49'	北天
206	NGC 465	杜鹃座	$1^h15.7^m$	−73° 19'	南天
189	NGC 457	仙后座	$1^h19.0^m$	58° 20'	北天
190	M 103	仙后座	$1^h33.2^m$	60° 42'	北天
175	NGC 604，位于 M 33 中	三角座	$1^h34.5^m$	30° 47'	季节性天空：10～12 月
191	NGC 637	仙后座	$1^h41.8^m$	64° 2'	北天
191	NGC 654	仙后座	$1^h43.9^m$	61° 54'	北天
191	NGC 659	仙后座	$1^h44.2^m$	60° 43'	北天
191	NGC 663	仙后座	$1^h46.0^m$	61° 16'	北天
175	NGC 752	仙女座	$1^h57.8^m$	37° 41'	季节性天空：10～12 月
182	NGC 869，双重星团	英仙座	$2^h19.3^m$	57° 9'	北天
182	NGC 884，双重星团	英仙座	$2^h22.4^m$	57° 7'	北天
178	M 34	英仙座	$2^h42.0^m$	42° 47'	季节性天空：10～12 月
60	M 45，昴星团	金牛座	$3^h46.9^m$	24° 7'	季节性天空：1～3 月
212	NGC 1711	山案座	$4^h50.6^m$	−69° 59'	南天
212	NGC 1727	剑鱼座	$4^h52.3^m$	−69° 21'	南天
212	NGC 1755	剑鱼座	$4^h55.2^m$	−68° 12'	南天
212	NGC 1845	山案座	$5^h5.7^m$	−70° 35'	南天
212	NGC 1847	剑鱼座	$5^h7.1^m$	−68° 58'	南天
212	NGC 1850	剑鱼座	$5^h8.7^m$	−68° 46'	南天
212	NGC 1854	剑鱼座	$5^h9.3^m$	−68° 51'	南天
212	NGC 1856	剑鱼座	$5^h9.5^m$	−69° 8'	南天
212	NGC 1872	剑鱼座	$5^h13.2^m$	−69° 19'	南天
212	NGC 1876	剑鱼座	$5^h13.3^m$	−69° 22'	南天
212	NGC 1877	剑鱼座	$5^h13.6^m$	−69° 23'	南天
212	NGC 1901	剑鱼座	$5^h18.2^m$	−68° 27'	南天
212	NGC 1910	剑鱼座	$5^h18.6^m$	−69° 14'	南天
212	NGC 1962	剑鱼座	$5^h26.3^m$	−68° 50'	南天
212	NGC 1967	剑鱼座	$5^h26.7^m$	−69° 6'	南天
212	NGC 1968	剑鱼座	$5^h27.4^m$	−67° 28'	南天
212	NGC 1986	山案座	$5^h27.6^m$	−69° 58'	南天
212	NGC 1984	剑鱼座	$5^h27.7^m$	−69° 8'	南天
212	NGC 1983	剑鱼座	$5^h27.8^m$	−67° 59'	南天
212	NGC 1974	剑鱼座	$5^h28.0^m$	−67° 25'	南天
67	NGC 1907	御夫座	$5^h28.1^m$	35° 19'	季节性天空：1～3 月
212	NGC 1994	剑鱼座	$5^h28.4^m$	−69° 8'	南天
64	M 38	御夫座	$5^h28.7^m$	35° 51'	季节性天空：1～3 月
212	NGC 2001	剑鱼座	$5^h29.0^m$	−68° 46'	南天
212	NGC 2009	剑鱼座	$5^h31.0^m$	−69° 11'	南天
212	NGC 2015	剑鱼座	$5^h32.1^m$	−69° 15'	南天
212	NGC 2031	山案座	$5^h33.7^m$	−70° 59'	南天
212	NGC 2033	剑鱼座	$5^h34.5^m$	−69° 47'	南天
49	NGC 1981	猎户座	$5^h35.1^m$	−5° 25'	季节性天空：1～3 月
64	M 36	御夫座	$5^h35.3^m$	34° 9'	季节性天空：1～3 月
212	NGC 2044	剑鱼座	$5^h36.1^m$	−69° 12'	南天
212	NGC 2042	剑鱼座	$5^h36.2^m$	−68° 55'	南天
212	NGC 2055	剑鱼座	$5^h37.0^m$	−69° 26'	南天
212	NGC 2100	剑鱼座	$5^h42.1^m$	−69° 13'	南天
212	NGC 2098	剑鱼座	$5^h42.5^m$	−68° 17'	南天
212	NGC 2122	山案座	$5^h48.9^m$	−70° 4'	南天
64	M 37	御夫座	$5^h52.3^m$	32° 34'	季节性天空：1～3 月
69	NGC 2129	双子座	$6^h1.1^m$	23° 19'	季节性天空：1～3 月
69	NGC 2158	双子座	$6^h7.4^m$	24° 5'	季节性天空：1～3 月
68	M 35	双子座	$6^h8.8^m$	24° 20'	季节性天空：1～3 月
74	NGC 2232	麒麟座	$6^h27.2^m$	−4° 45'	季节性天空：1～3 月
72	NGC 2244	麒麟座	$6^h31.9^m$	4° 56'	季节性天空：1～3 月
78	M 41	大犬座	$6^h47.0^m$	−20° 45'	季节性天空：1～3 月
76	M 50	麒麟座	$7^h2.9^m$	−8° 20'	季节性天空：1～3 月
82	NGC 2362	大犬座	$7^h18.7^m$	−24° 57'	季节性天空：1～3 月
81	NGC 2414	船尾座	$7^h33.2^m$	−15° 27'	季节性天空：1～3 月
80	M 47（NGC 2422）	船尾座	$7^h36.6^m$	−14° 29'	季节性天空：1～3 月

疏散星团（续）

页码	名称	星座	赤经	赤纬	章节
81	NGC 2423	船尾座	$7^h37.1^m$	−13° 52'	季节性天空：1～3 月
80	M 46	船尾座	$7^h41.8^m$	−14° 49'	季节性天空：1～3 月
84	M 93	船尾座	$7^h44.5^m$	−23° 52'	季节性天空：1～3 月
220	NGC 2516	船底座	$7^h58.3^m$	−60° 52'	南天
218	NGC 2547	船帆座	$8^h10.7^m$	−49° 16'	南天
219	I 2391	船帆座	$8^h40.0^m$	−53° 3'	南天
88	M 44，鬼星团	巨蟹座	$8^h40.3^m$	19° 41'	季节性天空：4～6 月
90	M 67	巨蟹座	$8^h51.0^m$	11° 49'	季节性天空：4～6 月
223	NGC 3114	船底座	$10^h2.6^m$	−60° 7'	南天
224	NGC 3293，宝石星团	船底座	$10^h35.8^m$	−58° 13'	南天
224	IC 2602，南昴星团	船底座	$10^h43.2^m$	−64° 24'	南天
224	NGC 3532，许愿井星团	船底座	$11^h6.4^m$	−58° 40'	南天
224	NGC 3766，珍珠星团	半人马座	$11^h36.1^m$	−61° 37'	南天
232	NGC 4755，宝盒星团	南十字座	$12^h53.6^m$	−60° 20'	南天
152	M 6	天蝎座	$17^h40.1^m$	−32° 13'	季节性天空：7～9 月
152	M 7	天蝎座	$17^h54.0^m$	−34° 49'	季节性天空：7～9 月
140	M 23	人马座	$17^h56.9^m$	−19° 1'	季节性天空：7～9 月
142	NGC 6530	人马座	$18^h4.7^m$	−24° 20'	季节性天空：7～9 月
144	M 21	人马座	$18^h4.8^m$	−22° 30'	季节性天空：7～9 月
141	M 24	人马座	$18^h18.4^m$	−18° 26'	季节性天空：7～9 月
139	M 16	巨蛇座	$18^h18.8^m$	−13° 47'	季节性天空：7～9 月
139	M 18	人马座	$18^h19.9^m$	−17° 8'	季节性天空：7～9 月
140	M 25	人马座	$18^h31.7^m$	−19° 15'	季节性天空：7～9 月
137	M 26	盾牌座	$18^h45.3^m$	−9° 23'	季节性天空：7～9 月
136	M 11，野鸭星团	盾牌座	$18^h51.1^m$	−6° 16'	季节性天空：7～9 月
135	布罗基星团，衣架星团	狐狸座	$19^h25.4^m$	20° 11'	季节性天空：7～9 月
129	M 29	天鹅座	$20^h23.9^m$	38° 31'	季节性天空：7～9 月
129	M 39	天鹅座	$21^h32.2^m$	48° 26'	季节性天空：7～9 月
186	M 52	仙后座	$23^h24.2^m$	61° 36'	北天
186	NGC 7789	仙后座	$23^h57.0^m$	56° 43'	北天

星云

页码	名称	星座	类型	赤经	赤纬	章节
206	NGC 249	杜鹃座	星云	$0^h45.5^m$	−73° 5'	南天
206	NGC 261	杜鹃座	星云	$0^h46.5^m$	−73° 6'	南天
185	NGC 281，吃豆人星云	仙后座	星云	$0^h52.8^m$	56° 36'	北天
206	NGC 346	杜鹃座	星云	$0^h59.1^m$	−72° 11'	南天
206	NGC 456	杜鹃座	星云	$1^h14.4^m$	−73° 17'	南天
212	NGC 1743	剑鱼座	星云	$4^h54.1^m$	−69° 12'	南天
212	NGC 1837	山案座	星云	$5^h4.9^m$	−70° 43'	南天
212	NGC 1858	剑鱼座	星云	$5^h9.9^m$	−68° 54'	南天
212	NGC 1874	剑鱼座	星云	$5^h13.2^m$	−69° 23'	南天
212	NGC 1934	剑鱼座	星云	$5^h21.8^m$	−67° 58'	南天
212	NGC 1935	剑鱼座	星云	$5^h21.9^m$	−67° 58'	南天
212	NGC 1936	剑鱼座	星云	$5^h22.1^m$	−67° 59'	南天
212	NGC 1965	剑鱼座	星云	$5^h26.5^m$	−68° 48'	南天
212	NGC 1955	剑鱼座	星云	$5^h26.8^m$	−67° 30'	南天
212	NGC 1966	剑鱼座	星云	$5^h26.8^m$	−68° 49'	南天
212	NGC 2014	剑鱼座	星云	$5^h33.4^m$	−67° 38'	南天
62	M 1，蟹状星云	金牛座	超新星遗迹	$5^h34.5^m$	22° 1'	季节性天空：1～3 月
212	NGC 2048	剑鱼座	星云	$5^h35.2^m$	−69° 46'	南天
48	M 42，猎户星云	猎户座	星云	$5^h35.3^m$	−5° 25'	季节性天空：1～3 月
212	NGC 2032	剑鱼座	星云	$5^h35.3^m$	−67° 35'	南天
49	NGC 1980	猎户座	星云	$5^h35.4^m$	−4° 54'	季节性天空：1～3 月
212	NGC 2035	剑鱼座	星云	$5^h35.5^m$	−67° 35'	南天
48	M 43，M 42 伴星云	猎户座	星云	$5^h35.6^m$	−5° 16'	季节性天空：1～3 月
212	NGC 2060	剑鱼座	星云	$5^h37.9^m$	−69° 10'	南天
212	NGC 2070，蜘蛛星云	剑鱼座	星云	$5^h38.7^m$	−69° 6'	南天
212	NGC 2074	剑鱼座	星云	$5^h38.9^m$	−69° 29'	南天
212	NGC 2079	剑鱼座	星云	$5^h39.6^m$	−69° 47'	南天
212	NGC 2080	剑鱼座	星云	$5^h39.7^m$	−69° 39'	南天
212	NGC 2081	剑鱼座	星云	$5^h40.1^m$	−69° 24'	南天
212	NGC 2086	剑鱼座	星云	$5^h40.2^m$	−69° 40'	南天
212	NGC 2103	山案座	星云	$5^h41.7^m$	−71° 20'	南天
72	玫瑰星云	麒麟座	星云	$6^h30.3^m$	5° 3'	季节性天空：1～3 月
224	NGC 3372，钥匙孔星云	船底座	星云	$10^h45.1^m$	−59° 52'	南天
233	煤袋星云	南十字座	暗星云	$12^h50.0^m$	−63° 0'	南天
144	M 20，三叶星云	人马座	星云	$18^h1.9^m$	−23° 2'	季节性天空：7～9 月
142	M 8，礁湖星云	人马座	星云	$18^h4.7^m$	−24° 23'	季节性天空：7～9 月
138	M 17，天鹅星云	人马座	星云	$18^h20.8^m$	−16° 11'	季节性天空：7～9 月

行星状星云

页码	名称	星座	赤经	赤纬	章节
56	NGC 1535	波江座	$4^{h}14.3^{m}$	−12° 44'	季节性天空：1～3月
70	NGC 2392，小丑脸星云	双子座	$7^{h}29.2^{m}$	20° 55'	季节性天空：1～3月
81	NGC 2438	船尾座	$7^{h}41.8^{m}$	−14° 44'	季节性天空：1～3月
94	NGC 3242，木魂星云	长蛇座	$10^{h}24.8^{m}$	−18° 39'	季节性天空：4～6月
230	NGC 5189，旋涡星云	苍蝇座	$13^{h}33.7^{m}$	−65° 58'	南天
194	NGC 6543，猫眼星云	天龙座	$17^{h}58.6^{m}$	66° 38'	北天
126	M 57，指环星云	天琴座	$18^{h}53.6^{m}$	33° 2'	季节性天空：7～9月
130	NGC 6826，闪视星云	天鹅座	$19^{h}44.8^{m}$	50° 31'	季节性天空：7～9月
132	M 27，哑铃星云	狐狸座	$19^{h}59.6^{m}$	22° 43'	季节性天空：7～9月
164	NGC 7009，土星状星云	宝瓶座	$21^{h}4.2^{m}$	−11° 22'	季节性天空：10～12月
168	NGC 7293，螺旋星云	宝瓶座	$22^{h}29.6^{m}$	−20° 50'	季节性天空：10～12月

球状星团

页码	名称	星座	赤经	赤纬	章节
208	NGC 104，杜鹃 47	杜鹃座	$0^{h}24.1^{m}$	-62° 58'	南天
170	NGC 288	玉夫座	$0^{h}52.8^{m}$	−26° 35'	季节性天空：10～12月
210	NGC 362	杜鹃座	$1^{h}3.2^{m}$	−70° 51'	南天
206	NGC 419	杜鹃座	$1^{h}8.3^{m}$	−72° 53'	南天
212	NGC 1786	剑鱼座	$4^{h}59.1^{m}$	−67° 45'	南天
212	NGC 1835	剑鱼座	$5^{h}5.1^{m}$	−69° 24'	南天
58	M 79	天兔座	$5^{h}24.2^{m}$	−24° 31'	季节性天空：1～3月
222	NGC 2808	船底座	$9^{h}12.0^{m}$	−64° 52'	南天
230	NGC 4372	苍蝇座	$12^{h}25.8^{m}$	−72° 40'	南天
230	NGC 4833	苍蝇座	$12^{h}59.6^{m}$	−70° 52'	南天
106	M 53	后发座	$13^{h}12.9^{m}$	18° 10'	季节性天空：4～6月
234	NGC 5139，半人马 ω	半人马座	$13^{h}26.8^{m}$	−47° 29'	南天
110	M 3	猎犬座	$13^{h}42.2^{m}$	28° 23'	季节性天空：4～6月
235	NGC 5286	半人马座	$13^{h}46.4^{m}$	−51° 22'	南天
120	M 5	巨蛇座	$15^{h}18.5^{m}$	2° 5'	季节性天空：7～9月
148	M 80	天蝎座	$16^{h}17.1^{m}$	−22° 59'	季节性天空：7～9月
148	M 4	天蝎座	$16^{h}23.7^{m}$	−26° 31'	季节性天空：7～9月
116	M 13，武仙大球状星团	武仙座	$16^{h}41.7^{m}$	36° 27'	季节性天空：7～9月
122	M 12	蛇夫座	$16^{h}47.2^{m}$	−1° 57'	季节性天空：7～9月
150	M 62	蛇夫座-天蝎座	$16^{h}54.3^{m}$	−30° 8'	季节性天空：7～9月
122	M 10	蛇夫座	$16^{h}57.1^{m}$	−4° 7'	季节性天空：7～9月
150	M 19	蛇夫座	$17^{h}2.6^{m}$	−26° 15'	季节性天空：7～9月
118	M 92	武仙座	$17^{h}17.1^{m}$	43° 9'	季节性天空：7～9月
154	M 28	人马座	$18^{h}24.6^{m}$	−24° 52'	季节性天空：7～9月
154	M 22	人马座	$18^{h}36.4^{m}$	−23° 56'	季节性天空：7～9月
156	M 54	人马座	$18^{h}55.2^{m}$	−30° 28'	季节性天空：7～9月
236	NGC 6752	孔雀座	$19^{h}10.8^{m}$	−59° 59'	南天
128	M 56	天琴座	$19^{h}16.6^{m}$	30° 10'	季节性天空：7～9月
156	M 55	人马座	$19^{h}40.1^{m}$	−30° 56'	季节性天空：7～9月
134	M 71	天箭座	$19^{h}53.7^{m}$	18° 47'	季节性天空：7～9月
164	M 72	宝瓶座	$20^{h}53.5^{m}$	−12° 32'	季节性天空：10～12月
160	M 15	飞马座	$21^{h}30.0^{m}$	12° 10'	季节性天空：10～12月
162	M 2	宝瓶座	$21^{h}33.5^{m}$	0° 50'	季节性天空：10～12月
166	M 30	摩羯座	$21^{h}40.4^{m}$	−23° 11'	季节性天空：10～12月

星系

页码	名称	星座	赤经	赤纬	章节
172	M 110（NGC 205），M 31 伴星系	仙女座	$0^{h}40.3^{m}$	41° 41'	季节性天空：10～12月
172	M 31，仙女星系	仙女座	$0^{h}42.7^{m}$	41° 16'	季节性天空：10～12月
172	M 32，M 31 伴星系	仙女座	$0^{h}42.7^{m}$	40° 52'	季节性天空：10～12月
170	NGC 247	玉夫座	$0^{h}47.1^{m}$	−20° 46'	季节性天空：10～12月
170	NGC 253	玉夫座	$0^{h}47.5^{m}$	−25° 17'	季节性天空：10～12月
206	小麦哲伦云	杜鹃座	$0^{h}53.0^{m}$	−72° 50'	南天
174	M 33，三角星系	三角座	$1^{h}33.9^{m}$	30° 39'	季节性天空：10～12月
212	大麦哲伦云	剑鱼座	$5^{h}20.0^{m}$	−69° 0'	南天
197	NGC 2976	大熊座	$9^{h}47.3^{m}$	67° 55'	北天
196	M 81	大熊座	$9^{h}55.6^{m}$	69° 4'	北天
196	M 82	大熊座	$9^{h}56.1^{m}$	69° 42'	北天
197	NGC 3077	大熊座	$10^{h}3.3^{m}$	68° 44'	北天
98	M 95	狮子座	$10^{h}44.0^{m}$	11° 42'	季节性天空：4～6月
98	M 96	狮子座	$10^{h}46.8^{m}$	11° 49'	季节性天空：4～6月
98	M 105	狮子座	$10^{h}47.8^{m}$	12° 35'	季节性天空：4～6月
98	NGC 3384	狮子座	$10^{h}48.3^{m}$	12° 38'	季节性天空：4～6月
98	NGC 3389	狮子座	$10^{h}48.5^{m}$	12° 32'	季节性天空：4～6月
98	NGC 3412	狮子座	$10^{h}50.9^{m}$	13° 25'	季节性天空：4～6月
97	NGC 3607	狮子座	$11^{h}16.9^{m}$	18° 3'	季节性天空：4～6月
97	NGC 3608	狮子座	$11^{h}17.0^{m}$	18° 9'	季节性天空：4～6月
96	M 65	狮子座	$11^{h}18.9^{m}$	13° 7'	季节性天空：4～6月

星系（续）

页码	名称	星座	赤经	赤纬	章节
97	NGC 3632	狮子座	$11^h20.1^m$	18° 21'	季节性天空：4～6月
96	M 66	狮子座	$11^h20.2^m$	13° 1'	季节性天空：4～6月
96	NGC 3628	狮子座	$11^h20.3^m$	13° 37'	季节性天空：4～6月
104	M 98	后发座	$12^h13.8^m$	14° 54'	季节性天空：4～6月
104	NGC 4216	室女座	$12^h15.9^m$	13° 9'	季节性天空：4～6月
104	M 99	后发座	$12^h18.8^m$	14° 25'	季节性天空：4～6月
103	M 84	室女座	$12^h25.1^m$	12° 53'	季节性天空：4～6月
103	M 86	室女座	$12^h26.2^m$	12° 57'	季节性天空：4～6月
103	NGC 4435	室女座	$12^h27.7^m$	13° 5'	季节性天空：4～6月
103	NGC 4438	室女座	$12^h27.8^m$	13° 0'	季节性天空：4～6月
103	NGC 4461	室女座	$12^h29.0^m$	13° 11'	季节性天空：4～6月
102	NGC 4469	室女座	$12^h29.5^m$	8° 45'	季节性天空：4～6月
102	M 49	室女座	$12^h29.8^m$	8° 0'	季节性天空：4～6月
103	NGC 4473	室女座	$12^h29.8^m$	13° 26'	季节性天空：4～6月
103	NGC 4477	室女座	$12^h30.0^m$	13° 38'	季节性天空：4～6月
103	M 87	室女座	$12^h30.8^m$	12° 23'	季节性天空：4～6月
103	M 88	后发座	$12^h32.0^m$	14° 25'	季节性天空：4～6月
102	NGC 4526	室女座	$12^h34.0^m$	7° 42'	季节性天空：4～6月
102	NGC 4535	室女座	$12^h34.3^m$	8° 12'	季节性天空：4～6月
103	M 91	后发座	$12^h35.4^m$	14° 30'	季节性天空：4～6月
103	M 89	室女座	$12^h35.7^m$	12° 33'	季节性天空：4～6月
103	M 90	室女座	$12^h36.8^m$	13° 10'	季节性天空：4～6月
102	M 58	室女座	$12^h37.7^m$	11° 49'	季节性天空：4～6月
102	M 59	室女座	$12^h42.0^m$	11° 39'	季节性天空：4～6月
102	NGC 4638	室女座	$12^h42.8^m$	11° 27'	季节性天空：4～6月
102	M 60	室女座	$12^h43.7^m$	11° 33'	季节性天空：4～6月
108	M 94	猎犬座	$12^h50.9^m$	41° 7'	季节性天空：4～6月
101	NGC 4754	室女座	$12^h52.3^m$	11° 19'	季节性天空：4～6月
101	NGC 4762	室女座	$12^h52.9^m$	11° 14'	季节性天空：4～6月
106	M 64，黑眼睛星系	后发座	$12^h56.8^m$	21° 31'	季节性天空：4～6月
234	NGC 4945	半人马座	$13^h5.4^m$	−49° 28'	南天
109	M 63	猎犬座	$13^h15.8^m$	42° 2'	季节性天空：4～6月
235	NGC 5128	半人马座	$13^h25.5^m$	−43° 1'	南天
200	M 51，涡状星系	猎犬座	$13^h29.9^m$	47° 12'	北天
201	NGC 5195，M 51 伴星系	猎犬座	$13^h30.0^m$	47° 16'	北天
202	M 101，风车星系	大熊座	$14^h3.2^m$	54° 21'	北天
117	NGC 6207	武仙座	$16^h43.1^m$	36° 50'	季节性天空：7～9月
236	NGC 6744	孔雀座	$19^h9.7^m$	−63° 51'	南天

变星、碳星和太阳系外行星

页码	名称	星座	类型	赤经	赤纬	章节
177	仙女 υ	仙女座	太阳系外行星	$1^h36.8^m$	41° 24'	季节性天空：10～12月
184	仙后 RZ	仙后座	变星	$2^h48.8^m$	69° 39'	北天
184	仙后 SU	仙后座	变星	$2^h51.9^m$	68° 53'	北天
179	英仙 ρ	英仙座	变星	$3^h5.2^m$	38° 51'	季节性天空：10～12月
179	英仙 β，大陵五	英仙座	变星	$3^h8.2^m$	40° 57'	季节性天空：10～12月
67	御夫 LY	御夫座	变星	$5^h29.7^m$	35° 23'	季节性天空：1～3月
51	猎户 BM	猎户座	变星	$5^h35.3^m$	−5° 23'	季节性天空：1～3月
51	猎户 V 1016	猎户座	变星	$5^h35.3^m$	−5° 23'	季节性天空：1～3月
90	巨蟹 VZ	巨蟹座	变星	$8^h40.9^m$	9° 49'	季节性天空：4～6月
92	狮子 γ，轩辕十二	狮子座	太阳系外行星	$10^h20.0^m$	19° 51'	季节性天空：4～6月
223	船底 ZZ	船底座	变星	$10^h54.4^m$	−58° 47'	南天
233	南十字 BZ	南十字座	变星	$12^h42.8^m$	−63° 3'	南天
233	南十字 DU	南十字座	变星	$12^h53.6^m$	−60° 20'	南天
109	猎犬 Y	猎犬座	碳星	$14^h41.1^m$	13° 44'	季节性天空：4～6月
112	牧夫 ξ	牧夫座	太阳系外行星	$14^h51.4^m$	19° 6'	季节性天空：4～6月
151	天蝎 RR	天蝎座	变星	$16^h56.6^m$	−30° 35'	季节性天空：7～9月
120	武仙 α，帝座	武仙座	变星	$17^h14.6^m$	14° 23'	季节性天空：7～9月
153	天蝎 BM	天蝎座	变星	$17^h40.9^m$	−31° 13'	季节性天空：7～9月
141	人马 U	人马座	变星	$18^h31.8^m$	−19° 22'	季节性天空：7～9月
137	盾牌 R	盾牌座	变星	$18^h47.5^m$	−5° 43'	季节性天空：7～9月
127	天琴 β，渐台二	天琴座	变星	$18^h50.1^m$	33° 22'	季节性天空：7～9月
137	天鹰 V	天鹰座	碳星	$19^h4.4^m$	−5° 41'	季节性天空：7～9月
131	天鹅 R	天鹅座	变星	$19^h36.8^m$	50° 12'	季节性天空：7～9月
130	天鹅 16	天鹅座	太阳系外行星	$19^h41.8^m$	50° 31'	季节性天空：7～9月
192	仙王 μ，造父四	仙王座	碳星	$21^h43.5^m$	58° 47'	北天
192	仙王 δ	仙王座	变星	$22^h29.2^m$	58° 25'	北天
161	飞马 51	飞马座	太阳系外行星	$22^h57.5^m$	20° 46'	季节性天空：10～12月
186	仙后 ρ	仙后座	超巨星	$23^h54.4^m$	57° 30'	北天

何时何地看什么

适用于北纬 30° ~ 55° 的观星者

19:00		1月	2月	3月						9月	10月	11月	12月
21:00		12月	1月	2月	3月	4月	5月	6月	7月	8月	9月	10月	11月
23:00		11月	12月	1月	2月	3月	4月	5月	6月	7月	8月	9月	10月
1:00		10月	11月	12月	1月	2月	3月	4月	5月	6月	7月	8月	9月
3:00		9月	10月	11月	12月	1月	2月	3月	4月	5月	6月	7月	8月
5:00			9月	10月	11月	12月	1月	2月	3月				
星座	**页码**	**冬**			**春**			**夏**			**秋**		
猎户座	48 ~ 59	东南	南 +	西南 +	西								东 -
金牛座 - 御夫座	60 ~ 67	++	++	西 +	西	西 -						东 -	东
双子座	68 ~ 71	东	++	++	西 +	西	西 -						东 -
麒麟座	72 ~ 77	东 -	东南	南 +	西南	西							
大犬座	78 ~ 83	东南 -	东南	南	西南								
船尾座	84 ~ 85		东南 -	南 -	南 -	西南 -							
巨蟹座	88 ~ 93	东 -	东	东 +	++	西 +	西 -						
狮子座	94 ~ 99		东 -	东	++	++	西 +	西					
室女座 / 后发座	100 ~ 107			东 -	东	++	++	西 +	西	西 -			
猎犬座	108 ~ 111		东北 -	东北	++	++	++	西北 +	西北	西北 -			
牧夫座	112 ~ 113				东 –	东	++	++	西	西			
武仙座	116 ~ 119					东 -	东	东 +	++	西 +	西	西	
巨蛇座 / 蛇夫座	120 ~ 123						东	东南	南	西南	西南		
天琴座 / 天鹅座	124 ~ 131						东	东	东 +	++	西 +	西 +	西
狐狸座 / 天箭座 / 海豚座	132 ~ 135							东	东	++	++	西	西
盾牌座	136 ~ 137							东 -	东南	南	西南	西 -	
天蝎座	146 ~ 153							东南 -	南 -	西南 -			
人马座	138 ~ 157								东南 -	南 -	西南 -		
飞马座 / 宝瓶座	160 ~ 165	西	西 -						东 -	东	东	++	西 +
宝瓶座 / 摩羯座 / 玉夫座	166 ~ 171									东南 -	南 -	南 -	西南 -
仙女座 / 三角座 / 白羊座	172 ~ 177	西 +	西	西 -						东	东	东 +	++
英仙座	178 ~ 183	++	++	西 +	西北						东北	东	++

根据你想要观星的时间（标准时间），找到对应的月份。表中还告诉你了在哪儿能看到相应的星座。“+”表示位于天空高处，“–”则表示位于地平线附近。

在望远镜视场中寻找静地卫星

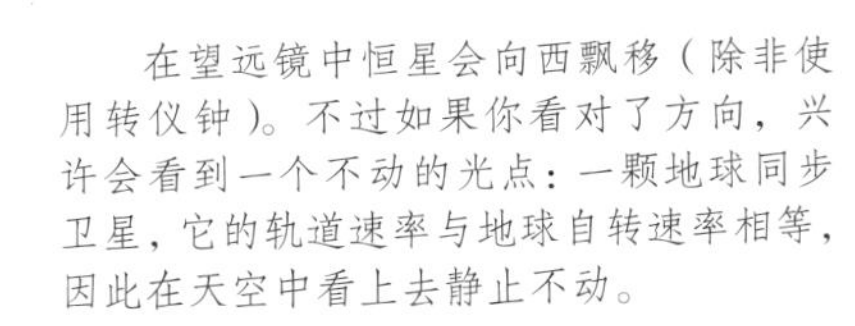
在望远镜中恒星会向西飘移（除非使用转仪钟）。不过如果你看对了方向，兴许会看到一个不动的光点：一颗地球同步卫星，它的轨道速率与地球自转速率相等，因此在天空中看上去静止不动。

这些卫星会出现在天空中的哪个位置取决于你所处的纬度。使用右图确定你该往哪儿看。根据你所在地的纬度找到横轴上对应的纬度，然后读出曲线上可见地球同步卫星的赤纬角（这条线是故意加粗的，因为考虑到了卫星自身的飘移运动和计算中的其他不确定性）。例如，如果你位于北纬 40°（纽约、罗马或东京的纬度），那你把望远镜指向赤纬南纬 6° 就有望在视场中看见静地卫星。这也是疏散星团 M 11 的赤纬值。

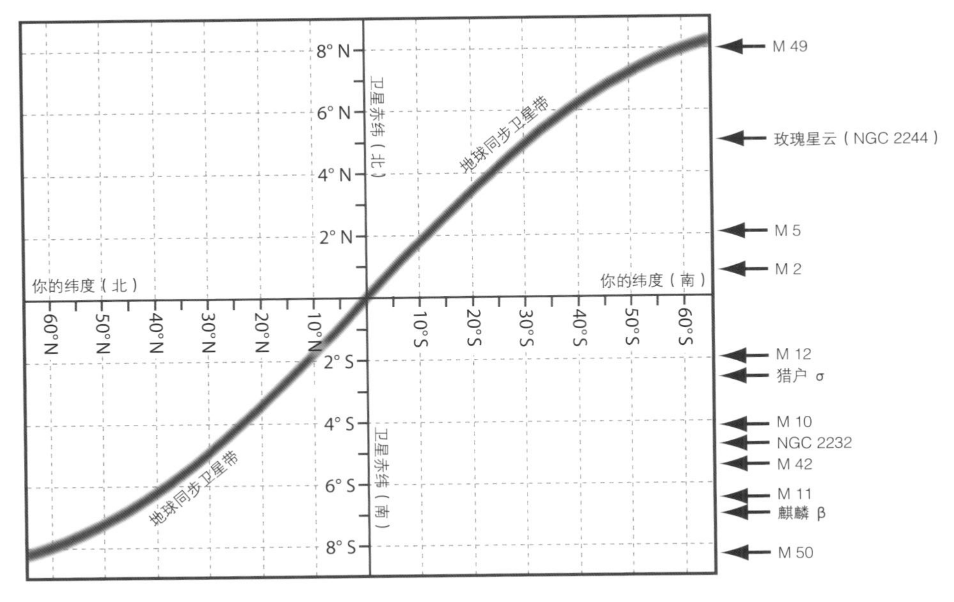